2024

피복아크용접

기능사 **필기**

— 기사/기능사 단기합격 —

기사단

피복아크용접

기능사 필기

— 기사/기능사 단기합격 —

기사단

머리말

볼트나 리벳의 접합으로 이루어지던 산업사회가 용접이 자리를 잡기 시작하면서 전세계의 산업사회는 눈부신 발전을 이루었습니다. 조선, 건축, 제조에서부터 설비, 유지보수까지.
지금도 생산 현장이나 각종 산업의 기반에는 용접이 빠질 수가 없는 정도이며 해당 직종에 대한 발전 및 다양화도 이루어졌습니다.
자격제도 또한 특수용접기능사가 이산화탄소가스아크용접기능사와 가스텅스텐아크용접기능사로 세분되어진 만큼 각각의 전문화 또한 필요한 상황입니다.

본 교재는 2023년 새롭게 짜여진 용접직종 기능사 출제기준과 거의 동일한 교과목으로 설명을 세분화하였으며, 방대한 분량이 아닌 꼭 알아두어야 할 부분만을 추려내어 실었습니다. 그리고 2014년도부터 2016년도까지의 기출문제와 실전모의고사 등 총 24회 분량의 문제와 풀이를 실었기에 용접직종 기능사 필기시험을 대비함에 있어 아주 유용할 것이라 생각됩니다.

본 교재를 활용하여 학습함으로써 아크용접의 준비 및 작업, 수동반자동 가스절단, 아크용접 및 기타용접, 용접부 검사, 용접 시공 및 결함부 보수용접 작업, 안전관리 및 정리정돈, 용접재료준비, 용접도면해독 등 용접에 대한 이론적인 지식을 습득하고 자격증을 취득하여 산업현장에서 중추적인 역할을 담당하는 기능 인력이 되기를 바랍니다.

본 교재의 부족한 사항이나 미진한 부분은 앞으로 보완할 것을 약속드리며, 본 교재를 출간함에 있어 많은 도움을 주신 여러 선·후배 선생님들께 깊은 감사를 드립니다.

저자 씀

1
개요

각종 기계나 금속구조물 및 압력용기 등을 제작하기 위하여 전기, 가스 등의 열원을 이용하거나 기계적 힘을 이용하는 방법으로 다양한 용접장비 및 기기를 조작하여 금속과 비금속 재료를 필요한 형태로 융접, 압접, 납땜을 수행한다.

2
수행직무

용접 도면을 해독하여 용접절차사양서를 이해하고 용접재료를 준비하여 작업환경 확인, 안전보호구 준비, 용접장치와 특성 이해, 용접기 설치 및 점검관리하기, 용접 준비 및 본용접하기, 용접부 검사, 작업장 정리하기 등의 피복아크용접 관련 직무이다.

3
진로 및 전망

용접의 활용범위가 광범위해지고, 기술개발을 통한 고용착 및 고속 용접기법이 개발되고 있어 현장적용능력을 갖춘 숙련기능인력에 대한 수요가 예상된다. 그렇지만 기능인력의 수요는 기술인력과는 달리 용접 자동화의 영향으로 자동차 생산공장 등 자동용접이 가능한 분야에서는 점차 감소할 전망이다.

또한 수작업으로 용접을 진행하던 조선업 등에서 전기용접이 CO_2용접으로 대체되고 있고, 기계제조 분야 등에서는 제조공장이 해외로 이전함에 따라 용접인력 수요의 감소요인이 되고 있다.

검정방법

구분		피복아크용접기능사	
필기시험	과목	1. 아크용접 3. 용접재료 5. 가스절단	2. 용접안전 4. 도면해독 6. 기타용접
	검정방법	• 객관식 4지 택일형	• 60문항(60분)
실기시험	과목	• 피복아크용접 실무	
	검정방법	• 작업형(2시간 정도) • 실기시험은 용접도면을 해독하여 용접방법, 용접자세 등을 토대로 문제에서 요구하는 과제를 용접하는 능력을 평가합니다(공개문제 참조). • 안전등급(safety Level) : 4등급 ※ 보호구(작업복 등) 착용, 정리정돈 상태, 안전사항 등이 채점 대상이 될 수 있습니다. 　반드시 수험자 지참공구 목록을 확인하여 주시기 바랍니다.	
합격기준	필기	• 100점을 만점으로 하여 60점 이상	
	실기	• 100점을 만점으로 하여 60점 이상	

응시자격 조건체계

기술사

- 기사 취득 후 + 실무능력 4년
- 산업기사 취득 후 + 실무능력 5년
- 기능사 취득 후 + 실무경력 7년
- 4년제 대졸(관련학과) 후 + 실무경력 6년
- 동일 및 유사직무분야의 다른 종목 기술사 등급 취득자

기능장

- 산업기사(기능사) 취득 후 + 기능대
- 기능장 과정 이수
- 산업기사등급 이상 취득 후 + 실무경력 5년
- 기능사 취득 후 + 실무경력 7년
- 실무경력 9년 등
- 동일 및 유사직무분야의 다른 종목 기능장 등급 취득자

기사

- 산업기사 취득 후 + 실무능력 1년
- 기능사 취득 후 + 실무경력 3년
- 대졸(관련학과)
- 2년제 전문대졸(관련학과) 후 + 실무경력 2년
- 3년제 전문대졸(관련학과) 후 + 실무경력 1년
- 실무경력 4년 등
- 동일 및 유사직무분야의 다른 종목 기사 등급 이상 취득자

산업기사

- 기능사 취득 후 + 실무경력 1년
- 대졸(관련학과)
- 전문대졸(관련학과)
- 실무경력 2년 등
- 동일 및 유사직무분야의 다른 종목 산업기사 등급 이상 취득자

기능사

- 자격제한 없음

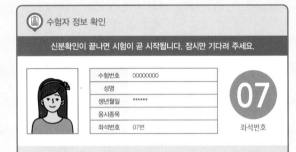

수험자 정보 확인

- 시험장 감독위원이 컴퓨터에 나온 수험자 정보와 신분증이 일치하는지를 확인하는 단계입니다.
- 수험번호, 성명, 생년월일, 응시종목, 좌석번호를 확인합니다.

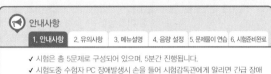

안내사항

- 시험에 관한 안내사항을 확인합니다.

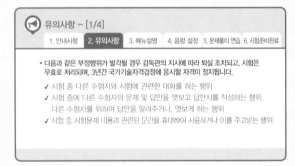

유의사항

- 부정행위에 관한 유의사항이므로 꼼꼼히 확인합니다.

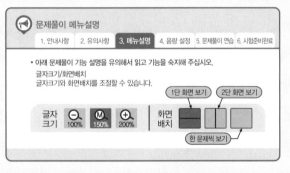

문제풀이 메뉴설명

- 문제풀이 메뉴의 기능에 관한 설명을 유의해서 읽고 기능을 숙지해 주세요.

시험 준비 완료

- 시험 안내사항 및 문제풀이 연습까지 모두 마친 수험자는 시험 준비 완료 버튼을 클릭한 후 잠시 대기합니다.

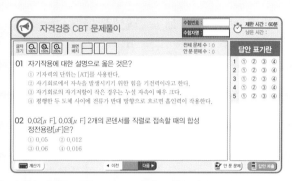

시험 화면

- 시험 화면이 뜨면 수험번호와 수험자명을 확인하고, 글자크기 및 화면배치를 조절한 후 시험을 시작합니다.

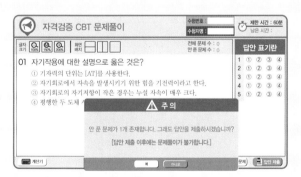

답안 제출

- [답안 제출] 버튼을 클릭하면 답안 제출 승인 알림창이 나옵니다. 시험을 마치려면 [예] 버튼을 클릭하고 시험을 계속 진행하려면 [아니오] 버튼을 클릭하면 됩니다.
- 답안 제출은 실수 방지를 위해 두 번의 확인 과정을 거칩니다. [예] 버튼을 누르면 답안 제출이 완료되며 득점 및 합격여부 등을 확인할 수 있습니다.

CBT 필기시험 Hint

1. CBT 시험이란 인쇄물 기반 시험인 PBT와 달리 컴퓨터 화면에 시험문제가 표시되어 응시자가 마우스를 통해 문제를 풀어나가는 컴퓨터기반의 시험을 말합니다.

2. 입실 전 본인좌석을 반드시 확인 후 착석하시기 바랍니다.

3. 전산으로 진행됨에 따라, 안정적 운영을 위해 입실 후 감독위원의 안내에 적극 협조하여 응시하여 주시기 바랍니다.

4. 최종 답안 제출 시 수정이 절대 불가하오니 충분히 검토 후 제출 바랍니다.

5. 제출 후 본인 점수 확인완료 후 퇴실 바랍니다.

이 책의 구성 및 특징

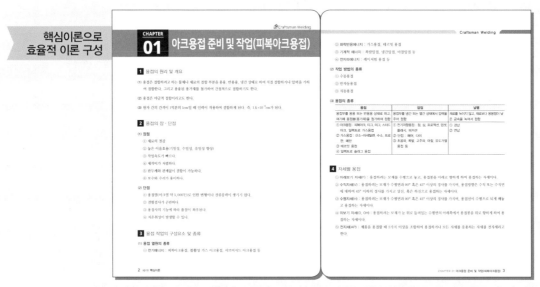

6과목의 방대한 이론을 시험에 자주 출제되는 내용만 정리하여 핵심이론을 구성하였습니다.
도표와 수식 등을 충분히 활용하여, 한눈에 들어올 수 있도록 이론을 효과적으로 요약하였습니다.

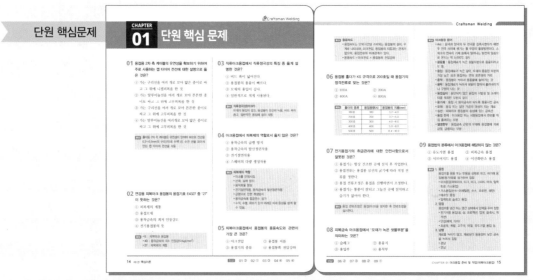

각 단원에서 꼭 알아야 할 개념들을 활용한 문제를 단원별 핵심문제로 구성하였습니다.
문제해설에서 중요한 개념을 다시 한번 정리하여, 개념이론의 확인 학습으로 활용할 수 있습니다.

기출문제 수록

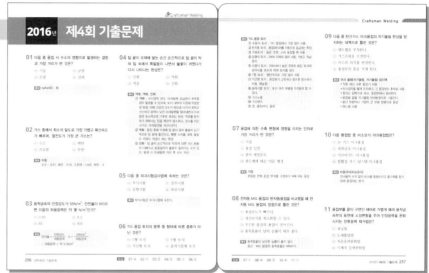

기출문제를 상세한 해설과 함께 수록하였습니다.
기출문제와 상세한 해설로 출제경향을 파악하여 합격을 위한 완벽한 학습이 되도록 하였습니다.

CBT 실전모의고사
정답·해설

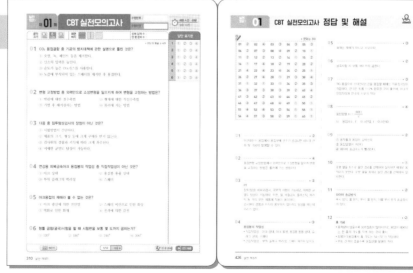

실제 CBT 시험 환경에 적응할 수 있도록 CBT 시험 유형을 적용한 모의고사를 수록하여 충분한 연습을
통하여 실제 시험 현장에서 본인의 실력을 발휘할 수 있도록 하였습니다.

목차

핵심 이론

CHAPTER 01   아크용접 준비 및 작업(피복아크용접) ··· 2
　단원 핵심 문제 ·· 14
CHAPTER 02   수동·반자동 가스절단 ··· 17
　단원 핵심 문제 ·· 30
CHAPTER 03   아크용접 및 기타용접 ··· 33
　단원 핵심 문제 ·· 51
CHAPTER 04   용접부 검사 ·· 54
　단원 핵심 문제 ·· 58
CHAPTER 05   용접시공 및 결함부 보수용접 작업 ··· 60
　단원 핵심 문제 ·· 73
CHAPTER 06   안전관리 및 정리정돈 ··· 77
　단원 핵심 문제 ·· 81
CHAPTER 07   용접재료 준비 ·· 83
　단원 핵심 문제 ·· 108
CHAPTER 08   용접도면 해독 ·· 113
　단원 핵심 문제 ·· 128

기출 문제

일반용접 기출문제 ··· 133
2014년 기출문제　1회 ·· 134
　　　　　　　　　2회 ·· 147
　　　　　　　　　4회 ·· 159
　　　　　　　　　5회 ·· 172
2015년 기출문제　1회 ·· 184
　　　　　　　　　2회 ·· 196
　　　　　　　　　4회 ·· 208
　　　　　　　　　5회 ·· 219

2016년 기출문제   1회 231

                    2회 243

                    4회 256

특수용접 기출문제 269

2014년 기출문제   5회 270

2015년 기출문제   1회 283

2016년 기출문제   1회 296

제1회 CBT 실전모의고사 310

제2회 CBT 실전모의고사 322

제3회 CBT 실전모의고사 333

제4회 CBT 실전모의고사 344

제5회 CBT 실전모의고사 356

제6회 CBT 실전모의고사 367

제7회 CBT 실전모의고사 378

제8회 CBT 실전모의고사 390

제9회 CBT 실전모의고사 403

제10회 CBT 실전모의고사 415

CBT 실전모의고사 정답 및 해설 426

CBT
실전모의고사

zero

Craftsman
Welding

Craftsman Welding

핵심이론

CHAPTER 01   아크용접 준비 및 작업(피복아크용접)

CHAPTER 02   수동·반자동 가스절단

CHAPTER 03   아크용접 및 기타용접

CHAPTER 04   용접부 검사

CHAPTER 05   용접시공 및 결함부 보수용접 작업

CHAPTER 06   안전관리 및 정리정돈

CHAPTER 07   용접재료 준비

CHAPTER 08   용접도면 해독

CHAPTER 01 아크용접 준비 및 작업(피복아크용접)

1 용접의 원리 및 개요

(1) 용접은 접합하려고 하는 물체나 재료의 접합 부분을 용융, 반용융, 냉간 상태로 하여 직접 접합하거나 압력을 가하여 접합한다. 그리고 용융된 용가재를 첨가하여 간접적으로 접합하기도 한다.

(2) 용접은 야금적 접합이라고도 한다.

(3) 원자 간의 간격이 1억분의 1cm일 때 인력이 작용하여 결합하게 된다. 즉, $1\text{Å}=10^{-8}\text{cm}$가 된다.

2 용접의 장 · 단점

(1) 장점
① 재료의 절감
② 높은 이음효율(기밀성, 수밀성, 유밀성 향상)
③ 작업속도가 빠르다.
④ 제작비가 저렴하다.
⑤ 판두께와 관계없이 결합이 가능하다.
⑥ 보수와 수리가 용이하다.

(2) 단점
① 용접열(아크열 약 5,000℃)로 인한 변형이나 잔류응력이 생기기 쉽다.
② 결함검사가 곤란하다.
③ 용접사의 기능에 따라 품질이 좌우된다.
④ 저온취성이 발생할 수 있다.

3 용접 작업의 구성요소 및 종류

(1) 용접 열원의 종류
① 전기에너지 : 피복아크용접, 불활성 가스 아크용접, 서브머지드 아크용접 등

② 화학반응에너지 : 가스용접, 테르밋 용접

③ 기계적 에너지 : 폭발압접, 냉간압접, 마찰압접 등

④ 전자파에너지 : 레이저빔 용접 등

(2) 작업 방법의 종류

① 수동용접

② 반자동용접

③ 자동용접

(3) 용접의 종류

융접	압접	납땜
용접부를 용융 또는 반용융 상태로 하고, 여기에 용접봉(용가재)을 첨가하여 접합	용접부를 냉간 또는 열간 상태에서 압력을 주어 접합	재료를 녹이지 않고, 재료보다 용융점이 낮은 금속을 녹여서 접합
① 아크용접 : 피복아크, 티그, 미그, 스터드 아크, 일렉트로 가스용접 ② 가스용접 : 산소-아세틸렌, 수소, 프로판, 메탄 ③ 테르밋 용접 ④ 일렉트로 슬래그 용접	① 전기저항용접 : 점, 심, 프로젝션, 업셋, 플래시, 퍼커션 ② 단접 : 해머, 다이 ③ 초음파, 폭발, 고주파, 마찰, 유도가열 용접 등	① 경납 ② 연납

4 자세별 용접

① 아래보기 자세(F) : 용접하려는 모재를 수평으로 놓고, 용접봉을 아래로 향하게 하여 용접하는 자세이다.

② 수직자세(V) : 용접하려는 모재가 수평면과 90° 혹은 45° 이상의 경사를 가지며, 용접방향은 수직 또는 수직면에 대하여 45° 이하의 경사를 가지고 상진, 혹은 하진으로 용접하는 자세이다.

③ 수평자세(H) : 용접하려는 모재가 수평면과 90° 혹은 45° 이상의 경사를 가지며, 용접선이 수평으로 되게 해놓고 용접하는 자세이다.

④ 위보기 자세(O, OH) : 용접하려는 모재가 눈 위로 들려있는 수평면의 아래쪽에서 용접봉을 위로 향하게 하여 용접하는 자세이다.

⑤ 전자세(AP) : 제품을 용접할 때 2가지 이상을 조합하여 용접하거나 모든 자세를 응용하는 자세를 전자세라고 한다.

5 용접의 작업순서

① 용접재료 및 용접작업 준비

② 절단 및 가공

③ 용접부 청소

④ 가접

⑤ 본용접

⑥ 검사, 판정

⑦ 완성

6 피복아크용접

(1) 피복아크용접(SMAW)의 원리

피복아크용접은 피복이 입혀진 용접봉과 모재 사이에 아크를 이용하여 모재와 용접봉이 녹아서 접합이 되는 것으로 피복금속 아크용접 또는 전기를 이용하여, 전기용접이라고 한다. 아크열은 약 5,000℃ 정도이다.

(2) 피복아크용접의 특징

① 아크온도가 높아 열효율이 높고, 용접속도가 빠르며, 효율적인 용접이 가능하다.

② 변형이 적고, 폭발위험이 없다.

③ 전격의 위험이 있고, 초기 설비 투자비용이 비싸다.

④ 높은 열과 아크 광선에 피해를 입을 수 있다.

(3) 피복아크용접 용어

① Arc : 음극과 양극의 두 전극을 집촉시켰다가 떼면 두 진극 사이에 생기는 휠 모양의 불꽃방전이다. 스파크의 연속이 기체 중에서 일어나는 방전의 일종으로 온도는 약 5,000℃ 정도이다.

② 용융풀 : 용접재료가 녹은 쇳물부분으로 용융지라고도 한다.

③ 용입 : 용접재료가 녹은 깊이, 모재의 용융된 부분의 가장 높은 점과 용접하는 면의 표면과의 거리를 의미한다.

④ 용착 : 용접봉이 녹아서 용융풀에 들어가는 것이다.

⑤ 용락 : 용접재료가 녹아서 쇳물이 떨어져 흘러내리거나 구멍이 나는 것이다.

⑥ 용접길이 : 중단되지 않은 용접의 시발점 및 크레이터를 제외한 부분의 길이이다.

⑦ 용가재 : 용접 시 용착금속이 되도록 용융시킨 금속이다.

⑧ 모재 : 용접 또는 절단 가공의 대상이 되는 재료이다.

⑨ 심선 : 피복아크 용접봉의 중심에 있는 금속선이다.

⑩ 용접 전극 : 아크용접 또는 저항용접에서 전류를 직접 흘려주는 부분이다.

⑪ 열 영향부 : 용접금속 근방의 모재에 용접열에 의해 급열, 급랭되는 부분이다.

(4) 피복금속 아크용접기의 회로

용접기 → 전극케이블(홀더선) → 홀더 → 용접봉 → 아크 → 모재 → 접지케이블(어스선) → 용접기

(5) 아크의 특징

① 아크의 전압 분포 : 아크전압 = 음극 전압강하 + 양극 전압강하 + 아크기둥 전압강하. $V_a = V_b + V_c + V_d$

② 수하 특성 : 부하전류가 증가하면 단자전압은 저하하는 특성

③ 정전류 특성 : 아크길이가 변해도 전류는 변하지 않는 특성

④ 정전압 특성 : 부하전류가 변해도 단자전압은 변하지 않는 특성

⑤ 부저항 특성 : 전류가 커지면 저항이 작아져서 전압도 낮아지는 현상을 아크의 부저항 특성 또는 부특성이라고 한다.

⑥ 아크길이 자기제어 특성 : 아크전류가 일정할 때 아크전압이 높아지면 용접봉의 용융속도가 늦어지고, 아크전압이 낮아지면 용융속도가 빨라지는 현상을 아크길이 자기제어 특성이라고 한다.

⑦ 절연회복 특성 : 보호가스에 의해 순간적으로 꺼졌던 아크가 다시 일어나는 현상을 절연회복 특성이라고 한다.

⑧ 전압회복 특성 : 아크가 꺼진 다음에 아크를 다시 발생시키기 위해서는 매우 높은 전압이 필요하게 된다. 아크용접 전원은 아크가 중단된 순간에 아크회로의 과도전압을 급속히 상승회복시키는 현상을 전압회복 특성이라고 한다.

(6) 극성

① 정의 : 직류아크용접에서만 극성이 존재하며, 종류는 직류정극성(DCSP), 직류역극성(DCRP)이 있다. 모재를 양극(+)에 연결하고, 용접봉을 용접기의 음극(−)에 연결한 경우를 직류정극성이라고 하며, 이와 반대로 연결 시 직류역극성이라고 있다. 열의 분배는 양극에 70%, 음극에 30%가 분배된다.

② 극성의 특성

극성의 종류	결선상태		특징
직류정극성 (DCSP)	모재	+	모재의 용입이 깊고, 용접봉이 천천히 녹는다.
	용접봉	−	비드 폭이 좁고, 일반적인 용접에 많이 사용된다. 용접봉의 열분배율은 모재 70%, 용접봉 30%이다.
직류역극성 (DCRP)	모재	−	모재의 용입이 얕고, 용접봉이 빨리 녹는다.
	용접봉	+	비드 폭이 넓고, 박판 및 비철금속에 사용된다. 용접봉의 열분배율은 모재 30%, 용접봉 70%이다.

※ 용입의 깊이

DCRP(직류역극성) < AC(교류) < DCSP(직류정극성)

(7) **용융속도**

① 용융속도는 단위시간당 소비되는 용접봉의 길이, 무게로 나타내며, 아크전압, 용접봉의 지름과는 관계가 없으며, 용접전류와 비례관계가 있다.

② 용융속도 = 아크전류 × 용접봉쪽 전압강하

(8) **용접입열**

① 용접 시 외부에서 모재에 주어지는 열량을 용접입열이라 하고, 일반적으로 용접입열은 75~85% 정도이다.

② $H = \dfrac{60EI}{V}\,(\text{joule/cm})$ H : 용접입열, V : 용접속도, I : 용접전류, E : 전압

(9) **아크 쏠림**

① 용접 시 자력에 의하여 아크가 한쪽으로 쏠리는 현상을 말한다.

② 아크 블로우, 자기불림, 마그네틱 블로우 등으로 불린다.

③ 아크 쏠림 발생 시 일어나는 현상

   ㉠ 아크 불안전, 용착금속의 재질이 변화

   ㉡ 슬래그 섞임, 기공이 발생

④ 아크 쏠림 방지책

   ㉠ 직류용접기 대신 교류용접기 사용

   ㉡ 아크길이를 짧게 유지하고, 긴 용접부는 후퇴법 사용

   ㉢ 접지는 양쪽으로 하고, 용접부에서 멀리한다.

   ㉣ 용접봉 끝을 자기불림 반대방향으로 기울인다.

   ㉤ 용접이 끝난 부분이나 가접이 큰 부분 방향으로 용접

   ㉥ 엔드탭 사용

(10) **용융금속의 이행형식**

용융금속의 이행형식에는 단락형, 글로뷸러형(용적형, 핀치효과형), 스프레이형(분무상 이행형)이 있고, 용접전류, 보호가스, 전압 등이 영향을 준다.

① 단락형 : 용적이 용융지에 접촉하여 단락되고 표면장력의 작용으로 모재에 옮겨서 용착되는 것. 비피복 용접봉이나 저수소계 용접봉에서 자주 볼 수 있다.

② 스프레이형 : 미입자 용적으로 분사되어 스프레이와 같이 날려서 모재에 옮겨서 용착되는 것이다. 일반적인 피복 아크 용접봉이나 일미나이트계 용접봉에서 자주 볼 수 있다.

③ 글로뷸러형 : 비교적 큰 용적이 단락되지 않고 옮겨가는 형식, 대전류를 사용하는 서브머지드 아크용접에서 자주 볼 수 있다.

(11) 피복아크용접 시 아크길이와 아크전압의 관계

① 양호한 용접을 하려면 되도록 짧은 아크를 사용하는 것이 유리하다.

② 아크길이는 지름이 2.6mm 이하의 용접봉에서는 심선의 지름과 같아야 하고, 지름 3.0mm 이상의 용접봉에서는 아크길이 3.0mm를 유지한다.

③ 아크전압은 아크길이에 비례한다.

④ 아크길이가 너무 길면 아크가 불안정하게 된다.

7 피복아크 용접기기

(1) 교류아크용접기

① 교류아크용접기의 종류

    ㉠ **가동철심형** : 가동철심으로 전류조정, 미세한 전류조정 가능, 교류아크용접기의 종류에서 현재 가장 많이 사용하고 있고, 용접 작업 중 가동철심의 진동으로 소음이 발생할 수 있다.

    ㉡ **가동코일형** : 코일을 이동시켜 전류조정. 현재 거의 사용되지 않는다.

    ㉢ **가포화 리액터형** : 원격조정이 가능. 가변저항의 변화를 이용하여 용접전류를 조정하는 형식으로, 기계적 수명이 길다.

    ㉣ **탭전환형** : 코일이 감긴 수에 따라 전류조정, 미세 전류조정 불가, 전격 위험

② 교류아크용접기의 용량

    ㉠ AW-300은 정격2차전류가 300A란 의미이며, 정격은 최고로 올릴 수 있는 전류를 말한다.

    ㉡ 정격2차전류는 정격2차전류의 최소 20%에서 최대 110%이다.

      예 AW-300은 정격2차전류 60~330 사이에서 조정 가능하다.

(2) 직류아크용접기

① **정류기형** : 셀렌, 실리콘, 게르마늄 정류기를 이용하여 교류를 직류로 정류하여 직류를 얻으며, 완전한 직류를 얻지 못한다. 셀렌정류기는 80℃, 실리콘정류기는 150℃ 이상에서 파손위험이 있고, 전원이 없는 곳에서는 사용이 불가능하며, 구조가 간단하고 고장이 적다.

② **발전기형** : 전동발전형과 엔진구동형이 있으며, 우수한 직류를 얻을 수 있다. 가격이 고가이며, 소음이 심하다는 단점을 가지고 있다. 엔진구동형은 전기가 없는 곳에서 직류나 교류 전류를 만들어 사용할 수 있다. 전원이 없는 곳에서도 사용할 수 있고, 구조가 복잡하여 고장이 많다.

(3) 직류아크용접기와 교류아크용접기 비교

항목(비교사항)	직류용접기	교류용접기
아크의 안정	○	×
극성의 변화	○	×
전격의 위험	적다.	많다.
무부하전압(개로전압)	낮다.	높다.
아크 쏠림	발생	방지
구조	복잡하다.	간단하다.
비피복봉 사용	○	×

(4) 용접기의 특성

특성	상태	사용
수하 특성	전류↑, 전압↓	수동용접
부저항 특성	전류↑, 아크저항↓, 전압↓	수동용접
정전류 특성	아크길이↑↓, 전류↔	수동용접
정전압 특성	전류↑↓, 전압↔	자동용접
상승 특성	전류↑, 전압↑	자동용접

(5) 용접기 관련 계산공식

- 용접입열 $H = \dfrac{60EI}{V}$ (V : 용접속도, E : 아크전압, I : 아크전류)

- 용접기 사용률 $= \dfrac{\text{아크 발생시간}}{\text{아크발생시간 + 아크정지시간}} \times 100(\%)$

- 허용사용률 $= \dfrac{(\text{정격2차전류})^2}{(\text{실제용접전류})^2} \times \text{정격사용률}(\%)$

- 효율 $= \dfrac{\text{아크출력}}{\text{소비전력}} \times 100(\%)$ (아크출력 = 아크전압×전류)

- 퓨즈용량 $= \dfrac{\text{1차 입력}}{\text{전원입력}}$

- 역률 $= \dfrac{\text{소비전력}}{\text{전원입력}} \times 100(\%)$

- 소비전력 = 아크출력 + 내부손실

- 전원입력 = 2차 무부하전압 × 아크전류

8 용접기 설치 및 사용 시 주의사항

① 정격 사용률 이상 사용하지 않도록 한다.

② 아크전류 조정 시 아크 발생을 중지하고 전류를 조정한다.

③ 옥외의 비바람 부는 곳이나, 수증기 또는 습도가 높은 곳은 설치를 피한다.

④ 진동이나 충격을 받는 곳, 유해가스, 휘발성 가스, 폭발성 가스, 기름 등이 있는 장소에는 설치하지 않는다.

⑤ 가동부분이나 냉각팬 등을 점검하고 주유한다.

⑥ 2차 측 단자 한쪽과 용접기 케이스는 반드시 접지한다.

⑦ 용접케이블 등의 파손된 부분은 즉시 절연테이프 등으로 보수 후 사용한다.

⑧ 아크용접기 구비조건

　㉠ 구조 및 취급이 간단해야 한다.

　㉡ 전류조정이 용이하고 일정한 전류가 흘러야 하며, 사용으로 인한 본체의 온도상승이 없어야 한다.

　㉢ 아크 발생 및 유지가 용이하고 아크가 안정되어야 한다.

　㉣ 효율 및 역률이 높은 것이 좋다.

⑨ 용접 설비점검

　용접을 실시하기 전에(전원스위치 켜기 전), 먼저 용접기의 전기 접속부분을 점검하고, 케이블의 손상 여부를 점검한다. 용접기의 접지선이 잘 연결되어 있는지 점검하고, 회전부나 마찰부에 윤활상태를 점검한다.

⑩ 용접 전류조정

　용접봉의 단면적 $1mm^2$에 대한 전류밀도는 10~13A가 적당하고, 전류가 높으면 언더컷, 기공이 발생할 수 있으며, 전류가 낮으면 슬래그 섞임, 용입 불량이 발생할 수 있다.

9 용접 부속기구 명칭 및 기능

(1) 홀더

① A형 홀더 : 안전형 홀더, 전체가 절연된 홀더

② B형 홀더 : 비안전형 홀더, 손잡이 부분만 절연된 홀더. 현재 사용하지 않음.

홀더의 종류	용접용량(A)	용접봉의 지름(mm)
160호	160	3.2~4.0
200호	200	3.2~5.0
300호	300	4.0~6.0
400호	400	5.0~8.0
500호	500	6.4~10.0

(2) 케이블

① 홀더용 2차 측 케이블은 유연성이 있어야 하므로 전선을 0.2~0.5mm의 구리선으로 수백 선, 수천 선을 꼬아서 만든 캡 타이어 전선을 사용한다.

② 1차 측은 단선으로 지름을 사용하여 크기를 표시한다.

용접용량	200A	300A	400A
1차 측(지름)	5.5mm	8mm	14mm
2차 측(단면적)	$38mm^2$	$50mm^2$	$60mm^2$

(3) 전격방지기(전격방지장치)

용접작업자가 전기적 충격을 받지 않도록 2차 무부하전압을 20~30[V] 정도 낮추는 장치

(4) 고주파 발생장치

교류아크용접기에서 안정한 아크를 얻기 위하여 상용 주파의 아크 전류에 고전압의 고주파를 중첩시키는 방법으로 아크발생과 용접작업을 쉽게 할 수 있도록 하는 부속장치. 2,000~4,000[V] 고전압의 고주파를 발생시켜 용접전류에 중첩시키는 장치이다.

(5) 핫 스타트 장치

초기 아크 발생을 쉽게 하기 위해서 순간적으로 대전류를 흘려보내서 아크 발생 초기의 비드 용입을 좋게 한다.

(6) 원격제어장치

전동조작형, 가포화 리액터형이 있으며, 용접기 본체와 떨어진 곳에서 전류 및 전압 조정을 할 수 있는 장치이다.

(7) 기타

와이어 브러시, 해머, 집게, 접지클램프 등

(8) 차광유리

아크 불빛으로부터 눈을 보호하기 위하여 빛을 차단하는 차광유리를 사용하여야 한다.

용접전류[A]	용접봉 지름[mm]	차광번호
75~130	1.6~2.6	9
100~200	2.6~3.2	10
150~250	3.2~4.0	11
200~300	4.8~6.4	12
300~400	4.4~9.0	13
400 이상	9.0~9.6	14

(9) 용접보호구

　헬멧, 핸드실드, 차광막, 장갑, 앞치마, 팔 커버, 발 커버, 안전화 등

10 피복아크 용접봉

피복아크 용접봉은 용가재, 전극봉이라고도 하며, 편심률은 3% 이내이다. 심선의 재료는 저탄소 림드강을 사용하고, 한쪽 끝은 홀더에 물려서 전류가 통할 수 있도록 25mm 정도 심선을 노출시켰으며, 다른 한쪽은 아크 발생을 쉽게 하기 위하여 1~2mm 정도를 노출시켜 놓거나 아크 발생이 용이한 피복제를 입혀 놓았다.

(1) 용접봉의 종류

용접봉	특징
일미나이트계 (E4301)	일미나이트(산화티탄, 산화철)를 30% 이상 함유한 용접봉으로 작업성이 우수하며, 모든 자세의 용접이 가능하다. 내균열성, 연성이 우수하여 25mm 이상 후판용접 가능하며, 현장에서 가장 널리 이용되고 있음.
라임티탄계 (E4303)	산화티탄 30% 정도와 석회석이 주성분으로 수직자세 용접에 우수한 능률을 가지고 있으며, 선박의 내부 구조물, 기계, 일반구조물에 많이 사용
고산화티탄계 (E4313)	산화티탄 35% 정도 함유한 용접봉으로 아크 안정, 슬래그 박리성, 비드 모양은 우수하지만, 고온균열을 일으키기 쉬운 단점을 가지고 있음. 일반 경구조물 용접에 이용되고 있음.
고셀룰로스계 (E4311)	피복제에 가스 발생제 셀룰로스를 20~30% 정도 함유한 용접봉으로 위보기 자세 용접에 적합. 슬래그가 적어 비드 표면이 거칠고 스패터가 많은 단점이 있음. 공장의 파이프라인이나 철골 공사에 이용되고 있음.
저수소계 (E4316)	피복제에 석회석, 형석을 주성분으로 한 용접봉으로 수소량이 타 용접봉의 10% 정도이며 내균열성이 우수하여 고압용기, 구속이 큰 용접, 중요강도 부재에 사용되고 있음. 용착금속의 인성과 연성이 우수하고 기계적 성질도 양호함. 피복제가 두껍고 아크가 불안정하며 용접속도가 느리고 작업성이 좋지 않음.

(2) 피복제의 역할

　① 아크를 안정시킨다.

　② 산화, 질화 방지

　③ 용착효율 향상

　④ 전기절연작용, 용착금속의 탈산정련작용

　⑤ 급랭으로 인한 취성방지

　⑥ 용착금속에 합금원소 첨가

　⑦ 수직, 수평, 위보기 등의 어려운 자세 용접을 쉽게 할 수 있다.

　⑧ 적당한 슬래그 형성을 돕는다.

　⑨ 용접부의 기계적 성질을 좋게 한다.

(3) 피복제의 종류

① 아크 안정제 : 규산나트륨, 규산칼륨, 산화티탄, 석회석 등

② 가스 발생제 : 녹말, 톱밥, 셀룰로스, 탄산바륨, 석회석 등

③ 슬래그 생성제 : 형석, 산화철, 산화티탄, 이산화망간, 석회석 등

④ 탈산제 : 페로망간, 페로실리콘, 페로티탄, 규소철, 망간철, 알루미늄, 소맥분, 목재톱밥 등

⑤ 고착제 : 규산나트륨, 규산칼륨, 아교, 소맥분, 해초풀, 젤라틴 등

⑥ 합금 첨가제 : 페로망간, 페로실리콘, 페로크롬, 망간, 크롬, 구리, 몰리브덴 등

(4) 용접봉의 호칭 기호(예 E4316)

E	43	16
Electrode(전극)	용착금속의 최소 인장강도(kg/mm^2)	피복제의 계통

(5) 용착금속의 보호방식

① 슬래그 생성식 : 용접 시 발생되는 슬래그가 용착금속을 덮어 산화, 질화 및 급랭을 방지, 탈산작용

② 가스 발생식 : 피복제 중 가스 발생제를 다량 함유하여 용접 시 발생되는 가스로 용착금속을 보호한다. 셀룰로스를 이용하고 전 자세 용접이 가능하다.

③ 반가스 발생식 : 슬래그 생성식 + 가스 발생식 혼합

(6) 피복아크 용접봉의 특성

① 내균열성

  ㉠ 피복제의 염기도가 높을수록 내균열성이 향상된다.

  ㉡ 저수소계 > 일미나이트계 > 고산화철계 > 고셀룰로스계

  (E4316) > (E4301) > (E4330) > (E4311)

② 용접봉의 건조

  ㉠ 저수소계[E4316] : 300~350℃로 1~2시간 건조

  ㉡ 일반용접봉 : 70~100℃로 30분에서 1시간 건조

③ 용접봉의 작업성

  ㉠ 직접작업성 : 아크 상태, 아크 발생, 용접봉 용융 상태, 슬래그 상태, 스패터

  ㉡ 간접작업성 : 부착 슬래그 박리성, 스패터 제거의 난이도

11 피복아크 용접 기법(위빙법)

(1) 운봉법

① 줄 비드 : 용접봉을 좌우로 움직이지 않고 직선으로 용접하는 방법

② 위빙 비드 : 용접봉을 좌우로 움직이거나, 여러 가지 모양으로 움직이면서 용접하는 방법

아래보기 맞대기	직선, 원형, 부채꼴, 삼각형, 각형
아래보기 필렛	대파형, 삼각형, 부채형, 지그재그형
수평보기	직선, 타원형, 원형
수직보기	직선, 파형, 삼각형, 지그재그형, 백스텝
위보기	직선, 부채꼴, 각형, 지그재그형

CHAPTER 01 단원 핵심 문제

01 용접용 2차 측 케이블의 유연성을 확보하기 위하여 주로 사용하는 캡 타이어 전선에 대한 설명으로 옳은 것은?

① 가는 구리선을 여러 개로 꼬아 얇은 종이로 싸고 그 위에 니켈피복을 한 것

② 가는 알루미늄선을 여러 개로 꼬아 튼튼한 종이로 싸고 그 위에 고무피복을 한 것

③ 가는 구리선을 여러 개로 꼬아 튼튼한 종이로 싸고 그 위에 고무피복을 한 것

④ 가는 알루미늄선을 여러개로 꼬아 얇은 종이로 싸고 그 위에 고무피복을 한 것

> **해설** 홀더용 2차 측 케이블은 유연성이 있어야 하므로 전선을 0.2~0.5mm의 구리선으로 수백 선, 수천 선을 꼬아서 만든 캡 타이어 전선을 사용

02 연강용 피복아크 용접봉의 용접기호 E4327 중 "27"이 뜻하는 것은?

① 피복제의 계통

② 용접모재

③ 용착금속의 최저 인장강도

④ 전기용접봉의 뜻

> **해설**
> • E : 피복아크 용접봉
> • 43 : 용착금속의 최소 인장강도(kgf/mm²)
> • 27 : 피복제의 계통

03 직류아크용접에서 직류정극성의 특징 중 옳게 설명한 것은?

① 비드 폭이 넓어진다.

② 용접봉의 용융이 빠르다.

③ 모재의 용입이 깊다.

④ 일반적으로 적게 사용된다.

> **해설** 직류정극성(DCSP)
> 모재의 용입이 깊고, 용접봉이 천천히 녹음, 비드 폭이 좁고, 일반적인 용접에 많이 사용

04 아크용접에서 피복제의 역할로서 옳지 않은 것은?

① 용착금속의 급랭 방지

② 용착금속의 탈산정련작용

③ 전기절연작용

④ 스패터의 다량 생성작용

> **해설** 피복제의 역할
> • 아크를 안정시킴.
> • 산화, 질화 방지
> • 용착효율 향상
> • 전기절연작용, 용착금속의 탈산정련작용
> • 급랭으로 인한 취성방지
> • 용착금속에 합금원소 첨가
> • 수직, 수평, 위보기 등의 어려운 자세 용접을 쉽게 할 수 있음.

05 피복아크용접에서 용접봉의 용융속도와 관련이 가장 큰 것은?

① 아크전압   ② 용접봉 지름

③ 용접기의 종류   ④ 용접봉쪽 전압강하

해설 용융속도
- 용접속도는 단위시간당 소비되는 용접봉의 길이, 무게로 나타내며, 아크전압, 용접봉의 지름과는 관계가 없으며, 용접전류와 비례관계가 있다.
- 용융속도 = 아크전류 × 용접봉쪽 전압강하

06 용접봉 홀더가 KS 규격으로 200호일 때 용접기의 정격전류로 맞는 것은?

① 100A ② 200A
③ 400A ④ 800A

해설

홀더의 종류	용접용량(A)	용접봉의 지름(mm)
160호	160	3.2~4.0
200호	200	3.2~5.0
300호	300	4.0~6.0
400호	400	5.0~8.0
500호	500	6.4~10.0

07 전기용접기의 취급관리에 대한 안전사항으로서 잘못된 것은?

① 용접기는 항상 건조한 곳에 설치 후 작업한다.
② 용접전류는 용접봉 심선의 굵기에 따라 적정 전류를 정한다.
③ 용접 전류조정은 용접을 진행하면서 조정한다.
④ 용접기는 통풍이 잘되고 그늘진 곳에 설치하고 습기가 없어야 한다.

해설 용접 전류조정은 용접(아크)을 정지한 후 전류조정을 실시한다.

08 피복금속 아크용접에서 "모재가 녹은 쇳물부분"을 의미하는 것은?

① 슬래그 ② 용융지
③ 용입부 ④ 용착부

해설 아크용접 용어
- Arc : 음극과 양극의 두 전극을 접촉시켰다가 때면 두 전극 사이에 생기는 활 모양의 불꽃방전이다. 스파크의 연속이 기체 중에서 일어나는 방전의 일종으로 온도는 약 5,000℃ 정도
- 용융풀 : 용접재료가 녹은 쇳물부분으로 용융지라고도 함.
- 용입 : 용접재료가 녹은 깊이, 모재의 용융된 부분의 가장 높은 점과 용접하는 면의 표면과의 거리
- 용착 : 용접봉이 녹아서 용융풀에 들어가는 것
- 용락 : 용접재료가 녹아서 쇳물이 떨어져 흘러내리거나 구멍이 나는 것
- 용접길이 : 중단되지 않은 용접의 시발점 및 크레이터를 제외한 부분의 길이
- 용가재 : 용접 시 용착금속이 되도록 용융시킨 금속
- 모재 : 용접 또는 절단 가공의 대상이 되는 재료
- 심선 : 피복아크 용접봉의 중심에 있는 금속선
- 용접 전극 : 아크용접 또는 저항용접에서 전류를 직접 흘려주는 부분
- 열영향부 : 용접금속 근방의 모재에 용접열에 의해 급열, 급랭되는 부분

09 용접법의 분류에서 아크용접에 해당하지 않는 것은?

① 유도가열 용접 ② 피복금속 용접
③ 서브머지드 용접 ④ 이산화탄소 용접

해설 1. 융접
용접부를 용융 또는 반용융 상태로 하고, 여기에 용접봉(용가재)을 첨가하여 접합
- 아크용접(피복아크, 티그, 미그, 스터드 아크, 일렉트로 가스용접)
- 가스용접(산소-아세틸렌, 수소, 프로판, 메탄)
- 테르밋 용접
- 일렉트로 슬래그 용접

2. 압접
용접부를 냉간 또는 열간 상태에서 압력을 주어 접합
- 전기저항 용접(점, 심, 프로젝션, 업셋, 플래시, 퍼커션)
- 단접(해머, 다이)
- 초음파, 폭발, 고주파, 마찰, 유도가열 용접 등

3. 납땜
재료를 녹이지 않고, 재료보다 용융점이 낮은 금속을 녹여서 접합
- 경납
- 연납

10 다음 피복아크 용접봉의 피복제 연소 시 용접부 보호방식에 속하지 않는 것은?

① 가스 발생식　　② 슬래그 생성식

③ 반가스 발생식　④ 반슬래그 생성식

해설 용착금속의 보호방식
- 슬래그 생성식 : 슬래그로 산화, 질화 방지, 탈산작용
- 가스 발생식 : 셀룰로스 이용
- 반가스 발생식 : 슬래그 생성식 + 가스 발생식 혼합

11 피복금속 아크용접에서 아크 안정제에 속하는 피복제는?

① 산화티탄　　　② 탄산마그네슘

③ 페로망간　　　④ 알루미늄

해설 아크 안정제
규산나트륨, 규산칼슘, 산화티탄, 석회석 등

12 피복아크 용접봉 고산화티탄계를 나타내는 용접봉은?

① E4301　　　　② E4311

③ E4313　　　　④ E4316

해설
- E4301 : 일미나이트계
- E4311 : 고셀룰로스계
- E4313 : 고산화티탄계
- E4316 : 저수소계

13 교류아크용접기는 무부하전압이 높아 전격의 위험이 있으므로 안전을 위하여 전격방지기를 설치한다. 이때 전격방지기의 2차 무부하전압을 몇 [V] 이하로 하는 것이 적당한가?

① 80~90[V]　　② 60~70[V]

③ 40~50[V]　　④ 20~30[V]

해설 전격방지기
용접작업자가 전기적 충격을 받지 않도록 2차 무부하전압을 20~30[V] 정도 낮추는 장치

CHAPTER 02 수동 · 반자동 가스절단

1 가스용접

(1) 가스용접의 원리

가스용접은 아세틸렌, 프로판, 수소가스 등의 가연성 가스와 산소, 공기 등의 조연성(지연성) 가스를 혼합하여 가스가 연소할 때 발생하는 열을 이용하여 모재를 용융시키는 동시에 용가재를 공급하여 접합하는 용접이다.

(2) 가스용접의 특징

① 전기가 필요 없으며 응용범위가 넓다.

② 용접장치 설비비가 저렴하고, 가열 시 열량 조절이 비교적 자유롭다.

③ 유해광선 발생률이 적고, 박판용접에 용이하며, 응용범위가 넓다.

④ 폭발 화재 위험이 있고, 열효율이 낮아서 용접속도가 느리다.

⑤ 탄화, 산화 우려가 많고, 열 영향부가 넓어서 용접 후의 변형이 심하다.

⑥ 용접부 기계적 강도가 낮으며, 신뢰성이 적다.

2 조연성 및 가연성 가스

(1) 조연성 가스(지연성 가스)

조연성 가스는 자신은 타지 않고 다른 물질이 연소할 수 있도록 도와주는 가스로 대표적으로 산소가 있다.

(2) 가연성 가스

① 가연성 가스는 자신이 타는 가스로 아세틸렌, 프로판, 메탄, 에탄, 수소 등이 있다.

② 가연성 가스의 조건

　　㉠ 불꽃의 온도가 높을 것

　　㉡ 용융금속과 화학반응을 일으키지 않을 것

　　㉢ 연소속도가 빠를 것

　　㉣ 발열량이 많을 것

(3) 가스의 비중

부탄 $C_4H_{10}(2)$ > 이산화탄소 $CO_2(1.529)$ > 프로판 $C_3H_8(1.522)$ > 산소 $O_2(1.105)$ > 공기(1) > 아세틸렌 $C_2H_2(0.906)$ > 메탄 $CH_4(0.55)$ > 수소 $H_2(0.06)$

(4) 산소

① 산소의 특징

　㉠ 무색, 무취, 무미의 기체로 1ℓ의 중량은 0℃ 1기압에서 1.429g이다. 또한 비중은 1.105로 공기보다 무겁다. 고압용기에 35℃에서 150kgf/cm^{2}의 고압으로 압축해 충전한다.

　㉡ 공기 중에 21% 존재하며, 화기로부터 4m 이상 떨어져 사용해야 한다. 밸브에는 그리스나 기름이 묻어서는 안 되고, 밸브는 반드시 닫고 안전 캡을 씌운다.

　㉢ 용접용 호스는 6.3mm, 7.9mm, 9.5mm 3종류가 있으며, 7.9mm가 가장 많이 사용된다.

② 산소의 용기

　㉠ 산소용기는 5,000, 6,000, 7,000ℓ의 3종류가 있으며, 기압으로 나누어 내용적으로 환산하면, 33.7, 40.7, 46.7ℓ가 된다. 산소병(봄베)은 에르하르트법이나 만네스만법으로 제조한다.

　㉡ 용기의 색은 녹색이며, 각인으로 표시한다.

　㉢ 산소용기의 각인은 충전가스의 명칭, 용기 제조번호, 용기 중량, 내압시험압력, 최고 충전압력 등이 표시되어 있다.

• TP : 내압시험 압력(kg/cm^2)	• V : 내용적(용기의 부피)
• FP : 최고충전 압력(kg/cm^2)	• W : 순수 용기의 중량

③ 산소용기 취급 시 주의사항

　㉠ 화기가 있는 곳이나 직사광선의 장소를 피한다.

　㉡ 충격을 주지 않으며, 밸브 동결 시 온수나 증기를 사용하여 녹인다.

　㉢ 용기 내의 압력이 170기압 이상이 되지 않도록 하며, 누설검사는 비눗물을 이용한다.

　㉣ 산소용기 밸브, 조정기 등은 기름천으로 닦으면 안 된다.

　㉤ 산소병은 40℃ 이하로 유지하고, 공병이라도 뉘어 두어서는 안 된다.

(5) 아세틸렌

① 아세틸렌의 특징

　㉠ 비중은 0.906으로 공기보다 가볍다.

　㉡ 순수한 것은 무색, 무취의 기체로, 혼합할 때 악취가 난다. 15℃ 1기압에서 1ℓ의 무게는 1.176g이다.

　㉢ 용해 아세틸렌가스는 15℃ 15기압(kgf/cm^2)으로 충전한다.

　㉣ 용해 아세틸렌 1kg을 기화시키면 905ℓ에 아세틸렌가스가 발생한다.

　㉤ 용기 안의 아세틸렌 양 구하는 식

　　C = 905(A − B)　(C : 아세틸렌가스 양, A : 병 전체 무게, B : 빈병의 무게)

　㉥ 용기의 색은 황색, 호스의 색은 적색, 10kg/cm^{2}의 내압시험에 합격해야 한다.

ⓢ 아세틸렌가스는 각종 액체에 잘 용해된다. 물과 같은 양, 석유에는 2배, 벤젠에는 4배, 알코올에는 6배, 아세톤에는 25배로 용해된다.

② 아세틸렌가스 발생

　㉠ 카바이드 1kg을 물과 작용할 때 348ℓ의 아세틸렌이 발생

　㉡ 아세틸렌 발생기 : 투입식 발생기, 주수식 발생기, 침지식 발생기

　㉢ 카바이드 취급 시 사용공구 : 나무주걱 등

　㉣ 분출압력에 따른 분류 : 저압식(0.07kg/cm² 이하), 중압식(0.07~1.3kg/cm²) 고압식(1.3kg/cm² 이상)

③ 아세틸렌의 폭발성

　㉠ 온도 : 406~408℃. 자연발화

　㉡ 압력 : 1.3(kgf/cm²) 이하에서 사용한다.

　㉢ 혼합가스 : 아세틸렌 15%, 산소 85%에서 가장 위험하다.

　㉣ 마찰·진동·충격 등의 외력이 작용하면 폭발위험이 있다.

　㉤ 은·수은 등과 접촉하면 이들과 화합하여 120℃ 부근에서 폭발성이 있는 화합물을 생성한다.

④ 아세틸렌가스 청정방법

　㉠ 물리적 방법 : 수세법, 여과법

　㉡ 화학적 방법 : 페라톨, 카탈리졸(청정능력 최우수), 플랑크린, 아카린 등

⑤ 용해 아세틸렌 취급 시 유의사항

　㉠ 착화에 위험이 없어야 한다. 40℃ 이하로 보관하며, 이동 시에는 반드시 캡을 씌운다.

　㉡ 용기는 세워서 보관, 동결 부분은 35℃ 이하의 온수로 녹인 후 사용한다.

　㉢ 용기는 진동이나 충격을 가하지 말고 신중히 취급해야 한다.

　㉣ 누설검사는 비눗물을 이용한다.

　㉤ 아세틸렌병은 반드시 세워서 사용한다.

　㉥ 밸브고장으로 아세틸렌 누출 시는 통풍이 잘되는 곳으로 병을 옮겨 놓아야 한다.

⑥ 카바이드

　㉠ 아세틸렌의 원료로 순수한 것은 무색·투명하나, 불순물이 섞이면 회흑색, 회갈색이 된다.

　㉡ 비중은 2.2~2.3으로, 물과 반응하여 아세틸렌이 발생한다.

(6) 수소

① 1ℓ의 무게는 0.0899g으로 가장 가볍고, 확산속도가 빠르며, 납땜이나 수중절단용으로 사용한다.

② 무미, 무색, 무취로 육안으로 불꽃을 확인하기 곤란하다.

③ 물의 전기분해 및 코크스의 가스화법으로 제조한다.

④ 폭발성이 강한 가연성 가스이며, 고온·고압에서는 금속에 취성이 생길 수 있게 한다.

⑤ 수소의 폭발범위는 공기 중에서는 4~75%이고, 산소 중에서는 4~94%이다.

(7) 프로판가스(LPG, 액화석유가스)

① 비중은 1.522로 공기보다 무겁고 주로 절단용 가스로 사용된다.

② 상온에서 기체상태이며, 온도변화에 따른 팽창률이 크다.

③ 발열량은 가장 높고, 열의 집중성은 떨어진다.

④ 액화하기 쉽고, 용기에 보관하여 수송이 편리하다.

3 가스용접 설비 및 기구

(1) 용접용 토치

산소와 아세틸렌가스를 혼합하여 혼합가스를 연소시켜 용접작업을 할 수 있게 만들어 주는 장치로, 구조는 밸브, 혼합실, 팁으로 이루어져 있다.

① 토치 구조에 따른 분류

㉠ 불변압식(독일식, A형)은 니들 밸브가 없는 것으로 압력변화가 적고, 토치 구조가 복잡하고 무거우며, 인화가능성이 적다.

㉡ 가변압식(프랑스식, B형)은 니들 밸브가 있어 유량과 압력조절이 쉽고, 가벼워 작업하기 쉽다.

② 토치 압력에 따른 분류

㉠ 저압식 토치 : 아세틸렌가스의 압력이 $0.07kg/cm^2$ 이하

㉡ 중압식 토치 : 아세틸렌가스의 압력이 $0.07~1.3kg/cm^2$

㉢ 고압식 토치 : 아세틸렌가스의 압력이 $1.3kg/cm^2$ 이상

(2) 팁

① 불변압식(독일식, A형) 1번은 1mm, 2번은 2mm 두께의 강판을 용접할 수 있다.

불변압식 팁 : 용접할 수 있는 강판의 두께 기준

② 가변압식(프랑스식, B형) 100번은 1시간 동안 표준불꽃으로 용접했을 때 소비되는 아세틸렌가스의 양이 100ℓ이다.

가변압식 팁 : 매 시간당 소비되는 아세틸렌가스의 양을 기준

③ 독일식 1번 = 프랑스식 100번

④ 팁이 과열되었을 때는 산소를 조금 분출시키면서 물속에 넣어 냉각한다.

⑤ 팁의 재료는 주로 동합금이 사용된다.

⑥ 팁 청소는 팁 클리너를 이용하여 청소한다.

(3) 용접용 호스

① 길이는 5m 정도가 적당하고, 내경은 6.3mm, 7.9mm, 9.5mm를 사용한다.

② 내압시험은 산소 90기압, 아세틸렌 10기압. 호스 이음부는 조임용 밴드를 사용한다.

(4) 안전기

① 가스의 역류, 역화를 방지할 수 있는 구조로 되어야 한다.

② 빙결되었을 때는 온수나 증기로 녹인다.

③ 유효수주 25mm 이상 유지한다. 토치 1개당 안전기는 반드시 1개를 설치한다.

(5) 보안경

① 용접 중에 발생하는 스패터나 불티가 눈에 들어가지 않도록 보호하고, 유해한 자외선이나 적외선의 피해를 방지하기 위해 보안경을 사용한다.

② 연납, 경납 땜은 2~4번, 가스용접은 4~6번, 가스절단은 3~4번을 사용한다.

(6) 가스 용접봉

① 저탄소강이 주로 이용된다.

② 모재와 같은 재질이어야 한다.

③ 불순물이 포함되어 있지 않아야 한다.

④ 기계적 성질에 나쁜 영향을 주지 않아야 한다.

⑤ 규정 중의 GA46, GB43 등이 있을 때 숫자의 의미는 용착금속의 최소 인장강도를 의미한다.

⑥ SR(용접 후 625±25℃에서 풀림), NSR(용접 후 그대로)이 있다.

⑦ 용접봉의 지름과 판두께와의 관계 $D = \dfrac{T}{2} + 1$ (D : 지름, T : 판두께)

(7) 용제

① 산화물의 용융온도를 낮게 한다.

② 재료 표면의 산화물을 제거한다.

③ 재료와의 친화력을 증가시킨다.

④ 청정작용으로 용착을 돕는다.

⑤ 용제는 사용 후 슬래그 제거가 용이하고 인체에 무해해야 한다.

⑥ 용융금속의 산화・질화를 감소하게 한다.

⑦ 용접 중에 생기는 금속의 산화물 또는 비금속 개재물을 용해한다.

⑧ 금속별 용제의 종류

용접금속	용제
연강	사용하지 않음.
주철	붕사, 붕산, 탄산소다(탄산나트륨), 중탄산나트륨
구리(구리합금)	붕사, 붕산, 플루오나트륨, 규산나트륨(붕사 75% + 염화리튬 25%)
알루미늄	염화칼륨, 염화리튬, 염화나트륨, 염산칼리

(8) 보호구 및 공구

앞치마, 용접장갑, 각반, 지그, 집게, 브러시 등이 있다.

(9) 압력조정기(감압조정기)

① 산소나 아세틸렌 용기 내의 압력은 고압이어서 사용 시 문제가 발생할 수 있다. 사용 시 재료와 토치 능력에 따라 필요한 압력으로 낮추어 사용하여야 한다. 일반적으로 산소의 압력은 $3\sim4kgf/cm^2$ 이하, 아세틸렌가스 압력은 $0.1\sim0.3kgf/cm^2$ 정도로 한다.

② 압력조정기의 압력전달순서는 '부르동관 → 링크 → 섹터기어 → 피니언'이다.

4 산소-아세틸렌 용접 기법

(1) 가스용접의 개요

가연성 가스와 조연성 가스를 혼합하여 가스가 연소할 때 발생하는 열을 이용하여 모재를 용융시키면서 용접봉을 공급하여 접합하는 방법이다.

(2) 가스용접의 특징

① 장점

㉠ 전기가 필요 없고, 응용범위가 넓고, 설비를 쉽게 하고 설비비용이 저렴하다.

㉡ 유해광선 발생률이 적고, 박판 용접에 적당하며, 가열 시 열량조절이 쉽다.

㉢ 용접기 운반이 쉽고, 용접기술이 전기용접에 비해 쉽다.

㉣ 가열할 때 열량조절이 비교적 자유롭다.

② 단점

㉠ 폭발 화재 위험이 크고, 탄화 및 산화 우려가 있다.

㉡ 열 영향부가 넓어서 가열시간이 오래 걸리고, 용접 후 변형이 심하다.

㉢ 불꽃온도가 낮아서 용접속도가 늦고, 기계적 강도가 낮으며, 신뢰성이 적다.

㉣ 전기용접에 비하여 비효율적인 용접이다.

(3) 가스용접법의 종류

① 산소 – 아세틸렌[C_2H_2]

② 산소 – 프로판[C_3H_8]

③ 산소 – 수소[H_2]

④ 산소 – 메탄[CH_4]

혼합가스	특징	불꽃온도(℃)	발열량(Kcal/m²)
산소 – 아세틸렌	불꽃온도 가장 높음.	3,430	12,700
산소 – 프로판	발열량 가장 많음.	2,820	20,780
산소 – 수소	연소속도 가장 빠름.	2,900	2,420
산소 – 메탄	불꽃온도 가장 낮음.	2,700	8,080

(4) 전진법과 후진법

가스용접에서는 용접진행방향과 토치의 팁이 향하는 위치에 따라서 전진법(좌진법), 후진법(우진법)으로 나눌 수 있다.

① 전진법은 토치를 오른손에 잡고, 용접봉은 왼손으로 잡아, 오른쪽에서 왼쪽으로 용접하는 방법이다. 왼쪽 방향으로 용접한다는 의미로 좌진법이라고 한다.

② 전진법은 후진법에 비하여 용접속도가 느리고, 홈 각도, 용접 변형이 크며, 산화 정도나 용착금속의 조직이 나쁘다. 얇은 판두께의 용접에는 적합하나, 열 이용률은 나쁘다. 전진법이 후진법보다 좋은 점은 비드 모양이 미려하다는 것이다.

③ 후진법은 토치를 오른손에 잡고, 용접봉은 왼손으로 잡아, 왼쪽에서 오른쪽으로 용접하는 방법이다. 오른쪽방향으로 용접한다는 의미로 우진법이라고 한다.

④ 후진법은 전진법에 비하여 용접속도가 빠르고, 홈 각도, 용접 변형이 작으며, 산화 정도나 용착금속의 조직이 좋다. 전진법에 비하여 두꺼운 강판을 용접할 수 있다.

(5) 가스불꽃의 구성

① 백심 : 백색불꽃으로 온도는 1,500℃ 정도이다.

② 속불꽃(용접불꽃) : 일산화탄소와 수소가 공기 중의 산소와 결합하여 고열 발생, 실제로 용접이 이루어지는 불꽃으로 온도는 3,200~3,400℃ 정도이다.

③ 겉불꽃 : 연소가스가 주위 공기의 산소와 결합하여 완전연소되는 불꽃으로 2,000℃ 정도이다.

(6) 가스불꽃의 종류

① 탄화불꽃(탄성불꽃) : 아세틸렌가스의 양이 산소량보다 많은 경우에 발생하는 불꽃으로, 산화작용을 일으키지 않기 때문에 산화를 방지할 필요가 있는 스테인리스강, 니켈강 용접에 쓰이고, 침탄작용을 일으키기 쉽다. 제3의 불꽃이라고도 하며, 적황색이다.

② 중성불꽃(표준불꽃) : 산소와 아세틸렌가스의 용적이 1:1로 혼합된 불꽃으로, 백색 또는 투명한 청색을 띠고 있으며, 용접에 가장 적합한 불꽃이고, 주로 연강용접에 사용된다.

③ 산화불꽃(산성불꽃) : 아세틸렌가스보다 산소량이 많은 경우에 발생하는 불꽃으로 온도가 가장 높으며, 금속을 산화시키고, 용접부에 기공이 발생한다. 구리, 황동용접에 주로 사용한다.

(7) 역류, 역화, 인화

① 역류 : 산소압력 과다, 아세틸렌 공급량이 부족할 경우 발생할 수 있으며, 토치 내부의 지관에 막힘현상 발생, 이때 고압의 산소가 밖으로 나가지 못하고 산소보다 압력이 낮은 아세틸렌을 밀어내면서 아세틸렌 호스 쪽으로 거꾸로 흐르는 현상으로 역류를 방지하기 위해서는 팁을 깨끗이 청소하고, 산소를 차단시키며, 아세틸렌을 차단시킨다.

② 역화 : 용접 중에 모재에 팁 끝이 닿아 불꽃이 순간적으로 팁 끝에 흡인되고, 빵빵 소리를 내며, 불꽃이 꺼졌다 켜졌다 하는 현상이다.

③ 인화 : 팁 끝이 순간적으로 막히게 되면 가스 분출이 나빠지고 혼합실까지 불꽃이 들어가는 수가 있다. 발생 시 아세틸렌 차단 후 산소를 차단한다.

※ 연소의 3요소

　가연물, 산소, 점화원

---

5 가스절단

- 산소-아세틸렌 불꽃으로 800~900℃ 정도로 예열하고 난 후 고압의 산소를 불어내면서 절단하는 방법이다.
- 절단에 영향을 주는 요소로는 팁의 모양 및 크기, 산소의 순도와 압력, 절단속도, 예열불꽃, 팁의 거리 및 각도, 사용가스 등이다.
- 강이나 저합금강 절단에 사용되고, 고합금강 절단에는 곤란하다.
- 좋은 절단은 절단 시 드래그는 작은 것, 절단 모재의 표면각이 예리한 것, 절단면은 평활하고, 슬래그의 박리성이 우수할수록 좋은 절단이다.

(1) 가스절단장치 및 방법

① 토치

저압식은 아세틸렌 압력이 0.07kg/cm^2 이하에서 사용되며 산소압력이 높고, 중압식은 0.07~0.4kg/cm^{2}의 토치이며, 산소와 아세틸렌압력이 거의 같다.

② 팁

㉠ 동심형(프랑스식)은 전후 및 곡선절단이 가능하며, 이심형(독일식)은 곡선의 절단이 불가능하나, 절단면이 깨끗하며 자동절단에 사용한다.

㉡ 다이버전트 노즐은 고속분출을 얻는 데 적합하고 보통의 팁에 비하여 산소의 소비량이 같을 때, 절단속도를 20~25% 증가시킬 수 있다.

③ 드래그

㉠ 가스 절단면에 절단기류의 입구 측에서 출구 측 사이의 수평거리이며, 일반적인 표준 드래그의 길이는 판두께의 ($\frac{1}{5}$)20% 정도이다.

㉡ 절단면에 나타나는 일정한 간격의 곡선이다.

㉢ 드래그 = $\dfrac{\text{드래그의 길이}}{\text{판두께}} \times 100$

④ 절단방법

㉠ 절단속도는 산소의 압력, 모재의 온도, 산소의 순도, 팁의 모양과 크기에 영향을 받는다.

㉡ 중성불꽃으로 예열하고, 절단 시 모재와 백심과의 거리를 1.5~2mm 정도로 한다.

㉢ 가스 혼합비는 산소(4.5) : 프로판(1), 산소(1) : 아세틸렌(1)

⑤ 가스절단의 조건

㉠ 금속산화물의 용융점이 모재의 용융점보다 낮고, 생성된 산화물의 유동성이 좋을 것

㉡ 다량의 열을 발생하고, 산화물이 모재에서 쉽게 떨어질 것

㉢ 절단 재료가 불연성 물질을 함유하고 있지 않을 것

⑥ 아세틸렌가스와 프로판가스의 비교

아세틸렌	프로판
• 예열시간이 짧고, 점화 및 불꽃 조절이 쉽다. • 절단 개시까지 시간이 빠르고, 중성불꽃을 만들기 쉽다. • 박판 절단 속도가 빠르다.	• 절단면이 깨끗하고, 슬래그 제거가 쉽다. • 포갬 및 후판 절단 시 아세틸렌보다 빠르다. • 전체적인 경비는 비슷하다.

(2) 가스절단 시 유의사항

① 호스가 꼬여 있는지 확인한다.

② 가스절단에 알맞은 보호구를 착용한다.

③ 절단부가 예리하고 날카로우므로 상처를 입지 않도록 주의한다.

④ 절단 진행 중에 시선은 절단면을 보면서 작업해야 한다.

⑤ 토치 밸브들은 민감하므로 개폐 시 격하게 조작하지 말아야 한다.

(3) 가스절단에서 양호한 가스 절단면을 얻기 위한 조건

① 절단면이 깨끗할 것

② 드래그가 가능한 작을 것

③ 절단면 표면의 각이 예리할 것

④ 슬래그 이탈성(박리성)이 좋을 것

(4) 가스절단에 따른 변형을 최소화할 수 있는 방법

① 적당한 지그를 사용하여 절단재의 이동을 구속한다.

② 절단에 의하여 변형되기 쉬운 부분을 최후까지 남겨 놓고 냉각하면서 절단한다.

③ 여러 개의 토치를 이용하여 평행 절단한다.

④ 일반적으로 구속법, 가열법, 수냉법을 이용하여 변형을 줄인다.

6 아크절단 및 특수절단

(1) 아크절단 정의

① 아크열로 모재를 용융시키고 압축공기나 산소기류를 이용하여 용융금속을 불어내면서 설단하는 방법이다.

② 온도가 높고, 절단면이 곱지 못하나, 산소절단보다 저렴하다.

③ 정밀도가 가스절단에 비해 낮지만, 가스절단이 곤란한 재료에 사용 가능하다.

④ 용도 : 주철, 망간강, 비철금속 등에 사용 가능하다.

⑤ 종류 : 탄소아크, 금속아크, 산소아크, 불활성 가스아크(TIG, MIG)절단, 플라즈마 아크, 플라즈마 제트 절단, 아크 에어 가우징

(2) 아크절단 종류

① 탄소 아크절단

　㉠ 탄소 또는 흑연 전극봉과 금속 사이에 아크를 일으켜 절단한다.

ⓛ 사용전원은 직류, 교류 모두 사용 가능하지만, 일반적으로 직류정극성을 사용한다.

ⓒ 중후판의 절단은 전자세로 작업한다.

ⓔ 주철 및 고탄소강의 절단에서는 절단면에 약간의 탈탄이 생긴다.

ⓜ 주철 및 고탄소강의 절단에서 절단면은 가스 절단면에 비하여 거칠다.

② 금속 아크절단

ⓖ 일반적으로 절단용 피복봉을 사용하고, 사용전원으로는 직류정극성을 사용하는 것이 적합하지만, 교류도 사용 가능하다.

ⓛ 절단면은 가스 절단면에 비해 거칠다.

ⓒ 담금질 경화성이 강한 재료의 절단부는 기계 가공이 곤란하다.

ⓔ 피복제는 발열량이 많고 산화성이 풍부하다.

③ 산소 아크절단

중공의 피복봉을 사용하여 아크를 발생시키고 중심부에서 산소를 분출시켜 절단하는 방법으로 전원으로는 직류정극성이 사용되나, 교류도 사용 가능하다.

④ 불활성 가스 아크절단

ⓖ TIG 절단은 텅스텐 전극과 모재 사이에 아크를 발생시켜 모재를 용융하여 절단하며, 열적 핀치효과에 의해 고온·고속의 플라즈마를 발생한다. 사용전원으로는 직류정극성이 사용된다.

ⓛ TIG 절단에서는 주로 아르곤과 수소 혼합가스가 작동가스로 사용된다.

ⓒ TIG 절단은 구리 및 구리합금, 알루미늄, 마그네슘, 스테인리스강 등의 금속재료 절단에만 사용한다.

ⓔ MIG 절단은 금속 전극에 대전류를 흘려 절단하는 방식이며, 직류역극성을 사용한다.

⑤ 플라즈마 아크절단

ⓖ 자동(아르곤 + 수소, 질소 + 수소) 및 수동절단(아르곤 80% + 수소 20%)이 가능하고, 알루미늄, 마그네슘, 스테인리스강 등의 비철금속 절단에 주로 이용한다.

ⓛ 열적 핀치효과를 이용한다.

ⓒ 열 영향부가 적어 절단 후 변형이 거의 없고, 절단면에 슬래그 부착이 없다.

ⓔ 절단면이 양호하고, 절단속도 7.6m/min까지 가능하고, 127mm까지 깨끗이 절단할 수 있다.

ⓜ 금속 외에 콘크리트, 내화물 등의 비금속재료도 절단 가능하다.

ⓗ 이행형 플라즈마 아크절단, 비이형행 플라즈마 아크절단(플라즈마 제트 절단)으로 나눈다.

(3) 특수절단 종류

① 분말절단

ⓖ 주철, 고합금강, 비철금속 등은 보통 가스절단으로는 할 수 없으므로, 철분이나 플럭스 분말을 압축공기 또는 압축질소에 혼입, 공급하여 절단한다.

ⓒ 철, 비철, 콘크리트까지 절단이 가능하다.

ⓒ 절단면이 매끄럽지 않다.

ⓒ 철분절단 및 플럭스절단이 있다.

② 수중절단

㉠ 수중절단은 침몰선의 해체, 교량 건설에 주로 사용되고, 수심 45m까지 가능하다.

ⓒ 지상보다 많은 양의 4~8배의 가스를 사용하고, 절단산소의 압력은 1.5~2배, 절단속도는 느리다.

ⓒ 산소, 수소를 가장 많이 사용하고, 아세틸렌, 프로판을 사용할 수도 있다.

③ 산소창절단

1.5~3m 정도의 가늘고 긴 강관을 사용하며, 용광로의 팁 구멍, 후판의 절단, 주강 슬래그 덩어리, 암석 등의 구멍뚫기(천공)에 사용된다.

④ 겹치기(포갬)절단

㉠ 6mm 이하의 비교적 얇은 판을 작업 능률을 높이기 위하여 여러 장 겹쳐 놓고 한 번에 절단하는 방법을 말한다.

ⓒ 예열불꽃으로 산소-아세틸렌 불꽃보다 산소-프로판 불꽃이 적합하다.

ⓒ 절단 시 판과 판 사이에는 산화물이나 불순물을 깨끗이 제거하고, 판과 판 사이의 틈새는 0.08mm 이하로 포개어 압착시킨 후 절단하여야 한다.

7 가우징 및 스카핑

(1) 가스 가우징

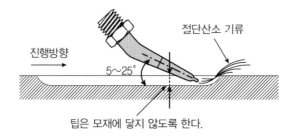

① 용접부분의 뒷면을 따내거나, U형, H형 등의 둥근 홈을 파내는 작업이다.

② 토치의 예열각도는 30~40도, 가우징 시 각도는 10~20도이다.

③ 홈의 깊이와 폭의 비는 1:1~1:3 정도이다.

④ 용접부 결함, 뒤따내기, 가접 제거, 압연 및 주강의 표면 결함 제거에 사용한다.

(2) 아크 에어 가우징

① 탄소 아크절단장치에 6~7기압 정도의 압축공기를 사용하는 방법으로 용접부 홈이나, 결함부를 파내는 가우징 작업, 용접 결함부 제거 등의 작업에 적합하다.

② 흑연으로 된 탄소봉에 구리 도금한 전극을 사용한다.

③ 사용전원으로 직류역극성[DCRP]을 이용한다.

④ 보수용접 시 균열부분이나, 용접 결함부를 제거하는 데 적합하다.

⑤ 활용범위가 넓어 스테인리스강, 동합금, 알루미늄에도 적용될 수 있다.

⑥ 소음이 없고, 작업능률이 가스 가우징보다 2~3배 높으며, 비용이 저렴하고, 모재에 나쁜 영향을 미치지 않아, 철, 비철금속 모두 사용 가능하다.

⑦ 아크 에어 가우징 장치에는 전원(용접기), 가우징 토치, 컴프레셔가 있다.

(3) 스카핑

① 강재 표면의 게재물, 탈탄층 또는 홈을 제거하기 위해 사용하며, 가우징과 다른 것은 표면을 얇고 넓게 깎는 것이다.

② 스카핑의 속도는 냉간재는 5~7m/min, 열간재는 20m/min으로 상당히 빠르다.

CHAPTER 02 단원 핵심 문제

01 아크 에어 가우징을 할 때 압축공기의 압력은 몇 kgf/cm² 정도의 압력이 가장 좋은가?

① 0.5~1　　　　② 3~4
③ 6~7　　　　　④ 9~10

해설 **아크 에어 가우징**
• 탄소 아크절단장치에 6~7기압 정도의 압축공기를 사용하는 방법으로 용접부 가우징, 용접 결함부 제거, 절단 및 구멍뚫기 작업에 적합하다.
• 흑연으로 된 탄소봉에 구리 도금한 전극을 사용한다.
• 사용전원으로 직류역극성[DCRP]을 이용한다.
• 소음이 없고, 작업능률이 가스 가우징보다 2~3배 높으며, 비용이 저렴하고, 모재에 나쁜 영향을 미치지 않아, 철, 비철금속 모두 사용 가능하다.

02 가스용접에 쓰이는 수소가스에 관한 설명으로 틀린 것은?

① 부탄가스라고도 한다.
② 수중절단의 연료 가스로도 사용된다.
③ 무색, 무미, 무취의 기체이다.
④ 공업적으로 물의 전기분해에 의해서 제조한다.

해설 **수소**
• 비중은 0.069g으로 가장 가볍고, 확산속도가 빠르며, 납땜이나 수중절단용으로 사용한다.
• 무미, 무색, 무취로 육안으로 불꽃을 확인하기 곤란하다.
• 물의 전기분해 및 코크스의 가스화법으로 제조한다.
• 폭발성이 강한 가연성 가스이며, 고온·고압에서는 취성이 생길 수 있다.

03 수동 가스절단기에서 저압식 절단 토치의 아세틸렌가스 압력이 보통 몇 kgf/cm² 이하에서 사용되는가?

① 0.07　　　　② 0.40
③ 0.70　　　　④ 1.40

해설 **가스절단 토치**
저압식은 아세틸렌 압력이 0.07kg/cm² 이하에서 사용되며 산소압력이 높고, 중압식은 0.07~0.4kg/cm²의 토치이며, 산소와 아세틸렌압력이 거의 같다.

04 스카핑의 설명으로 맞는 것은?

① 가우징에 비해 너비가 좁은 홈을 가공한다.
② 가우징 토치에 비해 능력이 작다.
③ 작업방법은 스카핑 토치를 공작물의 표면과 직각으로 한다.
④ 강재 표면의 탈탄층 또는 홈을 제거하기 위해 사용된다.

해설 **스카핑**
• 강재 표면의 개재물, 탈탄층 또는 홈을 제거하기 위해 사용하며, 가우징과 다른 것은 표면을 얕고 넓게 깎는 것이다.
• 스카핑의 속도는 냉간재는 5~7m/min, 열간재는 20m/min으로 상당히 빠르다.

05 용해 아세틸렌가스는 몇 ℃, 몇 kgf/cm²으로 충전하는 것이 가장 적당한가?

① 40℃, 160kgf/cm²　　② 35℃, 150kgf/cm²
③ 20℃, 30kgf/cm²　　　④ 15℃, 15kgf/cm²

정답 　01 ③　02 ①　03 ①　04 ④　05 ④

> **해설** 용해 아세틸렌가스는 15℃, 15기압(kgf/cm²)으로 충전한다.

06 산소용기의 각인에 포함되지 않는 사항은?

① 내압시험압력   ② 최고 충전압력

③ 내용적   ④ 용기의 도색 색채

> **해설** 산소용기의 각인은 충전가스의 명칭, 용기 제조번호, 용기 중량, 내압시험압력, 최고 충전압력 등이 표시되어 있다.

07 가스용접에서 용제를 사용하는 이유는?

① 산화작용 및 질화작용을 도와 용착금속의 조직을 미세화하기 위해

② 모재의 용융온도를 낮게 하여 가스 소비량을 적게 하기 위해

③ 용접봉의 용융속도를 느리게 하여 용접봉 소모를 적게 하기 위해

④ 용접 중에 생기는 금속의 산화물 또는 비금속 개재물을 용해하여 용착금속의 성질을 양호하게 하기 위해

> **해설** 용제
> • 산화물의 용융온도를 낮게, 산화물을 제거, 친화력을 증가하기 위해 사용
> • 용제는 사용 후 슬래그 제거가 용이하고 인체에 무해해야 함.

08 가스절단과 비슷한 토치를 사용하여 강재의 표면에 U형, H형의 용접 홈을 가공하기 위한 가공법은?

① 산소창절단   ② 선삭

③ 가스 가우징   ④ 천공

> **해설** 가스 가우징
> • 용접 부분의 뒷면을 따내거나, U형, H형 등의 둥근 홈을 파내는 작업
> • 토치의 예열각도는 30~40도, 가우징 시 각도는 10~20도이다.
> • 홈의 깊이와 폭의 비는 1:1~1:3 정도이다.

09 가스용접에서 탄화불꽃의 설명과 관련이 가장 적은 것은?

① 표준불꽃이다.

② 아세틸렌 과잉불꽃이다.

③ 속불꽃과 겉불꽃 사이에 밝은 백색의 제3불꽃이 있다.

④ 산화작용이 일어나지 않는다.

> **해설** 탄화불꽃
> 아세틸렌가스의 양이 산소량보다 많은 경우에 발생하는 불꽃으로, 산화작용을 일으키지 않기 때문에 산화를 방지할 필요가 있는 스테인리스강, 니켈강 용접에 쓰이고, 침탄작용을 일으키기 쉽다.
> 제3의 불꽃이라고도 하며, 적황색이다.

10 산소-프로판 가스용접 작업에서 산소와 프로판 가스의 최적 혼합비는?

① 프로판 1 : 산소 2.5

② 프로판 1 : 산소 4.5

③ 프로판 2.5 : 산소 1

④ 프로판 4.5 : 산소 1

> **해설** 가스 혼합비는 산소(4.5) : 프로판(1), 산소(1) : 아세틸렌(1)

11 아세틸렌은 액체에 잘 용해되며 석유에는 2배, 알코올에는 6배가 용해된다. 아세톤에는 몇 배가 용해되는가?

① 12　　　　　　② 20

③ 25　　　　　　④ 50

해설 아세틸렌가스는 각종 액체에 잘 용해된다. 물과 같은 양, 석유에는 2배, 벤젠에는 4배, 알코올에는 6배, 아세톤에는 25배로 용해된다.

12 33.7리터의 산소용기에 150kgf/cm² 으로 산소를 충전하여 대기 중에서 환산하면, 산소는 몇 리터인가?

① 5,055　　　　② 6,066

③ 7,077　　　　④ 8,088

해설 산소의 양 = 33.7 × 150 = 5,055

CHAPTER 03 아크용접 및 기타용접

1 불활성 가스 아크용접

(1) 불활성 가스 아크용접 개요

아르곤이나 헬륨, 등과 같은 불활성 가스 속에서 아크를 발생시켜 용접하는 방법이다.

(2) 불활성 가스 아크용접의 장점

① 접합이 강하고 전연성과 내식성이 풍부하다.

② 용제를 사용하지 않으므로 용접 후 슬래그 제거 작업이 필요치 않다.

③ 아크가 안정되고, 스패터나 유해가스의 발생이 없다.

④ 강, 동, 스테인리스강, 알루미늄과 그 합금 등 대부분의 금속에 용접이 가능하다.

⑤ 열 집중성이 좋아 고능률적이다.

⑥ 용융금속이 대기와 접촉하지 않아 산화, 질화를 방지한다.

(3) 불활성 가스

① 아르곤(Ar) : 체적 0.93, 중량 1.28 정도이다.

② 헬륨(He) : 체적 0.0005, 중량 0.00007 정도이다.

2 불활성 가스 텅스텐 아크용접

(1) 불활성 가스 텅스텐 아크용접(TIG) 개요

① TIG(Tungsten Inert Gas) 용접은 GTAW(Gas Tungsten Arc Welding)라고도 하며, 비용극식, 비소모성 불활성가스 아크용접이라고 한다. 상품명으로는 헬륨 아크, 헬리 아크, 헬리 웰드, 아르곤 용접, 아르곤 아크라고도 한다.

② 사용되는 불활성 가스는 아르곤(Ar), 헬륨(He) 등을 사용한다.

③ 자동 TIG 용접에는 아크길이 자동제어형, 전극높이 고정형, 와이어 자동송급형이 있다.

④ 특수 TIG 용접에는 다전극 TIG 용접, TIG 핫와이어 용접, TIG 펄스 아크용접이 있다.

⑤ TIG 용접에 사용되는 전극봉으로는 순텅스텐 전극봉, 토륨 1~2% 텅스텐 전극봉, 산화란탄 텅스텐 전극봉, 산화셀륨 텅스텐 전극봉, 지르코늄 텅스텐 전극봉 등이 있다.

(2) 불활성 가스 텅스텐 아크용접(TIG)의 특징

① 전극봉으로는 텅스텐 전극을 사용하고, 전자방사능력을 높이기 위하여 토륨 1~2% 함유한 토륨 텅스텐봉을 사용하기도 한다.

② 용접전원은 직류, 교류 모두 사용하며, 알루미늄 등의 용접 시에는 청정작용을 위해 고주파교류(ACHF – Alternating Current High Frequency)를 사용한다.

　　※ 청정작용은 직류역극성에서 최대이나 전극봉의 소모가 많기에 직류역극성보다는 고주파교류를 사용하여 용접한다.

③ 보호가스로 He가스는 청정작용 효과가 없고, Ar가스는 1기압하에서 6,500ℓ의 양을 140기압으로 압축시켜 회색 용기에 채워져 있다.

④ 혼합가스는 아르곤 25%, 헬륨 75%가 가장 많이 사용된다.

⑤ 전극봉의 식별용 색은 순텅스텐(녹색), 1% 토륨(노란색), 2% 토륨(적색), 지르코니아(갈색) 등이다.

⑥ TIG 용접의 장점

　㉠ 피복제 및 용제를 사용하지 않으므로 슬래그 제거가 불필요하며, 깨끗하고 아름다운 비드를 얻을 수 있다.

　㉡ 산화하기 쉬운 금속인 알루미늄, 구리, 스테인리스강 등의 용접이 용이하고, 용착부의 성질이 우수하다.

　㉢ 산화, 질화 등을 방지할 수 있어 우수한 이음을 얻을 수 있고, 보호가스가 투명하여 용접사가 용접상황을 잘 확인할 수 있다.

　㉣ 아크가 안정되고 스패터가 적으며 조작이 용이하고, 용접부 변형이 적다.

　㉤ 전자세의 용접이 용이하고, 박판용접에 능률적이며, 후판용접에 부적당하다.

　㉥ 용접된 부분은 다른 용접에 비하여 연성, 강도, 기밀성 등이 우수하다.

⑦ TIG 용접의 단점

　㉠ 불활성 가스와 TIG 용접기의 가격이 비싸고, 운영비 및 설치비가 많이 소요된다.

　㉡ 용접속도가 느리고, 후판용접에는 사용할 수 없다.

　㉢ 방풍대책이 필요하고, 용접부 금속이 오염될 수 있으며, 용접부가 단단해져 취성이 발생할 수 있다.

⑧ 용접작업 시 전격방지 대책

　㉠ 토치나 전극봉은 절대로 맨손으로 취급하지 않는다.

　㉡ TIG 용접 시 텅스텐 전극봉을 교체할 때는 항상 전원스위치를 차단하고 작업한다.

　㉢ 용접하지 않을 때에는 TIG 용접의 텅스텐 전극봉을 제거하거나 노즐 안쪽으로 밀어 넣는다.

(3) 용접장치의 구성

① 전원장치에 따른 용접기 : 직류용접기, 교류용접기, AC/DC용접기, 펄스용접기

② 제어장치 : 고주파발생장치, 냉각수공급장치, 보호가스 제어회로와 공급장치, 용접전류 제어회로 등이 있다.

③ TIG 용접 토치

  ㉠ 수동식 토치 : TIG 용접에서 가장 많이 사용

  ㉡ 반자동토치 : 용접와이어를 자동으로 공급하는 특징

  ㉢ 자동토치 : 높은 전류, 고속 용접할 때 사용

  ㉣ 공랭식 토치 : 200A 이하로 많이 사용, 가볍고 취급 용이

  ㉤ 수랭식 토치 : 200A보다 높은 전류로 용접, 토치에 냉각수를 흐르게 하여 토치 냉각을 빠르게 한다.

  ㉥ T형 토치 : 일반적으로 가장 많이 사용

  ㉦ 직선형 토치 : 용접하기 곤란하고 협소한 장소에서 이용, 펜슬형

  ㉧ 플렉시블 토치 : 토치 머리 부분을 자유롭게 구부려서 사용할 수 있다.

④ 가스노즐

⑤ 가스렌즈

⑥ 캡, 콜릿보디, 콜릿

(4) 불활성 가스 텅스텐 아크용접에서 고주파전류를 사용할 때의 이점

① 전극을 모재에 접촉시키지 않아도 아크 발생이 용이하다.

② 전극을 모재에 접촉시키지 않으므로 전극의 수명이 길다.

③ 일정한 지름의 전극에 대하여 광범위한 전류의 사용이 가능하다.

④ 아크가 안정적이고, 아크가 길어져도 끊어지지 않는다.

  ※ TIG 용접에서의 전극의 조건
    ① 고용융점의 금속일 것
    ② 전자방출이 잘 되는 금속일 것
    ③ 전기저항률이 낮은 금속일 것
    ④ 열전도성이 좋은 금속일 것

3 불활성 가스 금속 아크용접

(1) 불활성 가스 금속 아크용접(MIG ; Metal Inert Gas)의 개요

① MIG용접은 GMAW(Gas Metal Arc Welding)에 속하며 용극식, 소모식 불활성 가스 아크용접이라고 한다. 상품명으로는 코우메틱, 시그마, 필러아크, 아르고노트 용접이라고도 한다.

② 사용되는 불활성 가스는 아르곤(Ar), 헬륨(He) 등을 사용한다.

③ MIG 용접은 연속적으로 공급되는 용가재와 모재 사이에서 발생하는 아크열을 이용하여 용접한다.

(2) 불활성 가스 금속 아크용접(MIG)의 특징

① 주로 전자동 또는 반자동이며, 전극은 모재와 동일한 금속을 사용한다.

② 전극이 녹아서 용접되는 형식으로 용극식, 소모식이라고 한다.

③ MIG 용접은 주로 직류역극성이며 정전압 특성(CP 특성), 상승 특성을 가지고 있다.

④ 이행 형식은 스프레이형이며, TIG 용접에 비해 능률이 커서 후판용접에 적당하고, 전자세 용접이 가능하다.

⑤ MIG 알루미늄의 용적 이행 형태는 단락, 펄스, 스프레이 아크용접이 있다.

⑥ 용융금속의 이행 형식에는 단락형, 용적형(글로뷸러형, 입상이행형), 스프레이형(분무상 이행형)이 있다.

    ㉠ 스프레이 이행형은 고전압, 고전류를 얻으며, 경합금 용접에 주로 이용되고, 용착속도가 빠르고 능률적이다.

    ㉡ 글로뷸러형(입상이행형, 구상이행)은 와이어보다 큰 용적으로 용융 이행한다.

⑦ 용착효율은 약 98% 정도이다.

⑧ 장점

    ㉠ 전류밀도가 아크용접의 6배, TIG 용접의 2배, 서브머지드 아크용접과 동일한 높은 전류밀도를 사용하므로 후판용접에 적합하다.

    ㉡ 용접기 조작이 간단하고, 손쉽게 용접할 수 있으며, 용접속도가 빠르다.

    ㉢ 용제를 사용하지 않아 깨끗한 비드를 얻을 수 있고, CO_2 용접에 비해 스패터 발생이 적다.

    ㉣ 각종 금속용접에 다양하게 적용할 수 있어 응용범위가 넓다.

⑨ 단점

    ㉠ 장비가 고가이고, 보호가스가 비싸 연강용접의 경우에는 부적당하다.

    ㉡ 취성의 우려가 있고, 방풍대책이 필요하며, 박판용접에 부적당하다.

(3) 불활성 가스 금속 아크용접(MIG)의 용접장치

① 제어장치의 기능에는 예비가스 유출시간, 스타트 시간, 크레이터 충전시간, 버언 백 시간, 가스지연 유출시간이 있다.

    ㉠ 버언 백 시간 : 불활성 가스 금속 아크용접의 제어장치로서 크레이터 처리기능에 의해 낮아진 전류가 서서히 줄어들면서 아크가 끊어지는 기능으로 이면 용접 부위가 녹아내리는 것을 방지하는 것이다.

    ㉡ 예비가스 유출시간 : 첫 아크가 발생하기 전에 실드가스를 흐르게 하여 아크를 안정되게 하고 결함의 발생을 방지하기 위한 것이다.

    ㉢ 크레이터 충전시간 : 용접이 끝나는 지점에서 토치 스위치를 다시 누르면 용접 전류와 전압이 낮아져 쉽게 크레이터가 채워져 결함을 방지할 수 있는 기능이다.

    ㉣ 가스지연 유출시간 : 불활성 가스 금속 아크용접 제어장치에서 용접 후에도 가스가 계속 흘러나와 크레이터 부위의 산화를 방지하는 제어기능이다.

② 와이어 송급방식

    ㉠ 푸시 방식 : 와이어 송급장치 릴에서 토치 방향으로 와이어를 밀어주는 방식

    ㉡ 풀 방식 : 토치 쪽의 전동 릴이 와이어를 당겨주는 방식

    ㉢ 푸시-풀 방식 : 와이어 송급장치 릴에서 와이어를 밀어내주고 토치 쪽의 전동 릴이 동시에 와이어를 당겨주는 방식

    ㉣ 더블 푸시 방식 : 와이어 송급장치 릴에서 와이어를 밀어내주고 토치테이블 중간에 달린 전동 릴이 한번 더 토치 방향으로 와이어를 밀어주는 방식

(4) 불활성 가스 금속 아크용접(MIG)의 토치 종류와 특성

    ① 커브형(구스넥형) 토치 : 공랭식 토치 사용, 단단한 와이어 사용

    ② 피스톨형(건형) 토치 : 수냉식 사용, 연한 비철금속 와이어 사용, 비교적 높은 전류 사용

    ※ MAG(Metal Active Gas) 용접

    용접이 개시되면 연속적으로 공급되는 솔리드 와이어를 사용하고 불활성 가스를 보호가스로 사용하는 경우에는 MIG이며, 활성 가스(active gas)를 사용할 경우 MAG 용접으로 분류된다. 전반적인 구성은 GMAW와 유사하다. MAG 용접은 두 종류의 가스를 사용하기보다는 여러 개의 가스를 혼합하여 사용하고 있다. 일반적으로 Ar 80% CO_2 20%의 혼합비로 섞어서 많이 사용하며 여기에 산소, 탄산가스를 혼합하여 사용하기도 한다.

    ※ MAG 용접의 장점

       ① 용착속도가 크기 때문에 용접을 빨리 할 수 있다.
       ② 용착효율이 높기 때문에 용접재료를 절약할 수 있다.
       ③ 용융부가 깊기 때문에 모재의 절단 단면적을 줄일 수 있다.

4 서브머지드 아크용접

(1) 서브머지드 아크용접(SAW ; Submerged Arc Welding) 개요

    ① 용접 이음부 표면에 입상의 플럭스(용제)를 덮고 그 속에 모재와 용접봉 간에 아크를 일으켜 용접하는 방법으로, 아크가 보이지 않아 불가시용접, 잠호용접이라고 하며, 개발회사의 상품명을 따서 유니온 멜트 용접, 개발회사의 이름을 따서 링컨 용접이라고도 한다.

    ② 루트 간격 0.8mm 이하, 루트 면은 7~16mm 정도가 적당하다.

    ③ 압력용기, 교량, 파이프라인, 컨테이너, 조선, 철도 등의 후판용접에 쓰이고, 주로 맞대기, 필릿, 표면 덧살올림에도 쓰인다.

(2) 서브머지드 아크용접의 특징

① 장점

㉠ 고전류로 용접할 수 있으므로 용착속도가 빠르고 용입이 깊어 고능률적이다(용접속도가 수동용접의 10~20배, 용입은 2~3배 정도).

㉡ 용접속도가 수동용접보다 빨라 능률이 높다.

㉢ 열효율이 높고, 비드 외관이 양호하며 용접금속의 품질을 좋게 한다.

㉣ 개선각을 작게 하여 용접 패스 수를 줄일 수 있다.

㉤ 콘택트 팁에서 통전되므로 와이어 중에 저항열이 적게 발생되어 고전류 사용이 가능하다.

㉥ 자동용접이므로 용접사의 기량이 품질에 영향을 주지 않아 용접 신뢰도를 높일 수 있다.

② 단점

㉠ 아크가 보이지 않아 용접의 적부를 확인하면서 용접할 수 없다.

㉡ 설치비가 비싸고, 용접 시공조건을 잘못 잡으면 제품의 불량이 커진다.

㉢ 용접 입열이 크고, 변형을 가져올 수 있다.

㉣ 용접선이 구부러지거나 짧으면 비능률적이다.

㉤ 아래보기, 수평 필릿 자세 등에 용이하고, 위보기 용접자세 등은 불가능하여 용접자세에 제한을 받는다.

③ 용접장치

㉠ 용접와이어 릴과 송급모터(와이어 송급장치), 제어장치 콘택트 팁, 용접호퍼(플럭스 호퍼)를 일괄하여 용접 헤드라고 한다.

㉡ 용접전원은 직류(비드가 곱고, 박판, 스테인리스강, 구리합금 용접에 사용), 교류(동력비가 저렴, 아크 쏠림이 없음) 사용 가능하다.

④ 서브머지드 용접의 분류

㉠ 탠덤식 : 2개 이상의 용접봉을 일렬로 배열, 독립전원에 접속한다. 비드 폭이 좁고, 용입이 깊으며, 용접속도가 빠르고, 파이프라인 용접에 사용한다.

㉡ 횡병렬식 : 2개 이상의 용접봉을 나란히 옆으로 배열, 비드 폭이 넓고, 용입은 중간이다.

㉢ 횡직렬식 : 2개의 용접봉 중심선의 연장이 모재 위의 한 점에 만나도록 배치, 용입이 매우 얕고, 덧붙임용접에 사용된다.

⑤ 용접기의 전류용량에 따른 분류

최대전류[A]	용접기
4,000	대형(M형), 판두께 75mm까지 한 번에 용접 가능
2,000	표준 만능형(UZ형, USW형)
1,500	경량형(DS형, SW형)
900	반자동형(SMW형, FSW형), 수동형 토치 사용

(3) 서브머지드 아크용접의 용제

① 용제의 종류

㉠ 용융형

ⓐ 흡습성이 적어서 재건조가 필요하지 않다.

ⓑ 소결형에 비해 좋은 비드를 얻을 수 있다.

ⓒ 용제의 화학적 균일성은 양호하나 용융 시 분해되거나 산화되는 원소를 첨가할 수 없다.

ⓓ 용접전류에 따라 입자의 크기가 달라져야 한다.

㉡ 소결형

ⓐ 흡습성이 가장 높다. 비드 외관이 용융형에 비해 나쁘다.

ⓑ 후판사용에 용이, 용접금속의 성질이 우수하며, 용제의 사용량이 적다.

ⓒ 흡습성이 높아 보통 사용 전에 150~300℃에서 1시간 정도 재건조해서 사용한다.

ⓓ 용접전류에 관계없이 동일한 입도의 용제를 사용할 수 있다.

ⓔ 용융형 용제에 비하여 용제의 소모량이 적다.

ⓕ 페로 실리콘, 페로 망간 등에 의해 강력한 탈산작용이 된다.

㉢ 혼성형 : 용융형 + 소결형

② 용제의 구비조건

㉠ 적당한 입도를 갖고 아크 보호성이 우수할 것

㉡ 적당한 합금성분으로 탈황, 탈산 등의 정련작용을 할 것

㉢ 아크 발생을 안정시켜 안정된 용접을 할 수 있을 것

㉣ 용접 후 슬래그의 박리가 쉬울 것

③ 용제의 작용

㉠ 능률적인 용접작업

㉡ 용입의 용이

㉢ 열에너지의 발산방지

5 이산화탄소(CO_2) 아크용접(탄산가스 아크용접)

(1) 이산화탄소(CO_2) 아크용접의 개요

① 이산화탄소(CO_2) 아크용접은 보호가스 금속 아크용접에 속하는 용접으로 CO_2 또는 이것과 혼합한 가스를 사용하여 용융금속을 보호하고 용가재인 전극와이어를 연속으로 공급하면서 용접한다.

② 용극식 용접방법이다.

③ 전극와이어는 솔리드 와이어와 플럭스 코어드 와이어(FCAW ; Flux Cored Arc Welding)가 많이 사용되고, 연강용접에 적합하다.

④ 솔리드 와이어 혼합가스법

$CO_2 + O_2$법, $CO_2 + Ar$법, $CO_2 + Ar + O_2$법, $CO_2 + CO$법

⑤ 용제가 들어있는 와이어 CO_2법

버나드 아크용접(NCG법), 퓨즈 아크법, 아코스 아크법(컴파운드 와이어), 유니언 아크법

(2) 이산화탄소(CO_2) 아크용접의 특징

① 산화 및 질화가 없고 용착금속의 성질이 우수하다.

② 다른 용접에 비해 가격이 저렴하고, 슬래그 섞임이 없고 용접 후 처리가 간단하다.

③ 이산화탄소(CO_2) 아크용접은 정전압 특성과 상승 특성을 이용한다.

④ 서브머지드 아크용접에 비해 모재 표면에 녹, 오물 등이 있어도 큰 영향이 없으므로 완전히 청소를 하지 않아도 된다.

⑤ 철도, 차량, 조선, 토목기계 등에 사용되며, 주로 철 계통 용접에 사용된다.

⑥ 장점

㉠ 전류밀도가 높고, 용입이 깊으며, 용접속도가 매우 빠르다.

㉡ 가시 아크로 시공이 편리하고, 전자세 용접이 가능하다.

㉢ 용착금속의 기계적 성질이 우수(적당한 강도)하다.

⑦ 단점

㉠ 바람의 영향을 받으므로 방풍장치가 필요하고, 이산화탄소를 이용하므로 작업장 환기에 유의해야 한다.

㉡ 표면 비드가 타 용접에 비해 거칠고, 기공 및 결함이 생기기 쉽다.

㉢ 모든 재질에 적용이 불가능하다.

(3) 용접용 와이어

① 솔리드 와이어 : 단면 전체가 균일한 강으로 되어 있으며, 나체, 단체 와이어라고 한다.

㉠ 슬래그 생성량이 많아 비드 표면을 균일하게 하여 비드 외관이 양호하고 슬래그 이탈성이 좋다.

㉡ 용융지의 온도가 상승되면 용입이 깊어진다.

㉢ 비금속 개재물의 응집으로 용착부분이 청결하다.

㉣ 보호가스로 CO_2가스에 아르곤가스를 혼합하면 아크 안정, 스패터 감소, 작업성 및 용접품질이 향상된다.

② 복합 와이어 : 탄소강 및 저합금강 용접에 많이 사용되고 있다.

㉠ 용제에 탈산제, 아크 안정제, 합금원소 등이 포함되어 있다.

㉡ 아크가 안정되고 스패터가 적게 발생되어 비드의 외관이 깨끗하고 좋은 용착금속을 얻을 수 있다.

※ 뒷댐재

CO$_2$가스 아크편면용접에서 이면 비드의 형성은 물론 뒷면 가우징 및 뒷면 용접을 생략할 수 있고, 모재의 중량에 따른 뒤엎기(turn over)작업을 생략할 수 있도록 홈 용접부 이면에 부착하는 것이다.

6 전기저항용접

(1) 전기저항용접의 개요
① 2개 이상의 부품이 저전압과 고전류 밀도의 큰 전류에서 발생한 열과 압력에 의해서 용접하는 방법이다.
② 전기저항용접의 3대 요소는 용접전류, 통전시간, 가압력이다.
③ $Q = 0.24I^2Rt$ (Q : 열량, I : 용접전류, R : 저항, t : 시간)

(2) 전기저항용접의 특징
① 장점
  ㉠ 작업속도가 빠르고, 대량생산에 적합하며, 용접 시 모재의 손상, 변형, 잔류응력이 적다.
  ㉡ 산화작용이 작고, 용접부가 깨끗하다.
  ㉢ 열 손실이 적고, 용접부에 집중 열을 가할 수 있다.
  ㉣ 기계적 성질이 개선되며, 자동용접으로 작업자의 기량에 큰 관계가 없다.
② 단점
  ㉠ 용접기의 설비비가 고가이고, 용접기의 융통성이 적으며, 적당한 비파괴검사가 어렵다.
  ㉡ 후열처리가 필요하다.
  ㉢ 대용량 용접기의 경우 전원설비가 필요하다.

(3) 이음형상에 따른 전기저항용접
① 겹치기용접 : 점용접(스폿 용접), 심용접, 돌기용접(프로젝션 용접)
② 맞대기용접 : 플래시 용접, 업셋 용접, 퍼커션 용접

(4) 전기저항용접의 종류
① 점용접
  ㉠ 두 전극 사이에 용접물을 넣고 가압하면서 전류를 통하여 접촉부분의 저항열로 융합하는 용접이다.
  ㉡ 박판의 대량생산에 적당, 접합부의 일부가 녹아 바둑알 모양처럼 생긴 것을 너깃(너캣)이라고 한다.
  ㉢ 용융점이 높고, 열전도가 크며, 전기저항이 작은 재료는 점용접이 곤란하다.
  ㉣ 점용접의 종류에는 맥동 점용접, 인터랙 점용접, 단극식 점용접, 직렬식 점용접, 다전극식 점용접 등이 있다.

ⓐ 인터랙 점용접이란 용접점의 부분에 직접 2개의 전극을 물리지 않고 용접전류가 피용접물의 일부를 통하여 다른 곳으로 전달하는 방식이다.

ⓑ 단극식 점용접이란 전극이 1쌍으로 1개의 점용접부를 만드는 것이다.

ⓒ 맥동 점용접은 전류 사이클 단위를 주기적으로 단속하여 용접하는 방식이다.

ⓓ 직렬식 점용접이란 1개의 전류회로에 2개 이상의 용접점을 만드는 방법으로 전류 손실이 많아 전류를 증가시켜야 한다.

② 심용접(시임용접)

㉠ 원판상의 롤러 전극 사이에 용접할 2장의 판을 두고 가압 통전해 전극을 회전시키면서 연속적으로 용접하는 것이다(연속적인 점용접).

㉡ 기밀, 수밀, 유밀성을 요하는 용기의 용접에 사용한다.

㉢ 연속적으로 용접해야 하기 때문에 점용접에 비해 전류 1.5~2배, 가압력 1.2~1.6배가 필요하다.

㉣ 통전방법에는 단속통전법, 연속통전법, 맥동통전법 등이 있다.

㉤ 용접하는 방법에 따라 롤러 심, 매시 심, 포일 심, 맞대기 심용접이 있다.

③ 돌기용접(프로젝션 용접)

피용접물에 돌기를 만들어 점용접하면서 평탄한 용접봉으로 압접하는 방법이다.

④ 업셋 용접

주로 맞대기용접에 이용되며, 전류를 통하기 전에 용접재를 압력, 접촉시키고, 대전류를 흐르게 하며 접촉부분이 전기저항열로 가열되어 용접온도에 도달했을 때 다시 가압하여 접합하는 용접이다.

⑤ 플래시 용접(업셋 플래시 용접, 불꽃용접)

㉠ 용접과정은 예열, 플래시, 업셋 과정의 3단계로 이루어진다.

㉡ 가열범위와 열 영향부가 좁고, 용접 강도가 크다.

㉢ 이종재료의 접합이 가능하다.

⑥ 퍼커션 용접(충격용접)

콘덴서에 충전된 전기적 에너지를 이용하여 용접부를 가열한 후 압력을 가해서 접합하는 용접으로 극히 짧은 지름의 용접들을 접합하는 데 사용한다.

7 플라즈마 아크용접

(1) 플라즈마 아크용접의 개요

① 플라즈마(plasma)는 고체, 액체, 기체 이외의 제4의 물리상태라고도 한다.

② 고온의 불꽃을 이용해서 절단, 용접하는 방법으로 10,000~30,000℃의 고온 플라즈마를 분출시켜 작업하는 방법이다.

③ 플라즈마 아크용접에서 사용되는 가스는 아르곤, 헬륨, 수소 등이 사용되며 모재에 따라 질소 혹은 공기가 사용되기도 한다.

④ 플라즈마 아크용접에서 아크 종류로 텅스텐 전극과 모재에 각각 전원을 연결하는 방식은 이행형이고, 텅스텐 전극과 구속 노즐 사이에서 아크를 발생시키는 것은 비이행형이다.

⑤ 열적 핀치효과와 자기적 핀치효과가 있다.

⑥ 용접부속장치 중에 고주파발생장치가 필요하다.

(2) 플라즈마 아크용접의 특징

① 용접봉이 토치 내 노즐 안쪽에 들어가 있어서, 모재에 닿을 염려가 없어 용접부에 텅스텐 전극이 오염될 염려가 없다.

② 비드 폭이 좁고, 용입은 깊으며, 용접속도가 빠르다.

③ 기계적 성질이 우수하고 작업이 쉬운 편이다.

④ 용접속도가 빠르므로 가스의 보호가 충분하지 못하다.

⑤ 수동 플라즈마 용접은 전자세가 가능하지만, 자동에서는 자세가 제한된다.

⑥ 설비가 고가이고, 무부하전압이 높다.

8 전자빔 용접(electron beam welding)

(1) 전자빔 용접의 개요

① 고진공 속에서 음극으로부터 방출되는 전자를 고속으로 가속시켜 충돌에너지를 이용하는 용접방법이다. 즉, 진공상태에서 적열된 필라멘트에서 전자빔을 접합부에 조사하여 그 충격열을 이용하여 용접하는 방법이다.

② 고진공, 저진공, 대기압형이 있다.

(2) 전자빔 용접의 특징

① 용입이 깊어서 타 용접은 다층용접을 해야 하는 것도 단층용접이 가능하다.

② 에너지 집중이 가능하여 고속용접이 되며 용접입열이 적고, 용접부가 좁다.

③ 전자빔 정밀제어가 가능하다.

④ 박판에서 후판까지 광범위하게 용접 가능하다.

⑤ 시설비가 많이 들고, 배기장치가 필요하다.

⑥ 맞대기 용접에서 모재 두께가 25mm 이하로 제한된다.

⑦ 용융부가 좁아 냉각속도가 커져 경화가 쉬우며, 용접균열의 원인이 된다.

⑧ 텅스텐, 몰리브덴 같은 대기에서 반응하기 쉬운 금속도 용이하게 용접할 수 있다.

9 일렉트로 슬래그 용접

(1) 일렉트로 슬래그 용접의 개요

① 수랭 동판을 용접부의 양면에 부착하고 용융된 슬래그 속에서 전극와이어를 연속적으로 송급하여 용융 슬래그 내를 흐르는 저항열에 의하여 전극와이어 및 모재를 용융 접합시키는 용접법이다.

② 선박, 보일러 등 두꺼운 판의 용접 시 용융 슬래그와 와이어의 저항열을 이용, 연속적으로 상진하면서 용접한다.

③ 저항발열을 이용하는 자동용접법이다.

④ 산화규소, 산화망간, 산화알루미늄이 용제(flux)로 사용된다.

(2) 일렉트로 슬래그 용접의 특징

① 용융 슬래그 중의 저항발열을 이용한다.

② 두꺼운 재료의 용접법에 적합하고, 능률적이고 변형이 적다.

③ 일렉트로 슬래그 용접은 아크용접이 아니고 전기 저항열을 이용한 용접이다.

④ 가격은 고가이나 기계적 성질이 나쁘다.

⑤ 냉각속도가 느려 기공이나 슬래그 섞임은 적다.

⑥ 노치 취성이 크다.

10 일렉트로 가스용접

(1) 일렉트로 가스용접의 개요

용접봉과 모재 사이에 발생한 아크열에 의하여 모재를 용융 용접하는 방법이다.

(2) 일렉트로 가스용접의 특징

① 탄산가스(이산화탄소)를 사용한다.

② 두께가 얇은 40~50mm 용접에 적당하고, 용접금속의 인성이 떨어진다.

③ 판두께에 관계없이 단층으로 상진 용접하여 판두께가 두꺼울수록 경제적이다.

④ 용접 홈의 기계가공이 필요하며, 가스절단 그대로 용접할 수 있다.

⑤ 정확한 조립이 요구되며 이동용 냉각동판에 급수장치가 필요하다.

⑥ 용접장치가 간단하고, 취급이 쉬우며, 고도의 숙련을 요하지 않는다.

11 원자수소 아크용접

(1) 원자수소 아크용접의 개요

수소가스 분위기 속에 있는 2개의 텅스텐 용접봉 사이에서 아크를 발생하면 수소 분자는 아크의 고열을 흡수하여 원자 상태 수소로 해리되고, 이것이 다시 결합하여 분자상태로 될 때 발생하는 열로 용접하는 방법이다.

$$H_2 \quad \rightarrow \quad 2H \quad \rightarrow \quad H_2$$
(분자)　　흡열　(원자)　발열　(분자)

(2) 원자수소 아크용접의 특징

① 고도의 기밀, 유밀을 필요로 하는 용접이다.

② 연성이 좋고 표면이 깨끗한 용접부를 얻을 수 있고, 용융온도(3,000~4,000℃)가 높아 금속 및 비금속 재료 용접이 가능하다.

③ 토치 구조가 복잡하고 비용의 많이 든다.

④ 특수금속(크롬, 니켈, 몰리브덴 등) 용접에 용이하다.

⑤ 고속도강 바이트, 절삭공구 제조, 다이스 수리 등에 사용된다.

12 스터드 용접

(1) 스터드 용접의 개요

볼트, 환봉 핀 등과 같은 금속 스터드와 모재 사이에 발생한 아크열로 모재 표면을 가열한 후, 스터드 압력을 작용하여 용융 압착하는 자동 아크용접법이다.

(2) 스터드 용접의 특징

① 볼트, 환봉, 핀 등을 용접하며, 작업속도가 매우 빠르다.

② 스터드 아크용접의 아크발생시간은 보통 0.1~2초 정도이다.

③ 아크 스터드 용접 , 충격 스터드 용접, 저항 스터드 용접으로 구분한다.

④ 용접 변형이 적고, 철, 비철금속에도 사용 가능하다.

⑤ 용융금속이 외부로 흘러나가거나, 용융금속의 대기오염을 방지하기 위해 도기로 만든 페롤을 사용한다.

※ 페롤의 역할
① 용융금속의 유출방지　　　② 용착부의 오염방지
③ 용접사의 눈을 아크로부터 보호　　④ 용융금속의 산화방지

13 테르밋 용접

(1) 테르밋 용접의 개요

① 금속산화물이 알루미늄에 의하여 산소를 빼앗기는 반응을 이용하여 용접한다.

② 레일 및 선박의 프레임 등 비교적 큰 단면을 가진 주조나 단조품의 맞대기용접과 보수용접에 용이하다.

③ 테르밋제의 점화제로 과산화바륨, 알루미늄, 마그네슘 등의 혼합분말이 사용된다.

(2) 테르밋 용접의 특징

① 전기가 필요하지 않고, 화학반응에너지를 이용한다.

② 설비비 및 용접비용이 저렴하고, 용접시간이 짧으며, 변형이 적다.

③ 작업이 단순하여 기술습득이 쉽다.

④ 테르밋제는 알루미늄 분말을 1, 산화철 분말 3~4로 혼합한다.

⑤ 용접 이음부의 홈은 가스절단한 그대로도 좋다.

⑥ 특별한 모양의 홈 가공이 필요 없다.

14 가스압접

(1) 가스압접의 개요

이음부를 가스 불꽃으로 재결정 온도 이상 가열 후 축방향으로 가압하여 접합하는 방법으로 밀착 맞대기법, 개방 맞대기법이 있다.

(2) 가스압접의 특징

① 원리적으로 전력, 용접봉 용제가 불필요하다.

② 압접 소요시간이 짧고 이음부 탈탄층이 없다.

③ 32mm 철근, 파이프라인용, 철도레일용에 사용된다.

④ 장치가 간단하고 설비비 및 보수비도 저렴하다.

15 초음파 용접

(1) 초음파 용접의 개요

초음파의 진동에너지, 마찰열을 발생시켜 압접하며, 기계적 진동이 모재의 융점 이하에서도 용접부가 두 소재 표면 사이에서 형성되도록 하는 용접방법이다.

(2) **초음파 용접의 특징**

① 플라스틱, 이종금속, 두꺼운 고속도강 용접 가능

② 용접물의 변형이 적고 얇은 판, 필름도 용접 가능

③ 용접물 표면 처리가 간단하고 압연한 그대로의 재료도 용접 가능

16 레이저 용접

(1) **레이저 용접의 개요**

① 레이저에서 얻어진 강렬한 에너지를 가진 단색광선을 이용하여 접합한다.

② 파장이 같은 빛을 렌즈로 집광하면 매우 작은 점으로 집중이 가능하고 높은 에너지로 접속하여 얻은 높은 열로 용접한다.

(2) **레이저 용접의 특징**

① 접촉하기 어려운 부재나 진공 또는 진공이 아닌 곳에서 용접이 가능하다.

② 열의 영향 범위가 좁으므로 미세 정밀 용접에 적합하다.

③ 원격 조작이 가능하고 가시 용접을 할 수 있다.

④ 비접촉식 방식으로 모재에 손상을 주지 않고 용접이 가능하다.

(3) **레이저 용접이 적용되는 분야 및 응용 범위**

① 우주 통신, 로켓의 추적, 광학, 계측기 등에 응용

② 가는 선이나 작은 물체의 용접 및 박판의 용접에 적용

③ 다이아몬드의 구멍뚫기, 절단 등에 응용

17 넌 실드가스 아크용접(논 가스 아크용접)

(1) **넌 실드가스 아크용접의 개요**

용착금속을 보호하기 위해 전극의 주위에서 실드가스나 용제를 사용하지 않고 와이어만으로 아크를 발생시켜 용접하는 방법이다.

(2) **넌 실드가스 아크용접(논 가스 아크용접)의 특징**

① 실드가스 및 용제가 필요 없고 바람이 있는 옥외에서 용접 가능

② 교류, 직류 사용 가능하며, 전자세 용접 가능

③ 와이어가 고가이고, 용접부의 기계적 성질이 떨어진다.

④ 길이가 긴 용접물에 아크를 중단하지 않고 연속용접을 할 수 있다.

⑤ 용접장치가 간단하며 운반이 편리하다.

18 마찰용접

(1) 마찰용접의 개요

2개의 모재에 압력을 가해 접촉시킨 다음 접촉면에 상대운동을 시켜 접촉면에서 발생하는 열을 이용하여 이음 압접하는 용접법이다.

(2) 마찰용접의 특징

① 접합재료의 단면을 원형으로 제한한다.

② 자동화가 가능하여 작업자의 숙련이 필요 없다.

③ 용접작업시간이 짧아 작업 능률이 높다.

④ 이종금속의 접합이 가능하다.

⑤ 피용접물의 형상치수, 길이, 무게의 제한을 받는다.

19 하이브리드 용접

각각의 단독 용접공정(each welding process)보다 훨씬 우수한 기능과 특성을 얻을 수 있도록 두 종류 이상의 용접공정을 복합적으로 활용하여 서로의 장점을 살리고 단점을 보완하여 시너지 효과를 얻기 위한 용접방법이다.

20 납땜

용접하고자 하는 재료보다 낮은 금속(용가재)을 녹여 접합하는 방법, 모재는 녹이지 않고 용가재만을 용융 첨가하여 표면장력을 이용하여 접합한다.

(1) 경납

용융점이 450℃ 이상

① 종류 : 은납, 황동납, 인동납, 알루미늄납, 망간납 등

② 용제

　㉠ 용제의 역할

　　ⓐ 모재 표면의 산화를 방지하고, 가열 중에 생긴 산화물을 용해한다.

　　　　ⓑ 용가재를 좁은 틈에 스며들게 하고, 산화물을 떠오르게 한다.

　　　ⓛ 용제의 종류 : 붕사, 붕산, 붕산엽, 알칼리 등

(2) 연납

용융점이 450℃ 이하

① 종류 : 주석납(Sn+Pb)(연납의 대표) 혹은 주석계, 저융접납땜, 납-은납, 카드뮴-아연납 등

② 용제

　　ⓛ 용제의 역할

　　　　ⓐ 모재 표면의 산화를 방지하고, 가열 중에 생긴 산화물을 용해한다.

　　　　ⓑ 용가재의 퍼짐성을 좋게 하고, 산화물을 떠오르게 한다.

　　ⓛ 용제의 종류 : 염산, 인산, 염화암모늄, 염화아연, 송진 등

(3) 납땜법

① 인두납땜 : 연납땜에 사용되며, 구리 제품의 인두를 이용하여 납땜

② 가스납땜 : 기체, 액체 연료를 토치나 버너로 연소시켜 그 불꽃을 이용하여 납땜

③ 담금납땜 : 화학약품에 담가 침투시키는 방법

④ 저항납땜 : 이음부에 납땜재와 용제를 발라 저항열을 이용하여 가열하는 방법으로 납땜

⑤ 노내납땜 : 노 내에서 납땜

⑥ 유도가열납땜 : 고주파 유도전류를 이용한 납땜

(4) 용가재의 구비조건

① 용융온도가 모재보다 낮고 유동성이 있어야 하며, 모재와 친화력이 있어야 한다.

② 모재와 야금적 접합이 우수하고, 기계적, 물리적, 화학적 성질이 우수해야 한다.

③ 금이나 은대용품은 모재와 색깔이 같아야 한다.

④ 전위차가 모재와 가능한 적어야 한다.

⑤ 용제의 유효온도 범위와 납땜의 온도가 일치해야 한다.

21 용접 자동화

사람이 하는 일을 줄이기 위해 작업을 기계가 대신할 수 있도록 하는 것을 작업의 기계화라고 하며, 이 장치에 제어장치를 부착하여 작업을 제어하는 것을 자동화라고 한다.

(1) 용접 자동화의 장점

① 생산성 증대 및 양질의 균일한 제품을 생산할 수 있다.

② 작업환경 개선 및 원가절감을 할 수 있다.

③ 작업자 보호, 정보관리, 부족한 용접인력의 대체 등이 가능하다.

④ 용접조건에 따른 공정을 줄일 수 있다.

⑤ 용접 와이어의 손실을 줄일 수 있다.

(2) 자동용접에 필요한 기구

용접 포지셔너, 터닝롤, 헤드 스톡, 턴테이블, 머니플레이트 등

(3) 자동제어

① 인간의 조작에 의한 것을 수동제어라고 하고, 인간의 조작에 의하지 않는 제어장치에 의해 자동적으로 이루어지는 것을 자동제어라고 한다.

② 자동제어의 종류에는 시퀀스제어, 피드백제어, PLC 등이 있다.

(4) 자동제어의 장단점

① 균일한 제품을 생산할 수 있고 불량품이 줄어든다.

② 연속작업이 가능하고, 원자재, 원료 등이 절약된다.

③ 고속, 고위험 작업이 가능하다.

④ 초기에 설비 투자비용이 많이 든다.

(5) 자동(로봇) 용접의 장점

① 용접결과가 일정하고 제품의 품질이 향상된다.

② 수동, 반자동보다 전류 사용범위가 넓다.

③ 용접속도가 빠르고 용입도 깊게 할 수 있다.

④ 슬래그 제거가 필요 없으며, 열 변형의 문제도 적어서 장시간 작업이 가능하다.

⑤ 아크 및 흄 등으로부터 작업자를 보호할 수 있다.

⑥ 용착효율이 높고, 용착속도가 빠르다.

⑦ 용접봉 손실이 적다.

⑧ 용접부의 기계적 성질이 매우 우수하다.

(6) 산업용 용접로봇의 분류

지능로봇, 시퀀스 로봇, 플레이백 로봇 등

CHAPTER 03 단원 핵심 문제

01 피복금속 아크용접과 비교한 서브머지드 아크용접의 특징에 관한 설명으로 옳은 것은?

① 용접장비의 가격이 싸다.
② 용접속도가 느리므로 저능률의 용접이 된다.
③ 비드 외관이 거칠다.
④ 용접선이 구부러지거나 짧으면 비능률적이다.

해설 서브머지드 아크용접의 단점
- 아크가 보이지 않아 용접의 적부를 확인하면서 용접할 수 없다.
- 설치비가 비싸고, 용접 시공조건을 잘못 잡으면 제품의 불량이 커진다.
- 용접 입열이 크고, 변형을 가져올 수 있다.
- 용접선이 구부러지거나 짧으면 비능률적이다.
- 아래보기, 수평 필릿 자세 등에 용이하고 위보기 용접자세 등은 불가능하여 용접자세에 제한을 받는다.

02 TIG 용접에서 직류정극성으로 용접할 때 전극 선단의 각도가 가장 적합한 것은?

① 5~10° ② 10~20°
③ 30~50° ④ 60~70°

해설 TIG 용접에서 직류정극성으로 용접할 때 전극 선단의 각도는 30~50°가 적당하다.

03 서브머지드 아크용접 시, 받침쇠를 사용하지 않을 경우 루트 간격을 몇 mm 이하로 하여야 하는가?

① 0.2 ② 0.4
③ 0.6 ④ 0.8

해설 서브머지드 아크용접 시, 받침쇠를 사용하지 않을 경우 루트 간격은 0.8mm 이하이다.

04 텅스텐 전극과 모재 사이에 아크를 발생시켜 모재를 용융하여 절단하는 방법은?

① 티그 절단 ② 미그 절단
③ 플라즈마 절단 ④ 산소 아크절단

해설 불활성 가스 아크절단
- TIG 절단은 텅스텐 전극과 모재 사이에 아크를 발생시켜 모재를 용융하여 절단하며, 열적 핀치효과에 의해 고온·고속의 플라즈마를 발생한다. 사용전원으로는 직류정극성이 사용된다.
- TIG 절단은 구리 및 구리합금, 알루미늄, 마그네슘, 스테인리스강 등의 금속재료 절단에만 사용한다.
- MIG 절단은 금속 전극에 대전류를 흘려 절단하고, 직류역극성을 사용한다.

05 일렉트로 슬래그 용접법에 사용되는 용제의 주성분이 아닌 것은?

① 산화규소 ② 산화망간
③ 산화알루미늄 ④ 산화티탄

해설 일렉트로 슬래그 용접의 개요
- 수랭 동판을 용접부의 양면에 부착하고 용융된 슬래그 속에서 전극와이어를 연속적으로 송급하여 용융 슬래그 내를 흐르는 저항열에 의하여 전극와이어 및 모재를 용융 접합시키는 용접법이다.
- 저항발열을 이용하는 자동용접법이다.
- 산화규소, 산화망간, 산화알루미늄이 용제(flux)로 사용된다.

06 MIG 용접의 와이어 송급방식 중 와이어 릴과 토치 측의 양측에 송급장치를 부착하는 방식을 무엇이라 하는가?

① 푸시 방식　　　② 풀 방식
③ 푸시-풀 방식　　④ 더블 푸시 방식

> 해설 **와이어 송급방식**
> • **푸시 방식** : 와이어 송급장치 릴에서 토치 방향으로 와이어를 밀어주는 방식
> • **풀 방식** : 토치 쪽의 전동 릴이 와이어를 당겨주는 방식
> • **푸시-풀 방식** : 와이어 송급장치 릴에서 와이어를 밀어내고 토치 쪽의 전동 릴이 동시에 와이어를 당겨주는 방식
> • **더블 푸시 방식** : 와이어 송급장치 릴에서 와이어를 밀어내고 토치 테이블 중간에 달린 전동 릴이 한번 더 토치 방향으로 와이어를 밀어주는 방식

07 플라즈마 아크용접의 장점이 아닌 것은?

① 핀치효과에 의해 전류밀도가 작고 용입이 얇다.
② 용접부의 기계적 성질이 좋으며 용접 변형이 적다.
③ 1층으로 용접할 수 있으므로 능률적이다.
④ 비드 폭이 좁고 용접속도가 빠르다.

> 해설 **플라즈마 아크용접의 특징**
> • 용접봉이 토치 내 노즐 안쪽에 들어가 있어서, 모재에 닿을 염려가 없어 용접부에 텅스텐이 오염될 염려가 없다.
> • 비드 폭이 좁고, 용입은 깊으며, 용접속도가 빠르다.
> • 기계적 성질이 우수하고 작업이 쉬운 편이다.
> • 용접속도가 빠르므로 가스의 보호가 충분하지 못하다.
> • 수동 플라즈마 용접은 전자세가 가능하지만, 자동에서는 자세가 제한된다.
> • 설비가 고가이고, 무부하전압이 높다.

08 이산화탄소 아크용접의 시공법에 대한 설명으로 맞는 것은?

① 와이어의 돌출길이가 길수록 비드가 아름답다.
② 와이어의 용융속도는 아크전류에 정비례하여 증가한다.
③ 와이어의 돌출길이가 길수록 늦게 용융된다.
④ 와이어의 돌출길이가 길수록 아크가 안정된다.

> 해설 와이어의 용융속도는 아크전류에 정비례하여 증가한다.

09 점용접의 3대 요소가 아닌 것은?

① 전극모양　　　② 통전시간
③ 가압력　　　　④ 전류세기

> 해설 전기저항용접의 3대 요소는 용접전류, 통전시간, 가압력이다.

10 이산화탄소 아크용접에서 일반적인 용접작업(약 200A 미만)에서의 팁과 모재 간 거리는 몇 mm 정도가 가장 적당한가?

① 0~5　　　　② 10~15
③ 40~50　　　④ 30~40

> 해설 이산화탄소 아크용접에서 일반적인 용접작업(약 200A 미만)에서의 팁과 모재 간 거리는 10~15mm가 적당하다.

11 전기저항용접의 장점이 아닌 것은?

① 작업속도가 빠르다.

② 용접봉의 소비량이 많다.

③ 접합 강도가 비교적 크다.

④ 열 손실이 적고, 용접부에 집중열을 가할 수 있다.

> **해설** 전기저항용접의 특징
> 1. 장점
>   • 작업속도가 빠르고, 대량생산에 적합하며, 용접 시 모재의 손상, 변형, 잔류응력이 적다.
>   • 산화작용이 작고, 용접부가 깨끗하다.
>   • 열 손실이 적고, 용접부에 집중열을 가할 수 있다.
>   • 기계적 성질이 개선되며, 자동용접으로 작업자의 기량에 큰 관계가 없다.
> 2. 단점
>   • 용접기의 설비비가 고가이고, 용접기의 융통성이 적으며, 적당한 비파괴검사가 어렵다.
>   • 후열처리가 필요하다.
>   • 대용량 용접기의 경우 전원설비가 필요하다.

12 용접용 용제는 성분에 의해 용접작업성, 용착금속의 성질에 따라 크게 변화하는데 서브머지드 아크용접의 용접용 용제에 속하지 않는 것은?

① 고온소결형 용제

② 저온소결형 용제

③ 용융형 용제

④ 스프레이형 용제

> **해설** 서브머지드 아크용접의 용제의 종류
>   • **용융형** : 흡습성이 적다. 소결형에 비해 좋은 비드를 얻을 수 있다.
>   • **소결형** : 흡습성이 가장 높다. 비드 외관이 용융형에 비해 나쁘다.
>   • **혼성형** : 용융형 + 소결형

13 CO_2가스 아크용접 시 이산화탄소의 농도가 3~4%이면 일반적으로 인체에는 어떤 현상이 일어나는가?

① 두통, 뇌빈혈을 일으킨다.

② 위험상태가 된다.

③ 치사량이 된다.

④ 아무렇지도 않다.

> **해설** 대기 중 CO_2 농도에 따른 인체 영향
>
> | 농도 | 영향 |
> |---|---|
> | 3~4% | 두통, 뇌빈혈 |
> | 15% 이상 | 위험 |
> | 30% 이상 | 치명적 |

CHAPTER 04 용접부 검사

1 파괴검사(기계적 검사) : 인장시험, 경도, 충격, 피로, 크리프, 압축, 굴곡시험

(1) 인장시험

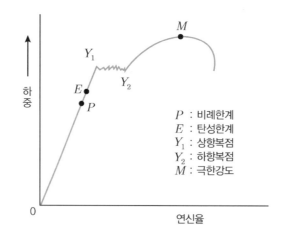

P : 비례한계
E : 탄성한계
Y_1 : 상항복점
Y_2 : 하항복점
M : 극한강도

① 인장시험으로 알 수 있는 것 : 인장강도, 비례한도, 탄성한도, 항복점, 연신율, 단면수축률 등

- 인장강도$(\sigma) = \dfrac{하중}{단면적} = \dfrac{P}{A}(\text{kg/mm}^2)$

- 항복강도$(\sigma) = \dfrac{상부항복하중}{단면적} = \dfrac{P}{A}(\text{kg/mm}^2)$

- 연신율$(\epsilon) = \dfrac{시험\ 후\ 표점길이 - 시험\ 전\ 표점길이}{시험\ 전\ 표점길이} \times 100 = \dfrac{l_2 - l_1}{l_1} \times 100(\%)$

- 단면수축률 $= \dfrac{원단면적 - 파단\ 후\ 단면적}{원단면적} \times 100 = \dfrac{A_0 - A_1}{A_0} \times 100(\%)$

(2) 경도시험

① 어떤 단단한 표준 물체를 시험편에 압입하였을 때 시험편에 나타나는 변형에 대한 저항력을 경도라고 한다.

② 경도시험 주의사항

㉠ 경도시험의 목적을 정하고 알맞은 시험방법을 선택한다.

㉡ 측정값의 오차범위를 정하고 시험기의 작동상태와 정밀도를 파악한다.

㉢ 시험편을 준비하고 어느 부분을 측정할지를 결정한다.

ⓔ 경도 측정횟수를 결정하고 시험편을 시험기에 놓고 시험을 실시한다.

ⓜ 경도 값을 읽거나 적고 측정결과를 검토한다.

③ 경도시험의 종류

ⓐ 브리넬 경도 : 강구를 시험편에 압입할 때 압입 저항력에 따른 경도를 측정하는 방법으로, 강구를 이용한다.

• 브리넬 경도$(HB) = \dfrac{P}{A} = \dfrac{P}{\pi Dh} = \dfrac{P}{\dfrac{\pi D}{2} \times (D - \sqrt{D^2 - d^2})} = \dfrac{2P}{\pi D(D - \sqrt{D^2 - d^2})}$

ⓑ 로크웰 경도 : 다이아몬드 모양과 같은 형상의 압입자에 기준하중으로 시험편의 표면에 압입하고 여기에 다시 시험하중을 가하면 시험편은 압입자의 형상으로 변형하게 된다. 이때 발생하는 변형은 탄성변형과 소성변형이 동시에 일어나고, 시험하중을 제거하면 처음의 기준하중만 받는 상태로 탄성변형은 회복되고 소성변형만 남게 된다. 이때의 깊이를 이용하여 경도 값을 계산한다. B스케일(전 시험하중 100kgf), C스케일(전 시험하중 150kgf)

ⓒ 비커스 경도 : 다면각이 136° 다이아몬드형 압입자로 시험편을 압입하였을 때, 작용하중을 압입된 자국의 표면적으로 나눈 값으로 나타낸다.

• 비커스 경도$(H_V) = \dfrac{P}{A} = \dfrac{\text{작용하중}}{\text{압입된 자국의 표면적}} = \dfrac{1.8544P}{d^2}$

ⓓ 쇼어 경도 : 작은 강구나 다이아몬드를 붙인 소형의 추를 일정 높이에서 시험편 표면에 낙하시켜 튀어오르는 반발 높이에 의하여 경도를 측정하는 시험이다.

• 쇼어 경도$(HS) = \dfrac{10,000}{65} \times \dfrac{h}{h_0}$

(3) 충격시험

① 인성과 취성(메짐)을 알아보기 위하여 하는 시험방법이다.

② 충격시험에는 샤르피형, 아이조드형 시험이 있다.

(4) 피로시험

반복하중을 받을 때, S(응력)–N(반복횟수) 곡선을 이용한다.

(5) 크리프 시험

시간, 온도, 응력의 관계를 나타낸다.

(6) 굴곡시험(굽힘시험)

① 용접부의 연성, 안전성, 결함 여부를 알아보는 시험이다.

② 굽힘시험에는 표면, 이면, 측면시험이 있다.

③ 일반적으로 180°까지 굽힌다.

(7) 금속조직 검사법

① 현미경 조직검사(마이크로 시험) : 가장 보편적인 방법으로, 부식체로 질산 및 초산용액을 사용한다.

② 육안조직검사(매크로 검사)

　　㉠ 파단면법 : 균열, 슬래그섞임, 기공 등을 육안으로 관찰하는 방법

　　㉡ 매크로 부식법 : 육안이나 배율 10배 이하의 확대경으로 검사하는 방법

③ 설퍼프린트법 : 철강 재료 중에 존재하는 황의 분포 상태를 검사하는 방법, 즉 황의 편석을 검사하는 방법

2 비파괴시험

(1) PT

침투(탐상) 비파괴검사. 국부적 시험이 가능하고, 미세한 균열도 탐상이 가능하다. 또한 철, 비철금속, 플라스틱, 세라믹 등 거의 모든 제품에 적용이 용이하다.

(2) RT

방사선(탐상) 비파괴검사. X선이나 γ선을 재료에 투과시켜 투과된 빛의 강도에 따라 사진 필름에 감광시켜 결함을 검사하는 방법. 모든 용접재질에 적용할 수 있고, 내부 결함의 검출이 용이하며, 검사의 신뢰성이 높다. 방사선투과검사에 필요한 기구로는 투과도계, 계조계, 증감지 등이 있다.

(3) MT

자기(자분)(탐상) 비파괴검사. 전류를 통하여 자화가 될 수 있는 금속재료, 즉 철, 니켈과 같이 자기변태를 나타내는 금속 또는 그 합금으로 제조된 구조물이나 기계부품의 표면 균열검사에 적합하고, 결함 모양이 표면에 직접 나타나기 때문에 육안으로 결함을 관찰할 수 있고, 검사작업이 신속하고 간단하다. 검사의 종류에는 극간법, 통전법, 프로드법, 코일법 등이 있다.

(4) UT

초음파(탐상) 비파괴검사는 0.5~15MHz의 초음파를 이용, 탐촉자를 이용하여 결함의 위치나 크기를 검사하는 방법으로 투과법, 펄스반사법, 공진법 등이 사용된다.

(5) ET

와전류(탐상) 비파괴검사, 맴돌이검사

(6) VT

외관검사(육안검사), 비드 외관, 언더컷, 오버랩, 용입불량, 표면균열 등을 검사한다.

(7) LT

누설비파괴검사

3 작업검사의 종류

(1) 용접 전 작업검사

   용접기, 지그, 작업방법, 모재상태, 홈각도, 루트면/간격, 용접사 기량 등

(2) 용접 중 작업검사

   용착방법, 용접자세, 비드 모양, 슬래그 섞임, 융합 상태, 용접전류, 용접순서, 균열 등

(3) 용접 후 작업검사

   외관확인, 치수검사, 변형교정 작업점검, 후열처리 등

CHAPTER 04 단원 핵심 문제

01 용접부의 시험과 검사에서 부식시험은 어느 시험법에 속하는가?

① 방사선 시험법 ② 기계적 시험법
③ 물리적 시험법 ④ 화학적 시험법

> **해설** 부식시험은 화학적 시험이고, 방사선 시험은 비파괴검사 시험에 속한다.

02 용접 시험편에서 P = 최대하중, D = 재료의 지름, A = 재료의 최초 단면적일 때, 인장강도를 구하는 식으로 옳은 것은?

① $\dfrac{P}{\pi D}$　　　② $\dfrac{P}{A}$

③ $\dfrac{P}{A^2}$　　　④ $\dfrac{A}{P}$

> **해설**
> 인장강도 $= \dfrac{\text{최대하중}}{\text{단면적}} = \dfrac{P}{A}$

03 작은 강구나 다이아몬드를 붙인 소형의 추를 일정 높이에서 시험편 표면에 낙하시켜 튀어오르는 반발 높이에 의하여 경도를 측정하는 것은?

① 로크웰 경도 ② 쇼어 경도
③ 비커스 경도 ④ 브리넬 경도

> **해설** 쇼어 경도
> 작은 강구나 다이아몬드를 붙인 소형의 추를 일정 높이에서 시험편 표면에 낙하시켜 튀어오르는 반발 높이에 의하여 경도를 측정하는 시험

04 시험편에 V형 또는 U형 등의 노치(notch)를 만들고 충격적인 하중을 주어서 파단시키는 시험법은?

① 인장시험 ② 굽힘시험
③ 충격시험 ④ 경도시험

> **해설** 충격시험
> • 인성과 취성(메짐)을 알아보기 위하여 하는 시험
> • 충격시험에는 샤르피형, 아이조드형 시험이 있다.

05 B스케일과 C스케일이 있는 경도시험법은?

① 로크웰 경도시험 ② 쇼어 경도시험
③ 브리넬 경도시험 ④ 비커즈 경도시험

> **해설** 로크웰 경도
> 다이아몬드 모양과 같은 형상의 압입자에 기준하중으로 시험편의 표면에 압입하고 여기에 다시 시험하중을 가하면 시험편은 압입자의 형상으로 변형하게 된다. 이때 변형은 탄성변형과 소성변형이 동시에 일어난다. 이때 시험하중만을 제거하면 처음의 기준하중만 받는 상태로 탄성변형은 회복되고 소성변형만 남게 된다. 이때의 깊이를 이용하여 경도값을 계산한다. B스케일(전 시험하중 100kgf), C스케일(전 시험하중 150kgf)

06 맞대기 이음에서 판두께 10mm, 용접선의 길이 200mm, 하중 9,000kgf에 대한 인장응력(σ)은?

① 4.5kgf/mm^2 ② 3.5kgf/mm^2
③ 2.5kgf/mm^2 ④ 1.5kgf/mm^2

> **해설**
> 인장강도$(\sigma) = \dfrac{\text{하중}}{\text{단면적}} = \dfrac{9,000}{10 \times 200} = 4.5\text{kgf/mm}^2$

정답 01 ④ 02 ② 03 ② 04 ③ 05 ① 06 ①

07 초음파 탐상법에 속하지 않는 것은?

① 펄스반사법 ② 투과법
③ 공진법 ④ 관통법

> **해설** 초음파 비파괴검사(UT)는 0.5~15MHz의 초음파를 이용, 탐촉자를 이용하여 결함의 위치나 크기를 검사하는 방법으로 투과법, 펄스반사법, 공진법 등이 사용된다.

08 맞대기용접 이음에서 모재의 인장강도는 45kgf/mm^{2}이며, 용접 시험편의 인장강도가 47kgf/mm^{2}일 때 이음효율은 약 몇 %인가?

① 104 ② 96
③ 60 ④ 69

> **해설** $\eta = \dfrac{\text{용착금속강도}}{\text{모재인장강도}} \times 100(\%) = \dfrac{47}{45} \times 100 = 104.4$

09 X선이나 γ선을 재료에 투과시켜 투과된 빛의 강도에 따라 사진 필름에 감광시켜 결함을 검사하는 비파괴시험법은?

① 자분탐상검사
② 침투탐상검사
③ 초음파탐상검사
④ 방사선투과검사

> **해설** RT
> 방사선(탐상) 비파괴검사, X선이나 γ선을 재료에 투과시켜 투과된 빛의 강도에 따라 사진 필름에 감광시켜 결함을 검사하는 방법이다.
> 모든 용접재질에 적용할 수 있고, 내부 결함의 검출이 용이하며, 검사의 신뢰성이 높다.

10 전류를 통하여 자화가 될 수 있는 금속재료, 즉 철, 니켈과 같이 자기변태를 나타내는 금속 또는 그 합금으로 제조된 구조물이나 기계부품의 표면부에 존재하는 결함을 검출하는 비파괴시험법은?

① 맴돌이전류시험 ② 자분탐상시험
③ γ선 투과시험 ④ 초음파탐상시험

> **해설** MT
> 자기(자분)(탐상) 비파괴검사, 전류를 통하여 자화가 될 수 있는 금속재료, 즉 철, 니켈과 같이 자기변태를 나타내는 금속 또는 그 합금으로 제조된 구조물이나 기계부품의 표면 균열검사에 적합하고, 결함 모양이 표면에 직접 나타나기 때문에 육안으로 결함을 관찰할 수 있고, 검사작업이 신속하고 간단하다.

11 다음 중 비파괴시험이 아닌 것은?

① 초음파탐상시험
② 피로시험
③ 침투탐상시험
④ 누설탐상시험

> **해설** 피로시험은 파괴시험에 속한다.

CHAPTER 05 용접시공 및 결함부 보수용접 작업

1 용접 시공 계획

용접구조는 일반적으로 생각하는 용접 접합부를 용접하는 구조, 용접부 전체의 구조로만 생각되어지는데, 여기서 말하는 용접구조는 용접한 제품을 각 블록으로 보았을 때, 그 블록들을 조합할 경우 용접, 혹은 고장력 볼트, 리벳팅 등을 병용하여 접합하는 경우도 있다. 조선 선체나 큰 구조물에서는 균열이 발생할 경우, 균열이 전파하는 것을 방지한다든지, 혹은 구조물을 편리하게 제작하기 위하여 각 블록 사이의 조립에 리벳을 사용하거나 각 블록 사이를 고장력 볼트로 조립한다.

(1) 용접구조 설계순서

① 기본계획

② 강도계산

③ 구조설계

④ 공작도면 작성

⑤ 재료 적산

⑥ 사양서 작성(WPS)

(2) 용접구조 설계상의 주의사항

① 용접 이음의 집중, 교차, 접근 등을 피한다.

② 노치 인성, 용접성이 우수한 재료를 선택하여 시공하기 쉽게 설계한다.

③ 리벳과 용접을 병용할 때에는 충분히 유의해야 한다.

④ 후판용접 시 용입이 깊은 용접법을 이용하여 층수를 줄이도록 한다.

⑤ 용접에 의한 변형이나 잔류응력을 줄일 수 있도록 한다.

⑥ 용접치수는 강도상 필요한 치수 이상으로 크게 하지 않는다.

2 용접 준비

(1) 용접 전의 준비사항

① 제작도면을 이해하고 작업내용을 충분히 숙지하도록 한다.

② 사용재료를 확인하고 기계적 성질, 용접성, 용접 후의 모재의 변형 등을 미리 파악한다.

③ 용접봉은 모재에 알맞은 것을 선택한다. 용착금속의 강도가 설계자에게 만족을 주고, 사용 성능이나 경제성, 구조물에 따른 판두께 등을 고려한다.

④ 용접 이음과 홈의 선택을 한다.

⑤ 용접기, 기타 필요한 설비의 준비를 파악한다.

⑥ 용접전류, 용접순서, 용접조건, 용접방법 등을 미리 정한다.

⑦ 홈 면에 페인트, 기름, 녹 등의 불순물을 확인한다.

⑧ 예열이나 후열 실시 여부를 검토한다.

(2) 용접 설계 시 유의사항

① 위보기 용접을 피하고, 아래보기 용접을 많이 하도록 설계한다.

② 필릿 용접을 피하고, 맞대기용접을 하도록 설계한다.

③ 용접 이음부가 한 곳에 집중되지 않도록 설계한다.

④ 용접부 길이는 짧게 하고, 용착금속량도 적게 한다(단, 필요한 강도에 충족할 것).

⑤ 두께가 다른 재료를 용접할 때에는 구배를 두어 단면이 갑자기 변하지 않도록 설계한다.

⑥ 용접작업에 지장을 주지 않도록 간격이 남게 설계한다.

⑦ 용접에 적합한 설계를 해야 한다.

⑧ 결함이 생기기 쉬운 용접은 피한다.

⑨ 구조상의 노치부를 피해야 한다.

⑩ 용착금속량은 강도상 필요한 최소한으로 한다.

(3) 용접 이음 계산

① 용접 이음부의 강도

	맞대기용접	겹치기용접
완전 용접	$\sigma = \dfrac{P}{A} = \dfrac{하중}{두께 \times 길이}$	$\sigma = \dfrac{0.707P}{hl} = \dfrac{0.707 \times 하중}{높이 \times 길이}$
부분 용접	$\sigma = \dfrac{P}{A} = \dfrac{하중}{(높이 + 높이) \times 길이}$	

② 굽힘응력과 모멘트 계산

굽힘응력 $= \dfrac{모멘트}{단면계수} = \dfrac{M}{Z_p} = \dfrac{M}{W_b}$	단면계수 $= \dfrac{lt^2}{6}$
모멘트 $=$ 굽힘응력 $\times$ 단면계수 $= \sigma_b \times W_b$	

③ 용접 이음 안전율

㉠ 안전율 $= \dfrac{\text{인장강도}}{\text{허용응력}}$

㉡ 연강의 안전율

정하중	반복하중	교번하중	충격하중
3	5	8	12

④ 이음효율 : $\eta = \dfrac{\text{용착 금속강도}}{\text{모재 인장강도}} \times 100(\%)$

3 본용접

(1) 가접(가용접)

① 가접은 본용접사와 실력이 비슷한 용접사가 실시한다.

② 가접을 실시할 때에는 본용접보다 가는 용접봉을 사용하고, 전류는 본용접보다 높인다.

③ 응력이 집중되는 곳에는 가접을 하지 않는다.

④ 중요한 부분은 엔드탭을 사용하고 가급적 가접을 하지 않는다.

⑤ 홈 안에 가접을 한 경우에는 용접 전에 갈아내는 것이 좋다.

⑥ 본용접과 비슷한 온도로 예열한다.

⑦ 큰 구조물에서 가접 길이가 너무 짧으면 용접부에서 용접 균열이 발생할 수 있으므로 주의해야 한다.

(2) 용접구조물 조립 시 주의사항

① 수축이 큰 이음을 먼저 하고, 수축이 작은 이음을 나중에 용접한다.

② 맞대기 이음을 먼저하고, 필릿 이음을 나중에 용접한다.

③ 용접을 먼저하고, 리벳을 나중에 한다.

④ 큰 구조물은 중앙에서 대칭으로 용접한다(중앙에서 끝으로).

⑤ 용접의 시점이나 끝점이 중요한 부분일 때에는 엔드탭을 사용한다.

⑥ 적당히 예열해서 용접하고, 용접이 불가능한 곳이 없도록 한다.

⑦ 용접물의 중립축을 참작하여 그 중립축에 대한 용접 수축력의 모멘트의 합이 '0'이 되게 하면 용접선 방향에 대한 굽힘이 없어진다.

(3) 용접구조물 조립순서 고려사항

① 구조물의 형상을 유지할 수 있도록 한다.

② 용접변형이나 잔류응력을 줄일 수 있도록 한다.

③ 큰 구속용접은 피하고, 적용할 수 있는 용접법, 이음형상 등을 고려한다.

④ 변형 제거를 쉽게 할 수 있도록 한다.

⑤ 작업환경, 용접자세, 용접기기 등을 고려한다.

⑥ 가격이 저렴하고 품질이 높은 제품을 얻을 수 있도록 한다.

(4) 용착법

분류	용착법	설명	그림	비고
단층	전진법	첫 부분에서 다른 쪽 부분까지 연속적으로 용접하는 방법으로 용접이음이 짧은 경우나, 잔류응력이 적을 때 사용한다.	전진법	변형 경감
	후진법 (후퇴법)	용접 진행 방향과 용착 방향이 서로 반대가 되는 방법으로, 후판 용접에 사용한다.	5→4→3→2→1 후진법	
	대칭법	이음의 수축에 따른 변형이 서로 대칭이 되게 할 경우에 사용된다. 중앙에 대칭으로 용접한다.	4 2 1 3 대칭법	
	스킵법 (비석법)	이음 전 길이에 대해서 뛰어넘어서 용접하는 방법이다. 얇은 판이나 비틀림이 발생할 우려가 있는 용접에 사용한다. 변형과 잔류응력을 최소로 해야 할 경우 사용한다.	1 4 2 5 3 스킵법(비석법)	
다층	빌드업법 (덧살올림법)	각 층마다 전체의 길이를 용접하면서 쌓아 올리는 방법이다.	덧살올림법	
	캐스케이드법	계단모양의 다층 용착방법이다.	캐스케이드법	
	점진블록법 (전진블록법)	전체를 점진적으로 용접해 나가는 방법이다.	전진블록법	

※ 용접순서 결정 시 주의사항

① 용접으로 조립해 나가는 경우에는 순서가 틀리게 되면 용접이 어렵거나 불가능하게 되는 경우가 발생하므로, 조립하기 전에 철저한 검토를 실시한다.

② 동일 평면상에서 이음이 많을 경우에는 수축을 가능한 자유단으로 보낸다. 이는 구속에 의해 발생할 수 있는 잔류응력을 작게 하여 제품 전체를 균형 있게 수축시켜 변형을 줄이는 효과가 발생한다.

③ 제품 용접 시 중심선에 대해 대칭을 벗어나면 수축이 발생하여 변형하거나, 굽혀지거나, 뒤틀리는 경우가 있으므로 가능한 물품의 중심에 대해 대칭적으로 용접을 진행한다.

④ 내적 구속으로 인한 잔류응력을 줄이기 위하여 수축이 큰 이음을 먼저 용접하고, 수축이 작은 용접이음은 나중에 실시한다.

⑤ 용접선의 직각 단면 중립축에 대해 수축력의 총합이 0이 되도록 하고, 용접방향의 대한 굽힘을 줄인다(모멘트가 0이 되도록 함).

⑥ 리벳이음과 용접이음을 병용할 때에는 용접이음을 먼저하고 리벳을 나중에 한다.

⑦ 블록법을 사용한다(특히 조선, 대형구조물 제작 시).

(5) 용접 이음 종류

이음의 종류	그림	이음의 종류	그림
맞대기		모서리	
T형		변두리	
겹치기		십자	

※ 용접이음 선택 시 고려사항

① 각종 이음의 특성을 파악하여 선택한다.
② 제품에 가해지는 하중의 종류 및 크기에 따라서 이음을 선택한다.
③ 용접방법, 판두께, 구조물의 종류에 따라서 이음을 선택한다.
④ 용접 변형 및 용접성을 고려하여 선택한다.
⑤ 이음의 준비 및 실제용접에 요하는 비용에 따라 이음을 선택한다.
⑥ 이음의 형상, 모재의 재질에 따라서 이음을 선택한다.

⑹ 홈 가공

① 용착량이 많을수록 응력집중이 많아지므로, 용입이 허용되는 한 홈의 각도를 작게 하는 것이 좋다.

② 피복아크용접에서 홈 각도는 54~70°가 적당하다.

③ 루트 간격이 좁을수록 용접균열 발생이 적다.

⑺ 용접 지그

① 모재를 고정시켜 주는 장치로서 적당한 크기와 강도를 가지고 있어야 한다.

② 용접작업을 효율적으로 하기 위한 장치이다.

③ 지그 사용 시 작업시간이 단축된다.

④ 지그의 제작비가 많이 들지 않도록 한다.

⑤ 구속력이 크면 잔류응력이나 균열이 발생할 수 있다.

⑥ 사용이 편리해야 한다.

⑻ 용접 홈의 형상

① 맞대기 홈의 형상

I형	판두께 6mm까지	I형
V형	판두께 6~19mm (양면 V형 = X형은 12mm 이상)	V형
J형	판두께 6~19mm (양면 J형은 12mm 이상)	J형
U형	판두께 16~50mm	U형
H형	판두께 50mm 이상	양면 U형(H형)

② 하중의 방향에 따른 필릿 용접의 종류

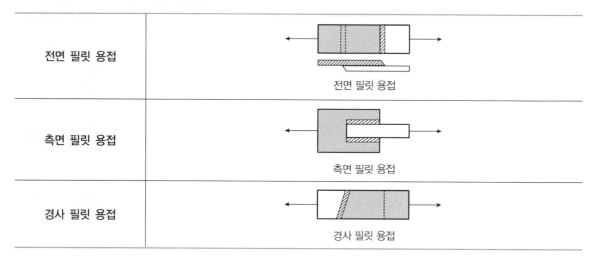

전면 필릿 용접	
	전면 필릿 용접
측면 필릿 용접	
	측면 필릿 용접
경사 필릿 용접	
	경사 필릿 용접

(9) 각종 금속의 용접

① 순철의 용접

　㉠ 순철은 탄소함유량이 아주 적기 때문에 용접의 열 영향부가 담금질 경화되지 않는다.

　㉡ 일반적으로 쉽게 용접 가능하며, 용접속도는 조금 천천히 하는 것이 좋다.

② 탄소강의 용접

　㉠ 저탄소강의 용접(탄소함유량 0.3% 이하)

　　ⓐ 용접구조용강으로 세미킬드강이나 킬드강이 사용되고 있으며, 일반적인 용접이 가능하지만, 노치 취성 및 용접부 터짐이 발생할 수 있다.

　　ⓑ 연강 용접에서는 판두께 25mm 이상에서는 예열을 하거나 저수소계(E4316) 용접봉을 사용하여 균열을 방지한다.

　㉡ 중탄소강의 용접(탄소함유량 0.3~0.5%)

　　ⓐ 탄소량이 증가하면 용접 시 열 영향부의 경화가 심해지며, 용접성이 나쁘고, 균열이 발생할 수 있으므로 예열을 하여야 한다.

　　ⓑ 150~260℃ 정도로 예열한다.

　　ⓒ 용접봉은 저수소계를 사용하며, 탄소함유량이 0.4% 이상일 때는 후열도 고려해야 한다.

　　ⓓ 피복아크용접할 경우는 저수소계 용접봉을 선정하여 건조시켜 사용한다.

　　ⓔ 서브머지드 아크용접할 경우는 와이어와 플럭스 선정 시 용접부 강도 수준을 충분히 고려하여야 한다.

　㉢ 고탄소강의 용접(탄소함유량 0.5% 이상)

　　ⓐ 탄소함유량이 증가하면 담금질성이 향상되므로 급랭으로 인한 경화 및 균열이 발생하기 쉽다.

ⓑ 균열을 방지하기 위해 예열 및 후열을 실시한다.

ⓒ 예열은 260~420℃ 정도이며, 후열은 600~650℃ 정도로 실시한다.

ⓓ 용접봉은 저수소계 용접봉을 사용한다.

③ 주철의 용접

㉠ 주철의 용접은 모재 전체를 일정한 온도로 예열하는 열간 용접방법과 예열을 하지 않고 혹은 저온으로 예열해서 용접하는 냉간 용접법이 있다. 주물의 아크용접에는 모넬메탈 용접봉, 니켈봉, 연강봉 등이 있고, 예열하지 않아도 용접할 수 있다.

㉡ 주철용접이 어려운 이유

ⓐ 주철을 용접하게 되면 탄소함유량이 많기 때문에 용접부가 경화되면 균열이 생기기 쉬우며, 주철에는 전연성이 부족하여 응력 집중부 또한 균열이 발생하기 쉽다.

ⓑ 일산화탄소가 발생하여 블로홀이 생길 가능성이 높다.

ⓒ 주철용접은 균열 발생이 쉽고, 기계가공성이 불량하다.

ⓓ 장시간 가열로 인한 흑연의 조대화로 인하여 용착 불량이 생길 수 있으며, 모재와의 친화력도 나쁘다.

㉢ 주철용접 시 유의사항

ⓐ 보수용접 시 결함부 바닥까지 깎아낸 후 용접한다.

ⓑ 비드 배치는 짧게 하는 것이 좋다.

ⓒ 대형이나 판두께가 두꺼운 제품 용접 시 예열 및 후열을 실시한다.

ⓓ 용입을 얕게 하고, 직선비드 배치, 용접전류를 너무 높게 사용하지 않아야 한다.

ⓔ 용접봉은 가는 봉을 쓰는 것이 좋다.

ⓕ 용접 후 피닝 작업을 하여 변형을 줄이는 것이 좋다.

㉣ 주철의 보수용접

ⓐ 스터드법 : 용접부에 스터드 볼트 사용

ⓑ 버터링법 : 처음 모재에 사용한 용접봉으로 적당한 두께까지 용접한 후 다른 용접봉으로 다시 용접하는 방법

ⓒ 비녀장법 : 가늘고 긴 용접을 할 때 용접선에 직각이 되게 꺾쇠 모양으로 직경 6mm 정도의 강봉을 박고 용접하는 방법. 스테이플러 같은 것으로 찝어놓고 용접

ⓓ 로킹법 : 용접부 바닥면에 둥근 홈을 파고 이 부분에 힘을 받도록 하는 용접방법

④ 고장력강의 용접

㉠ 인장강도가 $50kg/mm^2$ 이상의 강도를 갖는 것을 고장력강이라고 한다.

㉡ 용접봉은 저수소계를 사용하며, 300~350℃로 1~2시간 정도 건조하여 사용한다.

㉢ 아크길이는 짧게 유지하고, 위빙폭은 작게, 엔드탭을 사용한다.

㉣ 용접 전에 용접부를 청소한다.

⑤ 스테인리스강의 용접

  ㉠ 스테인리스강의 용접은 용융점이 높은 산화크롬 생성을 피해야 하므로 불활성 가스 아크용접이나 비산화성
    가스 또는 용제 등으로 용융금속을 보호해야 한다.

  ㉡ 스테인리스강은 연강보다 열팽창계수가 크고, 전기저항도 커서 열 영향부가 변형되기 쉽다.

  ㉢ 용접 후 균열이 발생할 수 있다.

  ㉣ 스테인리스강 피복아크 용접봉의 피복제로는 티탄계, 라임계가 주로 사용된다.

  ㉤ **스테인리스강의 종류** : 마르텐자이트계, 페라이트계, 오스테나이트계

  ㉥ 스테인리스강용 용접봉의 피복제는 루틸을 주성분으로 한 티탄계와 형석, 석회석 등을 주성분으로 한 라임계
    가 있는데, 전자는 아크가 안정되고 스패터도 적으며, 후자는 아크가 불안정하고 스패터도 큰 입자인 것이 비
    산된다.

  ※ 오스테나이트계 스테인리스강을 용접 시 고온균열의 발생을 일으키지 않기 위해서는 아크길이를 짧게 하고, 크레
    이터 처리를 해야 한다. 모재 표면을 청정하게 하고, 구속력이 없는 상태에서 용접해야 한다.

  ---

⑥ 구리용접

  ㉠ 용접성에 영향을 주는 것은 열전도도, 열팽창계수, 용융온도 등인데, 구리는 열팽창계수가 커서 용접 후 변형
    이 생기기 쉽다.

  ㉡ 열전도도가 연강의 8배 정도여서 예열이 필요하고, 국부적인 가열이 어렵다.

  ㉢ 산소에 의해 산화구리가 되어 깨지는 성질이 나타날 수 있다.

  ㉣ 용접 시 충분한 예열이 필요하며, 구리합금 용접 시에는 가열에 의해 아연이 증발하여 이를 흡입한 용접자가
    아연중독이 될 수 있다.

  ㉤ 순수 구리의 경우 구리에 산소 이외에 납이 불순물로 존재하면 균열 등의 용접 결함이 발생된다.

  ㉥ 비교적 루트 간격과 홈 각도는 크게 취하고, 용가재는 모재와 같은 재료를 사용한다.

  ㉦ 용접봉으로는 규소청동 봉, 인청동 봉, 에버듈 봉 등이 많이 사용된다.

  ㉧ **구리합금의 종류** : 황동, 인청동, 규소청동, 알루미늄 청동 등

⑦ 알루미늄의 용접

  ㉠ 알루미늄이나 알루미늄의 합금은 용접성이 대체로 불량하다.

  ㉡ 용융점이 660℃로 용융점이 낮아서, 가열온도가 높아지면 용융이 커진다.

  ㉢ 열팽창계수가 크고, 용접 후 변형이나 잔류응력이 발생하기 쉽다.

  ㉣ 균열 및 기공이 발생하기 쉽다.

  ㉤ 산화알루미늄은 비중이 4, 용융점이 2,050℃ 정도로 순수 알루미늄보다 높아서 생성 시 용접하기 힘들다.

  ㉥ **알루미늄합금의 종류** : 실루민, 와이합금, 두랄루민, 하이드로날륨 등

⑧ 비철금속이 용접하기 어려운 이유

ㄱ 산화 및 질화가 발생하기 쉽다.

ㄴ 국부가열이 곤란하다.

ㄷ 산화물의 용융점이 높다.

4 용접 전 · 후 처리

(1) 예열 · 후열의 목적

① 용접부 및 주변의 열 영향을 줄이기 위해서 예열을 실시한다.

② 냉각속도를 느리게 하여 취성 및 균열을 방지한다.

③ 일정한 온도(약 200℃) 범위의 예열로 비드 밑 균열을 방지할 수 있다.

④ 용접부의 기계적 성질을 향상시키고, 경화조직의 석출을 방지한다.

⑤ 온도분포가 완만하게 되어 열응력의 감소로 변형과 잔류응력의 발생을 적게 한다.

(2) 방법

① 두께 25mm 이상의 연강은 예열이 필요하다.

② 온도가 0℃ 이하에서는 저온균열이 발생하기 쉽기 때문에 용접부 양 끝에 40~75℃ 정도로 예열 후 용접하면 균열이 적게 발생한다.

③ 탄소함유량이 많은 주철은 500~580℃ 정도로 예열한다.

④ 탄소함유량이 많을수록, 판두께가 두꺼울수록 예열온도를 높인다.

⑤ E4316 용접봉을 사용하면 일미나이트계 용접봉을 사용할 때보다 예열온도를 낮게 할 수 있다.

⑥ 모재 전체를 균일하게 예열하는 것이 좋다.

⑦ 급격한 예열보다는 천천히 예열하는 것이 좋다.

⑧ 알루미늄합금, 구리합금은 200~400℃ 정도로 예열한다.

(3) 탄소함유량에 따른 예열온도

탄소량	예열온도
0.2% 이하	90℃ 이하
0.2~0.3%	90~150℃
0.3~0.45%	150~260℃
0.45~0.83%	260~420℃

5 용접 결함, 변형 등 방지대책

(1) 용접 전에 변형방지법

① **구속법** : 구속 지그 및 가접을 실시하여 변형을 억제할 수 있도록 한 것으로(억제법), 용접물을 정반에 고정시키거나 보강재를 이용하거나 또는 일시적인 보조판을 붙이는 것으로 변형을 방지하는 방법이다.

② **역변형법** : 용접 전에 변형을 예측하여 미리 반대로 변형시킨 후 용접하는 방법이다.

③ **도열법** : 용접 중에 모재의 입열을 최소화하기 위하여 용접부 주위에 물을 적신 석면이나 동판을 대어 용접열을 흡수시키는 방법이다.

(2) 용접 중에 변형방지법

① 대칭법, 후퇴법, 스킵법을 선택하여 용접하면 변형을 줄일 수 있다.

② 강도에 지장이 없는 한도 내에서 용착금속의 양을 적게 용접한다.

(3) 용접 후에 변형방지법

① 후열처리를 실시한다.

② 피닝법을 사용하면 잔류응력을 줄이는 효과가 있다.

(4) 용접결함

① **치수상 결함** : 치수불량, 형상불량, 변형 등

② **구조상 결함** : 언더컷, 스패터, 용입불량, 선상조직, 은점, 백점, 오버랩, 기공, 균열 등

③ **성질상 결함**

　　㉠ 화학적 결함 : 부식 등

　　㉡ 기계적 결함 : 인장강도, 압축강도 부족 등

④ **기계적 결함** : 인장강도 부족 등

※ 용접 균열

① 크레이터 균열 : 용접을 끝낸 직후 크레이터 부분에 생기는 결함. 고장력강이나 합금원소가 많은 강종에서 흔히 볼 수 있다.

② 비드 밑 균열 : 외부에서 볼 수 없는 균열. 아크 분위기 중에서 수소가 너무 많을 때 발생하며, 비드 아래나 용접선 가까운 곳, 열 영향부에 생긴다. 저수소계 용접봉을 사용하여 균열 발생을 줄일 수 있다.

③ 토 균열(토우 균열) : 비드 표면과 모재와의 경계부분에 생기는 결함. 용접 후 바로 각 변형을 주거나 무리하게 회전변형을 주거나 구속하면 발생한다.

④ 루트 균열 : 용접 첫 층의 루트 근방에 생기는 결함. 열 영향부의 조직이나 용접부의 수소함유량에 따라 발생할 수 있다. 수소량을 적게 하거나 예열이나 후열 등으로 줄일 수 있다.

⑤ 라미네이션 균열 : 용접부의 균열 중 모재의 재질 결함으로서 강괴일 때 (라미네이션) 기포가 압연되어 생기는 것으로 설퍼 밴드와 같은 층상으로 편재해 있어 강재 내부에 노치를 형성하는 균열 모재의 재질 결함이다.

⑥ 설퍼 균열 : 강 중의 황이 층상으로 존재하며, 설퍼 밴드가 심한 모재를 서브머지드 아크용접하는 경우에 볼 수 있는 고온균열이다.

⑦ 라멜라티어(lamella tear) 균열 : 압연 강재를 판두께 방향으로 큰 구속을 주었을 때에 발생하는 것으로 강의 내부에 모재 표면과 평행하게 층상으로 발생하는 균열이다. 주로 T이음, 모서리 이음에 잘 생기는 결함이다.

※ 크레이터 처리 미숙으로 일어나는 결함

① 냉각 중에 균열이 생기기 쉽다.
② 파손이나 부식의 원인이 된다.
③ 불순물과 편석이 남게 된다.

종류	발생원인	그림
언더컷	• 용접속도가 빠를 때 • 용접전류가 높을 때 • 아크길이가 길 때	언더컷
슬래그 섞임	• 슬래그 제거 불량 • 루트 간격이 좁을 때	슬래그
오버랩	• 용접전류가 낮을 때 • 운봉속도가 너무 느릴 때(위빙 불량)	오버랩
기공(블로홀)	• 황, 수소, 일산화탄소가 많을 때 • 용접전류가 높을 때 • 용착부가 급랭될 때 • 용접봉에 습기가 많을 때	블로홀
피트	• 습기가 많을 때 • 용착금속의 과냉 • 탄소, 망간, 황의 함유량이 많을 때	피트
용입부족 (용입불량)	• 용접속도가 빠를 때 • 용접전류가 낮을 때 • 루트 간격이 좁을 때	용입부족
균열	• 용접전류가 높을 때 • 이음의 강성이 클 때 • 용착금속의 과냉	균열

스패터	• 용접전류가 높을 때 • 아크길이가 길 때 • 수분이 많은 용접봉을 사용했을 때	스패터
선상조직	• 모재 불량 • 용착금속의 과냉	선상조직

(5) 용접 전·후 처리

① 잔류응력 제거방법

  ㉠ 노내풀림법

   ⓐ 보통 625±25℃에서 판두께 25mm를 1시간 정도 풀림처리하는 방법으로, 유지온도가 높을수록, 유지시간이 길수록 효과가 크다.

   ⓑ 보통 연강에 대하여 제품을 노 내에서 출입시키는 온도는 300℃를 넘어서는 안 된다.

   ⓒ 제품 전체를 가열로 안에 넣고 적당한 온도에서 얼마 동안 유지한 다음 노 내에서 서랭하는 것으로, 응력제거 열처리법 중에서 가장 잘 이용되고 효과가 크다.

  ㉡ 국부풀림법 : 거대한 구조물이나 큰 제품 등을 용접하였을 경우에는 노내풀림법이 곤란하여, 용접부위(국부)만 풀림처리한다.

  ㉢ 저온응력완화법 : 가스 불꽃을 이용하여 폭 150mm, 온도 150~200℃ 정도 가열 후 수랭한다.

  ㉣ 기계적 응력완화법 : 용접부에 기계적 하중을 가하여 소성변형을 일으켜 응력을 제거하는 방법이다.

  ㉤ 피닝법 : 표면이 둥근 해머를 이용하여 용접부를 연속적으로 타격하여 표면상에 소성변형을 주어 응력을 제거하는 방법이다.

② 용접결함의 보수방법

  ㉠ 언더컷 발생 시 : 가는 용접봉으로 재용접한다.

  ㉡ 기공/슬래그/오버랩 발생 시 : 발생 부분을 깎아내고 재용접한다.

  ㉢ 균열 발생 시 : 발생 부분에 정지구멍을 뚫고 그 부분을 따내고 재용접한다.

③ 용접변형 교정방법

  ㉠ 박판에 대한 점수축법을 이용하는 방법

  ㉡ 형재에 대한 직선수축법을 이용하는 방법

  ㉢ 가열 후 해머링을 실시하여 변형을 교정하는 방법

  ㉣ 두꺼운 판인 경우에는 '가열 → 압력 → 수랭'

  ㉤ 롤러에 걸거나 피닝법을 이용하여 교정하는 방법

CHAPTER
05 단원 핵심 문제

01 용접 지그를 사용할 때 장점이 아닌 것은?

① 공정수를 절약하므로 능률이 좋다.

② 작업을 쉽게 할 수 있다.

③ 제품의 정도가 균일하다.

④ 조립하는 데 시간이 많이 소요된다.

> **해설** 용접 지그
> • 모재를 고정시켜 주는 장치로서 적당한 크기와 강도를 가지고 있어야 한다.
> • 용접작업을 효율적으로 하기 위한 장치이다.
> • 지그 사용 시 작업시간이 단축된다.
> • 지그의 제작비가 많이 들지 않도록 한다.
> • 구속력이 크면 잔류응력이나 균열이 발생할 수 있다.
> • 사용이 편리해야 한다.

02 다층 용접 시 용접 이음부의 청정방법으로 틀린 것은?

① 그라인더를 이용하여 이음부 등을 청소한다.

② 많은 양의 청소는 쇼트 블라스트를 이용한다.

③ 녹슬지 않도록 기름걸레로 청소한다.

④ 와이어 브러시를 이용하여 용접부의 이물질을 깨끗이 제거한다.

> **해설** 용접부에 기름걸레로 청소를 하면 결함 발생 등 용접 효율이 저하된다.

03 가접 방법에서 가장 옳은 것은?

① 가접은 반드시 본용접을 실시할 홈 안에 하도록 한다.

② 가접은 가능한 튼튼하게 하기 위하여 길고 많게 한다.

③ 가접은 본용접과 비슷한 기량을 가진 용접공이 할 필요는 없다.

④ 가접은 강도상 중요한 곳과 용접의 시점 및 종점이 되는 끝 부분에는 피해야 한다.

> **해설** 가접
> • 가접은 본용접사와 실력이 비슷한 용접사가 실시한다.
> • 가접 시 본용접보다 가는 용접봉을 사용하고, 전류는 본용접보다 높인다.
> • 응력이 집중되는 곳은 가접을 피한다.
> • 중요한 부분은 엔드탭을 사용하고, 가급적 가접을 피한다.
> • 홈 안에 가접을 한 경우에는 용접 전에 갈아내는 것이 좋다.
> • 본용접과 비슷한 온도로 예열한다.
> • 큰 구조물에서 가접 길이가 너무 짧으면 용접부에서 용접균열이 발생할 수 있으므로 주의한다.

04 용접순서를 결정하는 사항으로 틀린 것은?

① 같은 평면 안에 많은 이음이 있을 때에는 수축은 되도록 자유단으로 보낸다.

② 중심선에 대하여 항상 비대칭으로 용접을 진행시킨다.

③ 수축이 큰 이음을 가능한 먼저 용접하고, 수축이 작은 이음을 뒤에 용접한다.

④ 용접물의 중립축에 대하여 용접으로 인한 수축력 모멘트의 합이 0이 되도록 한다.

해설 용접순서 결정 시 주의사항
- 용접으로 조립해 나가는 경우에는 순서가 틀리게 되면 용접이 어렵거나 불가능하게 되는 경우가 발생하므로, 조립하기 전에 철저한 검토를 실시한다.
- 동일 평면상에서 이음이 많을 경우에는 수축을 가능한 자유단으로 보낸다. 이는 구속에 의해 발생할 수 있는 잔류응력을 작게 하여 제품 전체를 균형 있게 수축시켜 변형을 줄이는 효과가 발생한다.
- 제품 용접 시 중심선에 대해 대칭을 벗어나면 수축이 발생하여 변형하거나, 굽혀지거나, 뒤틀리는 경우가 있으므로 가능한 물품의 중심에 대해 대칭적으로 용접을 진행한다.
- 내적 구속으로 인한 잔류응력을 줄이기 위하여 수축이 큰 이음을 먼저 용접하고, 수축이 작은 용접이음은 나중에 실시한다.
- 용접선의 직각 단면 중립축에 대해 수축력의 총합이 0이 되도록 하고, 용접방향의 대한 굽힘을 줄인다(모멘트가 0이 되도록 함).
- 리벳이음과 용접이음을 병용할 때에는 용접이음을 먼저하고 리벳을 나중에 한다.
- 블록법을 사용한다(특히 조선, 대형구조물 제작 시).

05 용접 전 꼭 확인해야 할 사항이 틀린 것은?
① 예열, 후열의 필요성을 검토한다.
② 용접전류, 용접순서, 용접조건을 미리 선정한다.
③ 양호한 용접성을 얻기 위해서 용접부에 물로 분무한다.
④ 이음부에 페인트, 기름, 녹 등의 불순물이 없는지 확인 후 제거한다.

해설 용접 전에 용접부에 물을 분무하면 물 안의 수소로 인해 결함 발생의 확률이 높아진다.

06 용접부에 오버랩의 결함이 생겼을 때, 가장 올바른 보수방법은?
① 작은 지름의 용접봉을 사용하여 용접한다.
② 결함 부분을 깎아내고 재용접한다.
③ 드릴로 정지구멍을 뚫고 재용접한다.
④ 결함 부분을 절단한 후 덧붙임용접을 한다.

해설 용접 결함의 보수방법
- 언더컷 발생 시 : 가는 용접봉으로 재용접
- 기공/슬래그/오버랩 발생 시 : 발생 부분을 깎아내고 재용접
- 균열 발생 시 : 발생 부분에 구멍을 뚫고 그 부분을 따내고 재용접

07 보수용접에 관한 설명 중 잘못된 것은?
① 보수용접이란 마멸된 기계 부품에 덧살올림용접을 하고 재생, 수리하는 것을 말한다.
② 용접 금속부의 강도는 매우 높으므로 용접할 때 충분한 예열과 후열 처리를 한다.
③ 덧살올림의 경우에 용접봉을 사용하지 않고 용융된 금속을 고속기류에 의해 불어 붙이는 용사용접이 사용되기도 한다.
④ 서브머지드 아크용접에서는 덧살올림용접이 전혀 이용되지 않는다.

해설 서브머지드 아크용접에서는 덧살올림용접이 보수용접으로 이용된다.

08 용접부에 생긴 잔류응력을 제거하는 방법에 해당 되지 않는 것은?

① 노내풀림법
② 역변형법
③ 국부풀림법
④ 기계적 응력완화법

해설 **잔류응력 제거방법**
• **노내풀림법** : 보통 625±25℃에서 판두께 25mm를 1시간 정도 풀림처리하는 방법으로, 유지온도가 높을수록, 유지시간이 길수록 효과가 크다.
• **국부풀림법** : 노내풀림법이 곤란한 제품인 경우. 큰 구조물, 큰 제품 등
• **저온응력완화법** : 가스 불꽃을 이용하여 폭 150mm, 온도 150~200℃ 정도 가열 후 수랭
• **기계적 응력완화법** : 용접부에 하중을 가하여 소성변형을 일으켜 응력 제거
• **피닝법** : 용접부를 연속적으로 타격하여 표면상에 소성변형을 주어 응력 제거

09 용접 결함의 분류에서 치수상 결함에 속하는 것은?

① 융합 불량
② 변형
③ 슬래그 섞임
④ 언더컷

해설 **용접 결함**
• **치수상 결함** : 치수 불량, 형상 불량, 변형
• **구조상 결함** : 언더컷, 스패터, 용입 불량, 선상조직, 은점, 백점, 오버랩, 기공, 균열
• **성질상 결함** : 화학적 결함 – 부식
　　　　　　　기계적 결함 – 인장강도 부족

10 다층용접에서 각 층마다 전체의 길이를 용접하면서 쌓아 올리는 용착법은?

① 전진블록법
② 덧살올림법
③ 캐스케이드법
④ 스킵법

해설 **다층용착법**
• **빌드업법(덧살올림법)** : 각 층마다 전체의 길이를 용접하면서 쌓아 올리는 방법이다.

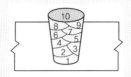

덧살올림법

• **캐스케이드법** : 계단모양으로 용접하는 방법이다.

캐스케이드법

• **점진블록법(전진블록법)** : 전체를 점진적으로 용접해 나가는 방법이다.

전진블록법

11 용접 경비를 적게 하기 위해 고려할 사항으로 가장 거리가 먼 것은?

① 용접봉의 적절한 선정과 그 경제적 사용방법
② 용접사의 작업 능률의 향상
③ 고정구 사용에 의한 능률 향상
④ 용접 지그의 사용에 의한 전자세 용접의 적용

해설 용접 지그를 사용하여 전자세 용접을 하기보다는 용접 작업자가 편하고 결함 발생을 방지할 수 있는 자세로 작업하는 것이 좋다.

12 용접구조물이 리벳구조물에 비하여 나쁜 점이라고 할 수 없는 것은?

① 품질검사 곤란
② 작업공정 수의 단축
③ 열 영향에 의한 재질 변화
④ 잔류응력의 발생

해설 **용접의 장점**
- 기밀, 수밀, 유밀성이 우수하고, 이음효율이 높다(리벳 이음효율 : 80%, 용접 이음효율 : 100%).
- 재료를 절약할 수 있고, 중량이 가볍고, 작업공정을 줄일 수 있다.
- 이종재료를 접합할 수 있고, 제품의 성능이나 수명이 우수하다.
- 실내에서 작업이 가능하며, 복잡한 구조물을 쉽게 제작할 수 있다.
- 보수와 수리가 용이하며, 비용도 적게 든다.
- 이음 두께의 제한이 없으며, 작업의 자동화가 쉽다.
- 제품이나 주조물을 주강품이나 단조품보다 가볍게 할 수 있다.

13 용접 결함이 언더컷일 경우 결함의 보수방법은?

① 일부분을 깎아내고 재용접한다.

② 홈을 만들어 용접한다.

③ 가는 용접봉을 사용하여 보수한다.

④ 결함 부분을 절단하여 재용접한다.

해설 **용접결함의 보수방법**
- **언더컷 발생 시** : 가는 용접봉으로 재용접
- **기공/슬래그/오버랩 발생 시** : 발생 부분을 깎아내고 재용접
- **균열 발생 시** : 발생 부분에 구멍을 뚫고 그 부분을 따내고 재용접

CHAPTER 06 안전관리 및 정리정돈

1 용접 안전사항

(1) 아크용접 시 안전사항

① 아크용접 시 반드시 보호장구를 착용하고, 우천 시 옥외 작업을 피한다.

② 파손되지 않은 홀더를 사용하며, 벗겨진 홀더는 사용하지 않는다.

③ 용접봉을 갈아 끼울 때 충전부에 몸이 닿지 않도록 한다.

④ 용접기 접지를 반드시 확인하고, 아크용접을 중단할 때는 전원스위치 OFF, 커넥터를 풀어준다.

(2) 가스용접 시 안전사항

① 용접 작업 시 차광안경을 사용하고, 보호장구를 착용한다.

② 점화 시 아세틸렌을 먼저 열고 점화하며, 작업 후 산소 밸브를 먼저 닫고 아세틸렌 밸브를 닫는다.

③ 역화 발생 시 산소 밸브를 먼저 잠근다.

④ 가스에 대한 누설검사는 비눗물을 사용한다.

⑤ 용접가스의 영향

가스	증세
이산화탄소[CO_2]	무색, 무취의 가스로 질식을 발생시킬 수 있다.
일산화탄소[CO]	일산화탄소 중독 및 질식이 발생할 수 있다.
오존[O_3]	피로, 두통, 눈 등에 영향을 줄 수 있다.
이산화질소[No_2]	폐부종을 일으킬 수 있다.

(3) 이산화탄소 농도에 따른 인체의 영향

농도	영향
3~4%	두통, 뇌빈혈
15% 이상	위험. 의식을 잃을 수 있다.
30% 이상	치명적. 사망에 이를 수 있다.

(4) 유해광선에 대한 안전사항

피복아크용접과 절단작업에서는 가시광선, 자외선, 적외선, X선(비가시광선)이 발생한다.

① 가시광선은 벽이나 다른 물체에 반사해서 작업장 주위에 보안경을 착용하지 않는 사람들의 눈을 상하게 할 수 있다. 강렬한 가시광선은 눈의 결막염을 발생시킬 수 있고, 잠깐 동안 눈이 안 보일 수도 있다.

② 적외선이 눈에 들어가면 백내장이 되기도 하고, 적외선은 열을 동반하여 피부에 쏘이게 되면 화상을 입을 수도 있다.

③ 자외선은 화상이나 피부를 검게 타게 하고, 눈으로 보게 되면 눈물이 많이 나고, 눈 속에 모래가 들어가 있는 느낌이 난다.

④ X선은 전자빔 용접 중에 발생할 수 있으므로 주의해야 한다.

⑤ 용접 작업 시 보안경이나 보호면을 필히 착용하여 유해광선의 피해를 최소화할 수 있도록 한다.

2 산업안전과 대책

(1) 안전표지와 색채 사용

① 적색(빨간색) : 방화금지, 규제, 고도의 위험, 방향표시, 소화설비, 화학물질의 취급장소에서의 유해·위험 경고 등

② 청색 : 특정행위의 지시 및 사실의 고지

③ 황색(노란색) : 주의표시, 충돌, 통상적인 위험·경고 등

④ 녹색 : 안전지도, 위생표시, 대피소, 구호표시, 진행 등의 안내

⑤ 백색 : 통로, 정리정돈, 글씨 및 보조색

⑥ 검정(흑색) : 글씨(문자), 방향표시(화살표)

(2) 형태별 색채기준

① 금지 : 바탕은 흰색, 기본모형은 빨간색, 관련부호 및 그림은 검은색

② 경고 : 바탕은 노란색, 기본모형 관련부호 및 그림은 검은색. 다만, 인화성물질 경고, 산화성물질 경고, 폭발성물질 경고, 급성독성물질 경고, 부식성물질 경고 및 발암성·변이원성·생식독성·전신독성·호흡기과민성 물질 경고의 경우 바탕은 무색, 기본모형은 빨간색(검은색도 가능)

③ 지시 : 바탕은 파란색, 관련 그림은 흰색

④ 안내 : 바탕은 흰색, 기본모형 및 관련부호는 녹색, 바탕은 녹색, 관련부호 및 그림은 흰색

3 화재방지 및 각종 재해방지

(1) 화재 및 폭발 방지

① 인화성 액체의 반응이나 취급은 폭발범위 이하의 농도로 해야 한다.

② 배관이나 기기에서 가연성 가스나 증기의 누출 여부를 철저히 점검해야 한다.

③ 작업 중 정전 등으로 인하여 화재 발생 위험이 있으므로 예비전원을 확보해야 한다.

④ 석유류와 같이 도전성이 나쁜 액체의 취급이나 수송 시 유동이나 마찰로 인하여 정전기 발생 위험이 있으므로 주의해야 한다.

⑤ 화재 진화를 위한 방화설비를 갖추어야 한다.

⑥ 가스 폭발 방지를 위해 예방대책에 있어서 가장 먼저 조치를 취해야 하는 것은 가스 누설의 방지이다.

(2) 화재별 소화방법 및 소화대책

구분	A급 화재	B급 화재	C급 화재	D급 화재
명칭	일반화재	유류화재	전기화재	금속화재
소화기	분말	포말, 분말, CO_2	분말, CO_2	모래, 질식

① 소화기를 실외에 설치 시 상자에 넣어둔다.

② 소화기 배치는 눈에 잘 띄는 곳에 두고, 이용하기 쉬운 장소에 설치한다.

③ 소화기를 가연성 물질이나 위험물에 가까이 두지 않는다.

④ 정기적으로 점검하고 항상 사용이 유효하도록 유지한다.

(3) 전기적 충격(전격)

전류	증세
1mA	감전을 조금 느낄 정도
5mA	상당히 아픔
20mA	근육의 수축, 호흡곤란, 피해자가 회로에서 떨어지기 힘듦.
50mA	상당히 위험(사망할 위험이 있음)
100mA	치명적인 결과(사망)

(4) 전기적 충격(전격)의 방지대책

① 땀, 물 등에 의해 습기가 차 있는 작업복, 장갑, 구두 등을 착용하지 않는다.

② 홀더나 용접봉은 절대로 맨손으로 취급하지 않는다.

③ 용접기의 내부에 함부로 손을 대지 않는다.

④ 절연 홀더의 절연 부분이 노출, 파손되면 곧 보수하거나 교체한다.

(5) 전기스위치류의 취급에 관한 안전사항

① 운전 중 정전되었을 때 스위치는 반드시 끊는다.

② 스위치의 근처에는 여러 가지 재료 등을 놓아두지 않는다.

③ 스위치를 끊을 때는 부하를 가볍게 해놓고 끊는다.

④ 스위치는 노출시키지 말고, 반드시 뚜껑을 만들어 장착한다.

(6) 줄 작업 시의 방법 및 안전수칙

① 줄 작업은 밀 때 힘을 많이 주고 당길 때 힘을 뺀다.

② 줄 작업 전 줄 자루가 단단하게 끼워져 있는가를 확인한다.

③ 줄을 해머나 공구용으로 사용하지 않는다.

④ 줄눈에 끼인 칩은 와이어 브러시로 제거한다.

(7) 용접 흄(fume) 중독에 대한 안전사항

① 실내 용접작업에서는 환기설비가 필요하다.

② 밀폐된 공간에서 용접작업 시 강제순환식 환기장치를 설치한다.

③ 용접작업 시 용접가스를 마시지 않도록 방독마스크나 방진마스크를 착용한다.

④ 용접작업 시 개인이 혼자 용접하지 말고 관리자의 관리하에 작업을 실시한다.

(8) 응급처치 구명 4단계

지혈 → 기도확보, 심박동 유지 → 쇼크방지, 처치 → 상처보호, 투약

CHAPTER 06 단원 핵심 문제

01 용접작업 시 주의사항으로 거리가 가장 먼 것은?

① 좁은 장소 및 탱크 내에서의 용접은 충분히 환기한 후에 작업한다.

② 훼손된 케이블은 용접작업 종료 후에 절연테이프로 보수한다.

③ 전격방지기가 설치된 용접기를 사용하여 작업한다.

④ 안전모, 안전화 등 보호장구를 착용한 후 작업한다.

> **해설** 훼손된 케이블이 발생하면 즉시 용접작업을 멈추고 보수한 후 용접작업을 재개한다.

02 화재 및 폭발의 방지조치로 틀린 것은?

① 대기 중에 가연성 가스를 방출시키지 말 것

② 필요한 곳에 화재 진화를 위한 방화설비를 설치할 것

③ 용접작업 부근에 점화원을 둘 것

④ 배관에서 가연성 증기의 누출 여부를 철저히 점검할 것

> **해설** 용접작업 부근에 점화원을 두면 폭발 및 화재의 위험이 있다.

03 전기스위치류의 취급에 관한 안전사항으로 틀린 것은?

① 운전 중 정전되었을 때 스위치는 반드시 끊는다.

② 스위치의 근처에는 여러 가지 재료 등을 놓아두지 않는다.

③ 스위치를 끊을 때는 부하를 무겁게 해놓고 끊는다.

④ 스위치는 노출시키지 말고, 반드시 뚜껑을 만들어 장착한다.

> **해설** 전기스위치류의 취급에 관한 안전사항
> • 운전 중 정전되었을 때 스위치는 반드시 끊는다.
> • 스위치의 근처에는 여러 가지 재료 등을 놓아두지 않는다.
> • 스위치를 끊을 때는 부하를 가볍게 해놓고 끊는다.
> • 스위치는 노출시키지 말고, 반드시 뚜껑을 만들어 장착한다.

04 가스절단 작업 시 주의사항이 아닌 것은?

① 절단 진행 중에 시선은 절단면을 떠나서는 안 된다.

② 가스호스가 용융금속이나 산화물의 비산으로 인해 손상되지 않도록 한다.

③ 가스호스가 꼬여 있거나 막혀 있는지를 확인한다.

④ 가스누설의 점검은 수시로 해야 하며, 간단히 라이터로 할 수 있다.

> **해설** 가스누설 점검을 라이터로 하면 폭발 및 화재의 위험이 있으므로, 비눗방울을 이용하여 수시로 점검한다.

정답 01 ② 02 ③ 03 ③ 04 ④

05 공장 내에 안전표지판을 설치하는 가장 주된 이유는?

① 능동적인 작업을 위하여
② 통행을 통제하기 위하여
③ 사고방지 및 안전을 위하여
④ 공장 내의 환경정리를 위하여

해설 안전표지판을 설치하는 이유는 사고방지 및 안전을 위해서이다.

06 용접작업 시 전격 방지를 위한 주의사항으로 틀린 것은?

① 안전 홀더 및 안전한 보호구를 사용한다.
② 협소한 장소에서는 용접공의 몸에 열기로 인하여 땀에 젖어있을 때가 많으므로 신체가 노출되지 않도록 한다.
③ 스위치의 개폐는 지정한 방법으로 하고, 절대로 젖은 손으로 개폐하지 않도록 한다.
④ 작업을 신속·간단하게 한다.

해설 전기적 충격(전격)의 방지대책
• 땀, 물 등에 의해 습기 찬 작업복, 장갑, 구두 등을 착용하지 않는다.
• 홀더나 용접봉은 절대로 맨손으로 취급하지 않는다.
• 용접기의 내부에 함부로 손을 대지 않는다.
• 절연 홀더의 절연 부분이 노출, 파손되면 곧 보수하거나 교체한다.

07 KS 규격에서 화재안전, 금지표시의 의미를 나타내는 안전색은?

① 노랑
② 초록
③ 빨강
④ 파랑

해설 적색
방화금지, 규제, 고도의 위험, 방향표시, 소화설비, 화학물질의 취급장소에서의 유해·위험 경고 등

08 산업안전보건법 시행규칙에서 화학물질 취급장소에서의 유해, 위험경고 이외의 위험경고, 주의 표지 또는 기계 방호물을 나타내는 색채는?

① 빨간색
② 노란색
③ 녹색
④ 파란색

해설 안전표지와 색채 사용
• 적색 : 방화금지, 규제, 고도의 위험, 방향표시, 소화설비, 화학물질의 취급장소에서의 유해·위험 경고 등
• 청색 : 특정행위의 지시 및 사실의 고지
• 황색(노란색) : 주의표시, 충돌, 통상적인 위험·경고 등
• 녹색 : 안전지도, 위생표시, 대피소, 구호표시, 진행 등
• 백색 : 통로, 정리정돈, 글씨 및 보조색
• 검정(흑색) : 글씨(문자), 방향표시(화살표)

09 줄 작업 시의 방법 및 안전수칙에 위배되는 사항은?

① 줄 작업은 당길 때 힘을 많이 주어 절삭되도록 한다.
② 줄 작업 전 줄 자루가 단단하게 끼워져 있는가를 확인한다.
③ 줄을 해머나 공구용으로 사용하지 않는다.
④ 줄눈에 끼인 칩은 와이어 브러시로 제거한다.

해설 줄 작업 시의 방법 및 안전수칙
• 줄 작업은 밀 때 힘을 많이 주고 당길 때 힘을 뺀다.
• 줄 작업 전 줄 자루가 단단하게 끼워져 있는가를 확인한다.
• 줄을 해머나 공구용으로 사용하지 않는다.
• 줄눈에 끼인 칩은 와이어 브러시로 제거한다.

CHAPTER 07 용접재료 준비

1 금속의 특성

(1) 주요 금속

원소기호	원소이름	원소기호	원소이름	원소기호	원소이름
C	탄소	Cu	구리	Ir	이리듐
Si	규소	Sn	주석	Mg	마그네슘
P	인	Zn	아연	Mo	몰리브덴
S	황	Ca	칼슘	Ti	티탄
Mn	망간	K	칼륨	Pb	납
Al	알루미늄	Co	코발트	Pt	백금
Ag	은	Fe	철	V	바나듐
Au	금	Ni	니켈	W	텅스텐
B	붕소	Cr	크롬	Zr	지르코늄
Be	베릴륨	Li	리듐	Hg	수은

(2) 금속의 특성

① 실온에서 고체이며, 결정체, 예외로는 수은이 있으며, 상온에서 유일한 액체상태의 금속이다.

② 금속 고유의 광택을 가지고 있으며, 일반적으로 빛을 반사한다.

③ 열 및 전기의 양도체이며, 전성 및 연성이 풍부하여 가공이 편리하다.

④ 경도, 강도, 용융점이 높은 편이고, 비중도 크다. 보통 비중이 4.5 이상인 금속을 중금속, 4.5 이하인 것을 경금속 이라고 한다. 특히, 철강은 용접이 용이하다.

⑤ 소성, 주조성, 절삭성 등의 성질을 가지고 있다.

2 금속재료의 성질

(1) 물리적 성질

① 비중

ㄱ 4℃ 순수한 물과 어떠한 금속의 단위용적 무게의 비

ㄴ 비중은 4.5(5)를 기준으로, 이하면 경금속, 이상이면 중금속이라고 한다.

ⓒ 금속 중에 최소 비중은 Li(리튬, 0.53), 최대 비중은 Ir(이리듐, 22.5)이다.

② 실용금속 중에서 가장 가벼운 금속은 Mg(마그네슘, 1.74)이다.

⑩ 경금속 : 알루미늄, 마그네슘, 베릴륨, 티탄 등

ⓗ 중금속 : 철, 니켈, 구리, 크롬, 텅스텐, 백금, 주철 등

ⓢ 주요 금속의 비중

금속	비중	금속	비중	금속	비중
Li	0.53	Mg	1.74	Al	2.7
Ti	4.5	Fe	7.8	Ni	8.9
Cu	8.93	Cr	7.19	Ir	22.5
Sn	7.3	Zn	7.13	Si	2.3

② 용융점

ⓙ 어떤 물질이 녹거나 응고하는 온도점(고체 → 액체, 액체 → 고체)

ⓛ 용융점이 가장 높은 금속은 W(3,410℃), 가장 낮은 금속은 Hg(-38.8℃)

ⓒ 주요 금속의 용융점

금속	온도(℃)	금속	온도(℃)	금속	온도(℃)
Cu	1,083	Al	660	Mg	650
Sn	232	Fe	1,538	Ni	1,455
Zn	419	Co	1,495	Ti	1,668

③ 전기(열)전도율

ⓙ 물체 내에 열에너지의 이동을 열전도도라고 하고, 순금속일수록 열전도도가 우수하다.

ⓛ 전기를 전도하는 정도를 도전율이라고 하며, 도전율은 고유저항의 역수, 또는 순구리의 전기전도율과의 비를 나타낸다.

ⓒ 일반적으로 열전도율이 큰 금속이 전기전도율도 크다.

② 전기(열)전도율 순서 : Ag > Cu > Au > Al > Mg > Zn > Ni > Fe > Pb

④ 자기적 성질(자성)

ⓙ 자석에 끌리는 성질

ⓛ 강자성체(잘 붙는것) : Fe, Ni, Co

ⓒ 상자성체(잘 안붙는것) : Al, Pt, Mn, Cr

② 비자성(반자성)체(안 붙는것) : Cu, Ag, Au, Zn, Bi(비스무트)

⑤ 탈색력

　　㉠ 금속마다 특유의 색을 가지고 있고, 색깔은 다음 순서에 의해 지배된다.

　　㉡ 탈색력 순서 : Sn > Ni > A > lMg > Fe > Cu > Zn 등

⑥ 열팽창계수

　　㉠ 선팽창계수 : 단위길이 L인 봉을 t1℃에서 t2℃로 올렸을 때 봉의 길이가 L2로 늘어나는 비

　　㉡ 부피팽창계수 : 금속에 열을 가해 온도가 1℃ 올라감에 따라 부피가 늘어나는 비이며, 등방체일 때 부피팽창계
　　　수는 선팽창계수의 3배 정도가 된다.

　　㉢ 열팽창계수 $= \dfrac{\text{변형길이} - \text{처음길이}}{\text{처음길이}(\text{변형온도} - \text{처음온도})}$

⑦ 비열 : 물질 1g을 1℃ 높이는 데 필요한 열량

⑧ 용해잠열 : 금속 1g을 용해하는 데 필요한 열량

(2) 기계적 성질

① 인성 : 충격에 대한 재료의 저항으로 질기고 강한 성질

② 연성 : 가늘게 선으로 늘일 수 있는 성질

③ 전성 : 얇은 판으로 넓게 펼 수 있는 성질

④ 피로 : 물체가 견딜 수 있는 힘보다 작은 힘을 연속으로 받는 상태

⑤ 연신율 : 재료에 하중을 가할 때 처음길이와 나중길이의 비

⑥ 취성 : 깨지는 성질(=메짐, 깨짐)

⑦ 소성 : 물체에 외력을 가한 후, 변형이 발생하고, 외력을 제거해도 변형이 유지되는 성질

⑧ 탄성 : 물체에 외력을 가한 후, 변형이 발생하고, 외력을 제거하면 본래의 모양으로 돌아오는 성질

⑨ 강도 : 단위면적에 힘을 가하여 파괴되기까지 견디는 힘

⑩ 경도 : 물체의 단단함.

⑪ 크리프 : 금속이 고온에서 오랜 시간 외력을 받으면 시간의 경과에 따라 서서히 그 변형이 증가하는 현상

⑫ 항복점 : 하중을 증가시키지 않아도 시험편이 늘어나는 현상

⑬ 주조성 : 가열해서 유동성을 증가시켜 주물로 할 수 있는 성질

⑭ 가단성 : 단조, 압연, 인발 등에 의해 변형시킬 수 있는 성질

(3) 화학적 성질

① 부식 : 금속이 화학적 또는 전기화학적인 작용에 의해서 비금속성 화합물을 만들어 차차로 손실되어 가는 현상

② 내식성 : 금속의 부식에 견디는 성질(Fe + Cr, Ni = 스테인리스강)

③ 내열성 : 열에 견디는 성질

(4) 금속의 응고

① 용융금속에서 온도가 저하하게 되면 액체에서 고체로 변화하게 되는데, 이렇게 물체의 상태가 다른 상으로 변하는 것을 변태라고 한다.

② 금속의 응고순서 : 용융금속→핵 발생→결정 성장→결정 형성→결정체

③ **수지상** : 용융금속이 온도가 저하될 때 핵 발생 이후 결정이 성장하며 나뭇가지 모양으로 되는데, 이 모양을 수지상 결정이라고 한다.

④ **편석** : 용융금속이 응고할 때 처음 응고하는 부분과 나중에 응고하는 부분과의 조정이 달라지고, 특히 마지막으로 응고하는 부분에 불순물이 모이는 현상을 말한다.

⑤ **주상결정** : 용융금속이 주형에서 응고할 때 금속 주형면에서부터 응고하여 중심방향으로 각 결정이 성장하여 기둥 모양의 결정이 생성되는 것을 말한다.

3 금속의 결정구조

(1) 결정과 정계

① 금속은 고체 상태에서는 결정체이며, 금속을 구성하고 있는 원자가 규칙적으로 배열되어 있는 상태를 결정이라고 한다.

② **공간격자** : 원자들이 규칙적으로 배열되어 있는 결정의 내부

③ **격자상수** : 단위포의 각 모서리의 길이로 금속의 결정구조를 표시한다.

(2) 체심입방격자(BCC)

① 강도가 크고, 면심입방격자에 비해 전연성이 적다.

② 원자수는 2개이며, 배위수는 8, 충진율은 68

③ **종류** : α -Fe, δ -Fe, W, Cr, Mo, V 등

(3) 면심입방격자(FCC)

① 전연성이 크고, 가공성 우수, 전기전도도 우수하다.

② 원자수는 4개이며, 배위수는 12, 충진율은 74

③ **종류** : γ -Fe, Au, Ag, Cu, Ni, Al, Pb, Pt 등

(4) 조밀육방격자(HCP)

① 전연성이 작고, 가공성이 나쁘다.

② 원자수는 4개이며, 배위수는 12, 충진율은 74

③ **종류** : Mg, Ti, Zn, Zr, Be, Cd 등

4 금속의 소성과 탄성회복

(1) 소성변형

금속은 힘을 가하여 판재, 봉재, 관재 등 여러 가지 모양으로 가공할 수 있다. 이와 같이 변형되는 성질을 소성이라 하고, 이 성질을 이용한 변형을 소성변형이라고 한다. 또한, 금속에는 탄성변형이라 하여 탄성한계에 이르지 않은 범위에서는 가해진 외력을 제거하면 원형으로 돌아가는 일시적인 변형이 있다. 탄성변형에 반하여 소성변형은 외력이 비례 한도를 넘었을 때 외력을 제거하여도 원형으로 돌아가지 않으므로, 이것을 영구변형이라고도 한다. 소성변형을 이용한 가공을 소성가공이라고 한다.

① 슬립(미끄럼 변형) : 금속에 인장이나 압축력을 가하면 결정은 미끄럼 변화를 일으켜 어떤 방향으로 이동하는데 이것을 슬립이라고 한다. 소성변형이 진행되면 슬립에 대한 저항이 점점 증가하고, 그 저항이 증가하면 금속의 경도와 강도도 증가한다. 이것을 변형에 의한 가공경화 또는 변형경화라고 한다.

② 트윈(쌍정) : 어떤 경계면을 기준으로 변형 전과 변형 후가 대칭으로 이동하여 변형하는 것이다.

③ 전위 : 금속의 결정격자는 규칙적으로 배열되어 있는 것이 정상이지만, 불완전하거나 결함이 있을 때 외력 작용 후 불안정한 곳이나 취약한 곳부터 원자가 이동하는 것을 전위라고 한다.

(2) 금속의 회복

① 회복 : 외력으로부터 변형된 결정입자가 가열에 의해서 내부응력이 감소하는 현상이다.

② 재결정 : 외력이나 가공에 의해 발생된 응력이 어떠한 온도로 가열하면 일정온도에서 응력이 없는 새로운 결정이 생긴다.

③ 재결정순서 : 내부응력 제거, 연화, 재결정, 결정입자의 성장

④ 냉간가공(저온가공, 상온가공) : 재결정온도 이하에서 가공

⑤ 열간가공(고온가공) : 재결정온도 이상에서 가공

5 금속의 변태

금속의 온도가 높아짐에 따라 상이 액체, 고체, 기체로 변하는 것을 변태라고 한다.

(1) 동소변태

① 정의 : 금속의 결정구조가 BCC에서 FCC로 변하거나, FCC에서 BCC로 변하는 등의 금속의 결정이 변화되는 현상을 말한다.

② 순철의 동소변태

    ㉠ A3변태(910℃) : α −Fe → γ −Fe

    ㉡ A4변태(1,400℃) : γ −Fe → δ −Fe

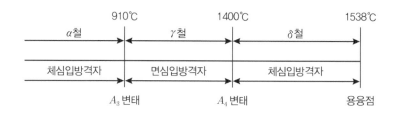

③ 동소변태 금속의 종류

⊙ Co(477℃)

ⓛ Ti(830℃)

(2) 자기변태

① 정의 : 금속의 결정구조는 변화가 없고 자성의 변화가 생기는 것이다.

② 자기변태 금속의 종류

⊙ Fe(768℃)

ⓛ Co(1,160℃)

ⓒ Ni(358℃)

6 Fe₃C 상태도 및 각 반응

(1) 포정반응

하나의 고체에 다른 융체가 작용하여 다른 고체를 형성하는 반응이다.

(2) 공정반응

두 개의 성분금속이 용융되어 있을 때는 융합이 되어 균일한 액체를 형성하나, 응고 후에는 성분금속이 각각 결정으로 분리되는데, 2개의 금속이 기계적으로 혼합된 조직을 형성할 때를 공정이라고 한다.

(3) 편정반응

일종의 융액에서 고상과 다른 종류의 융액을 동시에 생성하는 반응이다.

(4) 철의 주요 변태온도

① A0변태 : 시멘타이트 자기변태(232℃)

② A1변태 : α 고용체와 흑연의 공석선 $\gamma \leftrightarrow \alpha + Fe_3C$ (723℃)

③ A2변태 : 순철의 자기변태(768℃)

④ A3변태 : $\gamma - Fe \leftrightarrow \alpha - Fe$ (910℃)

⑤ Acm : γ 고용체로부터 Fe_3C 가 석출하는 선

⑥ A4변태 : $\delta - Fe \leftrightarrow \gamma - Fe\,(1,400℃)$

※ 상률

물질이 여러 가지의 상으로 되어있을 때 상들 사이의 열적 평형관계를 표시한 것

자유도 F = C + 2 − P (C : 성분 수, P : 상의 수)

※ Fe−Fe₃C 상태도

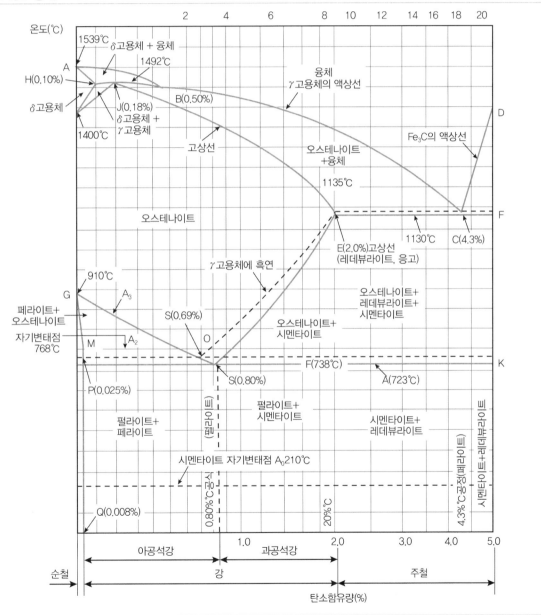

※ Fe-Fe$_3$C 상태도 해설

① A : 순철의 용융점

② AB : 융체로부터 δ 고용체가 정출하기 시작하는 액상선

③ H : δ 고용체가 C를 최대한 고용하는 점

④ HJB : 포정온도선, 일정한 온도 1,492℃에 있어서 탄소함유량이 0.1~0.5%의 강에서 포정반응이 발생한다.

⑤ J : 포정점, 탄소함유량 0.18%

⑥ N : 순철의 A$_4$ 동소변태점이다.

⑦ E : γ 고용체가 탄소를 최대한 고용하는 점, 탄소함유량 2%

⑧ C : 공정점, 탄소함유량 4.3%

⑨ ECF : 1,130℃ 공정온도선, 탄소함유량 2.0~6.67%의 주철에서 공정반응이 발생한다.

⑩ G : 순철의 A$_3$ 동소변태점이다.

⑪ M : 순철의 A$_2$ 자기변태점이며, 퀴리점이라고도 한다.

⑫ P : α 고용체가 탄소를 최대한 고용하는 점, 탄소함유량 0.025%

⑬ S : 공석점, 탄소함유량 0.8%

⑭ PSK : 723℃, 공석온도선, 탄소함유량 0.025~6.67%일 때의 탄소강의 공석반응이다.

⑮ A$_0$ 210℃에서 시멘타이트 자기변태점이 발생한다.

7 철강재료

(1) 철강의 제조법

철광석 ┐
석회석 ├ → 용광로 → 선철 ┬ → 제강로 → 강
코크스 ┘   └ → 용선로 → 주철

① 철광석은 자철광, 적철광, 갈철광, 능철광 등이 사용된다.

② 용광로는 1일 생산량을 ton으로 용량을 표시한다.

③ 용광로가 1차 정련, 혹은 제선 과정이 되고 제선 과정을 거치면 선철이 나오게 되는데, 선철은 불순물이 많이 섞여있기 때문에 바로 사용할 수 없어서 제강, 용선 과정을 거친 후 강이나 주철로 제조하여 사용한다. 이와 같은 과정을 2차 정련이라고 한다.

④ 제강로의 종류는 평로(반사로), 전로, 전기로, 도가니로 등이 있다.

　㉠ 큐폴라(용선로) : 주철을 용해할 때 사용한다.

　㉡ 도가니로 : 합금강을 용해할 때 사용한다.

ⓒ 용광로 : 선철을 용해할 때 사용한다.

ⓔ 전로 : 주강을 용해할 때 적합하다.

ⓜ 전기로 : 가장 고품질이며, 특수강을 용해할 때 적합하다.

⑤ 강괴 : 제강 작업이 끝난 용강을 탈산시킨 다음, 내열주철로 만든 금형에 주입하여 응고시킨 것이 강괴이다.

⑥ 강괴의 종류

ⓐ 킬드강 : Al, Fe−Si, Fe−Mn 등으로 완전 탈산시킨 강으로 기공이 없고 재질이 균일하며, 기계적 성질이 좋다. 탄소함유량이 0.3% 이상이며, 헤어크랙이 발생. 재질이 균일하며, 기계적 성질 및 방향성이 좋아 합금강, 단조용강, 침탄강의 원재료로 사용되나 수축관이 생긴 부분이 산화되어 가공 시 압착되지 않아 잘라내야 한다.

ⓑ 림드강 : Fe−Mn으로 조금 탈산시켰으나 불충분하게 탈산시킨 강. 기공 및 편석이 많다. 탄소함유량 0.3% 이하

ⓒ 세미킬드강 : 킬드강과 림드강의 중간 정도 탈산. 기공은 있으나 편석은 적다. 탄소함유량 0.15~0.3%

ⓓ 캡드강 : 림드강을 변형시킨 강

(2) 철강재료의 분류

① 철강재료에는 탄소함유량에 따라 순철, 강, 주철로 구분할 수 있다.

② 강(탄소강)의 5대 원소 : C, Si, P, S, Mn

③ 순철 : 탄소함유량 0.025% 이하를 함유한 철이며, 조직은 페라이트

④ 강의 종류에는 아공석강, 공석강, 과공석강이 있다.

ⓐ 아공석강 : 탄소함유량 0.77(0.85)% 이하, 조직은 페라이트 + 펄라이트

ⓑ 공석강 : 탄소함유량 0.77(0.85)%, 조직은 펄라이트

ⓒ 과공석강 : 탄소함유량 0.77(0.85)~2% 조직은 펄라이트 + 시멘타이트

⑤ 주철의 종류에는 아공정주철, 공정주철, 과공정주철이 있다.

ⓐ 아공정주철 : 탄소함유량 2.1~4.3%

ⓑ 공정주철 : 탄소함유량 4.3%. 조직은 레데뷰라이트

ⓒ 과공정주철 : 탄소함유량 4.3~6.68%

⑥ 포정반응 : 탄소함유량 0.1~0.5%, 온도 1,495℃에서 발생한다.

δ −Fe + 쇳물(액체) ↔ γ −Fe

(3) 철강재료의 성질

① 순철

ⓐ 탄소량이 적어서 기계적 강도가 낮아 기계재료로는 부적당하며, 변압기, 발전기용 철심으로 이용한다.

ⓑ 융점은 1,538℃, 비중은 7.87 정도이다.

© 순철의 변태는 A₂(768℃)변태를 자기변태, A₃(910℃), A₄(1400℃)변태를 동소변태라고 하며, A₃~A₄ 사이를 동소변태 구간이라고 한다.

② 강(탄소강)

   ⊙ 담금질 성질이 좋으며, 경도가 커서 기계재료로 사용한다.

   ⊙ 탄소강의 취성

      ⓐ 청열취성 : 강이 가열되어 온도가 200~300℃ 정도가 되면, 강이 푸르스름한 (파란)색을 내면서 깨지는 성질. 이때의 강의 경도, 강도는 최대가 되지만, 연신율은 최소가 된다. 원인은 P(인)이다.

      ⓑ 적열취성 : 강이 가열되어 온도가 900℃ 부근에서 붉은 색이 되면서 깨지는 성질. 원인은 S(황)이다. 일명 고온균열이라고도 한다.

      ⓒ 상온취성 : 상온에서 연신율, 충격치, 피로 등에 대하여 깨지는 성질. 원인은 P이다.

      ⓓ 저온취성 : 실온 이하의 저온에서 취약한 성질

      ⓔ 고온취성 : 강은 구리의 함유량이 0.2%로 되면 고온에서 현저하게 여리게 되는 성질

   ⓒ 탄소강에 함유된 원소의 영향

      ⓐ C : 강·경도, 전기저항, 항복점 증가, 연신율, 인성, 전·연성, 충격치 감소

      ⓑ Si : 강도, 경도, 탄성한도 증가, 연신율, 충격값, 가공성, 용접성 낮아짐. 결정립을 조대화시킨다.

      ⓒ P : 강도, 경도 증가, 연신율 감소, 청열취성, 상온취성 원인

      ⓓ S : 강도, 연신율 감소, 적열취성 원인, 용접성 낮아짐. Mn과 결합하여 절삭성 향상

      ⓔ Mn : 강도, 경도, 인성 증가, 유동성 향상, 탈산제, 황의 해를 감소시킴.

      ⓕ Cu : 적은 양이 첨가되면 내식성이 향상. 함유량이 많은 경우 압연 시 균열의 원인이 되기도 한다.

      ⓖ H : 백점, 은점, 기공, 헤어크랙, 선상조직의 원인. 지연균열의 원인이 된다.

   ⓔ 강의 조직(탄소강의 표준조직)

      ⓐ 오스테나이트 : $\gamma - Fe$에 탄소가 최대 2.0% 고용된 것, FCC(면심입방격자) 조직이며, 상자성체이며 인성이 크다.

      ⓑ 페라이트 : 연한 성질을 가지고 있어 전연성이 크다. A₂변태점 이하에서는 강자성체이다. α -Fe, δ -Fe의 BCC(체심입방격자) 조직이다.

      ⓒ 펄라이트 : 0.02%의 페라이트와 6.67%C의 시멘타이트로 석출되어 생긴 공석강, 페라이트와 시멘타이트가 층상으로 나타나는 조직, 공석강의 조직이며, 펄라이트 = 오스테나이트 + 페라이트, 페라이트보다 강·경도가 크며 자성이 있다.

      ⓓ 시멘타이트 : 6.67%의 탄소와 철의 화합물(Fe₃C)로서, 고온에서 탄화철로 발생, 경도 높고, 취성이 많다. 210℃ 이하에서는 상자성체이고, 그 이하에서는 강자성체이다.

      ⓔ 레데뷰라이트 : 4.3%C의 용융철이 1,147℃ 이하로 냉각될 때, 2.06%C의 오스테나이트와 6.67%C의 시멘타이트가 정출되어 생긴 공정주철의 조직이며, 레데뷰라이트 = γ -Fe + 시멘타이트. A₁변태점 이상에서는 안정된 조직이다.

③ 주철

주철은 탄소함유량 2.5~4.5%의 범위로서, 여기서 규소 1~2%, 망간 0.5~1%, 인 0.1~0.3%, 황 0.05~0.1% 정도의 불순물을 포함한 철이다. 선철과 스크랩 및 여러 가지의 합금철을 적당하게 배합하여 용선로에 넣어 녹이고, 성분을 조정하여 주물로 한 것으로서, 주조성이 좋고 또 값이 저렴하므로 기계 몸체, 기둥, 실린더, 그 밖에 모양이 복잡한 것에 쓰이며, 기계의 대부분을 구성한다. 충격에는 약하나 압축강도는 크므로 공작기계의 베드, 프레임, 기계구조물의 몸체 등에 사용된다.

㉠ 주철의 성질 : 탄소함유량은 2.1~6.68% 정도의 강. 비중 7.2 정도이며 용융점이 낮다.

㉡ 주철의 장점

　　ⓐ 용융점이 낮고 유동성이 우수하다.

　　ⓑ 압축강도가 크다.

　　ⓒ 절삭성, 주조성이 우수하다.

　　ⓓ 주조성, 마찰저항이 좋다.

　　ⓔ 가격이 저렴하다.

㉢ 주철의 단점

　　ⓐ 인장강도, 전연성이 부족하다.

　　ⓑ 충격값, 연신율이 작다.

　　ⓒ 가공이 어렵다.

　　ⓓ 담금질, 뜨임 열처리가 어렵고, 풀림은 가능하다.

　　ⓔ 휨 강도가 작다.

※ 마우러 조직도

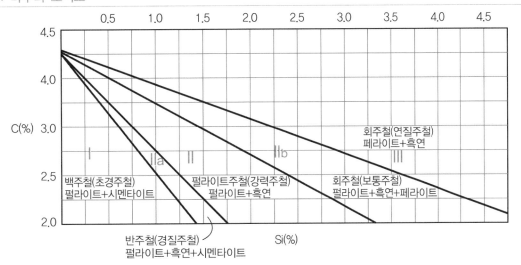

※ 주철의 조직과 종류

구역	조직	주철의 종류
I	펄라이트 + 시멘타이트	백주철(극경주철)
II$_a$	펄라이트 + 시멘타이트 + 흑연	반주철(경질주철)
II	펄라이트 + 흑연	펄라이트주철(강력주철)
II$_b$	펄라이트 + 페라이트 + 흑연	회주철(보통주철)
III	페라이트 + 흑연	페라이트주철(연질주철)

ⓒ 주철의 조직

ⓐ 공정반응으로 인하여 주철이 생성되며 이를 공정주철이라고 한다. 공정반응은 1,148℃, 4.3%C에서 발생한다.

ⓑ 주철의 조직은 레데뷰라이트(오스테나이트+시멘타이트)이다.

ⓒ 마우러 조직도는 주철 중에 C, Si의 양, 냉각속도에 따른 조직변화를 표시한다.

ⓓ 전탄소량 = 유리탄소(흑연) + 화합탄소(시멘타이트)

ⓔ 주철의 성장(팽창)원인

- Fe_3C의 흑연화에 의한 팽창
- 페라이트 중의 고용되어 있는 Si의 산화에 의한 팽창
- A_1변태에 따른 체적 변화로 인한 팽창
- 불균일한 가열로 생기는 균열에 의한 팽창
- 흡수된 가스의 팽창에 의한 부피 팽창
- 가열냉각을 반복하거나 고온에서 장시간 유지하면 주철의 부피가 팽창하거나 변형이 발생한다.

ⓕ 주철의 성장방지법 : 흑연을 미세화하여 조직을 치밀하게, 탄화물 안전화 원소 첨가, C, Si 양은 적게 한다.

ⓖ 흑연화의 촉진제와 방지제

흑연화 촉진제	흑연화 방지제
Ni, Si, Al, Co, P, Ti	V, W, S, Mo, Mn, Cr

ⓗ 주철에 미치는 원소의 영향

원소	영향
탄소	탄소함유량이 증가하면 용융점이 저하되며, 주조성(유동성)이 증가한다.
규소	조직상 탄소를 첨가한 것과 같은 역할을 하며, 흑연화를 촉진시킨다.
망간	강도, 경도, 내열성을 증대시킨다.
인	쇳물의 유동성을 향상시킨다.
황	유동성을 저해하고, 기공이 생기기 쉽다. 강도 저하, 취성 증가

ⓜ 주철의 종류

　　ⓐ 기계적 성질에 따라서 보통주철, 고급주철, 강인주철

　　ⓑ 성분상으로 구분하여 저탄소주철, 고탄소주철, 합금주철

　　ⓒ 파단면의 색에 따라서 회주철, 백주철, 반주철

　　ⓓ 보통주철은 인장강도가 $10\sim20kg/mm^2$, 일반 기계부품 및 난로, 맨홀뚜껑 등 주물제품에도 사용된다. 보통주철은 회주철을 말한다.

　　ⓔ 보통주철보다 기계적, 물리적 성질이 우수한 주철을 총칭하여 고급주철이라고 한다. 고급주철은 인장강도, 충격저항, 마모저항, 내열성이 크다. 고급주철은 인장강도가 $25kg/mm^2$ 이상의 것을 말하고, 펄라이트주철(미하나이트주철)이라고도 한다.

　　　　• **고급주철의 제조법** : 란쯔법, 에멜법, 피보르와스키법, 미한법, 코오살리법

ⓑ 특수주철은 강력고경도, 내열, 내식, 내산화, 강자성, 비자성 등을 목적으로 용제되는 주철로, 합금주철이라고도 하며, 일반적으로 보통주철에 합금원소를 첨가하여 강도 등을 개선한 주철이다. 특수주철에는 합금주철, 구상흑연주철, 칠드주철, 가단주철, CV주철이 있다.

　　ⓐ **가단주철** : 백주철을 열처리하여 인성을 증가시킨 주철로서 종류로는 백심, 흑심, 펄라이트 가단주철이 있다. 용도로는 철판이음, 관이음쇠, 자동차부품 등에 사용된다.

　　ⓑ **칠드주철(냉경주철)** : 주조 시 주형에 냉금을 삽입하여 주물 표면을 급랭시킴으로써 백선화하고 경도를 증가시킨 내마모성 주철이다.

　　ⓒ **구상흑연주철** : 보통주철의 편상흑연들이 용융 상태에서 Mg, Ce, Ca 등을 첨가하면 편상흑연이 구상화 흑연으로 변화된다. 이때의 주철을 구상흑연주철이라고 한다. 기계적 성질이 우수하고 인장강도가 가장 크다. 조직으로는 페라이트, 시멘타이트형, 펄라이트형이 있다.

(4) 기타

① 주강

　　㉠ 주조한 강으로 주철로써는 강도가 부족할 경우에 사용하며, 주철에 비해 기계적 성질이 좋고, 용접에 의한 보수가 용이하고 응고 수축이 크다.

　　㉡ 용강을 주형에 주입하여 만들고, 용융점이 높고 수축률이 크며, 주조 후에는 완전풀림을 실시해야 한다.

　　㉢ 균열이 생기기 쉽고, 주조 후에는 풀림을 해야 한다.

　　㉣ 모양이 크거나 복잡하여 단조품으로는 만들기 곤란하거나 주철로는 강도가 부족한 경우에 사용한다.

　　㉤ 용융점이 높다($1,600℃$ 전후).

　　㉥ 철도차량, 조선, 기계 및 광산 구조용 재료로 사용한다.

　　㉦ 주강품은 압연재나 단조품과 같은 수준의 기계적 성질을 가지고 있다.

　　㉧ 주강의 종류에는 보통주강, 특수주강(니켈, 크롬, 망간, 니켈-크롬) 등이 있다.

ⓩ 탄소함유량에 따라 주강으로 분류

ⓐ 저탄소주강 : 탄소함유량 0.2% 이하

ⓑ 중탄소주강 : 탄소함유량 0.2~0.5% 이하

ⓒ 고탄소주강 : 탄소함유량 0.5% 이상

② 합금강(특수강) : 탄소강에 다른 원소를 첨가하여 기계적 성질을 개선시킨 강

㉠ 합금의 특징

ⓐ 강도, 경도, 담금질 효과 증가, 연성, 전성이 작아진다.

ⓑ 전기전도율, 열전도율이 낮아지고, 내식성이 불량해진다.

ⓒ 색이 변하고, 주조성이 증가하며, 보통 우수한 성질이 나타난다.

ⓓ 용해점이 낮아진다.

ⓔ 담금질 효과가 크다.

㉡ 합금원소의 영향

ⓐ Ni : 내식성, 강인성, 내산성 향상

ⓑ Si : 전자기적 특성, 변압기 철심에 사용

ⓒ Mn : 내마멸성, 황의 해 방지

ⓓ W : 고온강도 증가

ⓔ Mo : 고온강도 개선, 인성 향상, 저온취성 방지, 담금질 깊이, 크리프 저항, 내식성 증가, 뜨임취성 방지

ⓕ Ti : 결정입자 미세화

ⓖ Cr : 경도, 강도 증가, 함유량에 따라 내식성, 내열성, 내마멸성 증가

㉢ 합금강(특수강)의 종류

ⓐ 구조용 강

종류	특징	종류	특징
Ni강	• 강도, 내식성 증가. 강인성, 질량효과 적다. • 기계 부품으로 톱니바퀴, 차축, 철도용 및 선박용 설비 등에 사용	Cr강	• 경도 증가, 내식성, 내마모성 향상 • 3% 이하의 Cr을 첨가하면 강도와 내마멸성이 증가하므로 분쇄기계, 석유화학공업용 기계부품에 사용 • Cr을 12~14% 함유한 주강품은 화학용 기계 등에 이용
Ni-Cr강	• 가장 널리 사용하고 있으며, 550~580℃에 뜨임메짐이 발생한다. • 방지책 : V, W을 첨가 • 자동차, 항공기 부품, 톱니바퀴, 롤 등에 사용	Ni-Cr-Mo강	• 담금질 효과를 향상 • 내열성을 증가 • 가장 우수한 구조용 강

Cr-Mo강	• 고온강도에 큰 장점 • 각종 축, 강력볼트, 암, 레버에 사용, 용접성 우수 • 담금질이 쉽고, 고온, 고압에 강하다.	Mn강	저Mn	• 펄라이트Mn강, 듀콜강, 1~2%의 Mn, 0.2~1%의 C 함유 • 인장강도가 440~863MPa이며, 연신율은 13~34%이고, 건축, 토목, 교량재 일반구조용 부분품이나 제지용 롤러 등에 이용
크로만실 (Cr-Mn-Si강)	• 고온 단조, 용접, 열처리가 용이 • 철도용, 단조용 크랭크축, 차축 및 각종 자동차 부품 등에 널리 사용되는 구조용 강으로 보일러용판이나 관재용으로 사용		고Mn	• 오스테나이트Mn강, 해드필드강, 내마멸성, 경도가 크고, 광산기계, 레일 교차점에 사용 • 1,050℃ 부근에서 수인하여 인성을 부여한다.

※ 수인법

오스테나이트 강의 결정조직의 인성을 증가하기 위하여 적당한 고온에서 수냉하는 조작이다. 주로 고Mn강(Mn 10~14%, C 0.9~1.3%)에 적용되는 열처리이다. 고Mn강은 완전한 오스테나이트 조직이 아니면 사용하기가 어려우므로 1,050℃ 부근까지 가열한 후 수랭하여 완전한 오스테나이트 조직으로 만들어 인성 및 내마모성이 우수한 강을 만든다.

ⓑ 공구강

종류	특징
탄소공구강 (STC)	줄, 정, 펀치, 쇠톱날의 재질
합금공구강 (STS)	담금질 효과, 고온경도 개선, 탄소공구강의 단점을 보완하기 위하여 Cr, W, Mo, Mn, Ni, V, Si 등 첨가
고속도강 (SKH)	고속절삭 가능, 600℃ 경도 유지, 대표적 절삭공구재료 HSS, 표준형고속도강 : 18W-4Cr-1V-0.8C
주조경질합금	고온저항 크고, 내마모성 우수, 절삭속도는 SKH 2배이나, 내구력, 인성은 작다. 상품명은 스텔라이트 Co-Cr-W-C-Fe
초경합금 (분말야금합금)	고온경도, 압축강도, 내마모성 크나 충격에 취약 절삭용 공구, 기계부품에 주로 사용 WC, TiC, TaC을 Co분말과 결합, 상품명은 위디아, 미디아, 카볼로이, 텅갈로이 등이 있다.
세라믹 (비금속초경합금)	내열성, 고온경도, 내마모성 크고, 충격에 취약 Al_2O_3(알루미나)가 주성분, 일종의 도기 고온절삭, 고속 정밀가공용으로 사용
시효경화합금 (548합금)	내열성 우수, 뜨임경도 높고, SKH보다 수명이 길다. Fe-W-Co

※ 공구강의 구비조건

상온 및 고온경도가 높고 내마모성이 커야 하며, 열처리와 가공이 쉽고 가격이 저렴해야 한다. 강인성 및 내충격성이 좋고, 제조와 취급 및 구입이 용이해야 한다.

ⓒ 특수용도 합금강

종류		특징
스테인리스강 (STS)	페라이트계	• 12~17%Cr 정도 함유, 13%Cr강, 18%Cr 강이 있으며, 13%Cr강이 대표적이고, 열처리경화 가능, 자성체이다. • 표면 연마된 것은 공기나 물에 부식되지 않고, 풀림 상태 또는 표면이 거친 것은 부식되기 쉽다. • 오스테나이트계에 비하여 내산성이 낮다. • 크롬은 페라이트에 고용하여 내식성을 향상시킨다. • 가정주방용 기구, 자동차 부품, 전기기기 등에 사용된다.
	마르텐자이트계	13%Cr, 18%Cr 강. 용접성이 취약하여 용접 후 열처리를 해야 하며, 자성체이다. 기계구조용, 의료기기, 계측기기 등에 사용된다.
	오스테나이트계	• 18%Cr-8%Ni 내식성이 가장 우수하며, 스테인리스강 대표, 가공성이 좋고, 용접성 우수, 열처리 불필요 • 염산, 황산에 취약, 결정입계부식이 발생하기 쉬우며, 비자성체이다. • 항공기, 차량, 외장제, 볼트, 너트 등에 사용된다.

※ 스테인리스강(STS)

탄소강에 니켈이나 크롬 등을 첨가하여 대기 중이나 수중 또는 산에 잘 견디는 내식성을 부여한 합금강으로, 불수강이라고도 한다.

※ 석출 경화형 스테인리스강

PH스테인리스강이라고도 하며, 고온강도가 높고 가공성, 용접성이 우수한 강인한 재료이다. 인장강도는 80~110 kgf/mm² 정도이다. 마르텐자이트 조직의 스테인리스강보다 내식성이 우수하고, 오스테나이트계 조직의 스테인리스강보다 내열성이 우수하다.

※ 오스테나이트계 스테인리스강의 입계부식 방지방법

① 탄소량을 감소시켜 Cr_4C 탄화물의 발생을 저지시킨다.
② Ti, Nb, Ta 등의 안정화 원소를 첨가한다.
③ 고온으로 가열한 후, Cr 탄화물을 오스테나이트 조직 중에 용체화하여 급랭시킨다.
④ 1,050~1,100℃ 정도로 가열하여 Cr_4C 탄화물을 분해 후 급랭한다

ⓓ 특수용도 합금강

종류	특징
내열강	Cr, Al, Si 첨가, 고온에서 기계적·화학적 성질이 안정적이고, 가공성, 용접성이 우수하며, 탐켄, 해스텔로이, 인코넬, 서미트 등이 있다.
자석강	Si강, 발전기, 변압기 철심 등에 사용한다.

베어링강	마찰계수가 적고, 저항력이 크며, 점성과 인성이 있어야 하고, 하중에 견딜 수 있는 경도와 내압력을 가져야 한다.	
	배빗메탈(화이트메탈)	Sn + Sb + Cu
	켈밋	Cu + Pb, 고하중 고속운전
	오일레스베어링	Cu + Sn + 흑연분말
불변강	인바	Fe-Ni 36%, 선팽창계수가 적다. 줄자, 계측기의 길이 불변 부품, 시계 등에 사용
	엘린바	Fe-Ni 36%, Cr 12%, 탄성률이 불변, 정밀계측기, 시계스프링에 사용
	플래티나이트	전구, 진공관 도선에 사용
	코엘린바	Fe-Ni 10%, Cr 26~58%, 공기 또는 물 속에서 부식되지 않음, 시계스프링, 지진계에 사용
	퍼말로이, 슈퍼인바 등이 있다.	

ⓔ 기타 합금강

종류	특징
스프링강	• 큰 스프링에는 공석강, 작은 스프링에는 탄소함유량이 적은 강을 사용한다. • 스프링강의 조직은 소르바이트 조직이다(Si-Mn강, Si-Cr강, Cr-V강).
쾌삭강	강에 인이나 황을 함유하여 절삭성을 향상시킨 강(Mn-S강, Pb강)

ⓔ 게이지용 강의 구비조건

　　ⓐ 담금질에 의한 변형 및 균열이 적어야 한다.

　　ⓑ 장시간 경과해도 치수의 변화가 적어야 한다.

　　ⓒ 내마모성이 크고 내식성이 우수해야 한다.

8 금속의 열처리

금속을 일정한 온도로 가열, 냉각을 함으로써 특별한 성질을 갖게 하는 것이다.

(1) 일반열처리

① 담금질(퀜칭, Quenching)

강을 오스테나이트 상태의 고온보다 30~50℃ 정도 높은 온도에서 일정 시간 가열한 후 물이나 기름 중에 담가서 급랭시키는 것을 담금질이라고 한다. 이 열처리는 재료를 경화시키며, 이 조작에 의에 페라이트에 탄소가 강제로 고용당한 마르텐자이트 조직을 얻을 수 있다.

ⓐ 목적 : 강도, 경도 증가

ⓑ 방법 : 강을 A1, A2, A3 변태점보다 30~50℃ 정도 가열한 후 수랭이나 유랭으로 급랭시킨다.

ⓒ 조직 : 마르텐자이트, 트루스타이트, 소르(솔)바이트, 오스테나이트

ⓓ 질량효과 : 강재의 크기에 따라 내외부의 가열 및 냉각 속도의 차이로 인하여 담금질 효과가 변하는 것

       ◎ 심랭처리: 서브제로 처리, 초저온처리, 영하처리라고도 한다. 담금질한 강의 잔류 오스테나이트를 제거하기
위하여 0℃ 이하로 냉각. 보통 심랭처리는 -70~-80℃에서 실시하고 심랭처리 후 뜨임처리를 실시한다.

       ⊎ 담금질액의 냉각속도 순서 : 소금물 > 물 > 기름 > 공기

       ⓢ 조직 경도순서 : 마르텐자이트 > 트루스타이트 > 소르바이트 > 펄라이트 > 오스테나이트

  ② 뜨임(템퍼링, Tempering)

    담금질한 강은 단단하고 메져 있어서, 적당한 점도를 가지도록 하기 위해 723℃ 이하의 온도로 가열하여 천천히
냉각하는 것을 뜨임이라고 한다.

       ㉠ 목적 : 인성 부여

       ㉡ 방법 : 담금질강을 A_1변태점 이하로 가열 후 서냉

       ㉢ 조직 : 트루스타이트, 소르(솔)바이트

  ③ 풀림(어닐링, Annealing)

    단조작업을 한 강철재료는 고온으로 가열하여 작업함으로써, 그 조직이 불균일하고 억세다. 이 조직을 균일하게
하고, 결정입자의 조정, 연화 또는 냉간가공에 의한 내부응력을 제거하기 위해 적당하게 가열하고 천천히 냉각
하는 것을 풀림이라고 한다.

       ㉠ 목적 : 재질의 연화 및 내부응력 제거

       ㉡ 방법 : A_1~A_3 변태점보다 30~50℃ 높은 온도로 가열 후 노냉

  ④ 불림(노멀라이징, Normalizing)

    단조, 압연 등의 소성가공이나 주조로 거칠어진 조직을 미세화하고 편석이나 잔류응력을 제거하기 위하여 910℃
보다 약 30~50℃ 높게 가열하여 공기 중에서 공랭하는 것을 불림이라고 한다. 결정입자와 조직이 미세하게 되
어서 경도, 강도가 크게 증가하고 연신율과 인성도 조금 증가한다.

       ㉠ 목적 : 결정립의 미세화, 조직의 표준화, 균일화

       ㉡ 방법 : 풀림과 동일하며 공랭한다.

(2) 항온열처리

    냉각 도중 일정한 온도에서 냉각이 중지되며, 이 온도에서 변태를 한다. 이와 같은 변태를 항온변태라고 한다. 항온
변태를 시켜서 변태가 일어나는 처음 시간과 끝나는 시간을 그림으로 표시한 것을 항온변태곡선, TTT곡선, S곡선
이라고도 한다. S곡선에서 C보다 낮은 온도에서 연속 냉각시켰을 때 베이나이트 조직이 생기며, 이 조직은 열처리
에 의한 응력 발생이 적고, 경도가 적당하고 점성이 커서 탄소강재로서는 좋다.

  ① 목적 : 균열 방지 및 변형 감소

  ② 방법 : 강을 오스테나이트 상태에서 A_1 이하의 온도까지 급랭하여 이 온도에 그대로 항온유지 및 항온유지 후
      냉각하는 열처리

  ③ 종류 : 오스템퍼링, 마템퍼링, 마퀜칭, 항온풀림, 항온뜨임 등

(3) 표면경화열처리

① 침탄법

    ㉠ 저탄소강이나 저탄소 합금강 소재를 침탄제 속에 넣은 다음 가열하면, 소재 표면은 침탄제의 탄소가 침입되어 고용되기 때문에 탄소함유량이 많아져서 담금질하면 매우 단단해진다.

    ㉡ 강 제품에 탄소를 확산 침투시켜 표면을 경화시킨 다음 담금질 처리를 함으로써 강의 표면층을 경화시키는 방법이다.

    ㉢ 침탄법은 고온가열 시 뜨임이 되고, 경도는 낮아진다.

    ㉣ 종류 : 고체침탄법, 액체침탄법, 가스침탄법

② 질화법

    ㉠ 암모니아(NH_3)가스와 재료를 약 500~550℃의 온도로 일정시간 가열을 유지하면 고온에서 암모니아가스가 분해하며 생기는 활성 질소(N)가 강의 표면에 침투하여 경화시키는 것을 말한다.

    ㉡ Al, Cr, Mo 등이 질화물을 형성하여 아주 경한 경화층을 얻을 수 있고, 경화층 깊이는 시간이 지남에 따라 깊어진다.

    ㉢ 침탄에 비해 높은 표면 경도를 얻을 수 있고, 내마모성이 커진다.

    ㉣ 내식성이 우수하고 피로한도가 좋아진다.

    ㉤ 질화법은 질화처리 후 열처리가 필요 없고, 침탄법에 비하여 경화에 의한 변형이 적다.

③ 고주파경화법

    ㉠ 고주파 가열은 고주파 유도전류에 의해서 강 부품의 표면층만을 급열한 후 급랭하여 경화시키는 법이다.

    ㉡ 경화층이 이탈되거나 담금질 균열이 생기기 쉽다.

    ㉢ 마르텐자이트 생성에 의한 체적변화 때문에 내부 응력이 발생한다.

④ 화염경화법

    ㉠ 재료의 조성에 변화가 일어나지 않고, 요구되는 표면만을 경화하는 방법이다.

    ㉡ 부품의 크기나 형상에 제한이 없고, 설비비가 저렴하다.

    ㉢ 가열온도의 조절이 어렵다.

⑤ 금속침투법

    ㉠ 세라다이징 : Zn을 침투, 내식성이 좋은 표면층을 형성한다.

    ㉡ 칼로라이징 : Al을 침투, 내열, 내산화성, 방청, 내해수성, 내식성이 좋다.

    ㉢ 크로마이징 : Cr을 침투, 고크롬강이 되어서 스테인리스강의 성질을 갖춘다.

    ㉣ 실리코나이징 : Si를 침투, 방식성을 향상

    ㉤ 브로나이징 : B 침투

⑥ 기타

ㄱ 숏 피닝 : 소재의 표면에 고속으로 강철입자를 분사하여 표면 경도를 높이는 것

ㄴ 하드페이싱 : 금속의 표면에 스텔라이트나 경합금을 용착시키는 표면경화법

ㄷ 방전가공 : 방전을 연속적으로 일으켜 가공에 이용하는 방법

9 비철금속재료

(1) 구리와 구리합금

Cu와 그 합금은 중요한 비철재료의 하나로 사용되고 있다. Cu 중 약 80%는 순구리로 사용되고 있다.

① 구리의 종류

ㄱ 전기구리 : 전기분해를 해서 얻어지는 동, 순도는 99.9% 이상으로 높지만, 불순물로 인하여 취약하고 가공이 곤란하다.

ㄴ 정련구리 : 전기구리를 정제, 정련한 것. 구리 중의 산소량 0.02~0.04% 전기전도율, 열전도율이 높고, 내식성 우수

ㄷ 탈산구리 : 정련구리를 P으로 탈산하여 산소함유량이 0.02% 이하

ㄹ 무산소구리 : 산소량 0.001~0.002%, 전도율, 가공성 우수, 전자기기에 사용

② 구리의 성질

ㄱ 비중은 8.93으로 용융점 1,083℃, 변태점이 없다.

ㄴ 전기 및 열의 전도성이 우수, 비자성체이다.

ㄷ 전성, 연성이 우수하고, 가공이 용이하다.

ㄹ 황산, 염산에 용해되고, 습기, 탄산가스, 해수에 녹이 발생한다.

ㅁ 아름다운 광택과 귀금속적 성질이 우수하며, Zn, Sn, Ni 등과 합금

ㅂ 재결정온도가 약 200~250℃ 정도이고, 열간 가공 온도는 750~850℃ 정도이다.

ㅅ 내식성이 우수하다.

ㅇ 면심입방격자(FCC)이다.

③ 구리의 합금

ㄱ 황동

종류		특징	
황동 = Cu + Zn		봉, 관, 선등의 가공재로 사용	
황동의 대표	7·3황동	Cu70%, Zn30%	연신율 최대, 탄피, 장식품 등
	6·4황동	Cu60%, Zn40%	인장강도 최대, 볼트, 너트, 탄피 등 문쯔메탈이라고도 함.
	톰백	Zn 8~20%	연성이 크고, 색깔이 아름다워 금대용품으로 사용

연황동	황동 + Pb1~3% 절삭성을 좋게 한 것, 시계 기어용
애드미럴티 황동	7·3황동 + Sn1% 파이프, 열교환기 등
네이벌 황동	6·4황동 + Sn1% 선박, 기계부품 등
철황동(델타메탈)	6·4황동 + Fe1~2% 광산, 화학기계 등
강력황동(고속도황동)	6·4황동 + Fe, Mn, Al, Ni 내식성, 내해수성 우수
양은(양백, 니켈황동, 큐프로니켈)	7·3황동 + Ni10~20% 은대용품, 부식저항이 크다.
듀라나메탈	7·3황동에 2%의 Fe과 소량의 주석과 알루미늄을 넣은 것. 주조용, 단련용으로 선판, 선박용 기계부품으로 사용
납황동(쾌삭황동)	황동 + Pb0.5~4% 표면 아름다움. 시계용 자판 사용
규소황동	황동 + Si4~5% 내식성, 주조성 양호. 선박용 사용
AI황동(알브락)	황동에 AI 미량 첨가, 내식성 매우 우수

※ 황동의 부식

① 자연균열(응력부식균열) : 냉간가공을 한 황동이 저장 중에 자연히 균열이 일어나는 것. 방지법으로는 도금, 도색, 풀림처리 등이 있다.
② 탈아연현상 : 황동이 바닷물에서 아연이 용해 부식되어 침식되는 현상
③ 고온탈아연 : 고온에서 증발에 의해 아연(Zn)이 탈출하는 것
④ 탈아연부식 : 황동 표면에 불순물 또는 부식성 물질이 녹아있는 수용액의 작용에 의해서 발생되는 현상

ⓛ 청동

종류	특징
청동 = Cu + Sn	장신구, 무기, 불상 등, 포금
포금(건메탈)	Cu + Sn8~12% + Zn1~2% 내해수성 우수, 선박재료, 밸브 등
인청동	청동 + P0.05~0.5% 인장강도, 탄성한계 우수, 스프링, 베어링용, 선박용, 화학기계용 등
연청동	청동 + Pb3~26% 중하중 고속회전용 베어링 재료, 패킹재료로 사용
베빗메탈(화이트메탈)	Cu + Sn80~90% + Sb + Zn 고온, 고압에 견디는 베어링합금, 화이트메탈 종류에 따라 주석기, 납기, 아연기가 있으며, Pb이 포함된 화이트메탈도 있다.
켈밋 합금	Cu + Pb30~40% 고속·고하중용 베어링 재료, 베어링에 사용되는 대표적인 구리합금
콜슨 합금(코르손 합금)	Cu + Ni + Si 인장강도와 도전율이 높아 통신선, 전화선, 전선용으로 사용
베릴륨 청동	Cu + Be2~3% 구리합금 중에서 가장 강도가 높음. 피로한도, 내열성, 내식성이 우수하여 베어링, 고급 스프링 재료로 사용
알루미늄 청동	Cu + AI12% 항공기, 자동차 등의 부품

ⓒ 기타

종류	특징
호이슬러 합금	Cu60%, Mn25%, AI15% 자성에 강한 합금
오일레스 베어링	소결베어링용, 기름보급이 곤란한 베어링에 사용

(2) 알루미늄과 알루미늄합금

① 알루미늄의 성질

　　㉠ 순수 알루미늄의 비중은 2.7이고, 용융점은 660℃이며, 산화알루미늄의 비중은 4, 용융점은 2,050℃이다. 변태점은 없다.

　　㉡ 열 및 전기의 양도체이다.

　　㉢ 전연성이 좋으며, 내식성이 우수하다.

　　㉣ 주조가 용이하며, 상온, 고온 가공이 용이하다.

　　㉤ 대기 중에서 쉽게 산화되고, 염산에는 침식이 빨리 진행된다.

② 용도 : 드로잉 재료, 다이캐스팅 재료, 자동차 구조용 재료, 전기 재료

③ 알루미늄합금의 종류

　　㉠ 주조(주물)용 알루미늄합금

　　　ⓐ 실루민 : Al-Si 합금, 주조성은 좋으나 절삭성이 좋지 않음.

　　　ⓑ 라우탈 : Al-Cu-Si 합금, 주조성 개선, 피삭성 우수

　　㉡ 내식용 알루미늄합금

　　　ⓐ 하이드로날륨 : Al-Mg 합금, 내식성이 가장 우수하며, 내해수성 내식 연신율이 우수하여 선박용 부품, 조리용 기구 등에 사용

　　　ⓑ 알민 : Al-Mn 합금

　　　ⓒ 알드레이 : Al-Mg-Si 합금

　　㉢ 내열용 알루미늄합금

　　　ⓐ Y합금 : Al-Cu-Ni-Mg 합금, 실린더 헤드, 피스톤 등에 사용

　　　ⓑ 로엑스합금 : Al-Si-Cu-Mg-Ni 합금

　　㉣ 가공용 알루미늄합금

　　　ⓐ 두랄루민 : Al-Cu-Mg-Mn 합금, 고강도 알루미늄합금으로 항공기, 자동차 보디재료로 사용

　　　ⓑ 초두랄두민 : 두랄루민에 Mg을 첨가

　　　ⓒ 알클래드 : 두랄루민에 Al을 피복한 것

④ 알루미늄합금의 열처리

　　㉠ 용체화처리 : 금속재료를 석출경화시키기 위한 처리

　　㉡ 시효경화 : 시간의 경과에 따라 합금의 성질이 변화는 것이다. G.P(Guinier Preston Zone)대에 의한 경화는 강도는 높아지고, 점성 강도는 저하되지 않는 특성을 가지고 있다.

　　㉢ 개량처리 : Al-Si계 합금의 조대한 공정조직을 미세화하기 위하여 나트륨, 가성소다, 알칼리염류 등을 합금 용탕에 첨가하여 10~15분간 유지하는 처리

(3) 니켈과 니켈합금

① 니켈의 성질

㉠ 내식성, 전연성, 열전도도가 좋다.

㉡ 알칼리에 대한 저항이 크다.

㉢ 상온에서 강자성체(360℃ 이상에서는 자성을 잃는다)

㉣ 비중 8.9, 용융온도는 1,453℃이다.

㉤ 면심입방격자(FCC)의 구조를 갖는다.

② 니켈합금

㉠ 니켈-구리계 합금

ⓐ 콘스탄탄 : Cu + Ni40~50% 함유, 전기저항이 크고, 온도계수가 작으며, 전기저항선, 열전쌍으로 많이 사용된다.

ⓑ 모넬메탈 : Cu + Ni65~70% 함유, 내열성, 내식성, 내마멸성, 연신율이 크며, 터빈날개, 펌프임펠러 등에 사용된다.

㉡ 니켈-크롬계 합금

ⓐ 인코넬

ⓑ 크로멜

ⓒ 알루멜

㉢ 니켈-철계 합금

ⓐ 인바 : Fe-Ni36%, 선팽창계수가 적다, 줄자, 표준자, 시계의 추에 이용

ⓑ 엘린바 : Fe-Ni36%-Cr12%, 탄성률이 불변, 시계의 스프링, 정밀계측기 부품

ⓒ 플래티나이트 : Fe-Ni44~48%, 선팽창계수가 유리, 백금과 비슷하다. 전구나 진공관의 도입선에 이용

ⓓ 초인바(초불변강) : 인바보다 선팽창계수가 더 적다.

ⓔ 코엘린바 : Cr10~11%, Co26~58%, Ni10~16%와 Fe의 합금으로 온도변화에 대한 탄성률이 극히 적어서 스프링, 태엽, 기상관측용 재료에 사용

※ 열전대 측정온도

종류	기호	온도
백금 – 백금로듐	PR	0~1,600℃
크로멜 – 알루멜	CA	−20~1,200℃
철 – 콘스탄탄	IC	−20~800℃
동(구리) – 콘스탄탄	CC	−20~350℃(600℃)

(4) 마그네슘과 마그네슘합금

① 마그네슘의 성질

㉠ 비중 1.74, 실용금속 중에서 가장 적다. 용융점은 650℃이다.

㉡ 산류, 염류에는 침식되나, 알칼리에는 강하다.

㉢ 인장강도, 연신율, 충격값이 두랄루민보다 적다.

㉣ 피절삭성이 좋으며, 부품의 무게 경감에 큰 효과가 있다.

㉤ 비강도가 크고, 냉간가공이 거의 불가능하다.

㉥ 냉간가공이 불량하여 300℃ 이상 열간가공한다.

㉦ 바닷물에 대단히 약하다.

㉧ 용도는 자동차, 배, 전기기기에 이용된다.

② 마그네슘합금

㉠ 다우메탈(도우메탈) : Mg-Al 합금

㉡ 일렉트론(엘렉트론) : Mg-Al-Zn 합금, 내연기관의 피스톤에 사용

(5) 티탄과 티탄합금

① 비중 4.5, 용융점 1,668℃이다.

② 강한 탈산제인 동시에 흑연화 촉진제로 사용된다. 그러나 많은 양을 첨가하면 흑연화를 방지하게 된다.

③ 티탄 용접 시 실드장치가 필요하다.

④ 내열, 내식성이 좋다.

⑤ 600℃까지 고온산화가 거의 없다.

(6) 아연과 아연합금

① 비중 7.13, 용융점 419℃이다.

② 가공성이 좋고, 냉간가공도 가능하여 아연판으로서 건전지 재료나 옵셋 인쇄용의 판재로 사용되고 있다.

③ 대기 중에 습기가 이산화탄소 작용을 받아 표면에 염기성 탄산염의 얇은 막이 생기므로 내부를 보호한다.

④ 조밀육방격자형이고 청백색으로 연한 금속이며, 주조한 상태의 아연은 인장강도나 연신율이 낮다.

⑤ 아연합금에는 Zn-Al계, Zn-Al-Cu계, Zn-Cu계 등이 있다.

⑥ 다이캐스트용 합금 : 자동차부품, 전기기기, 광학기기, 사무용품, 일반기계 부품에 널리 사용되고 있다.

(7) 기타 합금

① 주석(Sn) 및 합금

㉠ 용융점이 낮고 독성이 없어 의약품, 식품 등의 포장용 튜브로 사용된다.

ⓛ 상온가공 경화가 없어 소성가공이 쉽다.

ⓒ 용도는 각종 완구, 부엌용품, 캔 등에 사용된다.

ⓔ 합금 중에 용융점이 주석의 용융점인 232℃ 이상을 고융점 합금이라고 하며, 232℃ 이하를 저융점 합금이라고 한다.

② 납(Pb) 및 합금

ⓐ 연납 : Pb + Sn

ⓑ 경납 : 은납, 황동납, 양은납, 백금납

ⓒ 수도관, 케이블 피복, 납 축전지용 극판에 쓰인다.

ⓓ 비중이 크고 연하며 전연성이 크다.

ⓔ 순수한 물에 산소가 용해되어 있는 경우에는 심한 부식을 하게 되지만, 자연수 또는 해수에는 거의 부식이 되지 않는다.

ⓕ 납은 윤활성이 좋고 내식성이 우수하며, 방사선의 투과도가 낮다.

③ 베어링용 합금 : 배빗메탈(주석계 베어링합금)이 가장 널리 사용

(8) 귀금속과 그 합금

귀금속에는 금, 은, 백금, 파라듐, 이리듐, 오스뮴, 로지움 등이 있다. 귀금속은 원광에서 금속 상태로 산출되는 경우가 많다. 이들은 공기나 물과 반응이 잘 일어나지 않아 오랜 시간이 경과하여도 변하지 않는다. 금을 제외하고는 순금속보다는 합금으로 사용하며, 경우에 따라서는 합판으로 만들어 사용된다. 귀금속은 특유의 내식성, 내마멸성을 이용한 것으로 화폐, 장식품, 치과재료, 외과재료, 화학기구, 전극, 전기 접점, 다이스, 노즐 등의 재료로 그 용도가 많다.

① 금과 그 합금

ⓐ 비중 19.3, 용융점 1,063℃

ⓑ 금은 아름다운 광택을 가지고 있고, 내식성이 좋으므로 왕수 이외에는 침식되지 않으며, 상온에서는 산화되지 않는다.

ⓒ 종류로는 Au-Cu계, Au-Ag-Cu계, Au-Pt계 등이 있다.

② 은과 그 합금

ⓐ 비중 10.49, 용융점 960℃

ⓑ 매우 높은 전기와 열의 양도체이며, 내산화성이 있으므로 접점 재료 이외에 치과용, 납땜, 장식합금으로 사용된다.

ⓒ 대기 중에서는 은이 내식성이 우수하지만, 진한 염산, 황산 및 질산에는 침식된다.

ⓓ 종류로는 Ag-Cu계, Ag-Au,Zn계, Au-Sn-Hg-Cu계 합금 등이 있다.

CHAPTER 07 단원 핵심 문제

01 델타메탈에 속하는 것은?

① 7:3 황동에 Fe 1~2%를 첨가한 깃
② 7:3 황동에 Sn 1~2%를 첨가한 것
③ 6:4 황동에 Sn 1~2%를 첨가한 것
④ 6:4 황동에 Fe 1~2%를 첨가한 것

해설 철황동(델타메탈)
6·4황동 + Fe1~2% 광산, 화학기계 등

02 용접 시 용접 균열이 발생할 위험성이 가장 높은 재료는?

① 저탄소강
② 중탄소강
③ 고탄소강
④ 순철

해설 탄소함유량이 많은 고탄소강을 재료로 용접을 하게 되면 용접이 어렵고, 용접부에 결함(균열)이 많이 발생한다.

03 아연과 그 합금에 대한 설명으로 틀린 것은?

① 조밀육방격자형이며, 청백색으로 연한 금속이다.
② 아연합금에는 Zn-Al계, Zn-Al-Cu계 및 Zn-Cu계 등이 있다.
③ 주조성이 나쁘므로 다이캐스팅용에 사용되지 않는다.
④ 주조한 상태의 아연은 인장강도나 연신율이 낮다.

해설 아연과 아연합금
• 비중 7.13, 용융점 419℃
• 가공성이 좋고, 냉간가공도 가능하여 아연판으로서 건전지 재료나 옵셋 인쇄용의 판재로 사용되고 있다.
• 대기 중에 습기가 이산화탄소 작용을 받아 표면에 염기성 탄산염의 얇은 막이 생기므로 내부를 보호한다.
• 조밀육방격자형이고 청백색으로 연한 금속이며, 주조한 상태의 아연은 인장강도나 연신율이 낮다.
• 아연합금에는 Zn-Al계, Zn-Al-Cu계, Zn-Cu계 등이 있다.
• 다이캐스트용 합금 : 자동차부품, 전기기기, 광학기기, 사무용품, 일반기계 부품에 널리 사용되고 있다.

04 침탄법의 종류가 아닌 것은?

① 고체침탄법
② 액체침탄법
③ 가스침탄법
④ 증기침탄법

해설 침탄법
• 강 제품에 탄소를 확산 침투시켜 표면을 경화시킨 다음 담금질 처리를 함으로써 강의 표면층을 경화시키는 방법
• 종류 : 고체침탄법, 액체침탄법, 가스침탄법

05 주강에 대한 설명으로 틀린 것은?

① 주철로써는 강도가 부족할 경우에 사용된다.
② 용접에 의한 보수가 용이하다.
③ 주철에 비하여 주조 시의 수축량이 커서 균열 등이 발생하기 쉽다.
④ 주철에 비하여 용융점이 낮다.

정답 01 ④ 02 ③ 03 ③ 04 ④ 05 ④

해설 주강
- 주조한 강으로 주철로써는 강도가 부족할 경우에 사용하며, 주철에 비해 기계적 성질이 좋고, 용접에 의한 보수가 용이하고 응고 수축이 크다.
- 용강을 주형에 주입하여 만들고, 용융점이 높고 수축률이 크며, 주조 후에는 완전풀림을 실시해야 한다.
- 균열이 생기기 쉽고, 주조 후에는 풀림을 해야 한다.
- 모양이 크거나 복잡하여 단조품으로는 만들기 곤란하거나 주철로는 강도가 부족한 경우에 사용한다.
- 용융점이 높다(1,600℃ 전후).
- 철도차량, 조선, 기계 및 광산 구조용 재료로 사용한다.
- 주강의 종류에는 보통주강, 특수주강(니켈, 크롬, 망간, 니켈-크롬) 등이 있다.

해설 스테인리스강
- **페라이트계** : 12~17%Cr 정도 함유, 열처리경화 가능, 자성체
- **마르텐자이트계** : 13%Cr, 18%Cr 강. 용접성이 취약하여 용접 후 열처리를 해야 함. 자성체
- **오스테나이트계** : 18%Cr-8%Ni 내식성이 가장 우수하며, 스테인리스강 대표, 가공성이 좋고, 용접성 우수, 열처리 불필요. 염산, 황산에 취약, 결정입계부식이 발생하기 쉬우며, 비자성체

06 열처리 방법 중 불림의 목적으로 가장 적합한 것은?

① 급랭시켜 재질을 경화시킨다.
② 소재를 일정 온도에 가열 후 공랭시켜 표준화한다.
③ 담금질된 것에 인성을 부여한다.
④ 재질을 강하게 하고 균일하게 한다.

해설 불림(노멀라이징, Normalizing)
단조, 압연 등의 소성가공이나 주조로 거칠어진 조직을 미세화하고 편석이나 잔류응력을 제거하기 위하여 910℃보다 약 30~50℃ 높게 가열하여 공기 중에서 공랭하는 것을 불림이라고 한다. 결정입자와 조직이 미세하게 되어서, 경도, 강도가 크게 증가하고 연신율과 인성도 조금 증가한다.
- **목적** : 결정립의 미세화, 조직의 표준화, 균일화
- **방법** : 풀림과 동일하며 공랭한다.

08 탄소강에 크롬, 텅스텐, 바나듐, 코발트 등을 첨가하여, 500~600℃의 고온에서도 경도가 저하되지 않고 내마멸성을 크게 한 강은?

① 합금공구강
② 고속도강
③ 초경합금
④ 스텔라이트

해설
- **고속도강(SKH)** : 고속절삭 가능, 600℃ 경도 유지, 대표적 절삭공구재료, HSS
- **표준형 고속도강** : 18W-4Cr-1V-0.8C

09 조성이 같은 탄소강을 담금질함에 있어서 질량의 대소에 따라 담금질 효과가 다른 현상을 무엇이라 하는가?

① 질량효과
② 담금효과
③ 경화효과
④ 자연효과

해설 질량효과
강재의 크기에 따라 내외부의 가열 및 냉각 속도의 차이로 인하여 담금질 효과가 변하는 것

07 스테인리스강의 종류가 아닌 것은?

① 오스테나이트계
② 페라이트계
③ 퍼멀라이트계
④ 마르텐자이트계

10 합금강에서 고온에서의 크리프 강도를 높게 하는 원소는?

① O
② S
③ Mo
④ H

해설 합금원소의 영향
- Ni : 내식성, 강인성 향상
- Si : 전자기적 특성, 변압기 철심에 사용
- Mn : 내마멸성, 황의 해 방지
- W : 고온강도 증가
- Mo : 담금질 깊이, 크리프 저항, 내식성 증가, 뜨임취성 방지
- Ti : 결정입자 미세화
- Cr : 경도, 강도 증가, 함유량에 따라 내식성, 내열성, 내마멸성 증가

13 탄소주강용 SC 370에서 숫자 370은 무엇을 나타내는가?

① 인장강도　　　　　② 탄소함유량
③ 연신율　　　　　　④ 단면수축률

해설 SC 370에서 370의 의미는 최저 인장강도이다.

11 다음 재료에서 용융점이 가장 높은 재료는?

① Mg　　　　　　　② W
③ Pb　　　　　　　④ Fe

해설 용융점
- 어떤 물질이 녹거나 응고하는 온도점 (고체 → 액체, 액체 → 고체)
- 용융점이 가장 높은 금속은 W(3,410℃), 가장 낮은 금속은 Hg(−38.8℃)

14 오스테나이트계 스테인리스강의 표준조성으로 맞는 것은?

① Cr(18%) − Ni(8%)　　② Ni(18%) − Cr(8%)
③ Cr(13%) − Ni(4%)　　④ Ni(13%) − Cr(4%)

해설 오스테나이트계 스테인리스강
18%Cr−8%Ni 내식성이 가장 우수하며, 스테인리스강 대표, 가공성이 좋고, 용접성 우수, 열처리 불필요. 염산, 황산에 취약, 결정입계부식이 발생하기 쉬우며, 비자성체이다. 항공기, 차량, 외장제, 볼트, 너트 등에 사용된다.

12 강괴를 탈산의 정도에 따라 분류할 때 이에 해당되지 않는 것은?

① 킬드강　　　　　　② 림드강
③ 세미킬드강　　　　④ 쾌삭강

해설 강괴의 종류
- **킬드강** : Al, Fe−Si, Fe−Mn 등으로 완전 탈산시킨 강으로 기공이 없고 재질이 균일하며, 기계적 성질이 좋음. 탄소함유량 0.3% 이상. 헤어크랙 발생
- **림드강** : Fe−Mn으로 조금 탈산시켰으나 불충분하게 탈산시킨 강. 기공 및 편석이 많음. 탄소함유량 0.3% 이하
- **세미킬드강** : 킬드강과 림드강의 중간 정도 탈산. 기공은 있으나 편석은 적음. 탄소함유량 0.15~0.3%

15 금속침투법 중 Cr을 침투시키는 것은?

① 세라다이징　　　　② 크로마이징
③ 칼로라이징　　　　④ 실리코나이징

해설 금속침투법
- **세라다이징** : Zn을 침투, 내식성이 좋은 표면층을 형성
- **칼로라이징** : Al을 침투, 내열, 내산화성, 방청, 내해수성, 내식성이 좋음.
- **크로마이징** : Cr을 침투, 고크롬강이 되어서 스테인리스강의 성질을 갖춤.
- **실리코나이징** : Si를 침투, 방식성을 향상
- **브로나이징** : B 침투

16 킬드강을 제조할 때 사용하는 탈산제는?

① C, Fe-Mn
② C, Al
③ Fe-Mn, S
④ Fe-Si, Al

> **해설** **킬드강**
> Al, Fe-Si, Fe-Mn 등으로 완전 탈산시킨 강으로 기공이 없고 재질이 균일하며, 기계적 성질이 좋음. 탄소함유량 0.3% 이상, 헤어크랙 발생

17 가단주철의 분류에 해당되지 않는 것은?

① 백심 가단주철
② 흑심 가단주철
③ 반선 가단주철
④ 펄라이트 가단주철

> **해설** **가단주철**
> 백주철을 열처리하여 인성을 증가시킨 주철로서 종류로는 백심, 흑심, 펄라이트 가단주철이 있다. 용도로는 철판이음, 관이음쇠, 자동차부품 등에 사용된다.

18 알루미늄합금 중에 Y합금의 조성원소에 해당되는 것은?

① 구리, 니켈, 마그네슘
② 구리, 아연, 납
③ 구리, 주석, 망간
④ 구리, 납, 티탄

> **해설** **Y합금**
> Al-Cu-Ni-Mg 합금, 실린더 헤드, 피스톤 등에 사용

19 가공용 황동의 대표적인 것으로, 아연을 28~32% 정도 함유한 것으로 상온가공이 가능한 황동은?

① 7 : 3 황동
② 6 : 4 황동
③ 니켈황동
④ 철황동

> **해설**
>
> | 황동의 대표 | | | |
> |---|---|---|---|
> | | 7·3황동 | Cu 70%, Zn 30% | 연신율 최대, 탄피, 장식품 등 |
> | | 6·4황동 | Cu 60%, Zn 40% | 인장강도 최대, 볼트, 너트, 탄피 등 문쯔메탈이라고도 함. |
> | | 톰백 | Zn 8~20% | 금대용품 |

20 경금속 중에서 가장 가벼운 금속은?

① 리튬(Li)
② 베릴륨(Be)
③ 마그네슘(Mg)
④ 티타늄(Ti)

> **해설** 금속 중에 최소 비중은 니(리듐, 0.53), 최대 비중은 Ir (이리듐, 22.5)이다.

21 탄소강에 함유된 가스 중에서 강을 여리게 하고 산이나 알칼리에 약하며, 백점(flakes)이나 헤어크랙(hair crack)의 원인이 되는 가스는?

① 이산화탄소
② 질소
③ 산소
④ 수소

> **해설** **H(수소)**
> 백점, 은점, 기공, 헤어크랙, 선상조직의 원인이고, 지연균열의 원인이 된다.

22 재료의 온도상승에 따라 강도는 저하되지 않고 내식성을 가지는 PH형 스테인리스강은?

① 페라이트계 스테인리스강

② 마르텐자이트계 스테인리스강

③ 오스테나이트계 스테인리스강

④ 석출경화형 스테인리스강

> **해설** 석출경화형 스테인리스강
>
> PH스테인리스강이라고도 하며, 고온강도가 높고 가공성, 용접성이 우수한 강인한 재료이다. 인장강도는 80~110kgf/mm² 정도이다. 마르텐자이트 조직의 스테인리스강보다 내식성이 우수하고, 오스테나이트계 조직의 스테인리스강보다 내열성이 우수하다.

23 금속조직에서 펄라이트 중의 층상 시멘타이트가 그대로 존재하면 기계 가공성이 나빠지기 때문에 A1 변태점 부근 온도(650~700℃)에서 일정시간 가열 후 서랭시켜 가공성을 양호하게 하는 방법은?

① 마템퍼   ② 저온뜨임

③ 담금질   ④ 구상화풀림

> **해설** 구상화풀림
>
> 절삭가공이나 소성가공의 가공성을 향상시키기 위해서 A1 변태점 부근 온도(650~700℃)에서 일정 시간 가열 후 서랭시켜 가공성을 양호하게 하는 열처리 방법. 강속에 탄화물을 구상화하는 풀림처리를 구상화풀림이라고 한다.

CHAPTER 08 용접도면 해독

1 제도통칙 및 일반사항

(1) 제도의 개요

- 제도는 주문자의 주문에 따라 설계자가 제품의 모양이나 크기 등을 일정한 규칙에 따라서 선, 문자, 기호 등을 이용하여 도면으로 작성하는 과정이다.
- 제도는 설계자의 의도를 도면 사용자에게 정확하고 쉽게 전달한다. 그러므로 도면에 물체의 모양이나 치수, 재료, 표면 정도 등을 정확하게 표시하여 설계자의 의사를 제작, 시공자에게 확실하게 전달하는 것이 제도의 목적이다.

① 도면

  ㉠ 도면은 제도를 통해 모든 사람이 이해할 수 있도록 정해진 규칙에 따라서 제도용지에 나타낸 것이다.

  ㉡ 도면은 일정한 크기로 작성하고, 제도 용지의 크기는 A열을 기준으로 하며, 신문, 교과서, 미술용지 등은 B열 크기의 용지를 사용한다.

  ㉢ 세로와 가로의 비는 1 : 1.414 정도이며, A0 용지가 가장 크다.

  ㉣ 큰 도면을 접을 때에는 A4로 접고, 표제란이 겉에 보이도록 접는다.

  ㉤ 용지의 크기

   - A0 = 841 × 1189
   - A1 = 594 × 841
   - A2 = 420 × 594
   - A3 = 297 × 420
   - A4 = 210 × 297

② 도면의 양식

  ㉠ 윤곽선 : 0.5mm 이상의 실선을 사용하여 그리는 것으로, 도면에 표현할 영역을 명확히 하고, 제도 용지 가장자리 손상으로 인한 기재사항을 보호하기 위하여 윤곽선을 그린다.

  ㉡ 표제란 : 도면의 오른쪽 아래에 그리며, 기재사항으로는 도번, 도명, 척도, 투상법, 도면 작성일, 제도한 사람의 이름 등을 기입한다.

  ㉢ 재단마크 : 도면의 4구석을 표시하는 것으로 복사한 도면을 재단할 때 편의를 목적으로 재단마크를 표시한다.

  ㉣ 중심마크 : 도면의 상하, 좌우 중앙의 4개소에 표시하는 것으로 도면의 사진 촬영 및 복사할 때 편의를 목적으로 표시한다.

  ㉤ 도면구역 : 도면에서 특정 부분의 위치를 지시하는 데 편리하도록 표시한 것이다.

ⓗ **부품란** : 오른쪽 위나 오른쪽 아래에 기입하고, 품명, 품번, 재료, 개수, 무게, 비고 등을 기록하며, 부품번호
는 부품에서 지시선을 빼어 그 끝에 원을 그리고 원 안에 숫자를 기입한다.

ⓢ **비교눈금** : 도면을 축소 또는 확대했을 경우, 그 정도를 알기 위해서 설정하는 것

③ 도면의 종류

㉠ 사용목적에 따른 분류

ⓐ **계획도** : 설계지기 제품을 제작하기 위하여 제작도 등의 계획을 나타낸 도면

ⓑ **견적도** : 견적서에서 주문자에게 제품의 내용과 가격 등을 설명하는 도면

ⓒ **승인도** : 주문자, 관계자에게 승인을 받는 도면

ⓓ **제작도** : 제품을 제작할 때 사용하는 도면

ⓔ **설명도** : 사용자에게 제품의 구조, 기능, 사용방법 등을 설명하는 도면

㉡ 내용에 따른 분류

ⓐ **조립도** : 제품의 전체 조립을 나타내는 도면

ⓑ **부분조립도** : 일부분의 조립을 나타내는 도면

ⓒ **상세도** : 특정부분을 상세하게 나타내는 도면

ⓓ **배관도** : 건축물의 배수관, 선박의 급수, 기계장치의 송유관 등 배관의 위치, 설치방법 등을 나타내는 도면

ⓔ **배선도** : 전기기기의 설치위치, 전선의 배치를 나타내는 도면

ⓕ **기초도** : 기계나 구조물, 건물의 기초 등을 나타내는 도면

ⓖ **설치도** : 보일러, 기계, 구조물 등의 설치관계를 나타내는 도면

ⓗ **장치도** : 기계, 구조물 등의 각 장치나 배치, 제조공정 등의 관계를 나타내는 도면

㉢ 도면의 성질에 따른 분류

ⓐ **원도** : 트레이스도의 원본이 되며, 제도지에 연필로 직접 그리거나, CAD로 작성된 도면

ⓑ **복사도** : 트레이스도를 원본으로 하여 복사한 도면

ⓒ **트레이스도** : 원도 위에 트레이싱 페이퍼나 미농지를 놓고 연필이나 먹물로 그린 도면

※ 도면 분류

① 용도에 따른 분류 : 계획도, 제작도, 주문도, 견적도, 승인도 등

② 내용에 따른 분류 : 부품도, 조립도, 기초도, 배치도, 스케치도 등

③ 표현 방식에 따른 분류 : 외관도, 전개도, 곡면선도, 입체도 등

④ 작성방법에 따른 분류 : 연필도, 먹물제도, 착색도 등

---

④ 규격 및 척도

㉠ **표준규격** : 국제규격, 국가규격, 단체규격, 사내규격

㉡ **KS 제도 통칙** : 한국공업표준화법이 1961년 공포되었고, 토목, 건축, 제도 통칙 등이 있다.

ⓒ KS 기호

기호	부문	기호	부문	기호	부문
KS A	기본	KS B	기계	KS C	전기
KS D	금속	KS E	광산	KS F	토건
KS V	조선	KS W	항공	KS X	정보산업

ⓔ 척도

ⓐ 표제란에 척도를 기입하는 것이 원칙이지만, 표제란이 없을 경우에는 도명이나 품번 옆에 척도를 기입한다.

ⓑ 치수와 비례하지 않을 경우에는 NS 또는 치수 밑에 줄을 긋거나, '비례가 아님'이라고 문자를 기입한다.

ⓒ 도면의 척도에는 축척, 배척, 현척이 있으며, 치수를 기입할 때에는 실물의 치수를 그대로 기입한다.

ⓓ **척도의 표시방법** : 1 : 2 (1: 도면의 크기, 2: 물체의 실제크기)

축척	실물의 크기를 도면에 일정한 비율로 줄여서 그리는 것	1 : 2, 1 : 5, 1 : 100 등
배척	실물의 크기를 도면에 실물보다 크게 그리는 것	2 : 1, 5 : 1, 100 : 1 등
현척	실물의 크기를 도면에 같은 크기로 그리는 것	1 : 1

⑤ 기계 제도의 일반사항

㉠ 치수는 참고치수, 이론적으로 정확한 치수를 기입할 수도 있다.

㉡ 도형의 크기와 대상물의 크기와의 사이에는 올바른 비례관계를 보유하도록 그린다. 다만, 잘못 볼 염려가 없다고 생각되는 도면은 도면의 일부 또는 전부에 대하여 이 비례관계는 지키지 않아도 좋다.

㉢ 기능상의 요구, 호환성, 제작기술 수준 등을 기본으로 불가결의 경우만 기하공차를 지시한다.

㉣ 선의 굵기 방향의 중심은 이론상 그려야 할 위치 위에 그린다.

㉤ 선을 근접하여 그리는 선의 선 간격은 원칙적으로 평행선의 경우 선의 굵기의 3배 이상으로 하고, 선과 선의 간격은 0.7mm 이상으로 하는 것이 좋다.

(2) 제도용구

① 제도기의 종류

㉠ 컴퍼스 : 원을 그리는 데 사용한다.

㉡ 디바이더 : 선이나 원의 등분, 치수를 옮길 때 사용한다.

㉢ 먹줄펜 : 도면에 잉킹을 할 때 먹물을 묻혀서 직선, 곡선을 긋는 데 쓰인다.

② 자의 종류

㉠ T자 : 삼각자의 안내자로 사용되거나 수평선을 긋는 데 사용한다.

㉡ 삼각자 : T자와 함께 직선을 긋거나 사선을 긋는 데 사용한다.

㉢ 운형자 : 컴퍼스로 그리기 어려운 원호나 곡선을 그릴 때 사용한다.

ㄹ 스케일 : 단면이 삼각형인 300mm의 것이 가장 널리 쓰인다.

ㅁ 형판 : 셀룰로이드 판에 작은 원, 원호, 화살표 등이 새겨져 있어 쉽게 작성할 수 있다.

③ 기타 용구

ㄱ 각도기 : 각도 측정, 각을 나타낼 때 사용한다.

ㄴ 연필 : 연필에는 1B, 2B, HB, F, H 등의 종류가 있다.

ㄷ 지우개판, 제도판, 제도용지, 지우개 등이 있다.

2 선과 문자

(1) 굵기의 따른 선의 종류

① 가는 선 : 0.18~0.35mm

② 굵은 선 : 0.35~1.0mm

③ 아주 굵은 선 : 0.7~2.0mm

(2) 용도에 따른 선의 종류

① 실선 : 굵은 실선, 가는 실선

② 파선 : 은선

③ 쇄선 : 1점 쇄선, 2점 쇄선

(3) 선의 용도

① 굵은 실선 : 외형선

② 가는 실선 : 치수선, 치수보조선, 지시선, 회전단면선, 중심선, 수준면선 등

③ 가는 파선, 굵은 파선 : 숨은선

④ 가는 1점 쇄선 : 중심선, 기준선, 피치선

⑤ 지그재그선(파단선) : 대상물의 일부분을 가상으로 제외했을 경우의 경계를 나타내는 선, 물체의 파단한 곳을 표시

⑥ 해칭선 : 가는 실선으로 표시하고, 아주 굵은 실선은 특수한 용도의 선으로 사용된다. 일반적으로 해칭의 각도가 45°이지만 반드시 45°로 해칭선을 그려야 하는 것은 아니다.

⑦ 굵은 1점 쇄선 : 특수지정선

용도에 따른 선의 명칭	선의 종류	선의 용도
외형선	굵은 실선	대상물의 보이는 부분을 표시하는 선
치수선	가는 실선	치수를 기입하는 데 사용되는 선
치수보조선		치수 기입에 사용하기 위하여 도형으로부터 끌어내는 데 사용되는 선
지시선		기호, 지시 등을 표시하는 데 사용하는 선
수준면선		유면이나 수면을 나타내는 선
중심선	가는 실선, 가는 1점 쇄선	도형의 중심을 표시하는 선
기준선	가는 1점 쇄선	위치 결정의 근거가 되는 것을 명시할 때 사용하는 선
피치선	가는 1점 쇄선	기어, 스프로킷 등의 되풀이하는 도형의 피치를 나타내는 선
숨은선	가는 파선 굵은 파선	보이지 않는 부분을 나타내는 선
가상선	가는 2점 쇄선	• 가공 전, 후의 모양을 표시하는 데 사용하는 선 • 인접 부분을 참고로 표시하는 데 사용하는 선
무게중심선	가는 2점 쇄선	단면의 무게중심을 연결하는 데 사용하는 선
파단선	지그재그선	• 대상물의 일부를 파단한 곳을 표시하는 선 • 일부를 끊어낸(떼어낸) 부분을 표시하는 선
해칭선	가는 실선	• 단면도의 절단된 부분을 나타내는 선 • 도형의 일정한 특정 부분을 다른 부분과 구별하는 데 사용하는 선 • 해칭의 각도는 45°
특수용도의 선	가는 실선	평면을 나타내거나 위치를 나타내는 선
	아주 굵은 실선	얇은 부분의 단면을 도시하는 데 사용하는 선

⑷ **선의 우선순위**

외형선 → 은선(숨은선) → 절단선 → 중심선 → 무게중심선

⑸ **문자**

① 도면에 사용되는 문자는 한글, 아라비아숫자, 로마자 등이 쓰이고 있으며, 일반적으로 문자는 적게 쓰고, 기호를 많이 이용한다.

② 도면에 쓰이는 문자는 되도록 간단하게 가로쓰기를 원칙으로 한다.

③ 문자의 크기 기준은 문자의 높이로 한다.

⑹ **판금, 제관 도면작성의 유의점**

① 주로 정투상도는 3각법에 의하여 도면이 작성되어 있다.

② 도면 내에는 각종 가공 부분 등이 단면도 및 상세도로 표시되어 있다.

③ 중요 부분에는 치수 공차가 주어지며, 평면도, 직각도, 진원도 등이 주로 표시된다.

④ 일반공차는 KS 기준을 적용한다.

3 선과 문자

(1) 정투상도

① 3각법

　　㉠ 한국공업규격(KS)에서는 3각법을 도면 작성 원칙으로 한다.

　　㉡ 투영도는 정면도, 평면도, 우측면도로 배치한다.

　　㉢ 투상방법은 '눈 → 투상면 → 물체'이다.

　　㉣ 실물파악이 쉽다.

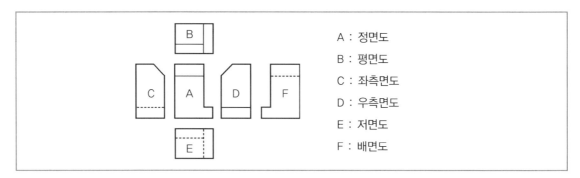

A : 정면도
B : 평면도
C : 좌측면도
D : 우측면도
E : 저면도
F : 배면도

② 1각법

　　㉠ 투영도는 정면도, 평면도, 우측면도로 배치한다.

　　㉡ 투상방법은 '눈 → 물체 → 투상면'이다.

　　㉢ 실물파악이 불량하다.

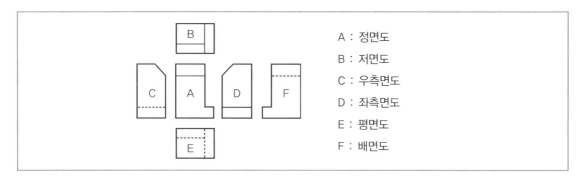

A : 정면도
B : 저면도
C : 우측면도
D : 좌측면도
E : 평면도
F : 배면도

③ 투상도의 명칭

　　㉠ 정면도 : 물체를 앞쪽에서 본 모양을 그린 도면

　　㉡ 평면도 : 물체를 위에서 아래로 본 모양을 그린 도면

　　㉢ 우측면도 : 물체를 우측에서 본 모양을 그린 도면

　　㉣ 좌측면도 : 물체를 좌측에서 본 모양을 그린 도면

ⓜ 저면도 : 물체를 아래쪽에서 본 모양을 그린 도면

ⓗ 배면도 : 물체를 뒤쪽에서 본 모양을 그린 도면

(2) 기타 투상도

① 보조 투상도 : 물체의 경사면을 실제의 모양으로 나타내는 경우나 필요한 부분만을 나타내는 것

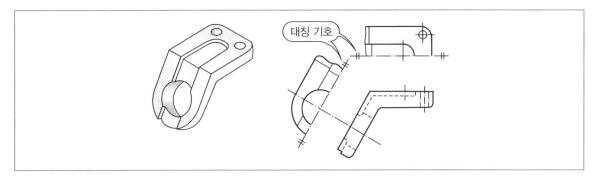

② 부분 투상도 : 그림의 일부만을 도시해도 충분한 경우에는, 필요한 부분만 투상하여 그리는 것

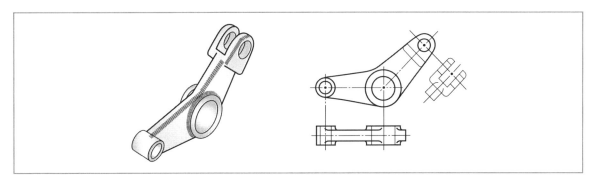

③ 국부 투상도 : 대상물의 구멍, 홈 등과 같이 한 부분의 모양을 도시하는 것

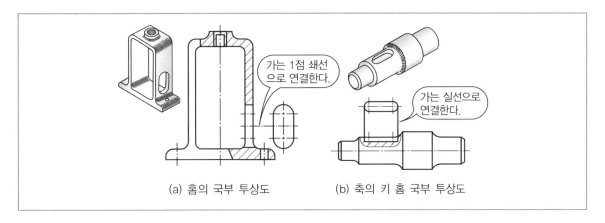

(a) 홈의 국부 투상도 　　　 (b) 축의 키 홈 국부 투상도

④ 회전 투상도 : 각도를 가지고 있는 물체의 그 실제 모양을 나타내어 그리는 것

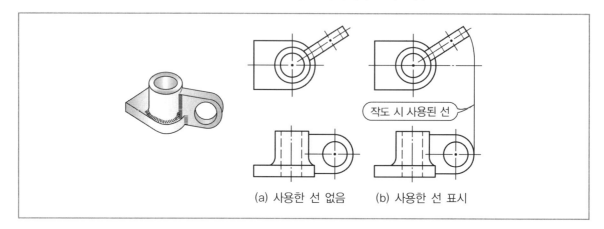

작도 시 사용된 선

(a) 사용한 선 없음   (b) 사용한 선 표시

⑤ 부분 확대도(상세도) : 특정한 부분의 도형이 작아서 그 부분을 자세하게 나타낼 수 없거나, 치수 기입을 할 수 없을 때, 그 해당 부분 가까운 곳에 가는 실선으로 둘러싸고 확대하여 그리는 것

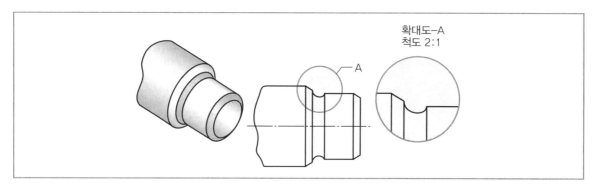

확대도-A
척도 2:1

A

⑥ 등각 투상도 : 물체의 정면, 평면, 측면을 한 번에 볼 수 있는 투상도로 물체의 모양, 특징을 잘 나타낼 수 있으며, 세 모서리의 각도는 각각 120°이다.

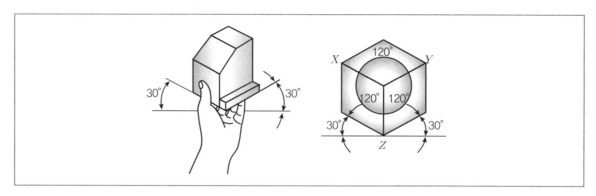

(3) 단면도

① 단면의 표시

　㉠ 필요에 따라 해칭을 하고, 해칭선은 45도 경사진 가는 실선을 사용하며, 같은 간격의 사선으로 표시한다.

　㉡ 보이지 않는 물체의 내부를 나타내는 것

　㉢ 부품도에는 해칭선을 생략할 수 있지만, 조립도에서는 부품관계를 명확히 하기 위해서 해칭선을 그린다.

　㉣ 절단했기 때문에 이해를 방해하는 것이나 절단하여도 의미가 없는 것은 원칙적으로 긴 쪽 방향으로는 절단하여 단면도를 표시하지 않는다.

　㉤ 인접한 단면의 해칭은 선의 방향 또는 각도를 변경하든지 그 간격을 변경하여 구별한다.

　㉥ 개스킷 같이 얇은 제품의 단면은 투상선을 한 개의 굵은 실선으로 표시한다.

　㉦ 단면을 표시할 때에는 해칭 또는 스머징을 한다.

② 단면도의 종류

　㉠ 전단면도(온단면도) : 물체의 1/2을 절단하여 표현

　㉡ 반단면도(한쪽 단면도) : 물체의 1/4을 절단하여 내부와 외형을 표현

　㉢ 부분단면도 : 일부분을 잘라내어 필요한 내부 모양을 표현

　㉣ 회전단면도(회전도시 단면도) : 핸들, 축, 기어 등의 물체를 절단하여 단면 모양을 90° 회전하여 표현

　㉤ 계단단면도 : 절단면이 투상면에 평행, 수직한 여러 면으로 되어 있을 때 명시할 곳을 계단모양으로 나타냄.

(4) 치수 기입방법

① 치수의 기입

　㉠ 도면에는 완성된 물체의 치수를 기입하고, 길이의 단위는 mm이나 도면에는 기입하지 않는다.

　㉡ 치수 숫자는 치수선에 수직방향은 도면의 우변으로부터, 수평방향은 하변으로부터 읽도록 기입

　㉢ 각도의 단위는 도를 사용한다.

② 치수 기입 시 유의사항

　㉠ 길이의 단위는 mm이며, 도면에 기입하지는 않는다.

　㉡ 치수의 숫자를 표시할 때에는 자릿수를 표시하는 콤마 등을 표시하지 않는다.

　㉢ 치수는 계산할 필요가 없도록 기입하고, 중복기입을 피한다.

　㉣ 관련되는 치수는 한 곳에 모아서 기입한다.

　㉤ 도면 길이의 크기와 자세 및 위치를 명확히 표시한다.

　㉥ 외형치수 전체 길이를 기입한다.

　㉦ 치수 중 참고치수에 대해서는 괄호 안에 치수를 기입한다.

　㉧ 치수는 되도록 주투상도(정면도)에 기입한다.

ⓩ 치수 숫자는 도면에 그린 선에 의해 분할되지 않는 위치에 쓰는 것이 좋다.

ⓩ 치수가 인접해서 연속적으로 있을 때에는 되도록 치수선을 일직선이 되게 하는 것이 좋다.

③ **구멍의 치수 기입**

ㄱ 15-20드릴의 의미는 구멍의 개수는 15개이고, 구멍의 지름은 20mm라는 의미이다.

ㄴ 드릴 구멍의 크기가 같은 치수로 연속적으로 있을 때 합계치수를 묻는 문제는 (구멍수 − 1) × 간격의 치수를 하면 합계치수를 구할 수 있다.

ㄷ 전체의 길이를 묻는 문제는 합계치수 + 앞뒤치수를 하면 된다.

ㄹ 길이가 길 때에는 절단선을 긋고 치수만 기입해도 된다. **예** 사다리

(5) 전개도

① 입체의 표면을 평면 위에 펼쳐서 그린 그림을 전개도라고 하며, 전개도를 다시 접거나 감으면 그 물체의 모양이 된다.

② **용도** : 자동차 부품, 항공기 부품, 철판을 굽히거나 접어서 만드는 상자 등

③ **전개도법의 종류**

ㄱ **평행선법** : 원통형 모양이나 각기둥, 원기둥 물체를 전개할 때 사용

ㄴ **방사선법** : 부채꼴 모양으로 전개하는 방법

ㄷ **삼각형법** : 전개도를 그릴 때 표면을 여러 개의 삼각형으로 전개하는 방법

(6) 판금작업

① **판금작업의 종류**

ㄱ **블랭킹** : 판재에서 펀치로 원하는 형상을 뽑는 작업

ㄴ **펀칭** : 원하는 모양의 구멍을 뚫는 작업

ㄷ **전단** : 커터로 필요한 모양을 절단하는 작업

ㄹ **트리밍** : 판재를 드로잉 가공으로 만든 다음 둥글게 자르는 작업

ㅁ **세이빙** : 제품의 끝을 약간 깎아 다듬질하는 작업

② **굽힘가공**

ㄱ **벤딩** : 재료를 필요한 모양으로 구부리는 가공법

ㄴ **컬링** : 원통 용기의 끝부분을 말아서 테두리를 둥글게 만드는 가공법

③ **인발가공**

ㄱ **딥 드로잉** : 얇은 금속 판재를 펀치를 이용하여 다이에 밀어 넣어 원통이나 사각 모양의 용기를 만드는 가공법

ㄴ **비딩** : 가공된 용기에 좁은 선모양의 돌기를 만드는 가공법

④ 압축가공

   ㉠ 엠보싱 : 소재의 두께 변화가 없는 제품을 만들 때 또는 요철을 제작할 때 사용하는 가공법

   ㉡ 코이닝 : 상, 하형이 다른 여철을 가지고 있으며, 재료를 압축함으로써 상·하면 위에는 다른 모양의 각인이 되는 가공법으로 주로, 주화, 메달, 장식품 등의 표면에 여러 가지 모양 등을 찍어내는 가공법

⑤ 기타 가공

   ㉠ 스피닝 : 제품을 스틱이나 롤러로 눌러서 원형과 같은 모양의 제품을 만드는 가공법

   ㉡ 벌징 : 용기 밑이 볼록한 용기를 제작할 때 사용하는 가공법

(7) 스케치도 그리기

① 스케치의 필요성과 유의사항

   ㉠ 현재 사용 중인 제품의 부품을 제작하려고 할 때, 도면이 없는 부품과 같은 것을 만들려고 할 경우

   ㉡ 도면이 없는 부품을 참고하거나 부품을 교환할 때 사용

   ㉢ 부품의 고장이나 마멸로 인하여 수리 및 제작 교환할 때 사용

   ㉣ 보통 3각법으로 그린다.

   ㉤ 짧은 시간에 스케치를 한다.

   ㉥ 스케치도는 제작도의 기초로 사용한다.

② 스케치 방법

   ㉠ 프린트법 : 부품 표면에 광명단을 칠한 후, 종이에 실제 모양을 뜨는 방법

   ㉡ 본뜨기법(모양뜨기) : 불규칙한 곡선을 가진 물체를 직접 종이에 대고 그리거나 납선, 구리선 등을 사용하여 부품의 윤곽이나 곡선을 종이에 옮기는 방법

   ㉢ 프리핸드법 : 손으로 직접 그리는 방법

   ㉣ 사진촬영 : 카메라로 직접 찍어서 도면을 제작하는 방법

③ 스케치 시 유의사항

   ㉠ 스케치도는 간단하게 보기 쉽게 작성해야 한다.

   ㉡ 표준부품은 약도와 호칭방법을 표시해야 한다.

   ㉢ 필요한 스케치 용구를 잊지 않도록 한다.

   ㉣ 대칭형인 것은 생략해서 도시해도 된다.

※ 일반적인 나사 도시의 유의사항

   ① 불완전 나사부는 기능상 필요한 경우 경사된 가는 실선으로 그린다.

   ② 수나사와 암나사의 골을 표시하는 선은 가는 실선으로 그린다.

   ③ 수나사에서 완전 나사부와 불완전 나사부의 경계선은 굵은 실선으로 그린다.

   ④ 수나사와 암나사의 측면 도시에서 각각의 골 지름은 가는 실선으로 약 3/4의 원으로 그린다.

4 각종 도면기호 및 재료기호

(1) 보조기호

기호	의미	기호	의미	기호	의미
∅	원의 지름	□	정사각형	R	반지름
SR	구의 반지름	C	모따기	t	두께
( )	참고치수	P	피치기호	⌒	원호의 길이

(2) 기계재료 기호

명칭	기호	명칭	기호
일반구조용 압연강재	SS	기계구조용 탄소강재	SM(00)
탄소공구강재	STC	용접구조용 압연강재	SWS, SM(000)
탄소주강품	SC	스프링 강재	SPS
회주철	GC	고속도강	SKH
기계구조용 탄소강관	STKM	배관용 탄소강관	SPP
강	S	선	W
판	P	봉, 바, 보일러	B
철	F	주조품	C

(3) 기하공차

적용하는 모양	공차의 종류		기호
단독모양	모양 공차	진직도 공차	—
		평면도 공차	▱
		진원도 공차	○
		원통도 공차	⌀
단독모양 또는 관련모양		선의 윤곽도 공차	⌒
		면의 윤곽도 공차	◠

		평행도 공차	∥
관련공차	자세 공차	직각도 공차	⊥
		경사도 공차	∠
	위치 공차	위치 공차	⊕
		동심도 공차	◎
		대칭도 공차	≡
	흔들림 공차	원주 흔들림 공차	↗
		온 흔들림 공차	⫽↗

(4) 용접 이음기호

명칭	기호	명칭	기호
양면 플랜지형 맞대기 이음용접	∧	필릿 용접	◺
평면형 평행 맞대기 이음용접	∥	플러그 용접 슬롯 용접	⊓
한쪽면 V형 홈 맞대기 이음용접	V	스폿 용접	○
한쪽면 K형 맞대기 이음용접	⟍	심용접	⊖
부분 용입 한쪽면 V형 맞대기용접	Y	뒷면용접	⏝

(5) 용접 보조기호

명칭	기호	명칭	기호
평면	—	끝단부를 매끄럽게	⏝
볼록형	⌒	영구적인 덮개판을 사용	⊡ M
오목형	⌣	제거 가능한 덮개판을 사용	⊡ MR

(6) 다듬질 보조기호

구분	기호	설명
용접부의 다듬질 방법	C	치핑
	G	연삭 : 그라인더 다듬질
	M	절삭 : 기계 다듬질
	F	다듬질하지 않음.

(7) 용접부 및 각종 비파괴검사 기호

구분	기호	설명
용접부		현장용접
		전체 둘레 용접
		온둘레 현장용접, 전체 둘레 현장용접
비파괴시험	PT	침투탐상시험
	MT	자분탐상시험
	RT	방사선투과시험
	UT	초음파탐상시험
	ET	와류탐상시험
	LT	누설시험
	VT	육안시험

(8) 밸브의 도시기호

종류	기호	종류	기호
체크밸브		게이트밸브	
안전밸브		글로브밸브	

앵글밸브		밸브 닫힘상태	
3방향밸브		버터플라이 밸브	

(9) 계기의 표시방법

종류	기호	종류	기호
온도	T	유량	F
압력	P		

(10) 배관도에서 유체의 종류와 글자기호

종류	기호	종류	기호
공기	A	가스	G
기름	O	수증기	S
물	W		

(11) 관 끝의 표시방법

종류	기호	종류	기호
용접식 캡		막힌 플랜지	
나사박음식 캡			

CHAPTER 08 단원 핵심 문제

01 그림과 같은 용접도시기호를 올바르게 해석한 것은?

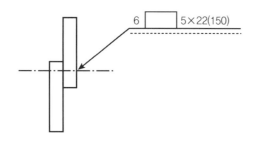

① 슬롯 용접의 용접 수 22
② 슬롯의 너비 6mm, 용접길이 22mm
③ 슬롯 용접 루트 간격 6mm, 폭 150mm
④ 슬롯의 너비 5mm, 피치 22mm

> **해설** 슬롯의 너비는 6mm, 용접부의 개수는 5, 용접길이는 22mm, 용접부 사이 간격은 150mm

02 다음 중 머리부를 포함한 리벳의 전체 길이로 리벳 호칭길이를 나타내는 것은?

① 얇은 납작머리 리벳
② 접시머리 리벳
③ 둥근머리 리벳
④ 냄비머리 리벳

> **해설** 머리부를 포함한 리벳의 전체 길이를 리벳 호칭길이로 나타내는 리벳은 접시머리 리벳이다.
> 접시머리 리벳은 머리부터 전체가 묻히기 때문이다.

03 기계제도에서 사용하는 선의 용도에 따라 사용하는 선의 종류가 틀린 것은?

① 외형선 : 가는 실선
② 피치선 : 가는 1점 쇄선
③ 중심선 : 가는 1점 쇄선
④ 숨은선 : 가는 파선 또는 굵은 파선

> **해설** 외형선 : 굵은 실선

04 용접부의 보조기호에서 제거 가능한 이면 판재를 사용하는 경우의 표시 기호는?

① M
② P
③ MR
④ PR

> **해설**
> | 영구적인 덮개판을 사용 | M |
> |---|---|
> | 제거 가능한 덮개판을 사용 | MR |

05 모서리나 중심축에 평행선을 그어 전개하는 방법으로 주로 각기둥이나 원기둥을 전개하는 데 가장 적합한 전개도법의 종류는?

① 삼각형을 이용한 전개도법
② 평행선을 이용한 전개도법
③ 방사선을 이용한 전개도법
④ 사다리꼴을 이용한 전개도법

정답 01 ② 02 ② 03 ① 04 ③ 05 ②

해설 전개도법의 종류
- **평행선법** : 기둥형 물체를 전개할 때 사용
- **방사선법** : 부채꼴 모양으로 전개하는 방법
- **삼각형법** : 전개도를 그릴 때 표면을 여러 개의 삼각형으로 전개하는 방법

08 도면에서 표제란의 투상법란에 그림과 같은 투상법 기호로 표시되는 경우 몇 각법 기호인가?

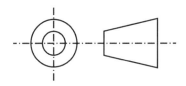

① 1각법   ② 2각법
③ 3각법   ④ 4각법

해설 3각법
- 한국공업규격(KS)에서는 3각법을 도면 작성 원칙으로 한다.
- 투영도는 정면도, 평면도, 우측면도로 배치한다.
- 투상방법은 '눈 → 투상면 → 물체'이다.
- 실물파악이 쉽다.

06 원호의 길이 42mm를 나타낸 것으로 옳은 것은?

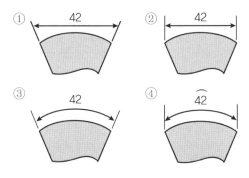

해설 (a) 변의 길이 치수   (b) 현의 길이 치수

(c) 호의 길이 치수   (d) 각도 치수

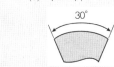

09 가는 2점 쇄선을 사용하는 가상선의 용도가 아닌 것은?

① 단면도의 절단된 부분을 나타내는 것
② 가공 전, 후의 형상을 나타내는 것
③ 인접 부분을 참고로 나타내는 것
④ 가동 부분을 이동 중의 특정한 위치 또는 이동 한계의 위치로 표시하는 것

해설 이점쇄선(가상선)의 용도
- 가공 전 또는 후의 모양을 표시하는 데 사용
- 도시된 단면의 앞쪽에 있는 부분을 표시하는 데 사용하는 선
- 가공에 사용하는 공구, 지그 등의 위치를 참고로 나타내는 데 사용
- 반복을 표시하는 선

07 3개의 좌표축의 투상이 서로 120°가 되는 축측 투상으로 평면, 측면, 정면을 하나의 투상면 위에 동시에 볼 수 있도록 그려진 투상법은?

① 등각 투상법   ② 국부 투상법
③ 정투상법   ④ 경사 투상법

해설 등각 투상도
물체의 정면, 평면, 측면을 하나의 투상도에서 볼 수 있도록 나타낸 것으로 물체를 3개의 각도(120도)로 나누어 나타낸다.

10 배관 도면에서 그림과 같은 기호의 의미로 가장 적합한 것은?

① 콕 일반　　　　② 볼 밸브
③ 체크밸브　　　　④ 안전밸브

해설 **밸브의 도시기호**

종류	기호	종류	기호
체크밸브		게이트밸브	
안전밸브		글로브밸브	
앵글밸브		밸브닫힘상태	
3방향밸브		버터플라이밸브	

11 그림과 같은 도면의 해독으로 잘못된 것은?

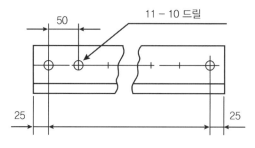

① 구멍 사이의 피치는 50mm
② 구멍의 지름은 10mm
③ 전체 길이는 600mm
④ 구멍의 수는 11개

해설 지름 10mm 짜리 드릴 구멍이 11개가 있다.
　　그러므로 전체 길이는 50 × 10 = 500 + 25 + 25 = 550

12 도면의 척도 값 중 실제 형상을 축소하여 그리는 것은?

① 100 : 1　　　　② $\sqrt{2}$: 1
③ 1 : 1　　　　　④ 1 : 2

해설 **척도**
- 표제란에 척도를 기입하는 것이 원칙이지만, 표제란이 없을 경우에는 도명이나 품번 옆에 척도를 기입한다.
- 치수와 비례하지 않을 경우에는 NS 또는 치수 밑에 줄을 긋거나, '비례가 아님'이라고 문자를 기입한다.
- 도면의 척도에는 축척, 배척, 현척이 있으며, 치수를 기입할 때에는 실물의 치수를 그대로 기입한다.
- 척도의 표시방법
  1 : 2 (1 : 도면의 크기, 2 : 물체의 실제크기)

축척	실물의 크기를 도면에 일정한 비율로 줄여서 그리는 것	1 : 2, 1 : 5, 1 : 100 등
배척	실물의 크기를 도면에 실물보다 크게 그리는 것	2 : 1, 5 : 1, 100 : 1 등
현척	실물의 크기를 도면에 같은 크기로 그리는 것	1 : 1

13 치수 보조기호 중 지름을 표시하는 기호는?

① D　　　　　　② ∅
③ R　　　　　　④ SR

해설

기호	의미	기호	의미	기호	의미
∅	원의 지름	□	정사각형	R	반지름
SR	구의 반지름	C	모따기	t	두께

14 물체에 인접하는 부분을 참고로 도시할 경우에 사용하는 선은?

① 가는 실선
② 가는 파선
③ 가는 1점 쇄선
④ 가는 2점 쇄선

해설 2점 쇄선(가상선)의 용도
- 가공 전 또는 후의 모양을 표시하는 데 사용
- 도시된 단면의 앞쪽에 있는 부분을 표시하는 데 사용하는 선
- 가공에 사용하는 공구, 지그 등의 위치를 참고로 나타내는 데 사용
- 반복을 표시하는 선

15 도면용으로 사용하는 A2 용지의 크기로 맞는 것은?

① 841 × 1189
② 594 × 841
③ 420 × 594
④ 270 × 420

해설
- A0 = 841 × 1189
- A1 = 594 × 841
- A2 = 420 × 594
- A3 = 297 × 420
- A4 = 210 × 297

16 KS 재료기호 SM10C에서 10C는 무엇을 뜻하는가?

① 제작방법
② 종별 번호
③ 탄소함유량
④ 최저 인장강도

해설 C는 탄소함유량을 의미한다.

17 그림의 도면에서 리벳의 개수는?

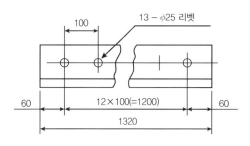

① 12개
② 13개
③ 25개
④ 100개

해설 13 : 리벳의 개수, 25 : 구멍의 지름

18 KS 용접기호 ◣로 도시되는 용접부 명칭은?

① 플러그 용접
② 수직 용접
③ 필릿 용접
④ 스폿 용접

해설 ◣ 필릿 용접을 의미한다.

19 KS A 0106에 규정한 도면의 크기 및 양식에서 용지의 긴 쪽 방향을 가로방향으로 했을 경우 표제란의 위치로 적절한 곳은?

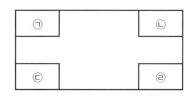

① ㉠
② ㉡
③ ㉢
④ ㉣

해설 표제란
도면의 오른쪽 아래에 그리며, 기재사항으로는 도번, 도명, 척도, 투상법, 도면 작성일, 제도한 사람의 이름 등을 기입한다.

20 배관도의 계기 표시방법 중에서 압력계를 나타내는 기호는?

①   ②

③   ④

해설

종류	기호	종류	기호
온도	T	유량	F
압력	P		

22 도면에서 단면도의 해칭에 대한 설명으로 틀린 것은?

① 해칭선은 가는 실선으로 규칙적으로 줄을 늘어놓는 것을 말한다.

② 단면도에 재료 등을 표시하기 위해 특수한 해칭(또는 스머징)을 할 수 있다.

③ 해칭선은 반드시 주된 중심선에 45°로만 경사지게 긋는다.

④ 단면 면적이 넓을 경우에는 그 외형선에 따라 적절한 범위에 해칭(또는 스머징)을 할 수 있다.

해설 **해칭선**
• 단면도의 절단된 부분을 나타내는 선
• 도형의 일정한 특정 부분을 다른 부분과 구별하는 데 사용하는 선
• 일반적으로 해칭의 각도가 45°이지만, 반드시 45°로 해칭선을 그려야 하는 것은 아니다.

21 물체의 구멍, 홈 등 특정 부분만의 모양을 도시하는 것으로 그림과 같이 그려진 투상도의 명칭은?

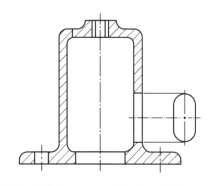

① 회전 투상도   ② 보조 투상도
③ 부분 확대도   ④ 국부 투상도

해설 **국부 투상도**
대상물의 구멍, 홈 등과 같이 한 부분의 모양을 도시하는 것

피복아크용접

기능사 필기

— 기사/기능사 단기합격 —

기사단

피복아크용접기능사

2024

피복아크용접

기능사 필기

― 기사/기능사 단기합격 ―

기사단

- 기출문제
- CBT실전모의고사

일반용접 기출문제

2014년 기출문제

2015년 기출문제

2016년 기출문제

2014년 제1회 기출문제

01 용접기 설치 및 보수할 때 지켜야 할 사항으로 옳은 것은?

① 셀렌정류기형 직류아크용접기에서는 습기나 먼지 등이 많은 곳에 설치해도 괜찮다.

② 조정핸들, 미끄럼 부분 등에는 주유해서는 안 된다.

③ 용접 케이블 등의 파손된 부분은 즉시 절연테이프로 감아야 한다.

④ 냉각용 선풍기 바퀴 등에도 주유해서는 안 된다.

해설 **용접기 취급 시 주의사항**
① 정격사용률 이상 사용하지 않도록 한다.
② 아크 전류조정 시 아크 발생을 중지하고 전류를 조정한다.
③ 옥외의 비바람 부는 곳이나, 수증기 또는 습도가 높은 곳은 설치를 피한다.
④ 진동이나 충격을 받는 곳, 유해가스, 휘발성 가스, 폭발성 가스, 기름 등이 있는 장소에는 설치하지 않는다.
⑤ 가동 부분이나 냉각팬 등을 점검하고 주유한다.
⑥ 2차측 단자 한쪽과 용접기 케이스는 반드시 접지한다.
⑦ 용접 케이블 등의 파손된 부분은 즉시 절연테이프로 감아야 한다.

02 서브머지드 아크용접에서 다전극방식에 의한 분류가 아닌 것은?

① 탠덤식 ② 횡병렬식
③ 횡직렬식 ④ 이행 형식

해설 **서브머지드 용접의 분류**
① 탠덤식 : 2개 이상의 용접봉을 일렬로 배열, 독립전원에 접속한다. 비드 폭이 좁고, 용입이 깊고, 용접속도가 빠르며, 파이프라인 용접에 사용한다.
② 횡병렬식 : 2개 이상의 용접봉을 나란히 옆으로 배열, 비드 폭이 넓고, 용입은 중간이다.
③ 횡직렬식 : 2개의 용접봉 중심선의 연장이 모재 위의 한 점에 만나도록 배치, 용입이 매우 얕고, 덧붙임용접에 사용된다.

03 TIG 용접에서 직류정극성으로 용접할 때 전극선단의 각도로 가장 적합한 것은?

① 5~10° ② 10~20°
③ 30~50° ④ 60~70°

해설
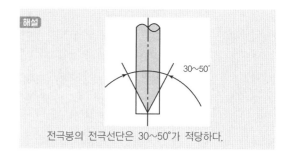
전극봉의 전극선단은 30~50°가 적당하다.

04 용접결함 중 구조상 결함이 아닌 것은?

① 슬래그 섞임 ② 용입 불량과 융합 불량
③ 언더컷 ④ 피로강도 부족

해설 **용접결함**
1. 치수상 결함 : 치수 불량, 형상 불량, 변형
2. 구조상 결함 : 언더컷, 스패터, 용입 불량, 선상조직, 은점, 백점, 오버랩, 기공, 균열
3. 성질상 결함
   • 화학적 결함 : 부식
   • 기계적 결함 : 인장강도 부족

05 화재 발생 시 사용하는 소화기에 대한 설명으로 틀린 것은?

① 전기로 인한 화재에는 포말 소화기를 사용한다.

② 분말 소화기는 기름화재에 적합하다.

③ CO_2가스 소화기는 소규모의 인화성 액체화재나 전기설비화재의 초기 진화에 좋다.

④ 보통화재에는 포말, 분말, CO_2 소화기를 사용한다.

> **해설** 전기로 인한 화재에는 분말 소화기, CO_2 소화기를 사용한다.

06 필릿 용접부의 보수방법에 대한 설명으로 옳지 않은 것은?

① 간격이 1.5[mm] 이하일 때에는 그대로 용접하여도 좋다.

② 간격이 1.5~4.5[mm]일 때에는 넓혀진 만큼 각장을 감소시킬 필요가 있다.

③ 간격이 4.5[mm]일 때에는 라이너를 넣는다.

④ 간격이 4.5[mm] 이상일 때에는 300[mm] 정도의 치수로 판을 잘라낸 후 새로운 판으로 용접한다.

> **해설** 필릿 용접물이 1.5~4.5mm일 때는 그대로 용접하거나 각장(다리길이)을 증가시켜 용접한다.

07 다음 그림과 같은 다층용접법은?

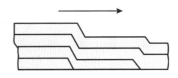

① 빌드업법
② 캐스케이드법
③ 전진블록법
④ 스킵법

> **해설** 1. 단층용착법
> • 스킵법(비석법) : 이음 전 길이에 대해서 뛰어 넘어서 용접하는 방법이다. 얇은 판이나 비틀림이 발생할 우려가 있는 용접에 사용한다. 변형과 잔류응력을 최소로 해야 할 경우 사용
>
>
> 스킵법(비석법)
>
> 2. 다층용착법
> • 빌드업법(덧살올림법) : 각 층마다 전체의 길이를 용접하면서 쌓아 올리는 방법이다.
>
>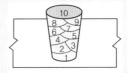
> 덧살올림법
>
> • 캐스케이드법 : 계단모양으로 용접하는 방법이다.
>
>
> 캐스케이드법
>
> • 점진블록법(전진블록법) : 전체를 점진적으로 용접해 나가는 방법이다.
>
>
> 전진블록법

08 용접작업 시 작업자의 부주의로 발생하는 안염, 각막염, 백내장 등을 일으키는 원인은?

① 용접 흄 가스
② 아크 불빛
③ 전격 재해
④ 용접 보호가스

해설 유해광선에 대한 안전사항

피복아크용접과 절단작업에서는 가시광선, 자외선, 적외선, X선(비가시광선)이 발생한다.

① 가시광선은 벽이나 다른 물체에 반사해서 작업장 주위에 보안경을 착용하지 않는 사람들의 눈을 상하게 할 수 있다. 강렬한 가시광선은 눈의 결막염을 발생할 수 있고, 잠깐 동안 눈이 안보일 수도 있다.

② 적외선이 눈에 들어가면 백내장이 되기도 하고, 적외선은 열을 동반하여 피부에 쏘이게 되면 화상을 입을 수도 있다.

③ 자외선은 화상이나 피부를 검게 타게 하고, 눈으로 보게 되면 눈물이 많이 나고, 눈 속에 모래가 들어가 있는 느낌이 난다.

④ X선은 전자빔 용접 중에 발생할 수 있으므로 주의해야 한다.

09 플라즈마 아크용접에 대한 설명으로 잘못된 것은?

① 아크 플라즈마의 온도는 10,000~30,000[℃] 온도에 달한다.

② 핀치효과에 의해 전류밀도가 크므로 용입이 깊고 비드 폭이 좁다.

③ 무부하전압이 일반 아크용접기에 비하여 2~5배 정도 낮다.

④ 용접장치 중에 고주파 발생장치가 필요하다.

해설 플라즈마 아크용접의 특징

① 용접봉이 토치 내 노즐 안쪽에 들어가 있어서, 모재에 닿을 염려가 없어 용접부에 텅스텐이 오염될 염려가 없다.

② 비드 폭이 좁고, 용입은 깊으며, 용접속도가 빠르다.

③ 기계적 성질이 우수하고 작업이 쉬운 편이다.

④ 용접속도가 빠르므로 가스의 보호가 충분하지 못하다.

⑤ 수동 플라즈마 용접은 전자세가 가능하지만, 자동에서는 자세가 제한된다.

⑥ 설비가 고가이고, 무부하전압이 높다.

10 전기저항 점용접법에 대한 설명으로 틀린 것은?

① 인터랙 점용접이란 용접점의 부분에 직접 2개의 전극을 물리지 않고 용접전류가 피용접물의 일부를 통하여 다른 곳으로 전달하는 방식이다.

② 단극식 점용접이란 전극이 1쌍으로 1개의 점 용접부를 만드는 것이다.

③ 맥동 점용접은 사이클 단위를 몇 번이고 전류를 연속하여 통전하는 것으로 용접속도 향상 및 용접변형 방지에 좋다.

④ 직렬식 점용접이란 1개의 전류회로에 2개 이상의 용접점을 만드는 방법으로 전류 손실이 많아 전류를 증가시켜야 한다.

해설 맥동 점용접은 사이클 단위를 몇 번이고 전류를 단속하여 용접하는 방식이다.

11 이산화탄소 아크용접의 솔리드와이어 용접봉에 대한 설명으로 YGA-50W-1.2-20에서 "50"이 뜻하는 것은?

① 용접봉의 무게

② 용착금속의 최소 인장강도

③ 용접와이어

④ 가스실드 아크용접

해설 • 50 : 용착금속의 최소 인장강도
• 1.2 : 와이어의 굵기
• 20 : 와이어의 무게

12 다음 중 스터드 용접법의 종류가 아닌 것은?

① 아크 스터드 용접법

② 텅스텐 스터드 용접법

③ 충격 스터드 용접법

④ 저항 스터드 용접법

해설 스터드 용접의 특징
① 볼트, 환봉, 핀 등을 용접하며, 작업속도가 매우 빠르다.
② 스터드 아크용접의 아크발생시간은 보통 0.1~2초 정도이다.
③ 아크 스터드 용접, 충격 스터드 용접, 저항 스터드 용접으로 구분한다.
④ 용접 변형이 적고, 철, 비철금속에도 사용 가능하다.
⑤ 용융금속이 외부로 흘러나가거나, 용융금속의 대기 오염을 방지하기 위해 도기로 만든 페롤을 사용한다.

13 아크용접부에 기공이 발생하는 원인과 가장 관련이 없는 것은?

① 이음 강도 설계가 부적당할 때
② 용착부가 급랭될 때
③ 용접봉에 습기가 많을 때
④ 아크길이, 전류값 등이 부적당할 때

해설 기공이 발생하는 원인
① 황, 수소, 일산화탄소 많을 때
② 용접전류가 높을 때
③ 용착부가 급랭될 때
④ 용접봉에 습기가 많을 때
⑤ 아크길이, 전류값 등이 부적당할 때 등

14 전자빔 용접의 종류 중 고전압 소전류형의 가속 전압은?

① 20~40[kV]
② 50~70[kV]
③ 70~150[kV]
④ 150~300[kV]

해설 전자빔 용접은 진공 중에 방출된 전자의 충돌에너지를 이용한 용접으로 고전압 소전류형의 경우 가속전압은 70~150[kV]가 된다.

15 다음 중 TIG 용접기의 주요 장치 및 기구가 아닌 것은?

① 보호가스 공급장치
② 와이어 공급장치
③ 냉각수 순환장치
④ 제어장치

해설 TIG 용접기의 제어장치
고주파 발생장치, 냉각수 공급장치, 보호가스 제어회로와 공급장치, 용접전류 제어회로가 있다.
→ 와이어 공급장치는 이산화탄소 아크용접장치이다.

16 용접부에 X선을 투과하였을 경우 검출할 수 있는 결함이 아닌 것은?

① 선상조직
② 비금속 개재물
③ 언더컷
④ 용입불량

해설 선상조직은 X선을 투과하여 검출할 수 없다.

17 다층용접방법 중 각 층마다 전체의 길이를 용접하면서 쌓아 올리는 용착법은?

① 전진블록법
② 덧살올림법
③ 캐스케이드법
④ 스킵법

해설 다층용착법
• **빌드업법(덧살올림법)** : 각 층마다 전체의 길이를 용접하면서 쌓아 올리는 방법이다.

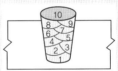

덧살올림법

• **캐스케이드법** : 계단모양으로 용접하는 방법이다.

캐스케이드법

• **점진블록법(전진블록법)** : 전체를 점진적으로 용접해 나가는 방법이다.

전진블록법

18 용접부의 시험검사에서 야금학적 시험방법에 해당되지 않는 것은?

① 파면시험　　② 육안조직시험
③ 노치취성시험　　④ 설퍼프린트시험

해설 노치취성시험은 용접성시험에 속한다.

19 구리와 아연을 주성분으로 한 합금으로 철강이나 비철금속의 납땜에 사용되는 것은?

① 황동납　　② 인동납
③ 은납　　④ 주석납

해설 황동납은 구리와 아연을 주성분으로 하며, 철강이나 비철금속의 납땜에 사용된다.

20 탄산가스 아크용접에 대한 설명으로 맞지 않는 것은?

① 가시 아크이므로 시공이 편리하다.
② 철 및 비철류의 용접에 적합하다.
③ 전류밀도가 높고 용입이 깊다.
④ 바람의 영향을 받으므로 풍속 2[m/s] 이상일 때에는 방풍장치가 필요하다.

해설 1. 탄산가스 아크용접의 장점
• 전류밀도가 높고, 용입이 깊으며, 용접속도가 매우 빠르다.
• 가시 아크로 시공이 편리하고, 전자세 용접이 가능하다.
• 용착금속의 기계적 성질이 우수(적당한 강도)하다.
2. 탄산가스 아크용접의 단점
• 바람의 영향을 받으므로 방풍장치가 필요하고, 이산화탄소를 이용하므로 작업장 환기에 유의해야 한다.
• 표면 비드가 타 용접에 비해 거칠고, 기공 및 결함이 생기기 쉽다.
• 모든 재질에 적용이 불가능하다.

21 MIG 용접 제어장치의 기능으로 크레이터 처리기능에 의해 낮아진 전류가 서서히 줄어들면서 아크가 끊어지며 이면 용접부가 녹아내리는 것을 방지하는 것을 의미하는 것은?

① 예비가스 유출시간　　② 스타트 시간
③ 크레이터 충전시간　　④ 버언 백 시간

해설 불활성 가스 금속 아크용접(MIG)의 용접장치
① 버언 백 시간 : 불활성 가스 금속 아크용접의 제어장치로서 크레이터 처리기능에 의해 낮아진 전류가 서서히 줄어들면서 아크가 끊어지는 기능으로 이면 용접 부위가 녹아내리는 것을 방지하는 것
② 예비가스 유출시간 : 첫 아크가 발생하기 전에 실드가스를 흐르게 하여 아크를 안정되게 하고 결함의 발생을 방지하기 위한 것
③ 크레이터 충전시간 : 용접이 끝나는 지점에서 토치 스위치를 다시 누르면 용접 전류와 전압이 낮아져 쉽게 크레이터가 채워져 결함을 방지할 수 있는 기능
④ 가스지연 유출시간 : 불활성 가스 금속 아크용접 제어장치에서 용접 후에도 가스가 계속 흘러나와 크레이터 부위의 산화를 방지하는 제어기능

22 일반적으로 안전을 표시하는 색채 중 특정행위의 지시 및 사실의 고지 등을 나타내는 색은?

① 노란색　　② 녹색
③ 파란색　　④ 흰색

해설 안전표지와 색채 사용
① 적색 : 방화금지, 규제, 고도의 위험, 방향표시, 소화설비, 화학물질의 취급장소에서의 유해·위험 경고 등
② 청색 : 특정행위의 지시 및 사실의 고지
③ 황색(노란색) : 주의표시, 충돌, 통상적인 위험·경고 등
④ 녹색 : 안전지도, 위생표시, 대피소, 구호표시, 진행 등
⑤ 백색 : 통로, 정리정돈, 글씨 및 보조색
⑥ 검정(흑색) : 글씨(문자), 방향표시(화살표)

23 산소, 프로판가스 절단에서, 프로판가스 1에 대하여 얼마 비율의 산소를 필요로 하는가?

① 8
② 6
③ 4.5
④ 2.5

해설 가스 혼합비는 산소(4.5) : 프로판(1), 산소(1) : 아세틸렌(1)

24 용접설계에 있어서 일반적인 주의사항 중 틀린 것은?

① 용접에 적합한 구조설계를 할 것
② 용접길이는 될 수 있는 대로 길게 할 것
③ 결함이 생기기 쉬운 용접방법은 피할 것
④ 구조상의 노치부를 피할 것

해설 용접길이가 길어지면 용접열로 인한 변형 및 결함이 발생할 가능성이 높기 때문에 용접길이는 될 수 있는 대로 짧게 하는 것이 좋다.

25 가스용접에서 양호한 용접부를 얻기 위한 조건으로 틀린 것은?

① 모재 표면에 기름, 녹 등을 용접 전에 제거하여 결함을 방지하여야 한다.
② 용착금속의 용입 상태가 불균일해야 한다.
③ 과열의 흔적이 없어야 하며, 용접부에 첨가된 금속의 성질이 양호해야 한다.
④ 슬래그, 기공 등의 결함이 없어야 한다.

해설 양호한 용접부를 얻기 위해서는 용착금속의 용입 상태가 균일해야 한다.

26 직류아크용접에서 역극성의 특징으로 맞는 것은?

① 용입이 깊어 후판용접에 사용된다.
② 박판, 주철, 고탄소강, 합금강 등에 사용된다.
③ 봉의 녹음이 느리다.
④ 비드 폭이 좁다.

해설

극성의 종류	결선상태		특징
직류정극성 (DCSP)	모재	+	모재의 용입이 깊고, 용접봉이 천천히 녹음.
	용접봉	−	비드 폭이 좁고, 일반적인 용접에 많이 사용됨.
직류역극성 (DCRP)	모재	−	모재의 용입이 얕고, 용접봉이 빨리 녹음.
	용접봉	+	비드 폭이 넓고, 박판 및 비철금속에 사용됨.

27 직류아크용접기와 비교한 교류아크용접기의 설명에 해당되는 것은?

① 아크의 안정성이 우수하다.
② 자기쏠림 현상이 있다.
③ 역률이 매우 양호하다.
④ 무부하전압이 높다.

해설 직류아크용접기와 교류아크용접기 비교

항목(비교사항)	직류용접기	교류용접기
아크의 안정	○	×
극성의 변화	○	×
전격의 위험	적다.	많다.
무부하전압 (개로전압)	낮다.	높다.
아크 쏠림	발생	방지
구조	복잡하다.	간단하다.
비피복봉 사용	○	×

28 피복아크 용접봉에서 피복 배합제인 아교는 무슨 역할을 하는가?

① 아크 안정제
② 합금제
③ 탈산제
④ 환원가스 발생제

> **해설** 아교는 고착제나 환원가스 발생제의 역할을 한다.

29 피복금속아크 용접봉은 습기의 영향으로 기공과 균열의 원인이 된다. 보통 용접봉과 저수소계 용접봉의 온도와 건조시간은? (단, 보통 용접봉은 (1)로, 저수소계 용접봉은 (2)로 나타냈다)

① (1) 70~100[℃] 30~60분
   (2) 100~150[℃] 1~2시간
② (1) 70~100[℃] 2~3시간
   (2) 100~150[℃] 20~30분
③ (1) 70~100[℃] 30~60분
   (2) 300~350[℃] 1~2시간
④ (1) 70~100[℃] 2~3시간
   (2) 300~350[℃] 20~30분

> **해설** 용접봉의 건조
> • 저수소계[E4316] : 300~350℃로 1~2시간 건조
> • 일반용접봉 : 70~100℃로 30분에서 1시간 건조

30 가스가공에서 강제 표면의 홈, 탈탄층 등의 결함을 제거하기 위해 얇게 그리고 타원형 모양으로 표면을 깎아내는 가공법은?

① 가스 가우징
② 분말절단
③ 산소창절단
④ 스카핑

> **해설** 스카핑
> ① 강재 표면의 개재물, 탈탄층 또는 홈을 제거하기 위해 사용하며, 가우징과 다른 것은 표면을 얕고 넓게 깎는 것이다.
> ② 스카핑의 속도는 냉간재는 5~7m/min, 열간재는 20m/min으로 상당히 빠르다.

31 가스용접에서 가변압식(프랑스식) 팁(tip)의 능력을 나타내는 기준은?

① 1분에 소비하는 산소가스의 양
② 1분에 소비하는 아세틸렌가스의 양
③ 1시간에 소비하는 산소가스의 양
④ 1시간에 소비하는 아세틸렌가스의 양

> **해설** 팁
> ① 불변압식(독일식, A형) 1번은 1mm, 2번은 2mm 두께의 강판을 용접할 수 있다.
>   **불변압식 팁** : 용접할 수 있는 강판의 두께 기준
> ② 가변압식(프랑스식, B형) 100번은 1시간 동안 표준 불꽃으로 용접했을 때 소비되는 아세틸렌가스의 양이 100리터이다.
>   **가변압식 팁** : 매 시간당 소비되는 아세틸렌가스의 양을 기준

32 아크 쏠림은 직류아크용접 중에 아크가 한쪽으로 쏠리는 현상을 말하는데 아크 쏠림 방지법이 아닌 것은?

① 접지점을 용접부에서 멀리한다.
② 아크길이를 짧게 유지한다.
③ 가용접을 한 후 후퇴용접법으로 용접한다.
④ 가용접을 한 후 전진법으로 용접한다.

해설 아크 쏠림 방지법
① 직류 대신 교류 용접기 사용
② 아크길이를 짧게 유지하고, 긴 용접부는 후퇴법 사용
③ 접지는 양쪽으로 하고, 용접부에서 멀리한다.
④ 용접봉 끝을 자기불림 반대방향으로 기울인다.
⑤ 용접이 끝난 부분이나 가접이 큰 부분 방향으로 용접
⑥ 엔드탭 사용

33 용접기의 가동 핸들로 1차 코일을 상하로 움직여 2차 코일의 간격을 변화시켜 전류를 조정하는 용접기로 맞는 것은?

① 가포화 리액터형
② 가동코어 리액터형
③ 가동코일형
④ 가동철심형

해설 교류아크용접기의 종류
① **가동철심형** : 가동철심으로 전류조정, 미세한 전류 조정 가능, 많이 사용
② **가동코일형** : 코일을 이동시켜 전류조정, 현재 거의 사용되지 않음.
③ **가포화 리액터형** : 원격조정이 가능. 가변저항의 변화를 이용하여 용접전류를 조정하는 형식임.
④ **탭전환형** : 코일 감긴 수에 따라 전류조정, 미세 전류조정 불가, 전격위험

34 프로판가스가 완전연소하였을 때 설명으로 맞는 것은?

① 완전연소하면 이산화탄소로 된다.
② 완전연소하면 이산화탄소와 물이 된다.
③ 완전연소하면 일산화탄소와 물이 된다.
④ 완전연소하면 수소가 된다.

해설 프로판(C_3H_8)가스가 완전연소하면 이산화탄소와 물이 된다.

35 아세틸렌가스가 산소와 반응하여 완전연소할 때 생성되는 물질은?

① CO, H_2O
② $2CO_2$, H_2O
③ CO, H_2
④ CO_2, H_2

해설 $C_2H_2 + 2\frac{1}{2}O_2 = 2CO_2 + H_2O$

36 가스용접 시 사용하는 용제에 대한 설명으로 틀린 것은?

① 용제의 융점은 모재의 융점보다 낮은 것이 좋다.
② 용제는 용융금속의 표면에 떠올라 용착금속의 성질을 양호하게 한다.
③ 용제는 용접 중에 생기는 금속의 산화물 또는 비금속 개재물을 용해하여 용융온도가 높은 슬래그를 만든다.
④ 연강에는 용제를 일반적으로 사용하지 않는다.

해설 용제는 용접 중에 생기는 금속의 산화물 또는 비금속 개재물을 용해하여 용융온도가 낮은 슬래그를 만든다.

37 용접법을 융접, 압접, 납땜으로 분류할 때 압접에 해당하는 것은?

① 피복아크용접
② 전자빔 용접
③ 테르밋 용접
④ 심용접

해설 용접
1. **융접** : 용접부를 용융 또는 반용융 상태로 하고, 여기에 용접봉(용가재)을 첨가하여 접합
   - 아크용접(피복아크, 티그, 미그, 스터드 아크, 일렉트로 가스용접)
   - 가스용접(산소-아세틸렌, 수소, 프로판, 메탄)
   - 테르밋 용접
   - 일렉트로 슬래그 용접
2. **압접** : 용접부를 냉간 또는 열간 상태에서 압력을 주어 접합
   - 전기저항용접(점, 심, 프로젝션, 업셋, 플래시, 퍼커션)
   - 단접(해머, 다이)
   - 초음파, 폭발, 고주파, 마찰, 유도가열용접 등
3. **납땜** : 재료를 녹이지 않고, 재료보다 용융점이 낮은 금속을 녹여서 접합
   - 경납
   - 연납

38 A는 병 전체 무게(빈병 + 아세틸렌가스)이고, B는 빈병의 무게이며, 또한 15[℃] 1기압에서의 아세틸렌가스 용적을 905[L]라고 할 때, 용해 아세틸렌가스의 양 C[L]를 계산하는 식은?

① $C = 905(B - A)$
② $C = 905 + (B - A)$
③ $C = 905(A - B)$
④ $C = 905 + (A - B)$

해설
- 용해 아세틸렌 1kg을 기화시키면 905ℓ에 아세틸렌가스가 발생. $C = 905(A - B)$
- 용기 안의 아세틸렌 양 $C = 905(A - B)$
  C : 아세틸렌가스양, A : 병 전체 무게, B : 빈병의 무게

39 내용적 40.7[L]의 산소병에 150[kgf/cm²]의 압력이 게이지에 표시되었다면 산소병에 들어있는 산소량은 몇 [L]인가?

① 3,400
② 4,055
③ 5,055
④ 6,105

해설 산소량 = 내용적 × 기압 = 40.7 × 150 = 6,105

40 저용융점 합금이 아닌 것은?

① 아연과 그 합금
② 금과 그 합금
③ 주석과 그 합금
④ 납과 그 합금

해설 금과 그 합금은 고용융점 합금에 속한다. 저용융점 합금과 고용융점 합금을 나누는 온도는 232℃이다.

41 다음 중 알루미늄합금(Alloy)의 종류가 아닌 것은?

① 실루민(Silumin)
② Y합금
③ 로엑스(Lo-Ex)
④ 인코넬(Inconel)

해설 인코넬은 니켈합금이다.

42 철강에서 펄라이트 조직으로 구성되어 있는 강은?

① 경질강
② 공석강
③ 강인강
④ 고용체강

해설 강의 조직(탄소강의 표준조직)
① **페라이트** : 연한 성질을 가지고 있어 전연성이 크다. A2 변태점 이하에서는 강자성체이다. α -Fe, δ -Fe의 BCC(체심입방격자) 조직이다.
② **펄라이트** : 0.02%의 페라이트와 6.67%C의 시멘타이트로 석출되어 생긴 공석강, 페라이트와 시멘타이트가 층상으로 나타나는 조직, 공석강의 조직이다. 펄라이트 = 오스테나이트 + 페라이트
③ **시멘타이트** : 6.67%의 탄소와 철의 화합물(Fe_3C)로서, 고온에서 탄화철로 발생, 경도 높고, 취성이 많다. 210℃ 이하에서는 상자성체이고, 그 이하에서는 강자성체이다.
④ **레데뷰라이트** : 4.3%C의 용융철이 1,147℃ 이하로 냉각될 때, 2.06%C의 오스테나이트와 6.67%C의 시멘타이트가 정출되어 생긴 공정주철의 조직이며, 레데뷰라이트 = γ - Fe + 시멘타이트. A1 변태점 이상에서는 안정된 조직이다.

43 Ni-Cu계 합금에서 60~70[%] Ni합금은?

① 모넬메탈(Monel-metal)

② 어드밴스(Advance)

③ 콘스탄탄(Constantan)

④ 알민(Almin)

> 해설 **니켈-구리계 합금**
> ① 콘스탄탄 : Cu + Ni 40~50% 함유, 전기저항이 크고, 온도계수가 작다.
> 전기저항선, 열전쌍으로 많이 사용
> ② 모넬메탈 : Cu + Ni 65~70% 함유, 내열성, 내식성, 내마멸성, 연신율이 크다.
> 터빈날개, 펌프임펠러 등에 사용

44 가스침탄법의 특징에 대한 설명으로 틀린 것은?

① 침탄온도, 기체혼합비 등의 조절로 균일한 침탄층을 얻을 수 있다.

② 열효율이 좋고 온도를 임의로 조절할 수 있다.

③ 대량생산에 적합하다.

④ 침탄 후 직접 담금질이 불가능하다.

> 해설 **가스침탄법**
> 1. 가스 중에서 직접 침탄하는 방법으로 고품질 다량 생산에 알맞지만, 침탄비용이 높다.
> 2. 가스침탄의 특징
>   • 침탄온도, 기체혼합비 등의 조절로 균일한 침탄층을 얻을 수 있다.
>   • 열효율이 좋고 온도를 임의로 조절할 수 있다.
>   • 대량생산에 적합하다.
>   • 가스침탄은 침탄성 가스 중에서 900℃ 정도로 가열하고 침탄 후 담금질 뜨임을 한다.

45 다음 중 풀림의 목적이 아닌 것은?

① 결정립을 조대화시켜 내부응력을 상승시킨다.

② 가공경화 현상을 해소시킨다.

③ 경도를 줄이고 조직을 연화시킨다.

④ 내부응력을 제거한다.

> 해설 **풀림(어닐링, Annealing)**
> 단조작업을 한 강철 재료는 고온으로 가열하여 작업함으로써, 그 조직이 불균일하고 억세다. 이 조직을 균일하게 하고, 결정입자의 조정, 연화 또는 냉간가공에 의한 내부응력을 제거하기 위해 적당하게 가열하고 천천히 냉각하는 것을 풀림이라고 한다.
> ① 목적 : 재질의 연화 및 내부응력 제거
> ② 방법 : A1~A3 변태점보다 30~50℃ 높은 온도로 가열 후 노냉

46 18-8 스테인리스강의 조직으로 맞는 것은?

① 페라이트   ② 오스테나이트

③ 펄라이트   ④ 마텐자이트

> 해설 **스테인리스강**
> ① 페라이트계 : 12~17%Cr 정도 함유, 열처리경화 가능, 자성체
> ② 마텐자이트계 : 13%Cr, 18%Cr 강. 용접성이 취약하여 용접 후 열처리를 해야 함. 자성체
> ③ 오스테나이트계 : 18%Cr-8%Ni 내식성이 가장 우수하며, 스테인리스강 대표, 가공성이 좋고, 용접성 우수, 열처리 불필요. 염산, 황산에 취약, 결정입계 부식이 발생하기 쉬우며, 비자성체임.

47 주철의 편상흑연 결함을 개선하기 위하여 마그네슘, 세륨, 칼슘 등을 첨가한 것으로 기계적 성질이 우수하여 자동차 주물 및 특수 기계의 부품용 재료에 사용되는 것은?

① 미하나이트 주철   ② 구상흑연주철

③ 칠드주철   ④ 가단주철

구상흑연주철

- 보통주철의 편상흑연들이 용융 상태에서 Mg, Ce, Ca 등을 첨가하면 편상흑연이 구상화 흑연으로 변화된다. 이때의 주철을 구상흑연주철이라고 한다.
- 기계적 성질이 우수하고 인장강도가 가장 크다.
- 조직으로는 페라이트, 시멘타이트형, 펄라이트형이 있다.

48 특수 주강 중 주로 롤러 등으로 사용되는 것은?

① Ni 주강
② Ni-Cr 주강
③ Mn 주강
④ Mo 주강

해설 ① **Ni 주강** : 강도, 내식성을 증가, 강인성, 질량효과 적다.
② **Ni-Cr 주강** : 가장 널리 사용하고 있으며, 550~580℃에 뜨임메짐이 발생한다.
③ **Mn 주강** : 저망간강과 고망간강으로 나눌 수 있으며, 저망간강이 주로 롤러로 이용된다.
④ **Cr 주강** : 3% 이하의 Cr을 첨가하면 강도와 내마멸성이 증가되므로, 분쇄기계, 석유화학공업용 기계 부품에 사용, Cr을 12~14% 함유한 주강품은 화학용 기계 등에 이용

49 탄소가 0.25[%]인 탄소강이 0~500[℃]의 온도 범위에서 일어나는 기계적 성질의 변화 중 온도가 상승함에 따라 증가되는 성질은?

① 항복점
② 탄성한계
③ 탄성계수
④ 연신율

해설 **연신율**
① 재료에 하중을 가할 때 처음길이와 나중길이의 비
② 탄소강에 열을 가하게 되면 연성이 생겨 연신율이 증가한다.

50 용접할 때 예열과 후열이 필요한 재료는?

① 15[mm] 이하 연강판
② 중탄소강
③ 18[℃]일 때 18[mm] 연강판
④ 순철판

해설 보기에서 중탄소강이 탄소함유량이 가장 많으므로 예열과 후열이 필요하다.

51 단면도의 표시방법에 관한 설명 중 틀린 것은?

① 단면을 표시할 때에는 해칭 또는 스머징을 한다.
② 인접한 단면의 해칭은 선의 방향 또는 각도를 변경하든지 그 간격을 변경하여 구별한다.
③ 절단했기 때문에 이해를 방해하는 것이나 절단하여도 의미가 없는 것은 원칙적으로 긴 쪽 방향으로 절단하여 단면도를 표시하지 않는다.
④ 개스킷 같이 얇은 제품의 단면은 투상선을 한 개의 가는 실선으로 표시한다.

해설 개스킷 같이 얇은 제품의 단면은 투상선을 한 개의 굵은 실선으로 표시한다.

52 2종류 이상의 선이 같은 장소에서 중복될 경우 다음 중 가장 우선적으로 그려야 할 선은?

① 중심선
② 숨은선
③ 무게중심선
④ 치수보조선

해설 **선의 우선순위**
외형선 → 은선(숨은선) → 절단선 → 중심선 → 무게중심선

53 배관도에 사용된 밸브표시가 올바른 것은?

① 밸브 일반 – ▷◁

② 게이트 밸브 – ▷●◁

③ 나비밸브 – ◁

④ 체크밸브 – Z

해설 밸브의 도시기호

종류	기호	종류	기호
체크밸브	⊣Z ▷▶	게이트 밸브	▷◁
안전밸브	▷◁○ 	글로브 밸브	▷●◁
앵글밸브	△ ◁	밸브 닫힘상태	▶◀
3방향 밸브	◁▷	버터플라 이밸브	⟍•⟋

54 다음 중 일반구조용 탄소강관의 KS 재료기호는?

① SPP ② SPS
③ SKH ④ STK

해설 • SPP : 배관용 탄소강관
• SPS : 스프링 강재
• SKH : 고속도강
• STK : 일반구조용 탄소강관

55 용접 보조기호 중 현장용접을 나타내는 기호는?

해설

구분	기호	설명
용접부	▶	현장용접
	○	전체둘레 용접
	▶○	온둘레 현장용접, 전체둘레 현장 용접

56 도면에 리벳의 호칭이 "KS B 1102 보일러용 둥근 머리 리벳 13×30 SV 400"으로 표시된 경우 올바른 설명은?

① 리벳의 수량 13개
② 리벳의 길이 30[mm]
③ 최대 인장강도 400[kPa]
④ 리벳의 호칭지름 30[mm]

해설 (규격번호)KS B 1102 (품명)보일러용 둥근머리 리벳
(호칭지름)13 × (리벳길이)30 (재료명)SV 400

57 전개도는 대상물을 구성하는 면을 평면 위에 전개한 그림을 의미하는데, 원기둥이나 각기둥의 전개에 가장 적합한 전개도법은?

① 평행선 전개도법 ② 방사선 전개도법
③ 삼각형 전개도법 ④ 사각형 전개도법

해설 전개도법의 종류
① **평행선법** : 원통형 모양이나 각기둥, 원기둥 물체를 전개할 때 사용
② **방사선법** : 부채꼴 모양으로 전개하는 방법
③ **삼각형법** : 전개도를 그릴 때 표면을 여러 개의 삼각형으로 전개하는 방법

해설 3각법
① 한국공업규격(KS)에서는 3각법을 도면 작성 원칙으로 한다.
② 투영도는 정면도, 평면도, 우측면도로 배치한다.
③ 투상방법은 '눈 → 투상면 → 물체'이다.
④ 실물파악이 쉽다.

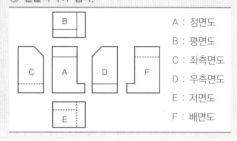

A : 정면도
B : 평면도
C : 좌측면도
D : 우측면도
E : 저면도
F : 배면도

58 그림과 같은 정면도와 우측면도에 가장 적합한 평면도는?

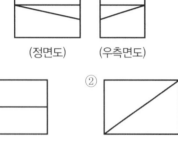

(정면도)   (우측면도)

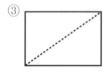

① ② ③ ④

해설 평면도 : 물체를 위에서 아래로 본 모양을 그린 도면
• 보기에 주어진 정면도와 우측면도를 보고 평면도를 유추해낸다.

60 기계제도에서 도면에 치수를 기입하는 방법에 대한 설명으로 틀린 것은?

① 길이는 원칙으로 [mm]의 단위로 기입하고, 단위 기호는 붙이지 않는다.
② 치수의 자릿수가 많을 경우 세 자리마다 콤마를 붙인다.
③ 관련 치수는 되도록 한 곳에 모아서 기입한다.
④ 치수는 되도록 주투상도에 집중하여 기입한다.

해설 치수 기입 시 유의사항
① 길이의 단위는 mm이며, 도면에 기입하지는 않는다.
② 치수의 숫자를 표시할 때에는 자릿수를 표시하는 콤마 등을 표시하지 않는다.
③ 치수는 계산할 필요가 없도록 기입하고, 중복기입을 피한다.
④ 관련되는 치수는 한 곳에 모아서 기입한다.
⑤ 도면의 길이의 크기와 자세 및 위치를 명확히 표시한다.
⑥ 외형치수 전체 길이를 기입한다.
⑦ 치수 중 참고치수에 대해서는 괄호 안에 치수를 기입한다.
⑧ 치수는 되도록 주투상도(정면도)에 기입한다.
⑨ 치수 숫자는 도면에 그린 선에 의해 분할되지 않는 위치에 쓰는 것이 좋다.
⑩ 치수가 인접해서 연속적으로 있을 때에는 되도록 치수선을 일직선이 되게 하는 것이 좋다.

59 그림은 투상법의 기호이다. 몇 각법을 나타내는 기호인가?

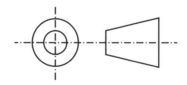

① 제1각법   ② 제2각법
③ 제3각법   ④ 제4각법

2014년 제2회 기출문제

01 가연성 가스로 스파크 등에 의한 화재에 대하여 가장 주의해야 할 가스는?

① C₃H₈   ② CO₂

③ He   ④ O₂

> **해설** 가연성 가스는 자신이 타는 가스로 아세틸렌, 프로판, 메탄, 에탄, 수소 등이 있다.

02 용접 시 냉각속도에 관한 설명 중 틀린 것은?

① 예열을 하면 냉각속도가 완만하게 된다.

② 얇은 판보다는 두꺼운 판이 냉각속도가 크다.

③ 알루미늄이나 구리는 연강보다 냉각속도가 느리다.

④ 맞대기 이음보다는 T형 이음이 냉각속도가 크다.

> **해설** 전기(열)전도율 순서
> Ag > Cu > Au > Al > Mg > Zn > Ni > Fe > Pb

03 용접전류가 낮거나, 운봉 및 유지 각도가 불량할 때 발생하는 용접 결함은?

① 용락   ② 언더컷

③ 오버랩   ④ 선상조직

> **해설**
>
> | 오버랩 | • 용접전류가 낮을 때
• 운봉속도가 너무 느
   린 때(위빙 불량) | 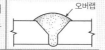 |
> |---|---|---|

04 서브머지드 아크용접기에서 다전극방식에 의한 분류에 속하지 않는 것은?

① 푸시 풀식   ② 탠덤식

③ 횡병렬식   ④ 횡직렬식

> **해설** 서브머지드 아크용접의 분류
> - **탠덤식** : 2개 이상의 용접봉을 일렬로 배열, 독립전원에 접속한다. 비드 폭이 좁고, 용입이 깊으며, 용접속도가 빠르고, 파이프라인 용접에 사용한다.
> - **횡병렬식** : 2개 이상의 용접봉을 나란히 옆으로 배열, 비드 폭이 넓고, 용입은 중간이다.
> - **횡직렬식** : 2개의 용접봉 중심선의 연장이 모재 위의 한 점에 만나도록 배치, 용입이 매우 얕고, 덧붙임용접에 사용된다.

05 용접 이음을 설계할 때 주의사항으로 틀린 것은?

① 구조상의 노치부를 피한다.

② 용접 구조물의 특성 문제를 고려한다.

③ 맞대기 용접보다 필릿 용접을 많이 하도록 한다.

④ 용접성을 고려한 사용 재료의 선정 및 열 영향 문제를 고려한다.

> **해설** 용접 설계 시 유의사항
> ① 위보기 용접을 피하고 아래보기 용접을 많이 하도록 설계한다.
> ② 필릿 용접을 피하고 맞대기 용접을 하도록 설계한다.
> ③ 용접 이음부가 한 곳에 집중되지 않도록 설계한다.
> ④ 용접부 길이는 짧게 하고, 용착금속량도 적게 한다 (단, 필요한 강도에 견뎌야 함).
> ⑤ 두께가 다른 재료를 용접할 때에는 구배를 두어 단면이 갑자기 변하지 않도록 설계한다.
> ⑥ 용접작업에 지장을 주지 않도록 간격이 남게 설계한다.
> ⑦ 용접에 적합한 설계를 해야 한다.
> ⑧ 결함이 생기기 쉬운 용접은 피한다.
> ⑨ 구조상의 노치부를 피해야 한다.
> ⑩ 용착금속량은 강도상 필요한 최소한으로 한다.

06 용접현장에서 지켜야 할 안전사항 중 잘못 설명한 것은?

① 탱크 내에서는 혼자 작업한다.
② 인화성 물체 부근에서는 작업을 하지 않는다.
③ 좁은 장소에서의 작업 시는 통풍을 실시한다.
④ 부득이 가연성 물체 가까이서 작업 시는 화재 발생 예방조치를 한다.

해설 밀폐된 공간에서 작업할 때는 2인 이상 작업을 하여 안전사고 발생을 예방해야 한다.

07 용접 후 인장 또는 굴곡시험으로 파단시켰을 때 은점을 발견할 수 있는데 이 은점을 없애는 방법은?

① 수소 함유량이 많은 용접봉을 사용한다.
② 용접 후 실온으로 수개월간 방치한다.
③ 용접부를 염산으로 세척한다.
④ 용접부를 망치로 두드린다.

해설 용접 후 실온으로 수개월간 방치하면 은점이 줄어든다.

08 이산화탄소의 특징이 아닌 것은?

① 색, 냄새가 없다.
② 공기보다 가볍다.
③ 상온에서도 쉽게 액화한다.
④ 대기 중에서 기체로 존재한다.

해설 가스의 비중
부탄C_4H_{10}(2) > 이산화탄소CO_2(1.529) > 프로판 C_3H_8(1.522) > 산소O_2(1.105) > 공기(1) > 아세틸렌 C_2H_2(0.905) > 메탄CH_4(0.55) > 수소H_2(0.06)
즉, 이산화탄소가 공기보다 비중이 크다.

09 용접기의 구비조건에 해당되는 사항으로 옳은 것은?

① 사용 중 용접기 온도 상승이 커야 한다.
② 용접 중 단락되었을 경우 대전류가 흘러야 된다.
③ 소비전력이 큰 역률이 좋은 용접기를 구비한다.
④ 무부하전압을 최소로 하여 전격의 위험을 줄인다.

해설 전격방지기를 설치하여 2차 무부하전압을 낮춰 용접 작업자가 전기적 충격(전격)을 받지 않도록 해야 한다.

10 주성분이 은, 구리, 아연의 합금인 경납으로 인장강도, 전연성 등의 성질이 우수하여 구리, 구리합금, 철강, 스레인리스강 등에 사용되는 납재는?

① 양은납   ② 알루미늄납
③ 은납   ④ 내열납

해설 경납
용융점이 450℃ 이상
1. 종류
  은납, 황동납, 인동납, 알루미늄납, 망간납 등
2. 용제
  ① 용제의 역할
   • 모재 표면의 산화를 방지하고, 가열 중에 생긴 산화물을 용해한다.
   • 용가재를 좁은 틈에 스며들게 하고, 산화물을 떠오르게 한다.
  ② 용제의 종류 : 붕사, 붕산, 붕산엽, 알칼리 등

11 용접부의 검사법 중 기계적 시험이 아닌 것은?

① 인장시험   ② 부식시험
③ 굽힘시험   ④ 피로시험

해설 굽힘, 경도, 인장, 피로, 충격시험은 기계적 시험법에 속한다.

12 용접을 크게 분류할 때 압접에 해당되지 않는 것은?

① 저항용접
② 초음파용접
③ 마찰용접
④ 전자빔 용접

> [해설] 전자빔 용접은 융접에 속한다.

13 CO_2가스 아크용접장치 중 용접전원에서 박판 아크 전압을 구하는 식은? (단, I는 용접전류의 값이다)

① $V = 0.04 \times I + 15.5 \pm 1.5$
② $V = 0.004 \times I + 155.5 \pm 11.5$
③ $V = 0.05 \times I + 11.5 \pm 2$
④ $V = 0.005 \times I + 111.5 \pm 2$

> [해설] CO_2 아크용접 시 아크전압
> ① 박판의 아크전압 : $V_0 = 0.04 \times I + 15.5 \pm 1.5$
> ② 후판의 아크전압 : $V_0 = 0.04 \times I + 20 \pm 2.0$

14 가스 중에서 최소의 밀도로 가장 가볍고 확산속도 가 빠르며, 열전도가 가장 큰 가스는?

① 수소
② 메탄
③ 프로판
④ 부탄

> [해설] 가스의 비중
> 부탄C_4H_{10}(2) > 이산화탄소CO_2(1.529) > 프로판 C_3H_8(1.522) > 산소O_2(1.105) > 공기(1) > 아세틸렌 C_2H_2(0.905) > 메탄CH_4(0.55) > 수소H_2(0.06)

15 다음 중 비용극식 불활성 가스 아크용접은?

① GMAW
② GTAW
③ MMAW
④ SMAW

> [해설] TIG 용접은 GTAW라고도 하며, 비용극식, 비소모성 불활성 가스 아크용접이라고 한다.

16 알루미늄 분말과 산화철 분말을 1 : 3의 비율로 혼합 하고, 점화제로 점화하면 일어나는 화학반응은?

① 테르밋 반응
② 용융반응
③ 포정반응
④ 공석반응

> [해설] 테르밋 용접의 개요
> • 금속산화물이 알루미늄에 의하여 산소를 빼앗기는 반응을 이용하여 용접한다.
> • 레일 및 선박의 프레임 등 비교적 큰 단면을 가진 주 조나 단조품의 맞대기용접과 보수용접에 용이하다.
> • 테르밋제의 점화제로 과산화바륨, 알루미늄, 마그네 슘 등의 혼합분말이 사용된다.

17 전기저항 점용접 작업 시 용접기에서 조정할 수 있는 3대 요소에 해당하지 않는 것은?

① 용접전류
② 전극가압력
③ 용접전압
④ 통전시간

> [해설] 전기저항용접의 3대 요소는 용접전류, 통전시간, 가압력 이다.

18 다음 [보기]와 같은 용착법은?

① 대칭법
② 전진법
③ 후진법
④ 스킵법.

> [해설]
> | 스킵법 (비석법) | 얇은 판이나 비틀림 이 발생할 우려가 있 는 용접에 사용한다. 변형과 잔류응력을 최소로 해야 할 경우 사용 | 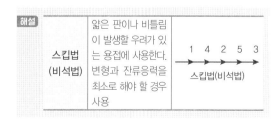 |

19 불활성 가스 아크용접에 관한 설명으로 틀린 것은?

① 아크가 안정되어 스패터가 적다.

② 피복제나 용제가 필요하다.

③ 열 집중성이 좋아 능률적이다.

④ 철 및 비철금속의 용접이 가능하다.

> **해설** 불활성 가스 아크용접의 장점
> ① 접합이 강하고 전연성과 내식성이 풍부하다.
> ② 용제를 사용하지 않으므로 용접 후 청정작업이 필요치 않다.
> ③ 아크가 안정되고, 스패터나 유해가스의 발생이 없다.
> ④ 강, 동, 스테인리스강, 알루미늄과 그 합금 등 대부분의 금속에 용접이 가능하다.
> ⑤ 열 집중성이 좋아 고능률적이다.
> ⑥ 용융금속이 대기와 접촉하지 않아 산화, 질화를 방지한다.

20 초음파 탐상법에서 널리 사용되며 초음파의 펄스를 시험체의 한쪽 면으로부터 송신하여 결함 에코의 형태로 결함을 판정하는 방법은?

① 투과법　　　② 공진법

③ 침투법　　　④ 펄스반사법

> **해설** 펄스반사법
> 초음파의 펄스를 시험체의 한쪽 면으로부터 송신하여 그 결함에서 반사되는 반사파의 형태로 결함을 판정하는 방법

21 불활성 가스 금속 아크용접에서 가스 공급계통의 확인 순서로 가장 적합한 것은?

① 용기 → 감압밸브 → 유량계 → 제어장치 → 용접토치

② 용기 → 유량계 → 감압밸브 → 제어장치 → 용접토치

③ 감압밸브 → 용기 → 유량계 → 제어장치 → 용접토치

④ 용기 → 제어장치 → 감압밸브 → 유량계 → 용접토치

> **해설** 가스 공급계통 순서
> 용기 → 감압밸브 → 유량계 → 제어장치 → 용접토치

22 CO_2가스 아크용접에서 일반적으로 용접전류를 높게 할 때의 사항을 열거한 것 중 옳은 것은?

① 용접입열이 작아진다.

② 와이어의 녹아내림이 빨라진다.

③ 용착률과 용입이 감소한다.

④ 우수한 비드 형상을 얻을 수 있다.

> **해설** CO_2가스 아크용접의 용접전류는 와이어가 나오는 속도를 조절한다.

23 다음 중 아크 에어 가우징에 사용되지 않는 것은?

① 가우징 토치　　　② 가우징 봉

③ 압축공기　　　④ 열교환기

> **해설** 아크 에어 가우징
> • 탄소 아크절단장치에 6~7기압 정도의 압축공기를 사용하는 방법으로 용접부 가우징, 용접 결함부 제거, 절단 및 구멍뚫기 작업에 적합하다.
> • 흑연으로 된 탄소봉에 구리 도금한 전극을 사용한다.
> • 사용전원으로 직류역극성[DCRP]을 이용한다.
> • 보수용접 시 균열부분이나, 용접 결함부를 제거하는 데 적합하다.
> • 활용범위가 넓어 스테인리스강, 동합금, 알루미늄에도 적용될 수 있다.
> • 소음이 없고, 작업능률이 가스 가우징보다 2~3배 높고, 비용이 저렴하며, 모재에 나쁜 영향을 미치지 않아 철, 비철금속 모두 사용 가능하다.
> • 아크 에어 가우징 장치에는 전원(용접기), 가우징 토치, 컴프레셔가 있다.

24 두 개의 모재를 강하게 맞대어 놓고 서로 상대 운동을 주어 발생되는 열을 이용하는 방식은?

① 마찰용접
② 냉간압접
③ 가스압접
④ 초음파용접

> **해설** 1. 마찰용접의 개요
>   2개의 모재에 압력을 가해 접촉시킨 다음 접촉면에 상대운동을 시켜 접촉면에서 발생하는 열을 이용하여 이음 압접하는 용접법
> 2. 마찰용접의 특징
>   • 접합재료의 단면을 원형으로 제한한다.
>   • 자동화가 가능하여 작업자의 숙련이 필요 없다.

25 헬멧이나 핸드실드의 차광유리 앞에 보호유리를 끼우는 가장 타당한 이유는?

① 시력을 보호하기 위하여
② 가시광선을 차단하기 위하여
③ 적외선을 차단하기 위하여
④ 차광유리를 보호하기 위하여

> **해설** 용접 시 발생하는 스패터로부터 차광유리를 보호하기 위해 차광유리 앞에 보호유리를 끼운다.

26 수소함유량이 타 용접봉에 비해서 $\frac{1}{10}$ 정도 현저하게 적고, 특히 균열의 감수성이나 탄소, 황의 함유량이 많은 강의 용접에 적합한 용접봉은?

① E4301
② E4313
③ E4316
④ E4324

> **해설** 저수소계(E4316)
> 피복제에 석회석, 형석을 주성분으로 한 용접봉으로 수소량이 타 용접봉의 10% 정도이며 내균열성이 우수하여, 고압용기, 구속이 큰 용접, 중요강도 부재에 사용되고 있다. 용착금속의 인성과 연성이 우수하고 기계적 성질도 양호하다. 피복제가 두껍고 아크가 불안정하고 용접 속도가 느리며 작업성이 좋지 않다.

27 교류아크용접기의 종류 중 조작이 간단하고 원격조정이 가능한 용접기는?

① 가포화 리액터형 용접기
② 가동코일형 용접기
③ 가동철심형 용접기
④ 탭전환형 용접기

> **해설** 교류아크용접기의 종류
> ① **가동철심형** : 가동철심으로 전류조정, 미세한 전류조정 가능, 많이 사용
> ② **가동코일형** : 코일을 이동시켜 전류조정, 현재 거의 사용되지 않음
> ③ **가포화 리액터형** : 원격조정이 가능, 가변저항의 변화를 이용하여 용접전류를 조정하는 형식
> ④ **탭전환형** : 코일 감긴 수에 따라 전류조정, 미세 전류조정 불가, 전격위험

28 산소–아세틸렌가스 불꽃 중 일반적인 가스용접에는 사용하지 않고 구리, 황동 등의 용접에 주로 이용되는 불꽃은?

① 탄화불꽃
② 중성불꽃
③ 산화불꽃
④ 아세틸렌불꽃

> **해설** 산화불꽃(산성불꽃)
> 아세틸렌가스보다 산소량이 많은 경우에 발생하는 불꽃으로 온도가 가장 높으며, 금속을 산화시키고, 용접부에 기공이 발생한다. 구리, 황동용접에 주로 사용한다.

29 가연성 가스에 대한 설명 중 가장 옳은 것은?

① 가연성 가스는 CO_2와 혼합하면 더욱 잘 탄다.
② 가연성 가스는 혼합 공기가 적은 만큼 완전연소한다.
③ 산소, 공기 등과 같이 스스로 연소하는 가스를 말한다.
④ 가연성 가스는 혼합한 공기와의 비율이 적절한 범위 안에서 잘 연소한다.

해설 가스용접의 원리

가스용접은 아세틸렌, 프로판, 수소가스 등의 가연성 가스와 산소, 공기 등의 조연성(지연성) 가스를 혼합하여 가스가 연소할 때 발생하는 열을 이용하여 모재를 용융시키는 동시에 용가재를 공급하여 접합하는 용접이다. 가스의 혼합비(가연성 가스 : 산소)에서 메탄 : 산소 = 1 : 1.8, 프로판 : 산소 = 1 : 3.75, 수소 : 산소 = 1 : 0.5, 아세틸렌 : 산소 = 1 : 1.1 정도

30 고체 상태에 있는 두 개의 금속 재료를 용접, 압접, 납땜으로 분류하여 접합하는 방법은?

① 기계적 접합법 ② 화학적 접합법
③ 전기적 접합법 ④ 야금적 접합법

해설 용접의 개요

① 용접은 접합하려고 하는 물체나 재료의 접합 부분을 용융, 반용융, 냉간 상태로 하여 직접 접합하거나 압력을 가하여 접합한다. 그리고 용융된 용가재를 첨가하여 간접적으로 접합하기도 한다.
② 용접은 야금적 접합이라고도 한다.

31 가스용접용 토치의 팁 중 표준불꽃으로 1시간 용접 시 아세틸렌 소모량이 100L인 것은?

① 고압식 200번 팁 ② 중압식 200번 팁
③ 가변압식 100번 팁 ④ 불변압식 100번 팁

해설 가변압식(프랑스식, B형) 100번은 1시간 동안 표준불꽃으로 용접했을 때 소비되는 아세틸렌가스의 양이 100리터이다.

가변압식 팁 : 매 시간당 소비되는 아세틸렌가스의 양을 기준

32 수동 가스절단 작업 중 절단면의 윗 모서리가 녹아 둥글게 되는 현상이 생기는 원인과 거리가 먼 것은?

① 팁과 강판 사이의 거리가 가까울 때
② 절단가스의 순도가 높을 때
③ 예열불꽃이 너무 강할 때
④ 절단속도가 너무 느릴 때

해설 절단가스의 순도가 높을 때는 좋은 절단이 이루어진다.

33 직류아크용접기의 음(−)극에 용접봉을, 양(+)극에 모재를 연결한 상태의 극성을 무엇이라 하는가?

① 직류정극성 ② 직류역극성
③ 직류음극성 ④ 직류용극성

해설	극성의 종류	결선상태		특징
	직류정극성 (DCSP)	모재	+	모재의 용입이 깊고, 용접봉이 천천히 녹음.
		용접봉	−	비드 폭이 좁고, 일반적인 용접에 많이 사용됨.
	직류역극성 (DCRP)	모재	−	모재의 용입이 얕고, 용접봉이 빨리 녹음.
		용접봉	+	비드 폭이 넓고, 박판 및 비철금속에 사용됨.

34 직류용접에서 발생되는 아크 쏠림의 방지대책 중 틀린 것은?

① 큰 가접부 또는 이미 용접이 끝난 용착부를 향하여 용접할 것
② 용접부가 긴 경우 후퇴용접법(back step welding)으로 할 것
③ 용접봉 끝을 아크가 쏠리는 방향으로 기울일 것
④ 되도록 아크를 짧게 하여 사용할 것

35 다음 중 주철용접 시 주의사항으로 틀린 것은?

① 용접봉은 가능한 한 지름이 굵은 용접봉을 사용
　한다.
② 보수용접을 행하는 경우는 결함부분을 완전히
　제거한 후 용접한다.
③ 균열의 보수는 균열의 성장을 방지하기 위해 균
　열의 양 끝에 정지구멍을 뚫는다.
④ 용접전류는 필요 이상 높이지 말고 직선 비드를
　배치하며, 지나치게 용입을 깊게 하지 않는다.

37 아크용접에서 피복제의 역할이 아닌 것은?

① 전기절연작용을 한다.
② 용착금속의 응고와 냉각속도를 빠르게 한다.
③ 용착금속에 적당한 합금원소를 첨가한다.
④ 용적을 미세화하고, 용착효율을 높인다.

38 철강을 가스절단하려고 할 때 절단조건으로 틀린
것은?

① 슬래그의 이탈이 양호하여야 한다.
② 모재에 연소되지 않는 물질이 적어야 한다.
③ 생성된 산화물의 유동성이 좋아야 한다.
④ 생성된 금속산화물의 용융온도는 모재의 용융점
　보다 높아야 한다.

36 아크용접기의 구비조건으로 틀린 것은?

① 구조 및 취급이 간단해야 한다.
② 사용 중에 온도 상승이 커야 한다.
③ 전류조정이 용이하고, 일정한 전류가 흘러야 한다.
④ 아크 발생 및 유지가 용이하고 아크가 안정되어야
　한다.

39 수중절단 작업을 할 때에는 예열가스의 양을 공기 중의 몇 배로 하는가?

① 0.5~1배　　② 1.5~2배

③ 4~8배　　④ 9~16배

> **해설** 수중절단 작업 시 예열가스의 양은 공기 중의 4~8배로 높여서 작업하여야 한다.

40 18-8형 스테인리스강의 특징을 설명한 것 중 틀린 것은?

① 비자성체이다.

② 18-8에서 18은 Cr%, 8은 Ni%이다.

③ 결정구조는 면심입방격자를 갖는다.

④ 500~800℃로 가열하면 탄화물이 입계에 석출하지 않는다.

> **해설** 오스테나이트계 스테인리스강
> 18%Cr-8%Ni 내식성이 가장 우수하며, 스테인리스강 대표, 가공성이 좋고, 용접성 우수, 열처리 불필요. 염산, 황산에 취약, 결정입계부식이 발생하기 쉬우며, 비자성체이다. 항공기, 차량, 외장제, 볼트, 너트 등에 사용된다.

41 산소나 탈산제를 품지 않으며, 유리에 대한 봉착성이 좋고 수소취성이 없는 시판동은?

① 무산소동　　② 전기동

③ 정련동　　④ 탈산동

> **해설** 구리의 종류
> ① 전기구리 : 전기 분해해야 얻어지는 동, 순도는 99.9% 이상으로 높지만, 불순물로 인하여 취약하고 가공이 곤란하다.
> ② 정련구리 : 전기구리 정제, 구리 중의 산소량 0.02~0.04% 전기전도율, 열전도율이 높고, 내식성 우수
> ③ 탈산구리 : 정련구리를 P(인)로 탈산하여 산소함유량이 0.02% 이하
> ④ 무산소구리 : 산소량 0.001~0.002%, 전도율, 가공성 우수, 전자기기에 사용

42 Mg의 융점은 약 몇 ℃인가?

① 650℃　　② 1,538℃

③ 1,670℃　　④ 3,600℃

> **해설** 마그네슘의 성질
> ① 비중은 1.74로 실용금속 중에서 가장 적다. 용융점은 650℃이다.
> ② 산류, 염류에는 침식되나, 알칼리에는 강하다.
> ③ 인장강도, 연신율, 충격값이 두랄루민보다 적다.
> ④ 피절삭성이 좋으며, 부품의 무게 경감에 큰 효과가 있다.
> ⑤ 비강도가 크고, 냉간가공이 거의 불가능하다.
> ⑥ 냉간가공이 불량하여 300℃ 이상 열간가공한다.
> ⑦ 바닷물에 대단히 약하다.
> ⑧ 용도는 자동차, 배, 전기기기에 이용한다.

43 용접금속의 용융부에서 응고 과정의 순서로 옳은 것은?

① 결정핵 생성 → 수지상정 → 결정경계

② 결정핵 생성 → 결정경계 → 수지상정

③ 수지상정 → 결정핵 생성 → 결정경계

④ 수지상정 → 결정결계 → 결정핵 생성

> **해설** • 금속의 응고 순서 : 용융금속 → 핵 발생 → 결정 성장 → 결정 형성 → 결정체
> • 수지상 : 용융금속이 온도가 저하될 때 핵 발생 이후 결정이 성장할 때 나뭇가지 모양으로 되는데, 이 모양을 수지상 결정이라고 함.

44 강재 부품에 내마모성이 좋은 금속을 용착시켜 경질의 표면층을 얻는 방법은?

① 브레이징(brazing)

② 숏 피닝(shot peening)

③ 하드 페이싱(hard facing)

④ 질화법(nitriding)

해설 하드 페이싱
금속의 표면에 스텔라이트나 경합금 등 내마모성이 좋은 금속을 용착시키는 표면경화법

45 합금강이 탄소강에 비하여 좋은 성질이 아닌 것은?

① 기계적 성질 향상
② 결정입자의 조대화
③ 내식성, 내마멸성 향상
④ 고온에서 기계적 성질 저하 방지

해설 결정립의 조대화는 가열함에 따라 결정립이 커지는 현상을 말하며, 결정립이 조대화되면 그 재료의 기계적 성질은 떨어진다.

46 용해 시 흡수한 산소를 인(P)으로 탈산하여 산소를 0.01% 이하로 한 것이며, 고온에서 수소취성이 없고 용접성이 좋아 가스관, 열교환관 등으로 사용되는 구리는?

① 탈산구리   ② 정련구리
③ 전기구리   ④ 무산소구리

해설 구리의 종류
① **전기구리** : 전기 분해해야 얻어지는 동, 순도는 99.9% 이상으로 높지만, 불순물로 인하여 취약하고 가공이 곤란하다.
② **정련구리** : 전기구리 정제, 구리 중의 산소량 0.02~0.04% 전기전도율, 열전도율이 높고, 내식성 우수
③ **탈산구리** : 정련구리를 P(인)로 탈산하여 산소함유량이 0.02% 이하
④ **무산소구리** : 산소량 0.001~0.002%, 전도율, 가공성 우수, 전자기기에 사용

47 질량의 대소에 따라 담금질 효과가 다른 현상을 질량효과라고 한다. 탄소강에 니켈, 크롬, 망간 등을 첨가하면 질량효과는 어떻게 변하는가?

① 질량효과가 커진다.
② 질량효과가 작아진다.
③ 질량효과가 변하지 않는다.
④ 질량효과가 작아지다가 커진다.

해설 질량효과는 강재의 크기에 따라 내외부의 가열 및 냉각속도의 차이로 담금질 효과가 달라지는 것을 말하며 질량효과가 크다는 것은 담금질로 인한 내외부의 열처리효과의 차이가 많이 난다고 보면 된다. 니켈, 크롬, 망간이 함유된 합금강은 자경성이 강하기 때문에 질량효과가 적다.

48 주철에 관한 설명으로 틀린 것은?

① 인장강도가 압축강도보다 크다.
② 주철은 백주철, 반주철, 회주철 등으로 나뉜다.
③ 주철은 메짐(취성)이 연강보다 크다.
④ 흑연은 인장강도를 약하게 한다.

해설 주철
주철은 탄소함유량 2.5~4.5%의 범위로서, 여기서 규소 1~2%, 망간 0.5~1%, 인 0.1~0.3%, 황 0.05~0.1% 정도의 불순물을 포함한 철이다. 선철과 스크랩 및 여러 가지의 합금철을 적당하게 배합하여 용선로에 넣어 녹이고, 성분을 조정하여 주물로 한 것으로서, 주조성이 좋고 또 값이 저렴하므로 기계몸체, 기둥, 실린더, 그 밖에 모양이 복잡한 것에 쓰이며, 기계의 대부분을 구성한다. 충격에는 약하나 압축강도는 크므로 공작기계의 베드, 프레임, 기계구조물의 몸체 등에 사용된다.

49 저합금강 중에서 연강에 비하여 고장력강의 사용 목적으로 틀린 것은?

① 재료가 절약된다.

② 구조물이 무거워진다.

③ 용접공수가 절감된다.

④ 내식성이 향상된다.

해설 인장강도가 50kg/mm² 이상의 강도를 갖는 것을 고장 력강이라고 한다. 즉, 적은 중량으로도 충분한 인장강 도를 가질 수 있어 구조물의 무게는 가벼워질 수 있다.

50 다음 중 주조 상태의 주강품 조직이 거칠고 취약 하기 때문에 반드시 실시해야 하는 열처리는?

① 침탄   ② 풀림

③ 질화   ④ 금속침투

해설 풀림(어닐링, Annealing)
단조작업을 한 강철 재료는 고온으로 가열하여 작업함 으로써, 그 조직이 불균일하고 억세다. 이 조직을 균일 하게 하고, 결정입자의 조정, 연화 또는 냉간가공에 의 한 내부응력을 제거하기 위해 적당하게 가열하고 천천 히 냉각하는 것을 풀림이라고 한다.
① 목적 : 재질의 연화 및 내부응력 제거
② 방법 : A1~A3 변태점보다 30~50℃ 높은 온도로 가열 후 노냉

51 도면에 아래와 같이 리벳이 표시되었을 경우 올바 른 설명은?

"ks b 1101 둥근머리 리벳 25 × 36 SWRM 10"

① 호칭지름은 25mm이다.

② 리벳이음의 피치는 400mm이다.

③ 리벳의 재질은 황동이다.

④ 둥근머리부의 바깥지름은 36mm이다.

해설 리벳의 호칭
규격번호, 종류, 호칭지름 × 길이, 재료

52 기계제도에서 사용하는 선의 굵기의 기준이 아닌 것은?

① 0.9mm   ② 0.25mm

③ 0.18mm   ④ 0.7mm

해설 선굵기 KS 규격
0.18, 0.25, 0.35, 0.5, 0.7, 1, 1.4, 2 (단위 : mm)

53 배관용 아크용접 탄소강 강관의 KS 기호는?

① PW   ② WM

③ SCW   ④ SPW

해설 ① PW : 피아노 선재
② WM : 화이트메탈
③ SCW : 용접구조용 주강

54 기계제도 도면에서 "t20"이라는 치수가 있을 경우 "T"가 의미하는 것은?

① 모떼기   ② 재료의 두께

③ 구의 지름   ④ 정사각형의 변

해설 두께는 t로 표시한다.

55 단면을 나타내는 해칭선의 방향이 가장 적합하지 않은 것은?

①   ②

③    ④

해설 **단면의 표시**
① 필요에 따라 해칭을 하며, 해칭선은 45도 경사진 가는 실선을 사용하며, 같은 간격으로 사선으로 표시한다.
② 보이지 않는 물체의 내부를 나타내는 것
③ 부품도에는 해칭선을 생략할 수 있지만. 조립도에서는 부품관계를 명확히 하기 위해서 해칭선을 그린다.
④ 절단했기 때문에 이해를 방해하는 것이나 절단하여도 의미가 없는 것은 원칙적으로 긴쪽 방향으로 절단하여 단면도를 표시하지 않는다.
⑤ 인접한 단면의 해칭은 선의 방향 또는 각도를 변경하든지 그 간격을 변경하여 구별한다.
⑥ 개스킷 같이 얇은 제품의 단면은 투상선을 한 개의 굵은 실선으로 표시한다.
⑦ 단면을 표시할 때에는 해칭 또는 스머징을 한다.

56 그림은 배관용 밸브의 도시기호이다. 어떤 밸브의 도시기호인가?

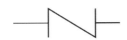

① 앵글밸브
② 체크밸브
③ 게이트 밸브
④ 안전밸브

해설

종류	기호	종류	기호
체크밸브		게이트 밸브	
안전밸브		글로브 밸브	
앵글밸브		밸브 닫힘상태	
3방향 밸브		버터플라이밸브	

57 그림과 같이 제3각법으로 정면도와 우측면도를 작도할 때 누락된 평면도로 적합한 것은?

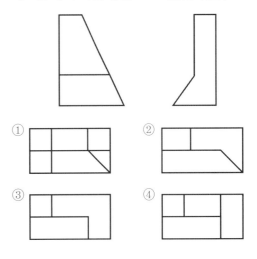

해설 **평면도** : 물체를 위에서 아래로 본 모양을 그린 도면
• 보기에 주어진 정면도와 우측면도를 보고 평면도를 유추해낸다.

58 도면에서의 지시한 용접법으로 바르게 짝지어진 것은?

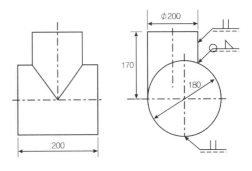

① 이면용접, 필릿 용접
② 겹치기용접, 플러그 용접
③ 평형 맞대기용접, 필릿 용접
④ 심용접, 겹치기용접

해설 시험에 잘 나오는 용접 이음기호

종류	기호	종류	기호
양면 플랜지형 맞대기 이음용접	⋀	필릿 용접	◺
평면형 평행 맞대기 이음용접	‖	플러그 용접 슬롯 용접	⊓
한쪽면 V형 홈 맞대기 이음용접	⋁	스폿 용접	○
한쪽면 K형 맞대기 이음용접	⋁	심용접	⊖
부분 용입 한쪽면 V형 맞대기용접	⋎	뒷면용접	◠

60 그림과 같은 원추를 전개하였을 경우 전개면의 꼭 지각이 180°가 되려면 ∅ D의 치수는 얼마가 되어야 하는가?

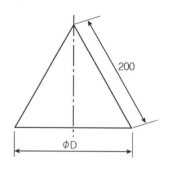

① ∅ 100 ② ∅ 120
③ ∅ 180 ④ ∅ 200

해설
$$180° = \frac{2\pi r}{2\pi \times 200} \times 360 \text{에서}$$

$$r = \frac{180 \times 2\pi \times 200}{2\pi \times 360}$$

$$= 100$$

피타고라스의 정리를 이용하면 r = 100이므로 D = 200 이 된다.

59 기계제작 부품 도면에서 도면의 윤곽선 오른쪽 아래 구석에 위치하는 표제란을 가장 올바르게 설명한 것은?

① 품번, 품명, 재질, 주서 등을 기재한다.
② 제작에 필요한 기술적인 사항을 기재한다.
③ 제조공정별 처리방법, 사용공구 등을 기재한다.
④ 도번, 도명, 제도 및 검도 등 관련자 서명, 척도 등을 기재한다.

해설 표제란
도면의 오른쪽 아래에 그리며, 기재사항으로는 도번, 도명, 척도, 투상법, 도면 작성일, 제도한 사람의 이름 등을 기입한다.

2014년 제4회 기출문제

01 CO_2가스 아크용접에서 솔리드 와이어에 비교한 복합 와이어의 특징을 설명한 것으로 틀린 것은?

① 양호한 용착금속을 얻을 수 있다.

② 스패터가 많다.

③ 아크가 안정된다.

④ 비드 외관이 깨끗하며 아름답다.

해설 용접용 와이어

1. 솔리드 와이어 : 단면 전체가 균일한 강으로 되어 있으며, 나체, 단체 와이어라고 한다.
   - 슬래그 생성량이 많아 비드 표면을 균일하게 하여, 비드 외관이 양호하고 슬래그 이탈성이 좋다.
   - 용융지의 온도가 상승되면 용입이 깊어진다.
   - 비금속 개재물의 응집으로 용착부분이 청결하다.
   - 보호가스로 CO_2가스에 아르곤가스를 혼합하면 아크 안정, 스패터 감소, 작업성 및 용접품질이 향상된다.

2. 복합 와이어 : 탄소강 및 저합금강 용접에 많이 사용되고 있다.
   - 용제에 탈산제, 아크 안정제, 합금원소 등이 포함되어 있다.
   - 아크가 안정되고 스패터가 적게 발생되어 비드의 외관이 깨끗하고 좋은 용착금속을 얻을 수 있다.

02 MIG 용접에서 가장 많이 사용되는 용적 이행 형태는?

① 단락 이행

② 스프레이 이행

③ 입상 이행

④ 글로뷸러 이행

해설 불활성 가스 금속 아크용접(MIG)의 특징

① 주로 전자동 또는 반자동이며, 전극은 모재와 동일한 금속을 사용한다.

② 전극이 용접봉이어서 녹으므로 용극식, 소모식이라고 한다.

③ MIG 용접은 주로 직류역극성이며, 정전압 특성(CP 특성), 상승 특성을 가지고 있다.

④ 이행 형식은 스프레이형이며 TIG 용접에 비해 능률이 커서 후판용접에 적당하고, 전자세 용접이 가능하다.

⑤ MIG 알루미늄의 용적 이행 형태는 단락, 펄스, 스프레이 아크용접이 있다.

03 용접 홈의 형식 중 두꺼운 판의 양면 용접을 할 수 없는 경우에 가공하는 방법으로 한쪽 용접에 의해 충분한 용입을 얻으려고 할 때 사용되는 홈은?

① I형 홈

② V형 홈

③ U형 홈

④ H형 홈

해설 맞대기 홈의 형상

I형	판두께 6mm까지	I형
V형	판두께 6~19mm	V형
J형	판두께 6~19mm, 양면 J형은 12mm 이상에 쓰인다.	J형
U형	판두께 16~50mm	U형
H형	판두께 50mm 이상	양면 U형(H형)

정답 01 ② 02 ② 03 ③

04 MIG 용접의 용적 이행 중 단락 아크용접에 관한 설명으로 맞는 것은?

① 용적이 안정된 스프레이 형태로 용접된다.
② 고주파 및 저전류 펄스를 활용한 용접이다.
③ 임계전류 이상의 용접전류에서 많이 적용된다.
④ 저전류, 저전압에서 나타나며 박판용접에 사용된다.

> **해설** 용융금속의 이행 형식에는 단락형, 용적형(글로뷸러형, 입상이행형), 스프레이형(분무상 이행형)이 있다.
> ① 스프레이 이행형은 고전압, 고전류를 얻으며, 경합금 용접에 주로 이용되고, 용착속도가 빠르고 능률적이다.
> ② 글로뷸러형(입상이행형, 구상이행)은 와이어보다 큰 용적으로 용융 이행한다.
> ③ 단락형은 용적이 용융지에 접촉하여 단락되고 표면장력의 작용으로 모재에 옮겨 용착되는 것으로 저전류, 저전압에서 나타난다.

05 다음 중 불활성 가스 텅스텐 아크용접에서 중간 형태의 용입과 비드 폭을 얻을 수 있으며, 청정효과가 있어 알루미늄이나 마그네슘 등의 용접에 사용되는 전원은?

① 직류정극성   ② 직류역극성
③ 고주파교류   ④ 교류전원

> **해설** TIG 용접 용입깊이 순서
> 직류정극성(DCSP) > 고주파교류(ACHF) > 직류역극성(DCRP)

06 용접용 용제는 성분에 의해 용접작업성, 용착금속의 성질이 크게 변화하는데 다음 중 원료와 제조방법에 따른 서브머지드 아크용접의 용접용 용제에 속하지 않는 것은?

① 고온소결형 용제   ② 저온소결형 용제
③ 용융형 용제   ④ 스프레이형 용제

> **해설** 용제의 종류
> 1. 용융형
> • 흡습성이 적어서 재건조가 필요하지 않다.
> • 소결형에 비해 좋은 비드를 얻을 수 있다.
> • 용제의 화학적 균일성은 양호하나 용융 시 분해되거나 산화되는 원소를 첨가할 수 없다.
> • 용접전류에 따라 입자의 크기가 달라져야 한다.
> 2. 소결형
> • 흡습성이 가장 높다. 비드 외관이 용융형에 비해 나쁘다.
> • 후판사용에 용이, 용접금속의 성질이 우수하며, 용제의 사용량이 적다.
> • 흡습성이 높아 보통 사용 전에 150~300℃에서 1시간 정도 재건조해서 사용한다.
> • 용접전류에 관계없이 동일한 입도의 용제를 사용할 수 있다.
> • 용융형 용제에 비하여 용제의 소모량이 적다.
> • 페로실리콘, 페로망간 등에 의해 강력한 탈산작용이 된다.
> 3. 혼성형 : 용융형 + 소결형

07 용접 시 발생하는 변형을 적게 하기 위하여 구속하고 용접하였다면 잔류응력은 어떻게 되는가?

① 잔류응력이 작게 발생한다.
② 잔류응력이 크게 발생한다.
③ 잔류응력은 변함없다.
④ 잔류응력과 구속용접과는 관계없다.

> **해설** 용접지그
> ① 모재를 고정시켜 주는 장치로서 적당한 크기와 강도를 가지고 있어야 한다.
> ② 용접작업을 효율적으로 하기 위한 장치이다.
> ③ 지그 사용 시 작업시간이 단축된다.
> ④ 지그의 제작비가 많이 들지 않도록 한다.
> ⑤ 구속력이 크면 잔류응력이나 균열이 발생할 수 있다.
> ⑥ 사용이 편리해야 한다.

08 다음 용접법 중 저항용접이 아닌 것은?

① 스폿 용접　　　② 심용접
③ 프로젝션 용접　　④ 스터드 용접

> **해설** 이음 형상에 따른 전기저항용접
> ① 겹치기용접 : 점용접(스폿 용접), 심용접, 돌기용접 (프로젝션 용접)
> ② 맞대기용접 : 플래시 용접, 업셋 용접, 퍼커션 용접

09 금속산화물이 알루미늄에 의하여 산소를 빼앗기는 반응에 의해 생성되는 열을 이용하여 금속을 접합시키는 용접법은?

① 스터드 용접　　　② 테르밋 용접
③ 원자수소 용접　　④ 일렉트로 슬래그 용접

> **해설** 테르밋 용접의 개요
> ① 금속산화물이 알루미늄에 의하여 산소를 빼앗기는 반응에 발생하는 열을 이용한 용접
> ② 레일 및 선박의 프레임 등 비교적 큰 단면을 가진 주조나 단조품의 맞대기용접과 보수용접에 용이하다.
> ③ 테르밋제의 점화제로 과산화바륨, 알루미늄, 마그네슘 등의 혼합분말이 사용된다.

10 산화하기 쉬운 알루미늄을 용접할 경우에 가장 적합한 용접법은?

① 서브머지드 아크용접　② 불활성 가스 아크용접
③ CO_2 아크용접　　　④ 피복아크 용접

> **해설** 불활성 가스 아크용접의 장점
> ① 접합이 강하고 전연성과 내식성이 풍부하다.
> ② 용제를 사용하지 않으므로 용접 후 청정작업이 필요치 않다.
> ③ 아크가 안정되고, 스패터나 유해가스의 발생이 없다.
> ④ 강, 동, 스테인리스강, 알루미늄과 그 합금 등 대부분의 금속에 용접이 가능하다.
> ⑤ 열 집중성이 좋아 고능률적이다.
> ⑥ 용융금속이 대기와 접촉하지 않아 산화, 질화를 방지한다.

11 납땜 시 강한 접합을 위한 틈새는 어느 정도가 가장 적당한가?

① 0.02~0.10mm　　② 0.20~0.30mm
③ 0.30~0.40mm　　④ 0.40~0.50mm

> **해설** 납땜은 모재는 녹이지 않고 용가재만 녹여서 접합하는 방법이기에 틈새는 좁을수록 좋다.

12 감전의 위험으로부터 용접작업자를 보호하기 위해 교류용접기에 설치하는 것은?

① 고주파발생장치　　② 전격방지장치
③ 원격제어장치　　　④ 시간제어장치

> **해설** 전격방지기(전격방지장치)
> 용접작업자가 전기적 충격을 받지 않도록 2차 무부하 전압을 20~30[V] 정도 낮추는 장치

13 다음 중 전자빔 용접의 장점과 거리가 먼 것은?

① 고진공 속에서 용접을 하므로 대기와 반응되기 쉬운 활성재료도 용이하게 용접된다.
② 두꺼운 판의 용접이 불가능하다.
③ 용접을 정밀하고 정확하게 할 수 있다.
④ 에너지 집중이 가능하기 때문에 고속으로 용접이 된다.

> **해설** 전자빔 용접의 특징
> ① 용입이 깊어서 타 용접은 다층용접을 해야 하는 것도 단층용접이 가능하다.
> ② 에너지 집중이 가능하여 고속용접이 되어 용접입열이 적고, 용접부가 좁다.
> ③ 전자빔 정밀제어가 가능하다.
> ④ 박판에서 후판까지 광범위하게 용접 가능하다.
> ⑤ 시설비가 많이 들고, 배기장치가 필요하다.
> ⑥ 맞대기용접에서 모재 두께가 25mm 이하로 제한된다.
> ⑦ 용융부가 좁아 냉각속도가 커져 경화가 쉬우며, 용접균열의 원인이 된다.
> ⑧ 텅스텐, 몰리브덴 같은 대기에서 반응하기 쉬운 금속도 용이하게 용접할 수 있다.

14 다음 그림 중에서 용접 열량의 냉각속도가 가장 큰 것은?

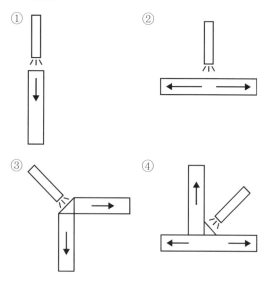

해설 공기와 접하는 곳이 많을수록, 열이 퍼져나가는 방향이 많을수록 냉각속도가 크다.

15 아래 [그림]과 같이 각 층마다 전체의 길이를 용접하면서 쌓아 올리는 가장 일반적인 방법으로 주로 사용하는 용착법은?

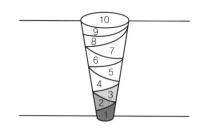

① 교호법　　　　　② 덧살올림법
③ 캐스케이드법　　　④ 전진블록법

해설 다층

• 빌드업법(덧살올림법) : 각 층마다 전체의 길이를 용접하면서 쌓아 올리는 방법이다.

덧살올림법

• 캐스케이드법 : 계단모양으로 용접하는 방법이다.

캐스케이드법

• 점진블록법(전진블록법) : 전체를 점진적으로 용접해 나가는 방법이다.

전진블록법

16 아크용접의 재해라 볼 수 없는 것은?

① 아크 광선에 의한 전안염
② 스패터 비산으로 인한 화상
③ 역화로 인한 화재
④ 전격에 의한 감전

해설 역화
용접 중에 모재에 팁 끝이 닿아 불꽃이 순간적으로 팁 끝에 흡인되고, 빵빵 소리를 내며, 불꽃이 꺼졌다 켜졌다가 하는 현상 – 가스용접에서 나타나는 현상

17 용접 결함 중 내부에 생기는 결함은?

① 언터컷　　　　　② 오버랩
③ 크레이터 균열　　④ 기공

해설	기공 (블로홀)	• 황, 수소, 일산화탄소 많을 때 • 용접전류가 높을 때 • 용착부가 급랭될 때 • 용접봉에 습기가 많을 때	블로홀

해설 균열의 양 끝단부에 정지구멍을 뚫어 균열의 확산을 막은 뒤 균열부분에 홈을 판 뒤 재용접한다.

18 다음 중 맞대기저항용접의 종류가 아닌 것은?

① 업셋 용접　　② 프로젝션 용접

③ 퍼커션 용접　　④ 플래시 버트 용접

해설 이음 형상에 따른 전기저항용접
① 겹치기용접 : 점용접(스폿 용접), 심용접, 돌기용접 (프로젝션 용접)
② 맞대기용접 : 플래시 용접, 업셋 용접, 퍼커션 용접

21 다음 중 용접부의 검사방법에 있어 비파괴검사법이 아닌 것은?

① X선 투과시험　　② 형광침투시험

③ 피로시험　　④ 초음파시험

해설 비파괴시험
① PT : 침투(탐상) 비파괴검사
② RT : 방사선(탐상) 비파괴검사
③ MT : 자기(자분)(탐상) 비파괴검사
④ UT : 초음파(탐상) 비파괴검사
⑤ ET : 와전류(탐상) 비파괴검사
⑥ VT : 외관검사(육안검사)
⑦ LT : 누설비파괴검사

19 대상물에 감마선(γ–선), 엑스선(X–선)을 투과시켜 필름에 나타나는 상으로 결함을 판별하는 비파괴검사법은?

① 초음파탐상검사　　② 침투탐상검사

③ 와전류탐상검사　　④ 방사선투과검사

해설 RT
방사선(탐상) 비파괴검사, X선이나 γ선을 재료에 투과시켜 투과된 빛의 강도에 따라 사진 필름에 감광시켜 결함을 검사하는 방법. 모든 용접재질에 적용할 수 있고, 내부 결함의 검출이 용이하며, 검사의 신뢰성이 높다. 방사선투과검사에 필요한 기구로는 투과도계, 계조계, 증감지 등이 있다.

22 안전·보건표지의 색채, 색도기준 및 용도에서 문자 및 빨간색 또는 노란색에 대한 보조색으로 사용되는 색채는?

① 파란색　　② 녹색

③ 흰색　　④ 검은색

해설 형태별 색채기준
① 금지 : 바탕은 흰색, 기본모형은 빨간색, 관련부호 및 그림은 검은색
② 경고 : 바탕은 노란색, 기본모형 관련 부호 및 그림은 검은색. 다만, 인화성물질 경고, 산화성물질 경고, 폭발성물질 경고, 급성독성물질 경고, 부식성물질 경고 및 발암성·변이원성·생식독성·전신독성·호흡기과민성 물질 경고의 경우 바탕은 무색, 기본모형은 빨간색(검은색도 가능)
③ 지시 : 바탕은 파란색, 관련 그림은 흰색
④ 안내 : 바탕은 흰색, 기본모형 및 관련 부호는 녹색, 바탕은 녹색, 관련 부호 및 그림은 흰색

20 용접 결함 중 균열의 보수방법으로 가장 옳은 방법은?

① 작은 지름의 용접봉으로 재용접한다.

② 굵은 지름의 용접봉으로 재용접한다.

③ 전류를 높게 하여 재용접한다.

④ 정지구멍을 뚫어 균열부분은 홈을 판 후 재용접한다.

23 용접 중에 아크가 전류의 자기작용에 의해서 한쪽으로 쏠리는 현상을 아크 쏠림(Arc Blow)이라 한다. 다음 중 아크 쏠림의 방지법이 아닌 것은?

① 직류용접기를 사용한다.
② 아크의 길이를 짧게 한다.
③ 보조판(엔드탭)을 사용한다.
④ 후퇴법을 사용한다.

해설 **아크 쏠림 방지책**
① 직류 대신 교류 용접기 사용
② 아크길이를 짧게 유지하고, 긴 용접부는 후퇴법 사용
③ 접지는 양쪽으로 하고, 용접부에서 멀리한다.
④ 용접봉 끝을 자기불림 반대방향으로 기울인다.
⑤ 용접이 끝난 부분이나 가접이 큰 부분 방향으로 용접
⑥ 엔드탭 사용
→ 아크 쏠림(자기불림)은 직류아크용접에서 발생한다.

24 연강용 가스 용접봉의 용착금속의 기계적 성질 중 시험편의 처리에서 "용접한 그대로 응력을 제거하지 않은 것"을 나타내는 기호는?

① NSR ② SR
③ GA ④ GB

해설 • SR : 용접 후 625± 25℃에서 풀림처리
• NSR : 용접 후 그대로 응력을 제거하지 않음.

25 부탄가스의 화학기호로 맞는 것은?

① C_4H_{10} ② C_3H_8
③ C_5H_{12} ④ C_2H_6

해설 C_4H_{10} : 부탄, C_3H_8 : 프로판, C_5H_{12} : 펜탄, C_2H_6 : 에탄

26 저수소계 용접봉의 특징이 아닌 것은?

① 용착금속 중의 수소량이 다른 용접봉에 비해서 현저하게 적다.
② 용착금속의 취성이 크며, 화학적 성질도 좋다.
③ 균열에 대한 감수성이 특히 좋아서 두꺼운 판 용접에 사용된다.
④ 고탄소강 및 황의 함유량이 많은 쾌삭강 등의 용접에 사용되고 있다.

해설 **저수소계(E4316)**
피복제에 석회석, 형석을 주성분으로 한 용접봉으로 수소량이 타 용접봉의 10% 정도이며 내균열성이 우수하여, 고압용기, 구속이 큰 용접, 중요강도 부재에 사용되고 있다. 용착금속의 인성과 연성이 우수하고 기계적 성질도 양호하다. 피복제가 두껍고 아크가 불안정하고 용접속도가 느리며 작업성이 좋지 않다.

27 폭발 위험성이 가장 큰 산소와 아세틸렌의 혼합비(%)는? (단, 산소 : 아세틸렌)

① 40 : 60 ② 15 : 85
③ 60 : 40 ④ 85 : 15

해설 **아세틸렌의 폭발성**
• 온도 : 406~408℃에서 자연발화
• 압력 : 1.3(kgf/cm²) 이하에서 사용
• 혼합가스 : 아세틸렌 15%, 산소 85%에서 가장 위험
• 마찰·진동·충격 등의 외력이 작용하면 폭발위험이 있다.
• 은·수은 등과 접촉하면 이들과 화합하여 120℃ 부근에서 폭발성이 있는 화합물을 생성한다.

28 연강용 피복금속 아크 용접봉에서 다음 중 피복제의 염기성이 가장 높은 것은?

① 저수소계 ② 고산화철계
③ 고셀룰로스계 ④ 티탄계

해설 내균열성
- 피복제의 염기도가 높을수록 내균열성이 향상된다.
- 저수소계 > 일미나이트계 > 고산화철계 > 고셀룰로스계
  (E4316) > (E4301) > (E4330) > (E4311)

31 아크절단법의 종류가 아닌 것은?
① 플라즈마 제트 절단
② 탄소 아크절단
③ 스카핑
④ 티그 절단

해설 스카핑은 강재 표면의 개재물, 탈탄층 또는 홈을 제거하기 위해 사용하며, 가우징과 다른 것은 표면을 얇고 넓게 깎는 것이다.

29 35℃에서 150kgf/cm²으로 압축하여 내부 용적 45.7리터의 산소용기에 충전하였을 때, 용기 속의 산소량은 몇 리터인가?
① 6,855
② 5,250
③ 6,105
④ 7,005

해설 150기압 × 내용적 45.7리터 = 6,855
즉, 용기 속의 산소량은 6,855리터

32 교류피복 아크용접기에서 아크 발생 초기에 용접 전류를 강하게 흘려보내는 장치를 무엇이라고 하는가?
① 원격제어장치
② 핫 스타트 장치
③ 전격방지기
④ 고주파발생장치

해설 핫 스타트 장치
초기 아크 발생을 쉽게 하기 위해서 순간적으로 대전류를 흘려보내서 아크 발생 초기의 비드 용입을 좋게 한다.

30 발전(모터, 엔진형)형 직류아크용접기와 비교하여 정류기형 직류아크용접기를 설명한 것 중 틀린 것은?
① 고장이 적고 유지보수가 용이하다.
② 취급이 간단하고 가격이 싸다.
③ 초소형 경량화 및 안정된 아크를 얻을 수 있다.
④ 완전한 직류를 얻을 수 있다.

해설 직류아크용접기
① **정류기형** : 셀렌, 실리콘, 게르마늄 정류기를 이용하여 교류를 직류로 정류하여 직류를 얻으며, 완전한 직류를 얻지 못한다. 셀렌 80℃, 실리콘 150℃ 이상에서 파손위험이 있음. 전원이 없는 곳에서는 사용이 불가능하며, 구조가 간단하고 고장이 적다.
② **발전기형** : 전동발전형과 엔진구동형이 있으며, 우수한 직류를 얻을 수 있다. 가격이 고가이며, 소음이 심하다는 단점을 가지고 있다. 엔진구동형은 전기가 없는 곳에서 직류나 교류 전류를 만들어 사용할 수 있다. 전원이 없는 곳에서도 사용할 수 있고, 구조가 복잡하여 고장이 많다.

33 용접에 의한 이음을 리벳이음과 비교했을 때, 용접 이음의 장점이 아닌 것은?
① 이음구조가 간단하다.
② 판두께에 제한을 거의 받지 않는다.
③ 용접 모재의 재질에 대한 영향이 작다.
④ 기밀성과 수밀성을 얻을 수 있다.

해설 **1. 용접의 장점**
  ① 기밀, 수밀, 유밀성이 우수하고, 이음효율이 높다.
     (리벳 이음효율 : 80%, 용접 이음효율 : 100%)
  ② 재료를 절약할 수 있고, 중량이 가볍고, 작업공정을
     줄일 수 있다.
  ③ 이종재료를 접합할 수 있고, 제품의 성능이나 수명
     이 우수하다.
  ④ 실내에서 작업이 가능하며, 복잡한 구조물을 쉽게
     제작할 수 있다.
  ⑤ 보수와 수리가 용이하며, 비용도 적게 든다.
  ⑥ 이음 두께의 제한이 없으며, 작업의 자동화가 쉽다.
  ⑦ 제품이나 주조물을 주강품이나 단조품보다 가볍
     게 할 수 있다.
2. 용접의 단점
  ① 응력집중이 발생하고, 잔류응력도 발생한다.
  ② 품질검사가 어렵다.
  ③ 제품의 변형이 발생할 수 있다.
  ④ 작업자에 따라서 용접부 품질의 편차가 심하다.
  ⑤ 가스용접인 경우 폭발의 위험 및 유해광선의 위
     험이 있다.
  ⑥ 저온취성이 발생할 수 있다.
  ⑦ 균열이 발생하면 제품 전체에 전파될 수 있다.
  ⑧ 모재의 재질 변화에 대한 영향이 크다.

34 아크 에어 가우징에 가장 적합한 홀더 전원은?

① DCRP
② DCSP
③ DCRP, DCSP 모두 좋다.
④ 대전류의 DCSP가 가장 좋다.

해설 아크 에어 가우징
  ① 탄소아크 절단장치에 6~7기압 정도의 압축공기를
     사용하는 방법으로 용접부 가우징, 용접 결함부 제거,
     절단 및 구멍뚫기 작업에 적합하다.
  ② 흑연으로 된 탄소봉에 구리 도금한 전극을 사용한다.
  ③ 사용전원으로 직류역극성[DCRP]을 이용한다.
  ④ 소음이 없고, 작업능률이 가스 가우징보다 2~3배
     높고, 비용이 저렴하며, 모재에 나쁜 영향을 미치지
     않아 철, 비철금속 모두 사용 가능하다.

35 가스절단에서 양호한 절단면을 얻기 위한 조건으로 맞지 않는 것은?

① 드래그가 가능한 한 클 것
② 절단면 표면의 각이 예리할 것
③ 슬래그 이탈이 양호할 것
④ 경제적인 절단이 이루어질 것

해설 좋은 절단은 절단 시 드래그는 작은 것, 절단 모재의
표면각이 예리한 것, 절단면은 평활하고, 슬래그의 박
리성이 우수할수록 좋은 절단이다.

36 산소, 프로판가스 용접 시 산소 : 프로판가스의 혼합비로 가장 적당한 것은?

① 1 : 1
② 2 : 1
③ 2.5 : 1
④ 4.5 : 1

해설 가스 혼합비는 산소(4.5) : 프로판(1), 산소(1) : 아세틸렌(1)

37 용접봉의 용융금속이 표면장력의 작용으로 모재에 옮겨가는 용적 이행으로 맞는 것은?

① 스프레이형
② 핀치효과형
③ 단락형
④ 용적형

해설 • 단락형 : 용적이 용융지에 접촉하여 단락되고 표면장
  력의 작용으로 모재에 옮겨서 용착되는 것. 비피복
  용접봉이나 저수소계 용접봉에서 자주 볼 수 있다.
  • 스프레이형 : 미입자 용적으로 분사되어 스프레이와
  같이 날려서 모재에 옮겨서 용착되는 것이다. 일반적
  인 피복아크 용접봉이나 일미나이트계 용접봉에서
  자주 볼 수 있다.
  • 글로불러형 : 비교적 큰 용적이 단락되지 않고 옮겨
  가는 형식. 대전류를 사용하는 서브머지드 아크용접
  에서 자주 볼 수 있다.

38 피복아크 용접회로의 순서가 올바르게 연결된 것은?

① 용접기 - 전극케이블 - 용접봉 홀더 - 피복아크 용접봉 - 아크 - 모재 - 접지케이블

② 용접기 - 용접봉 홀더 - 전극케이블 - 모재 - 아크 - 피복아크 용접봉 - 접지케이블

③ 용접기 - 피복아크 용접봉 - 아크 - 모재 - 접지케이블 - 전극케이블 - 용접봉 홀더

④ 용접기 - 전극케이블 - 접지케이블 - 용접봉 홀더 - 피복아크 용접봉 - 아크 - 모재

해설 피복금속 아크용접기의 회로
용접기 → 전극케이블 → 홀더 → 용접봉 → 아크 → 모재 → 접지케이블 → 용접기

39 피복아크 용접봉에서 피복제의 가장 중요한 역할은?

① 변형 방지 　　② 인장력 증대
③ 모재 강도 증가 　　④ 아크 안정

해설 피복제의 역할
① 아크를 안정시킴.
② 산화, 질화 방지
③ 용착효율 향상
④ 전기절연작용, 용착금속의 탈산정련작용
⑤ 급랭으로 인한 취성방지
⑥ 용착금속에 합금원소 첨가
⑦ 수직, 수평, 위보기 등의 어려운 자세 용접을 쉽게 할 수 있음.

40 내식강 중에서 가장 대표적인 특수용도용 합금강은?

① 주강 　　② 탄소강
③ 스테인리스강 　　④ 알루미늄강

해설 스테인리스강(STS)
탄소강에 니켈이나 크롬 등을 첨가하여 대기 중이나 수중 또는 산에 잘 견디는 내식성을 부여한 합금강으로 불수강이라고도 한다.

41 고장력강(HT)의 용접성을 가급적 좋게 하기 위해 줄여야 할 합금원소는?

① C 　　② Mn
③ Si 　　④ Cr

해설 탄소량이 증가하면 용접 시 열 영향부의 경화가 심해지며, 용접성이 나쁘고, 균열이 발생할 수 있다.

42 일반적으로 강에 S, Pb, P 등을 첨가하여 절삭성을 향상시킨 강은?

① 구조용강 　　② 쾌삭강
③ 스프링강 　　④ 탄소공구강

해설 쾌삭강
강에 인이나 황을 함유하여 절삭성을 향상시킨 강 (Mn-S강, Pb강)

43 주조 시 주형에 냉금을 삽입하여 주물 표면을 급랭시키는 방법으로 제조되며, 금속압연용 롤 등으로 사용되는 주철은?

① 가단주철 　　② 칠드주철
③ 고급주철 　　④ 페라이트주철

해설 칠드주철(냉경주철)
주조 시 주형에 냉금을 삽입하여 주물 표면을 급랭시킴으로써 백선화하고 경도를 증가시킨 내마모성 주철

44 알루마이트법이라 하며, Al 제품을 2% 수산용액에서 전류를 흘려 표면에 단단하고 치밀한 산화막을 만드는 방법은?

① 통산법   ② 황산법

③ 수산법   ④ 크롬산법

해설 알루미늄 표면 산화피막처리 : 수산법(알루마이트법)

45 주위의 온도에 의하여 선팽창 계수나 탄성률 등의 특정한 성질이 변하지 않는 불변강이 아닌 것은?

① 인바   ② 엘린바

③ 슈퍼인바   ④ 베빗메탈

해설 베빗메탈(화이트메탈)
Cu + Sn80~90% + Sb + Zn 고온, 고압에 견디는 베어링합금, 화이트메탈 종류에 따라 주석기, 납기, 아연기가 있으며, Pb이 포함된 화이트메탈도 있다.

46 금속침투법에서 칼로라이징이란 어떤 원소로 사용하는 것인가?

① 니켈   ② 크롬

③ 붕소   ④ 알루미늄

해설 칼로라이징
Al을 침투, 내열, 내산화성, 방청, 내해수성, 내식성이 좋음.

47 열간가공이 쉽고 다듬질 표면이 아름다우며 용접성이 우수한 강으로 몰리브덴 첨가로 담금질성이 높아 각종 축, 강력볼트, 아암, 레버 등에 많이 사용되는 강은?

① 크롬 – 몰리브덴강

② 크롬 – 바나듐강

③ 규소 – 망간강

④ 니켈 – 구리 – 코발트강

해설

Cr–Mo강	고온강도에 큰 장점, 각종 축, 강력볼트, 아암, 레버에 사용, 용접성 우수, 담금질이 쉽고, 고온, 고압에 강하다.

48 다음 중 담금질에서 나타나는 조직으로 경도와 강도가 가장 높은 조직은?

① 시멘타이트   ② 오스테나이트

③ 소르바이트   ④ 마텐자이트

해설 담금질(퀜칭, Quenching)
강을 오스테나이트 상태의 고온보다 30~50℃ 정도 높은 온도에서 일정 시간 가열한 후 물이나 기름 중에 담가서 급랭시키는 것을 담금질이라고 한다. 이 열처리는 재료를 경화시키며, 이 조작에 의에 페라이트에 탄소가 강제로 고용당한 마텐사이트 조직을 얻을 수 있다.

49 다음 가공법 중 소성가공법이 아닌 것은?

① 주조   ② 압연

③ 단조   ④ 인발

해설 • 소성가공 : 물체에 외력을 가한 후, 발생하는 변형으로 가공하는 것
• 주조 : 가열해서 유동성을 증가시켜 주물을 만드는 것

정답   44 ③   45 ④   46 ④   47 ①   48 ④   49 ①

50 아공석강의 기계적 성질 중 탄소함유량이 증가함에 따라 감소하는 성질은?

① 연신율   ② 경도

③ 인장강도   ④ 항복강도

> **해설** 아공석강 : 탄소함유량 0.77(0.85)% 이하
> 탄소량이 많을수록 인장강도, 경도, 항복점 등이 증가하고, 연신율, 충격값, 비중, 열전도도 등이 감소한다.

51 관의 구배를 표시하는 방법 중 틀린 것은?

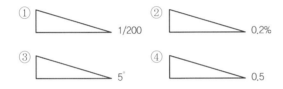

① 1/200   ② 0.2%

③ 5°   ④ 0.5

> **해설** 구배 : 경사면의 기운 정도를 뜻한다.
> ④는 0.5를 어떻게 하라는 단위가 없기에 적절하지 않다.

52 그림과 같은 치수 기입 방법은?

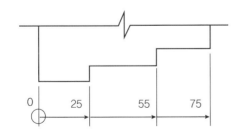

① 직렬치수기입법   ② 병렬치수기입법

③ 조합치수기입법   ④ 누진치수기입법

> **해설** 하나의 연속된 선에 치수를 표시하는 것을 누진치수
> 기입법이라 한다.

53 그림과 같은 제3각법 정투상도의 3면도를 기초로한 입체도로 가장 적합한 것은?

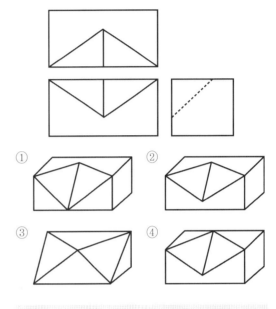

> **해설** 보기에 주어진 정면도, 우측면도, 평면도를 조합하여
> 입체적 모형을 생각하도록 한다.

54 KS 재료 기호에서 고압배관용 탄소강관을 의미하는 것은?

① SPP   ② SPS

③ SPPA   ④ SPPH

> **해설** • SPP : 배관용 탄소강관
> • SPPH : 고압배관용 탄소강관

55 용도에 의한 명칭에서 선의 종류가 모두 가는 실선인 것은?

① 치수선, 치수보조선, 지시선

② 중심선, 지시선, 숨은선

③ 외형선, 치수보조선, 해칭선

④ 기준선, 피치선, 수준면선

> **해설** 가는 실선
> 치수선, 치수보조선, 지시선, 회전단면선, 중심선 등

56 그림과 같은 용접이음 방법의 명칭으로 가장 적합한 것은?

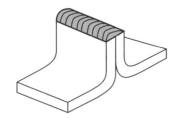

① 연속 필릿 용접

② 플랜지형 겹치기 용접

③ 연속 모서리 용접

④ 플랜지형 맞대기 용접

> **해설**
> | 양면 플랜지형 맞대기 이음용접 | 八 |

57 그림과 같은 원뿔을 전개하였을 경우 나타난 부채꼴의 전개각(전개된 물체의 꼭지각)이 150°가 되려면 ℓ의 치수는?

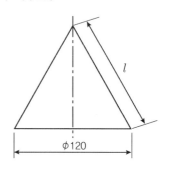

① 100

② 122

③ 144

④ 150

> **해설**
>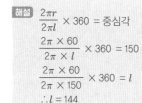
> $$\frac{2\pi r}{2\pi l} \times 360 = 중심각$$
> $$\frac{2\pi \times 60}{2\pi \times l} \times 360 = 150$$
> $$\frac{2\pi \times 60}{2\pi \times 150} \times 360 = l$$
> $$\therefore l = 144$$

58 그림과 같이 파단선을 경계로 필요로 하는 요소의 일부만을 단면으로 표시하는 단면도는?

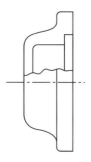

① 온 단면도

② 부분 단면도

③ 한쪽 단면도

④ 회전도시 단면도

> **해설** 부분 단면도
> 일부분을 잘라내어 필요한 내부 모양을 표현

59 리벳의 호칭방법으로 옳은 것은?

① 규격번호, 종류, 호칭지름 × 길이, 재료
② 명칭, 등급, 호칭지름 × 길이, 재료
③ 규격번호, 종류, 부품등급, 호칭, 재료
④ 명칭, 다듬질 정도, 호칭, 등급, 강도

해설 리벳의 호칭
규격번호, 종류, 호칭지름 × 길이, 재료

60 도면에서 표제란과 부품란으로 구분할 때 다음 중 일반적으로 표제란에만 기입하는 것은?

① 부품번호　　　② 부품기호
③ 수량　　　　　④ 척도

해설 표제란
도면의 오른쪽 아래에 그리며, 기재사항으로는 도번, 도명, 척도, 투상법, 도면 작성일, 제도한 사람의 이름 등을 기입한다.

2014년 제5회 기출문제

01 차축, 레일의 접합, 선박의 프레임 등 비교적 큰 단면을 가진 주조나 단조품의 맞대기용접과 보수용접에 주로 사용되는 용접법은?

① 서브머지드 아크용접
② 테르밋 용접
③ 원자수소 아크용접
④ 오토콘 용접

> **해설** 테르밋 용접의 개요
> • 금속산화물이 알루미늄에 의하여 산소를 빼앗기는 반응을 이용하여 용접
> • 레일 및 선박의 프레임 등 비교적 큰 단면을 가진 주조나 단조품의 맞대기용접과 보수용접에 용이하다.
> • 테르밋제의 점화제로 과산화바륨, 알루미늄, 마그네슘 등의 혼합분말이 사용된다.

02 용접부 시험 중 비파괴시험방법이 아닌 것은?

① 피로시험
② 누설시험
③ 자기적 시험
④ 초음파시험

> **해설** 비파괴시험
> PT(침투탐상시험), MT(자분탐상시험), RT(방사선투과시험), UT(초음파탐상시험), ET(와류탐상시험), LT(누설시험), VT(육안시험)

03 불활성 가스 금속 아크용접의 제어장치로서 크레이터 처리기능에 의해 낮아진 전류가 서서히 줄어들면서 아크가 끊어지는 기능으로 이면용접 부위가 녹아내리는 것을 방지하는 것은?

① 예비가스 유출시간
② 스타트 시간
③ 크레이터 충전시간
④ 버언 백 시간

> **해설** 버언 백 시간
> 불활성 가스 금속 아크용접의 제어장치로서 크레이터 처리기능에 의해 낮아진 전류가 서서히 줄어들면서 아크가 끊어지는 기능으로 이면용접 부위가 녹아내리는 것을 방지하는 것

04 다음 중 용접 결함의 보수용접에 관한 사항으로 가장 적절하지 않은 것은?

① 재료의 표면에 있는 얕은 결함은 덧붙임용접으로 보수한다.
② 언더컷이나 오버랩 등은 그대로 보수용접을 하거나 정으로 따내기 작업을 한다.
③ 결함이 제거된 모재 두께가 필요한 치수보다 얕게 되었을 때에는 덧붙임용접으로 보수한다.
④ 덧붙임용접으로 보수할 수 있는 한도를 초과할 때에는 결함부분을 잘라내어 맞대기용접으로 보수한다.

> **해설** 용접 결함의 보수방법
> ① 언더컷 발생 시 : 가는 용접봉으로 재용접한다.
> ② 기공/슬래그/오버랩 발생 시 : 발생 부분을 깎아내고 재용접한다.
> ③ 균열 발생 시 : 발생 부분에 정지구멍을 뚫고 그 부분을 따내고 재용접한다.
> → 재료 표면에 있는 얕은 결함은 제거 후 재용접한다.

05 불활성 가스 금속 아크용접의 용적 이행방식 중 용융이행 상태가 아크기류 중에서 용가재가 고속으로 용융, 미입자의 용적으로 분사되어 모재에 용착되는 용적 이행은?

① 용락 이행
② 단락 이행
③ 스프레이 이행
④ 글로뷸러 이행

해설 불활성 가스 금속 아크용접(MIG)의 이행 형식은 스프레이형이며, TIG 용접에 비해 능률이 커서 후판용접에 적당하고, 전자세 용접이 가능하다.

06 경납용 용가재에 대한 각각의 설명이 틀린 것은?

① 은납 : 구리, 은, 아연이 주성분으로 구성된 합금으로 인장강도, 전연성 등의 성질이 우수하다.
② 황동납 : 구리와 니켈의 합금으로, 값이 저렴하여 공업용으로 많이 쓰인다.
③ 인동납 : 구리가 주성분이며 소량의 은, 인을 포함한 합금으로 되어 있다. 일반적으로 구리 및 구리합금의 땜납으로 쓰인다.
④ 알루미늄납 : 일반적으로 알루미늄에 규소, 구리를 첨가하여 사용하며, 융점은 600℃ 정도이다.

해설 황동납은 황동(구리+아연)의 합금

07 토륨 텅스텐 전극봉에 대한 설명으로 맞는 것은?

① 전자방사능력이 떨어진다.
② 아크 발생이 어렵고, 불순물 부착이 많다.
③ 직류정극성에는 좋으나, 교류에는 좋지 않다.
④ 전극의 소모가 많다.

해설 불활성 가스 텅스텐 아크용접(TIG)은 비용극식, 비소모성 불활성 가스 아크용접이라고 하며, 전극봉으로 텅스텐 전극을 사용하고, 전자방사능력을 높이기 위하여 토륨 1~2% 함유한 토륨 텅스텐봉을 사용하기도 한다. 교류에서는 순텅스텐 전극봉을 주로 사용한다.

08 일렉트로 슬래그 용접의 단점에 해당되는 것은?

① 용접능률과 용접품질이 우수하므로 후판용접 등에 적당하다.
② 용접진행 중에 용접부를 직접 관찰할 수 없다.
③ 최소한의 변형과 최단시간의 용접법이다.
④ 다전극을 이용하면 더욱 능률을 높일 수 있다.

해설 1. 일렉트로 슬래그 용접의 개요
• 수랭 동판을 용접부의 양면에 부착하고 용융된 슬래그 속에서 전극와이어를 연속적으로 송급하여 용융 슬래그 내를 흐르는 저항열에 의하여 전극와이어 및 모재를 용융 접합시키는 용접법이다.
• 저항발열을 이용하는 자동용접법이다.
2. 일렉트로 슬래그 용접의 특징
• 용융 슬래그 중의 저항발열을 이용한다.
• 두꺼운 재료의 용접법에 적합하고, 능률적이고 변형이 적다.
• 일렉트로 슬래그 용접은 아크용접이 아니고 전기 저항열을 이용한 용접이다.
• 가격은 고가이나 기계적 성질이 나쁘다.
• 냉각속도가 느려 기공이나 슬래그 섞임이 적다.
• 노치 취성이 크다.

09 다음 전기저항용접 중 맞대기용접이 아닌 것은?

① 업셋 용접
② 버트 심용접
③ 프로젝션 용접
④ 퍼커션 용접

해설 이음 형상에 따른 전기저항용접
① 겹치기용접 : 점용접(스폿 용접), 심용접, 돌기용접 (프로젝션 용접)
② 맞대기용접 : 플래시 용접, 업셋 용접, 퍼커션 용접

10 CO_2가스 아크용접 시 저전류 영역에서 가스유량은 약 몇 ℓ/min 정도가 가장 적당한가?

① 1~5
② 6~10
③ 10~15
④ 16~20

해설 CO_2 아크용접 시 저전류 영역에서 가스유량은 10~15 ℓ/min가 가장 적당하다.

11 상온에서 강하게 압축함으로써 경계면을 국부적으로 소성변형시켜 접합하는 것은?

① 냉간압접
② 플래시 버트 용접
③ 업셋 용접
④ 가스압접

해설 외부열을 가하지 않고 재료를 상온에서 강하게 압축하여 소성변형을 일으켜 접합하는 것을 냉간압접이라 한다.

12 서브머지드 아크용접에서 다전극방식에 의한 분류가 아닌 것은?

① 유니언식
② 횡병렬식
③ 횡직렬식
④ 탠덤식

해설 서브머지드 용접의 분류
① **탠덤식** : 2개 이상의 용접봉을 일렬로 배열, 독립전원에 접속한다. 비드 폭이 좁고, 용입이 깊으며, 용접속도가 빠르고, 파이프라인 용접에 사용한다.
② **횡병렬식** : 2개 이상의 용접봉을 나란히 옆으로 배열, 비드 폭이 넓고, 용입은 중간이다.
③ **횡직렬식** : 2개의 용접봉 중심선의 연장이 모재 위의 한 점에 만나도록 배치, 용입이 매우 얕고 덧붙임용접에 사용된다.

13 용착금속의 극한 강도가 30kg/mm²에, 안전율이 6이면 허용응력은?

① 3kg/mm²
② 4kg/mm²
③ 5kg/mm²
④ 6kg/mm²

해설 안전율 = $\dfrac{\text{인장강도}}{\text{허용응력}}$

$6 = \dfrac{30\text{kg/mm}^2}{\text{허용응력}}$, 허용응력 = $\dfrac{30\text{kg/mm}^2}{6}$

∴ 허용응력 = 5kg/mm²

14 하중의 방향에 따른 필릿 용접의 종류가 아닌 것은?

① 전면 필릿
② 측면 필릿
③ 연속 필릿
④ 경사 필릿

해설 필릿 용접의 종류

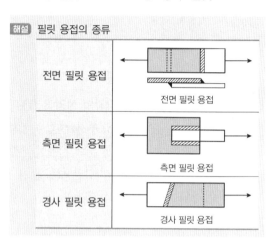

전면 필릿 용접	전면 필릿 용접
측면 필릿 용접	측면 필릿 용접
경사 필릿 용접	경사 필릿 용접

15 모재 두께 9mm, 용접 길이 150mm인 맞대기용접의 최대 인장하중(kg)은 얼마인가? (단, 용착금속의 인장강도는 43kg/mm²이다)

① 716kg
② 4,450kg
③ 40,635kg
④ 58,050kg

해설
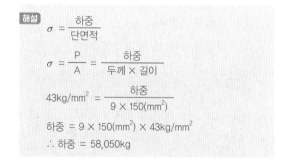

$\sigma = \dfrac{\text{하중}}{\text{단면적}}$

$\sigma = \dfrac{P}{A} = \dfrac{\text{하중}}{\text{두께} \times \text{길이}}$

$43\text{kg/mm}^2 = \dfrac{\text{하중}}{9 \times 150(\text{mm}^2)}$

하중 = $9 \times 150(\text{mm}^2) \times 43\text{kg/mm}^2$

∴ 하중 = 58,050kg

16 화재의 폭발 및 방지조치 중 틀린 것은?

① 필요한 곳에 화재를 진화하기 위한 발화설비를 설치할 것
② 배관 또는 기기에서 가연성 증기가 누출되지 않도록 할 것
③ 대기 중에 가연성 가스를 누설 또는 방출시키지 말 것
④ 용접작업 부근에 점화원을 두지 않도록 할 것

해설 화재 진압에 필요한 설비는 소화설비이다.

17 용접 변형에 대한 교정방법이 아닌 것은?

① 가열법
② 가압법
③ 절단에 의한 정형과 재용접
④ 역변형법

해설 **역변형법**
용접 전에 변형을 예측하여 미리 반대로 변형시킨 후 용접

18 용접 시 두통이나 뇌빈혈을 일으키는 이산화탄소 가스의 농도는?

① 1~2% ② 3~4%
③ 10~15% ④ 20~30%

해설 이산화탄소 농도에 따른 인체의 영향

농도	영향
3~4%	두통, 뇌빈혈
15% 이상	위험
30% 이상	치명적

19 용접에서 예열에 관한 설명 중 틀린 것은?

① 용접작업에 의한 수축 변형을 감소시킨다.
② 용접부의 냉각속도를 느리게 하여 결함을 방지한다.
③ 고급 내열합금도 용접 균열을 방지하기 위하여 예열을 한다.
④ 알루미늄합금, 구리합금은 50~70℃의 예열이 필요하다.

해설 알루미늄합금, 구리합금은 200~400℃ 정도로 예열한다.

20 현미경 조직시험 순서 중 가장 알맞은 것은?

① 시험편 채취 – 마운팅 – 샌드 페이퍼 연마 – 폴리싱 – 부식 – 현미경검사
② 시험편 채취 – 폴리싱 – 마운팅 – 샌드 페이퍼 연마 – 부식 – 현미경검사
③ 시험편 채취 – 마운팅 – 폴리싱 – 샌드 페이퍼 연마 – 부식 – 현미경검사
④ 시험편 채취 – 마운팅 – 부식 – 샌드 페이퍼 연마 – 폴리싱 – 현미경검사

해설 현미경 조직시험의 순서는 '시험편 채취 – 마운팅 – 샌드 페이퍼 연마 – 폴리싱 – 부식 – 관찰'이 된다.

21 용접부의 연성 결함의 유무를 조사하기 위하여 실시하는 시험법은?

① 경도시험 ② 인장시험
③ 초음파시험 ④ 굽힘시험

해설 굴곡시험(굽힘시험)은 용접부의 연성 결함 여부를 알아보는 시험으로 표면, 이면, 측면 굴곡시험이 있으며 일반적으로 180°까지 굽힌다.

22 TIG 용접 및 MIG 용접에 사용되는 불활성 가스로 가장 적합한 것은?

① 수소가스 ② 아르곤가스

③ 산소가스 ④ 질소가스

> **해설** 불활성 가스
> ① 아르곤(Ar) : 체적 0.93, 중량 1.28 정도이다.
> ② 헬륨(He) : 체적 0.0005, 중량 0.00007 정도이다.

23 가스용접 시 양호한 용접부를 얻기 위한 조건에 대한 설명 중 틀린 것은?

① 용착금속의 용입 상태가 균일해야 한다.

② 슬래그, 기공 등의 결함이 없어야 한다.

③ 용접부에 첨가된 금속의 성질이 양호하지 않아도 된다.

④ 용접부에는 기름, 먼지, 녹 등을 완전히 제거하여야 한다.

> **해설** 어느 용접이든 용접부에 첨가된 금속의 성질은 양호해야 한다.

24 교류아크용접기 종류 중 AW-500의 정격부하전압은 몇 V인가?

① 28V ② 32V

③ 36V ④ 40V

> **해설**
>
> | 종류 | 정격2차전류 | 전압강하(V) | 2차 무부하
전압(V) |
> |---|---|---|---|
> | AW 200 | 200 | 30 | 85 이하 |
> | AW 300 | 300 | 35 | 85 이하 |
> | AW 400 | 400 | 40 | 85 이하 |
> | AW 500 | 500 | 40 | 95 이하 |

25 연강 피복아크 용접봉인 E4316의 계열은 어느 계열인가?

① 저수소계 ② 고산화티탄계

③ 철분저수소계 ④ 일미나이트계

> **해설**
> • E4301 : 일미나이트계
> • E4326 : 철분저수소계
> • E4313 : 고산화티탄계
> • E4316 : 저수소계

26 용해 아세틸렌가스는 각각 몇 ℃, 몇 kgf/cm² 로 충전하는 것이 가장 적합한가?

① 40℃, 160kgf/cm²

② 35℃, 150kgf/cm²

③ 20℃, 30kgf/cm²

④ 15℃, 15kgf/cm²

> **해설** 용해 아세틸렌가스는 15℃, 15기압(kgf/cm²)으로 충전한다.

27 다음 ( ) 안에 알맞은 용어는?

> "용접의 원리는 금속과 금속을 서로 충분히 접근시키면 금속원자 간에 (   )이 작용하여 스스로 결합하게 된다."

① 인력 ② 기력

③ 자력 ④ 응력

> **해설** 용접의 원리는 금속과 금속을 서로 충분히 접근시키면 금속원자 간에 인력이 작용하여 스스로 결합하게 된다.

28 산소 아크절단을 설명한 것 중 틀린 것은?

① 가스절단에 비해 절단면이 거칠다.

② 직류정극성이나 교류를 사용한다.

③ 중실(속이 찬) 원형봉의 단면을 가진 강(steel) 전극을 사용한다.

④ 절단속도가 빨라 철강 구조물 해체, 수중 해체 작업에 이용된다.

> **해설** 산소 아크절단
> 중공의 피복봉을 사용하여 아크를 발생시키고 중심부에서 산소를 분출시켜 절단하는 방법으로, 전원으로는 직류정극성이 사용되나, 교류도 사용 가능하다.

29 피복아크 용접봉의 피복 배합제의 성분 중에서 탈산제에 해당하는 것은?

① 산화티탄(TiO_2)

② 규소철($Fe-Si$)

③ 셀룰로스(Cellulose)

④ 일미나이트($TiO_2 \cdot FeO$)

> **해설** 탈산제
> 페로망간, 페로실리콘, 페로티탄, 규소철, 망간철, 알루미늄, 소맥분, 목재톱밥 등

30 다음 가스 중 가연성 가스로만 되어 있는 것은?

① 아세틸렌, 헬륨　　② 수소, 프로판

③ 아세틸렌, 아르곤　④ 산소, 이산화탄소

> **해설** 헬륨, 아르곤, 이산화탄소는 가연성 가스가 아니다.

31 용접법을 크게 융접, 압접, 납땜으로 분류할 때 압접에 해당되는 것은?

① 전자빔 용접

② 초음파용접

③ 원자수소용접

④ 일렉트로 슬래그 용접

> **해설** 기계적 압력, 마찰, 진동에 의한 열을 이용하는 용접방식은 압접으로 마찰, 초음파, 냉간압접이 이에 속한다.

32 정격2차전류 200A, 정격사용률 40%, 아크용접기로 150A의 용접전류 사용 시 허용사용률은 약 얼마인가?

① 51%　　　　　　② 61%

③ 71%　　　　　　④ 81%

> **해설**
> $$허용사용률 = \frac{(정격2차전류)^2}{(실제용접전류)^2} \times 정격사용률(\%)$$
> $$허용사용률 = \frac{200^2(A)}{150^2(A)} \times 40\%$$
> $$\therefore 허용사용률 = 71.11\%$$

33 가스용접에 대한 설명 중 옳은 것은?

① 아크용접에 비해 불꽃의 온도가 높다.

② 열 집중성이 좋아 효율적인 용접이 가능하다.

③ 전원설비가 있는 곳에서만 설치가 가능하다.

④ 가열할 때 열량조절이 비교적 자유롭기 때문에 박판용접에 적합하다.

해설 가스용접의 특징
① 전기가 필요 없으며 응용범위가 넓다.
② 용접장치 설비비가 저렴, 가열 시 열량조절이 비교적 자유롭다.
③ 유해광선 발생률이 적고, 박판용접에 용이하며, 응용범위가 넓다.
④ 폭발 화재 위험이 있고, 열효율이 낮아서 용접속도가 느리다.
⑤ 탄화, 산화 우려가 많고, 열 영향부가 넓어서 용접 후의 변형이 심하다.
⑥ 용접부 기계적 강도가 낮으며, 신뢰성이 적다.

34 연강용 피복아크 용접봉의 피복 배합제 중 아크 안정제 역할을 하는 종류로 묶어 놓은 것은?

① 적철강, 알루미나, 붕산
② 붕산, 구리, 마그네슘
③ 알루미나, 마그네슘, 탄산나트륨
④ 산화티탄, 규산나트륨, 석회석, 탄산나트륨

해설 아크 안정제
규산나트륨, 규산칼륨, 산화티탄, 석회석 등

35 가스 가우징용 토치의 본체는 프랑스식 토치와 비슷하나 팁은 비교적 저압으로 대용량의 산소를 방출할 수 있도록 설계되어 있는데 이는 어떤 설계 구조인가?

① 초코
② 인젝트
③ 오리피스
④ 슬로우 다이버전트

해설 다이버전트 노즐은 고속분출을 얻는 데 적합하고 보통의 팁에 비하여 산소의 소비량이 같을 때, 절단속도를 20~25% 증가시킬 수 있다.

36 가스용접 작업에서 후진법의 특징이 아닌 것은?

① 열 이용률이 좋다.
② 용접속도가 빠르다.
③ 용접 변형이 작다.
④ 얇은 판의 용접에 적당하다.

해설 전진법과 후진법
가스용접에서는 용접진행방향과 토치의 팁이 향하는 위치에 따라서 전진법(좌진법), 후진법(우진법)으로 나눌 수 있다.
① 전진법은 토치를 오른손에 잡고, 용접봉은 왼손으로 잡아 오른쪽에서 왼쪽으로 용접하는 방법이다. 왼쪽 방향으로 용접한다는 의미로 좌진법이라고 한다.
② 전진법은 후진법에 비하여 용접속도가 느리고, 홈 각도, 용접 변형이 크고, 산화 정도나 용착금속의 조직이 나쁘다. 얇은 판두께의 용접에는 적합하나, 열 이용률은 나쁘다. 전진법이 후진법보다 좋은 점은 비드 모양이 미려하다는 것이다.
③ 후진법은 토치를 오른손에 잡고, 용접봉은 왼손으로 잡아 왼쪽에서 오른쪽으로 용접하는 방법이다. 오른쪽방향으로 용접한다는 의미로 우진법이라고 한다.
④ 후진법은 전진법에 비하여 용접속도가 빠르고, 홈 각도, 용접 변형이 작고, 산화 정도나 용착금속의 조직이 좋으며, 전진법에 비하여 두꺼운 강판을 용접할 수 있다.

37 가스절단 시 양호한 절단면을 얻기 위한 품질기준이 아닌 것은?

① 슬래그 이탈이 양호할 것
② 절단면의 표면각이 예리할 것
③ 절단면이 평활하며 노치 등이 없을 것
④ 드래그의 홈이 높고 가능한 클 것

해설 가스절단에서 양호한 가스 절단면을 얻기 위한 조건
① 절단면이 깨끗할 것
② 드래그가 가능한 작을 것
③ 절단면 표면의 각이 예리할 것
④ 슬래그 이탈성(박리성)이 좋을 것

38 피복아크 용접봉은 피복제가 연소한 후 생성된 물질이 용접부를 보호한다. 용접부의 보호방식에 따른 분류가 아닌 것은?

① 가스 발생식

② 스프레이 형식

③ 반가스 발생식

④ 슬래그 생성식

> **해설** 용착금속의 보호방식
> ① 슬래그 생성식 : 슬래그로 산화, 질화 방지, 탈산작용
> ② 가스 발생식 : 셀룰로스 이용
> ③ 반가스 발생식 : 슬래그 생성식 + 가스 발생식 혼합

39 직류아크용접에서 정극성의 특징에 관한 설명으로 맞는 것은?

① 비드 폭이 넓다.

② 주로 박판용접에 쓰인다.

③ 모재의 용입이 깊다.

④ 용접봉의 녹음이 빠르다.

> **해설** 직류정극성(DCSP)
> 모재의 용입이 깊고, 용접봉이 천천히 녹음. 비드 폭이 좁고, 일반적인 용접에 많이 사용된다.

40 스테인리스강의 종류에 해당되지 않는 것은?

① 페라이트계 스테인리스강

② 레데뷰라이트계 스테인리스강

③ 석출경화형 스테인리스강

④ 마텐자이트계 스테인리스강

> **해설**
>
> | | | |
> |---|---|---|
> | 스테인리스강 (STS) | 페라이트계 | 12~17%Cr 정도 함유, 13%Cr강, 18%Cr강이 있으며, 13%Cr강이 대표적이며, 열처리경화 가능, 자성체이다. 크롬은 페라이트에 고용하여 내식성을 향상시킨다. 가정주방용 기구, 자동차부품, 전기기기 등에 사용된다. |
> | | 마텐자이트계 | 13%Cr, 18%Cr강. 용접성이 취약하여 용접 후 열처리를 해야 한다. 자성체. 기계구조용, 의료기기, 계측기기 등에 사용된다. |
> | | 오스테나이트계 | 18%Cr-8%Ni 내식성이 가장 우수하며, 스테인리스강 대표, 가공성이 좋고, 용접성 우수, 열처리 불필요. 염산, 황산에 취약, 결정입계부식이 발생하기 쉬우며, 비자성체. 항공기, 차량, 외장재, 볼트, 너트 등에 사용된다. |

41 금속침투법 중 칼로라이징은 어떤 금속을 침투시킨 것인가?

① B

② Cr

③ Al

④ Zn

> **해설** 칼로라이징
> Al을 침투, 내열, 내산화성, 방청, 내해수성, 내식성이 좋음.

42 마그네슘(Mg)의 특성을 설명한 것 중 틀린 것은?

① 비강도가 Al 합금보다 떨어진다.

② 구상흑연주철의 첨가제로 사용된다.

③ 비중이 약 1.74 정도로 실용금속 중 가볍다.

④ 항공기, 자동차부품, 전기기기, 선박, 광학기계, 인쇄제판 등에 사용된다.

해설 **마그네슘과 마그네슘합금**
① 비중은 1.74로 실용금속 중에서 가장 적다. 용용점은 650℃이다.
② 산류, 염류에는 침식되나, 알칼리에는 강하다.
③ 인장강도, 연신율, 충격값이 두랄루민보다 적다.
④ 피절삭성이 좋으며, 부품의 무게 경감에 큰 효과가 있다.
⑤ 비강도가 크고, 냉간가공이 거의 불가능하다.
⑥ 냉간가공이 불량하여 300℃ 이상 열간가공한다.
⑦ 용도는 자동차, 배, 전기기기에 이용한다.

43 Al-Si계 합금의 조대한 공정조직을 미세화하기 위하여 나트륨(Na), 수산화나트륨(NaOH), 알칼리염류 등을 합금 용탕에 첨가하여 10~15분간 유지하는 처리는?

① 시효처리 ② 폴링처리
③ 개량처리 ④ 응력제거 풀림처리

해설 **개량처리**
Al-Si계 합금의 조대한 공정조직을 미세화하기 위하여 나트륨, 가성소다, 알칼리염류 등을 합금 용탕에 첨가하여 10~15분간 유지하는 처리

44 조성이 2.0~3.0%C, 0.6~1.5%Si 범위의 것으로 백주철을 열처리로에 넣어 가열해서 탈탄 또는 흑연화 방법으로 제조한 주철은?

① 가단주철 ② 칠드주철
③ 구상흑연주철 ④ 고력합금주철

해설 **가단주철**
백주철을 열처리하여 인성을 증가시킨 주철로서 종류로는 백심, 흑심, 펄라이트 가단주철이 있다. 용도로는 철판이음, 관이음쇠, 자동차부품 등에 사용된다.

45 구리(Cu)에 대한 설명으로 옳은 것은?
① 구리는 체심입방격자이며, 변태점이 있다.
② 전기구리는 O_2나 탈산제를 품지 않는 구리이다.
③ 구리의 전기전도율은 금속 중에서 은(Ag)보다 높다.
④ 구리는 CO_2가 들어 있는 공기 중에서 염기성 탄산구리가 생겨 녹청색이 된다.

해설 **구리의 성질**
① 비중은 8.96으로 용용점 1,083℃, 변태점이 없다.
② 전기 및 열의 전도성이 우수, 비자성체
③ 전성, 연성이 우수하고, 가공이 용이
④ 황산, 염산에 용해, 습기, 탄산가스, 해수에 녹이 발생
⑤ 아름다운 광택과 귀금속적 성질이 우수하며, Zn, Sn, Ni 등과 합금
⑥ 재결정온도가 약 200~250℃ 정도이고, 열간가공 온도는 750~850℃ 정도이다.
⑦ 내식성이 우수하다.
⑧ 면심입방격자(FCC)이다.

46 담금질에 대한 설명 중 옳은 것은?
① 위험구역에서는 급랭한다.
② 임계구역에서는 서랭한다.
③ 강을 경화시킬 목적으로 실시한다.
④ 정지된 물속에서 냉각 시 대류단계에서 냉각속도가 최대가 된다.

해설 **담금질(퀜칭, Quenching)**
강을 오스테나이트 상태의 고온보다 30~50℃ 정도 높은 온도에서 일정 시간 가열한 후 물이나 기름 중에 담가서 급랭시키는 것을 담금질이라고 한다.

47 열간가공과 냉간가공을 구분하는 온도로 옳은 것은?
① 재결정온도 ② 재료가 녹는 온도
③ 물의 어는 온도 ④ 고온취성 발생온도

정답 43 ③ 44 ① 45 ④ 46 ③ 47 ①

해설 열간가공과 냉간가공을 구분하는 온도는 금속의 재결
정온도로 구분한다.

48 강의 표준조직이 아닌 것은?

① 페라이트(ferrite)

② 펄라이트(pearlite)

③ 시멘타이트(cementite)

④ 소르바이트(sorbite)

해설 담금질한 강은 단단하고 메져 있어서, 적당한 점도를
가지도록 하기 위해 723℃ 이하의 온도로 가열하여 천
천히 냉각하는 것을 뜨임이라고 하며, 이때 나타나는
조직은 트루스타이트와 소르바이트가 있다.

49 보통 주강에 3% 이하의 Cr을 첨가하여 강도와 내
마멸성을 증가시켜 분쇄기계, 석유화학공업용 기
계부품 등에 사용되는 합금 주강은?

① Ni 주강

② Cr 주강

③ Mn 주강

④ Ni-Cr 주강

해설 내마멸주강
탄소주강에 Cr, Mn, V 등을 첨가하여 내마멸성을 향상
시킨 것. 주로 제지용 롤의 재료로 사용
문제에서 3% 이하의 Cr 첨가 → Cr 주강

50 다음 중 탄소량이 가장 적은 강은?

① 연강

② 반경강

③ 최경강

④ 탄소공구강

해설 탄소량이 많을수록 강, 경도가 높아진다. 연강은 탄소
량이 보기 중에 가장 낮다.

51 기계제도에서의 척도에 대한 설명으로 잘못된 것은?

① 척도는 표제란에 기입하는 것이 원칙이다.

② 축척의 표시는 2 : 1, 5 : 1, 10 : 1 등과 같이
나타낸다.

③ 척도란 도면에서의 길이와 대상물의 실제길이
의 비이다.

④ 도면을 정해진 척도값으로 그리지 못하거나 비
례하지 않을 때에는 척도를 'NS'로 표시할 수
있다.

해설		
축척	실물의 크기를 도면에 일정한 비율로 줄여서 그리는 것	1 : 2, 1 : 5, 1 : 100 등
배척	실물의 크기를 도면에 실물보다 크게 그리는 것	2 : 1, 5 : 1, 100 : 1 등
현척	실물의 크기를 도면에 같은 크기로 그리는 것	1 : 1

52 다음 배관 도면에 포함되어 있는 요소로 볼 수 없
는 것은?

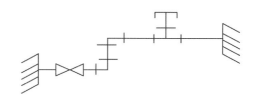

① 엘보

② 티

③ 캡

④ 체크밸브

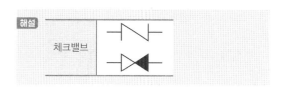

체크밸브

53 리벳 구멍에 카운터 싱크가 없고 공장에서 드릴 가공 및 끼워 맞추기할 때의 간략 표시기호는?

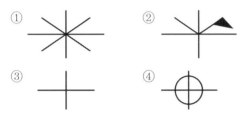

① ② ③ ④

> **해설** 카운터 싱크
> 접시머리 리벳의 머리가 금속면에 잘 맞기 위해 접시 머리 리벳이 들어갈 구멍의 테두리를 크게 하는 데 사용하는 공구
> ①번은 양쪽에 카운터 싱크가 있는 경우, ②번은 한쪽에만 카운터 싱크가 있고 현장에서 작업, ④번은 위치 공차 기호

54 그림과 같이 지름이 같은 원기둥과 원기둥이 직각으로 만날 때의 상관선은 어떻게 나타나는가?

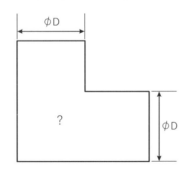

① 점선 형태의 직선
② 실선 형태의 직선
③ 실선 형태의 포물선
④ 실선 형태의 하이포이드 곡선

> **해설** 같은 지름의 파이프가 직각으로 만날 때 접촉하는 상관선은 직선이 된다.

55 리벳 이음(Rivet Joint) 단면의 표시법으로 가장 올바르게 투상된 것은?

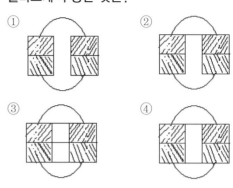

① ② ③ ④

> **해설** 리벳의 단면은 길이방향으로 절단하여 도시하지 않고, 형태 그대로 단면도에 나타낸다.

56 KS 재료기호 중 기계구조용 탄소강재의 기호는?

① SM 35C ② SS 490B
③ SF 340A ④ STKM 20A

해설	명칭	기호	명칭	기호
	일반구조용 압연강재	SS	기계구조용 탄소강재	SM(○○)
	탄소공구 강재	STC	용접구조용 압연강재	SWS, SM(○○○)
	탄소주강품	SC	스프링 강재	SPS

57 다음 중 치수기입의 원칙에 대한 설명으로 가장 적절한 것은?

① 중요한 치수는 중복하여 기입한다.
② 치수는 되도록 주투상도에 집중하여 기입한다.
③ 계산하여 구한 치수는 되도록 식을 같이 기입한다.
④ 치수 중 참고치수에 대하여는 네모 상자 안에 치수 수치를 기입한다.

해설 치수 기입 시 유의사항
① 길이의 단위는 mm이며, 도면에 기입하지는 않는다.
② 치수의 숫자를 표시할 때에는 자릿수를 표시하는 콤마 등을 표시하지 않는다.
③ 치수는 계산할 필요가 없도록 기입하고, 중복기입을 피한다.
④ 관련되는 치수는 한 곳에 모아서 기입한다.
⑤ 도면의 길이의 크기와 자세 및 위치를 명확히 표시한다.
⑥ 외형치수 전체 길이를 기입한다.
⑦ 치수 중 참고치수에 대해서는 괄호 안에 치수를 기입한다.
⑧ 치수는 되도록 주투상도(정면도)에 기입한다.
⑨ 치수 숫자는 도면에 그린 선에 의해 분할되지 않는 위치에 쓰는 것이 좋다.
⑩ 치수가 인접해서 연속적으로 있을 때에는 되도록 치수선을 일직선이 되게 하는 것이 좋다.

58 다음 용접기호에서 "3"의 의미로 올바른 것은?

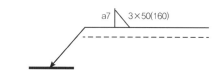

① 용접부 수
② 용접부 간격
③ 용접의 길이
④ 필릿 용접 목두께

해설 필릿 용접
a7 : 목두께, 3 : 용접부 개수, 50 : 크레이터 제외 용접 길이, (160) : 인접한 용접부 간격

59 다음 중 지시선 및 인출선을 잘못 나타낸 것은?

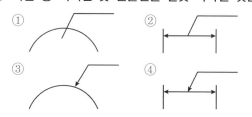

해설 인출선에는 화살표가 붙어선 안 된다.

60 제3각 정투상법으로 투상한 그림과 같은 투상도의 우측면도로 가장 적합한 것은?

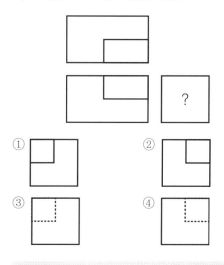

① ② ③ ④

해설 보기에 주어진 정면도와 평면도를 토대로 하여 우측면도를 추리할 수 있다.

2015년 제1회 기출문제

01 불활성 가스 텅스텐 아크용접(TIG)의 KS 규격이나 미국용접협회(AWS)에서 정하는 텅스텐 전극봉의 식별 색상이 황색이면 어떤 전극봉인가?

① 순텅스텐
② 지르코늄 텅스텐
③ 1%토륨 텅스텐
④ 2%토륨 텅스텐

> **해설** TIG 용접에 사용되는 전극봉으로는 순텅스텐 전극봉, 토륨 1~2% 텅스텐 전극봉, 산화란탄 텅스텐 전극봉, 산화셀륨 텅스텐 전극봉, 지르코늄 텅스텐 전극봉이 있다.
> • 순텅스텐 전극봉 : 녹색
> • 지르코늄 텅스텐 : 갈색
> • 1%토륨 텅스텐 : 황색
> • 2%토륨 텅스텐 : 적색

02 서브머지드 아크용접의 다전극방식에 의한 분류가 아닌 것은?

① 푸시식
② 탠덤식
③ 횡병렬식
④ 횡직렬식

> **해설** 푸시식은 와이어 송급방식에서 찾을 수 있다.

03 다음 중 정지구멍(Stop hole)을 뚫어 결함 부분을 깎아내고 재용접해야 하는 결함은?

① 균열
② 언더컷
③ 오버랩
④ 용입 부족

> **해설** 용접 결함의 보수방법
> ① 언더컷 발생 시 : 가는 용접봉으로 재용접한다.
> ② 기공/슬래그/오버랩 발생 시 : 발생 부분을 깎아내고 재용접한다.
> ③ 균열 발생 시 : 발생 부분에 정지구멍을 뚫고 그 부분을 따내고 재용접한다.

04 다음 중 비파괴시험에 해당하는 시험법은?

① 굽힘시험
② 현미경 조직시험
③ 파면시험
④ 초음파시험

> **해설** 비파괴시험
> ① PT : 침투(탐상) 비파괴검사
> ② RT : 방사선(탐상) 비파괴검사
> ③ MT : 자기(자분)(탐상) 비파괴검사
> ④ UT : 초음파(탐상) 비파괴검사
> ⑤ ET : 와전류(탐상) 비파괴검사, 맴돌이검사
> ⑥ VT : 외관검사(육안검사)
> ⑦ LT : 누설비파괴검사

05 산업용 로봇 중 직각좌표계 로봇의 장점에 속하는 것은?

① 오프라인 프로그래밍이 용이하다.
② 로봇 주위에 접근이 가능하다.
③ 1개의 선형축과 2개의 회전축으로 이루어졌다.
④ 작은 설치공간이 큰 작업영역이다.

> **해설** 직각좌표계 로봇은 x, y, z축의 각 관절로 이루어져 있고, 공간을 많이 차지하며 직선운동을 수로 한다.
> **예** 천장크레인 등

06 용접 후 변형 교정 시 가열온도 500~600℃, 가열시간 약 30초, 가열지름 20~30mm로 하여, 가열한 후 즉시 수랭하는 변형교정법을 무엇이라 하는가?

① 박판에 대한 수랭동판법
② 박판에 대한 살수법
③ 박판에 대한 수랭석면포법
④ 박판에 대한 점수축법

정답 01 ③ 02 ① 03 ① 04 ④ 05 ① 06 ④

해설 수랭동판법, 살수법, 석면포법은 용접 전 변형방지법인 도열법 분류에 들어간다.

07 용접 전의 일반적인 준비사항이 아닌 것은?

① 사용재료를 확인하고 작업내용을 검토한다.
② 용접전류, 용접순서를 미리 정해둔다.
③ 이음부에 대한 불순물을 제거한다.
④ 예열 및 후열처리를 실시한다.

해설 용접 전의 준비사항
① 제작도면을 이해하고 작업내용을 충분히 숙지하도록 한다.
② 사용재료를 확인하고 기계적 성질, 용접성, 용접 후의 모재의 변형 등을 미리 파악한다.
③ 용접봉은 모재에 알맞은 것을 선택한다. 용착금속의 강도가 설계자에게 만족을 주고, 사용 성능이나 경제성, 구조물에 따른 판두께 등을 고려한다.
④ 용접이음과 홈의 선택을 한다.
⑤ 용접기, 기타 필요한 설비의 준비를 파악한다.
⑥ 용접전류, 용접순서, 용접조건, 용접방법 등을 미리 정한다.

08 금속 간의 원자가 접합되는 인력범위는?

① 10^{-4}cm
② 10^{-6}cm
③ 10^{-8}cm
④ 10^{-10}cm

해설 원자 간의 인력이 1억분의 1cm일 때 인력이 작용하여 결합하게 된다.
즉, 1Å=10^{-8}cm가 된다.

09 불활성 가스 금속 아크용접(MIG)에서 크레이터 처리에 의해 낮아진 전류가 서서히 줄어들면서 아크가 끊어지는 기능으로 용접부가 녹아내리는 것을 방지하는 제어기능은?

① 스타트 시간
② 예비가스 유출시간
③ 버언 백 시간
④ 크레이터 충전시간

해설 버언 백 시간
불활성 가스 금속 아크용접의 제어장치로서 크레이터 처리기능에 의해 낮아진 전류가 서서히 줄어들면서 아크가 끊어지는 기능으로 이면용접 부위가 녹아내리는 것을 방지하는 것

10 다음 중 용접용 지그 선택의 기준으로 적절하지 않은 것은?

① 물체를 튼튼하게 고정시켜 줄 크기와 힘이 있을 것
② 변형을 막아줄 만큼 견고하게 잡아줄 수 있을 것
③ 물품의 고정과 분해가 어렵고 청소가 편리할 것
④ 용접위치를 유리한 용접자세로 쉽게 움직일 수 있을 것

해설 용접 지그
① 모재를 고정시켜 주는 장치로서 적당한 크기와 강도를 가지고 있어야 한다.
② 용접작업을 효율적으로 하기 위한 장치이다.
③ 지그 사용 시 작업시간이 단축된다.
④ 지그의 제작비가 많이 들지 않도록 한다.
⑤ 구속력이 크면 잔류응력이나 균열이 발생할 수 있다.
⑥ 사용이 편리해야 한다.

11 다음 중 테르밋 용접의 특징에 관한 설명으로 틀린 것은?

① 전기가 필요 없다.
② 용접작업이 단순하다.
③ 용접시간이 길고 용접 후 변형이 크다.
④ 용접기구가 간단하고 작업장소의 이동이 쉽다.

> **해설** 테르밋 용접의 특징
> ① 전기가 필요하지 않고, 화학반응에너지를 이용한다.
> ② 설비비 및 용접비용이 저렴하고, 용접시간이 짧고, 변형이 적다.
> ③ 작업이 단순하여 기술습득이 쉽다.
> ④ 테르밋제는 알루미늄 분말을 1, 산화철 분말 3~4 비율로 혼합한다.
> ⑤ 용접 이음부의 홈은 가스절단한 그대로도 좋다.
> ⑥ 특별한 모양의 홈 가공이 필요 없다.

> **해설** 용접 설계 시 유의사항
> ① 위보기 용접을 피하고 아래보기 용접을 많이 하도록 설계한다.
> ② 필릿 용접을 피하고 맞대기용접을 하도록 설계한다.
> ③ 용접 이음부가 한 곳에 집중되지 않도록 설계한다.
> ④ 용접부 길이는 짧게 하고, 용착금속량도 적게 한다 (단, 필요한 강도에 견뎌야 함).
> ⑤ 두께가 다른 재료를 용접할 때에는 구배를 두어 단면이 갑자기 변하지 않도록 설계한다.
> ⑥ 용접작업에 지장을 주지 않도록 간격이 남게 설계한다.
> ⑦ 용접에 적합한 설계를 해야 한다.
> ⑧ 결함이 생기기 쉬운 용접은 피한다.
> ⑨ 구조상의 노치부를 피해야 한다.
> ⑩ 용착금속량은 강도상 필요한 최소한으로 한다.

12 서브머지드 아크용접에 대한 설명으로 틀린 것은?

① 가시용접으로 용접 시 용착부를 육안으로 식별이 가능하다.

② 용융속도와 용착속도가 빠르며 용입이 깊다.

③ 용착금속의 기계적 성질이 우수하다.

④ 개선각을 작게 하여 용접 패스 수를 줄일 수 있다.

> **해설** 서브머지드 아크용접
> 용접 이음부 표면에 입상의 플럭스(용제)를 덮고 그 속에 모재와 용접봉 안에 아크를 일으켜 용접하는 방법으로, 아크가 보이지 않아 불가시용접, 잠호용접, 개발회사의 상품명을 따서 유니온 멜트 용접, 발명가의 이름을 따서 링컨 케네디 용접이라고도 한다.

14 이산화탄소 아크용접법에서 이산화탄소(CO_2)의 역할을 설명한 것 중 틀린 것은?

① 아크를 안정시킨다.

② 용융금속 주위를 산성 분위기로 만든다.

③ 용융속도를 빠르게 한다.

④ 양호한 용착금속을 얻을 수 있다.

> **해설** 용융속도를 빠르거나 늦게 하는 것은 전류와 전압의 조절로 이루어진다.

13 다음 중 용접 설계상 주의해야 할 사항으로 틀린 것은?

① 국부적으로 열이 집중되도록 할 것

② 용접에 적합한 구조의 설계를 할 것

③ 결함이 생기기 쉬운 용접방법은 피할 것

④ 강도가 약한 필릿 용접은 가급적 피할 것

15 이산화탄소 아크용접에 관한 설명으로 틀린 것은?

① 팁과 모재 간의 거리는 와이어의 돌출길이에 아크길이를 더한 것이다.

② 와이어 돌출길이가 짧아지면 용접와이어의 예열이 많아진다.

③ 와이어의 돌출길이가 짧아지면 스패터가 부착되기 쉽다.

④ 약 200A 미만의 저전류를 사용할 경우 팁과 모재 간의 거리는 10~15mm 정도 유지한다.

해설 아크길이 자기제어 특성
아크전류가 일정할 때 아크전압이 높아지면(돌출길이가 짧을 때) 와이어의 용융속도가 늦어지고, 아크전압이 낮아지면(돌출길이가 길 때) 용융속도가 빨라지는 현상을 아크길이 자기제어 특성이라고 한다.

해설 내적구속으로 인한 잔류응력을 줄이기 위하여 수축이 큰 이음을 먼저 용접하고, 수축이 작은 용접이음은 나중에 실시한다.

16 강구조물 용접에서 맞대기 이음의 루트 간격의 차이에 따라 보수용접을 하는데 보수방법으로 틀린 것은?

① 맞대기 루트 간격 6mm 이하일 때에는 이음부의 한쪽 또는 양쪽을 덧붙임용접한 후 절삭하여 규정 간격으로 개선 홈을 만들어 용접한다.

② 맞대기 루트 간격 15mm 이상일 때에는 판을 전부 또는 일부(대략 300mm 이상의 폭)를 바꾼다.

③ 맞대기 루트 간격 6~15mm일 때에는 이음부에 두께 6mm 정도의 뒷댐판을 대고 용접한다.

④ 맞대기 루트 간격 15mm 이상일 때에는 스크랩을 넣어서 용접한다.

해설 스크랩
쇠부스러기, 고철. 주물의 경우 불순물에 관대하므로 주물 시에 스크랩을 상당수 사용한다.

17 용접 시공 시 발생하는 용접 변형이나 잔류응력의 발생을 줄이기 위해 용접시공 순서를 정한다. 다음 중 용접 시공 순서에 대한 사항으로 틀린 것은?

① 제품의 중심에 대하여 대칭으로 용접을 진행시킨다.

② 같은 평면 안에 많은 이음이 있을 때에는 수축은 가능한 자유단으로 보낸다.

③ 수축이 적은 이음을 가능한 먼저 용접하고, 수축이 큰 이음을 나중에 용접한다.

④ 리벳 작업과 용접을 같이 할 때는 용접을 먼저 실시하여 용접열에 의해서 리벳의 구멍이 늘어남을 방지한다.

18 용접 작업 시 전격에 대한 방지대책으로 올바르지 않은 것은?

① TIG 용접 시 텅스텐 봉을 교체할 때는 전원스위치를 차단하지 않고 해야 한다.

② 습한 장갑이나 작업복을 입고 용접하면 감전의 위험이 있으므로 주의한다.

③ 절연홀더의 절연 부분이 균열이나 파손되었으면 곧바로 보수하거나 교체한다.

④ 용접작업이 끝났을 때나 장시간 중지할 때에는 반드시 스위치를 차단시킨다.

해설 TIG 용접 시 텅스텐 봉을 교체할 때는 부주의로 인한 토치 버튼 조작이 있을 수 있으므로 전원스위치는 OFF 후에 전극봉을 교체한다.

19 단면적이 $10cm^2$의 평판을 완전 용입 맞대기용접한 경우의 견디는 하중은 얼마인가? (단, 재료의 허용응력을 1,600kgf/cm^2로 한다)

① 160kgf ② 1,600kgf

③ 16,000kgf ④ 16kgf

해설
허용응력(σ) = $\dfrac{하중(P)}{단면적(A)}$
σ = 1,600kgf/cm^2, A = 10cm^2
∴ P = 16,000kgf

20 용접길이가 짧거나 변형 및 잔류응력의 우려가 적은 재료를 용접할 경우 가장 능률적인 용착법은?

① 전진법　　　　② 후진법
③ 비석법　　　　④ 대칭법

해설 전진법은 후진법에 비하여 용접속도가 느리고, 홈 각도, 용접 변형이 크고, 산화 정도나 용착금속의 조직이 나쁘다. 얇은 판두께의 용접에는 적합하나, 열 이용률은 나쁘다. 전진법이 후진법보다 좋은 점은 비드 모양이 미려하다는 것이다.

21 다음 중 아세틸렌(C_2H_2)가스의 폭발성에 해당되지 않는 것은?

① 406~408℃가 되면 자연 발화한다.
② 마찰·진동·충격 등의 외력이 작용하면 폭발위험이 있다.
③ 아세틸렌 90%, 산소 10%의 혼합 시 가장 폭발위험이 크다.
④ 은·수은 등과 접촉하면 이들과 화합하여 120℃ 부근에서 폭발성이 있는 화합물을 생성한다.

해설 아세틸렌 85%, 산소 15% 혼합 시 가장 폭발위험이 크다.

22 스터드 용접의 특징 중 틀린 것은?

① 긴 용접시간으로 용접 변형이 크다.
② 용접 후의 냉각속도가 비교적 빠르다.
③ 알루미늄, 스테인리스강 용접이 가능하다.
④ 탄소 0.2%, 망간 0.7% 이하 시 균열 발생이 없다.

해설 스터드 용접의 특징
① 볼트, 환봉, 핀 등을 용접하며, 작업속도가 매우 빠르다.
② 스터드 아크용접의 아크 발생시간은 보통 0.1~2초 정도이다.
③ 아크 스터드 용접, 충격 스터드 용접, 저항 스터드 용접으로 구분한다.
④ 용접 변형이 적고, 철, 비철금속에도 사용 가능하다.
⑤ 용융금속이 외부로 흘러나가거나, 용융금속의 대기 오염을 방지하기 위해 도기로 만든 페롤을 사용한다.

23 연강용 피복아크 용접봉 중 저수소계 용접봉을 나타내는 것은?

① E4301　　　　② E4311
③ E4316　　　　④ E4327

해설 • E4301 : 일미나이트계
• E4311 : 고셀룰로스계
• E4327 : 철분산화철계

24 산소 – 아세틸렌 가스용접의 장점이 아닌 것은?

① 용접기의 운반이 비교적 자유롭다.
② 아크용접에 비해서 유해광선의 발생이 적다.
③ 열의 집중성이 높아서 용접이 효율적이다.
④ 가열할 때 열량조절이 비교적 자유롭다.

해설 가스용접의 특징
① 전기가 필요 없으며 응용범위가 넓다.
② 용접장치 설비비가 저렴, 가열 시 열량조절이 비교적 자유롭다.
③ 유해광선 발생률이 적고, 박판용접에 용이하며, 응용범위가 넓다.
④ 폭발 화재 위험이 있고, 열효율이 낮아서 용접속도가 느리다.
⑤ 탄화, 산화 우려가 많고, 열 영향부가 넓어서 용접 후의 변형이 심하다.
⑥ 용접부 기계적 강도가 낮으며, 신뢰성이 적다.

정답　20 ①　21 ③　22 ①　23 ③　24 ③

25 직류 피복아크용접기와 비교한 교류 피복아크용접기의 설명으로 옳은 것은?

① 무부하전압이 낮다.

② 아크의 안정성이 우수하다.

③ 아크 쏠림이 거의 없다.

④ 전격의 위험이 적다.

해설 직류아크용접기와 교류아크용접기 비교

항목(비교사항)	직류용접기	교류용접기
아크의 안정	○	×
극성의 변화	○	×
전격의 위험	적다.	많다.
무부하전압 (개로전압)	낮다.	높다.
아크 쏠림	발생	방지
구조	복잡하다.	간단하다.
비피복봉 사용	○	×

26 다음 중 산소용기의 각인 사항에 포함되지 않는 것은?

① 내용적
② 내압시험압력
③ 가스충전일시
④ 용기 중량

해설 산소용기의 각인은 충전가스의 명칭, 용기 제조번호, 용기 중량, 내압시험압력, 최고 충전압력 등이 표시되어 있다.
• TP : 내압시험압력(kg/cm²)
• V : 내용적 기호
• FP : 최고 충전압력(kg/cm²)
• W : 순수 용기의 중량

27 정류기형 직류아크용접기에서 사용되는 셀렌 정류기는 80℃ 이상이면 파손되므로 주의하여야 하는데 실리콘 정류기는 몇 ℃ 이상에서 파손이 되는가?

① 120℃
② 150℃
③ 80℃
④ 100℃

해설 직류아크용접기
• 정류기형 : 셀렌, 실리콘, 게르마늄 정류기를 이용하여 교류를 직류로 정류하여 직류를 얻으며, 완전한 직류를 얻지 못한다. 셀렌 80℃, 실리콘 150℃ 이상에서 파손위험이 있고, 전원이 없는 곳에서는 사용이 불가능하며, 구조가 간단하고 고장이 적다.

28 가스용접 작업 시 후진법의 설명으로 옳은 것은?

① 용접속도가 빠르다.

② 열 이용률이 나쁘다.

③ 얇은 판의 용접에 적합하다.

④ 용접 변형이 크다.

해설 후진법은 전진법에 비하여 용접속도가 빠르고, 홈 각도, 용접 변형이 작으며, 산화 정도나 용착금속의 조직이 좋고, 전진법에 비하여 두꺼운 강판을 용접할 수 있다.

29 절단의 종류 중 아크절단에 속하지 않는 것은?

① 탄소 아크절단
② 금속 아크절단
③ 플라즈마 제트 절단
④ 수중절단

해설 수중절단
• 수중절단은 침몰선의 해체, 교량 건설에 주로 사용되고, 수심 45m까지 가능
• 지상보다 많은 양의 4~8배의 가스를 사용하고, 절단 산소의 압력은 1.5~2배, 절단속도는 느리다.
• 산소, 수소를 가장 많이 사용하고, 아세틸렌, 프로판을 사용할 수도 있다.

30 강재의 표면에 개재물이나 탈탄층 등을 제거하기 위하여 비교적 얇고 넓게 깎아내는 가공방법은?

① 스카핑
② 가스 가우징
③ 아크 에어 가우징
④ 워터 제트 절단

정답 25 ③   26 ③   27 ②   28 ①   29 ④   30 ①

해설 스카핑
① 강재 표면의 개재물, 탈탄층 또는 홈을 제거하기 위해 사용하며, 가우징과 다른 것은 표면을 얇고 넓게 깎는 것이다.
② 스카핑의 속도는 냉간재는 5~7m/min, 열간재는 20m/min으로 상당히 빠르다.

31 다음 중 용접기에서 모재를 (+)극에, 용접봉을 (−)극에 연결하는 아크 특성으로 옳은 것은?

① 직류정극성   ② 직류역극성
③ 용극성   ④ 비용극성

해설

직류정극성 (DCSP)	모재	+	모재의 용입이 깊고, 용접봉이 천천히 녹음. 비드 폭이 좁고, 일반적인 용접에 많이 사용됨.
	용접봉	−	

32 야금적 접합법의 종류에 속하는 것은?

① 납땜 이음   ② 볼트 이음
③ 코터 이음   ④ 리벳 이음

해설 용접은 야금적 접합이라고 하며, 용접의 종류에는 융접, 압접, 납땜이 있다.

33 수중절단 작업에 주로 사용되는 연료가스는?

① 아세틸렌   ② 프로판
③ 벤젠   ④ 수소

해설 29번 해설 참조

34 탄소 아크절단에 압축공기를 병용하여 전극홀더의 구멍에서 탄소 전극봉에 나란히 분출하는 고속의 공기를 분출시켜 용융금속을 불어내어 홈을 파는 방법은?

① 아크 에어 가우징   ② 금속 아크절단
③ 가스 가우징   ④ 가스 스카핑

해설 아크 에어 가우징은 탄소 아크절단장치에 6~7기압 정도의 압축공기를 사용하는 방법으로 흑연으로 된 탄소봉에 구리 도금한 전극을 사용하여 홈을 파내는 작업을 한다.

35 가스용접 시 팁 끝이 순간적으로 막혀 가스 분출이 나빠지고 혼합실까지 불꽃이 들어가는 현상을 무엇이라 하는가?

① 인화   ② 역류
③ 점화   ④ 역화

해설
① **역류** : 산소압력 과다, 아세틸렌 공급량이 부족할 경우 발생할 수 있으며, 토치 내부의 지관에 막힘현상 발생, 이때 고압의 산소가 밖으로 나가지 못하고 산소보다 압력이 낮은 아세틸렌을 밀어내면서 아세틸렌 호스 쪽으로 거꾸로 흐르는 현상. 역류를 방지하기 위해서는 팁을 깨끗이 청소하고, 산소를 차단시키며, 아세틸렌을 차단시킨다.
② **역화** : 용접 중에 모재에 팁 끝이 닿아 불꽃이 순간적으로 팁 끝에 흡인되고, 빵빵 소리를 내며, 불꽃이 꺼졌다 켜졌다 하는 현상
③ **인화** : 팁 끝이 순간적으로 막히게 되면 가스 분출이 나빠지고 혼합실까지 불꽃이 들어가는 수가 있음. 발생 시 아세틸렌 차단 후 산소 차단

36 피복 배합제의 종류에서 규산나트륨, 규산칼륨 등의 수용액이 주로 사용되며 심선에 피복제를 부착하는 역할을 하는 것은 무엇인가?

① 탈산제   ② 고착제
③ 슬래그 생성제   ④ 아크 안정제

피복제의 종류
① 아크 안정제 : 규산나트륨, 규산칼슘, 산화티탄, 석회석 등
② 가스 발생제 : 녹말, 톱밥, 셀룰로스, 탄산바륨, 석회석 등
③ 슬래그 생성제 : 형석, 산화철, 산화티탄, 이산화망간, 석회석 등
④ 탈산제 : 페로망간, 페로실리콘, 페로티탄, 규소철, 망간철, 알루미늄, 소맥분, 목재톱밥 등
⑤ 고착제 : 규산나트륨, 규산칼륨, 아교, 소맥분, 해초풀, 젤라틴 등
⑥ 합금 첨가제 : 망간, 크롬, 구리, 몰리브덴 등

37 판의 두께(t)가 3.2mm인 연강판을 가스용접으로 보수하고자 할 때 사용할 용접봉의 지름(mm)은?

① 1.6mm
② 2.0mm
③ 2.6mm
④ 3.0mm

해설 용접봉의 지름

$$D = \frac{T}{2} + 1 = \frac{3.2}{2} = 2.6mm$$

(D : 지름, T : 판두께)

38 가스절단 시 예열불꽃의 세기가 강할 때의 설명으로 틀린 것은?

① 절단면이 거칠어진다.
② 드래그가 증가한다.
③ 슬래그 중의 철 성분의 박리가 어려워진다.
④ 모서리가 용융되어 둥글게 된다.

해설 예열불꽃이 약하면 드래그의 길이가 증가하고, 절단속도가 늦어진다.

39 황(S)이 적은 선철을 용해하여 구상흑연주철을 제조 시 주로 첨가하는 원소가 아닌 것은?

① Al
② Ca
③ Ce
④ Mg

해설 보통주철의 편상흑연들이 용융 상태에서 Mg, Ce, Ca 등을 첨가하면 편상흑연이 구상화 흑연으로 변화된다. 이때의 주철을 구상흑연주철이라고 한다.

40 해드필드(hadfield)강은 상온에서 오스테나이트 조직을 가지고 있다. Fe 및 C 이외에 주요 성분은?

① Ni
② Mn
③ Cr
④ Mo

해설		
Mn강	저Mn	펄라이트Mn강, 듀콜강, 1~2%의 Mn, 0.2~1%의 C 함유, 인장강도가 440~863MPa이며, 연신율은 13~34%이고, 건축, 토목, 교량재 일반구조용 부분품이나 제지용 롤러 등에 이용
	고Mn	오스테나이트Mn강, 해드필드강, 내마멸성, 경도가 크고, 광산기계, 레일교차점에 사용 1,050℃ 부근에서 수인하여 인성을 부여한다.

41 조밀육방격자의 결정구조로 옳게 나타낸 것은?

① FCC
② BCC
③ FOB
④ HCP

해설 • 체심입방격자 : BCC
• 면심입방격자 : FCC
• 조밀육방격자 : HCP

42 전극재료의 선택 조건을 설명한 것 중 틀린 것은?

① 비저항이 작아야 한다.

② Al과의 밀착성이 우수해야 한다.

③ 산화 분위기에서 내식성이 커야 한다.

④ 금속 규화물의 용융점이 웨이퍼 처리온도보다 낮아야 한다.

> **해설** 금속 규화물
> 금속과 규소화합물의 총칭을 말하며, 일반적으로 고융점이다.

43 7-3 황동에 주석을 1% 첨가한 것으로, 전연성이 좋아 관 또는 판을 만들어 증발기, 열 교환기 등에 사용되는 것은?

① 문쯔메탈　　② 네이벌 황동

③ 카트리지 브라스　　④ 애드미럴티 황동

> **해설** ① 문쯔메탈 : Cu60%, Zn40%, 인장강도 최대, 볼트, 너트, 탄피 등에 사용
> ② 네이벌 황동 : 6 : 4황동 + Sn1%, 선박, 기계부품 등
> ③ 카트리지 브라스 : 7 : 3황동

44 탄소강의 표준조직을 검사하기 위해 A_3 또는 Acm 선보다 30~50℃ 높은 온도로 가열한 후 공기 중에 냉각하는 열처리는?

① 노멀라이징　　② 어닐링

③ 템퍼링　　④ 퀜칭

> **해설** 불림(노멀라이징, Normalizing)
> 단조, 압연 등의 소성가공이나 주조로 거칠어진 조직을 미세화하고 편석이나 잔류응력을 제거하기 위하여 910℃보다 약 30~50℃ 높게 가열하여 공기 중에서 공랭하는 것을 불림이라고 한다. 결정입자와 조직이 미세하게 되어서, 경도, 강도가 크게 증가하고 연신율과 인성도 조금 증가한다.

45 소성변형이 일어나면 금속이 경화하는 현상을 무엇이라 하는가?

① 탄성경화　　② 가공경화

③ 취성경화　　④ 자연경화

> **해설**
> • 소성 : 물체에 외력을 가한 후 변형이 발생하고, 외력을 제거해도 변형이 유지되는 성질
> • 탄성 : 물체에 외력을 가한 후 변형이 발생하고, 외력을 제거하면 본래의 모양으로 돌아오는 성질
> • 취성 : 깨지는 성질
> • 가공 : 어떤 원료를 인공적으로 처리하여 새로운 제품을 만드는 것

46 납 황동은 황동에 납을 첨가하여 어떤 성질을 개선한 것인가?

① 강도　　② 절삭성

③ 내식성　　④ 전기전도도

> **해설** 연황동
> 황동 + Pb1~3% 절삭성을 좋게 한 것, 시계 기어용

47 마우러 조직도에 대한 설명으로 옳은 것은?

① 주철에서 C와 P량에 따른 주철의 조직관계를 표시한 것이다.

② 주철에서 C와 Mn량에 따른 주철의 조직관계를 표시한 것이다.

③ 주철에서 C와 Si량에 따른 주철의 조직관계를 표시한 것이다.

④ 주철에서 C와 S량에 따른 주철의 조직관계를 표시한 것이다.

> **해설** 마우러 조직도는 주철 중에 C, Si의 양, 냉각속도에 따른 조직변화를 표시한다.

48 순 구리(Cu)와 철(Fe)의 용융점은 약 몇 ℃인가?

① Cu : 660℃   Fe : 890℃

② Cu : 1,063℃   Fe : 1,050℃

③ Cu : 1,083℃   Fe : 1,539℃

④ Cu : 1,455℃   Fe : 2,200℃

해설 주요 금속의 용융점

금속	온도(℃)	금속	온도(℃)	금속	온도(℃)
Cu	1,083	Al	660	Mg	650
Sn	232	Fe	1,538	Ni	1,455
Zn	419	Co	1,495	Ti	1,668

49 게이지용 강이 갖추어야 할 성질로 틀린 것은?

① 담금질에 의한 변형이 없어야 한다.

② HRC 55 이상의 경도를 가져야 한다.

③ 열팽창계수가 보통 강보다 커야 한다.

④ 시간에 따른 치수 변화가 없어야 한다.

해설 게이지용 강의 구비조건
① 담금질에 의한 변형 및 균열이 적어야 한다.
② 장시간 경과해도 치수의 변화가 적어야 한다.
③ 내마모성이 크고 내식성이 우수해야 한다.

50 그림에서 마텐자이트 변태가 가장 빠른 곳은?

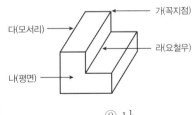

① 가

② 나

③ 다

④ 라

해설 담금질(퀜칭, Quenching)
강을 오스테나이트 상태의 고온보다 30~50℃ 정도 높은 온도에서 일정 시간 가열한 후 물이나 기름 중에 담가서 급랭시키는 것을 담금질이라고 한다. 이 열처리는 재료를 경화시키며, 이 조작에 의에 페라이트에 탄소가 강제로 고용당한 마텐자이트 조직을 얻을 수 있다.
∴ 꼭지점 부분이 열 발산 방향이 많아 냉각이 빠르다.

51 그림과 같은 입체도의 제3각 정투상도로 가장 적합한 것은?

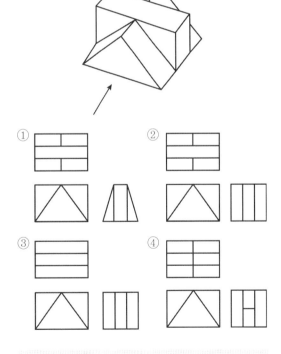

해설 입체도의 화살표 방향을 정면으로 기준을 잡고 정면의 우측과 정면의 위쪽에 대한 모양을 유추하여 답을 찾아낼 수 있다.

52 다음 중 저온배관용 탄소강관 기호는?

① SPPS ② SPLT
③ SPHT ④ SPA

> 해설 • SPPS : 압력배관용 탄소강관
> • SPHT : 고온배관용 탄소강관

53 다음 중에서 이면 용접 기호는?

①   ②
③   ④

> 해설
>
> | 종류 | 기호 | 종류 | 기호 |
> |---|---|---|---|
> | 양면 플랜지형 맞대기 이음용접 | 八 | 필릿 용접 | △ |
> | 평면형 평행 맞대기 이음용접 | ‖ | 플러그 용접 슬롯 용접 | ⊏ |
> | 한쪽면 V형 홈 맞대기 이음용접 | V | 스폿 용접 | ○ |
> | 한쪽면 K형 맞대기 이음용접 | V | 심용접 | ⊖ |
> | 부분 용입 한쪽면 V형 맞대기용접 | Y | 뒷면용접 | ▽ |

54 다음 중 현의 치수 기입을 올바르게 나타낸 것은?

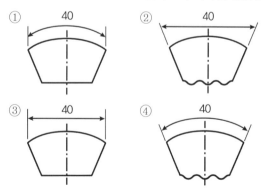

> 해설
>
> | (a) 변의 길이 치수 | (b) 현의 길이 치수 |
> |---|---|
> | 42 | 42 |
> | (c) 호의 길이 치수 | (d) 각도 치수 |
> | ⌢42 | 30° |

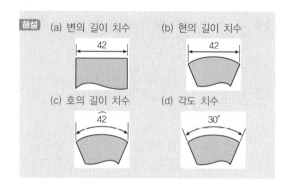

55 다음 중 대상물을 한쪽 단면도로 올바르게 나타낸 것은?

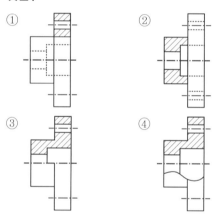

> 해설 반단면도(한쪽 단면도)
> 물체의 1/4을 절단하여 내부와 외형을 표현

56 다음 중 도면에서 단면도의 해칭에 대한 설명으로 틀린 것은?

① 해칭선은 반드시 주된 중심선에 45℃로만 경사지게 긋는다.
② 해칭선은 가는 실선으로 규칙적으로 줄을 늘어 놓는 것을 말한다.
③ 단면도에 재료 등을 표시하기 위해 특수한 해칭(또는 스머징)을 할 수 있다.
④ 단면 면적이 넓을 경우에는 그 외형선에 따라 적절한 범위에 해칭(또는 스머징)을 할 수 있다.

정답 52 ② 53 ③ 54 ③ 55 ③ 56 ①

해설 해칭선은 가는 실선으로 표시하고, 아주 굵은 실선은 특수한 용도의 선으로 사용된다. 일반적으로 해칭의 각도가 45°이지만 반드시 45°로 해칭선을 그려야 하는 것은 아니다.

해설 화살표 방향을 정면으로 기준하고 윗부분에 대한 모양을 하나씩 찾아내어 정답을 유추해낼 수 있다.

57 배관의 간략 도시방법 중 환기계 및 배수계의 끝 장치 도시방법의 평면도에서 그림과 같이 도시된 것의 명칭은?

① 배수구   ② 환기관
③ 벽붙이 환기삿갓   ④ 고정식 환기삿갓

해설 해당 도면은 고정식 환기삿갓을 의미한다.

59 나사 표시가 "L 2N M50 x 2 − 4h"로 나타날 때 이에 대한 설명으로 틀린 것은?

① 왼 나사이다.
② 2줄 나사이다.
③ 미터 가는 나사이다.
④ 암나사 등급이 4h이다.

해설 나사의 잠김 방향(L), 나사산의 줄 수(2N), 나사명(M−미터나사), 호칭경(50), 피치(2), 나사의 등급(4h)
H : 암나사, h : 수나사

58 그림과 같은 입체도에서 화살표 방향에서 본 투상을 정면으로 할 때 평면도로 가장 적합한 것은?

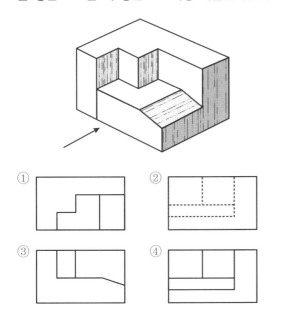

60 무게중심선과 같은 선의 모양을 가진 것은?

① 가상선   ② 기준선
③ 중심선   ④ 피치선

해설		
가상선	가는 2점 쇄선	• 가공 전, 후의 모양을 사용하는 선 • 인접 부분을 참고로 표시하는 데 사용하는 선
무게중심선	가는 2점 쇄선	단면의 무게중심을 연결하는 데 사용하는 선

2015년 제2회 기출문제

01 용접작업 시 안전에 관한 사항으로 틀린 것은?

① 높은 곳에서 용접작업할 경우 추락, 낙하 등의 위험이 있으므로 항상 안전벨트와 안전모를 착용한다.

② 용접작업 중에 유해가스가 발생하기 때문에 통풍 또는 환기장치가 필요하다.

③ 가연성의 분진, 화약류 등 위험물이 있는 곳에서는 용접을 해서는 안 된다.

④ 가스용접은 강한 빛이 나오지 않기 때문에 보안경을 착용하지 않아도 된다.

해설 가스용접도 강한 불빛이 발생하므로 차광도 4~8번의 보안경을 착용하여야 한다.

02 다음 전기저항용접법 중 주로 기밀, 수밀, 유밀성을 필요로 하는 탱크의 용접 등에 가장 적합한 것은?

① 점(spot)용접법
② 시임(seam)용접법
③ 프로젝션(projection) 용접법
④ 플래시(flash) 용접법

해설 심용접(시임용접)
① 기밀, 수밀, 유밀성을 요하는 용기의 용접에 사용한다.
② 연속적으로 용접해야 하기 때문에 점용접에 비해 전류 1.5~2배, 가압력 1.2~1.6배가 필요하다.
③ 통전방법에는 단속통전법, 연속통전법, 맥동통전법 등이 있다.
④ 용접하는 방법에 따라 롤러 심, 매시 심, 포일 심, 맞대기 심용접이 있다.

03 용접부의 중앙으로부터 양끝을 향해 용접해 나가는 방법으로, 이음의 수축에 의한 변형이 서로 대칭이 되게 할 경우에 사용되는 용착법을 무엇이라 하는가?

① 전진법
② 비석법
③ 캐스케이드법
④ 대칭법

해설

분류	용착법	설명	그림
단층	전진법	용접이음이 짧은 경우나, 잔류응력이 적을 때 사용	전진법
	후진법(후퇴법)	두꺼운 판 용접	5→4→3→2→1 후진법
	대칭법	중앙에 대칭으로 용접	4 2 1 3 대칭법
	스킵법(비석법)	얇은 판, 비틀림 발생 우려 시 사용	1 4 2 5 3 스킵법(비석법)

04 불활성 가스를 이용한 용가재인 전극 와이어를 송급 장치에 의해 연속적으로 보내어 아크를 발생시키는 소모식 또는 용극식 용접방식을 무엇이라 하는가?

① TIG 용접
② MIG 용접
③ 피복아크용접
④ 서브머지드 아크용접

해설 불활성 가스 금속 아크용접(MIG)의 개요
• MIG 용접은 GMAW라고 하며, 용극식, 소모식 불활성 가스 아크용접이라고 한다. 상품명으로는 코우메틱, 시그마, 필러 아크, 아르고노트 용접이라고도 한다.
• 사용되는 불활성 가스는 아르곤(Ar), 헬륨(He) 등을 사용한다.
• MIG 용접은 연속적으로 공급되는 용가재와 모재 사이에서 발생하는 아크열을 이용하여 용접한다.

정답 01 ④ 02 ② 03 ④ 04 ②

05 용접부에 결함 발생 시 보수하는 방법 중 틀린 것은?

① 기공이나 슬래그 섞임 등이 있는 경우는 깎아내고 재용접한다.

② 균열이 발견되었을 경우 균열 위에 덧살올림용접을 한다.

③ 언더컷일 경우 가는 용접봉을 사용하여 보수한다.

④ 오버랩일 경우 일부분을 깎아내고 재용접한다.

> **해설** 균열이 있을 경우 균열부분을 깎아낸 후 보수용접을 한다.

06 용접할 때 용접 전 적당한 온도로 예열을 하면 냉각속도를 느리게 하여 결함을 방지할 수 있다. 예열온도 설명 중 옳은 것은?

① 고장력강의 경우는 용접 홈을 50~350℃로 예열

② 저합금강의 경우는 용접 홈을 200~500℃로 예열

③ 연강을 0℃ 이하에서 용접할 경우는 이음의 양쪽 폭 100mm 정도를 40~250℃로 예열

④ 주철의 경우는 용접 홈을 40~70℃로 예열

> **해설** 탄소량이 높을수록 예열온도도 높아진다.
> • 저합금강의 경우 90~150℃ 정도로 예열
> • 연강을 0℃ 이하에서 용접할 경우는 저온균열이 생길 수 있으므로 40~70℃ 정도로 예열
> • 주철의 경우는 500~550℃ 정도로 예열

07 서브머지드 아크용접에 관한 설명으로 틀린 것은?

① 장비의 가격이 고가이다.

② 홈 가공의 정밀을 요하지 않는다.

③ 불가시용접이다.

④ 주로 아래보기 자세로 용접한다.

> **해설** 서브머지드 아크용접의 특징
> 1. 장점
> • 고전류로 용접할 수 있으므로 용착속도가 빠르고 용입이 깊어 고능률적이다(용접속도가 수동용접의 10~20배, 용입은 2~3배 정도).
> • 용접속도가 수동용접보다 빨라 능률이 높다.
> • 열효율이 높고, 비드 외관이 양호하고 용접금속의 품질을 좋게 한다.
> • 개선각을 작게 하여 용접 패스 수를 줄일 수 있다.
> • 콘택트 팁에서 통전되므로 와이어 중에 저항열이 적게 발생되어 고전류 사용이 가능하다.
> • 자동용접이므로 용접사의 기량이 품질에 영향을 주지 않아 용접 신뢰도를 높일 수 있다.
> 2. 단점
> • 아크가 보이지 않아 용접의 적부를 확인하면서 용접할 수 없다.
> • 설치비가 비싸고, 용접 시공 조건을 잘못 잡으면 제품의 불량이 커진다.
> • 용접 입열이 크고, 변형을 가져올 수 있다.
> • 용접선이 구부러지거나 짧으면 비능률적이다.
> • 아래보기, 수평 필릿 자세 등에 용이하고 위보기 용접자세 등은 불가능하여 용접자세에 제한을 받는다.

08 안전표지 색채 중 방사능표지의 색상은 어느 색인가?

① 빨강 ② 노랑
③ 자주 ④ 녹색

> **해설** 해당 문제의 답은 ③번 자주색으로 되어 있으나 해당 한국산업규격(KS A 3501 - 안전색 및 안전표지)이 2005년에 폐지되었다. 따라서 현재 시행되고 있는 산업안전보건법 시행규칙에 따라 방사능표지 색상은 노랑색이다.

09 용접부의 시험에서 비파괴 검사로만 짝지어진 것은?

① 인장시험 - 외관시험
② 피로시험 - 누설시험
③ 형광시험 - 충격시험
④ 초음파시험 - 방사선투과시험

해설 비파괴시험
① PT : 침투(탐상) 비파괴검사
② RT : 방사선(탐상) 비파괴검사
③ MT : 자기(자분)(탐상) 비파괴검사
④ UT : 초음파(탐상) 비파괴검사
⑤ ET : 와전류(탐상) 비파괴검사, 맴돌이검사
⑥ VT : 외관검사(육안검사)
⑦ LT : 누설비파괴검사

12 다음 중 불활성 가스(inert gas)가 아닌 것은?

① Ar
② He
③ Ne
④ CO_2

해설 불활성 가스는 고온에서 다른 금속과 화학적 반응을 하지 않는 가스로, 종류로는 Ar, He, Ne 등이 있다.

10 용접 시공 시 발생하는 용접 변형이나 잔류응력 발생을 최소화하기 위하여 용접 순서를 정할 때 유의사항으로 틀린 것은?

① 동일 평면 내에 많은 이음이 있을 때 수축은 가능한 자유단으로 보낸다.
② 중심선에 대하여 대칭으로 용접한다.
③ 수축이 적은 이음은 가능한 먼저 용접하고, 수축이 큰 이음은 나중에 한다.
④ 리벳 작업과 용접을 같이 할 때에는 용접을 먼저 한다.

해설 수축이 큰 이음을 먼저 용접하고, 수축이 작은 이음을 나중에 용접한다.

13 납땜에서 경납용 용제에 해당하는 것은?

① 염화아연
② 인산
③ 염산
④ 붕산

해설 경납 용제의 종류
붕사, 붕산, 붕산엽, 알칼리 등

14 논 가스 아크용접의 장점으로 틀린 것은?

① 보호가스나 용제를 필요로 하지 않는다.
② 피복아크 용접봉의 저수소계와 같이 수소의 발생이 적다.
③ 용접 비드가 좋지만, 슬래그 박리성은 나쁘다.
④ 용접장치가 간단하며 운반이 편리하다.

해설 넌 실드가스 아크용접(논 가스 아크용접)의 특징
① 실드가스 및 용제가 필요 없고, 바람이 있는 옥외에서 용접 가능
② 교류, 직류 모두 사용 가능하며, 전자세 용접 가능
③ 와이어가 고가이고, 용접부의 기계적 성질이 떨어진다.
④ 길이가 긴 용접물에 아크를 중단하지 않고 연속용접을 할 수 있다.
⑤ 용접장치가 간단하며 운반이 편리하다.

11 다음 중 용접부 검사방법에 있어 비파괴시험에 해당하는 것은?

① 피로시험
② 화학분석시험
③ 용접균열시험
④ 침투탐상시험

해설 9번 해설 참조

15 용접선과 하중의 방향이 평행하게 작용하는 필릿 용접은?

① 전면
② 측면
③ 경사
④ 변두리

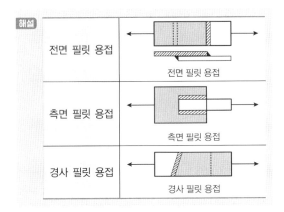

전면 필릿 용접	전면 필릿 용접
측면 필릿 용접	측면 필릿 용접
경사 필릿 용접	경사 필릿 용접

해설

16 납땜 시 용제가 갖추어야 할 조건이 아닌 것은?

① 모재의 불순물 등을 제거하고 유동성이 좋을 것
② 청정한 금속면의 산화를 쉽게 할 것
③ 땜납의 표면장력에 맞추어 모재와의 친화도를 높일 것
④ 납땜 후 슬래그 제거가 용이할 것

해설 **용제의 역할**
• 모재 표면의 산화를 방지하고, 가열 중에 생긴 산화물을 용해한다.
• 용가재의 퍼짐성을 좋게 하고, 산화물을 떠오르게 한다.

17 피복아크용접 시 전격을 방지하는 방법으로 틀린 것은?

① 전격방지기를 부착한다.
② 용접홀더에 맨손으로 용접봉을 갈아 끼운다.
③ 용접기 내부에 함부로 손을 대지 않는다.
④ 절연성이 좋은 장갑을 사용한다.

해설 용접홀더에 용접봉을 갈아 끼울 때는 용접장갑을 항상 착용한다.

18 맞대기 이음에서 판두께 100mm, 용접길이 300cm, 인장하중이 9,000kgf일 때 인장응력은 몇 kgf/cm² 인가?

① 0.3
② 3
③ 30
④ 300

해설 $\sigma = \dfrac{P}{A} = \dfrac{9,000kgf}{10 \times 300cm^2} = 3kgf/cm^2$

19 다음은 용접 이음부의 홈의 종류이다. 박판용접에 가장 적합한 것은?

① K형
② H형
③ I형
④ V형

해설

I형	판두께 6mm까지	I형
V형	판두께 6~19mm	V형
J형	판두께 6~19mm, 양면 J형은 12mm 이상에 쓰인다.	J형
U형	판두께 16~50mm	U형
H형	판두께 50mm 이상	양면 U형(H형)

20 주철의 보수용접방법에 해당되지 않는 것은?

① 스터드법
② 비녀장법
③ 버터링법
④ 백킹법

해설 **주철의 보수용접**
① **스터드법** : 용접부에 스터드 볼트 사용
② **버터링법** : 처음 모재에 사용한 용접봉으로 적당한 두께까지 용접한 후 다른 용접봉으로 다시 용접하는 방법
③ **비녀장법** : 가늘고 긴 용접을 할 때 용접선에 직각이 되게 꺾쇠 모양으로 직경 6mm 정도의 강봉을 박고 용접하는 방법. 스테이플러 같은 것으로 찍어 놓고 용접
④ **로킹법** : 용접부 바닥면에 둥근 홈을 파고 이 부분에 힘을 받도록 하는 용접방법

21 MIG 용접이나 탄산가스 아크용접과 같이 전류밀도가 높은 자동이나 반자동 용접기가 갖는 특성은?

① 수하 특성과 정전압 특성
② 정전압 특성과 상승 특성
③ 수하 특성과 상승 특성
④ 맥동 전류 특성

해설

특성	상태	사용
수하 특성	전류↑, 전압↓	수동용접
정전압 특성	전류↑↓, 전압↔	자동용접
상승 특성	전류↑, 전압↑	자동용접
부저항 특성	전류↑, 아크저항↓, 전압↓	수동용접
정전류 특성	아크길이↑↓, 전류↔	수동용접

22 CO_2가스 아크용접에서 아크전압에 대한 설명으로 옳은 것은?

① 아크전압이 높으면 비드 폭이 넓어진다.
② 아크전압이 높으면 비드가 볼록해진다.
③ 아크전압이 높으면 용입이 깊어진다.
④ 아크전압이 높으면 아크길이가 짧다.

해설 • **전류** : 와이어 송급속도
• **전압** : 용접부 열량

23 다음 중 가스용접에서 산화불꽃으로 용접할 경우 가장 적합한 용접재료는?

① 황동   ② 모넬메탈
③ 알루미늄   ④ 스테인리스

해설 **산화불꽃(산성불꽃)**
아세틸렌가스보다 산소량이 많은 경우에 발생하는 불꽃으로 온도가 가장 높으며, 금속을 산화시키고, 용접부에 기공이 발생한다. 구리, 황동용접에 주로 사용한다.

24 용접기의 사용률이 40%인 경우 아크시간과 휴식시간을 합한 전체 시간은 10분을 기준으로 했을 때 아크발생시간은 몇 분인가?

① 4   ② 6
③ 8   ④ 10

해설 $$사용률 = \frac{아크발생시간}{아크발생시간 + 휴식시간} \times 100$$

25 얇은 철판을 쌓아 포개어 놓고 한꺼번에 절단하는 방법으로 가장 적합한 것은?

① 분말절단   ② 산소창절단
③ 포갬절단   ④ 금속 아크절단

해설 ① **분말절단** : 주철, 고합금강, 비철금속 등은 보통 가스절단으로는 할 수 없으므로, 철분이나 플럭스 분말을 압축공기 또는 압축질소에 혼입, 공급하여 절단
② **산소창절단** : 1.5~3m 정도의 가늘고 긴 강관을 사용하며, 용광로의 팁 구멍, 후판의 절단, 주강 슬래그 덩어리, 암석 등의 구멍뚫기에 사용
④ **금속 아크절단** : 일반적으로 절단용 피복봉을 사용하고, 사용전원으로는 직류정극성을 사용하는 것이 적합하지만, 교류도 사용 가능

정답 21 ② 22 ① 23 ① 24 ① 25 ③

26 용접봉의 용융속도는 무엇으로 표시하는가?

① 단위시간당 소비되는 용접봉의 길이
② 단위시간당 형성되는 비드의 길이
③ 단위시간당 용접입열의 양
④ 단위시간당 소모되는 용접전류

> **해설** 용융속도
> ① 용융속도는 단위시간당 소비되는 용접봉의 길이, 무게로 나타내며, 아크전압, 용접봉의 지름과는 관계가 없으며, 용접전류와 비례관계가 있다.
> ② 용융속도 = 아크전류 × 용접봉쪽 전압강하

27 전류조정을 전기적으로 하기 때문에 원격조정이 가능한 교류용접기는?

① 가포화 리액터형
② 가동코일형
③ 가동철심형
④ 탭전환형

> **해설** 교류아크용접기의 종류
> ① **가동철심형** : 가동철심으로 전류조정, 미세한 전류조정 가능, 교류아크용접기의 종류에서 현재 가장 많이 사용하고 있고, 용접작업 중 가동철심의 진동으로 소음이 발생할 수 있다.
> ② **가동코일형** : 코일을 이동시켜 전류조정, 현재 거의 사용되지 않는다.
> ③ **가포화 리액터형** : 원격조정이 가능, 가변저항의 변화를 이용하여 용접전류를 조정하는 형식이다.
> ④ **탭전환형** : 코일 감긴 수에 따라 전류조정, 미세 전류조정 불가, 전격위험

28 35℃에서 150kgf/cm²으로 압축하여 내부 용적 40.7리터의 산소용기에 충전하였을 때, 용기 속의 산소량은 몇 리터인가?

① 4,470
② 5,291
③ 6,105
④ 7,000

> **해설** $150kgf/cm^2 \times 40.7\ell = 6,105\ell$

29 아크전류가 일정할 때 아크전압이 높아지면 용융속도가 늦어지고, 아크전압이 낮아지면 용융속도는 빨라진다. 이와 같은 아크 특성은?

① 부저항 특성
② 절연회복 특성
③ 전압회복 특성
④ 아크길이 자기제어 특성

> **해설** 아크의 특징
> ① **아크의 전압 분포**
> • 아크전압 = 음극 전압강하 + 양극 전압강하 + 아크 기둥 전압강하
> • $V_a = V_b + V_c + V_d$
> ② **수하 특성** : 부하전류가 증가하면 단자전압은 저하하는 특성
> ③ **정전류 특성** : 아크길이가 변해도 전류는 변하지 않는 특성
> ④ **정전압 특성** : 부하전류가 변해도 단자전압은 변하지 않는 특성
> ⑤ **부저항 특성** : 전류가 커지면 저항이 작아져서 전압도 낮아지는 현상을 아크의 부저항 특성 또는 부특성이라고 한다.
> ⑥ **아크길이 자기제어 특성** : 아크전류가 일정할 때 아크전압이 높아지면 와이어의 용융속도가 늦어지고, 아크전압이 낮아지면 용융속도가 빨라지는 현상을 아크길이 자기제어 특성이라고 한다.
> ⑦ **절연회복 특성** : 보호가스에 의해 순간적으로 꺼졌던 아크가 다시 일어나는 현상을 절연회복 특성이라고 한다.
> ⑧ **전압회복 특성** : 아크가 꺼진 다음에 아크를 다시 발생시키기 위해서는 매우 높은 전압이 필요하게 된다. 아크용접전원은 아크가 중단된 순간에 아크 회로의 과도전압을 급속히 상승회복시키는 현상을 전압회복 특성이라고 한다.

30 다음 중 산소-아세틸렌 용접법에서 전진법과 비교한 후진법의 설명으로 틀린 것은?

① 용접속도가 느리다.
② 열 이용률이 좋다.
③ 용접 변형이 작다.
④ 홈 각도가 작다.

해설 후진법은 전진법에 비하여 비드 모양만 나쁘고, 다른 것은 후진법이 다 좋다.

31 다음 중 가스절단에 있어 양호한 절단면을 얻기 위한 조건으로 옳은 것은?

① 드래그가 가능한 클 것
② 절단면 표면의 각이 예리할 것
③ 슬래그 이탈이 이루어지지 않을 것
④ 절단면이 평활하며 드래그의 홈이 깊을 것

해설 좋은 절단은 절단 시 드래그는 작은 것, 절단 모재의 표면각이 예리한 것, 절단면은 평활하고, 슬래그의 박리성이 우수할수록 좋은 절단이다.

32 피복아크 용접봉의 피복 배합제 성분 중 가스 발생제는?

① 산화티탄
② 규산나트륨
③ 규산칼륨
④ 탄산바륨

해설 가스 발생제 : 녹말, 톱밥, 셀룰로스, 탄산바륨, 석회석 등

33 가스절단에 대한 설명으로 옳은 것은?

① 강의 절단 원리는 예열 후 고압산소를 불어내면 강보다 용융점이 낮은 산화철이 생성되고 이때 산화철은 용융과 동시에 절단된다.
② 양호한 절단면을 얻으려면 절단면이 평활하며 드래그의 홈이 높고 노치 등이 있을수록 좋다.
③ 절단산소의 순도는 절단속도와 절단면에 영향이 없다.
④ 가스절단 중에 모래를 뿌리면서 절단하는 방법을 가스분말절단이라 한다.

해설 **가스절단**
• 산소-아세틸렌 불꽃으로 800~900℃ 정도로 예열하고 난 후 고압의 산소를 불어내면서 절단하는 방법이다.
• 절단에 영향을 주는 요소는 팁의 모양 및 크기, 산소의 순도와 압력, 절단속도, 예열불꽃, 팁의 거리 및 각도, 사용가스 등이다.
• 강이나 저합금강 절단에 사용되고, 고합금강 절단에는 곤란하다.
• 좋은 절단은 절단 시 드래그는 작은 것, 절단 모재의 표면각이 예리한 것, 절단면은 평활하고, 슬래그의 박리성이 우수할수록 좋은 절단이다.

34 가스용접에 사용되는 가스의 화학식을 잘못 나타낸 것은?

① 아세틸렌 : C_2H_2
② 프로판 : C_3H_8
③ 에탄 : C_4H_7
④ 부탄 : C_4H_{10}

해설 에탄 : C_2H_6

35 다음 중 아크 발생 초기에 모재가 냉각되어 있어 용접 입열이 부족한 관계로 아크가 불안정하기 때문에 아크 초기에만 용접전류를 특별히 크게 하는 장치를 무엇이라 하는가?

① 원격제어장치
② 핫 스타트 장치
③ 고주파발생장치
④ 전격방지장치

해설 **고주파발생장치**
교류아크용접기에서 안정한 아크를 얻기 위하여 상용주파의 아크전류에 고전압의 고주파를 중첩시키는 방법으로 아크발생과 용접작업을 쉽게 할 수 있도록 하는 부속장치, 2,000~4,000[V] 고전압을 발생시켜 용접전류에 중첩시키는 장치이다.

정답 31 ② 32 ④ 33 ① 34 ③ 35 ②

36 납땜 용제가 갖추어야 할 조건으로 틀린 것은?

① 모재의 산화 피막과 같은 불순물을 제거하고 유동성이 좋을 것
② 청정한 금속면의 산화를 방지할 것
③ 납땜 후 슬래그의 제거가 용이할 것
④ 침지 땜에 사용되는 것은 젖은 수분을 함유할 것

> **해설** 용가재의 구비조건
> ① 용융온도가 모재보다 낮고 유동성이 있어야 하며, 모재와 친화력이 있어야 한다.
> ② 모재와 야금적 접합이 우수하고, 기계적, 물리적, 화학적 성질이 우수해야 한다.
> ③ 금이나 은대용품은 모재와 색깔이 같아야 한다.
> ④ 전위차가 모재와 가능한 적어야 한다.
> ⑤ 용제의 유효온도 범위와 납땜의 온도가 일치해야 한다.

37 직류아크용접 시 정극성으로 용접할 때의 특징이 아닌 것은?

① 박판, 주철, 합금강, 비철금속의 용접에 이용된다.
② 용접봉의 녹음이 느리다.
③ 비드 폭이 좁다.
④ 모재의 용입이 깊다.

> **해설**
>
> | 극성의 종류 | 결선상태 | | 특징 |
> | --- | --- | --- | --- |
> | 직류정극성
(DCSP) | 모재 | + | 모재의 용입이 깊고, 용접봉이 천천히 녹음. |
> | | 용접봉 | − | 비드 폭이 좁고, 일반적인 용접에 많이 사용됨. |
> | 직류역극성
(DCRP) | 모재 | − | 모재의 용입이 얕고, 용접봉이 빨리 녹음. |
> | | 용접봉 | + | 비드 폭이 넓고, 박판 및 비철금속에 사용됨. |

38 피복아크용접 결함 중 기공이 생기는 원인으로 틀린 것은?

① 용접 분위기 가운데 수소 또는 일산화탄소 과잉
② 용접부의 급속한 응고
③ 슬래그의 유동성이 좋고 냉각하기 쉬울 때
④ 과대전류와 용접속도가 빠를 때

> **해설**
>
> | 기공
(블로홀) | • 황, 수소, 일산화탄소 많을 때
• 용접전류가 높을 때
• 용착부가 급랭될 때
• 용접봉에 습기가 많을 때 | 블로홀 |
> | --- | --- | --- |

39 금속재료의 경량화와 강인화를 위하여 섬유강화 금속 복합재료가 많이 연구되고 있다. 강화섬유 중에서 비금속계로 짝지어진 것은?

① K, W ② W, Ti
③ W, Be ④ SiC, Al_2O_3

> **해설** • SiC : 탄화규소
> • Al_2O_3 : 산화알루미늄

40 상자성체 금속에 해당되는 것은?

① Al ② Fe
③ Ni ④ Co

> **해설** 강자성체(잘 붙는것) : Fe, Ni, Co

41 동(Cu)합금 중에서 가장 큰 강도와 경도를 나타내며 내식성, 도전성, 내피로성 등이 우수하여 베어링, 스프링 및 전극재료 등으로 사용되는 재료는?

① 인(P) 청동

② 규소(Si) 동

③ 니켈(Ni) 청동

④ 베릴륨(Be) 동

해설 • 청동

청동 = Cu + Sn	장신구, 무기, 불상 등, 포금
포금(건메탈)	Cu + Sn8~12% + Zn1~2% 내해수성 우수, 선박재료, 밸브 등
인청동	청동 + P0.05~0.5% 인장강도, 탄성한계 우수, 스프링, 베어링용, 선박용, 화학기계용 등
연청동	청동 + Pb3~26% 중하중 고속회전용 베어링 재료, 패킹재료로 사용
베빗메탈 (화이트메탈)	Cu + Sn80~90% + Sb + Zn 고온, 고압에 견디는 베어링합금 화이트메탈 종류에 따라 주석기, 납기, 아연기가 있으며, Pb이 포함된 화이트메탈도 있다.
켈밋 합금	Cu + Pb30~40% 고속, 고하중용 베어링 재료 베어링에 사용되는 대표적인 구리 합금
콜슨 합금 (코르손 합금)	Cu + Ni + Si 인장강도와 도전율이 높아 통신선, 전화선, 전선용으로 사용
베릴륨 청동	Cu + Be2~3% 구리합금 중에서 가장 강도가 높음. 피로한도, 내열성, 내식성이 우수하여 베어링, 고급 스프링 재료로 사용
알루미늄 청동	Cu + Al12% 항공기, 자동차 등의 부품

• 황동

규소황동	황동 + Si4~5% 내식성, 주조성 양호 선박용 사용

42 고Mn강으로 내마멸성과 내충격성이 우수하고, 특히 인성이 우수하기 때문에 파쇄장치, 기차 레일, 굴착기 등의 재료로 사용되는 것은?

① 엘린바(elinvar)

② 디디뮴(didymium)

③ 스텔라이트(stellite)

④ 해드필드(hadfield)강

해설

Mn강	저Mn	필라이트Mn강, 듀콜강
	고Mn	오스테나이트Mn강, 해드필드강, 내마멸성, 경도가 크고, 광산기계, 레일 교차점에 사용

43 시험편의 지름이 15mm, 최대하중이 5,200kgf일 때 인장강도는?

① 16.8kgf/mm^2　　② 29.4kgf/mm^2

③ 33.8kgf/mm^2　　④ 55.8kgf/mm^2

해설
$$\sigma = \frac{P}{\pi r^2} = \frac{5,200kgf}{7.5^2\pi} = 29.425kgf/mm^2$$

44 다음의 금속 중 경금속에 해당하는 것은?

① Cu　　② Be

③ Ni　　④ Sn

해설　• Cu : 8.93　　• Be : 1.85

　　　• Ni : 8.9　　• Sn : 7.3

45 순철의 자기변태(A2)점 온도는 약 몇 ℃인가?

① 210℃　　② 768℃

③ 910℃　　④ 1,400℃

해설 순철의 변태는 A2(768℃)변태를 자기변태, A3(910℃), A4(1,400℃)변태를 동소변태라고 한다. A3~A4 사이를 동소변태 구간이라고 한다(α철 → γ철 → δ철).

46 주철의 일반적인 성질을 설명한 것 중 틀린 것은?

① 용탕이 된 주철은 유동성이 좋다.

② 공정 주철의 탄소량은 4.3% 정도이다.

③ 강보다 용융온도가 높아 복잡한 형상이라도 주조하기 어렵다.

④ 주철에 함유하는 전탄소(total carbon)는 흑연 + 화합탄소로 나타낸다.

해설 탄소함유량은 2.1~6.68% 정도의 강. 비중 7.2 정도이며 용융점이 낮다(1,150℃).

47 포금(gun metal)에 대한 설명으로 틀린 것은?

① 내해수성이 우수하다.

② 성분은 8~12%Sn 청동에 1~2%Zn을 첨가한 합금이다.

③ 용해주조 시 탈산제로 사용되는 P의 첨가량을 많이 하여 합금 중에 P를 0.05~0.5% 정도 남게 한 것이다.

④ 수압, 수증기에 잘 견디므로 선박용 재료로 널리 사용된다.

해설

포금(건메탈)	Cu + Sn8~12% + Zn1~2% 내해수성 우수, 선박재료, 밸브 등

48 황동은 도가니로, 전기로 또는 반사로 등에서 용해하는데, Zn의 증발로 손실이 있기 때문에 이를 억제하기 위해서는 용탕 표면에 어떤 것을 덮어 주는가?

① 소금

② 석회석

③ 숯가루

④ Al 분말가루

해설 황동을 용해할 때 용융점이 낮은 아연의 증발 우려가 있으므로 이를 막기 위해 용탕 위에 숯가루를 덮어준다.

49 건축용 철골, 볼트, 리벳 등에 사용되는 것으로 연신율이 약 22%이고, 탄소함량이 약 0.15%인 강재는?

① 연강

② 경강

③ 최경강

④ 탄소공구강

해설 일반적으로 연강은 탄소함유량 0.3% 이하이다.

50 저용융점(fusible) 합금에 대한 설명으로 틀린 것은?

① Bi를 55% 이상 함유한 합금은 응고 수축을 한다.

② 용도로는 화재통보기, 압축공기용 탱크 안전밸브 등에 사용된다.

③ 33~66%Pb를 함유한 Bi 합금은 응고 후 시효진행에 따라 팽창현상을 나타낸다.

④ 저용융점 합금은 약 250℃ 이하의 용융점을 갖는 것이며 Pb, Bi, Sn, Cd, In 등의 합금이다.

해설 Bi는 응고 때 부피가 3.32% 증가한다.

51 치수 기입 방법이 틀린 것은?

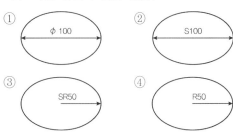

① φ 100
② S100
③ SR50
④ R50

해설 SØ 100으로 기입한다.

52 다음과 같은 배관의 등각 투상도(isometric drawing)를 평면도로 나타낸 것으로 맞는 것은?

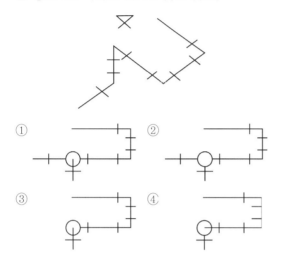

53 표제란에 표시하는 내용이 아닌 것은?

① 재질　　　　　② 척도

③ 각법　　　　　④ 제품명

> 해설 **표제란**
> 도면의 오른쪽 아래에 그리며, 기재사항으로는 도번, 도명, 척도, 투상법, 도면 작성일, 제도한 사람의 이름 등을 기입한다.

54 그림과 같은 용접기호의 설명으로 옳은 것은?

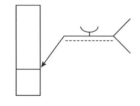

① U형 맞대기용접, 화살표쪽 용접

② V형 맞대기용접, 화살표쪽 용접

③ U형 맞대기용접, 화살표 반대쪽 용접

④ V형 맞대기용접, 화살표 반대쪽 용접

> 해설 U형 맞대기용접을 뜻하는 기호이며 지시선 실선 위에 기호가 있으므로 화살표쪽 용접이 된다(점선에 기호가 있으면 화살표 반대쪽 용접).

55 전기아연도금 강판 및 강재의 KS 기호 중 일반용 기호는?

① SECD　　　　　② SECE

③ SEFC　　　　　④ SECC

> 해설 ① 드로잉용, ② 딥드로잉용, ③ 가공용, 열처리경화용

56 보기 도면은 정면도와 우측면도만이 올바르게 도시되어 있다. 평면도로 가장 적합한 것은?

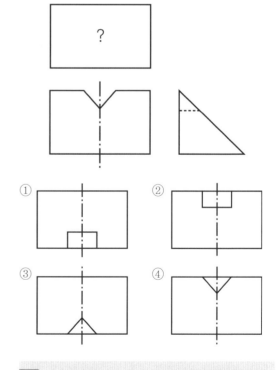

> 해설 주어진 정면도와 우측면도를 조합하여 평면도면을 유추해낼 수 있다.

57 선의 종류와 용도에 대한 설명으로 연결이 틀린 것은?

① 가는 실선 : 짧은 중심을 나타내는 선

② 가는 파선 : 보이지 않는 물체의 모양을 나타내는 선

③ 가는 1점 쇄선 : 기어의 피치원을 나타내는 선

④ 가는 2점 쇄선 : 중심이 이동한 중심궤적을 표시하는 선

해설

가상선	가는 2점 쇄선	• 가공 전, 후의 모양을 표시하는 데 사용하는 선 • 인접 부분을 참고로 표시하는 데 사용하는 선
무게중심선		단면의 무게중심을 연결하는 데 사용하는 선

58 그림의 입체도를 제3각법으로 올바르게 투상한 투상도는?

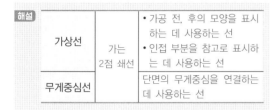

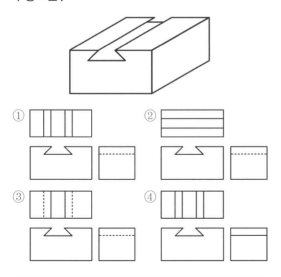

해설 보기에 주어진 입체도에서 특별한 방향 지시가 없다면 8시 방향을 정면도로 잡고 그에 맞는 우측면도와 평면도를 작도한 다음 보기와 같은 것을 찾아낼 수 있다.

59 KS에서 규정하는 체결부품의 조립 간략 표시방법에서 구멍에 끼워 맞추기 위한 구멍, 볼트, 리벳의 기호표시 중 공장에서 드릴 가공 및 끼워 맞춤을 하는 것은?

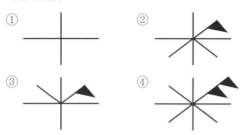

해설 ②, ③, ④ 카운터 싱크
접시머리 리벳의 머리가 표면에 잘 맞게 하기 위해 구멍의 테두리를 크게 만드는 것

60 그림과 같은 단면도에서 "A"가 나타내는 것은?

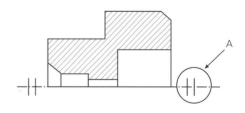

① 바닥 표시기호

② 대칭 도시기호

③ 반복 도형 생략기호

④ 한쪽 단면도 표시기호

해설 도형이 서로 대칭하는 경우 도면의 양쪽에 보기 A와 같은 기호를 표시하고 도형의 한쪽 도면은 생략할 수 있다.

2015년 제4회 기출문제

01 다음 중 텅스텐과 몰리브덴 재료 등을 용접하기에 가장 적합한 용접은?

① 전자빔 용접
② 일렉트로 슬래그 용접
③ 탄산가스 아크용접
④ 서브머지드 아크용접

> **해설** 융점
> W : 3,410℃, Mo : 2,610℃
> 전자빔 용접은 고융점재료 및 이종금속 용접이 용이하다.

02 서브머지드 아크용접 시, 받침쇠를 사용하지 않을 경우 루트 간격을 몇 mm 이하로 하여야 하는가?

① 0.2
② 0.4
③ 0.6
④ 0.8

> **해설** 루트 간격 0.8mm 이하, 루트 면은 7~16mm 정도가 적당하다.

03 연납땜 중 내열성 납땜으로 주로 구리, 황동용에 사용되는 것은?

① 인동납
② 황동납
③ 납-은납
④ 은납

> **해설** 연납땜 중에서 내열성 납땜으로 주로 구리, 황동용으로 사용되는 것은 납-은납이다.

04 용접부 검사법 중 기계적 시험법이 아닌 것은?

① 굽힘시험
② 경도시험
③ 인장시험
④ 부식시험

> **해설** 부식시험은 화학적 시험이다.

05 일렉트로 가스 아크용접의 특징 설명 중 틀린 것은?

① 판두께에 관계없이 단층으로 상진 용접한다.
② 판두께가 얇을수록 경제적이다.
③ 용접속도는 자동으로 조절된다.
④ 정확한 조립이 요구되며, 이동용 냉각 동판에 급수장치가 필요하다.

> **해설** 일렉트로 가스용접의 특징
> ① 탄산가스(이산화탄소)를 사용한다.
> ② 두께가 얇은 40~50mm 용접에 적당하고, 용접금속의 인성이 떨어진다.
> ③ 판두께에 관계없이 단층으로 상진 용접하여 판두께가 두꺼울수록 경제적이다.
> ④ 용접 홈의 기계가공이 필요하며 가스절단 그대로 용접할 수 있다.

06 텅스텐 전극봉 중에서 전자방사능력이 현저하게 뛰어난 장점이 있으며 불순물이 부착되어도 전자방사가 잘되는 전극은?

① 순텅스텐 전극
② 토륨 텅스텐 전극
③ 지르코늄 텅스텐 전극
④ 마그네슘 텅스텐 전극

07 다음 중 표면 피복 용접을 올바르게 설명한 것은?

① 연강과 고장력강의 맞대기용접을 말한다.
② 연강과 스테인리스강의 맞대기용접을 말한다.
③ 금속 표면에 다른 종류의 금속을 용착시키는 것을 말한다.
④ 스테인리스 강판과 연강판재를 접합 시 스테인리스 강판에 구멍을 뚫어 용접하는 것을 말한다.

해설 **표면 피복 용접**
금속 표면에 다른 금속을 용착시키는 것

08 산업용 용접 로봇의 기능이 아닌 것은?

① 작업기능　② 제어기능
③ 계측인식기능　④ 감정기능

해설 감정기능은 없다.

09 불활성 가스 금속 아크용접(MIG)의 용착효율은 얼마 정도인가?

① 58%　② 78%
③ 88%　④ 98%

해설 가스메탈 아크용접(GMAW, MIG)의 용착효율은 98% 정도이다.

10 다음 중 일렉트로 슬래그 용접의 특징으로 틀린 것은?

① 박판용접에는 적용할 수 없다.
② 장비 설치가 복잡하며 냉각장치가 요구된다.
③ 용접시간이 길고 장비가 저렴하다.
④ 용접 진행 중 용접부를 직접 관찰할 수 없다.

해설 **일렉트로 슬래그 용접의 특징**
① 용융 슬래그 중의 저항발열을 이용한다.
② 두꺼운 재료의 용접법에 적합하고, 능률적이고 변형이 적다.
③ 일렉트로 슬래그 용접은 아크용접이 아니고 전류 저항열을 이용한 용접이다.
④ 가격은 고가이나, 기계적 성질이 나쁘다.
⑤ 냉각속도가 느려 기공이나 슬래그 섞임은 적지만 노치 취성이 크다.

11 용접에 있어 모든 열적 요인 중 가장 영향을 많이 주는 요소는?

① 용접입열　② 용접재료
③ 주위온도　④ 용접복사열

해설 용접할 때 발생하는 아크열, 즉 용접입열이 가장 큰 영향을 준다.

12 사고의 원인 중 인적 사고 원인에서 선천적 원인은?

① 신체적 결함　② 무지
③ 과실　④ 미숙련

해설 무지, 과실, 미숙련 등은 후천적 원인이다.

13 TIG 용접에서 직류정극성을 사용하였을 때 용접 효율을 올릴 수 있는 재료는?

① 알루미늄 　　　　② 마그네슘
③ 마그네슘 주물 　　④ 스테인리스강

> **해설** TIG 용접으로 스테인리스강을 용접할 때에는 직류정극성이 적합하다. 전극은 토륨 1~2% 함유된 것이 좋으며, 아크가 안정적이며 전극의 소모가 적다.

14 재료의 인장시험방법으로 알 수 없는 것은?

① 인장강도 　　　　② 단면수축률
③ 피로강도 　　　　④ 연신율

> **해설** 피로강도
> 항복점 응력보다 작은 힘을 지속적으로 가했을 때 견디는 힘

15 용접 변형방지법의 종류에 속하지 않는 것은?

① 억제법 　　　　　② 역변형법
③ 도열법 　　　　　④ 취성파괴법

> **해설** 용접 전에 변형방지법
> ① **구속법** : 구속 지그 및 가접을 실시하여 변형을 억제할 수 있도록 한 것으로 용접물을 정반에(억제법) 고정시키거나 보강재를 이용하거나 또는 일시적인 보조판을 붙이는 것으로 변형을 방지하는 법
> ② **역변형법** : 용접 전에 변형을 예측하여 미리 반대로 변형시킨 후 용접
> ③ **도열법** : 용접 중에 모재의 입열을 최소화하기 위하여 용접부 주위에 물을 적신 석면이나 동판을 대어 용접열을 흡수시키는 방법

16 솔리드 와이어와 같이 단단한 와이어를 사용할 경우 적합한 용접 토치 형태로 옳은 것은?

① Y형 　　　　　　② 커브형
③ 직선형 　　　　　④ 피스톨형

> **해설** ① **커브형(구스넥형) 토치** : 공랭식 토치 사용, 단단한 와이어 사용
> ② **피스톨형(건형) 토치** : 수랭식 사용, 연한 비철금속 와이어 사용, 비교적 높은 전류 사용

17 안전·보건표지의 색채, 색도기준 및 용도에서 색체에 따른 용도를 올바르게 나타낸 것은?

① 빨간색 : 안내 　　② 파란색 : 지시
③ 녹색 : 경고 　　　④ 노란색 : 금지

> **해설** 안전표지와 색채 사용
> ① **적색(빨간색)** : 방화금지, 규제, 고도의 위험, 방향표시, 소화설비, 화학물질의 취급장소에서의 유해·위험 경고 등
> ② **청색** : 특정행위의 지시 및 사실의 고지
> ③ **황색(노란색)** : 주의표시, 충돌, 통상적인 위험·경고 등
> ④ **녹색** : 안전지도, 위생표시, 대피소, 구호표시, 진행 등
> ⑤ **백색** : 통로, 정리정돈, 글씨 및 보조색
> ⑥ **검정(흑색)** : 글씨(문자), 방향표시(화살표)

18 용접금속의 구조상의 결함이 아닌 것은?

① 변형 　　　　　　② 기공
③ 언더컷 　　　　　④ 균열

> **해설** 변형은 치수상 결함이다.

19 금속재료의 미세조직을 금속현미경을 사용하여 광학적으로 관찰하고 분석하는 현미경시험의 진행순서로 맞는 것은?

① 시표 채취 → 연마 → 세척 및 건조 → 부식 → 현미경 관찰

② 시표 채취 → 연마 → 부식 → 세척 및 건조 → 현미경 관찰

③ 시표 채취 → 세척 및 건조 → 연마 → 부식 → 현미경 관찰

④ 시표 채취 → 세척 및 건조 → 부식 → 연마 → 현미경 관찰

해설 현미경 조직시험의 순서는 '시험편 재취 → 마운팅 → 샌드 페이퍼 연마 → 폴리싱 → 부식 → 관찰'이 된다.

20 강판의 두께가 12mm, 폭 100mm인 평판을 V형 홈으로 맞대기용접 이음할 때, 이음효율 η=0.8로 하면 인장력 P는? (단, 재료의 최저 인장강도는 40N/mm²이고, 안전율은 4로 한다)

① 960N   ② 9,600N
③ 860N   ④ 8,600N

해설 안전율 = $\frac{인장강도}{허용응력}$, $4 = \frac{40}{\sigma}$ ∴ σ = 10N/mm²

$\sigma = \frac{P}{A}$, $10 = \frac{P}{12 \times 100}$

∴ P = 12,000N × 이음효율 0.8 = 9,600N

21 다음 중 목재, 섬유류, 종이 등에 의한 화재의 급수에 해당하는 것은?

① A급   ② B급
③ C급   ④ D급

해설

구분	A급 화재	B급 화재	C급 화재	D급 화재
명칭	일반화재	유류화재	전기화재	금속화재
소화기	분말	포말, 분말, CO₂	분말, CO₂	모래, 질식

22 용접부의 시험 중 용접성시험에 해당하지 않는 시험법은?

① 노치취성시험   ② 열특성시험
③ 용접연성시험   ④ 용접균열시험

해설 용접성 시험
용접 후 모재가 목표로 한 강도에 도달했는지의 여부를 알아보는 시험
노치취성시험, 용접연성시험, 용접균열시험 등이 있다.

23 다음 중 가스용접의 특징으로 옳은 것은?

① 아크용접에 비해서 불꽃의 온도가 높다.
② 아크용접에 비해 유해광선의 발생이 많다.
③ 전원설비가 없는 곳에서는 쉽게 설치할 수 없다.
④ 폭발의 위험이 크고 금속이 탄화 및 산화될 가능성이 많다.

해설 가스용접의 특징
① 전기가 필요 없으며 응용범위가 넓다.
② 용접장치 설비비가 저렴, 가열 시 열량조절이 비교적 자유롭다.
③ 유해광선 발생률이 적고, 박판용접에 용이하며, 응용범위가 넓다.
④ 폭발 화재 위험이 있고, 열효율이 낮아서 용접속도가 느리다.
⑤ 탄화, 산화 우려가 많고, 열 영향부가 넓어서 용접 후의 변형이 심하다.
⑥ 용접부 기계적 강도가 낮으며, 신뢰성이 적다.
→ 가스용접은 피복아크용접보다 일반적으로 신뢰성이 낮다.

24 산소-아세틸렌 용접에서 표준불꽃으로 연강판 두께 2mm를 60분간 용접하였더니 200L의 아세틸렌 가스가 소비되었다면, 다음 중 가장 적당한 가변압식 팁의 번호는?

① 100번　　　　② 200번
③ 300번　　　　④ 400번

> **해설** 가변압식(프랑스식, B형) 100번은 1시간 동안 표준불꽃으로 용접했을 때 소비되는 아세틸렌가스의 양이 100리터이다(매 시간당 소비되는 아세틸렌가스의 양). 독일식 1번 = 프랑스식 100번

25 연강용 가스 용접봉의 시험편 처리 표시기호 중 NSR의 의미는?

① 625±25℃로써 용착금속의 응력을 제거한 것
② 용착금속의 인장강도를 나타낸 것
③ 용착금속의 응력을 제거하지 않은 것
④ 연신율을 나타낸 것

> **해설** SR(용접 후 625±25℃에서 풀림처리한다), NSR(용접 후 응력을 제거하지 않는다)

26 피복아크용접에서 사용하는 아크용접용 기구가 아닌 것은?

① 용접 케이블　　② 접지 클램프
③ 용접 홀더　　　④ 팁 클리너

> **해설** 팁 클리너는 가스용접 팁을 청소하는 데 쓰이는 공구이다.

27 피복아크 용접봉의 피복제의 주된 역할로 옳은 것은?

① 스패터의 발생을 많게 한다.
② 용착금속에 필요한 합금원소를 제거한다.
③ 모재 표면에 산화물이 생기게 한다.
④ 용착금속의 냉각속도를 느리게 하여 급랭을 방지한다.

> **해설** 피복제의 역할
> ① 아크를 안정시킴.
> ② 산화, 질화 방지
> ③ 용착효율 향상
> ④ 전기절연작용, 용착금속의 탈산정련작용
> ⑤ 급랭으로 인한 취성방지
> ⑥ 용착금속에 합금원소 첨가
> ⑦ 수직, 수평, 위보기 등의 어려운 자세 용접을 쉽게 할 수 있음.

28 용접의 특징에 대한 설명으로 옳은 것은?

① 복잡한 구조물 제작이 어렵다.
② 기밀, 수밀, 유밀성이 나쁘다.
③ 변형의 우려가 없어 시공이 용이하다.
④ 용접사의 기량에 따라 용접부의 품질이 좌우된다.

> **해설** 용접의 특징
> 1. 장점
>   • 재료의 절감
>   • 높은 이음 효율(기밀성, 수밀성, 유밀성 향상)
>   • 작업속도가 빠르다.
>   • 제작비가 저렴하다.
>   • 판두께와 관계없이 결합이 가능하다.
>   • 보수와 수리가 용이하다.
> 2. 단점
>   • 열을 받기 때문에 변형이나 잔류응력이 생기기 쉽다.
>   • 결함검사가 곤란하다.
>   • 용접사의 기능에 따라 품질이 좌우된다.
>   • 저온취성이 발생할 수 있다.

29 가스절단에서 팁(TIP)의 백심 끝과 강판 사이의 간격으로 가장 적당한 것은?

① 0.1~0.3mm   ② 0.4~1mm

③ 1.5~2mm   ④ 4~5mm

> **해설** 백심 끝과 강판 사이의 간격은 1.5~2mm가 적당하다.

30 스카핑 작업에서 냉간재의 스카핑 속도로 가장 적합한 것은?

① 1~3m/min   ② 5~7m/min

③ 10~15m/min   ④ 20~25m/min

> **해설** 스카핑의 속도는 냉간재는 5~7m/min, 열간재는 20m/min으로 상당히 빠르다.

31 AW-300, 무부하전압 80V, 아크전압 20V인 교류 용접기를 사용할 때, 다음 중 역률과 효율을 올바르게 계산한 것은? (단, 내부손실을 4kW라 한다)

① 역률 : 80.0%, 효율 : 20.6%

② 역률 : 20.6%, 효율 : 80.0%

③ 역률 : 60.0%, 효율 : 41.7%

④ 역률 : 41.7%, 효율 : 60.0%

> **해설**
> 소비전력 = 아크출력 + 내부손실
> 전원입력 = 2차 무부하전압 × 아크전류
> 아크출력 = 아크전압 × 전류
>
> 효율 $= \dfrac{\text{아크출력}}{\text{소비전력}} \times 100(\%)$
>
> 역률 $= \dfrac{\text{소비전력}}{\text{전원입력}} \times 100(\%)$
>
> 아크출력 = 20(V) × 300(A) = 6(kW)
> 전원입력 = 80(V) × 300(A) = 24(kW)
> 소비전력 = 6(kW) + 4(kW) = 10(kW)
>
> 효율 $= \dfrac{6}{10} \times 100 = 60(\%)$
>
> 역률 $= \dfrac{10}{24} \times 100 = 41.66666...(\%)$

32 가스용접에서 후진법에 대한 설명으로 틀린 것은?

① 전진법에 비해 용접 변형이 작고, 용접속도가 빠르다.

② 전진법에 비해 두꺼운 판의 용접에 적합하다.

③ 전진법에 비해 열 이용률이 좋다.

④ 전진법에 비해 산화의 정도가 심하고, 용착금속 조직이 거칠다.

> **해설** 후진법은 전진법에 비하여 비드 모양만 나쁘고, 다른 것은 후진법이 다 좋다.

33 피복아크용접에 관한 사항으로 아래 그림의 ( )에 들어가야 할 용어는?

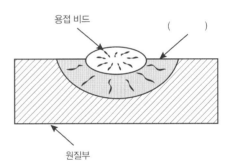

① 용락부   ② 용융지

③ 용입부   ④ 열 영향부

> **해설** 용접 시 아크열로 인한 용접봉이 용착되면서 용접 비드가 생기고 용접 비드 주변으로 용접열로 인한 재질의 변화가 생기는 열 영향부, 열 영향을 받지 않은 모재 원질부로 나뉘게 된다.

34 용접봉에서 모재로 용융금속이 옮겨가는 이행 형식이 아닌 것은?

① 단락형   ② 글로뷸러형

③ 스프레이형   ④ 철심형

해설 용융금속의 이행 형식에는 단락형, 용적형(글로뷸러형), 스프레이형(분무상 이행형)이 있다.

35 직류아크용접에서 용접봉의 용융이 늦고, 모재의 용입이 깊어지는 극성은?

① 직류정극성   ② 직류역극성

③ 용극성   ④ 비용극성

해설

직류정극성 (DCSP)	모재	+	모재의 용입이 깊고, 용접봉이 천천히 녹음.
	용접봉	−	비드 폭이 좁고, 일반적인 용접에 많이 사용됨.

36 아세틸렌가스의 성질로 틀린 것은?

① 순수한 아세틸렌가스는 무색, 무취이다.

② 금, 백금, 수은 등을 포함한 모든 원소와 화합 시 산화물을 만든다.

③ 각종 액체에 잘 용해되며, 물에는 1배, 알코올에는 6배 용해된다.

④ 산소와 적당히 혼합하여 연소시키면 높은 열을 발생한다.

해설 **산화물** : 산소와 다른 원소와의 화합물
아세틸렌(C_2H_2) → 산소 없음.

37 아크용접기에서 부하전류가 증가하여도 단자전압이 거의 일정하게 되는 특성은?

① 절연 특성   ② 수하 특성

③ 정전압 특성   ④ 보존 특성

해설

특성	상태	사용
수하 특성	전류↑, 전압↓	수동용접
정전압 특성	전류↑↓, 전압↔	자동용접
상승 특성	전류↑, 전압↑	자동용접
부저항 특성	전류↑, 아크저항↓, 전압↓	수동용접
정전류 특성	아크길이↑↓, 전류↔	수동용접

38 피복제 중에 산화티탄을 약 35% 정도 포함하였고 슬래그의 박리성이 좋아 비드의 표면이 고우며 작업성이 우수한 특징을 지닌 연강용 피복아크 용접봉은?

① E4301   ② E4311

③ E4313   ④ E4316

해설 **고산화티탄계(E4313)**
산화티탄 35% 정도 함유한 용접봉으로 아크 안정, 슬래그 박리성, 비드 모양은 우수하지만, 고온균열을 일으키기 쉬운 단점을 가지고 있다. 일반 경구조물에 용접에 이용되고 있다.

39 상률(Phase Rule)과 무관한 인자는?

① 자유도   ② 원소 종류

③ 상의 수   ④ 성분 수

해설 **상률**
물질이 여러 가지의 상으로 되어있을 때 상들 사이의 열적 평형관계를 표시한 것
자유도 $F = C + 2 - P$ (C : 성분 수, P : 상의 수)

40 공석조성을 0.80%C라고 하면, 0.2%C 강의 상온에서의 초석페라이트와 펄라이트의 비는 약 몇 %인가?

① 초석페라이트 75% : 펄라이트 25%

② 초석페라이트 25% : 펄라이트 75%

③ 초석페라이트 80% : 펄라이트 20%

④ 초석페라이트 20% : 펄라이트 80%

해설 **공석강** : 펄라이트 조직
문제에서 공석조성이 0.8%C
$0.8 : 100 = 0.2 : x$
$\therefore x = 25$

41 금속의 물리적 성질에서 자성에 관한 설명 중 틀린 것은?

① 연철은 잔류자기는 작으나 보자력이 크다.
② 영구자석재료는 쉽게 자기를 소실하지 않는 것이 좋다.
③ 금속을 자석에 접근시킬 때 금속에 자석의 극과 반대의 극이 생기는 금속을 상자성체라 한다.
④ 자기장의 강도가 증가하면 자화되는 강도도 증가하나, 어느 정도 진행되면 포화점에 이르는 이 점을 퀴리점이라 한다.

해설 보자력
포화될 때까지 자화시킨 후 자속밀도를 0으로 감소시키는 데 필요한 역방향의 자장의 세기
→ 잔류자기가 낮으면 보자력도 낮다.

42 다음 중 탄소강의 표준조직이 아닌 것은?

① 페라이트   ② 펄라이트
③ 시멘타이트   ④ 마텐자이트

해설 담금질(퀜칭, Quenching)
강을 오스테나이트 상태의 고온보다 30~50℃ 정도 높은 온도에서 일정 시간 가열한 후 물이나 기름 중에 담가서 급랭시키는 것을 담금질이라고 한다. 이 열처리는 재료를 경화시키며, 이 조작에 의에 페라이트에 탄소가 강제로 고용당한 마텐자이트 조직을 얻을 수 있다.

43 주요 성분이 Ni-Fe 합금으로 불변강의 종류가 아닌 것은?

① 인바   ② 모넬메탈
③ 엘린바   ④ 플래티나이트

해설 모넬메탈
Cu + Ni65~70% 함유, 내열성, 내식성, 내마멸성, 연신율이 크다. 터빈날개, 펌프임펠러 등에 사용

44 탄소강 중 함유된 규소의 일반적인 영향으로 틀린 것은?

① 경도의 상승   ② 연신율의 감소
③ 용접성의 저하   ④ 충격값의 증가

해설 Si
강도, 경도, 탄성한도 증가, 연신율, 충격값, 가공성, 용접성 낮아짐. 결정립을 조대화시킨다.

45 다음 중 이온화 경향이 가장 큰 것은?

① Cr   ② K
③ Sn   ④ H

해설 이온화
분자 또는 원자에서 전자를 잃거나 얻는 전자의 이동이 일어나 전하를 띠게 되는 것

46 실온까지 온도를 내려 다른 형상으로 변형 시켰다가 다시 온도를 상승시키면 어느 일정한 온도 이상에서 원래의 형상으로 변화하는 합금은?

① 제진합금   ② 방진합금
③ 비정질합금   ④ 형상기억합금

해설 • 제진합금 = 방진합금 : 진동감소 목적
• 비정질합금 : 결정을 이루지 않은 불규칙한 합금

47 금속에 대한 설명으로 틀린 것은?

① 리튬은 물보다 가볍다.
② 고체 상태에서 결정구조를 가진다.
③ 텅스텐은 이리듐보다 비중이 크다.
④ 일반적으로 용융점이 높은 금속은 비중도 큰 편이다.

해설 금속 중에 최소 비중은 Li(리튬, 0.53), 최대 비중은 Ir(이리듐, 22.5)이다.

48 고강도 Al 합금으로 조성이 AL−Cu−Mg−Mn인 합금은?

① 라우탈   ② Y−합금

③ 두랄루민   ④ 하이드로날륨

> **해설** 두랄루민
> Al−Cu−Mg−Mn 합금, 고강도 알루미늄합금으로 항공기, 자동차 보디재료로 사용

49 7 : 3 황동에 1% 내외의 Sn을 첨가하여 열교환기, 증발기 등에 사용되는 합금은?

① 코슨 황동   ② 네이벌 황동

③ 애드미럴티 황동   ④ 에버듀어 메탈

> **해설** 애드미럴티 황동
> 7·3황동＋Sn1% 파이프, 열교환기 등

50 구리에 5~20% Zn을 첨가한 황동으로, 강도는 낮으나 전연성이 좋고 색깔이 금색에 가까워, 모조금이나 판 및 선 등에 사용되는 것은?

① 톰백   ② 켈밋

③ 포금   ④ 문쯔메탈

> **해설**
>
> | 톰백 | Zn 8~20% | 연성이 크고, 색깔이 아름다워 금대용품으로 사용 |
> |---|---|---|

51 열간 성형 리벳의 종류별 호칭길이(L)를 표시한 것 중 잘못 표시된 것은?

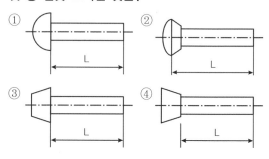

> **해설** 접시머리 리벳은 머리까지 호칭길이를 표시한다.

52 다음 중 배관용 탄소강관의 재질기호는?

① SPA   ② STK

③ SPP   ④ STS

> **해설**
> • SPA : 배관용 합금강관
> • STS : 합금공구강재

53 그림과 같은 KS 용접 보조기호의 설명으로 옳은 것은?

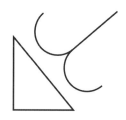

① 필릿 용접부 토우를 매끄럽게 함
② 필릿 용접 중앙부를 볼록하게 다듬질
③ 필릿 용접 끝단부에 영구적인 덮개판을 사용
④ 필릿 용접 중앙부에 제거 가능한 덮개판을 사용

> **해설**
>
> 끝단부를 매끄럽게

54 그림과 같은 ㄷ 형강의 치수 기입 방법으로 옳은 것은? (단, L은 형강의 길이를 나타낸다)

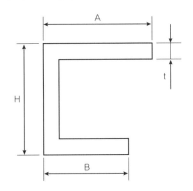

① A×B×H×t-L ② H×A×B×t×L
③ B×A×H×t-L ④ H×B×A×L×t

해설 **형강의 치수표시법**
모양-너비 × 너비 (× 너비) × 두께 × 길이

55 도면에서 반드시 표제란에 기입해야 하는 항목으로 틀린 것은?

① 재질   ② 척도
③ 투상법   ④ 도명

해설 **표제란**
도면의 오른쪽 아래에 그리며, 기재사항으로는 도번, 도명, 척도, 투상법, 도면 작성일, 제도한 사람의 이름 등을 기입한다.

56 선의 종류와 명칭이 잘못된 것은?

① 가는 실선 - 해칭선
② 굵은 실선 - 숨은선
③ 가는 2점 쇄선 - 가상선
④ 가는 1점 쇄선 - 피치선

해설 **굵은 실선** : 외형선

57 그림과 같은 입체도에서 화살표 방향을 정면으로 할 때 평면도로 가장 적합한 것은?

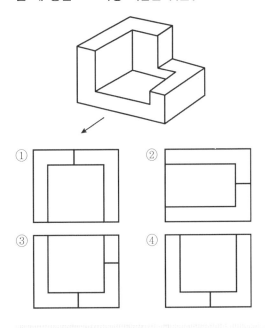

해설 주어진 입체도의 정면을 기준으로 하고 입체도의 윗부분 도면(평면도면)을 유추해낼 수 있다.

58 도면의 밸브 표시방법에서 안전밸브에 해당하는 것은?

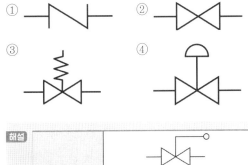

해설 안전밸브

59 제1각법과 제3각법에 대한 설명 중 틀린 것은?

① 제3각법은 평면도를 정면도의 위에 그린다.

② 제1각법은 저면도를 정면도의 아래에 그린다.

③ 제3각법의 원리는 '눈 → 투상면 → 물체'의 순서가 된다.

④ 제1각법에서 우측면도는 정면도를 기준으로 본 위치와는 반대쪽인 좌측에 그려진다.

해설 **1각법**

① 투영도는 정면도, 평면도, 우측면도로 배치한다.
② 투상방법은 '눈 → 물체 → 투상면'이다.
③ 실물파악이 불량하다.

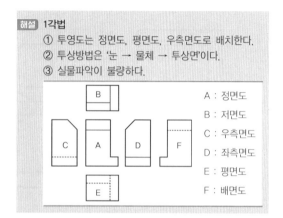

A : 정면도
B : 저면도
C : 우측면도
D : 좌측면도
E : 평면도
F : 배면도

60 일반적으로 치수선을 표시할 때, 치수선 양 끝에 치수가 끝나는 부분임을 나타내는 형상으로 사용한 것이 아닌 것은?

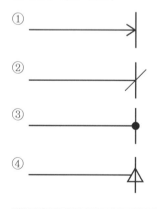

①
②
③
④

해설 **기호 명칭**
① 화살표, ② 틱, ③ 도트

2015년 제5회 기출문제

01 초음파탐상법의 종류에 속하지 않는 것은?

① 투과법
② 펄스반사법
③ 공진법
④ 극간법

> **해설** 자분탐상검사 자화방법
> 극간법, 축통전법, 직각통전법, 코일법, 자속관통법, 전류관통법, 프로드법

02 CO_2가스 아크용접에서 기공의 발생 원인으로 틀린 것은?

① 노즐에 스패터가 부착되어 있다.
② 노즐과 모재 사이의 거리가 짧다.
③ 모재가 오염(기름, 녹, 페인트)되어 있다.
④ CO_2가스의 유량이 부족하다.

> **해설** 노즐과 모재 사이의 거리가 짧으면 아크가 안정되고 CO_2 가스가 용접부를 잘 보호하여 균일한 비드가 나온다.

03 연납과 경납을 구분하는 온도는?

① 550℃
② 450℃
③ 350℃
④ 250℃

> **해설** 납땜에서 연납과 경납을 구분하는 온도는 450℃를 기준으로 한다.

04 전지저항용접 중 플래시 용접 과정의 3단계를 순서대로 바르게 나타낸 것은?

① 업셋 → 플래시 → 예열
② 예열 → 업셋 → 플래시
③ 예열 → 플래시 → 업셋
④ 플래시 → 업셋 → 예열

> **해설** 플래시 용접(업셋 플래시 용접, 불꽃용접)
> ① 용접과정은 예열, 플래시, 업셋 과정의 3단계로 이루어진다.
> ② 가열범위와 열 영향부가 좁고, 용접 강도가 크다.
> ③ 이종재료의 접합이 가능하다.

05 용접작업 중 지켜야 할 안전사항으로 틀린 것은?

① 보호장구를 반드시 착용하고 작업한다.
② 훼손된 케이블은 사용 후에 보수한다.
③ 도장된 탱크 안에서의 용접은 충분히 환기시킨 후 작업한다.
④ 전격방지기가 설치된 용접기를 사용한다.

> **해설** 훼손된 케이블은 전격방지를 위해 사용 전에 보수한다.

06 전격의 방지대책으로 적합하지 않은 것은?

① 용접기의 내부는 수시로 열어서 점검하거나 청소한다.
② 홀더나 용접봉은 절대로 맨손으로 취급하지 않는다.
③ 절연 홀더의 절연부분이 파손되면 즉시 보수하거나 교체한다.
④ 땀, 물 등에 의해 습기 찬 작업복, 장갑, 구두 등은 착용하지 않는다.

> **해설** 용접기 내부 청소는 수시로 하는 것이 아니라 일정한 주기를 가지고 청소를 한다.

정답 01 ④ 02 ② 03 ② 04 ③ 05 ② 06 ①   2015년 제5회 기출문제 **219**

07 용접 홈 이음 형태 중 U형은 루트 반지름을 가능한 크게 만드는데 그 이유로 가장 알맞은 것은?

① 큰 개선각도
② 많은 용착량
③ 충분한 용입
④ 큰 변형량

해설

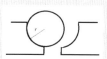

V형 용접 홈에서 모재가 두꺼워 충분한 용입이 이루어지지 않을 때 그림과 같이 루트반지름을 가공하여 충분한 용입을 얻게 하기 위함이다.

08 다음 중 용접 후 잔류응력완화법에 해당하지 않는 것은?

① 기계적 응력완화법
② 저온응력완화법
③ 피닝법
④ 화염경화법

해설 화염경화법은 가열과 냉각으로 표면을 경화시키는 방법이다.

09 용접지그나 고정구의 선택기준 설명 중 틀린 것은?

① 용접하고자 하는 물체의 크기를 튼튼하게 고정시킬 수 있는 크기와 강성이 있어야 한다.
② 용접응력을 최소화할 수 있도록 변형이 자유스럽게 일어날 수 있는 구조이어야 한다.
③ 피용접물의 고정과 분해가 쉬워야 한다.
④ 용접간극을 적당히 받쳐주는 구조이어야 한다.

해설 지그나 고정구는 용접으로 인한 응력 발생을 최소화하고 변형을 막아줄 수 있는 구조이어야 한다.

10 다음 중 CO_2가스 아크용접의 장점으로 틀린 것은?

① 용착금속의 기계적 성질이 우수하다.
② 슬래그 혼입이 없고, 용접 후 처리가 간단하다.
③ 전류밀도가 높아 용입이 깊고, 용접속도가 빠르다.
④ 풍속 2m/s 이상의 바람에도 영향을 받지 않는다.

해설 가스를 사용하는 용접은 반드시 방풍대책을 강구하여야 한다.

11 다음 중 용접 작업 전 예열을 하는 목적으로 틀린 것은?

① 용접 작업성의 향상을 위하여
② 용접부의 수축 변형 및 잔류응력을 경감시키기 위하여
③ 용접금속 및 열 영향부의 연성 또는 인성을 향상시키기 위하여
④ 고탄소강이나 합금강의 열 영향부 경도를 높게 하기 위하여

해설 예열의 목적
① 용접부 및 주변의 열 영향을 줄이기 위해서 예열을 실시한다.
② 냉각속도를 느리게 하여 취성 및 균열을 방지한다.
③ 일정한 온도(약 200℃) 범위의 예열로 비드 밑 균열을 방지할 수 있다.
④ 용접부의 기계적 성질을 향상시키고, 경화조직의 석출을 방지한다.
⑤ 온도분포가 완만하게 되어 열응력의 감소로 변형과 잔류응력의 발생을 적게 한다.

12 다음 중 다층용접 시 적용하는 용착법이 아닌 것은?

① 빌드업법　　　② 캐스케이드법
③ 스킵법　　　④ 전진블록법

해설

분류	용착법	설명	그림
단층	전진법	용접이음이 짧은 경우나, 잔류응력이 적을 때 사용	전진법
	후진법 (후퇴법)	두꺼운 판 용접	5→4→3→2→1 후진법
	대칭법	중앙에 대칭으로 용접	4 2 1 3 대칭법
	스킵법 (비석법)	얇은 판, 비틀림 발생 우려 시 사용	1 4 2 5 3 스킵법(비석법)

13 다음 중 용접자세 기호로 틀린 것은?

① F　　　② V
③ H　　　④ OS

해설 용접 자세
① 아래보기 자세(F) : 용접하려는 모재를 수평으로 놓고, 용접봉을 아래로 향하게 하여 용접하는 자세이다.
② 수직자세(V) : 용접하려는 모재가 수평면과 90° 혹은 45° 이상의 경사를 가지며, 용접방향은 수직 또는 수직면에 대하여 45° 이하의 경사를 가지고 상진, 혹은 하진으로 용접하는 자세이다.
③ 수평자세(H) : 용접하려는 모재가 수평면과 90° 혹은 45° 이상의 경사를 가지며, 용접선이 수평으로 되게 해놓고 용접하는 자세이다.
④ 위보기 자세(O, OH) : 용접하려는 모재가 눈 위로 들려 있는 수평면의 아래쪽에서 용접봉을 위로 향하게 하여 용접하는 자세이다.
⑤ 전자세(AP) : 제품을 용접할 때 2가지 이상을 조합하여 용접하거나 모든 자세를 응용하는 자세를 전자세라고 한다.

14 피복아크용접 시 지켜야 할 유의사항으로 적합하지 않은 것은?

① 작업 시 전류는 적정하게 조절하고 정리정돈을 잘하도록 한다.
② 작업을 시작하기 전에는 메인스위치를 작동시킨 후에 용접기스위치를 작동시킨다.
③ 작업이 끝나면 항상 메인스위치를 먼저 끈 후에 용접기스위치를 꺼야 한다.
④ 아크 발생 시 항상 안전에 신경을 쓰도록 한다.

해설 작업이 끝나면 용접기스위치를 끈 후 메인스위치를 끈다. 작업을 시작할 때는 메인스위치를 켜고 용접기스위치를 켠 다음 작업을 한다.

15 자동화 용접장치의 구성요소가 아닌 것은?

① 고주파발생장치　　　② 칼럼
③ 트랙　　　④ 갠트리

해설
• 칼럼 : 드릴링 머신의 기둥 등을 뜻함.
• 갠트리 : 직각 형태로 움직이는 구조물
• 트랙 : 로봇이 이동할 수 있도록 만든 경로
• 고주파발생장치 : 교류아크용접기에서 안정한 아크를 얻기 위하여 상용 주파의 아크전류에 고전압의 고주파를 중첩시키는 방법으로 아크발생과 용접작업을 쉽게 할 수 있도록 하는 부속장치, 2,000~4,000[V] 고전압을 발생시켜 용접전류에 중첩시키는 장치이다.

16 주철용접 시 주의사항으로 옳은 것은?

① 용접전류는 약간 높게 하고 운봉하여 곡선비드를 배치하며 용입을 깊게 한다.
② 가스용접 시 중성불꽃 또는 산화불꽃을 사용하고 용제는 사용하지 않는다.
③ 냉각되어 있을 때 피닝작업을 하여 변형을 줄이는 것이 좋다.
④ 용접봉의 지름은 가는 것을 사용하고, 비드의 배치는 짧게 하는 것이 좋다.

주철용접 시 유의사항
① 보수용접 시 바닥까지 깎아낸 후 용접한다.
② 비드 배치는 짧게 하는 것이 좋다.
③ 대형이나 판두께가 두꺼운 제품 용접 시 예열 및 후열을 실시한다.
④ 용입을 얕게 하고, 직선비드 배치, 용접전류를 너무 높게 사용하지 않는다.
⑤ 용접봉은 가는 봉을 쓰는 것이 좋다.
⑥ 용접 후 피닝 작업을 하여 변형을 줄이는 것이 좋다.

17 다음 중 테르밋 용접의 특징에 관한 설명으로 틀린 것은?

① 용접작업이 단순하다.
② 용접기구가 간단하고, 작업장소의 이동이 쉽다.
③ 용접시간이 길고, 용접 후 변형이 크다.
④ 전기가 필요 없다.

해설 테르밋 용접의 특징
① 전기가 필요하지 않고, 화학반응에너지를 이용한다.
② 설비 및 용접이용이 저렴하고, 용접시간이 짧고, 변형이 적다.
③ 작업이 단순하여 기술습득이 쉽다.
④ 테르밋제는 알루미늄 분말을 1, 산화철 분말 3~4로 혼합한다.
⑤ 용접 이음부의 홈은 가스절단한 그대로도 좋다.
⑥ 특별한 모양의 홈 가공이 필요 없다.

18 용접 진행 방향과 용착 방향이 서로 반대가 되는 방법으로 잔류응력은 다소 적게 발생하나 작업의 능률이 떨어지는 용착법은?

① 전진법   ② 후진법
③ 대칭법   ④ 스킵법

해설 후진법은 전진법에 비하여 용접속도가 빠르고, 홈 각도, 용접 변형이 작고, 산화 정도나 용착금속의 조직이 좋으며, 전진법에 비하여 두꺼운 강판을 용접할 수 있다.

19 서브머지드 아크용접의 특징으로 틀린 것은?

① 콘택트 팁에서 통전되므로 와이어 중에 저항열이 적게 발생되어 고전류 사용이 가능하다.
② 아크가 보이지 않으므로 용접부의 적부를 확인하기가 곤란하다.
③ 용접 길이가 짧을 때 능률적이며, 수평 및 위보기 자세 용접에 주로 이용된다.
④ 일반적으로 비드 외관이 아름답다.

해설 서브머지드 아크용접 단점
• 아크가 보이지 않아 용접의 적부를 확인하면서 용접할 수 없다.
• 설치비가 비싸고, 용접 시공 조건을 잘못 잡으면 제품의 불량이 커진다.
• 용접 입열이 크고, 변형을 가져올 수 있다.
• 용접선이 구부러지거나 짧으면 비능률적이다.
• 아래보기, 수평 필릿 자세 등에 용이하고 위보기 용접자세 등은 불가능하여 용접자세에 제한을 받는다.

20 전기저항용접의 발열량을 구하는 공식으로 옳은 것은? [단, H : 발열량(cal), I : 전류(A), R : 저항(Ω), t : 시간(sec)이다]

① $H = 0.24IRt$ ② $H = 0.24IR^2t$
③ $H = 0.24I^2Rt$ ④ $H = 0.24IRt^2$

해설 전기저항용접
• 2개 이상의 부품이 저전압과 고전류 밀도의 큰 전류에서 발생한 열과 압력에 의해서 용접하는 방법이다.
• 전기저항용접의 3대 요소는 용접전류, 통전시간, 가압력이다.
• $Q = 0.24I^2Rt$ (Q : 열량, I : 용접전류, R : 저항, t : 시간)

21 비용극식, 비소모식 아크용접에 속하는 것은?

① 피복아크용접
② TIG 용접
③ 서브머지드 아크용접
④ CO_2 용접

정답 17 ③ 18 ② 19 ③ 20 ③ 21 ②

해설 TIG 용접은 GTAW라고도 하며, 비용극식, 비소모성 불활성 가스 아크용접이라고 한다.
상품명으로는 헬륨 아크, 헬리 아크, 헬리 웰드, 아르곤 용접, 아르곤 아크라고도 한다.

해설

용접금속	용제
연강	사용하지 않는다
주철	붕사, 붕산, 탄산소다, 중탄산나트륨
구리 (구리합금)	붕사, 붕산, 플루오나트륨, 규산나트륨 (붕사 75% + 염화리튬 25%)
알루미늄	염화칼륨, 염화리튬, 염화나트륨, 염산칼리

22 TIG 용접에서 직류역극성에 대한 설명이 아닌 것은?

① 용접기의 음극에 모재를 연결한다.
② 용접기의 양극에 토치를 연결한다.
③ 비드 폭이 좁고 용입이 깊다.
④ 산화 피막을 제거하는 청정작용이 있다.

해설

극성의 종류	결선상태		특징
직류정극성 (DCSP)	모재	+	모재의 용입이 깊고, 용접봉이 천천히 녹음.
	용접봉	−	비드 폭이 좁고, 일반적인 용접에 많이 사용됨.
직류역극성 (DCRP)	모재	−	모재의 용입이 얕고, 용접봉이 빨리 녹음.
	용접봉	+	비드 폭이 넓고, 박판 및 비철금속에 사용됨.

23 재료의 접합방법은 기계적 접합과 야금적 접합으로 분류하는데 야금적 접합에 속하지 않는 것은?

① 리벳
② 융접
③ 압접
④ 납땜

해설 리벳은 기계적 접합이다.

24 다음 중 알루미늄을 가스용접할 때 가장 적절한 용제는?

① 붕사
② 탄산나트륨
③ 염화나트륨
④ 중탄산나트륨

25 다음 중 연강용 가스용접봉의 종류인 "GA43"에서 "43"이 의미하는 것은?

① 가스용접봉
② 용착금속의 연신율 구분
③ 용착금속의 최소 인장강도 수준
④ 용착금속의 최대 인장강도 수준

해설 GA43에서 숫자의 의미는 용착금속의 최소 인장강도를 나타낸다.

26 일반적인 용접의 장점으로 옳은 것은?

① 재질 변형이 생긴다.
② 작업공정이 단축된다.
③ 잔류응력이 발생한다.
④ 품질검사가 곤란하다.

해설 용접의 특징
1. 장점
   • 재료의 절감
   • 높은 이음 효율(기밀성, 수밀성, 유밀성 향상)
   • 작업속도가 빠르다.
   • 제작비가 저렴하다.
   • 판두께와 관계없이 결합이 가능하다.
   • 보수와 수리가 용이하다.
2. 단점
   • 열을 받기 때문에 변형이나 잔류응력이 생기기 쉽다.
   • 결함검사가 곤란하다.
   • 용접사의 기능에 따라 품질이 좌우된다.
   • 저온취성이 발생할 수 있다.

정답 22 ③ 23 ① 24 ③ 25 ③ 26 ②

27 아크용접에서 아크 쏠림 방지대책으로 옳은 것은?

① 용접봉 끝을 아크 쏠림 방향으로 기울인다.
② 접지점을 용접부에 가까이한다.
③ 아크길이를 길게 한다.
④ 직류용접 대신 교류용접을 사용한다.

> **해설** 아크 쏠림 방지책
> • 직류 대신 교류 용접기 사용
> • 아크길이를 짧게 유지하고, 긴 용접부는 후퇴법 사용
> • 접지는 양쪽으로 하고, 용접부에서 멀리한다.
> • 용접봉 끝을 자기불림 반대방향으로 기울인다.
> • 용접이 끝난 부분이나 가접이 큰 부분 방향으로 용접
> • 엔드탭 사용

28 토치를 사용하여 용접 부분의 뒷면을 따내거나 U형, H형으로 용접 홈을 가공하는 것으로 일명 가스 파내기라고 부르는 가공법은?

① 산소창절단   ② 선삭
③ 가스 가우징   ④ 천공

> **해설** 가스 가우징
> ① 용접 부분의 뒷면을 따내거나, U형, H형 등의 둥근 홈을 파내는 작업
> ② 토치의 예열각도는 30~40도, 가우징 시 각도는 10~20도이다.
> ③ 홈의 깊이와 폭의 비는 1 : 1~1 : 3 정도이다.

29 가스절단 시 예열불꽃이 약할 때 일어나는 현상으로 틀린 것은?

① 드래그가 증가한다.
② 절단면이 거칠어진다.
③ 역화를 일으키기 쉽다.
④ 절단속도가 느려지고, 절단이 중단되기 쉽다.

> **해설** 가스절단 시 예열불꽃이 강하면 절단면이 거칠어지고, 예열불꽃이 약하면 드래그의 길이가 증가하고, 절단속도가 늦어진다.

30 환원가스 발생작용을 하는 피복아크 용접봉의 피복제 성분은?

① 산화티탄   ② 규산나트륨
③ 탄산칼륨   ④ 당밀

> **해설** 당밀
> 설탕 제조 때 나타나는 부산물. 환원당 다량 함유

31 용접작업을 하지 않을 때는 무부하전압을 20~30V 이하로 유지하고 용접봉을 작업물에 접촉시키면 릴레이(relay) 작동에 의해 전압이 높아져 용접작업을 가능하게 하는 장치는?

① 아크부스터   ② 원격제어장치
③ 전격방지기   ④ 용접봉 홀더

> **해설** 전격방지기(전격방지장치)
> 용접작업자가 전기적 충격을 받지 않도록 2차 무부하전압을 20~30[V] 정도 낮추는 장치

32 직류아크용접기와 비교하여 교류아크용접기에 대한 설명으로 가장 올바른 것은?

① 무부하전압이 높고 감전의 위험이 많다.
② 구조가 복잡하고 극성 변화가 가능하다.
③ 자기쏠림 방지가 불가능하다.
④ 아크 안정성이 우수하다.

> **해설** 직류아크용접기와 교류아크용접기 비교
>
> | 항목(비교사항) | 직류용접기 | 교류용접기 |
> | --- | --- | --- |
> | 아크의 안정 | ○ | × |
> | 극성의 변화 | ○ | × |
> | 전격의 위험 | 적다. | 많다. |
> | 무부하전압 (개로전압) | 낮다. | 높다. |
> | 아크 쏠림 | 발생 | 방지 |
> | 구조 | 복잡하다. | 간단하다. |
> | 비피복봉 사용 | ○ | × |

33 피복아크용접에서 직류역극성(DCRP) 용접의 특징으로 옳은 것은?

① 모재의 용입이 깊다.
② 비드 폭이 좁다.
③ 봉의 용융이 느리다.
④ 박판, 주철, 고탄소강의 용접 등에 쓰인다.

해설

직류역극성 (DCRP)	모재	−	모재의 용입이 얕고, 용접봉이 빨리 녹음.
	용접봉	+	비드 폭이 넓고, 박판 및 비철금속에 사용됨.

34 다음 중 아세틸렌가스의 관으로 사용할 경우 폭발성 화합물을 생성하게 되는 것은?

① 순구리관
② 스테인리스강관
③ 알루미늄합금관
④ 탄소강관

해설 아세틸렌가스는 구리와 화합하여 아세틸라이드를 생성한다. → 열이나 충격에 쉽게 폭발

35 가스용접 모재의 두께가 3.2mm일 때 가장 적당한 용접봉의 지름을 계산식으로 구하면 몇 mm인가?

① 1.6
② 2.0
③ 2.6
④ 3.2

해설 $\frac{T}{2}+1=\frac{3.2}{2}+1=2.6$

36 가스용접에 사용되는 가연성 가스의 종류가 아닌 것은?

① 프로판가스
② 수소가스
③ 아세틸렌가스
④ 산소

해설 산소는 지연성(조연성) 가스이다.

37 피복아크용접기를 사용하여 아크발생을 8분간 하고 2분간 쉬었다면, 용접기 사용률은 몇 %인가?

① 25
② 40
③ 65
④ 80

해설 사용률 = $\frac{아크발생시간}{아크발생시간 + 휴식시간} \times 100(\%)$

38 피복제 중에 산화티탄(TiO$_2$)을 약 35% 정도 포함한 용접봉으로서 아크는 안정되고 스패터는 적으나, 고온균열(hot crack)을 일으키기 쉬운 결점이 있는 용접봉은?

① E4301
② E4313
③ E4311
④ E4316

해설 고산화티탄계(E4313)
산화티탄 35% 정도 함유한 용접봉으로 아크 안정, 슬래그 박리성, 비드 모양은 우수하지만, 고온균열을 일으키기 쉬운 단점을 가지고 있다. 일반 경구조물 용접에 이용되고 있다.

39 알루미늄과 마그네슘의 합금으로 바닷물과 알칼리에 대한 내식성이 강하고 용접성이 매우 우수하여 주로 선박용 부품, 화학장치용 부품 등에 쓰이는 것은?

① 실루민
② 하이드로날륨
③ 알루미늄 청동
④ 애드미럴티 황동

해설 하이드로날륨은 내식성이 가장 우수한 알루미늄 합금이다.

40 열과 전기의 전도율이 가장 좋은 금속은?

① Cu
② Al
③ Ag
④ Au

> 해설 전기(열)전도율 순서
> Ag > Cu > Au > Al > Mg > Zn > Ni > Fe > Pb
> (은구금알마아니철납)

41 섬유강화 금속복합재료의 기지 금속으로 가장 많이 사용되는 것으로 비중이 약 2.7인 것은?

① Na
② Fe
③ Al
④ Co

> 해설 알루미늄의 성질
> ① 순수 알루미늄의 비중은 2.7이고, 용융점은 660℃이며, 산화알루미늄의 비중은 4, 용융점은 2,050℃이다. 변태점은 없다.
> ② 열 및 전기의 양도체이다.
> ③ 전연성이 좋으며, 내식성이 우수하다.
> ④ 주조가 용이하며, 상온, 고온 가공이 용이하다.
> ⑤ 대기 중에서 쉽게 산화되고, 염산에는 침식이 빨리 진행된다.

42 비파괴검사가 아닌 것은?

① 자기탐상시험
② 침투탐상시험
③ 샤르피충격시험
④ 초음파탐상시험

> 해설 충격시험
> ① 인성과 취성(메짐)을 알아보기 위하여 하는 시험방법이다.
> ② 충격시험에는 샤르피형, 아이조드형 시험이 있다.

43 주철의 유동성을 나쁘게 하는 원소는?

① Mn
② C
③ P
④ S

> 해설 S
> 강도, 연신율 감소, 적열취성 원인, 용접성 낮아짐. Mn과 결합하여 절삭성 향상

44 다음 금속 중 용융 상태에서 응고할 때 팽창하는 것은?

① Sn
② Zn
③ Mo
④ Bi

> 해설 Bi는 응고 때 부피가 3.32% 증가한다.

45 강자성체 금속에 해당되는 것은?

① Bi, Sn, Au
② Fe, Pt, Mn
③ Ni, Fe, Co
④ Co, Sn, Cu

> 해설 강자성체(잘 붙는것) : Fe, Ni, Co

46 강에서 상온 메짐(취성)의 원인이 되는 원소는?

① P
② S
③ Mn
④ Cu

> 해설 상온취성
> 상온에서 연신율, 충격치, 피로 등에 대하여 깨지는 성질. 원인은 P이다.

47 60%Cu – 40%Zn 황동으로 복수기용 판, 볼트, 너트 등에 사용되는 합금은?

① 톰백(Tombac)
② 길딩메탈(Gilding metal)
③ 문쯔메탈(Muntz metal)
④ 애드미럴티 메탈(Admiralty metal)

정답 40 ③ 41 ③ 42 ③ 43 ④ 44 ④ 45 ③ 46 ① 47 ③

해설	6·4황동	Cu 60%	인장강도 최대, 볼트, 너트, 탄
		Zn 40%	피 등 문쯔메탈이라고도 함.

해설 **니켈-철계 합금**
① **인바** : Fe-Ni36%, 선팽창계수가 적다. 줄자, 표준자, 시계의 추에 이용
② **엘린바** : Fe-Ni36%-Cr12%, 탄성률이 불변, 시계의 스프링, 정밀계측기 부품
③ **플래티나이트** : Fe-Ni44~48%, 선팽창계수가 유리, 백금과 비슷하다. 전구나 진공관의 도입선에 이용
④ **초인바(초불변강)** : 인바보다 선팽창계수가 더 적다.
⑤ **코엘린바** : 스프링, 태엽, 기상관측용 재료에 사용

48 구상흑연주철에서 그 바탕조직이 펄라이트이면서 구상흑연의 주위를 유리된 페라이트가 감싸고 있는 조직의 명칭은?

① 오스테나이트(austenite) 조직
② 시멘타이트(cementite) 조직
③ 레데뷰라이트(ledeburite) 조직
④ 불스 아이(bull's eye) 조직

해설 가단주철이나 구상흑연주철에서 흑연이 구상이 되어 페라이트로 되어 있는 것은 말한다.
흑연이 황소의 눈과 비슷하다 하여 불스 아이(bull's eye)라 한다.

49 시편의 표점거리가 125mm, 늘어난 길이가 145mm 이었다면 연신율은?

① 16%
② 20%
③ 26%
④ 30%

해설
$$연신율 = \frac{늘어난\ 거리 - 원거리}{원거리} \times 100$$

50 주변 온도가 변화하더라도 재료가 가지고 있는 열팽창계수나 탄성계수 등의 특정한 성질이 변하지 않는 강은?

① 쾌삭강
② 불변강
③ 강인강
④ 스테인리스강

51 그림과 같은 도시기호가 나타내는 것은?

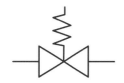

① 안전밸브
② 전동밸브
③ 스톱밸브
④ 슬루브밸브

해설	
안전밸브	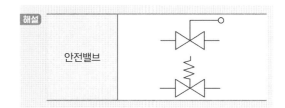

52 도면에 물체를 표시하기 위한 투상에 관한 설명 중 잘못된 것은?

① 주투상도는 대상물의 모양 및 기능을 가장 명확하게 표시하는 면을 그린다.
② 보다 명확한 설명을 위해 주투상도를 보충하는 다른 투상도를 많이 나타낸다.
③ 특별한 이유가 없는 경우 대상물을 가로길이로 놓은 상태로 그린다.
④ 서로 관련되는 그림의 배치는 되도록 숨은선을 쓰지 않도록 한다.

해설 주투상도를 보충하는 다른 투상도는 적게 나타낼수록
좋다.

53 KS 기계재료 표시기호 SS 400의 400은 무엇을
나타내는가?

① 경도   ② 연신율

③ 탄소 함유량   ④ 최저 인장강도

해설 • SS : 일반구조용 압연강재
     • 400 : 해당 재료의 최저 인장강도

54 그림과 같은 입체도의 화살표 방향 투상도로 가장
적합한 것은?

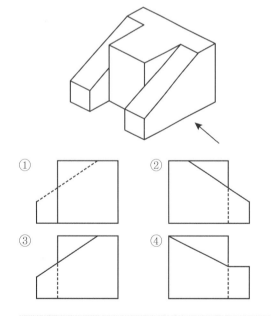

① ② ③ ④

해설 입체도의 화살표쪽 부분에 대한 도형을 하나씩 찾아내서
보기의 정면도와 비교하면서 정답을 찾아낼 수 있다.

55 치수 기입의 원칙에 관한 설명 중 틀린 것은?

① 치수는 필요에 따라 점, 선, 또는 면을 기준으로
하여 기입한다.

② 대상물의 기능, 제작, 조립 등을 고려하여 필요
하다고 생각되는 치수를 명료하게 도면에 지시
한다.

③ 치수 입력에 대해서는 중복 기입을 피한다.

④ 모든 치수에는 단위를 기입해야 한다.

해설 **치수 기입 시 유의사항**
① 길이의 단위는 mm이며, 도면에 기입하지는 않는다.
② 치수의 숫자를 표시할 때에는 자릿수를 표시하는
콤마 등을 표시하지 않는다.
③ 치수는 계산할 필요가 없도록 기입하고, 중복기입
을 피한다.
④ 관련되는 치수는 한 곳에 모아서 기입한다.
⑤ 도면의 길이의 크기와 자세 및 위치를 명확히 표시
한다.
⑥ 외형치수 전체 길이를 기입한다.
⑦ 치수 중 참고치수에 대해서는 괄호 안에 치수를 기
입한다.
⑧ 치수는 되도록 주투상도(정면도)에 기입한다.
⑨ 치수 숫자는 도면에 그린 선에 의해 분할되지 않는
위치에 쓰는 것이 좋다.
⑩ 치수가 인접해서 연속적으로 있을 때에는 되도록
치수선을 일직선이 되게 하는 것이 좋다.

56 그림과 같은 KS 용접기호의 해석으로 올바른 것은?

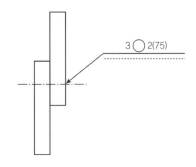

3 ◯ 2(75)

① 지름이 2mm이고, 피치가 75mm인 플러그 용접이다.
② 폭이 2mm이고, 길이가 75mm인 심용접이다.
③ 용접 수는 2개이고, 피치가 75mm인 슬롯 용접이다.
④ 용접 수는 2개이고, 피치가 75mm인 스폿(점) 용접이다.

종류	기호
필릿 용접	◸
플러그 용접 슬롯 용접	⊓
스폿 용접	○
심용접	⊖
뒷면용접	▽

해설

57 그림과 같은 입체도를 3각법으로 올바르게 도시한 것은?

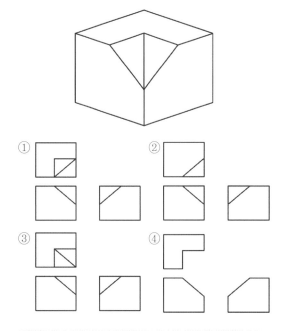

① ② ③ ④

해설 보기에 주어진 입체도에서 특별한 방향 지시가 없다면 8시 방향을 정면도로 잡고 그에 맞는 정면도, 우측면도와 평면도를 작도한 다음 보기와 같은 것을 찾아낼 수 있다.

58 그림과 같이 기계 도면 작성 시 가공에 사용하는 공구 등의 모양을 나타낼 필요가 있을 때 사용하는 선으로 올바른 것은?

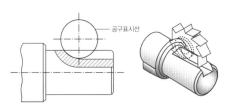

공구표시선

① 가는 실선　② 가는 1점 쇄선
③ 가는 2점 쇄선　④ 가는 파선

용도에 따른 선의 명칭	선의 종류	선의 용도
외형선	굵은 실선	대상물의 보이는 부분을 표시하는 선
치수선	가는 실선	치수를 기입하는 데 사용되는 선
치수보조선		치수 기입에 사용하기 위하여 도형으로부터 끌어내는 데 사용되는 선
지시선		기호, 지시 등을 표시하는 데 사용하는 선
수준면선		유면이나 수면을 나타내는 선
중심선	가는 실선 가는 1점 쇄선	도형의 중심을 표시하는 선
기준선	가는 1점 쇄선	위치 결정의 근거가 되는 것을 명시할 때 사용하는 선
피치선	가는 1점 쇄선	기어, 스프로킷 등의 되풀이 하는 도형의 피치를 나타내는 선
숨은선	가는 파선 굵은 파선	보이지 않는 부분을 나타내는 선
가상선	가는 2점 쇄선	• 가공 전, 후의 모양을 표시하는 데 사용하는 선 • 인접 부분을 참고로 표시하는 데 사용하는 선
무게중심선	가는 2점 쇄선	단면의 무게중심을 연결하는 데 사용하는 선
파단선	지그재그선	• 대상물의 일부를 파단한 곳을 표시하는 선 • 일부를 끊어낸(떼어낸) 부분을 표시하는 선
해칭선	가는 실선	• 단면도의 절단된 부분을 나타내는 선 • 도형의 일정한 특정 부분을 다른 부분과 구별하는 데 사용하는 선 • 해칭의 각도는 45°
특수용도의 선	가는 실선	평면을 나타내거나 위치를 나타내는 선
	아주 굵은 실선	얇은 부분의 단면을 도시하는 데 사용하는 선

59 도면의 척도 값 중 실제 형상을 확대하여 그리는 것은?

① 2 : 1
② 1 : $\sqrt{2}$
③ 1 : 1
④ 1 : 2

[해설]

축척	실물의 크기를 도면에 일정한 비율로 줄여서 그리는 것	1 : 2, 1 : 5, 1 : 100 등
배척	실물의 크기를 도면에 실물보다 크게 그리는 것	2 : 1, 5 : 1, 100 : 1 등
현척	실물의 크기를 도면에 같은 크기로 그리는 것	1 : 1

60 기호를 기입한 위치에서 먼 면에 카운터 싱크가 있으며, 공장에서 드릴 가공 및 현장에서 끼워 맞춤을 나타내는 리벳의 기호 표시는?

①
②
③
④

[해설] 기호가 기입한 위치에서 먼 면에 카운터 싱크가 있으니 십자 모양 기준으로 아래쪽에 기호가 있으며 공장에서 가공 후 현장에서 끼워 맞춤을 하였기에 현장기호는 하나만 기입하게 된다.
카운터 싱크 : 접시머리 리벳의 머리가 금속면에 잘 맞기 위해 접시머리 리벳이 들어갈 구멍의 테두리를 크게 하는 데 사용하는 공구

2016년 제1회 기출문제

01 지름이 10cm인 단면에 8,000kgf의 힘이 작용할 때 발생하는 응력은 약 몇 kgf/cm²인가?

① 89　　　　　　② 102

③ 121　　　　　　④ 158

해설

$$\sigma(응력) = \frac{P(하중)}{A(단면적)}$$

$$\sigma = \frac{8,000kgf}{5^2\pi} \quad \therefore \ \sigma = 102kgf/cm^2$$

02 화재의 분류 중 C급 화재에 속하는 것은?

① 전기화재　　　　② 금속화재

③ 가스화재　　　　④ 일반화재

해설

구분	A급 화재	B급 화재	C급 화재	D급 화재
명칭	일반화재	유류화재	전기화재	금속화재
소화기	분말	포말, 분말, CO_2	분말, CO_2	모래, 질식

03 다음 중 귀마개를 착용하고 작업하면 안 되는 작업자는?

① 조선소의 용접 및 취부작업자

② 자동차 조립공장의 조립작업자

③ 강재 하역장의 크레인 신호자

④ 판금 작업장의 타출 판금작업자

해설 크레인 신호자는 주변 상황을 계속 파악하면서 크레인기사와 의사소통을 해야 하기 때문에 귀마개를 착용하면 안 된다.

04 용접 열원을 외부로부터 공급받는 것이 아니라, 금속산화물과 알루미늄 간의 분말에 점화제를 넣어 점화제의 화학반응에 의하여 생성되는 열을 이용한 금속 용접법은?

① 일렉트로 슬래그 용접

② 전자빔 용접

③ 테르밋 용접

④ 저항용접

해설 테르밋 용접의 개요

① 금속산화물이 알루미늄에 의하여 산소를 빼앗기는 반응을 이용하여 용접한다.

② 레일 및 선박의 프레임 등 비교적 큰 단면을 가진 주조나 단조품의 맞대기용접과 보수용접에 용이하다.

③ 테르밋제의 점화제로 과산화바륨, 알루미늄, 마그네슘 등의 혼합분말이 사용된다.

05 용접작업 시 전격방지대책으로 틀린 것은?

① 절연홀더의 절연 부분이 노출, 파손되면 보수하거나 교체한다.

② 홀더나 용접봉은 맨손으로 취급한다.

③ 용접기의 내부에 함부로 손을 대지 않는다.

④ 땀, 물 등에 의한 습기 찬 작업복, 장갑, 구두 등을 착용하지 않는다.

해설 홀더나 용접봉은 전격의 위험이 있으므로 반드시 용접장갑이나 절연장갑을 착용하고 취급한다.

정답 01 ② 02 ① 03 ③ 04 ③ 05 ②

06 서브머지드 아크 용접봉 와이어 표면에 구리를 도금한 이유는?

① 접촉 팁과의 전기 접촉을 원활히 한다.

② 용접시간이 짧고 변형을 적게 한다.

③ 슬래그 이탈성을 좋게 한다.

④ 용융금속의 이행을 촉진시킨다.

> **해설** 와이어에 구리를 도금하는 이유는 팁이나 콘택트 조의 전기 접촉을 원활하게 하고 부식을 방지하기 위해서이다.

07 기계적 접합으로 볼 수 없는 것은?

① 볼트 이음　　　② 리벳 이음

③ 접어 잇기　　　④ 압접

> **해설** 융접, 압접, 납땜은 야금적 접합법에 속한다.

08 플래시 용접(flash welding)법의 특징으로 틀린 것은?

① 가열범위가 좁고 열 영향부가 적으며 용접속도가 빠르다.

② 용접면에 산화물의 개입이 적다.

③ 종류가 다른 재료의 용접이 가능하다.

④ 용접면의 끝맺음 가공이 정확하여야 한다.

> **해설** 플래시 용접(업셋 플래시 용접, 불꽃용접)
> ① 용접과정은 예열, 플래시, 업셋 과정의 3단계로 이루어진다.
> ② 가열범위와 열 영향부가 좁고, 용접강도가 크다.
> ③ 이종재료의 접합이 가능하다.

09 서브머지드 아크용접부의 결함으로 가장 거리가 먼 것은?

① 기공　　　　　② 균열

③ 언더컷　　　　④ 용착

> **해설** 서브머지드 아크용접은 고전류로 용접할 수 있으므로 용착속도가 빠르고 용입이 깊어 고능률적이다(용접속도가 수동용접의 10~20배, 용입은 2~3배 정도).

10 다음이 설명하고 있는 현상은?

> 알루미늄 용접에서는 사용 전류에 한계가 있어 용접전류가 어느 정도 이상이 되면 청정작용이 일어나지 않아 산화가 심하게 생기며 아크 길이가 불안정하게 변동되어 비드 표면이 거칠게 주름이 생기는 현상

① 번 백(burn back)

② 퍼커링(purkering)

③ 버터링(buttering)

④ 멜트 백킹(melt backing)

> **해설** purker : 잔주름이 잡히다.

11 CO_2가스 아크용접 결함에 있어서 다공성이란 무엇을 의미하는가?

① 질소, 수소, 일산화탄소 등에 의한 기공을 말한다.

② 와이어 선단부에 용적이 붙어 있는 것을 말한다.

③ 스패터가 발생하여 비드의 외관에 붙어 있는 것을 말한다.

④ 노즐과 모재 간의 거리가 지나치게 작아서 와이어 송급 불량을 의미한다.

해설 일반적으로 다공성의 원인이 되는 가스는 수소(H_2), 질소(N_2), 일산화탄소(CO)이다.
다공성(多孔性) : 표면이나 내부에 작은 구멍을 가지고 있는 성질

12 아크 쏠림의 방지대책에 관한 설명으로 틀린 것은?

① 교류용접으로 하지 말고 직류용접으로 한다.
② 용접부가 긴 경우는 후퇴법으로 용접한다.
③ 아크 길이는 짧게 한다.
④ 접지부를 될 수 있는 대로 용접부에서 멀리한다.

해설 아크 쏠림 방지책
① 직류 대신 교류 용접기 사용
② 아크 길이를 짧게 유지하고, 긴 용접부는 후퇴법 사용
③ 접지는 양쪽으로 하고, 용접부에서 멀리한다.
④ 용접봉 끝을 자기불림 반대방향으로 기울인다.
⑤ 용접이 끝난 부분이나 가접이 큰 부분 방향으로 용접
⑥ 엔드탭 사용

13 박판의 스테인리스강의 좁은 홈의 용접에서 아크 교란 상태가 발생할 때 적합한 용접방법은?

① 고주파 펄스 티그 용접
② 고주파 펄스 미그 용접
③ 고주파 펄스 일렉트로 슬래그 용접
④ 고주파 펄스 이산화탄소 아크 용접

해설 교란 : 어지럽고 혼란하게 함.
아크가 일정하지 못하고 불규칙할 때 고주파 펄스를 이용하여 아크의 교란 상태를 최소로 하여 용접할 수 있고 문제에서 박판의 스테인리스강의 용접이라 명시하였기에 불활성 가스를 사용하는 박판용접에 작합한 TIG 용접을 사용할 수 있다.

14 현미경 시험을 하기 위해 사용되는 부식제 중 철강용에 해당되는 것은?

① 왕수
② 염화제2철용액
③ 피크린산
④ 플루오르화수소액

해설 철강용 부식제는 질산, 피크린산, 염산을 알코올과 섞어 사용한다.

15 용접 자동화의 장점을 설명한 것으로 틀린 것은?

① 생산성 증가 및 품질을 향상시킨다.
② 용접조건에 따른 공정을 늘일 수 있다.
③ 일정한 전류 값을 유지할 수 있다.
④ 용접 와이어의 손실을 줄일 수 있다.

해설 사람이 하는 일을 줄이기 위해 작업을 기계가 대신할 수 있도록 하는 것을 작업의 기계화라고 하며, 이 장치에 제어장치를 부착하여 작업을 제어하는 것을 자동화라고 한다.
용접 자동화의 장점
① 생산성 증대 및 양질의 균일한 제품을 생산할 수 있다.
② 작업환경 개선 및 원가절감을 할 수 있다.
③ 작업자 보호, 정보관리, 부족한 용접 인력의 대체 등이 있다.
④ 용접조건에 따른 공정을 줄일 수 있다.
⑤ 용접 와이어의 손실을 줄일 수 있다.

16 용접부의 연성 결함을 조사하기 위하여 사용되는 시험법은?

① 브리넬 시험법
② 비커스 시험법
③ 굽힘시험법
④ 충격시험

해설 모재 및 용접부에 대한 연성과 결함의 유무를 조사하기 위하여 굽힘시험(벤딩시험)을 실시한다.

17 서브머지드 아크용접에 관한 설명으로 틀린 것은?

① 아크 발생을 쉽게 하기 위하여 스틸 울(steel wool)을 사용한다.

② 용융속도와 용착속도가 빠르다.

③ 홈의 개선각을 크게 하여 용접 효율을 높인다.

④ 유해광선이나 흄(fume) 등이 적게 발생한다.

> **해설** 서브머지드 아크용접의 장점
> ① 고전류로 용접할 수 있으므로 용착속도가 빠르고 용입이 깊어 고능률적이다(용접속도가 수동용접의 10~20배, 용입은 2~3배 정도).
> ② 용접속도가 수동용접보다 빨라 능률이 높다.
> ③ 열효율이 높고, 비드 외관이 양호하고 용접금속의 품질을 좋게 한다.
> ④ 개선각을 작게 하여 용접 패스 수를 줄일 수 있다.
> ⑤ 콘택트 팁에서 통전되므로 와이어 중에 저항열이 적게 발생되어 고전류 사용이 가능하다.
> ⑥ 자동용접이므로 용접사의 기량이 품질에 영향을 주지 않아 용접 신뢰도를 높일 수 있다.

18 가용접에 대한 설명으로 틀린 것은?

① 가용접 시에는 본용접보다도 지름이 큰 용접봉을 사용하는 것이 좋다.

② 가용접은 본용접과 비슷한 기량을 가진 용접사에 의해 실시되어야 한다.

③ 강도상 중요한 곳과 용접의 시점 및 종점이 되는 끝부분은 가용접을 피한다.

④ 가용접은 본용접을 실시하기 전에 좌우의 홈 또는 이음 부분을 고정하기 위한 짧은 용접이다.

> **해설** 가접
> ① 가접은 본용접사와 실력이 비슷한 용접사가 실시한다.
> ② 가접 시 본용접보다 가는 용접봉을 사용하고, 전류는 본용접보다 높인다.
> ③ 응력이 집중되는 곳은 가접을 피한다.
> ④ 중요한 부분은 엔드탭을 사용하고 가급적 가접을 피한다.
> ⑤ 홈 안에 가접을 한 경우에는 용접 전에 갈아내는 것이 좋다.
> ⑥ 본용접과 비슷한 온도로 예열한다.
> ⑦ 큰 구조물에서 가접길이가 너무 짧으면 용접부에서 용접 균열이 발생할 수 있으므로 주의한다.

19 용접 이음의 종류가 아닌 것은?

① 겹치기 이음

② 모서리 이음

③ 라운드 이음

④ T형 필릿 이음

> **해설**
>
> | 이음의 종류 | 그림 | 이음의 종류 | 그림 |
> |---|---|---|---|
> | 맞대기 | | 모서리 | |
> | 전면 필릿 | | 변두리 | |
> | T | | 십자 | |
> | 겹치기 | | 측면 필릿 | |

20 플라즈마 아크용접의 특징으로 틀린 것은?

① 용접부의 기계적 성질이 좋으며 변형도 적다.

② 용입이 깊고 비드 폭이 좁으며 용접속도가 빠르다.

③ 단층으로 용접할 수 있으므로 능률적이다.

④ 설비비가 적게 들고 무부하전압이 낮다.

해설 플라즈마 아크용접의 특징
① 용접봉이 토치 내 노즐 안쪽에 들어가 있어서, 모재에 닿을 염려가 없어 용접부에 텅스텐이 오염될 염려가 없다.
② 비드 폭이 좁고, 용입은 깊으며, 용접속도가 빠르다.
③ 기계적 성질이 우수하고 작업이 쉬운 편이다.
④ 용접속도가 빠르므로 가스의 보호가 충분하지 못하다.
⑤ 수동 플라즈마 용접은 전자세가 가능하지만, 자동에서는 자세가 제한된다.
⑥ 설비가 고가이고, 무부하전압이 높다.

22 이산화탄소 아크용접의 보호가스 설비에서 저전류 영역의 가스유량은 약 몇 L/min 정도가 가장 적당한가?

① 1~5
② 6~9
③ 10~15
④ 20~25

해설 이산화탄소 아크용접의 보호가스 설비에서 저전류 영역의 가스유량은 10~15L/min이다.

21 용접자세를 나타내는 기호가 틀리게 짝지어진 것은?

① 위보기 자세 : O
② 수직자세 : V
③ 아래보기 자세 : U
④ 수평자세 : H

해설 용접 자세
① **아래보기 자세(F)** : 용접하려는 모재를 수평으로 놓고, 용접봉을 아래로 향하게 하여 용접하는 자세이다.
② **수직자세(V)** : 용접하려는 모재가 수평면과 90° 혹은 45° 이상의 경사를 가지며, 용접방향은 수직 또는 수직면에 대하여 45° 이하의 경사를 가지고 상진, 혹은 하진으로 용접하는 자세이다.
③ **수평자세(H)** : 용접하려는 모재가 수평면과 90° 혹은 45° 이상의 경사를 가지며, 용접선이 수평으로 되게 해놓고 용접하는 자세이다.
④ **위보기 자세(O, OH)** : 용접하려는 모재가 눈 위로 들려있는 수평면의 아래쪽에서 용접봉을 위로 향하게 하여 용접하는 자세이다.
⑤ **전자세(AP)** : 제품을 용접할 때 2가지 이상을 조합하여 용접하거나 모든 자세를 응용하는 자세를 전자세라고 한다.
⑥ **수직 필릿** : V-Fil
⑦ **수평 필릿** : H-Fil

23 가스용접의 특징으로 틀린 것은?

① 응용범위가 넓으며 운반이 편리하다.
② 전원설비가 없는 곳에서도 쉽게 설치할 수 있다.
③ 아크용접에 비해서 유해광선의 발생이 적다.
④ 열 집중성이 높아 효율적인 용접이 가능하여 신뢰성이 높다.

해설 가스용접의 특징
① 전기가 필요 없으며 응용범위가 넓다.
② 용접장치 설비비가 저렴하고, 가열 시 열량조절이 비교적 자유롭다.
③ 유해광선 발생률이 적고, 박판용접에 용이하며, 응용범위가 넓다.
④ 폭발 화재 위험이 있고, 열효율이 낮아서 용접속도가 느리다.
⑤ 탄화, 산화 우려가 많고, 열 영향부가 넓어서 용접 후의 변형이 심하다.
⑥ 용접부 기계적 강도가 낮으며, 신뢰성이 적다.

24 규격이 AW300인 교류아크용접기의 정격2차전류 조정범위는?

① 0~300A
② 20~220A
③ 60~330A
④ 120~430A

25 아세틸렌가스의 성질 중 15℃ 1기압에서의 아세틸렌 1리터의 무게는 약 몇 g인가?

① 0.151   ② 1.176
③ 3.143   ④ 5.117

해설 15℃ 1기압에서 아세틸렌 1ℓ의 무게는 1.176g이다.

26 가스용접에서 모재의 두께가 6mm일 때 사용되는 용접봉의 직경은 얼마인가?

① 1mm   ② 4mm
③ 7mm   ④ 9mm

해설 $D = \dfrac{T}{2} + 1 = \dfrac{6}{2} + 1 = 4$

27 피복아크용접 시 아크 열에 의하여 용접봉과 모재가 녹아서 용착금속이 만들어지는데 이때 모재가 녹은 깊이를 무엇이라 하는가?

① 용융지   ② 용입
③ 슬래그   ④ 용적

해설 용입
용접재료가 녹은 깊이, 모재의 용융된 부분의 가장 높은 점과 용접하는 면의 표면과의 거리를 의미한다.

28 직류아크용접기로 두께가 15mm이고, 길이가 5m인 고장력 강판을 용접하는 도중에 아크가 용접봉 방향에서 한쪽으로 쏠리었다. 다음 중 이러한 현상을 방지하는 방법이 아닌 것은?

① 이음의 처음과 끝에 엔드탭을 이용한다.
② 용량이 더 큰 직류용접기로 교체한다.
③ 용접부가 긴 경우에는 후퇴용접법으로 한다.
④ 용접봉 끝을 아크 쏠림 반대방향으로 기울인다.

해설 아크 쏠림 방지책
① 직류 대신 교류 용접기 사용
② 아크길이를 짧게 유지하고, 긴 용접부는 후퇴법 사용
③ 접지는 양쪽으로 하고, 용접부에서 멀리한다.
④ 용접봉 끝을 자기불림 반대방향으로 기울인다.
⑤ 용접이 끝난 부분이나 가접이 큰 부분 방향으로 용접
⑥ 엔드탭 사용

29 강재 표면의 홈이나 개재물, 탈탄층 등을 제거하기 위해 얇고, 타원형 모양으로 표면을 깎아내는 가공법은?

① 가스 가우징   ② 너깃
③ 스카핑   ④ 아크 에어 가우징

해설 스카핑
① 강재 표면의 개재물, 탈탄층 또는 홈을 제거하기 위해 사용하며, 가우징과 다른 것은 표면을 얇고 넓게 깎는 것이다.
② 스카핑의 속도는 냉간재는 5~7m/min, 열간재는 20m/min으로 상당히 빠르다.

30 가스용기를 취급할 때의 주의사항으로 틀린 것은?

① 가스용기의 이동 시는 밸브를 잠근다.
② 가스용기에 진동이나 충격을 가하지 않는다.
③ 가스용기의 저장은 환기가 잘되는 장소에 한다.
④ 가연성 가스용기는 눕혀서 보관한다.

용해 아세틸렌 취급 시 유의사항
- 착화에 위험이 없어야 하고, 40℃ 이하로 보관, 이동 시에는 반드시 캡을 씌운다.
- 용기는 세워서 보관, 동결 부분은 35℃ 이하의 온수로 녹인 후 사용한다.
- 용기는 진동이나 충격을 가하지 말고 신중히 취급해야 한다.
- 누설검사는 비눗물을 이용한다.

31 피복아크 용접봉은 금속심선의 겉에 피복제를 발라서 말린 것으로 한쪽 끝은 홀더에 물려 전류를 통할 수 있도록 심선길이의 얼마만큼을 피복하지 않고 남겨 두는가?

① 3mm ② 10mm
③ 15mm ④ 25mm

해설 피복아크 용접봉
피복아크 용접봉은 용가재, 전극봉이라고도 하며, 편심률은 3% 이내이며, 심선의 재료는 저탄소 림드강을 사용하고, 한쪽 끝은 홀더에 물려서 전류가 통할 수 있도록 25mm 정도 심선을 노출시켰고, 다른 한쪽은 아크 발생을 쉽게 하기 위하여 1~2mm 정도를 노출시켜 놓거나 아크 발생이 용이한 피복제를 입혀 놓았다.

32 다음 중 두꺼운 강판, 주철, 강괴 등의 절단에 이용되는 절단법은?

① 산소창절단 ② 수중절단
③ 분말절단 ④ 포갬절단

해설 산소창절단
1.5~3m 정도의 가늘고 긴 강관을 사용하며, 용광로의 팁 구멍, 후판의 절단, 주강 슬래그 덩어리, 암석 등의 구멍뚫기에 사용된다.

33 피복 배합제의 성분 중 탈산제로 사용되지 않는 것은?

① 규소철 ② 망간철
③ 알루미늄 ④ 유황

해설 탈산제
페로망간(망간철), 페로실리콘(규소철), 페로티탄(티탄철), 알루미늄 등이 사용된다.

34 고셀룰로스계 용접봉은 셀룰로오스를 몇 % 정도 함유하고 있는가?

① 0~5 ② 6~15
③ 20~30 ④ 30~40

해설 고셀룰로스계(E4311)
피복제에 가스 발생제 셀룰로스를 20~30% 정도 함유한 용접봉으로 위보기 자세 용접에 적합. 슬래그가 적어 비드 표면이 거칠고 스패터가 많은 단점이 있다. 공장의 파이프라인이나 철골 공사에 이용되고 있다.

35 용접법의 분류 중 압접에 해당하는 것은?

① 테르밋 용접 ② 전자빔 용접
③ 유도가열용접 ④ 탄산가스 아크용접

해설 용접
1. 융접 : 용접부를 용융 또는 반용융 상태로 하고, 여기에 용접봉(용가재)을 첨가하여 접합
 ① 아크용접(피복아크, 티그, 미그, 스터드 아크, 일렉트로 가스용접)
 ② 가스용접(산소-아세틸렌, 수소, 프로판, 메탄)
 ③ 테르밋 용접
 ④ 일렉트로 슬래그 용접
2. 압접 : 용접부를 냉간 또는 열간 상태에서 압력을 주어 접합
 ① 전기저항용접(점, 심, 프로젝션, 업셋, 플래시, 퍼커션)
 ② 단접(해머, 다이)
 ③ 초음파, 폭발, 고주파, 마찰, 유도가열용접 등
3. 납땜 : 재료를 녹이지 않고, 재료보다 용융점이 낮은 금속을 녹여서 접합
 ① 경납
 ② 연납

36 피복아크용접에서 일반적으로 가장 많이 사용되는 차광유리의 차광도 번호는?

① 4~5
② 7~8
③ 10~11
④ 14~15

> **해설** 차광유리
> • 아크 불빛으로부터 눈을 보호하기 위하여 빛을 차단하는 차광유리를 사용하여야 한다.
>
> | 용접전류[A] | 용접봉 지름[mm] | 차광번호 |
> |---|---|---|
> | 75~130 | 1.6~2.6 | 9 |
> | 100~200 | 2.6~3.2 | 10 |
> | 150~250 | 3.2~4.0 | 11 |
> | 200~300 | 4.8~6.4 | 12 |
> | 300~400 | 4.4~9.0 | 13 |
> | 400 이상 | 9.0~9.6 | 14 |
>
> • 보편적으로 차광도 10~11의 유리를 사용한다.

37 가스절단에 이용되는 프로판가스와 아세틸렌가스를 비교하였을 때 프로판가스의 특징으로 틀린 것은?

① 절단면이 미세하며 깨끗하다.
② 포갬절단속도가 아세틸렌보다 느리다.
③ 절단 상부 기슭이 녹은 것이 적다.
④ 슬래그의 제거가 쉽다.

> **해설** 1. 아세틸렌
> ① 예열시간이 짧고, 점화 및 불꽃 조절이 쉽다.
> ② 절단 개시까지 시간이 빠르고, 중성불꽃을 만들기 쉽다.
> ③ 박판절단속도가 빠르다.
> 2. 프로판
> ① 절단면이 깨끗하고, 슬래그 제거가 쉽다.
> ② 포갬 및 후판 절단 시 아세틸렌보다 빠르다.
> ③ 전체적인 경비는 비슷하다.

38 교류아크용접기의 종류에 속하지 않는 것은?

① 가동코일형
② 탭전환형
③ 정류기형
④ 가포화 리액터형

> **해설** 정류기형은 직류아크용접기의 종류이다.

39 Mg 및 Mg합금의 성질에 대한 설명으로 옳은 것은?

① Mg의 열전도율은 Cu와 Al보다 높다.
② Mg의 전기전도율은 Cu와 Al보다 높다.
③ Mg합금보다 Al합금의 비강도가 우수하다.
④ Mg은 알칼리에 잘 견디나, 산이나 염수에는 침식된다.

> **해설** 마그네슘의 성질
> • 비중은 1.74로 실용금속 중에서 가장 적다. 용융점은 650℃이다.
> • 산류, 염류에는 침식되나, 알칼리에는 강하다.
> • 인장강도, 연신율, 충격값이 두랄루민보다 적다.
> • 피절삭성이 좋으며, 부품의 무게 경감에 큰 효과가 있다.
> • 비강도가 크고, 냉간가공이 거의 불가능하다.
> • 냉간가공이 불량하여 300℃ 이상 열간가공한다.
> • 바닷물에 대단히 약하다.
> • 용도는 자동차, 배, 전기기기에 이용

40 금속 간 화합물의 특징을 설명한 것 중 옳은 것은?

① 어느 성분 금속보다 용융점이 낮다.
② 어느 성분 금속보다 경도가 낮다.
③ 일반 화합물에 비하여 결합력이 약하다.
④ Fe_3C는 금속 간 화합물에 해당되지 않는다.

> **해설** 1. 금속 간 화합물
> 금속 간 친화력이 클 때, 2종 이상의 금속원소가 간단한 원자비로 결합된 독립된 화합물(예 Fe_3C)
> 2. 금속 간 화합물 특징
> ① 경도가 높다.
> ② 용융점이 비교적 높은 편이다.
> ③ 불안정한 화합물의 경우 성분의 용융점보다 낮은 온도에서 용해된다.

41 니켈 – 크롬 합금 중 사용한도가 1,000℃까지 측정할 수 있는 합금은?

① 망가닌　　　　　② 우드메탈
③ 배빗메탈　　　　④ 크로멜–알루멜

> **해설** 크로멜-알루멜
> 열전대로 사용하여 1,200℃ 이하의 온도측정을 할 수 있다.

42 주철에 대한 설명으로 틀린 것은?

① 인장강도에 비해 압축강도가 높다.
② 회주철은 편상 흑연이 있어 감쇠능이 좋다.
③ 주철 절삭 시에는 절삭유를 사용하지 않는다.
④ 액상일 때 유동성이 나쁘며, 충격저항이 크다.

> **해설** 1. 주철의 장점
> 　① 용융점이 낮고 유동성이 우수하다.
> 　② 압축강도가 크다.
> 　③ 절삭성, 주조성이 우수하다.
> 　④ 주조성, 마찰저항이 좋다.
> 　⑤ 가격이 저렴하다.
> 2. 주철의 단점
> 　① 인장강도, 전연성이 부족하다.
> 　② 충격값, 연신율이 작다.
> 　③ 가공이 어렵다.
> 　④ 담금질, 뜨임 열처리가 어렵고, 풀림은 가능하다.
> 　⑤ 휨 강도가 작다.

43 철에 Al, Ni, Co를 첨가한 합금으로 잔류 자속밀도가 크고 보자력이 우수한 자성 재료는?

① 퍼멀로이　　　　② 센더스트
③ 알니코 자석　　　④ 페라이트 자석

> **해설** 철에 알루미늄(Al – 알), 니켈(Ni – 니), 코발트(Co – 코)를 첨가한 합금으로 자속밀도가 크고 보자력이 우수한 자성재료이다.

44 물과 얼음, 수증기가 평형을 이루는 3중점 상태에서의 자유도는?

① 0　　　　　　　② 1
③ 2　　　　　　　④ 3

> **해설** 물, 얼음, 수증기가 평형을 이루는 삼중점에서의 자유도는 0이다.

45 황동의 종류 중 순 Cu와 같이 연하고 코이닝하기 쉬우므로 동전이나 메달 등에 사용되는 합금은?

① 95%Cu – 5%Zn 합금
② 70%Cu – 30%Zn 합금
③ 60%Cu – 40%Zn 합금
④ 50%Cu – 50%Zn 합금

> **해설**
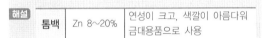

| 톰백 | Zn 8~20% | 연성이 크고, 색깔이 아름다워 금대용품으로 사용 |

46 금속재료의 표면에 강이나 주철의 작은 입자(∅ 0.5~1.0mm)를 고속으로 분사시켜, 표면의 경도를 높이는 방법은?

① 침탄법　　　　　② 질화법
③ 폴리싱　　　　　④ 쇼트피닝

> **해설** 숏 피닝(쇼트피닝)
> 소재의 표면에 고속으로 강철입자를 분사하여 표면 경도를 높이는 것

47 탄소강은 200~300℃에서 연신율과 단면수축률이 상온보다 저하되어 단단하고 깨지기 쉬우며, 강의 표면이 산화되는 현상은?

① 적열메짐　　　　② 상온메짐
③ 청열메짐　　　　④ 저온메짐

해설 청열취성
강이 가열되어 온도가 200~300℃ 정도가 되면, 강이 푸르스름한(파란) 색을 내면서 깨지는 성질. 이때의 강의 경도, 강도는 최대가 되지만, 연신율은 최소가 된다. 원인은 P이다.

48 강에 S, Pb 등의 특수 원소를 첨가하여 절삭할 때 칩을 잘게 하고 피삭성을 좋게 만든 강은 무엇인가?

① 불변강　　② 쾌삭강
③ 베어링강　　④ 스프링강

해설 쾌삭강
강에 인이나 황을 함유하여 절삭성을 향상시킨 강. (Mn–S강, Pb강)

49 주위의 온도 변화에 따라 선팽창계수나 탄성률 등의 특정한 성질이 변하지 않는 불변강이 아닌 것은?

① 인바　　② 엘린바
③ 코엘린바　　④ 스텔라이트

해설 주조경질합금
고온저항이 크고, 내마모성 우수, 절삭속도는 SKH 2배이나, 내구력, 인성은 작다.
상품명은 스텔라이트 Co–Cr–W–C–Fe

50 Al의 비중과 용융점(℃)은 약 얼마인가?

① 2.7, 660℃　　② 4.5, 390℃
③ 8.9, 220℃　　④ 10.5, 450℃

해설 알루미늄
순수 알루미늄의 비중은 2.7이며, 용융점은 660℃이다.

51 기계제도에서 물체의 보이지 않는 부분의 형상을 나타내는 선은?

① 외형선　　② 가상선
③ 절단선　　④ 숨은선

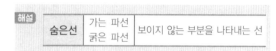

52 그림과 같은 입체도의 화살표 방향을 정면도로 표현할 때 실제와 동일한 형상으로 표시되는 면을 모두 고른 것은?

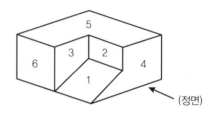

① 3과 4　　② 4와 6
③ 2와 6　　④ 1과 5

해설 화살표 방향을 정면으로 두고 보면 3번과 4번 면만 보이게 된다. 3각법을 기준으로 정면도의 좌측면도에서 보이는 면은 1, 2, 6번 면이 되고, 평면도에서는 1번과 5번 면이 보이게 된다.

53 다음 중 한쪽 단면도를 올바르게 도시한 것은?

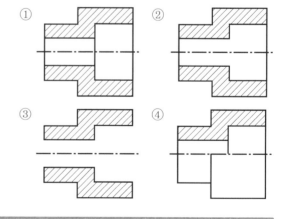

> **해설** 반단면도(한쪽 단면도)
> 물체의 1/4을 절단하여 내부와 외형을 표현

54 다음 재료기호 중 용접구조용 압연강재에 속하는 것은?

① SPPS 380　　　② SPCC

③ SCW 450　　　④ SM 400C

> **해설**
>
> | 명칭 | 기호 | 명칭 | 기호 |
> |------|------|------|------|
> | 일반구조용 압연강재 | SS | 기계구조용 탄소강재 | SM(00) |
> | 탄소공구강재 | STC | 용접구조용 압연강재 | SWS, SM(000) |
> | 탄소주강품 | SC | 스프링 강재 | SPS |
> | 회주철 | GC | 고속강 | SKH |
> | 기계구조용 탄소강관 | STKM | 배관용 탄소강관 | SPP |
> | 강 | S | 선 | W |
> | 판 | P | 봉, 바, 보일러 | B |
> | 철 | F | 주조품 | C |

55 그림의 도면에서 X의 거리는?

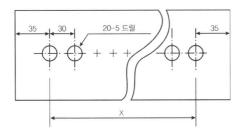

① 510mm　　　② 570mm

③ 600mm　　　④ 630mm

> **해설** (20-1) × 30 = 570mm

56 다음 치수 중 참고치수를 나타내는 것은?

① (50)　　　② □50

③ ⑤⓪　　　② 50

> **해설**
>
> | 기호 | 의미 | 기호 | 의미 | 기호 | 의미 |
> |------|------|------|------|------|------|
> | ∅ | 원의 지름 | □ | 정사각형 | R | 반지름 |
> | SR | 구의 반지름 | C | 모따기 | t | 두께 |
> | ( ) | 참고치수 | P | 피치기호 | ⌒ | 원호의 길이 |

57 주투상도를 나타내는 방법에 관한 설명으로 옳지 않은 것은?

① 조립도 등 주로 기능을 나타내는 도면에서는 대상물을 사용하는 상태로 표시한다.

② 주투상도를 보충하는 다른 투상도는 되도록 적게 표시한다.

③ 특별한 이유가 없을 경우, 대상물을 세로길이로 놓은 상태로 표시한다.

④ 부품도 등 가공하기 위한 도면에서는 가공에 있어서 도면을 가장 많이 이용하는 공정에서 대상물을 놓은 상태로 표시한다.

> **해설** 특별한 이유가 없는 한 세로길이로 국한된 것이 아닌 물체가 가장 많이 사용되거나 놓여지는 방향으로 표시한다.

58 그림에서 나타난 용접기호의 의미는?

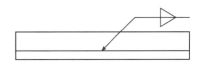

① 플레어 K형 용접　　　② 양쪽 필릿 용접

③ 플러그 용접　　　④ 프로젝션 용접

해설 지시선 기준으로 양쪽에 필릿 용접기호가 있으므로 세워진 모재의 양쪽에 필릿 용접을 하라는 의미가 된다.

59 그림과 같은 배관 도면에서 도시기호 S는 어떤 유체를 나타내는 것인가?

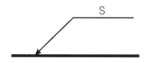

① 공기   ② 가스
③ 유류   ④ 증기

해설

종류	기호	종류	기호
공기	A	가스	G
기름	O	수증기	S
물	W		

60 그림의 입체도에서 화살표 방향을 정면으로 하여 제3각법으로 그린 정투상도는?

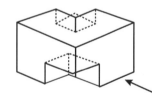

①   ②

③   ④

해설 주어진 입체도를 보고 정면도, 우측면도, 평면도를 유추해낼 수 있다.

2016년 제2회 기출문제

01 서브머지드 아크용접에서 사용하는 용제 중 흡습성이 가장 적은 것은?

① 용융형 ② 혼성형
③ 고온소결형 ④ 저온소결형

> **해설** 서브머지드 아크용접 용제의 종류
> ① **용융형** : 흡습성이 적다. 소결형에 비해 좋은 비드를 얻을 수 있다.
> ② **소결형** : 흡습성이 가장 높다. 비드 외관이 용융형에 비해 나쁘다.
> ③ **혼성형** : 용융형 + 소결형

02 고주파 교류 전원을 사용하여 TIG 용접을 할 때 장점으로 틀린 것은?

① 긴 아크 유지가 용이하다.
② 전극봉의 수명이 길어진다.
③ 비접촉에 의해 용착금속과 전극의 오염을 방지한다.
④ 동일한 전극봉 크기로 사용할 수 있는 전류범위가 작다.

> **해설** 불활성 가스 텅스텐 아크용접에서 고주파 전류를 사용할 때의 이점
> ① 전극을 모재에 접촉시키지 않아도 아크 발생이 용이하다.
> ② 전극을 모재에 접촉시키지 않으므로 전극의 수명이 길다.
> ③ 일정한 지름의 전극에 대하여 광범위한 전류의 사용이 가능하다.
> ④ 아크가 안정적이고, 아크가 길어져도 끊어지지 않는다.

03 맞대기용접 이음에서 판두께가 9mm, 용접선 길이 120mm, 하중이 7,560N일 때, 인장응력은 몇 N/mm²인가?

① 5 ② 6
③ 7 ④ 8

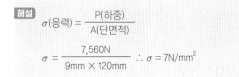

> **해설**
> $$\sigma(응력) = \frac{P(하중)}{A(단면적)}$$
> $$\sigma = \frac{7,560N}{9mm \times 120mm} \quad \therefore \sigma = 7N/mm^2$$

04 용접 설계상 주의사항으로 틀린 것은?

① 용접에 적합한 설계를 할 것
② 구조상의 노치부가 생성되게 할 것
③ 결함이 생기기 쉬운 용접방법은 피할 것
④ 용접 이음이 한 곳으로 집중되지 않도록 할 것

> **해설** 용접 설계 시 유의사항
> ① 위보기 용접을 피하고 아래보기 용접을 많이 하도록 설계한다.
> ② 필릿 용접을 피하고 맞대기 용접을 하도록 설계한다.
> ③ 용접 이음부가 한 곳에 집중되지 않도록 설계한다.
> ④ 용접부 길이는 짧게 하고, 용착금속량도 적게 한다(단, 필요한 강도에 견뎌야 함).
> ⑤ 두께가 다른 재료를 용접할 때에는 구배를 두어 단면이 갑자기 변하지 않도록 설계한다.
> ⑥ 용접작업에 지장을 주지 않도록 간격이 남게 설계한다.
> ⑦ 용접에 적합한 설계를 해야 한다.
> ⑧ 결함이 생기기 쉬운 용접은 피한다.
> ⑨ 구조상의 노치부를 피해야 한다(노치부를 중심으로 균열 발생).
> ⑩ 용착금속량은 강도상 필요한 최소한으로 한다.

05 납땜에 사용되는 용제가 갖추어야 할 조건으로 틀린 것은?

① 청정한 금속면의 산화를 방지할 것

② 납땜 후 슬래그의 제거가 용이할 것

③ 모재나 땜납에 대한 부식작용이 최소한일 것

④ 전기저항 납땜에 사용되는 것은 부도체일 것

> **해설** • 부도체 : 열이나 전기를 잘 전달하지 못하는 물체
> • 전도체 : 열이나 전기를 잘 통과시키는 물체
> ∴ 전기저항 납땜에 사용되는 용제(flux)는 전도체가 되어야 한다.

06 용접 이음부에 예열을 하는 목적을 설명한 것으로 틀린 것은?

① 수소의 방출을 용이하게 하여 저온균열을 방지한다.

② 모재의 열 영향부와 용착금속의 연화를 방지하고, 경화를 증가시킨다.

③ 용접부의 기계적 성질을 향상시키고, 경화조직의 석출을 방지시킨다.

④ 온도분포가 완만하게 되어 열응력의 감소로 변형과 잔류응력의 발생을 적게 한다.

> **해설** 예열의 목적
> ① 용접부 및 주변의 열 영향을 줄이기 위해서
> ② 냉각속도를 느리게 하여 취성 및 균열 방지

07 전자빔 용접의 특징으로 틀린 것은?

① 정밀 용접이 가능하다.

② 용접부의 열 영향부가 크고, 설비비가 적게 든다.

③ 용입이 깊어 다층용접도 단층용접으로 완성할 수 있다.

④ 유해가스에 의한 오염이 적고, 높은 순도의 용접이 가능하다.

> **해설** 전자빔 용접의 특징
> ① 용입이 깊어서 타 용접은 다층용접을 해야 하는 것도 단층용접이 가능하다.
> ② 에너지 집중이 가능하여 고속용접이 되어 용접 입열이 적고, 용접부가 좁다.
> ③ 전자빔 정밀제어가 가능하다.
> ④ 박판에서 후판까지 광범위하게 용접 가능하다.
> ⑤ 시설비가 많이 들고, 배기장치가 필요하다.
> ⑥ 맞대기용접에서 모재 두께가 25mm 이하로 제한된다.
> ⑦ 용융부가 좁아 냉각속도가 커져 경화가 쉬우며, 용접 균열의 원인이 된다.
> ⑧ 텅스텐, 몰리브덴 같은 대기에서 반응하기 쉬운 금속도 용이하게 용접할 수 있다.

08 샤르피식의 시험기를 사용하는 시험방법은?

① 경도시험   ② 인장시험

③ 피로시험   ④ 충격시험

> **해설** 충격시험
> ① 인성과 취성(메짐)을 알아보기 위하여 하는 시험방법이다.
> ② 충격시험에는 샤르피형, 아이조드형 시험이 있다.

09 다음 중 서브머지드 아크용접의 다른 명칭이 아닌 것은?

① 잠호용접

② 헬리 아크용접

③ 유니언 멜트 용접

④ 불가시 아크용접

> **해설** 헬리 아크용접은 불활성 가스 텅스텐 아크용접(TIG 용접)이다.

10 용접제품을 조립하다가 V홈 맞대기 이음 홈의 간격이 5mm 정도 벌어졌을 때 홈의 보수 및 용접방법으로 가장 적합한 것은?

① 그대로 용접한다.
② 뒷댐판을 대고 용접한다.
③ 덧살올림용접 후 가공하여 규정 간격을 맞춘다.
④ 치수에 맞는 재료로 교환하여 루트 간격을 맞춘다.

> **해설** V홈 맞대기 이음 홈의 간격이 5mm 정도 벌어졌을 때에는 덧살올림용접 후 가공하여 규정 간격을 맞춘다. 홈 간격이 6~16mm일 때는 두께 6mm 정도의 뒷댐판을 대고, 16mm 이상일 때는 판을 교체한다.

11 한 부분의 몇 층을 용접하다가 이것을 다음 부분의 층으로 연속시켜 전체 모양이 계단 형태로 이루는 용착법은?

① 스킵법
② 덧살올림법
③ 전진블록법
④ 캐스케이드법

> **해설** 다층
> • **빌드업법(덧살올림법)** : 각 층마다 전체의 길이를 용접하면서 쌓아 올리는 방법이다.
>
>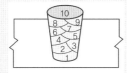
> 덧살올림법
>
> • **캐스케이드법** : 계단모양으로 용접하는 방법이다.
>
>
> 캐스케이드법
>
> • **점진블록법(전진블록법)** : 전체를 점진적으로 용접해 나가는 방법이다.
>
>
> 전진블록법

12 산소와 아세틸렌 용기의 취급상의 주의사항으로 옳은 것은?

① 직사광선이 잘 드는 곳에 보관한다.
② 아세틸렌병은 안전상 눕혀서 사용한다.
③ 산소병은 40℃ 이하 온도에서 보관한다.
④ 산소병 내에 다른 가스를 혼합해도 상관없다.

> **해설** 산소 및 아세틸렌 용기 취급 시 주의사항
> ① 화기가 있는 곳이나 직사광선의 장소를 피한다.
> ② 충격을 주지 않으며, 밸브 동결 시 온수나 증기를 사용하여 녹인다.
> ③ 용기 내의 압력이 170기압이 되지 않도록 하며, 누설검사는 비눗물을 이용한다.
> ④ 산소병은 40℃ 이하로 유지하고, 공병이라도 뉘어 두어서는 안 된다.

13 피복아크용접의 필릿 용접에서 루트 간격이 4.5mm 이상일 때의 보수 요령은?

① 규정대로 각장으로 용접한다.
② 두께 6mm 정도의 뒤판을 대서 용접한다.
③ 라이너를 넣든지 부족한 판을 300mm 이상 잘라내서 대체하도록 한다.
④ 그대로 용접하여도 좋으나 넓혀진 만큼 각장을 증가시킬 필요가 있다.

> **해설** 보수용접 시 용접물의 간격이 4.5mm 이상일 때에는 라이너를 넣는다.
> ① 1.5mm 이하 : 규정 각장으로 용접한다.
> ② 1.5~4.5mm : 그대로 하거나 각장을 증가시킨다.

14 다음 중 초음파탐상법의 종류가 아닌 것은?

① 극간법   ② 공진법

③ 투과법   ④ 펄스반사법

> **해설** MT
> 자기(자분)(탐상) 비파괴검사, 전류를 통하여 자화가 될 수 있는 금속재료, 즉 철, 니켈과 같이 자기변태를 나타내는 금속 또는 그 합금으로 제조된 구조물이나 기계부품의 표면 균열검사에 적합하고, 결함 모양이 표면에 직접 나타나기 때문에 육안으로 결함을 관찰할 수 있고, 검사작업이 신속하고 간단하다. 검사의 종류에는 극간법, 통전법, 프로드법, 코일법 등이 있다.

15 CO_2가스 아크 편면용접에서 이면 비드의 형성은 물론 뒷면 가우징 및 뒷면용접을 생략할 수 있고, 모재의 중량에 따른 뒤업기(turn over)작업을 생략할 수 있도록 홈 용접부 이면에 부착하는 것은?

① 스캘롭   ② 엔드탭

③ 뒷댐재   ④ 포지셔너

> **해설** 편면용접에서 이면 비드의 원활한 형성을 위해 용락이나 공기 접촉으로 인한 산화를 방지해줄 수 있는 뒷댐재를 부착하여 용접한다.

16 탄산가스 아크용접의 장점이 아닌 것은?

① 가시 아크이므로 시공이 편리하다.

② 적용되는 재질이 철계통으로 한정되어 있다.

③ 용착금속의 기계적 성질 및 금속학적 성질이 우수하다.

④ 전류밀도가 높아 용입이 깊고, 용접속도를 빠르게 할 수 있다.

> **해설** 이산화탄소(탄산가스) 아크용접의 특징
> ① 산화 및 질화가 없고, 용착금속의 성질이 우수하다.
> ② 다른 용접에 비해 가격이 저렴하고, 슬래그 섞임이 없고 용접 후 처리가 간단하다.
> ③ 서버머지드 아크용접에 비해 모재 표면에 녹, 오물 등이 있어도 큰 영향이 없으므로 완전히 청소를 하지 않아도 된다.
> ④ 철도, 차량, 조선, 토목기계 등에 사용되며, 주로 철계통 용접에 사용된다.
> ⑤ 장점
> • 전류밀도가 높고, 용입이 깊고, 용접속도가 매우 빠르다.
> • 가시 아크로 시공이 편리하고, 전자세 용접이 가능하다.
> • 용착금속의 기계적 성질이 우수하다(적당한 강도).
> ⑥ 단점
> • 바람의 영향을 받으므로 방풍장치가 필요하고, 이산화탄소를 이용하므로 작업장 환기에 유의해야 한다.
> • 표면 비드가 타 용접에 비해 거칠고, 기공 및 결함이 생기기 쉽다.

17 현상제(MgO, $BaCO_3$)를 사용하여 용접부의 표면 결함을 검사하는 방법은?

① 침투탐상법   ② 자분탐상법

③ 초음파탐상법   ④ 방사선투과법

> **해설** 침투비파괴검사는 공정별로 침투제, 세척제, 현상제, 유화제 등을 사용하는 표면결함검출용 비파괴검사법이다.

18 미세한 알루미늄 분말과 산화철 분말을 혼합하여 과산화바륨과 알루미늄 등의 혼합분말로 된 점화제를 넣고 연소시켜 그 반응열로 용접하는 방법은?

① MIG 용접   ② 테르밋 용접

③ 전자빔 용접   ④ 원자수소 용접

해설 테르밋 용접의 특징
① 전기가 필요하지 않고, 화학반응에너지를 이용한다.
② 설비비 및 용접이용이 저렴하고, 용접시간이 짧으며, 변형이 적다.
③ 작업이 단순하여 기술습득이 쉽다.
④ 테르밋제는 알루미늄 분말을 1, 산화철 분말 3~4로 혼합한다.
⑤ 용접 이음부의 홈은 가스절단한 그대로도 좋다.
⑥ 특별한 모양의 홈 가공이 필요 없다.

19 용접 결함에서 언더컷이 발생하는 조건이 아닌 것은?

① 전류가 너무 낮을 때
② 아크길이가 너무 길 때
③ 부적당한 용접봉을 사용할 때
④ 용접속도가 적당하지 않을 때

해설

언더컷
• 용접속도 빠를 때
• 용접전류가 높을 때
• 아크길이가 길 때

20 플라즈마 아크용접장치에서 아크 플라즈마의 냉각가스로 쓰이는 것은?

① 아르곤과 수소의 혼합가스
② 아르곤과 산소의 혼합가스
③ 아르곤과 메탄의 혼합가스
④ 아르곤과 프로판의 혼합가스

해설 플라즈마 아크용접에서 사용되는 가스는 아르곤, 헬륨, 수소 등이 사용되며, 모재에 따라 질소 혹은 공기가 사용되기도 한다.

21 피복아크용접 작업 시 감전으로 인한 재해의 원인으로 틀린 것은?

① 1차 측과 2차 측 케이블의 피복 손상부에 접촉되었을 경우
② 피용접물에 붙어 있는 용접봉을 떼려다 몸에 접촉되었을 경우
③ 용접기기의 보수 중에 입출력단자가 절연된 곳에 접촉되었을 경우
④ 용접 작업 중 홀더에 용접봉을 물릴 때나, 홀더가 신체에 접촉되었을 경우

해설 절연
물체를 부도체로 둘러싸 전류나 열이 흐르지 않게 하는 것

22 〈보기〉에서 설명하는 서브머지드 아크용접에 사용되는 용제는?

〈보기〉
• 화학적 균일성이 양호하다.
• 반복 사용성이 좋다.
• 비드 외관이 아름답다.
• 용접전류에 따라 입자의 크기가 다른 용제를 사용해야 한다.

① 소결형   ② 혼성형
③ 혼합형   ④ 용융형

해설 서브머지드 아크용접 용제의 종류
① 용융형 : 흡습성이 적다. 소결형에 비해 좋은 비드를 얻을 수 있다.
② 소결형 : 흡습성이 가장 높다. 비드 외관이 용융형에 비해 나쁘다.
③ 혼성형 : 용융형 + 소결형

23 기체를 수천도의 높은 온도로 가열하면 그 속도의 가스원자가 원자핵과 전자로 분리되어 양(+)과 음(−)이온 상태로 된 것을 무엇이라 하는가?

① 전자빔　　　　　② 레이저
③ 테르밋　　　　　④ 플라즈마

> **해설** **플라즈마**
> 플라즈마란 기체가 초고온 상태로 가열되어 전자와 양전하를 가진 이온으로 분리된 상태를 말한다.

24 정격2차전류 300A, 정격사용률 40%인 아크용접기로 실제 200A 용접전류를 사용하여 용접하는 경우 전체 시간을 10분으로 하였을 때 다음 중 용접시간과 휴식시간을 올바르게 나타낸 것은?

① 10분 동안 계속 용접한다.
② 5분 용접 후 5분간 휴식한다.
③ 7분 용접 후 3분간 휴식한다.
④ 9분 용접 후 1분간 휴식한다.

> **해설**
> $$허용사용률 = \frac{(정격2차전류)^2}{(실제용접전류)^2} \times 정격사용률(\%)$$
> $$= \frac{300^2}{200^2} \times 40 = 90\%$$
> ∴ 아크용접기는 9분 용접 후 1분간 휴식한다.

25 용해 아세틸렌 취급 시 주의사항으로 틀린 것은?

① 저장장소는 통풍이 잘 되어야 한다.
② 저장장소에는 화기를 가까이하지 말아야 한다.
③ 용기는 진동이나 충격을 가하지 말고 신중히 취급해야 한다.
④ 용기는 아세톤의 유출을 방지하기 위해 눕혀서 보관한다.

> **해설** 용해 아세틸렌 용기는 아세톤의 유출을 방지하기 위해 세워서 보관한다.

26 다음 중 아크절단법이 아닌 것은?

① 스카핑　　　　　② 금속 아크절단
③ 아크 에어 가우징　④ 플라즈마 제트 절단

> **해설** **스카핑**
> ① 강재 표면의 개재물, 탈탄층 또는 홈을 제거하기 위해 사용하며, 가우징과 다른 것은 표면을 얇고 넓게 깎는 것이다.
> ② 스카핑의 속도는 냉간재는 5~7m/min, 열간재는 20m/min으로 상당히 빠르다.

27 피복아크 용접봉의 피복제 작용을 설명한 것 중 틀린 것은?

① 스패터를 많게 하고, 탈탄정련작용을 한다.
② 용융금속의 용적을 미세화하고, 용착효율을 높인다.
③ 슬래그 제거를 쉽게 하며, 파형이 고운 비드를 만든다.
④ 공기로 인한 산화, 질화 등의 해를 방지하여 용착금속을 보호한다.

> **해설** **피복제의 역할**
> ① 아크를 안정시킴.
> ② 산화, 질화 방지
> ③ 용착효율 향상
> ④ 전기절연작용, 용착금속의 탈산정련작용
> ⑤ 급랭으로 인한 취성방지
> ⑥ 용착금속에 합금원소 첨가
> ⑦ 수직, 수평, 위보기 등의 어려운 자세 용접을 쉽게 할 수 있음.

28 용접법의 분류 중에서 융접에 속하는 것은?

① 시임용접 ② 테르밋 용접
③ 초음파용접 ④ 플래시 용접

> **해설** 압접의 종류
> ① 전기저항용접(점, 심, 프로젝션, 업셋, 플래시, 퍼커션)
> ② 단접(해머, 다이)
> ③ 초음파, 폭발, 고주파, 마찰, 유도가열용접 등

29 산소용기의 윗부분에 각인되어 있는 표시 중 최고 충전압력의 표시는 무엇인가?

① TP ② FP
③ WP ④ LP

> **해설** TP(내압시험압력), FP(최고 충전압력), W(봄베중량), V(내용적) 등이 있다.

30 2개의 모재에 압력을 가해 접촉시킨 다음 접촉면에 압력을 주면서 상대운동을 시켜 접촉면에 발생하는 열을 이용하는 용접법은?

① 가스압접 ② 냉간압접
③ 마찰용접 ④ 열간압접

> **해설** 마찰용접
> 2개의 모재에 압력을 가해 접촉시킨 다음 접촉면에 상대운동을 시켜 접촉면에서 발생하는 열을 이용하여 이음 압접하는 용접법

31 사용률이 60%인 교류아크용접기를 사용하여 정격전류로 6분 용접하였다면 휴식시간은 얼마인가?

① 2분 ② 3분
③ 4분 ④ 5분

> **해설** 전체 10분 중 용접기사용률이 60%이면 아크발생시간이 6분, 휴식시간은 4분이다.
> $$용접기사용률 = \frac{아크발생시간}{아크발생시간 + 아크정지시간} \times 100(\%)$$

32 모재의 절단부를 불활성 가스로 보호하고 금속전극에 대전류를 흐르게 하여 절단하는 방법으로 알루미늄과 같이 산화에 강한 금속에 이용되는 절단방법은?

① 산소 절단 ② TIG 절단
③ MIG 절단 ④ 플라즈마 절단

> **해설** 불활성 가스 아크절단
> ① TIG 절단은 열적 핀치효과에 의해 고온·고속의 플라즈마를 발생시켜 절단하는 방법으로, 사용전원으로는 직류정극성이 사용된다.
> ② TIG 절단은 구리 및 구리합금, 알루미늄, 마그네슘, 스테인리스강 등의 금속재료 절단에만 사용한다.
> ③ MIG 절단은 금속전극에 대전류를 흘려 절단하고, 직류역극성을 사용한다.

33 용접기의 특성 중에서 부하전류가 증가하면 단자전압이 저하하는 특성은?

① 수하 특성 ② 상승 특성
③ 정전압 특성 ④ 자기제어 특성

> **해설**
>
> | 특성 | 상태 | 사용 |
> |---|---|---|
> | 수하 특성 | 전류↑, 전압↓ | 수동용접 |
> | 정전압 특성 | 전류↑↓, 전압↔ | 자동용접 |
> | 상승 특성 | 전류↑, 전압↑ | 자동용접 |
> | 부저항 특성 | 전류↑, 아크저항↓, 전압↓ | 수동용접 |
> | 정전류 특성 | 아크길이↑↓, 전류↔ | 수동용접 |

34 산소 – 아세틸렌 불꽃의 종류가 아닌 것은?

① 중성불꽃 ② 탄화불꽃
③ 산화불꽃 ④ 질화불꽃

해설
- **산화불꽃(산성불꽃)** : 아세틸렌가스보다 산소량이 많은 경우에 발생하는 불꽃으로 온도가 가장 높으며, 금속을 산화시키고, 용접부에 기공이 발생한다. 구리, 황동용접에 주로 사용한다.
- **탄화불꽃(탄성불꽃)** : 아세틸렌가스의 양이 산소량보다 많은 경우에 발생하는 불꽃, 산화작용을 일으키지 않기 때문에 산화를 방지할 필요가 있는 스테인리스강, 니켈강 용접에 쓰이고, 침탄작용을 일으키기 쉽다. 제3의 불꽃이라고도 하며, 적황색이다.
- **중성불꽃** : 아세틸렌과 산소의 비가 1 : 1인 불꽃. 표준불꽃이라 한다.

35 리벳 이음과 비교하여 용접 이음의 특징을 열거한 것 중 틀린 것은?

① 구조가 복잡하다.
② 이음효율이 높다.
③ 공정의 수가 절감된다.
④ 유밀, 기밀, 수밀이 우수하다.

해설 용접의 장점
① 기밀, 수밀, 유밀성이 우수하고, 이음효율이 높다. (리벳 이음효율 : 80%, 용접 이음효율 : 100%)
② 재료를 절약할 수 있고, 중량이 가볍고, 작업공정을 줄일 수 있다.
③ 이종재료를 접합할 수 있고, 제품의 성능이나 수명이 우수하다.
④ 실내에서 작업이 가능하며, 복잡한 구조물을 쉽게 제작할 수 있다.
⑤ 보수와 수리가 용이하며, 비용도 적게 든다.
⑥ 이음 두께의 제한이 없으며, 작업의 자동화가 쉽다.
⑦ 제품이나 주조물을 주강품이나 단조품보다 가볍게 할 수 있다.

36 아크 에어 가우징 작업에 사용되는 압축공기의 압력으로 적당한 것은?

① 1~3kgf/cm^2 ② 5~7kgf/cm^2
③ 9~12kgf/cm^2 ④ 14~16kgf/cm^2

해설 아크 에어 가우징은 탄소 아크절단장치에 6~7기압 정도의 압축공기를 사용하는 방법으로 흑연으로 된 탄소봉에 구리 도금한 전극을 사용한다.

37 탄소 전극봉 대신 절단 전용의 특수 피복을 입힌 피복봉을 사용하여 절단하는 방법은?

① 금속 아크절단 ② 탄소 아크절단
③ 아크 에어 가우징 ④ 플라즈마 제트 절단

해설 금속 아크절단
① 일반적으로 절단용 피복봉을 사용하고, 사용전원으로는 직류정극성을 사용하는 것이 적합하지만, 교류도 사용 가능하다.
② 절단면은 가스절단면에 비해 거칠다.
③ 담금질 경화성이 강한 재료의 절단부는 기계 가공이 곤란하다.
④ 피복제는 발열량이 많고 산화성이 풍부하다.

38 산소 아크절단에 대한 설명으로 가장 적합한 것은?

① 전원은 직류역극성이 사용된다.
② 가스절단에 비하여 절단속도가 느리다.
③ 가스절단에 비하여 절단면이 매끄럽다.
④ 철강 구조물 해체나 수중 해체 작업에 이용된다.

해설 산소 아크절단
중공의 피복봉을 사용하여 아크를 발생시키고 중심부에서 산소를 분출시켜 절단하는 방법으로 가스절단보다 절단속도가 빠르지만, 절단면은 매끄럽지 못하다. 중공봉을 이용하여 산소를 공급하므로 수중에서도 아크를 발생시켜 작업을 할 수 있다. 전원으로는 직류정극성이 사용되나, 교류도 사용 가능하다.

39 다이캐스팅 주물품, 단조품 등의 재료로 사용되며 융점이 약 660℃이고, 비중이 약 2.7인 원소는?

① Sn ② Ag
③ Al ④ Mn

알루미늄의 성질
　① 순수 알루미늄의 비중은 2.7이고, 용융점은 660℃ 이며, 산화알루미늄의 비중은 4, 용융점은 2,050℃ 이다. 변태점은 없다.
　② 열 및 전기의 양도체이다.
　③ 전연성이 좋으며, 내식성이 우수하다.
　④ 주조가 용이하며, 상온, 고온 가공이 용이하다.
　⑤ 대기 중에서 쉽게 산화되고, 염산에는 침식이 빨리 진행된다.

40 다음 중 주철에 관한 설명으로 틀린 것은?

① 비중은 C와 Si 등이 많을수록 작아진다.
② 용융점은 C와 Si 등이 많을수록 낮아진다.
③ 주철을 600℃ 이상의 온도에서 가열 및 냉각을 반복하면 부피가 감소한다.
④ 투자율을 크게 하기 위해서는 화합탄소를 적게 하고, 유리탄소를 균일하게 분포시킨다.

해설 **주철의 성장(팽창)원인**
　① Fe_3C의 흑연화에 의한 팽창
　② 페라이트 중의 고용되어 있는 Si의 산화에 의한 팽창
　③ A1변태에 따른 체적 변화로 인한 팽창
　④ 불균일한 가열로 생기는 균열에 의한 팽창
　⑤ 흡수된 가스의 팽창에 의한 부피 팽창
　⑥ 가열·냉각을 반복하거나 고온에서 장시간 유지하면 주철의 부피가 팽창하거나 변형이 발생

41 금속의 소성변형을 일으키는 원인 중 원자밀도가 가장 큰 격자면에서 잘 일어나는 것은?

① 슬립 ② 쌍정
③ 전위 ④ 편석

해설 **슬립(미끄럼 변형)** : 금속에 인장이나 압축력을 가하면 결정은 미끄럼 변화를 일으켜 어떤 방향으로 이동하는데 이것을 슬립이라고 한다. 소성변형이 진행되면 슬립에 대한 저항이 점점 증가하고, 그 저항이 증가하면 금속의 경도와 강도도 증가한다. 이것을 변형에 의한 가공경화 또는 변형경화라고 한다.
트윈(쌍정) : 어떤 경계면을 기준으로 변형 전과 변형 후가 대칭으로 이동하여 변형하는 것을 말한다.
전위 : 금속의 결정격자는 규칙적으로 배열되어 있는 것이 정상이지만 불완전하거나 결함이 있을 때 외력 작용 후 불안정한 곳이나 취약한 곳부터 원자가 이동하는 것을 전위라고 한다.

42 다음 중 Ni-Cu 합금이 아닌 것은?

① 어드밴스 ② 톤스탄탄
③ 모넬메탈 ④ 니칼로이

해설 **니칼로이**
고투자율합금. Ni + Fe + Mn으로 만들어졌다.

43 침탄법에 대한 설명으로 옳은 것은?

① 표면을 용융시켜 연화시키는 것이다.
② 망상 시멘타이트를 구상화시키는 방법이다.
③ 강재의 표면에 아연을 피복시키는 방법이다.
④ 강재의 표면에 탄소를 침투시켜 경화시키는 것이다.

해설 **침탄법**
　① 저탄소강이나 저탄소 합금강 소재를 침탄제 속에 넣은 다음 가열하면, 소재 표면은 침탄제의 탄소가 침입되어 고용되기 때문에 탄소함유량이 많아져서 담금질하면 매우 단단해진다.
　② 강 제품에 탄소를 확산 침투시켜 표면을 경화시킨 다음 담금질 처리를 함으로써 강의 표면층을 경화시키는 방법이다.
　③ 침탄법은 고온가열 시 뜨임되고, 경도는 낮아진다.
　④ 종류 : 고체침탄법, 액체침탄법, 가스침탄법

44 그림과 같은 결정격자의 금속원소는?

① Ni

② Mg

③ Al

④ Au

해설 **조밀육방격자(HCP)**
① 전연성이 작고, 가공성이 나쁘다.
② 원자수는 4개이며, 배위수는 12, 충진율은 74
③ 종류 : Mg, Ti, Zn, Zr, Be, Cd 등

45 전해인성 구리를 약 400℃ 이상의 온도에서 사용하지 않는 이유로 옳은 것은?

① 풀림취성을 발생시키기 때문이다.

② 수소취성을 발생시키기 때문이다.

③ 고온취성을 발생시키기 때문이다.

④ 상온취성을 발생시키기 때문이다.

해설 **전해인성 구리(전기구리)**
전기 분해해야 얻어지는 동, 순도는 99.9% 이상으로 높지만, 불순물로 인하여 취약하고 가공이 곤란하며 400℃ 이상에서는 수소취성을 발생한다.

46 구상흑연주철은 주조성, 가공성 및 내마멸성이 우수하다. 이러한 구상흑연주철 제조 시 구상화제로 첨가되는 원소로 옳은 것은?

① P, S

② O, N

③ Pb, Zn

④ Mg, Ca

해설 **구상흑연주철**
• 보통주철의 편상흑연들이 용융 상태에서 Mg, Ce, Ca 등을 첨가하면 편상흑연이 구상화 흑연으로 변화된다.
• 이때의 주철을 구상흑연주철이라고 한다.
• 기계적 성질이 우수하고 인장강도가 가장 크다.
• 조직으로는 페라이트, 시멘타이트형, 펄라이트형이 있다.

47 형상 기억 효과를 나타내는 합금이 일으키는 변태는?

① 펄라이트 변태

② 마텐자이트 변태

③ 오스테나이트 변태

④ 레데뷰라이트 변태

해설 형상기억합금은 고온일 때와 저온(마텐자이트 상)일 때의 결정배열이 틀리기 때문에 저온일 때 변형을 가하더라도 어느 온도 이상이 되면 본래의 모습으로 돌아오는 합금을 말한다.

48 Y합금의 일종으로 Ti과 Cu를 0.2% 정도씩 첨가한 것으로 피스톤에 사용되는 것은?

① 두랄루민

② 코비탈륨

③ 로엑스합금

④ 하이드로날륨

해설 **코비탈륨**
Al + Cu + Ni 에 Ti과 Cu 0.2% 첨가한 내열용 알루미늄 합금으로 실린더 헤드, 피스톤 등에 사용한다.

49 시험편을 눌러 구부리는 시험방법으로 굽힘에 대한 저항력을 조사하는 시험방법은?

① 충격시험

② 굽힘시험

③ 전단시험

④ 인장시험

해설 **굴곡시험(굽힘시험)**
① 용접부의 연성 결함 여부를 알아보는 시험
② 굽힘시험에는 표면, 이면, 측면시험이 있다.
③ 일반적으로 180°까지 굽힌다.

50 Fe–C 평형상태도에서 공정점의 C%는?

① 0.02%   ② 0.8%

③ 4.3%   ④ 6.67%

해설 공정반응으로 인하여 주철이 생성되는데, 이를 공정 주철이라고 한다. 공정반응(공정점)은 1,148℃, 4.3%C 에서 발생한다.

51 다음 용접기호 중 표면 육성을 의미하는 것은?

해설 ② 표면접합, ③ 경사접합, ④ 겹침접합

52 배관의 간략 도시방법에서 파이프의 영구 결합부 (용접 또는 다른 공법에 의한다) 상태를 나타내는 것은?

해설 파이프에 대한 영구 결합부는 ③번이다.
①, ④번은 별개의 파이프가 교차해서 지나가는 것을 의미한다.

53 제3각법의 투상도에서 도면의 배치 관계는?

① 평면도를 중심으로 하여 정면도는 위에, 우측 면도는 우측에 배치된다.

② 정면도를 중심으로 하여 평면도는 밑에, 우측 면도는 우측에 배치된다.

③ 정면도를 중심으로 하여 평면도는 위에, 우측 면도는 우측에 배치된다.

④ 정면도를 중심으로 하여 평면도는 위에, 우측 면도는 좌측에 배치된다.

해설 3각법
① 한국공업규격(KS)에서는 3각법을 도면 작성 원칙 으로 한다.
② 투영도는 정면도, 평면도, 우측면도로 배치한다.
③ 투상방법은 '눈 → 투상면 → 물체'이다.
④ 실물파악이 쉽다.

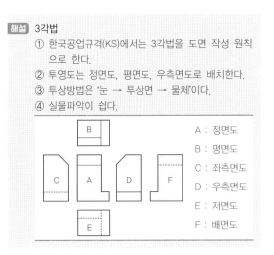

A : 정면도
B : 평면도
C : 좌측면도
D : 우측면도
E : 저면도
F : 배면도

54 그림과 같이 제3각법으로 정투상한 각뿔의 전개 도 형상으로 적합한 것은?

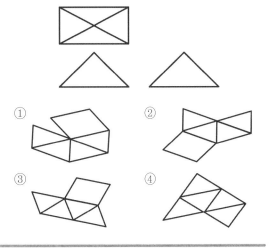

> **해설** 각뿔의 전개도는 한 점을 중심으로 측면의 삼각형 윗꼭지점이 모여지고, 삼각형의 아랫변에 아랫면 도형이 붙여진다.

> **해설** 보조기호
>
> | 기호 | 의미 | 기호 | 의미 | 기호 | 의미 |
> |---|---|---|---|---|---|
> | ∅ | 원의 지름 | □ | 정사각형 | R | 반지름 |
> | SR | 구의 반지름 | C | 모따기 | t | 두께 |
> | ( ) | 참고치수 | P | 피치기호 | ⌒ | 원호의 길이 |

55 도면에 대한 호칭방법이 다음과 같이 나타날 때 이에 대한 설명으로 틀린 것은?

KS B ISO 5457 - Alt - TP 112.5 - R - TBL

① 도면은 KS B ISO 5457을 따른다.
② A1 용지 크기이다.
③ 재단하지 않은 용지이다.
④ 112.5g/m² 사양의 트레이싱지이다.

> **해설** KS B ISO 5457(기계제도 규칙 도면의 제도 영역 크기)
> − A1t(A1 크기로 재단된 용지) − TP 112.5(112.5g/m² 사양의 트레이싱 용지) − R(뒷면 인쇄) − TBL(표제란 기재)

57 그림과 같이 원통을 경사지게 절단한 제품을 제작할 때, 다음 중 어떤 전개법이 가장 적합한가?

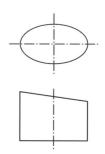

① 사각형법　② 평행선법
③ 삼각형법　④ 방사선법

> **해설** 전개도법의 종류
> ① **평행선법** : 원통형 모양이나 각기둥, 원기둥 물체를 전개할 때 사용
> ② **방사선법** : 부채꼴 모양으로 전개하는 방법
> ③ **삼각형법** : 전개도를 그릴 때 표면을 여러 개의 삼각형으로 전개하는 방법

56 그림과 같은 도면에서 나타난 "□40" 치수에서 "□"가 뜻하는 것은?

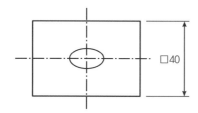

□40

① 정사각형의 변
② 이론적으로 정확한 치수
③ 판의 두께
④ 참고치수

58 다음 중 가는 실선으로 나타내는 경우가 아닌 것은?

① 시작점과 끝점을 나타내는 치수선
② 소재의 굽은 부분이나 가공 공정의 표시선
③ 상세도를 그리기 위한 틀의 선
④ 금속 구조 공학 등의 구조를 나타내는 선

해설 선의 용도
① **굵은 실선** : 외형선
② **가는 실선** : 치수선, 치수보조선, 지시선, 회전단면
선, 중심선, 수준면선 등
③ **가는 파선, 굵은 파선** : 숨은선
④ **가는 1점 쇄선** : 중심선, 기준선, 피치선
⑤ **지그재그선(파단선)** : 대상물의 일부분을 가상으로
제외했을 경우의 경계를 나타내는 선, 물체의 파단
한 곳을 표시
⑥ **해칭선** : 가는 실선으로 표시하고, 아주 굵은 실선
은 특수한 용도의 선으로 사용된다. 일반적으로 해
칭의 각도가 45°이지만 반드시 45°로 해칭선을 그
려야 하는 것은 아니다.
⑦ **굵은 1점 쇄선** : 특수지정선

60 다음 중 일반구조용 탄소강관의 KS 재료기호는?

① SPP　　　　　② SPS
③ SKH　　　　　④ STK

명칭	기호	명칭	기호
일반구조용 압연강재	SS	기계구조용 탄소강재	SM(00)
탄소공구강재	STC	용접구조용 압연강재	SWS, SM(000)
탄소주강품	SC	스프링 강재	SPS
회주철	GC	고속도강	SKH
기계구조용 탄소강관	STKM	배관용 탄소강관	SPP
강	S	선	W
판	P	봉, 바, 보일러	B
철	F	주조품	C

59 그림과 같은 도면에서 괄호 안의 치수는 무엇을
나타내는가?

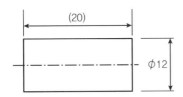

① 완성치수　　　　　② 참고치수
③ 다듬질치수　　　　④ 비례적이 아닌 치수

해설 56번 해설 참조

2016년 제4회 기출문제

01 다음 중 용접 시 수소의 영향으로 발생하는 결함과 가장 거리가 먼 것은?

① 기공   ② 균열

③ 은점   ④ 설퍼

> **해설** sulfur(S) : 황

02 가스 중에서 최소의 밀도로 가장 가볍고 확산속도가 빠르며, 열전도가 가장 큰 가스는?

① 수소   ② 메탄

③ 프로판   ④ 부탄

> **해설** 비중
> 수소 : 0.07, 메탄 : 0.55, 프로판 : 1.522, 부탄 : 2

03 용착금속의 인장강도가 55N/m², 안전율이 6이라면 이음의 허용응력은 약 몇 N/m²인가?

① 0.92   ② 9.2

③ 92   ④ 920

> **해설** 안전율 $= \dfrac{\text{인장강도}}{\text{허용응력}}$ $6 = \dfrac{55N/m^2}{\text{허용응력}}$
> ∴ 허용응력은 약 9.2N/m²

04 팁 끝이 모재에 닿는 순간 순간적으로 팁 끝이 막혀 팁 속에서 폭발음이 나면서 불꽃이 꺼졌다가 다시 나타나는 현상은?

① 인화   ② 역화

③ 역류   ④ 선화

> **해설** 역류, 역화, 인화
> ① **역류** : 산소압력 과다, 아세틸렌 공급량이 부족할 경우 발생할 수 있으며, 토치 내부의 지관에 막힘현상 발생, 이때 고압의 산소가 밖으로 나가지 못하고 산소보다 압력이 낮은 아세틸렌을 밀어내면서 아세틸렌 호스쪽으로 거꾸로 흐르는 현상. 역류를 방지하기 위해서는 팁을 깨끗이 청소하고, 산소를 차단시키고, 아세틸렌을 차단시킨다.
> ② **역화** : 용접 중에 모재에 팁 끝이 닿아 불꽃이 순간적으로 팁 끝에 흡인되고, 빵빵 소리를 내며, 불꽃이 꺼졌다 켜졌다 하는 현상
> ③ **인화** : 팁 끝이 순간적으로 막히게 되면 가스 분출이 나빠지고 혼합실까지 불꽃이 들어가는 수가 있다. 발생 시 아세틸렌 차단 후 산소 차단

05 다음 중 파괴시험검사법에 속하는 것은?

① 부식시험   ② 침투시험

③ 음향시험   ④ 와류시험

> **해설** 부식시험은 파괴시험에 속한다.

06 TIG 용접 토치의 분류 중 형태에 따른 종류가 아닌 것은?

① T형 토치   ② Y형 토치

③ 직선형 토치   ④ 플렉시블형 토치

해설 TIG 용접 토치
① 수동식 토치 : TIG 용접에서 가장 많이 사용
② 반자동 토치 : 용접와이어를 자동으로 공급하는 특징
③ 자동토치 : 높은 전류, 고속 용접할 때 사용
④ 공랭식 토치 : 200A 이하로 많이 사용, 가볍고, 취급 용이
⑤ 수랭식 토치 : 200A보다 높은 전류로 용접, 토치에 냉각수를 흐르게 하여 토치를 냉각
⑥ T형 토치 : 일반적으로 가장 많이 사용
⑦ 직선형 토치 : 용접하기 곤란하고 협소한 장소에서 이용, 펜슬형
⑧ 플렉시블 토치 : 토치 머리 부분을 자유롭게 할 수 있다.
⑨ 가스노즐
⑩ 가스렌즈
⑪ 캡, 콜릿바디, 콜릿

09 다음 중 탄산가스 아크용접의 자기쏠림 현상을 방지하는 대책으로 틀린 것은?

① 엔드탭을 부착한다.
② 가스유량을 조절한다.
③ 어스의 위치를 변경한다.
④ 용접부의 틈을 적게 한다.

해설 아크 쏠림(자기쏠림, 자기불림) 방지책
• 직류 대신 교류 용접기 사용
• 아크길이를 짧게 유지하고, 긴 용접부는 후퇴법 사용
• 접지는 양쪽으로 하고, 용접부에서 멀리한다.
• 용접봉 끝을 자기불림 반대방향으로 기울인다.
• 끝난 부분이나 가접이 큰 부분 방향으로 용접
• 엔드탭 사용

07 용접에 의한 수축 변형에 영향을 미치는 인자로 가장 거리가 먼 것은?

① 가접
② 용접 입열
③ 판의 예열온도
④ 판두께에 따른 이음 형상

해설 가접
본용접 전에 용접 부위를 고정하기 위해 하는 용접

10 다음 용접법 중 비소모식 아크용접법은?

① 논 가스 아크용접
② 피복금속 아크용접
③ 서브머지드 아크용접
④ 불활성 가스 텅스텐 아크용접

해설 비용극식(비소모식)
전극봉의 소모 없이 아크를 발생시키고 용가재를 첨가하여 용접하는 방식

08 전자동 MIG 용접과 반자동용접을 비교했을 때 전자동 MIG 용접의 장점으로 틀린 것은?

① 용접속도가 빠르다.
② 생산단가를 최소화할 수 있다.
③ 우수한 품질의 용접이 얻어진다.
④ 용착효율이 낮아 능률이 매우 좋다.

해설 용착효율이 낮으면 능률이 좋지 않다.
참고 : MIG 용접의 용착효율은 98%이다.

11 용접부를 끝이 구면인 해머로 가볍게 때려 용착금속부의 표면에 소성변형을 주어 인장응력을 완화시키는 잔류응력 제거법은?

① 피닝법
② 노내풀림법
③ 저온응력완화법
④ 기계적 응력완화법

잔류응력 제거방법
① 노내풀림법
- 보통 625±25℃에서 판두께 25mm를 1시간 정도 풀림하고, 유지온도가 높을수록, 유지시간이 길수록 효과가 크다.
- 보통 연강에 대하여 제품을 노 내에서 출입시키는 온도는 300℃를 넘어서는 안 된다.
- 응력제거 열처리법 중에서 가장 잘 이용되고 또 효과가 큰 것은 제품 전체를 가열로 안에 넣고 적당한 온도에서 얼마 동안 유지한 다음 노 내에서 서랭하는 것이다.
② 국부풀림법 : 거대한 구조물이나 큰 제품 등을 용접하였을 경우에는 노내풀림법이 곤란하여, 용접부위만 풀림처리한다.
③ 저온응력완화법 : 가스불꽃을 이용하여 폭 150mm, 온도 150~200℃ 정도 가열 후 수랭한다.
④ 기계적 응력완화법 : 용접부에 하중을 가하여 소성변형을 일으켜 응력제거하는 방법이다.
⑤ 피닝법 : 용접부를 연속적으로 타격하여 표면상에 소성변형을 주어 응력제거하는 방법이다.

12 용접 변형의 교정법에서 점수축법의 가열온도와 가열시간으로 가장 적당한 것은?

① 100~200℃, 20초　　② 300~400℃, 20초

③ 500~600℃, 30초　　④ 700~800℃, 30초

변형교정법의 점수축법
용접 후 변형 교정 시 가열온도 500~600℃, 가열시간 약 30초, 가열지름 20~30mm로 하여, 가열한 후 즉시 수랭하는 변형교정법

13 수직면 또는 수평면 내에서 선회하는 회전영역이 넓고 팔이 기울어져 상하로 움직일 수 있어, 주로 스폿 용접, 중량물 취급 등에 많이 이용되는 로봇은?

① 다관절 로봇　　　② 극좌표 로봇

③ 원통좌표 로봇　　④ 직각좌표계 로봇

- **다관절 로봇** : 3개 이상의 회전 관절을 결합시켜 만든 로봇
- **원통좌표 로봇** : 선회축 중심에 두 개의 직선축으로 움직이는 로봇
- **직각좌표 로봇** : 직교하는 x, y, z 축을 따라 움직이는 로봇

14 서브머지드 아크용접 시 발생하는 기공의 원인이 아닌 것은?

① 직류역극성 사용

② 용제의 건조 불량

③ 용제의 산포량 부족

④ 와이어의 녹, 기름, 페인트

직류정극성 (DCSP)	모재	+	모재의 용입이 깊고, 용접봉이 천천히 녹음.
	용접봉	−	비드 폭이 좁고, 일반적인 용접에 많이 사용됨.

15 다음 중 전자빔 용접에 관한 설명으로 틀린 것은?

① 용입이 낮아 후판용접에는 적용이 어렵다.

② 성분 변화에 의하여 용접부의 기계적 성질이나 내식성의 저하를 가져올 수 있다.

③ 가공재나 열처리에 대하여 소재의 성질을 저하시키지 않고 용접할 수 있다.

④ 10^{-4}~10^{-6}mmHg 정도의 높은 진공실 속에서 음극으로부터 방출된 전자를 고전압으로 가속시켜 용접을 한다.

해설 전자빔 용접의 특징
① 용입이 깊어서 타 용접은 다층용접을 해야 하는 것도 단층용접이 가능하다.
② 에너지 집중이 가능하여 고속용접이 되어 용접 입열이 적고, 용접부가 좁다.
③ 전자빔 정밀제어가 가능하다.
④ 박판에서 후판까지 광범위하게 용접 가능하다.
⑤ 시설비가 많이 들고, 배기장치가 필요하다.
⑥ 맞대기용접에서 모재 두께가 25mm 이하로 제한된다.
⑦ 용융부가 좁아 냉각속도가 커져 경화가 쉬우며, 용접균열의 원인이 된다.
⑧ 텅스텐, 몰리브덴 같은 대기에서 반응하기 쉬운 금속도 용이하게 용접할 수 있다.

해설 RT
방사선(탐상) 비파괴검사, X선이나 γ선을 재료에 투과시켜 투과된 빛의 강도에 따라 사진 필름에 감광시켜 결함을 검사하는 방법. 모든 용접재질에 적용할 수 있고, 내부 결함의 검출이 용이하며, 검사의 신뢰성이 높다. 방사선투과검사에 필요한 기구로는 투과도계, 계조계, 증감지 등이 있다.

16 안전 · 보건표지의 색채, 색도기준 및 용도에서 지시의 용도 색채는?

① 검은색
② 노란색
③ 빨간색
④ 파란색

해설 안전표지와 색채 사용
① 적색(빨간색) : 방화금지, 규제, 고도의 위험, 방향표시, 소화설비, 화학물질의 취급장소에서의 유해 · 위험 경고 등
② 청색 : 특정행위의 지시 및 사실의 고지
③ 황색(노란색) : 주의표시, 충돌, 통상적인 위험 · 경고 등
④ 녹색 : 안전지도, 위생표시, 대피소, 구호표시, 진행 등
⑤ 백색 : 통로, 정리정돈, 글씨 및 보조색
⑥ 검정(흑색) : 글씨(문자), 방향표시(화살표)

18 다음 중 용접봉의 용융속도를 나타낸 것은?

① 단위시간당 용접 입열의 양
② 단위시간당 소모되는 용접전류
③ 단위시간당 형성되는 비드의 길이
④ 단위시간당 소비되는 용접봉의 길이

해설 용융속도
① 용융속도는 단위시간당 소비되는 용접봉의 길이, 무게로 나타내며, 아크전압, 용접봉의 지름과는 관계가 없으며, 용접전류와 비례관계가 있다.
② 용융속도 = 아크전류 × 용접봉쪽 전압강하

19 물체와의 가벼운 충돌 또는 부딪침으로 인하여 생기는 손상으로 충격 부위가 부어오르고 통증이 발생되며 일반적으로 피부 표면에 창상이 없는 상처를 뜻하는 것은?

① 출혈
② 화상
③ 찰과상
④ 타박상

해설 창상 : 베인 상처

17 X선이나 γ선을 재료에 투과시켜 투과된 빛의 강도에 따라 사진 필름에 감광시켜 결함을 검사하는 비파괴시험법은?

① 자분탐상검사
② 침투탐상검사
③ 초음파탐상검사
④ 방사선투과검사

20 일명 비석법이라고도 하며, 용접길이를 짧게 나누어 간격을 두면서 용접하는 용착법은?

① 전진법
② 후진법
③ 대칭법
④ 스킵법

해설		
스킵법 (비석법)	얇은 판이나 비틀림이 발생할 우려가 있는 용접에 사용한다. 변형과 잔류응력을 최소로 해야 할 경우 사용한다.	1 4 2 5 3 → → → → → 스킵법(비석법)

21 금속산화물이 알루미늄에 의하여 산소를 빼앗기는 반응에 의해 생성되는 열을 이용한 용접법은?

① 마찰용접

② 테르밋 용접

③ 일렉트로 슬래그 용접

④ 서브머지드 아크용접

해설 **테르밋 용접**
금속산화물이 알루미늄에 의하여 산소를 빼앗기는 반응을 이용한 용접

22 저항용접의 장점이 아닌 것은?

① 대량생산에 적합하다.

② 후열처리가 필요하다.

③ 산화 및 변질 부분이 적다.

④ 용접봉, 용제가 불필요하다.

해설 **전기저항용접의 특징**
1. 장점
 • 작업속도가 빠르고, 대량생산에 적합하며, 용접 시 모재의 손상, 변형, 잔류응력이 적다.
 • 산화작용이 작고, 용접부가 깨끗하다.
 • 열 손실이 적고, 용접부에 집중열을 가할 수 있다.
 • 기계적 성질이 개선되며, 자동용접으로 작업자의 기량에 큰 관계가 없다.
2. 단점
 • 용접기의 설비비가 고가이고, 용접기의 융통성이 적으며, 적당한 비파괴검사가 어렵다.
 • 후열처리가 필요하다.
 • 대용량 용접기의 경우 전원설비가 필요하다.

23 정격2차전류 200A, 정격사용률 40%인 아크용접기로 실제 아크전압 30V, 아크전류 130A로 용접을 수행한다고 가정할 때 허용사용률은 약 얼마인가?

① 70%

② 75%

③ 80%

④ 95%

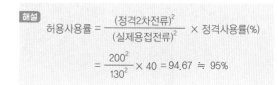

해설
$$허용사용률 = \frac{(정격2차전류)^2}{(실제용접전류)^2} \times 정격사용률(\%)$$
$$= \frac{200^2}{130^2} \times 40 = 94.67 \fallingdotseq 95\%$$

24 아크전류가 일정할 때 아크전압이 높아지면 용접봉의 용융속도가 늦어지고, 아크전압이 낮아지면 용융속도가 빨라지는 특성을 무엇이라 하는가?

① 부저항 특성

② 절연회복 특성

③ 전압회복 특성

④ 아크길이 자기제어 특성

해설 **아크길이 자기제어 특성**
아크전류가 일정할 때 아크전압이 높아지면 용접봉의 용융속도가 늦어지고, 아크전압이 낮아지면 용융속도가 빨라지는 현상을 아크길이 자기제어 특성이라고 한다.

25 강재 표면의 홈이나 개재물, 탈탄층 등을 제거하기 위하여 될 수 있는 대로 얇게 그리고 타원형 모양으로 표면을 깎아내는 가공법은?

① 분말절단

② 가스 가우징

③ 스카핑

④ 플라즈마 절단

해설 스카핑
① 강재 표면의 개재물, 탈탄층 또는 홈을 제거하기 위해 사용하며, 가우징과 다른 것은 표면을 얕고 넓게 깎는 것이다.
② 스카핑의 속도는 냉간재는 5~7m/min, 열간재는 20m/min으로 상당히 빠르다.

26 다음 중 야금적 접합법에 해당되지 않는 것은?

① 융접(fusion welding)
② 접어 잇기(seam)
③ 압접(pressure welding)
④ 납땜(brazing and soldering)

해설 접어 잇기는 기계적 접합법에 속한다.

27 다음 중 불꽃의 구성요소가 아닌 것은?

① 불꽃심
② 속불꽃
③ 겉불꽃
④ 환원불꽃

해설 가스불꽃의 구성
① 백심 : 백색 불꽃으로 온도는 1,500℃ 정도이다.
② 속불꽃(용접불꽃) : 일산화탄소와 수소가 공기 중의 산소와 결합하여 고열 발생, 실제로 용접이 이루어지는 불꽃으로 온도는 3,200~3,400℃ 정도이다.
③ 겉불꽃 : 연소가스가 주위 공기의 산소와 결합하여 완전연소되는 불꽃으로 2,000℃ 정도이다.

28 피복아크 용접봉에서 피복제의 주된 역할이 아닌 것은?

① 용융금속의 용적을 미세화하여 용착효율을 높인다.
② 용착금속의 응고와 냉각속도를 빠르게 한다.
③ 스패터의 발생을 적게 하고, 전기절연작용을 한다.
④ 용착금속에 적당한 합금원소를 첨가한다.

해설 피복제의 역할
① 아크를 안정시킴.
② 산화, 질화 방지
③ 용착효율 향상
④ 전기절연작용, 용착금속의 탈산정련작용
⑤ 급랭으로 인한 취성방지
⑥ 용착금속에 합금원소 첨가
⑦ 수직, 수평, 위보기 등의 어려운 자세 용접을 쉽게 할 수 있음.

29 교류아크용접기에서 안정한 아크를 얻기 위하여 상용주파의 아크전류에 고전압의 고주파를 중첩시키는 방법으로 아크 발생과 용접작업을 쉽게 할 수 있도록 하는 부속장치는?

① 전격방지장치
② 고주파발생장치
③ 원격제어장치
④ 핫 스타트 장치

해설 고주파발생장치
아크 안정을 위하여 2,000~4,000[V] 고전압을 발생시켜 용접전류에 중첩시키는 장치

30 피복아크 용접봉의 피복제 중에서 아크를 안정시켜 주는 성분은?

① 붕사
② 페로망간
③ 니켈
④ 산화티탄

해설 피복제의 종류
① 아크 안정제 : 규산나트륨, 규산칼슘, 산화티탄, 석회석 등
② 가스 발생제 : 녹말, 톱밥, 셀룰로스, 탄산바륨, 석회석 등
③ 슬래그 생성제 : 형석, 산화철, 산화티탄, 이산화망간, 석회석 등
④ 탈산제 : 페로망간, 페로실리콘, 페로티탄, 규소철, 망간철, 알루미늄, 소맥분, 목재톱밥 등
⑤ 고착제 : 규산나트륨, 규산칼륨, 아교, 소맥분, 해초풀, 젤라틴 등
⑥ 합금 첨가제 : 망간, 크롬, 구리, 몰리브덴 등

정답 26 ② 27 ④ 28 ② 29 ② 30 ④

31 산소용기의 취급 시 주의사항으로 틀린 것은?

① 기름이 묻은 손이나 장갑을 착용하고서 취급하지 않아야 한다.

② 통풍이 잘 되는 야외에서 직사광선에 노출시켜야 한다.

③ 용기의 밸브가 얼었을 경우에는 따뜻한 물로 녹여야 한다.

④ 사용 전에는 비눗물 등을 이용하여 누설 여부를 확인한다.

해설 직사광선이 들지 않는 통풍이 잘 되는 곳에 보관한다.

32 피복아크 용접봉의 기호 중 고산화티탄계를 표시한 것은?

① E4301   ② E4303

③ E4311   ④ E4313

해설 • 일미나이트계 : E4301
• 라임티타니아계 : E4303
• 고셀룰로스계 : E4311
• 고산화티탄계 : E4313

33 가스절단에서 프로판가스와 비교한 아세틸렌의 장점에 해당되는 것은?

① 후판절단의 경우 절단속도가 빠르다.

② 박판절단의 경우 절단속도가 빠르다.

③ 중첩절단을 할 때에는 절단속도가 빠르다.

④ 절단면이 거칠지 않다.

해설 1. 아세틸렌
① 예열시간이 짧고, 점화 및 불꽃 조절이 쉽다.
② 절단 개시까지 시간이 빠르고, 중성불꽃을 만들기 쉽다.
③ 박판절단속도가 빠르다.
2. 프로판
① 절단면이 깨끗하고, 슬래그 제거가 쉽다.
② 포갬 및 후판 절단 시 아세틸렌보다 빠르다.
③ 전체적인 경비는 비슷하다.

34 용접기의 구비조건이 아닌 것은?

① 구조 및 취급이 간단해야 한다.

② 사용 중에 온도상승이 작아야 한다.

③ 전류조정이 용이하고 일정한 전류가 흘러야 한다.

④ 용접효율과 상관없이 사용유지비가 적게 들어야 한다.

해설 아크용접기 구비조건
① 구조 및 취급이 간단해야 한다.
② 전류조정이 용이하고 일정한 전류가 흘러야 하며, 사용으로 인한 본체의 온도상승이 없어야 한다.
③ 아크 발생 및 유지가 용이하고 아크가 안정되어야 한다.
④ 효율 및 역률이 높은 것이 좋다.

35 다음 중 연강을 가스용접할 때 사용하는 용제는?

① 붕사

② 염화나트륨

③ 사용하지 않는다.

④ 중탄산소다 + 탄산소다

해설

용접금속	용제
연강	사용하지 않는다
주철	붕사, 붕산, 탄산소다, 중탄산나트륨
구리 (구리합금)	붕사, 붕산, 플루오나트륨, 규산나트륨 (붕사 75% + 염화리튬 25%)
알루미늄	염화칼륨, 염화리튬, 염화나트륨, 염산칼리

36 프로판가스의 특징으로 틀린 것은?

① 안전도가 높고, 관리가 쉽다.

② 온도 변화에 따른 팽창률이 크다.

③ 액화하기 어렵고, 폭발 한계가 크다.

④ 상온에서는 기체 상태이고 무색, 투명하다.

> **해설** 프로판가스(LPG, 액화석유가스)
> ① 비중은 1.522로 공기보다 무겁고, 주로 절단용 가스로 사용된다.
> ② 상온에서 기체 상태이며, 온도 변화에 따른 팽창률이 크다.
> ③ 발열량은 가장 높고, 열의 집중성은 떨어진다.
> ④ 액화하기 쉽고, 용기에 보관하여 수송이 편리하다.

37 피복아크 용접봉에서 아크길이와 아크전압의 설명으로 틀린 것은?

① 아크길이가 너무 길면 아크가 불안정하다.

② 양호한 용접을 하려면 짧은 아크를 사용한다.

③ 아크전압은 아크길이에 반비례한다.

④ 아크길이가 적당할 때, 정상적인 작은 입자의 스패터가 생긴다.

> **해설** 피복아크 용접 시 아크길이와 아크전압의 관계
> ① 양호한 용접을 하려면 되도록 짧은 아크를 사용하는 것이 유리하다.
> ② 아크길이는 지름이 2.6mm 이하의 용접봉에서는 심선의 지름과 같아야 한다.
> ③ 아크전압은 아크길이에 비례한다.
> ④ 아크길이가 너무 길면 아크가 불안정하게 된다.

38 다음 중 용융금속의 이행 형태가 아닌 것은?

① 단락형

② 스프레이형

③ 연속형

④ 글로뷸러형

> **해설** 용융금속의 이행 형식
> 용융금속의 이행 형식에는 단락형, 글로뷸러형(용적형, 핀치효과형), 스프레이형(분무상 이행형)이 있고, 용접전류, 보호가스, 전압 등이 영향을 준다.
> ① **단락형** : 용적이 용융지에 접촉하여 단락되고 표면장력의 작용으로 모재에 옮겨서 용착되는 것. 비피복 용접봉이나 저수소계 용접봉에서 자주 볼 수 있다.
> ② **스프레이형** : 미입자 용적으로 분사되어 스프레이와 같이 날려서 모재에 옮겨서 용착되는 것이다. 일반적인 피복아크 용접봉이나 일미나이트계 용접봉에서 자주 볼 수 있다.
> ③ **글로뷸러형** : 비교적 큰 용적이 단락되지 않고 옮겨가는 형식, 대전류를 사용하는 서브머지드 아크용접에서 자주 볼 수 있다.

39 강자성을 가지는 은백색의 금속으로 화학반응용 촉매, 공구 소결재로 널리 사용되고 바이탈륨의 주성분 금속은?

① Ti

② Co

③ Al

④ Pt

> **해설** 바이탈륨
> Co + Cr 합금. 치과, 외과용 등에 쓰인다.

40 재료에 어떤 일정한 하중을 가하고 어떤 온도에서 긴 시간 동안 유지하면 시간이 경과함에 따라 스트레인이 증가하는 것을 측정하는 시험방법은?

① 피로시험

② 충격시험

③ 비틀림시험

④ 크리프 시험

> **해설** 크리프 시험
> 시간, 온도, 응력의 관계를 나타낸다.

41 금속의 결정구조에서 조밀육방격자(HCP)의 배위 수는?

① 6   ② 8

③ 10   ④ 12

> **해설** 1. 체심입방격자(BCC)
> ① 강도가 크고, 면심입방격자에 비해 전연성이 적다.
> ② 원자수는 2개이며, 배위수는 8, 충진율은 68
> ③ 종류 : α -Fe, δ -Fe, W, Cr, Mo, V 등
> 2. 면심입방격자(FCC)
> ① 전연성이 크고, 가공성 우수, 전기전도도 우수하다.
> ② 원자수는 4개이며, 배위수는 12, 충진율은 74
> ③ 종류 : γ -Fe, Au, Ag, Cu, Ni, Al, Pb, Pt 등
> 3. 조밀육방격자(HCP)
> ① 전연성이 작고, 가공성이 나쁘다.
> ② 원자수는 4개이며, 배위수는 12, 충진율은 74
> ③ 종류 : Mg, Ti, Zn, Zr, Be, Cd 등

42 주석청동의 용해 및 주조에서 1.5~1.7%의 아연을 첨가할 때의 효과로 옳은 것은?

① 수축률이 감소된다.   ② 침탄이 촉진된다.
③ 취성이 향상된다.   ④ 가스가 혼입된다.

> **해설** 주석청동
> 20~22% Sn 첨가. 압축강도 및 인장강도가 높아 베어링, 기어, 전기자 등에 쓰이며 1.5~1.7%의 아연이 첨가되면 주석청동의 수축률이 낮아진다.

43 금속의 결정구조에 대한 설명으로 틀린 것은?

① 결정입자의 경계를 결정입계라 한다.
② 결정체를 이루고 있는 각 결정을 결정입자라 한다.
③ 체심입방격자는 단위격자 속에 있는 원자수가 3개이다.
④ 물질을 구성하고 있는 원자가 입체적으로 규칙적인 배열을 이루고 있는 것을 결정이라 한다.

> **해설** 체심입방격자(BCC)
> ① 강도가 크고, 면심입방격자에 비해 전연성이 적다.
> ② 원자수는 2개이며, 배위수는 8, 충진율은 68
> ③ 종류 : α -Fe, δ -Fe, W, Cr, Mo, V 등

44 AI의 표면을 적당한 전해액 중에서 양극 산화처리하면 표면에 방식성이 우수한 산화 피막층이 만들어진다. 알루미늄의 방식방법에 많이 이용되는 것은?

① 규산법   ② 수산법
③ 탄화법   ④ 질화법

> **해설** 알루미늄의 방식법에는 황산법, 수산법, 크롬산법이 있다.

45 강의 표면경화법이 아닌 것은?

① 풀림   ② 금속용사법
③ 금속침투법   ④ 하드페이싱

> **해설** 풀림은 일반 열처리에 해당한다.

46 비금속 개재물이 강에 미치는 영향이 아닌 것은?

① 고온 메짐의 원인이 된다.
② 인성은 향상시키나, 경도를 떨어뜨린다.
③ 열처리 시 개재물로 인한 균열을 발생시킨다.
④ 단조나 압연 작업 중에 균열의 원인이 된다.

> **해설** 비금속 개재물이 발생하면 인장강도, 압축강도가 저하된다.

47 해드필드강에 대한 설명으로 옳은 것은?

① 페라이트계 고Ni강이다.

② 펄라이트계 고Co강이다.

③ 시멘타이트계 고Cr강이다.

④ 오스테나이트계 고Mn강이다.

해설		
Mn강	저Mn	펄라이트Mn강, 듀콜강
	고Mn	오스테나이트Mn강, 해드필드강, 내마멸성, 경도가 크고, 광산기계, 레일 교차점에 사용

48 잠수함, 우주선 등 극한 상태에서 파이프의 이음쇠에 사용되는 기능성 합금은?

① 초전도합금

② 수소저장합금

③ 아모퍼스 합금

④ 형상기억합금

> 해설 형상기억합금은 고온일 때와 저온(마텐자이트 상)일 때의 결정배열이 틀리기 때문에 저온일 때 변형을 가하더라도 어느 온도 이상이 되면 본래의 모습으로 돌아오는 합금을 말한다.

49 탄소강에서 탄소의 함량이 높아지면 낮아지는 값은?

① 경도

② 항복강도

③ 인장강도

④ 단면수축률

> 해설 단면수축률이란 인장시험에 있어서 시험편 절단 후에 생기는 최소 단면적과 원단면적에 대한 백분율을 말한다.

50 3~5%Ni, 1%Si을 첨가한 Cu합금으로 C합금이라고도 하며 강력하고 전도율이 좋아 용접봉이나 전극재료로 사용되는 것은?

① 톰백

② 문쯔메탈

③ 길딩메탈

④ 코슨합금

> 해설
> • 톰백 : Zn 8~20% 황동. 연성이 크고 색이 아름다워 금대용품으로 쓰임.
> • 문쯔메탈 : 6・4 황동으로 불리며 인장강도 최대
> • 길딩메탈 : 구리 95~97%, 아연 3~5%로 된 구리합금

51 치수 기입법에서 지름, 반지름, 구의 지름 및 반지름, 모떼기, 두께 등을 표시할 때 사용되는 보조기호 표시가 잘못된 것은?

① 두께 : D6

② 반지름 : R3

③ 모따기 : C3

④ 구의 지름 : SØ6

해설	기호	의미	기호	의미	기호	의미
	Ø	원의 지름	□	정사각형	R	반지름
	SR	구의 반지름	C	모따기	t	두께

52 인접 부분을 참고로 표시하는 데 사용하는 선은?

① 숨은선

② 가상선

③ 외형선

④ 피치선

해설	용도에 따른 선의 명칭	선의 종류	선의 용도
	숨은선	가는 파선 굵은 파선	보이지 않는 부분을 나타내는 선
	가상선	가는 2점 쇄선	• 가공 전 후의 모양을 표시하는 데 사용하는 선 • 인접 부분을 참고로 표시하는 데 사용하는 선
	무게중심선	가는 2점 쇄선	단면의 무게중심을 연결하는 데 사용하는 선
	파단선	지그재그선	• 대상물의 일부를 파단한 곳을 표시하는 선 • 일부를 끊어낸(떼어낸) 부분을 표시하는 선

53 보기와 같은 KS 용접 기호의 해독으로 틀린 것은?

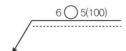

① 화살표 반대쪽 점용접
② 점용접부의 지름 6mm
③ 용접부의 개수(용접 수) 5개
④ 점용접한 간격은 100mm

> **해설** 지시선 위에 내용이 기재되어 있으므로 화살표 방향 점용접이다. 점선 위에 기재되어 있으면 화살표 반대 방향 용접이다.

54 좌우, 상하 대칭인 그림과 같은 형상을 도면화하려고 할 때 이에 관한 설명으로 틀린 것은? (단, 물체에 뚫린 구멍의 크기는 같고 간격은 6mm로 일정하다)

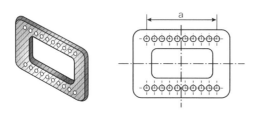

① 치수 a는 9 × 6(54)으로 기입할 수 있다.
② 대칭기호를 사용하여 도형을 $\frac{1}{2}$로 나타낼 수 있다.
③ 구멍은 동일 형상일 경우 대표 형상을 제외한 나머지 구멍은 생략할 수 있다.
④ 구멍은 크기가 동일하더라도 각각의 치수를 모두 나타내어야 한다.

> **해설** 크기가 동일한 구멍이라면 각각의 치수를 모두 나타낼 필요가 없다.

55 그림과 같은 제3각법 정투상도에 가장 적합한 입체도는?

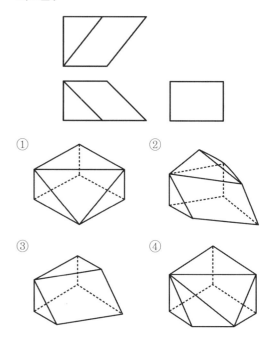

① ② ③ ④

> **해설** 주어진 3각법의 정면도와 우측면도, 평면도를 활용하여 도형의 입체도를 유추할 수 있다.

56 3각 기둥, 4각 기둥 등과 같은 각기둥 및 원기둥을 평행하게 펼치는 전개방법의 종류는?

① 삼각형을 이용한 전개도법
② 평행선을 이용한 전개도법
③ 방사선을 이용한 전개도법
④ 사다리꼴을 이용한 전개도법

> **해설** **전개도법의 종류**
> ① **평행선법** : 원통형 모양이나 각기둥, 원기둥 물체를 전개할 때 사용
> ② **방사선법** : 부채꼴 모양으로 전개하는 방법
> ③ **삼각형법** : 전개도를 그릴 때 표면을 여러 개의 삼각형으로 전개하는 방법

57 SF 340A는 탄소강 단강품이며 340은 최저 인장
강도를 나타낸다. 이때 최저 인장강도의 단위로
가장 옳은 것은?

① N/m^2 ② kgf/m^2

③ N/mm^2 ④ kgf/mm^2

> **해설** $1mm^2$ 단위면적에 작용하는 최저 인장강도는 340N이다.
> ∴ $340N/mm^2$

58 배관 도면에서 그림과 같은 기호의 의미로 가장
적합한 것은?

① 체크밸브 ② 볼 밸브

③ 콕 일반 ④ 안전밸브

> **해설**
>
> | 종류 | 기호 | 종류 | 기호 |
> |---|---|---|---|
> | 체크밸브 | | 게이트밸브 | |
> | 안전밸브 | | 글로브밸브 | |
> | 앵글밸브 | | 밸브닫힘상태 | |
> | 3방향밸브 | | 버터플라이밸브 | |

59 한쪽 단면도에 대한 설명으로 올바른 것은?

① 대칭형의 물체를 중심선을 경계로 하여 외형도
의 절반과 단면도의 절반을 조합하여 표시한 것
이다.

② 부품도의 중앙 부위 전후를 절단하여, 단면을
$90°$ 회전시켜 표시한 것이다.

③ 도형 전체가 단면으로 표시된 것이다.

④ 물체의 필요한 부분만 단면으로 표시한 것이다.

> **해설** 반단면도(한쪽 단면도)
> 물체의 1/4을 절단하여 내부와 외형을 표현

60 판금작업 시 강판재료를 절단하기 위하여 가장 필
요한 도면은?

① 조립도 ② 전개도

③ 배관도 ④ 공정도

> **해설** 판금작업의 종류
> ① 블랭킹 : 판재에서 펀치로 원하는 형상을 뽑는 작업
> ② 펀칭 : 원하는 모양의 구멍을 뚫는 작업
> ③ 전단 : 커터로 필요한 모양을 절단하는 작업
> ④ 트리밍 : 판재를 드로잉 가공으로 만든 다음 둥글게
> 자르는 작업
> ⑤ 셰이빙 : 제품의 끝을 약간 깎아 다듬질하는 작업
> 이러한 작업을 진행하기 위해서는 전개도가 필요하다.

Craftsman Welding

특수용접 기출문제

2014년 기출문제

2015년 기출문제

2016년 기출문제

2014년 제5회 기출문제

01 아크 에어 가우징법으로 절단을 할 때 사용되어지는 장치가 아닌 것은?

① 가우징 봉
② 컴프레셔
③ 가우징 토치
④ 냉각장치

해설 **아크 에어 가우징**
- 탄소 아크절단장치에 6~7기압 정도의 압축공기를 사용하는 방법으로 용접부 홈이나, 결함부를 파내는 가우징 작업, 용접 결함부 제거 등의 작업에 적합하다.
- 흑연으로 된 탄소봉에 구리 도금한 전극을 사용한다.
- 사용전원으로 직류역극성[DCRP]을 이용한다.
- 보수용접 시 균열부분이나, 용접 결함부를 제거하는 데 적합하다.
- 활용범위가 넓어 스테인리스강, 동합금, 알루미늄에도 적용될 수 있다.
- 소음이 없고, 작업능률이 가스 가우징보다 2~3배 높고, 비용이 저렴하며, 모재에 나쁜 영향을 미치지 않아 철, 비철금속 모두 사용 가능하다.
- 아크 에어 가우징 장치에는 전원(용접기), 가우징 토치, 컴프레셔가 있다.

해설	용접봉	특징
	일미나이트계 (E4301)	• 일미나이트(산화티탄, 산화철)를 30% 이상 함유한 용접봉으로 작업성이 우수하며, 모든 자세의 용접이 가능 • 내균열성, 연성이 우수하여 25mm 이상 후판용접 가능 • 현장에서 가장 널리 이용되고 있음.
	라임티탄계 (E4303)	• 산화티탄 30% 정도와 석회석이 주성분으로 수직자세 용접에 우수한 능률을 가지고 있음. • 선박의 내부 구조물, 기계, 일반구조물에 많이 사용
	고산화티탄계 (E4313)	• 산화티탄 35% 정도 함유한 용접봉으로 아크 안정, 슬래그 박리성, 비드 모양은 우수하지만, 고온균열을 일으키기 쉬운 단점을 가지고 있음. 일반 경구조물 용접에 이용되고 있음.
	고셀룰로스계 (E4311)	• 피복제에 가스 발생제 셀룰로스를 20~30% 정도 함유한 용접봉으로 위보기 자세 용접에 적합. 슬래그가 적어 비드 표면이 거칠고 스패터가 많은 단점이 있음. • 공장의 파이프라인이나 철골 공사에 이용되고 있음.
	저수소계 (E4316)	• 피복제에 석회석, 형석을 주성분으로 한 용접봉으로 수소량이 타 용접봉의 10% 정도이며 내균열성이 우수하여, 고압용기, 구속이 큰 용접, 중요 강도 부재에 사용되고 있음. • 용착금속의 인성과 연성이 우수하고 기계적 성질도 양호함. • 피복제가 두껍고 아크가 불안정하며 용접속도가 느리고 작업성이 좋지 않음.

02 가스 실드계의 대표적인 용접봉으로 유기물을 20~30% 정도 포함하고 있는 용접봉은?

① E4303
② E4311
③ E4313
④ E4324

03 가스절단에서 절단하고자 하는 판의 두께가 25.4mm일 때, 표준 드래그의 길이는?

① 2.4mm
② 5.2mm
③ 6.4mm
④ 7.2mm

정답 01 ④ 02 ② 03 ②

해설 가스 절단면에 절단기류의 입구측에서 출구측 사이의 수평거리이며, 일반적인 표준 드래그의 길이는 판두께 의 $(\frac{1}{5})$20% 정도이다.

04 수중절단에 주로 사용되는 가스는?

① 부탄가스 ② 아세틸렌가스
③ LPG ④ 수소가스

해설 수중절단에서는 산소, 수소를 가장 많이 사용하고, 아세틸렌, 프로판을 사용할 수도 있다.

05 직류아크용접의 정극성과 역극성의 특징에 대한 설명으로 옳은 것은?

① 정극성은 용접봉의 용융이 느리고, 모재의 용입이 깊다.
② 역극성은 용접봉의 용융이 빠르고, 모재의 용입이 깊다.
③ 모재에 음극(-), 용접봉에 양극(+)을 연결하는 것을 정극성이라 한다.
④ 역극성은 일반적으로 비드 폭이 좁고, 두꺼운 모재의 용접에 적당하다.

해설

극성의 종류	결선상태		특징
직류정극성 (DCSP)	모재	+	모재의 용입이 깊고, 용접봉이 천천히 녹음.
	용접봉	-	비드 폭이 좁고, 일반적인 용접에 많이 사용됨.
직류역극성 (DCRP)	모재	-	모재의 용입이 얕고, 용접봉이 빨리 녹음.
	용접봉	+	비드 폭이 넓고, 박판 및 비철금속에 사용됨.

06 산소용기에 각인되어 있는 TP와 FP는 무엇을 의미하는가?

① TP : 내압시험압력, FP : 최고 충전압력
② TP : 최고 충전압력, FP : 내압시험압력
③ TP : 내용적(실측), FP : 용기중량
④ TP : 용기중량, FP : 내용적(실측)

해설
• TP : 내압시험압력(kg/cm^2)
• V : 내용적 기호(용기의 부피)
• FP : 최고 충전압력(kg/cm^2)
• W : 순수 용기의 중량

07 교류아크용접기의 규격 AW-300에서 300이 의미하는 것은?

① 정격사용률 ② 정격2차전류
③ 무부하전압 ④ 정격부하전압

해설 AW-300은 정격2차전류가 300A란 의미이며, 정격은 최고로 올릴 수 있는 전류를 말한다.

08 피복아크 용접봉의 용융금속 이행 형태에 따른 분류가 아닌 것은?

① 스프레이형 ② 글로뷸러형
③ 슬래그형 ④ 단락형

해설 **용융금속의 이행 형식**
용융금속의 이행 형식에는 단락형, 글로뷸러형(용적형, 핀치효과형), 스프레이형(분무상 이행형)이 있고, 용접전류, 보호가스, 전압 등이 영향을 준다.
① 단락형 : 용적이 용융지에 접촉하여 단락되고 표면장력의 작용으로 모재에 옮겨서 용착되는 것. 비피복 용접봉이나 저수소계 용접봉에서 자주 볼 수 있다.
② 스프레이형 : 미립자 용적으로 분사되어 스프레이와 같이 날려서 모재에 옮겨서 용착되는 것이다. 일반적인 피복아크 용접봉이나 일미나이트계 용접봉에서 자주 볼 수 있다.
③ 글로뷸러형 : 비교적 큰 용적이 단락되지 않고 옮겨가는 형식, 대전류를 사용하는 서브머지드 아크용접에서 자주 볼 수 있다.

09 일반적으로 가스 용접봉의 지름이 2.6mm일 때 강판의 두께는 몇 mm 정도가 적당한가?

① 1.6mm   ② 3.2mm

③ 4.5mm   ④ 6.0mm

> **해설** 용접봉의 지름과 판두께와의 관계
> $$D = \frac{T}{2} + 1 \ (D : 지름, \ T : 판두께)$$

10 다음 중 용접작업에 영향을 주는 요소가 아닌 것은?

① 용접봉 각도   ② 아크길이

③ 용접속도   ④ 용접 비드

> **해설** 용접 비드는 용접작업 후 용접부에 나타난 용접 형상을 말한다.

11 피복아크용접에서 아크 안정제에 속하는 피복 배합제는?

① 산화티탄   ② 탄산마그네슘

③ 페로망간   ④ 알루미늄

> **해설** 아크 안정제
> 규산나트륨, 규산칼륨, 산화티탄, 석회석 등

12 아세틸렌은 각종 액체에 잘 용해된다. 그러면 1기압 아세톤 2ℓ에는 몇 ℓ의 아세틸렌이 용해되는가?

① 2   ② 10

③ 25   ④ 50

> **해설** 아세틸렌가스는 각종 액체에 잘 용해된다. 물과 같은 양, 석유에는 2배, 벤젠에는 4배, 알코올에는 6배, 아세톤에는 25배로 용해된다.

13 아크용접에서 부하전류가 증가하면 단자전압이 저하하는 특성을 무슨 특성이라 하는가?

① 상승 특성   ② 수하 특성

③ 정전류 특성   ④ 정전압 특성

> **해설**
> • **상승 특성** : 대전류에서 아크길이가 일정하면 아크와 전압이 조금씩 증가하는 특성
> • **수하 특성** : 부하전류가 증가하면 단자전압은 저하하는 특성
> • **정전류 특성** : 아크길이가 변해도 전류는 변하지 않는 특성
> • **정전압 특성** : 부하전류가 변해도 단자전압은 변하지 않는 특성

14 용접전류에 의한 아크 주위에 발생하는 자장이 용접봉에 대해서 비대칭으로 나타나는 현상을 방지하기 위한 방법 중 옳은 것은?

① 직류용접에서 극성을 바꿔 연결한다.

② 접지점을 될 수 있는 대로 용접부에서 가까이 한다.

③ 용접봉 끝을 아크가 쏠리는 방향으로 기울인다.

④ 피복제가 모재에 접촉할 정도로 짧은 아크를 사용한다.

> **해설** 아크 쏠림
> ① 용접 시 자력에 의하여 아크가 한쪽으로 쏠리는 현상
> ② 아크 블로우, 자기불림, 마그네틱 블로우 등으로 불린다.
> ③ 아크 쏠림 발생 시 일어나는 현상
> • 아크 불안정, 용착금속의 재질이 변화
> • 슬래그 섞임, 기공이 발생
> ④ 아크 쏠림 방지책
> • 직류용접기 대신 교류용접기 사용
> • 아크길이를 짧게 유지하고, 긴 용접부는 후퇴법 사용
> • 접지는 양쪽으로 하고, 용접부에서 멀리한다.
> • 용접봉 끝을 자기불림 반대방향으로 기울인다.
> • 용접이 끝난 부분이나 가접이 큰 부분 방향으로 용접
> • 엔드탭 사용

15 아크가 발생하는 초기에 용접봉과 모재가 냉각되어 있어 용접 입열이 부족하여 아크가 불안정하기 때문에 아크 초기에만 용접전류를 특별히 크게 해 주는 장치는?

① 전격방지장치
② 원격제어장치
③ 핫 스타트 장치
④ 고주파발생장치

> **해설** • 전격방지기(전격방지장치) : 용접작업자가 전기적 충격을 받지 않도록 2차 무부하전압을 20~30[V] 정도 낮추는 장치
> • 고주파발생장치 : 교류아크용접기에서 안정한 아크를 얻기 위하여 상용 주파의 아크전류에 고전압의 고주파를 중첩시키는 방법으로 아크 발생과 용접작업을 쉽게 할 수 있도록 하는 부속장치, 2,000~4,000[V] 고전압을 발생시켜 용접전류에 중첩시키는 장치이다.
> • 핫 스타트 장치 : 초기 아크 발생을 쉽게 하기 위해서 순간적으로 대전류를 흘려보내서 아크 발생 초기의 비드 용입을 좋게 한다.
> • 원격제어장치 : 전동조작형, 가포화 리액터형이 있으며, 용접기에서 떨어진 곳에서 전류 및 전압 조정을 할 수 있는 장치

16 산소용기의 내용적이 33.7리터인 용기에 120kgf/cm²이 충전되어 있을 때, 대기압 환산용적은 몇 리터인가?

① 2,803
② 4,044
③ 28,030
④ 40,440

> **해설** 산소용기 내용적(부피): 33.7ℓ, 충전압력 120kgf/cm²
> 33.7 × 120 = 4,044ℓ

17 연강용 피복아크 용접봉 심선의 4가지 화학성분 원소는?

① C, Si, P, S
② C, Si, Fe, S
③ C, Si, Ca, P
④ Al, Fe, Ca, P

> **해설** 연강, 경강 = 탄소강
> 탄소강의 5대 원소 : C, Si, P, S, Mn

18 알루미늄 합금재료가 가공된 후 시간의 경과에 따라 합금이 경화하는 현상은?

① 재결정
② 시효경화
③ 가공경화
④ 인공시효

> **해설** 시효경화
> 시간의 경과에 따라 합금의 성질이 변화하는 것이다. G.P (Guinier Preston Zone) 대에 의한 경화는 강도는 높아지고, 점성 강도는 저하되지 않는 특성을 가지고 있다.

19 경금속(Light Metal) 중에서 가장 가벼운 금속은?

① 리튬(Li)
② 베릴륨(Be)
③ 마그네슘(Mg)
④ 티타늄(Ti)

> **해설**
>
> | 금속 | 비중 | 금속 | 비중 | 금속 | 비중 |
> |------|------|------|------|------|------|
> | Li | 0.53 | Mg | 1.74 | Al | 2.7 |
> | Ti | 4.5 | Fe | 7.8 | Ni | 8.9 |
> | Cu | 8.93 | Cr | 7.19 | Ir | 22.5 |
> | Sn | 7.3 | Zn | 7.13 | Si | 2.3 |

20 정련된 용강을 노 내에서 Fe-Mn, Fe-Si, Al 등으로 완전 탈산시킨 강은?

① 킬드강
② 캡드강
③ 림드강
④ 세미킬드강

해설 강괴의 종류
① **킬드강** : Al, Fe-Si, Fe-Mn 등으로 완전 탈산시킨 강으로 기공이 없고 재질이 균일하며, 기계적 성질이 좋다. 탄소함유량 0.3% 이상. 헤어크랙 발생. 재질이 균일하며, 기계적 성질 및 방향성이 좋아 합금강, 단조용강, 침탄강의 원재료로 사용되나 수축관이 생긴 부분이 산화되어 가공 시 압착되지 않아 잘라내야 한다.
② **림드강** : Fe-Mn으로 조금 탈산시켰으나 불충분하게 탈산시킨 강. 기공 및 편석이 많다. 탄소함유량 0.3% 이하
③ **세미킬드강** : 킬드강과 림드강의 중간 정도 탈산. 기공은 있으나 편석은 적다. 탄소함유량 0.15~0.3%
④ **캡드강** : 림드강을 변형시킨 강

21 합금 공구강을 나타내는 한국산업표준(KS)의 기호는?

① SKH 2
② SCr 2
③ STS 11
④ SNCM

해설 ① 고속도강
② 기계구조용 합금강(크롬강)
④ 기계구조용 합금강(니크로몰리브덴강)

22 스테인리스강의 금속 조직학상 분류에 해당하지 않는 것은?

① 마텐자이트계
② 페라이트계
③ 시멘타이트계
④ 오스테나이트계

해설 스테인리스강의 종류는 페라이트계, 마텐자이트계, 오스테나이트계 스테인리스강이 있다.

23 구리에 40~50% Ni을 첨가한 합금으로서 전기저항이 크고 온도계수가 일정하므로 통신기자재, 저항선, 전열선 등에 사용하는 니켈합금은?

① 인바
② 엘린바
③ 모넬메탈
④ 콘스탄탄

해설 • 인바, 엘린바 : 불변강
• 모넬메탈 : 니켈, 구리계합금

24 강의 표면에 질소를 침투시켜 경화시키는 표면경화법은?

① 침탄법
② 질화법
③ 세라다이징
④ 고주파 담금질

해설 질화법
암모니아(NH_3) 가스 중에서 제품을 500℃ 정도에서 일정시간 가열 유지하면, 고온에서 NH_3(암모니아)가 분해하여 생기는 활성 N(질소)를 강의 표면에 침입시키는 것

25 합금강의 분류에서 특수 용도용으로 게이지, 시계추 등에 사용되는 것은?

① 불변강
② 쾌삭강
③ 규소강
④ 스프링강

해설

불변강	인바	Fe-Ni36%, 선팽창계수가 적다. 줄자, 계측기의 길이 불변 부품, 시계 등에 사용
	엘린바	Fe-Ni36%, Cr12%, 탄성률이 불변, 정밀계측기, 시계 스프링에 사용
	플래티나이트	전구, 진공관 도선에 사용
	코엘린바	Fe-Ni10%, Cr26~58%, 공기 또는 물 속에서 부식되지 않음, 시계 스프링, 지진계 사용
	퍼말로이, 슈퍼인바 등이 있다.	

26 인장강도가 98~196MPa 정도이며, 기계 가공성이 좋아 공작기계의 베드, 일반기계 부품, 수도관 등에 사용되는 주철은?

① 백주철　　　　② 회주철
③ 반주철　　　　④ 흑주철

> **해설** 보통주철은 인장강도가 10~20kg/mm², 일반 기계부품 및 난로, 맨홀뚜껑 등 주물제품에도 사용된다. 보통주철은 회주철을 말한다.
> 1kg/mm² = 9.8MPa

27 열처리된 탄소강의 현미경 조직에서 경도가 가장 높은 것은?

① 소르바이트　　　② 오스테나이트
③ 마텐자이트　　　④ 트루스타이트

> **해설** 열처리 조직 경도순서
> 마텐자이트 > 트루스타이트 > 소르바이트 > 펄라이트 > 오스테나이트

28 용접부품에서 일어나기 쉬운 잔류응력을 감소시키기 위한 열처리방법은?

① 완전풀림(full annealing)
② 연화풀림(softening annealing)
③ 확산풀림(diffusion annealing)
④ 응력제거풀림(stress relief annealing)

> **해설** 풀림(어닐링, Annealing)
> 단조작업을 한 강철 재료는 고온으로 가열하여 작업함으로써, 그 조직이 불균일하고 억세다. 이 조직을 균일하게 하고, 결정입자의 조정, 연화 또는 냉간가공에 의한 내부응력을 제거하기 위해 적당하게 가열하고 천천히 냉각하는 것을 풀림이라고 한다.
> **목적** : 재질의 연화 및 내부응력 제거

29 초음파탐상법의 특징에 관한 설명으로 틀린 것은?

① 초음파의 투과능력이 작아 얇은 판의 검사에 적합하다.
② 결함의 위치와 크기를 비교적 정확히 알 수 있다.
③ 검사 시험체의 한 면에서도 검사가 가능하다.
④ 감도가 높으므로 미세한 결함을 검출할 수 있다.

> **해설** UT
> 초음파(탐상) 비파괴검사는 0.5~15MHz의 초음파를 이용, 탐촉자를 이용하여 결함의 위치나 크기를 검사하는 방법으로 큰 물체에도 검사가 가능하다. 투과법, 펄스반사법, 공진법 등이 사용된다.

30 다음 중 용제와 와이어가 분리되어 공급되고 아크가 용제 속에서 일어나며 잠호용접이라 불리는 용접은?

① MIG 용접
② 시임용접
③ 서브머지드 아크용접
④ 일렉트로 슬래그 용접

> **해설** 서브머지드 아크용접
> 용접 이음부 표면에 입상의 플럭스(용제)를 덮고 그 속에 모재와 용접봉 안에 아크를 일으켜 용접하는 방법으로, 아크가 보이지 않아 불가시 용접, 잠호용접이라고 하며, 개발회사의 상품명을 따서 유니온 멜트 용접, 개발회사의 이름을 따서 링컨 용접이라고도 한다.

31 용접 후 변형을 교정하는 방법이 아닌 것은?

① 박판에 대한 점수축법
② 형재(形材)에 대한 직선수축법
③ 가스 가우징법
④ 롤러에 거는 방법

해설 가스 가우징

용접부분의 뒷면을 따내거나, U형, H형 등의 둥근 홈을 파내는 작업이다.

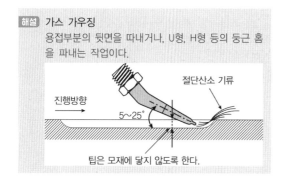

32 용접전압이 25V, 용접전류가 350A, 용접속도가 40cm/min인 경우 용접 입열량은 몇 J/cm인가?

① 10,500J/cm   ② 11,500J/cm

③ 12,125J/cm   ④ 13,125J/cm

해설

$$H = \frac{60EI}{V} \text{ (joule/cm)}$$

(H : 용접입열, V : 용접속도, I : 용접전류, E : 전압)

$$H = \frac{60 \times 25 \times 350}{40} = 13,125 \text{(J/cm)}$$

33 용접 이음 준비 중 홈 가공에 대한 설명으로 틀린 것은?

① 홈 가공의 정밀 또는 용접 능률과 이음의 성능에 큰 영향을 준다.

② 홈 모양은 용접방법과 조건에 따라 다르다.

③ 용접 균열은 루트 간격이 넓을수록 적게 발생한다.

④ 피복아크용접에서는 54~70% 정도의 홈 각도가 적합하다.

해설 홈 가공

① 용착량이 많을수록 응력집중이 많아지므로, 용입이 허용되는 한 홈의 각도를 작게 하는 것이 좋다.

② 피복아크용접에서 홈 각도는 54~70°가 적당하다.

③ 루트 간격이 좁을수록 용접균열 발생이 적다.

34 그림과 같이 용접선의 방향과 하중의 방향이 직교한 필릿 용접은?

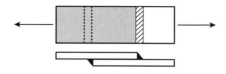

① 측면 필릿 용접   ② 경사 필릿 용접

③ 전면 필릿 용접   ④ T형 필릿 용접

해설 하중의 방향에 따른 필릿 용접의 종류

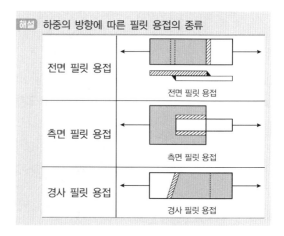

35 아크 플라즈마는 고전류가 되면 방전전류에 의하여 생기는 자장과 전류의 작용으로 아크의 단면이 수축된다. 그 결과 아크 단면이 수축하여 가늘게 되고 전류밀도가 증가한다. 이와 같은 성질을 무엇이라고 하는가?

① 열적 핀치효과   ② 자기적 핀치효과

③ 플라즈마 핀치효과   ④ 동적 핀치효과

해설 ① 자기적 핀치효과 : 아크 플라즈마는 고전류가 되면 방전전류에 의하여 생기는 자장(자기적)과 전류의 작용으로 아크의 단면이 수축된다. 그 결과 아크단면이 수축하여(핀치효과) 가늘게 되고 전류밀도가 증가한다.

② 열적 핀치효과 : 냉각으로 인한 단면수축으로 전류밀도가 증가되는 효과

정답   32 ④   33 ③   34 ③   35 ②

36 안전보호구의 구비요건 중 틀린 것은?

① 착용이 간편할 것

② 재료의 품질이 양호할 것

③ 구조와 끝마무리가 양호할 것

④ 위험, 유해요소에 대한 방호성능이 나쁠 것

해설 보호구는 위험, 유해요소에 대한 방호성능이 좋아야 한다.

37 피복아크용접기를 설치해도 되는 장소는?

① 먼지가 매우 많고 옥외의 비바람이 치는 곳

② 수증기 또는 습도가 높은 곳

③ 폭발성 가스가 존재하지 않는 곳

④ 진동이나 충격을 받는 곳

해설 용접기 취급 시 주의사항
① 정격사용률 이상 사용하지 않도록 한다.
② 아크전류 조정 시 아크 발생을 중지하고 전류를 조정한다.
③ 옥외의 비바람 부는 곳이나, 수증기 또는 습도가 높은 곳은 설치를 피한다.
④ 진동이나 충격을 받는 곳, 유해가스, 휘발성 가스, 폭발성 가스, 기름 등이 있는 장소에는 설치하지 않는다.
⑤ 가동 부분이나 냉각팬 등을 점검하고 주유한다.
⑥ 2차측 단자 한쪽과 용접기 케이스는 반드시 접지한다.
⑦ 용접케이블 등의 파손된 부분은 즉시 절연테이프 등으로 보수 후 사용한다.

38 CO_2가스 아크용접에서 복합 와이어의 구조에 해당하지 않는 것은?

① C관상 와이어

② 아코스 와이어

③ S관상 와이어

④ NCG 와이어

해설 용제가 들어있는 와이어 CO_2법
버나드 아크용접(NCG법), 퓨즈 아크법, 아코스 아크법 (컴파운드 와이어), 유니언 아크법

39 다음 중 비파괴시험이 아닌 것은?

① 초음파시험

② 피로시험

③ 침투시험

④ 누설시험

해설 피로시험(파괴시험)
반복하중을 받을 때, S(응력)-N(반복횟수)곡선을 이용한다.

40 다음 중 화재 및 폭발의 방지조치가 아닌 것은?

① 가연성 가스는 대기 중에 방출시킨다.

② 용접작업 부근에 점화원을 두지 않도록 한다.

③ 가스용접 시에는 가연성 가스가 누설되지 않도록 한다.

④ 배관 또는 기기에서 가연성 가스의 누출 여부를 철저히 점검한다.

해설 가연성 가스의 확산으로 폭발범위가 넓어질 수 있기에 다른 조치를 취해야 한다.

41 불활성 가스 금속 아크(MIG)용접의 특징에 관한 설명으로 옳은 것은?

① 바람의 영향을 받지 않아 방풍대책이 필요 없다.

② TIG 용접에 비해 전류밀도가 높아 용융속도가 빠르고, 후판용접에 적합하다.

③ 각종 금속용접이 불가능하다.

④ TIG 용접에 비해 전류밀도가 낮아 용접속도가 느리다.

해설 ① 보호가스를 사용하는 용접은 풍속 2m/s 시 방풍 대책이 필요하다.
③ 철, 비철금속 모두 용접이 가능하다.
④ TIG 용접에 비해 전류밀도가 높아 용접속도가 빠르다.

42 가스절단 작업 시 주의사항이 아닌 것은?

① 가스누설의 점검은 수시로 해야 하며, 간단히 라이터로 할 수 있다.
② 가스호스가 꼬여 있거나 막혀 있는지를 확인한다.
③ 가스호스가 용융금속이나 산화물의 비산으로 인해 손상되지 않도록 한다.
④ 절단 진행 중에 시선은 절단면을 떠나서는 안 된다.

해설 가스누설의 점검은 수시로 하며, 비눗물로 검사한다.

43 본용접의 용착법 중 각 층마다 전체 길이를 용접하면서 쌓아올리는 방법으로 용접하는 것은?

① 전진블록법　　② 캐스케이드법
③ 빌드업법　　　④ 스킵법

해설 1. 단층용착법
• 전진법 : 용접이음이 짧은 경우나, 잔류응력이 적을 때 사용

전진법

• 후진법(후퇴법) : 두꺼운 판 용접

5→4→3→2→1
후진법

• 대칭법 : 중앙에 대칭으로 용접

4　2　1　3
대칭법

• 스킵법(비석법) : 얇은 판, 비틀림 발생 우려 시 사용

1　4　2　5　3
스킵법(비석법)

2. 다층용착법
• 빌드업법(덧살올림법) : 각 층마다 전체의 길이를 용접하면서 쌓아 올리는 방법이다.

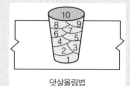
덧살올림법

• 캐스케이드법 : 계단모양으로 용접하는 방법이다.

캐스케이드법

• 점진블록법(전진블록법) : 전체를 점진적으로 용접해 나가는 방법이다.

전진블록법

44 TIG 용접 시 텅스텐 전극의 수명을 연장시키기 위하여 아크를 끊은 후 전극의 온도가 얼마일 때까지 불활성 가스를 흐르게 하는가?

① 100℃　　　② 300℃
③ 500℃　　　④ 700℃

해설 용접 후 텅스텐 전극의 온도가 약 300℃ 정도될 때까지 후기가스 유출시간을 유지하여 전극 및 모재의 산화를 방지한다.

45 연납과 경납을 구분하는 용융점은 몇 ℃인가?

① 200℃   ② 300℃
③ 450℃   ④ 500℃

해설 • **경납** : 용융점이 450℃ 이상
• **연납** : 용융점이 450℃ 이하

46 용접부에 은점을 일으키는 주요 원소는?

① 수소   ② 인
③ 산소   ④ 탄소

해설 H
백점, 은점, 기공, 헤어크랙, 선상조직의 원인. 지연균열의 원인된다.

47 교류아크용접기의 종류가 아닌 것은?

① 가동철심형   ② 가동코일형
③ 가포화 리액터형   ④ 정류기형

해설 • **교류아크용접기 종류** : 가동철심형, 가동코일형, 탭전환형, 가포화 리액터형
• **직류아크용접기 종류** : 발전기형, 정류기형

48 TIG 용접에서 전극봉의 마모가 심하지 않으면서 청정작용이 있고 알루미늄이나 마그네슘 용접에 가장 적합한 전원 형태는?

① 직류정극성(DCSP)   ② 직류역극성(DCRP)
③ 고주파 교류(ACHF)   ④ 일반 교류(AC)

해설 용접전원은 직류, 교류 모두 사용하며, 알루미늄 등의 용접 시에는 청정작용을 위해 고주파 교류(ACHF : Alternating Current High Frequency) 사용
※ 청정작용은 직류역극성에서 최대이나 전극봉의 소모가 많기에 직류역극성보다는 고주파 교류를 사용하여 용접한다.

49 일렉트로 슬래그 용접에 대한 설명 중 맞지 않는 것은?

① 일렉트로 슬래그 용접은 단층 수직 상진 용접을 하는 방법이다.
② 일렉트로 슬래그 용접은 아크를 발생시키지 않고 와이어와 용융 슬래그 그리고 모재 내에 흐르는 전기저항열에 의하여 용접한다.
③ 일렉트로 슬래그 용접의 홈 형상은 I형 그대로 사용한다.
④ 일렉트로 슬래그 용접 전원으로는 정전류형의 직류가 적합하고, 용융금속의 용착량은 90% 정도이다.

해설 일렉트로 슬래그 용접
1. 일렉트로 슬래그 용접의 개요
① 수랭 동판을 용접부의 양면에 부착하고 용융된 슬래그 속에서 전극와이어를 연속적으로 송급하여 용융 슬래그 내를 흐르는 저항열에 의하여 전극와이어 및 모재를 용융 접합시키는 용접법이다.
② 선박, 보일러 등 두꺼운 판의 용접 시 용융 슬래그와 와이어의 저항열을 이용 연속적으로 상진하면서 용접한다.
③ 저항발열을 이용하는 자동용접법이다.
④ 산화규소, 산화망간, 산화알루미늄이 용제(flux)로 사용된다.
2. 일렉트로 슬래그 용접의 특징
① 용융 슬래그 중의 저항발열을 이용한다.
② 두꺼운 재료의 용접법에 적합하고, 능률적이고 변형이 적다.
③ 일렉트로 슬래그 용접은 아크용접이 아니고 전기저항열을 이용한 용접이다.
④ 가격은 고가이나 기계적 성질이 나쁘다.
⑤ 냉각속도가 느려 기공이나 슬래그 섞임이 적다.
⑥ 노치 취성이 크다.

정답 45 ③ 46 ① 47 ④ 48 ③ 49 ④

50 용접 결함 종류가 아닌 것은?

① 기공
② 언더컷
③ 균열
④ 용착금속

해설 용착금속은 용접봉이 녹아 용융지에서 굳어진 것(비드)을 말한다.

51 다음 그림과 같은 양면 용접부 조합기호의 명칭으로 옳은 것은?

① 양면 V형 맞대기용접
② 넓은 루트면이 있는 양면 V형 용접
③ 넓은 루트면이 있는 K형 맞대기용접
④ 양면 U형 맞대기용접

| H형 | 판두께 50mm 이상 | 양면 U형(H형) |

52 다음 그림은 경유 서비스 탱크 지지철물의 정면도와 측면도이다. 모두 동일한 ㄱ형강일 경우 중량은 약 몇 kgf인가? (단, ㄱ형강(L−50×50×6)의 단위 m당 중량은 4.43kgf/m이고, 정면도와 측면도에서 좌우 대칭이다)

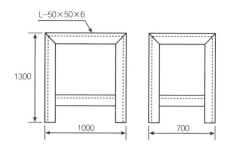

① 44.3
② 53.1
③ 55.4
④ 76.1

해설 정면도와 측면도를 토대로 입체적으로 그리면 각 치수의 ㄱ형강은 4개씩 필요하다.
1,300 × 4 = 5,200
1,000 × 4 = 4,000
700 × 4 = 2,800
셋을 합하면 12,000mm의 형강이 필요하고, 문제에서 m당 무게는 4.43kg이라고 명시하였기에 12,000mm를 m로 환산하면 12m가 된다.
12 × 4.43 = 53.16
따라서 사용되는 ㄱ형강의 총무게는 53.16kg이 된다.

53 3각법으로 정투상한 아래 도면에서 정면도와 우측면도에 가장 적합한 평면도는?

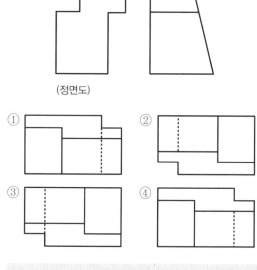

(정면도)

해설 주어진 정면도와 우측면도를 보고 물체의 평면을 유추할 수 있다.

정답 50 ④ 51 ④ 52 ② 53 ①

54 도면에 그려진 길이가 실제 대상물의 길이보다 큰 경우 사용한 척도의 종류인 것은?

① 현척   ② 실척

③ 배척   ④ 축척

해설			
	축척	실물의 크기를 도면에 일정한 비율로 줄여서 그리는 것	1 : 2, 1 : 5, 1 : 100 등
	배척	실물의 크기를 도면에 실물보다 크게 그리는 것	2 : 1, 5 : 1, 100 : 1 등
	현척	실물의 크기를 도면에 같은 크기로 그리는 것	1 : 1

55 대상물의 보이는 부분의 모양을 표시하는 데 사용하는 선은?

① 치수선   ② 외형선

③ 숨은선   ④ 기준선

해설			
	외형선	굵은 실선	대상물의 보이는 부분을 표시하는 선

56 기계제도의 치수 보조기호 중에서 SØ는 무엇을 나타내는 기호인가?

① 구의 지름   ② 원통의 지름

③ 판의 두께   ④ 원호의 길이

해설	기호	의미	기호	의미	기호	의미
	Ø	원의 지름	□	정사각형	R	반지름
	SR	구의 반지름	C	모따기	t	두께

57 그림과 같은 관 표시기호의 종류는?

① 크로스   ② 리듀서

③ 디스트리뷰터   ④ 휨 관 조인트

해설 그림은 플렉시블 이음쇠라고 한다.

58 재료기호가 "SM400C"로 표시되어 있을 때 이는 무슨 재료인가?

① 일반구조용 압연강재

② 용접구조용 압연강재

③ 스프링 강재

④ 탄소공구강 강재

해설	명칭	기호	명칭	기호
	일반구조용 압연강재	SS	기계구조용 탄소강재	SM(00)
	탄소공구강재	STC	용접구조용 압연강재	SWS, SM(000)
	탄소주강품	SC	스프링 강재	SPS
	회주철	GC	고속도강	SKH
	기계구조용 탄소강관	STKM	배관용 탄소강관	SPP
	강	S	선	W
	판	P	봉, 바, 보일러	B
	철	F	주조품	C

59 회전도시 단면도에 대한 설명으로 틀린 것은?

① 절단할 곳의 전·후를 끊어서 그 사이에 그린다.

② 절단선의 연장선 위에 그린다.

③ 도형 내의 절단한 곳에 겹쳐서 도시할 경우 굵은 실선을 사용하여 그린다.

④ 절단면은 90° 회전하여 표시한다.

해설 회전단면도(회전도시 단면도)
핸들, 축, 기어 등의 물체를 절단하여 단면 모양을 90°
회전하여 표현, 도형의 외부는 굵은 실선, 내부는 가는
실선으로 도시한다.

60 아래 그림은 원뿔을 경사지게 자른 경우이다. 잘
린 원뿔의 전개 형태로 가장 올바른 것은?

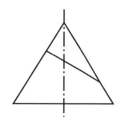

①  ②

③  ④

해설 원뿔을 전개하면 아랫부분은 원호 모양이 되어야 한다.

2015년 제1회 기출문제

01 용접봉에서 모재로 용융금속이 옮겨가는 용적 이행 상태가 아닌 것은?

① 글로뷸러형　　　② 스프레이형
③ 단락형　　　　　④ 더블 푸시형

> **해설** 용융금속의 이행 형식에는 단락형, 글로뷸러형(용적형, 핀치효과형), 스프레이형(분무상 이행형)이 있고, 용접전류, 보호가스, 전압 등이 영향을 준다.

02 일반적으로 사람의 몸에 얼마 이상의 전류가 흐르면 순간적으로 사망할 위험이 있는가?

① 5[mA]　　　　　② 15[mA]
③ 25[mA]　　　　④ 50[mA]

> **해설** 전기적 충격(전격)
>
> | 전류 | 증세 |
> | --- | --- |
> | 1mA | 감전을 조금 느낄 정도 |
> | 5mA | 상당히 아픔 |
> | 20mA | 근육의 수축, 호흡곤란, 피해자가 회로에서 떨어지기 힘듦. |
> | 50mA | 상당히 위험(사망할 위험이 있음) |
> | 100mA | 치명적인 결과(사망) |

03 피복아크용접 시 일반적으로 언더컷을 발생시키는 원인으로 가장 거리가 먼 것은?

① 용접전류가 너무 높을 때
② 아크길이가 너무 길 때
③ 부적당한 용접봉을 사용했을 때
④ 홈 각도 및 루트 간격이 좁을 때

> **해설**
> | 언더컷 | • 용접속도 빠를 때
• 용접전류가 높을 때
• 아크길이가 길 때 |
> | --- | --- |
>
> 홈 각도 및 루트 간격이 좁을 때는 용입 불량이나, 슬래그 섞임 같은 결함이 발생한다.

04 〈보기〉에서 용극식 용접방법을 모두 고른 것은?

> ㉠ 서브머지드 아크용접
> ㉡ 불활성 가스 금속 아크용접
> ㉢ 불활성 가스 텅스텐 아크용접
> ㉣ 솔리드 와이어 이산화탄소 아크용접

① ㉠, ㉡　　　　② ㉢, ㉣
③ ㉠, ㉡, ㉢　　④ ㉠, ㉡, ㉣

> **해설** • 전극이 녹으면서 용접되는 방식 : 용극식(예 서브머지드 아크용접, 피복아크용접, CO₂ 용접, MIG 용접 등)
> • 전극이 녹지 않고 아크가 발생하며 따로 용가재(용접봉)를 주입하여 용접되는 방식 : 비용극식(예 가스 텅스텐 아크용접)

05 납땜을 연납땜과 경납땜으로 구분할 때 구분 온도는?

① 350℃　　　　② 450℃
③ 550℃　　　　④ 650℃

> **해설** • 경납 : 용융점이 450℃ 이상
> • 연납 : 용융점이 450℃ 이하

06 전기저항용접의 특징에 대한 설명으로 틀린 것은?

① 산화 및 변질 부분이 적다.

② 다른 금속 간의 접합이 쉽다.

③ 용제나 용접봉이 필요 없다.

④ 접합강도가 비교적 크다.

> **해설** 전기저항용접의 특징
> 1. 장점
>   ① 작업속도가 빠르고, 대량생산에 적합하며, 용접 시 모재의 손상, 변형, 잔류응력이 적다.
>   ② 산화작용이 작고, 용접부가 깨끗하다.
>   ③ 열 손실이 적고, 용접부에 집중 열을 가할 수 있다.
>   ④ 기계적 성질이 개선되며, 자동용접으로 작업자의 기량에 큰 관계가 없다.
> 2. 단점
>   ① 용접기의 설비비가 고가이고, 용접기의 융통성이 적으며, 적당한 비파괴검사가 어렵다.
>   ② 후열처리가 필요하다.
>   ③ 대용량 용접기의 경우 전원설비가 필요하다.

07 직류정극성(DCSP)에 대한 설명으로 옳은 것은?

① 모재의 용입이 얕다.

② 비드 폭이 넓다.

③ 용접봉의 녹음이 느리다.

④ 용접봉에 (+)극을 연결한다.

> **해설**
>
> | 직류정극성 (DCSP) | 모재 | + | 모재의 용입이 깊고, 용접봉이 천천히 녹음. |
> | | 용접봉 | − | 비드 폭이 좁고, 일반적인 용접에 많이 사용됨. |

08 다음 용접법 중 압접에 해당되는 것은?

① MIG 용접

② 서브머지드 아크용접

③ 점용접

④ TIG 용접

> **해설** 용접
> 1. **용접** : 용접부를 용융 또는 반용융 상태로 하고, 여기에 용접봉(용가재)을 첨가하여 접합
>   ① 아크용접(피복아크, 티그, 미그, 스터드 아크, 일렉트로 가스용접)
>   ② 가스용접(산소–아세틸렌, 수소, 프로판, 메탄)
>   ③ 테르밋 용접
>   ④ 일렉트로 슬래그 용접
> 2. **압접** : 용접부를 냉간 또는 열간 상태에서 압력을 주어 접합
>   ① 전기저항용접(점, 심, 프로젝션, 업셋, 플래시, 퍼커션)
>   ② 단접(해머, 다이)
>   ③ 초음파, 폭발, 고주파, 마찰, 유도가열용접 등
> 3. **납땜** : 재료를 녹이지 않고, 재료보다 용융점이 낮은 금속을 녹여서 접합
>   ① 경납
>   ② 연납

09 로크웰 경도시험에서 C스케일의 다이아몬드의 압입자 꼭지각 각도는?

① 100°　　② 115°

③ 120°　　④ 150°

> **해설** 로크웰 경도
> 다이아몬드 모양과 같은 형상의 압입자에 기준하중으로 시험편의 표면에 압입하고 여기에 다시 시험하중을 가하면 시험편은 압입자의 형상으로 변형하게 된다. 이때 발생하는 변형은 탄성변형과 소성변형이 동시에 일어나고, 시험하중을 제거하면 처음의 기준하중만 받는 상태로 탄성변형은 회복되고 소성변형만 남게 된다. 이때의 깊이를 이용하여 경도 값을 계산한다.
> • B스케일 : 강구압입자(전 시험하중 100kgf)
> • C스케일 : 120° 다이아몬드 압입자(전 시험하중 150kgf)

10 아크 타임을 설명한 것 중 옳은 것은?

① 단위기간 내의 작업여유시간이다.
② 단위시간 내의 용도여유시간이다.
③ 단위시간 내의 아크발생시간을 백분율로 나타낸 것이다.
④ 단위시간 내의 시공한 용접길이를 백분율로 나타낸 것이다.

> **해설** 아크 타임
> 단위시간 내의 아크발생시간을 백분율로 나타낸 것

11 용접부에 오버랩의 결함이 발생했을 때 가장 올바른 보수방법은?

① 작은 지름의 용접봉을 사용하여 용접한다.
② 결함 부분을 깎아내고 재용접한다.
③ 드릴로 정지구멍을 뚫고 재용접한다.
④ 결함 부분을 절단한 후 덧붙임용접을 한다.

> **해설** 기공/슬래그/오버랩 발생 시
> 발생 부분을 깎아내고 재용접한다.

12 용접 설계상 주의점으로 틀린 것은?

① 용접하기 쉽도록 설계할 것
② 결함이 생기기 쉬운 용접방법은 피할 것
③ 용접 이음이 한 곳으로 집중되도록 할 것
④ 강도가 약한 필릿 용접은 가급적 피할 것

> **해설** 용접 설계 시 유의사항
> ① 위보기 용접을 피하고 아래보기 용접을 많이 하도록 설계한다.
> ② 필릿 용접을 피하고 맞대기용접을 하도록 설계한다.
> ③ 용접 이음부가 한 곳에 집중되지 않도록 설계한다.
> ④ 용접부 길이는 짧게 하고, 용착금속량도 적게 한다 (단, 필요한 강도에 충족할 것).
> ⑤ 두께가 다른 재료를 용접할 때에는 구배를 두어 단면이 갑자기 변하지 않도록 설계한다.
> ⑥ 용접작업에 지장을 주지 않도록 간격이 남게 설계한다.
> ⑦ 용접에 적합한 설계를 해야 한다.
> ⑧ 결함이 생기기 쉬운 용접은 피한다.
> ⑨ 구조상의 노치부를 피해야 한다.
> ⑩ 용착금속량은 강도상 필요한 최소한으로 한다.

13 저온 균열이 일어나기 쉬운 재료에 용접 전에 균열을 방지할 목적으로 피용접물의 전체 또는 이음부 부근의 온도를 올리는 것을 무엇이라고 하는가?

① 잠열   ② 예열
③ 후열   ④ 발열

> **해설** 예열 목적
> ① 용접부 및 주변의 열 영향을 줄이기 위해서 예열을 실시한다.
> ② 냉각속도를 느리게 하여 취성 및 균열을 방지한다.
> ③ 일정한 온도(약 200℃) 범위의 예열로 비드 밑 균열을 방지할 수 있다.
> ④ 용접부의 기계적 성질을 향상시키고, 경화조직의 석출을 방지한다.
> ⑤ 온도분포가 완만하게 되어 열응력의 감소로 변형과 잔류응력의 발생을 적게 한다.

14 TIG 용접에 사용되는 전극의 재질은?

① 탄소   ② 망간
③ 몰리브덴   ④ 텅스텐

> **해설** • TIG(Tungsten Inert Gas) 용접
> • GTAW(Gas Tungsten Arc Welding)

정답 10 ③   11 ②   12 ③   13 ②   14 ④

15 용접의 장점으로 틀린 것은?

① 작업 공정이 단축되어 경제적이다.
② 기밀, 수밀, 유밀성이 우수하며, 이음 효율이 높다.
③ 용접사의 기량에 따라 용접부의 품질이 좌우된다.
④ 재료의 두께에 제한이 없다.

해설 용접의 특징
　1. 장점
　　① 재료의 절감
　　② 높은 이음 효율(기밀성, 수밀성, 유밀성 향상)
　　③ 작업속도가 빠르다.
　　④ 제작비가 저렴하다.
　　⑤ 판두께와 관계없이 결합이 가능하다.
　　⑥ 보수와 수리가 용이하다.
　2. 단점
　　① 용접열(아크열 약 5,000℃)로 인한 변형이나 잔류응력이 생기기 쉽다.
　　② 결함검사가 곤란하다.
　　③ 용접사의 기능에 따라 품질이 좌우된다.
　　④ 저온취성이 발생할 수 있다.
　∴ 용접사의 기량에 따라 용접부의 품질이 좌우되는 것은 단점이다.

16 이산화탄소 아크용접의 솔리드 와이어 용접봉의 종류 표시는 YGA-50W-1.2-20 형식이다. 이때 Y가 뜻하는 것은?

① 가스실드 아크용접　② 와이어 화학성분
③ 용접 와이어　④ 내후성강용

해설 YGA-50W-1.2-20
• Y : 용접 와이어
• G : 가스실드 아크용접
• A : 내후성강용
• 50 : 용착금속 최소 인장강도
• W : 와이어 화학성분
• 1.2 : 와이어 지름
• 20 : 와이어 무게

17 용접선 양측을 일정 속도로 이동하는 가스불꽃에 의하여 너비 약 150mm를 150~200℃로 가열한 다음 곧 수랭하는 방법으로 주로 용접선 방향의 응력을 완화시키는 잔류응력 제거법은?

① 저온응력완화법　② 기계적 응력완화법
③ 노내풀림법　④ 국부풀림법

해설 저온응력완화법
가스불꽃을 이용하여 폭 150mm, 온도 150~200℃ 정도 가열 후 수랭한다.

18 용접 자동화 방법에서 정성적 자동제어의 종류가 아닌 것은?

① 피드백 제어　② 유접점 시퀀스 제어
③ 무접점 시퀀스 제어　④ PLC 제어

해설 • 정성적 제어 : 정해진 성질에 따른 제어
• 정량적 제어 : 실시간제어, 예측제어 등

19 지름 13mm, 표점거리 150mm인 연강재 시험편을 인장시험한 후의 거리가 154mm가 되었다면 연신율은?

① 3.89%　② 4.56%
③ 2.67%　④ 8.45%

해설 연신율
재료에 하중을 가할 때 처음길이와 나중길이의 비
$$연신율 = \frac{l'-l}{l} \times 100 \; (l : 원 길이, l' : 늘어난 길이)$$
$$\therefore \frac{154-150}{150} \times 100 = 2.66666666...\%$$

20 용접 균열에서 저온균열은 일반적으로 몇 ℃ 이하에서 발생하는 균열을 말하는가?

① 200~300℃ 이하 ② 301~400℃ 이하
③ 401~500℃ 이하 ④ 501~600℃ 이하

> **해설** • 저온균열은 약 200~300℃ 이하의 낮은 온도에서 발생하는 균열
> • 고온균열은 약 500~1,000℃ 정도의 고온에서 발생하는 균열

21 스테인리스강을 TIG 용접할 때 적합한 극성은?

① DCSP ② DCRP
③ AC ④ ACRP

> **해설** 일반 연강, 스테인리스강의 TIG 용접 극성은 직류정극성(DCSP)을 사용하고, 청정작용을 요하는 알루미늄 등의 용접에서는 고주파교류(ACHF)를 사용한다.

22 피복아크용접 작업 시 전격에 대한 주의사항으로 틀린 것은?

① 무부하전압이 필요 이상으로 높은 용접기는 사용하지 않는다.
② 전격을 받은 사람을 발견했을 때는 즉시 스위치를 꺼야 한다.
③ 작업 종료 시 또는 장시간 작업을 중지할 때는 반드시 용접기의 스위치를 끄도록 한다.
④ 낮은 전압에서는 주의하지 않아도 되며, 습기 찬 구두는 착용해도 된다.

> **해설** 낮은 전압에서도 전격에 대한 주의는 항상 해야 하며 전기전도가 좋은 습기나 물에 젖은 보호구는 사용하면 안 된다.

23 직류아크용접의 설명 중 옳은 것은?

① 용접봉을 양극, 모재를 음극에 연결하는 경우를 정극성이라고 한다.
② 역극성은 용입이 깊다.
③ 역극성은 두꺼운 판의 용접에 적합하다.
④ 정극성은 용접 비드의 폭이 좁다.

> **해설**
>
> | 극성의 종류 | 결선상태 | | 특징 |
> |---|---|---|---|
> | 직류정극성 (DCSP) | 모재 | + | 모재의 용입이 깊고, 용접봉이 천천히 녹음. |
> | | 용접봉 | − | 비드 폭이 좁고, 일반적인 용접에 많이 사용됨. |
> | 직류역극성 (DCRP) | 모재 | − | 모재의 용입이 얕고, 용접봉이 빨리 녹음. |
> | | 용접봉 | + | 비드 폭이 넓고, 박판 및 비철금속에 사용됨. |

24 다음 중 수중절단에 가장 적합한 가스로 짝지어진 것은?

① 산소 – 수소 가스
② 산소 – 이산화탄소 가스
③ 산소 – 암모니아 가스
④ 산소 – 헬륨 가스

> **해설** 수중절단에서는 산소, 수소를 가장 많이 사용하고, 아세틸렌, 프로판을 사용할 수도 있다.

25 피복아크 용접봉 중에서 피복제 중에 석회석이나 형석을 주성분으로 하고 피복제에서 발생하는 수소량이 적어 인성이 좋은 용착금속을 얻을 수 있는 용접봉은?

① 일미나이트계(E4301)
② 고셀룰로스계(E4311)
③ 고산화티탄계(E4313)
④ 저수소계(E4316)

① 피복제에 석회석, 형석을 주성분으로 한 용접봉으로 수소량이 타 용접봉의 10% 정도이며 내균열성이 우수하여 고압용기, 구속이 큰 용접, 중요강도 부재에 사용되고 있다.
② 용착금속의 인성과 연성이 우수하고 기계적 성질도 양호하다.
③ 피복제가 두껍고 아크가 불안정하며, 용접속도가 느리고 작업성이 좋지 않다.

26 피복아크 용접봉의 간접작업성에 해당되는 것은?

① 부착 슬래그의 박리성

② 용접봉 용융 상태

③ 아크 상태

④ 스패터

해설 • **직접작업성** : 아크 상태, 아크 발생, 용접봉 용융 상태, 슬래그 상태, 스패터
• **간접작업성** : 부착 슬래그 박리성, 스패터 제거의 난이도

27 가스용접의 특징에 대한 설명으로 틀린 것은?

① 가열 시 열량조절이 비교적 자유롭다.

② 피복아크용접에 비해 후판용접에 적당하다.

③ 전원설비가 없는 곳에서도 쉽게 설치할 수 있다.

④ 피복아크용접에 비해 유해광선의 발생이 적다.

해설 **가스용접의 특징**
① 전기가 필요 없으며 응용범위가 넓다.
② 용접장치 설비비가 저렴, 가열 시 열량조절이 비교적 자유롭다.
③ 유해광선 발생률이 적고, 박판용접에 용이하며, 응용범위가 넓다.
④ 폭발 화재 위험이 있고, 열효율이 낮아서 용접속도가 느리다.
⑤ 탄화, 산화 우려가 많고, 열 영향부가 넓어서 용접 후의 변형이 심하다.
⑥ 용접부 기계적 강도가 낮으며, 신뢰성이 적다.

28 피복아크 용접봉의 심선의 재질로서 적당한 것은?

① 고탄소 림드강

② 고속도강

③ 저탄소 림드강

④ 반 연강

해설 **피복아크 용접봉**
피복아크 용접봉은 용가재, 전극봉이라고도 하며, 편심률은 3% 이내이며, 심선의 재료는 저탄소 림드강을 사용하고, 한쪽 끝은 홀더에 물려서 전류가 통할 수 있도록 25mm 정도 심선을 노출시켰고, 다른 한쪽은 아크 발생을 쉽게 하기 위하여 1~2mm 정도를 노출시켜 놓거나 아크 발생이 용이한 피복제를 입혀 놓았다.

29 가스절단에서 양호한 절단면을 얻기 위한 조건으로 틀린 것은?

① 드래그(drag)가 가능한 클 것

② 드래그(drag)의 홈이 낮고 노치가 없을 것

③ 슬래그 이탈이 양호할 것

④ 절단면 표면의 각이 예리할 것

해설 **가스절단에서 양호한 가스 절단면을 얻기 위한 조건**
① 절단면이 깨끗할 것
② 드래그가 가능한 작을 것
③ 절단면 표면의 각이 예리할 것
④ 슬래그 이탈성(박리성)이 좋을 것

30 용접기의 2차 무부하전압을 20~30V로 유지하고, 용접 중 전격 재해를 방지하기 위해 설치하는 용접기의 부속장치는?

① 과부하방지장치

② 전격방지장치

③ 원격제어장치

④ 고주파발생장치

해설 **전격방지기(전격방지장치)**
용접작업자가 전기적 충격을 받지 않도록 2차 무부하 전압을 20~30[V] 정도 낮추는 장치

31 피복아크용접기로서 구비해야 할 조건 중 잘못된 것은?

① 구조 및 취급이 간편해야 한다.

② 전류조정이 용이하고, 일정하게 전류가 흘러야 한다.

③ 아크 발생과 유지가 용이하고, 아크가 안정되어야 한다.

④ 용접기가 빨리 가열되어 아크 안정을 유지해야 한다.

> **해설** 용접기 자체가 가열이 되면 고장의 원인이 된다.

32 피복아크용접에서 용접봉의 용융속도와 관련이 가장 큰 것은?

① 아크전압

② 용접봉 지름

③ 용접기의 종류

④ 용접봉쪽 전압강하

> **해설** 전압강하
> 전기회로 등에 전류가 흐를 때 양단에 발생하는 전압차, 즉 회로 소자에 전압이 걸리는 양을 뜻한다. 따라서 용접봉쪽 전압강하가 클수록 용접봉의 용융속도는 빨라진다.

33 가스 가우징이나 치핑에 비교한 아크 에어 가우징의 장점이 아닌 것은?

① 작업능률이 2~3배 높다.

② 장비조작이 용이하다.

③ 소음이 심하다.

④ 활용범위가 넓다.

> **해설** 아크 에어 가우징
> ① 탄소 아크절단장치에 6~7기압 정도의 압축공기를 사용하는 방법으로 용접부 홈이나, 결함부를 파내는 가우징 작업, 용접 결함부 제거 등의 작업에 적합하다.
> ② 흑연으로 된 탄소봉에 구리 도금한 전극을 사용한다.
> ③ 사용전원으로 직류역극성[DCRP]을 이용한다.
> ④ 보수용접 시 균열부분이나, 용접 결함부를 제거하는 데 적합하다.
> ⑤ 활용범위가 넓어 스테인리스강, 동합금, 알루미늄에도 적용될 수 있다.
> ⑥ 소음이 거의 없고, 작업능률이 가스 가우징보다 2~3배 높고, 비용이 저렴하고, 모재에 나쁜 영향을 미치지 않아 철, 비철금속 모두 사용 가능하다.
> ⑦ 아크 에어 가우징 장치에는 전원(용접기), 가우징 토치, 컴프레서가 있다.

34 피복아크용접에서 아크 전압이 30V, 아크 전류가 150A, 용접속도가 20cm/min일 때 용접 입열은 몇 joule/cm인가?

① 27,000　　　　② 22,500

③ 15,000　　　　④ 13,500

> **해설**
> $$H = \frac{60EI}{V} \text{ (joule/cm)}$$
> (H : 용접입열, V : 용접속도, I : 용접전류, E : 전압)
> $$H = \frac{60 \times 30 \times 150}{20} = 13,500 \text{(J/cm)}$$

35 다음 가연성 가스 중 산소와 혼합하여 연소할 때 불꽃온도가 가장 높은 가스는?

① 수소　　　　② 메탄

③ 프로판　　　　④ 아세틸렌

해설 혼합가스	특징	불꽃온도 (℃)	발열량 (Kcal/m²)
산소 – 아세틸렌	불꽃온도 가장 높음.	3,430	12,700
산소 – 프로판	발열량 가장 많음.	2,820	20,780
산소 – 수소	연소속도 가장 빠름.	2,900	2,420
산소 – 메탄	불꽃온도 가장 낮음.	2,700	8,080

36 피복아크 용접봉의 피복제의 작용에 대한 설명으로 틀린 것은?

① 산화 및 질화를 방지한다.
② 스패터가 많이 발생한다.
③ 탈산정련작용을 한다.
④ 합금원소를 첨가한다.

해설 **피복제의 역할**
① 아크를 안정시킨다.
② 산화, 질화 방지
③ 용착효율 향상
④ 전기절연작용, 용착금속의 탈산정련작용
⑤ 급랭으로 인한 취성방지
⑥ 용착금속에 합금원소 첨가
⑦ 수직, 수평, 위보기 등의 어려운 자세 용접을 쉽게 할 수 있다.
⑧ 적당한 슬래그 형성을 돕는다.
⑨ 용접부의 기계적 성질을 좋게 한다.

37 부하전류가 변화하여도 단자전압은 거의 변하지 않는 특성은?

① 수하 특성
② 정전류 특성
③ 정전압 특성
④ 전기저항 특성

해설 **정전압 특성**
부하전류가 변하여도 단자전압은 변하지 않는 특성

38 용접기의 명판에 사용률이 40%로 표시되어 있을 때 다음 설명으로 옳은 것은?

① 아크발생시간이 40%이다.
② 휴지시간이 40%이다.
③ 아크발생시간이 60%이다.
④ 휴지시간이 4분이다.

해설 용접기 사용률

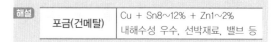

$$= \frac{아크발생시간}{아크발생시간 + 아크정지시간} \times 100(\%)$$

39 포금의 주성분에 대한 설명으로 옳은 것은?

① 구리에 8~12% Zn을 함유한 합금이다.
② 구리에 8~12% Sn을 함유한 합금이다.
③ 6 : 4 황동에 1% Pb을 함유한 합금이다.
④ 7 : 3 황동에 1% Mg을 함유한 합금이다.

해설

포금(건메탈)	Cu + Sn8~12% + Zn1~2% 내해수성 우수, 선박재료, 밸브 등

40 다음 중 완전 탈산시켜 제조한 강은?

① 킬드강
② 림드강
③ 고망간강
④ 세미킬드강

해설 **강괴의 종류**
① **킬드강** : Al, Fe–Si, Fe–Mn 등으로 완전 탈산시킨 강으로 기공이 없고 재질이 균일하고, 기계적 성질이 좋다. 탄소함유량 0.3% 이상. 헤어크랙 발생. 재질이 균일하며, 기계적 성질 및 방향성이 좋아 합금강, 단조용강, 침탄강의 원재료로 사용되나 수축관이 생긴 부분이 산화되어 가공 시 압착되지 않아 잘라내야 한다.
② **림드강** : Fe–Mn으로 조금 탈산시켰으나 불충분하게 탈산시킨 강. 기공 및 편석이 많다. 탄소함유량 0.3% 이하
③ **세미킬드강** : 킬드강과 림드강의 중간 정도 탈산. 기공은 있으나 편석은 적다. 탄소함유량 0.15~0.3%
④ **캡드강** : 림드강을 변형시킨 강

41 Al–Cu–Si 합금으로 실리콘(Si)을 넣어 주조성을 개선하고 Cu를 첨가하여 절삭성을 좋게 한 알루미늄합금으로 시효경화성이 있는 합금은?

① Y합금　　　　　② 라우탈
③ 코비탈륨　　　　④ 로–엑스 합금

해설 라우탈
Al–Cu–Si 합금, 주조성 개선, 피삭성 우수

42 주철 중 구상흑연과 편상흑연의 중간 형태의 흑연으로 형성된 조직을 갖는 주철은?

① CV 주철　　　　② 에시큘라 주철
③ 니크로실라 주철　④ 미하나이트 주철

해설 구상흑연과 편상흑연의 중간 형태의 흑연으로 된 조직의 CV 주철은 인장강도나 연신율이 좋고 연전도도가 우수하다.

43 연질 자성 재료에 해당하는 것은?

① 페라이트 자석　　② 알니코 자석
③ 네오디뮴 자석　　④ 퍼멀로이

해설 퍼멀로이
Ni + Fe → 고투자율 합금

44 다음 중 황동과 청동의 주성분으로 옳은 것은?

① 황동 : Cu + Pb, 청동 : Cu + Sb
② 황동 : Cu + Sn, 청동 : Cu + Zn
③ 황동 : Cu + Sb, 청동 : Cu + Pb
④ 황동 : Cu + Zn, 청동 : Cu + Sn

해설 1. 황동

황동 = Cu + Zn		봉, 관, 선 등의 가공재로 사용
황동의 대표	7·3황동	Cu 70%, Zn 30%	연신율 최대, 탄피, 장식품 등
	6·4황동	Cu 60%, Zn 40%	인장강도 최대, 볼트, 너트, 탄피 등 문쯔메탈이라고도 함.
	톰백	Zn 8~20%	금대용품
연황동		황동 + Pb1~3% 절삭성을 좋게한 것, 시계 기어용
애드미럴티 황동		7·3황동 + Sn1% 파이프, 열교환기 등
네이벌 황동		6·4황동 + Sn1% 선박, 기계부품 등
철황동(델타메탈)		6·4황동 + Fe1~2% 광산, 화학기계 등
강력황동 (고속도황동)		6·4황동 + Fe, Mn, Al, Ni 내성, 내해수성 우수
양은 (양백, 니켈황동, 큐프로니켈)		7·3황동 + Ni10~20% 은대용품, 부식저항이 크다.
듀라나 메탈		7·3황동에 2%의 Fe과 소량의 주석과 알루미늄을 넣은 것. 주조용, 단련용으로 선판, 선박용 기계부품으로 사용
납황동(쾌삭황동)		황동 + Pb0.5~4% 표면 아름다움, 시계용 자판 사용
규소황동		황동 + Si4~5% 내식성, 주조성 양호, 선박용 사용
Al황동(알브락)		황동에 Al 미량 첨가, 내식성 매우 우수

2. 청동

청동 = Cu + Sn	장신구, 무기, 불상 등, 포금
포금(건메탈)	Cu + Sn8~12% + Zn1~2% 내해수성 우수, 선박재료, 밸브 등
인청동	청동 + P0.05~0.5% 인장강도, 탄성한계 우수, 스프링, 베어링용, 선박용, 화학기계용 등
연청동	청동 + Pb3 ~ 26% 중하중 고속회전용 베어링 재료, 패킹재료로 사용
베빗메탈 (화이트메탈)	Cu + Sn80~90% + Sb + Zn 고온, 고압에 견디는 베어링합금 화이트메탈 종류에 따라 주석기, 납기, 아연기가 있으며, Pb이 포함된 화이트메탈도 있다.
켈밋 합금	Cu + Pb30~40% 고속, 고하중용 베어링 재료. 베어링에 사용되는 대표적인 구리합금

콜슨 합금 (코르손 합금)	Cu + Ni + Si 인장강도와 도전율이 높아 통신선, 전화선, 전선용으로 사용
베릴륨 청동	Cu + Be2~3% 구리합금 중에서 가장 강도가 높음. 피로한도, 내열성, 내식성이 우수하여 베어링, 고급 스프링 재료로 사용
알루미늄 청동	Cu + Al12% 항공기, 자동차 등의 부품

45 다음 중 담금질에 의해 나타난 조직 중에서 경도와 강도가 가장 높은 것은?

① 오스테나이트 ② 소르바이트
③ 마텐자이트 ④ 크루스타이트

해설 열처리 조직 경도순서
마텐자이트 > 트루스타이트 > 소르바이트 > 펄라이트 > 오스테나이트

46 다음 중 재결정온도가 가장 낮은 금속은?

① Al ② Cu
③ Ni ④ Zn

해설 1. 금속의 재결정온도
금속이 소성변형으로 인해 기존의 결정에서 새로운 결정이 생겨나는 것
2. 재결정온도
① 약 140~160℃ ② 약 180~200℃
③ 약 500~600℃ ④ 약 20~50℃

47 다음 중 상온에서 구리(Cu)의 결정격자 형태는?

① HCT ② BCC
③ FCC ④ CPH

해설 면심입방격자(FCC)
① 전연성이 크고, 가공성 우수, 전기전도도 우수
② 원자수는 4개이며, 배위수는 12, 충진율은 74
③ 종류 : γ –Fe, Au, Ag, Cu, Ni, Al, Pb, Pt 등

48 Ni–Fe 합금으로서 불변강이라 불리우는 합금이 아닌 것은?

① 인바 ② 모넬메탈
③ 엘린바 ④ 슈퍼인바

해설

불변강	인바	Fe–Ni36%, 선팽창계수가 적다. 줄자, 계측기의 길이 불변 부품, 시계 등에 사용
	엘린바	Fe–Ni36%, Cr12%, 탄성률이 불변, 정밀계측기, 시계 스프링에 사용
	플래티나이트	전구, 진공관 도선에 사용
	코엘린바	Fe–Ni10%, Cr26~58%, 공기 또는 물 속에서 부식되지 않음. 시계 스프링, 지진계 사용
	퍼말로이, 슈퍼인바 등이 있다.	

모넬메탈은 Cu + Ni 합금

49 다음 중 Fe–C 평형 상태도에 대한 설명으로 옳은 것은?

① 공정점의 온도는 약 723℃이다.
② 포정점은 약 4.30%C를 함유한 점이다.
③ 공석점은 약 0.8%C를 함유한 점이다.
④ 순철의 자기변태온도는 210℃이다.

해설 ① 1,148℃ 공정온도선. 탄소함유량 2.0~6.67%의 주철에서 공정반응이 발생한다.
② 포정반응 : 탄소함유량 0.1~0.5%, 온도 1,495℃에서 발생한다.
④ 순철의 A2 자기변태점(768℃)이며, 퀴리점이라고도 한다.

50 고주파 담금질의 특징을 설명한 것 중 옳은 것은?

① 직접 가열하므로 열효율이 높다.

② 열처리 불량은 적으나, 변형 보정이 항상 필요하다.

③ 열처리 후의 연삭 과정을 생략 또는 단축시킬 수 없다.

④ 간접 부분 담금질로 원하는 깊이만큼 경화하기 힘들다.

> **해설** 고주파 담금질
> 고주파 전류를 이용하여 표면만을 가열한 후 급랭하는 표면경화법

51 다음 입체도의 화살표 방향 투상도로 가장 적합한 것은?

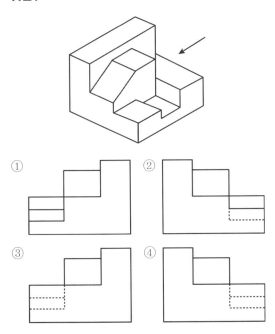

> **해설** 화살표 방향으로 눈에 직접 보이는 부분은 굵은 실선, 보이지 않는 부분은 파선(숨은선)으로 도시한다.

52 다음 그림과 같은 용접방법 표시로 맞는 것은?

① 삼각용접　　② 현장용접

③ 공장용접　　④ 수직용접

> **해설** 현장용접

53 다음 밸브 기호는 어떤 밸브를 나타낸 것인가?

① 풋 밸브　　② 볼 밸브

③ 체크밸브　　④ 버터플라이 밸브

> **해설**
>
> | 종류 | 기호 | 종류 | 기호 |
> |---|---|---|---|
> | 체크밸브 | | 게이트 밸브 | |
> | 안전밸브 | | 글로브 밸브 | |
> | 앵글밸브 | | 밸브 닫힘상태 | |
> | 3방향 밸브 | | 버터플라이밸브 | |
>
> 해당 기호는 풋 밸브를 나타낸다.

54 다음 중 리벳용 원형강의 KS 기호는?

① SV   ② SC

③ SB   ④ PW

해설 예 SV330 : 인장강도 330~400N/mm² – 리벳용 열간 압연 원형강

55 대상물의 일부를 떼어낸 경계를 표시하는 데 사용하는 선의 굵기는?

① 굵은 실선   ② 가는 실선

③ 아주 굵은 실선   ④ 아주 가는 실선

해설

용도에 따른 선의 명칭	선의 종류	선의 용도
외형선	굵은 실선	대상물의 보이는 부분을 표시하는 선
치수선	가는 실선	치수를 기입하는 데 사용되는 선
치수보조선		치수 기입에 사용하기 위하여 도형으로부터 끌어내는 데 사용되는 선
지시선		기호, 지시 등을 표시하는 데 사용하는 선
수준면선		유면이나 수면을 나타내는 선
중심선	가는 실선 가는 1점 쇄선	도형의 중심을 표시하는 선
기준선	가는 1점 쇄선	위치 결정의 근거가 되는 것을 명시할 때 사용하는 선
피치선	가는 1점 쇄선	기어, 스프로킷 등의 되풀이 하는 도형의 피치를 나타내는 선
숨은선	가는 파선 굵은 파선	보이지 않는 부분을 나타내는 선
가상선	가는 2점 쇄선	• 가공 전·후의 모양을 표시하는 데 사용하는 선 • 인접 부분을 참고로 표시하는 데 사용하는 선
무게중심선	가는 2점 쇄선	단면의 무게중심을 연결하는 데 사용하는 선

파단선	지그재그선	• 대상물의 일부를 파단한 곳을 표시하는 선 • 일부를 끊어낸(떼어낸) 부분을 표시하는 선
해칭선	가는 실선	• 단면도의 절단된 부분을 나타내는 선 • 도형의 일정한 특정 부분을 다른 부분과 구별하는 데 사용하는 선 • 해칭의 각도는 45°
특수용도의 선	가는 실선	평면을 나타내거나 위치를 나타내는 선
	아주 굵은 실선	얇은 부분의 단면을 도시하는 데 사용하는 선

56 그림과 같은 배관 도시기호가 있는 관에는 어떤 종류의 유체가 흐르는가?

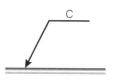

① 온수   ② 냉수

③ 냉온수   ④ 증기

해설 • 냉수 : cold water
• 온수 : hot water

57 제3각법에 대하여 설명한 것으로 틀린 것은?

① 저면도는 정면도 밑에 도시한다.

② 평면도는 정면도의 상부에 도시한다.

③ 좌측면도는 정면도의 좌측에 도시한다.

④ 우측면도는 평면도의 우측에 도시한다.

해설 **3각법**
① 한국공업규격(KS)에서는 3각법을 도면 작성 원칙으로 한다.
② 투영도는 정면도, 평면도, 우측면도로 배치한다.
③ 투상방법은 '눈 → 투상면 → 물체'이다.
④ 실물파악이 쉽다.

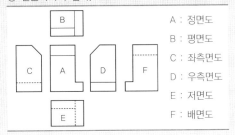

A : 정면도
B : 평면도
C : 좌측면도
D : 우측면도
E : 저면도
F : 배면도

58 다음 치수 표현 중에서 참고치수를 의미하는 것은?

① SØ24
② t=24
③ (24)
④ □24

해설 **보조기호**

기호	의미	기호	의미	기호	의미
Ø	원의 지름	□	정사각형	R	반지름
SR	구의 반지름	C	모따기	t	두께
( )	참고치수	P	피치기호	⌒	원호의 길이

59 구멍에 끼워 맞추기 위한 구멍, 볼트, 리벳의 기호 표시에서 현장에서 드릴가공 및 끼워맞춤을 하고 양쪽면에 카운터 싱크가 있는 기호는?

①
②
③
④

해설 현장에서 드릴가공 및 현장에서 끼워맞춤(깃발 두 개), 양쪽면에 카운터 싱크(+ 표시의 수평선 기준으로 위아래 V 표시 : 수평선 아래는 윗부분의 대칭모양)

60 도면을 용도에 따른 분류와 내용에 따른 분류로 구분할 때 다음 중 내용에 따라 분류한 도면인 것은?

① 제작도
② 주문도
③ 견적도
④ 부품도

해설 **도면 분류**
① 용도에 따른 분류 : 계획도, 제작도, 주문도, 견적도, 승인도 등
② 내용에 따른 분류 : 부품도, 조립도, 기초도, 배치도, 스케치도 등
③ 표현방식에 따른 분류 : 외관도, 전개도, 곡면선도, 입체도 등

2016년 제1회 기출문제

01 용접 이음 설계 시 충격하중을 받는 연강의 안전율은?

① 12　　　　　　② 8

③ 5　　　　　　④ 3

해설 연강의 안전율

정하중	반복하중	교번하중	충격하중
3	5	8	12

02 다음 중 기본 용접 이음 형식에 속하지 않는 것은?

① 맞대기 이음　　② 모서리 이음

③ 마찰 이음　　　④ T자 이음

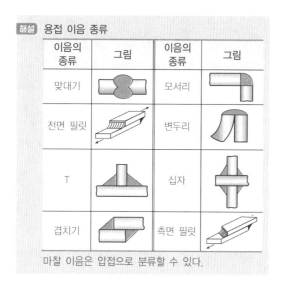

해설 용접 이음 종류

이음의 종류	그림	이음의 종류	그림
맞대기		모서리	
전면 필릿		변두리	
T		십자	
겹치기		측면 필릿	

마찰 이음은 압접으로 분류할 수 있다.

03 화재의 분류는 소화 시 매우 중요한 역할을 한다. 서로 바르게 연결된 것은?

① A급 화재 – 유류화재　② B급 화재 – 일반화재

③ C급 화재 – 가스화재　④ D급 화재 – 금속화재

해설

구분	A급 화재	B급 화재	C급 화재	D급 화재
명칭	일반화재	유류화재	전기화재	금속화재

04 불활성 가스가 아닌 것은?

① C_2H_2　　　　② Ar

③ Ne　　　　　　④ He

해설 ①은 가연성 가스인 아세틸렌이다.

05 서브머지드 아크용접장치 중 전극형상에 의한 분류에 속하지 않는 것은?

① 와이어(wire) 전극　② 테이프(tape) 전극

③ 대상(hoop) 전극　　④ 대차(carriage) 전극

해설 서브머지드 아크용접의 전극형상은 와이어의 형상을 말한다. ①은 철사모양, ②는 테이프 모양, ③은 후프모양을 뜻하나, ④는 설치한 레일을 지나가는 차를 뜻한다.

06 용접 시공 계획에서 용접 이음 준비에 해당되지 않는 것은?

① 용접 홈의 가공　　② 부재의 조립

③ 변형 교정　　　　④ 모재의 가용접

해설 변형 교정은 용접 후 생긴 변형에 대한 교정을 뜻한다.

07 다음 중 서브머지드 아크용접(Submerged Arc-Welding)에서 용제의 역할과 가장 거리가 먼 것은?

① 아크 안정
② 용락 방지
③ 용접부의 보호
④ 용착금속의 재질 개선

> **해설** 용제의 구비조건
> ① 적당한 입도를 갖고 아크 보호성이 우수할 것
> ② 적당한 합금성분으로 탈황, 탈산 등의 정련작용을 할 것
> ③ 아크 발생을 안정시켜 안정된 용접을 할 수 있을 것
> ④ 용접 후 슬래그의 박리가 쉬울 것

08 다음 중 전기저항의 용접의 종류가 아닌 것은?

① 점용접
② MIG 용접
③ 프로젝션 용접
④ 플래시 용접

> **해설** 전기저항용접의 개요
> ① 2개 이상의 부품이 저전압과 고전류 밀도의 큰 전류에서 발생한 열과 압력에 의해서 용접하는 방법
> ② 전기저항용접의 3대 요소는 용접전류, 통전시간, 가압력이다.
> MIG 용접은 융접이다.

09 다음 중 용접 금속에 기공을 형성하는 가스에 대한 설명으로 틀린 것은?

① 응고온도에서의 액체와 고체의 용해도 차에 의한 가스 방출
② 용접금속 중에서의 화학반응에 의한 가스 방출
③ 아크 분위기에서의 기체의 물리적 혼입
④ 용접 중 가스 압력의 부적당

> **해설** 가스 압력이 아닌 유량이 낮으면 기공이 발생할 수 있다.

10 가스용접 시 안전조치로 적절하지 않은 것은?

① 가스의 누설검사는 필요할 때만 체크하고, 점검은 수돗물로 한다.
② 가스용접장치는 화기로부터 5m 이상 떨어진 곳에 설치해야 한다.
③ 작업 종료 시 메인 밸브 및 콕 등을 완전히 잠가준다.
④ 인화성 액체 용기의 용접을 할 때는 증기 열탕물로 완전히 세척 후 통풍구멍을 개방하고 작업한다.

> **해설** 가스의 누설검사는 수시로 해야 하며, 검사는 비눗물로 한다.

11 TIG 용접에서 가스이온이 모재에 충돌하여 모재 표면에 산화물을 제거하는 현상은?

① 제거효과
② 청정효과
③ 용융효과
④ 고주파효과

> **해설** 청정작용을 얻기 위해 알루미늄 등의 용접 시에는 고주파교류(ACHF : Alternating Current High Frequency)를 사용하여 산화알루미늄의 생성을 막는다.

12 연강의 인장시험에서 인장시험편의 지름이 10mm 이고 최대하중이 5,500kgf일 때, 인장강도는 약 몇 kgf/mm²인가?

① 60
② 70
③ 80
④ 90

> **해설**
>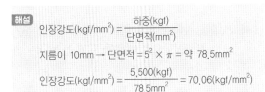
> $$인장강도(kgf/mm^2) = \frac{하중(kgf)}{단면적(mm^2)}$$
> 지름이 10mm → 단면적 $= 5^2 \times \pi = 약\ 78.5mm^2$
> $$인장강도(kgf/mm^2) = \frac{5,500(kgf)}{78.5mm^2} = 70.06(kgf/mm^2)$$

13 용접부의 표면에 사용되는 검사법으로 비교적 간단하고 비용이 싸며, 특히 자기탐상검사가 되지 않는 금속재료에 주로 사용되는 검사법은?

① 방사선 비파괴검사
② 누수검사
③ 침투 비파괴검사
④ 초음파 비파괴검사

해설 비파괴시험
① PT : 침투(탐상) 비파괴검사, 국부적 시험이 가능하고, 미세한 균열도 탐상이 가능하다. 또한, 철, 비철금속, 플라스틱, 세라믹 등 거의 모든 제품에 적용이 용이하다.
② RT : 방사선(탐상) 비파괴검사, X선이나 γ선을 재료에 투과시켜 투과된 빛의 강도에 따라 사진 필름에 감광시켜 결함을 검사하는 방법. 모든 용접재질에 적용할 수 있고, 내부 결함의 검출이 용이하며, 검사의 신뢰성이 높다. 방사선투과검사에 필요한 기구로는 투과도계, 계조계, 증감지 등이 있다.
③ MT : 자기(자분)(탐상) 비파괴검사, 전류를 통하여 자화가 될 수 있는 금속재료, 즉 철, 니켈과 같이 자기변태를 나타내는 금속 또는 그 합금으로 제조된 구조물이나 기계부품의 표면 균열검사에 적합하고, 결함 모양이 표면에 직접 나타나기 때문에 육안으로 결함을 관찰할 수 있고, 검사작업이 신속하고 간단하다. 검사의 종류에는 극간법, 통전법, 프로드법, 코일법 등이 있다.
④ UT : 초음파(탐상) 비파괴검사는 0.5~15MHz의 초음파를 이용, 탐촉자를 이용하여 결함의 위치나 크기를 검사하는 방법으로 투과법, 펄스반사법, 공진법 등이 사용된다.
⑤ ET : 와전류(탐상) 비파괴검사, 맴돌이검사
⑥ VT : 외관검사(육안검사), 비드 외관, 언더컷, 오버랩, 용입 불량, 표면 균열 등을 검사한다.
⑦ LT : 누설비파괴검사

14 용접에 의한 변형을 미리 예측하여 용접하기 전에 용접 반대방향으로 변형을 주고 용접하는 방법은?

① 억제법　　② 역변형법
③ 후퇴법　　④ 비석법

해설 용접 전에 변형방지법
① 구속법 : 구속 지그 및 가접을 실시하여 변형을 억제할 수 있도록 한 것으로(억제법) 용접물을 정반에 고정시키거나 보강재를 이용하거나 또는 일시적인 보조판을 붙이는 것으로 변형을 방지하는 방법이다.
② 역변형법 : 용접 전에 변형을 예측하여 미리 반대로 변형시킨 후 용접하는 방법이다.
③ 도열법 : 용접 중에 모재의 입열을 최소화하기 위하여 용접부 주위에 물을 적신 석면이나 동판을 대어 용접열을 흡수시키는 방법이다.

15 다음 중 플라즈마 아크용접에 적합한 모재가 아닌 것은?

① 텅스텐, 백금
② 티탄, 니켈 합금
③ 티탄, 구리
④ 스테인리스강, 탄소강

해설 플라즈마 아크용접의 개요
① 플라즈마(plasma)는 고체, 액체, 기체 이외의 제4의 물리상태라고도 한다.
② 고온의 불꽃을 이용해서 절단, 용접하는 방법으로 10,000~30,000℃의 고온 플라즈마를 분출시켜 작업하는 방법이다.
③ 플라즈마 아크용접에서 사용되는 가스는 아르곤, 헬륨, 수소 등이 사용되며, 모재에 따라 질소 혹은 공기가 사용되기도 한다.
④ 플라즈마 아크용접에서 아크 종류는 텅스텐 전극과 모재에 각각 전원을 연결하는 방식은 이행형이고, 텅스텐 전극과 구속 노즐 사이에서 아크를 발생시키는 것은 비이행형이다.
⑤ 열적 핀치효과와 자기적 핀치효과가 있다.
⑥ 용접부속장치 중에 고주파발생장치가 필요하다.
※ 전극으로 텅스텐을 사용하므로 모재로 적합하지 않다.

16 용접 지그를 사용했을 때의 장점이 아닌 것은?

① 구속력을 크게 하여 잔류응력 발생을 방지한다.

② 동일 제품을 다량생산할 수 있다.

③ 제품의 정밀도를 높인다.

④ 작업을 용이하게 하고 용접능률을 높인다.

> **해설** 용접 지그
> ① 모재를 고정시켜 주는 장치로서 적당한 크기와 강도를 가지고 있어야 한다.
> ② 용접작업을 효율적으로 하기 위한 장치이다.
> ③ 지그 사용 시 작업시간이 단축된다.
> ④ 지그의 제작비가 많이 들지 않도록 한다.
> ⑤ 구속력이 크면 잔류응력이나 균열이 발생할 수 있다.
> ⑥ 사용이 편리해야 한다.

17 일종의 피복아크용접법으로 피더(feeder)에 철분계 용접봉을 장착하여 수평 필릿 용접을 전용으로 하는 일종의 반자동 용접장치로서 모재와 일정한 경사를 갖는 금속지주를 용접홀더가 하강하면서 용접되는 용접법은?

① 그래비트 용접   ② 용사

③ 스터드 용접   ④ 테르밋 용접

> **해설** • **용사** : 미립자를 표면에 분사하여 피막을 형성하는 기법
> • **스터드 용접** : 볼트, 환봉 핀 등과 같은 금속 스터드와 모재 사이에 발생한 아크열로 모재 표면을 가열한 후, 스터드 압력을 작용하여 용융 압착하는 자동 아크 용접법
> • **테르밋 용접** : 금속산화물이 알루미늄에 의하여 산소를 빼앗기는 반응을 이용한 용접

18 피복아크용접에 의한 맞대기용접에서 개선 홈과 판두께에 관한 설명으로 틀린 것은?

① I형 : 판두께 6mm 이하 양쪽 용접에 적용

② V형 : 판두께 20mm 이하 한쪽 용접에 적용

③ U형 : 판두께 40~60mm 양쪽 용접에 적용

④ X형 : 판두께 15~40mm 양쪽 용접에 적용

> **해설**

I형	판두께 6mm까지	I형
V형	판두께 6~19mm	V형
J형	판두께 6~19mm, 양면 J형은 12mm 이상에 쓰인다.	J형
U형	판두께 16~50mm	U형
H형	판두께 50mm 이상	양면 U형(H형)

19 이산화탄소 아크용접 방법에서 전진법의 특징으로 옳은 것은?

① 스패터의 발생이 적다.

② 깊은 용입을 얻을 수 있다.

③ 비드 높이가 낮고 평탄한 비드가 형성된다.

④ 용접선이 잘 보이지 않아 운봉을 정확하게 하기 어렵다.

> **해설** 전진법은 후진법에 비해 용입이 얕고, 스패터의 발생도 많다. 다만, 오른손잡이 기준으로 토치의 앞으로 진행하다 보니 용접선이 후진법보다 식별하기 쉽다. 비드 모양은 전진법이 후진법보다 양호한 모양의 비드를 만들 수 있다.

20 일렉트로 슬래그 용접에서 주로 사용되는 전극와이어의 지름은 보통 몇 mm 정도인가?

① 1.2~1.5 ② 1.7~2.3
③ 2.5~3.2 ④ 3.5~4.0

> **해설** 수랭 동판을 용접부의 양면에 부착하고 용융된 슬래그 속에서 전극와이어를 연속적으로 송급하여 용융슬래그 내를 흐르는 저항열에 의하여 전극와이어 및 모재를 용융 접합시키는 용접법으로 용입이 가장 깊다. 사용되는 와이어는 3.2mm 와이어를 가장 많이 쓴다.

21 볼트나 환봉을 피스톤형의 홀더에 끼우고 모재와 볼트 사이에 순간적으로 아크를 발생시켜 용접하는 방법은?

① 서브머지드 아크용접
② 스터드 용접
③ 테르밋 용접
④ 불활성 가스 아크용접

> **해설** 스터드 용접의 개요
> 볼트, 환봉 핀 등과 같은 금속 스터드와 모재 사이에 발생한 아크열로 모재 표면을 가열한 후, 스터드 압력을 작용하여 용융 압착하는 자동 아크 용접법

22 용접 결함과 그 원인에 대한 설명 중 잘못 짝지어진 것은?

① 언더컷 – 전류가 너무 높을 때
② 기공 – 용접봉이 흡습되었을 때
③ 오버랩 – 전류가 너무 낮을 때
④ 슬래그 섞임 – 전류가 과대되었을 때

해설

종류	발생원인	그림
언더컷	• 용접속도 빠를 때 • 용접전류가 높을 때 • 아크길이가 길 때	언더컷
슬래그 섞임	• 슬래그 제거 불량 • 루트 간격이 좁을 때	슬래그
오버랩	• 용접전류가 낮을 때 • 운봉속도가 너무 느릴 때(위빙 불량)	오버랩
기공 (블로홀)	• 황, 수소, 일산화탄소 많을 때 • 용접전류가 높을 때 • 용착부가 급랭될 때 • 용접봉에 습기가 많을 때	블로홀
피트	• 습기가 많을 때 • 용착금속을 과냉 • 탄소, 망간, 황의 함유량이 많을 때	피트
용입 부족 (용입 불량)	• 용접속도가 빠를 때 • 용접전류가 낮을 때 • 루트 간격이 좁을 때	용입부족
균열	• 용접전류가 높을 때 • 이음의 강성이 클 때 • 용착금속의 과냉	균열
스패터	• 용접전류가 높을 때 • 아크길이가 길 때 • 수분이 많은 용접봉을 사용했을 때	스패터
선상조직	• 모재 불량 • 용착금속의 과냉	선상조직

23 피복아크용접에서 피복제의 성분에 포함되지 않는 것은?

① 아크 안정제 ② 가스 발생제
③ 피복 이탈제 ④ 슬래그 생성제

해설 피복제의 종류
① **아크 안정제** : 규산나트륨, 규산칼륨, 산화티탄, 석회석 등
② **가스 발생제** : 녹말, 톱밥, 셀룰로스, 탄산바륨, 석회석 등
③ **슬래그 생성제** : 형석, 산화철, 산화티탄, 이산화망간, 석회석 등
④ **탈산제** : 페로망간, 페로실리콘, 페로티탄, 규소철, 망간철, 알루미늄, 소맥분, 목재톱밥 등
⑤ **고착제** : 규산나트륨, 규산칼륨, 아교, 소맥분, 해초풀, 젤라틴 등
⑥ **합금 첨가제** : 페로망간, 페로실리콘, 페로크롬, 망간, 크롬, 구리, 몰리브덴 등

해설 용접
1. **융접** : 용접부를 용융 또는 반용융 상태로 하고, 여기에 용접봉(용가재)을 첨가하여 접합
   ① 아크용접(피복아크, 티그, 미그, 스터드 아크, 일렉트로 가스용접)
   ② 가스용접(산소-아세틸렌, 수소, 프로판, 메탄)
   ③ 테르밋 용접
   ④ 일렉트로 슬래그 용접
2. **압접** : 용접부를 냉간 또는 열간 상태에서 압력을 주어 접합
   ① 전기저항용접(점, 심, 프로젝션, 업셋, 플래시, 퍼커션)
   ② 단접(해머, 다이)
   ③ 초음파, 폭발, 고주파, 마찰, 유도가열용접 등
3. **납땜** : 재료를 녹이지 않고, 재료보다 용융점이 낮은 금속을 녹여서 접합
   ① 경납
   ② 연납

24 피복아크 용접봉의 용융속도를 결정하는 식은?

① 용융속도 = 아크전류 × 용접봉쪽 전압강하
② 용융속도 = 아크전류 × 모재쪽 전압강하
③ 용융속도 = 아크전압 × 용접봉쪽 전압강하
④ 용융속도 = 아크전압 × 모재쪽 전압강하

해설 용융속도
① 용융속도는 단위시간당 소비되는 용접봉의 길이, 무게로 나타내고, 아크전압, 용접봉의 지름과는 관계가 없으며, 용접전류와 비례관계가 있다.
② 용융속도 = 아크전류 × 용접봉쪽 전압강하

26 피복아크용접 시 용접선상에서 용접봉을 이동시키는 조작을 말하며 아크의 발생, 중단, 재아크, 위빙 등이 포함된 작업을 무엇이라 하는가?

① 용입　　　　　　② 운봉
③ 키홀　　　　　　④ 용융지

해설 ① **용입** : 용접 시 모재가 녹은 깊이
③ **키홀** : 편면맞대기용접 시 원활한 이면 비드를 내기 위해 모재 간 열쇠구멍 모양으로 녹아 들어 가는 것
④ **용융지** : 용접재료가 녹은 쇳물 부분

27 다음 중 산소 및 아세틸렌 용기의 취급방법으로 틀린 것은?

① 산소용기의 밸브, 조정기, 도관, 취부구는 반드시 기름이 묻은 천으로 깨끗이 닦아야 한다.
② 산소용기의 운반 시에는 충돌, 충격을 주어서는 안 된다.
③ 사용이 끝난 용기는 실병과 구분하여 보관한다.
④ 아세틸렌 용기는 세워서 사용하며, 용기에 충격을 주어서는 안 된다.

25 용접법의 분류에서 아크용접에 해당되지 않는 것은?

① 유도가열용접　　② TIG 용접
③ 스터드 용접　　　④ MIG 용접

> **해설** 용기 취급 시 주의사항
> ① 화기가 있는 곳이나 직사광선의 장소를 피한다.
> ② 충격을 주지 않으며, 밸브 동결 시 온수나 증기를 사용하여 녹인다.
> ③ 밸브, 조정기 등은 기름천으로 닦으면 안 된다.
> ④ 공병이라도 뉘어 두어서는 안 된다.

28 가스용접이나 절단에 사용되는 가연성 가스의 구비조건으로 틀린 것은?

① 발열량이 클 것

② 연소속도가 느릴 것

③ 불꽃의 온도가 높을 것

④ 용융금속과 화학반응이 일어나지 않을 것

> **해설** 가연성 가스의 조건
> ① 불꽃의 온도가 높을 것
> ② 용융금속과 화학반응을 일으키지 않을 것
> ③ 연소속도가 빠를 것
> ④ 발열량이 많을 것

29 다음 중 가변저항의 변화를 이용하여 용접전류를 조정하는 교류아크용접기는?

① 탭전환형   ② 가동코일형

③ 가동철심형   ④ 가포화 리액터형

> **해설** 교류아크용접기의 종류
> • **가동철심형** : 가동철심으로 전류조정, 미세한 전류 조정 가능. 교류아크용접기의 종류에서 현재 가장 많이 사용하고 있고, 용접작업 중 가동철심의 진동으로 소음이 발생할 수 있다.
> • **가동코일형** : 코일을 이동시켜 전류조정. 현재 거의 사용되지 않는다.
> • **가포화 리액터형** : 원격조정이 가능. 가변저항의 변화를 이용하여 용접전류를 조정하는 형식이다. 기계적 수명이 길다.
> • **탭전환형** : 코일 감긴 수에 따라 전류조정, 미세 전류 조정 불가, 전격위험

30 AW–250, 무부하전압 80V, 아크전압 20V인 교류용접기를 사용할 때 역률과 효율은 각각 약 얼마인가? (단, 내부손실은 4kW이다)

① 역률 : 45%, 효율 : 56%

② 역률 : 48%, 효율 : 69%

③ 역률 : 54%, 효율 : 80%

④ 역률 : 69%, 효율 : 72%

> **해설**
> • 효율 = $\dfrac{\text{아크출력}}{\text{소비전력}} \times 100(\%)$
>   (아크출력 = 아크전압 × 전류)
> • 역률 = $\dfrac{\text{소비전력}}{\text{전원입력}} \times 100(\%)$
> • 소비전력 = 아크출력 + 내부손실
> • 전원입력 = 2차 무부하전압 × 아크전류
> 아크출력 = 20 × 250 = 5,000W = 5kW
> 소비전력 = 5kW + 4kW = 9kW
> 전원입력 = 80V × 250A = 20kW
> 효율 = $\dfrac{5\text{kW}}{9\text{kW}} \times 100(\%) = 55.555\%$
> 역률 = $\dfrac{9\text{kW}}{20\text{kW}} \times 100(\%) = 45\%$

31 혼합가스 연소에서 불꽃온도가 가장 높은 것은?

① 산소 – 수소 불꽃

② 산소 – 프로판 불꽃

③ 산소 – 아세틸렌 불꽃

④ 산소 – 부탄 불꽃

> **해설**
>
> | 혼합가스 | 특징 | 불꽃온도 (℃) | 발열량 (Kcal/m²) |
> |---|---|---|---|
> | 산소 – 아세틸렌 | 불꽃온도 가장 높음. | 3,430 | 12,700 |
> | 산소 – 프로판 | 발열량 가장 많음. | 2,820 | 20,780 |
> | 산소 – 수소 | 연소속도 가장 빠름. | 2,900 | 2,420 |
> | 산소 – 메탄 | 불꽃온도 가장 낮음. | 2,700 | 8,080 |

32 연강용 피복아크 용접봉의 종류와 피복제 계통으로 틀린 것은?

① E4303 : 라임티타니아계

② E4311 : 고산화티탄계

③ E4316 : 저수소계

④ E4327 : 철분산화철계

해설

용접봉	특징
일미나이트계 (E4301)	• 일미나이트(산화티탄, 산화철)를 30% 이상 함유한 용접봉으로 작업성이 우수하며, 모든 자세의 용접이 가능하다. • 내균열성, 연성이 우수하여 25mm 이상 후판용접 가능하다. • 현장에서 가장 널리 이용되고 있음.
라임티탄계 (E4303)	• 산화티탄 30% 정도와 석회석이 주성분으로 수직자세 용접에 우수한 능률을 가지고 있다. • 선박의 내부구조물, 기계, 일반구조물에 많이 사용한다.
고산화티탄계 (E4313)	• 산화티탄 35% 정도 함유한 용접봉으로 아크 안정, 슬래그 박리성, 비드 모양은 우수하지만, 고온균열을 일으키기 쉬운 단점을 가지고 있다. 일반 경구조물 용접에 이용되고 있다.
고셀룰로스계 (E4311)	• 피복제에 가스 발생제 셀룰로스를 20~30% 정도 함유한 용접봉으로 위보기 자세 용접에 적합. 슬래그가 적어 비드 표면이 거칠고 스패터가 많은 단점이 있다. • 공장의 파이프라인이나 철골 공사에 이용되고 있다.
저수소계 (E4316)	• 피복제에 석회석, 형석을 주성분으로 한 용접봉으로 수소량이 타 용접봉의 10% 정도이며 내균열성이 우수하여, 고압용기, 구속이 큰 용접, 중요 강도 부재에 사용되고 있다. • 용착금속의 인성과 연성이 우수하고 기계적 성질도 양호하다. • 피복제가 두껍고 아크가 불안정하며 용접속도가 느리고 작업성이 좋지 않다.

• E4327 : 철분산화철계
• E4324 : 철분산화티탄계
• E4326 : 철분저수소계

33 산소-아세틸렌 가스절단과 비교한 산소-프로판 가스절단의 특징으로 옳은 것은?

① 절단면이 미세하며 깨끗하다.

② 절단 개시시간이 빠르다.

③ 슬래그 제거가 어렵다.

④ 중성불꽃을 만들기가 쉽다.

해설 아세틸렌가스와 프로판가스의 비교

1. 아세틸렌
   ① 예열시간이 짧고, 점화 및 불꽃 조절이 쉽다.
   ② 절단 개시까지 시간이 빠르고, 중성불꽃을 만들기 쉽다.
   ③ 박판절단속도가 빠르다.
2. 프로판
   ① 절단면이 깨끗하고, 슬래그 제거가 쉽다.
   ② 포갬 및 후판 절단 시 아세틸렌보다 빠르다.
   ③ 전체적인 경비는 비슷하다.

34 피복아크용접에서 "모재의 일부가 녹은 쇳물 부분"을 의미하는 것은?

① 슬래그   ② 용융지

③ 피복부   ④ 용착부

해설 용융풀
용접재료가 녹은 쇳물부분으로 용융지라고도 한다.

35 가스압력조정기 취급사항으로 틀린 것은?

① 압력용기의 설치구 방향에는 장애물이 없어야 한다.

② 압력지시계가 잘 보이도록 설치하며, 유리가 파손되지 않도록 주의한다.

③ 조정기를 견고하게 설치한 다음 조정나사를 잠그고 밸브를 빠르게 열어야 한다.

④ 압력조정기 설치구에 있는 먼지를 털어내고 연결부에 정확하게 연결한다.

해설 조정기를 견고하게 설치한 다음 조정나사를 열고 밸브를 천천히 열어야 한다.

36 연강용 가스 용접봉에서 "625±25℃에서 1시간 동안 응력을 제거한 것"을 뜻하는 영문자 표시에 해당되는 것은?

① NSR ② GB
③ SR ④ GA

해설 잔류응력 제거방법
① 노내풀림법 : 보통 625±25℃에서 판두께 25mm를 1시간 정도 풀림
② SR(stress relief) : 응력제거풀림을 한 것
③ NSR(non stress relief) : 응력제거풀림을 하지 않은 것

37 피복아크용접에서 위빙(weaving) 폭은 심선 지름의 몇 배로 하는 것이 가장 적당한가?

① 1배 ② 2~3배
③ 5~6배 ④ 7~8배

해설 위빙 폭은 심선 지름의 2~3배로 진행하고, 피치는 2~3mm로 진행한다.

38 전격방지기는 아크를 끊음과 동시에 자동적으로 릴레이가 차단되어 용접기의 2차 무부하전압을 몇 V 이하로 유지시키는가?

① 20~30 ② 35~45
③ 50~60 ④ 65~75

해설 전격방지기(전격방지장치)
용접작업자가 전기적 충격을 받지 않도록 2차 무부하전압을 20~30[V] 정도 낮추는 장치

39 30% Zn을 포함한 황동으로 연신율이 비교적 크고, 인장강도가 매우 높아 판, 막대, 관, 선 등으로 널리 사용되는 것은?

① 톰백(tombac)
② 네이벌 황동(naval brass)
③ 6·4 황동(muntz metal)
④ 7·3 황동(cartridge brass)

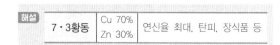

7·3황동	Cu 70% Zn 30%	연신율 최대, 탄피, 장식품 등

40 Au의 순도를 나타내는 단위는?

① K(carat) ② P(pound)
③ %(percent) ④ μm(micron)

해설 예 14K, 18K, 24K

41 다음 상태도에서 액상선을 나타내는 것은?

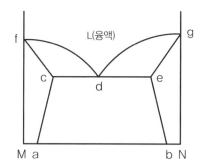

① acf ② cde
③ fdg ④ beg

해설 액체가 되는 선 : fdg

42 금속 표면에 스텔라이트, 초경합금 등의 금속을 용착시켜 표면경화층을 만드는 것은?

① 금속용사법   ② 하드페이싱

③ 쇼트피이닝   ④ 금속침투법

> **해설** 하드페이싱
> 금속의 표면에 스텔라이트나 경합금을 용착시키는 표면경화법

43 철강 인장시험 결과 시험편이 파괴되기 직전 표점 거리 62mm, 원표점거리 50mm일 때 연신율은?

① 12%   ② 24%

③ 31%   ④ 36%

> **해설** 연신율
> 재료에 하중을 가할 때 처음길이와 나중길이의 비
>
> 연신율 $= \dfrac{i-l}{l} \times 100$ (l : 원 길이, i : 늘어난 길이)
>
> $\therefore \dfrac{62-50}{50} \times 100 = 24\%$

44 주철의 조직은 C와 Si의 양과 냉각속도에 의해 좌우된다. 이들의 요소와 조직의 관계를 나타내는 것은?

① C.C.T 곡선   ② 탄소 당량도

③ 주철의 상태도   ④ 마우러 조직도

> **해설** 마우러 조직도는 주철 중에 C, Si의 양, 냉각속도에 따른 조직변화를 표시한다.

45 Al-Cu-Si계 합금의 명칭으로 옳은 것은?

① 알민   ② 라우탈

③ 알드리   ④ 코오슨합금

> **해설** 주조(주물)용 알루미늄 합금
> ① 실루민 : Al-Si 합금, 주조성은 좋으나 절삭성이 좋지 않음.
> ② 라우탈 : Al-Cu-Si 합금, 주조성 개선, 피삭성 우수

46 Al 표면에 방식성이 우수하고 치밀한 산화피막이 만들어지도록 하는 방식방법이 아닌 것은?

① 산화법   ② 수산법

③ 황산법   ④ 크롬산법

> **해설** 알루미늄의 방식법 : 수산법, 황산법, 크롬산법

47 다음 중 재결정온도가 가장 낮은 것은?

① Sn   ② Mg

③ Cu   ④ Ni

> **해설** ① 약 0℃   ② 약 150℃
> ③ 약 150~250℃   ④ 약 600℃
> **금속의 재결정온도**
> 금속이 소성변형으로 인해 기존의 결정에서 새로운 결정이 생겨나는 것

48 다음 중 해드필드(Hadfield)강에 대한 설명으로 틀린 것은?

① 오스테나이트조직의 Mn강이다.

② 성분은 10~14Mn%, 0.9~1.3C% 정도이다.

③ 이 강은 고온에서 취성이 생기므로 600~800℃에서 공랭한다.

④ 내마멸성과 내충격성이 우수하고, 인성이 우수하기 때문에 파쇄장치, 임펠러 플레이트 등에 사용된다.

해설 해드필드강(고Mn강)
오스테나이트Mn강, 내마멸성, 경도가 크고, 광산기계, 레일 교차점에 사용. 1,050℃ 부근에서 수인하여 인성을 부여한다.

49 Fe-C 상태도에서 A3와 A4 변태점 사이에서의 결정구조는?

① 체심정방격자   ② 체심입방격자

③ 조밀육방격자   ④ 면심입방격자

해설 동소변태
① A3변태(912℃) : α -Fe → γ -Fe
② A4변태(1,400℃) : γ -Fe → δ -Fe

50 열팽창계수가 다른 두 종류의 판을 붙여서 하나의 판으로 만든 것으로 온도 변화에 따라 휘거나 그 변형을 구속하는 힘을 발생하며 온도감응소자 등에 이용되는 것은?

① 서멧 재료   ② 바이메탈 재료

③ 형상기억합금   ④ 수소저장합금

해설 ① 서멧 재료 : 도자기재료(요업재료)와 금속과의 소결복합재료
③ 형상기억합금 : 여러 가지 형상으로 변형시켜도 적당한 온도를 가열하면 변형 전 형상으로 돌아오는 합금
④ 수소저장합금 : 금속이 수소와 반응하여 만들어진 금속수소화합물

51 기계제도에서 가는 2점 쇄선을 사용하는 것은?

① 중심선   ② 지시선

③ 피치선   ④ 가상선

해설		
가상선	가는 2점 쇄선	• 가공 전, 후의 모양을 표시하는 데 사용하는 선 • 인접 부분을 참고로 표시하는 데 사용하는 선

52 나사의 종류에 따라 표시기호가 옳은 것은?

① M – 미터 사다리꼴 나사

② UNC – 미니추어 나사

③ Rc – 관용 테이퍼 암나사

④ G – 전구나사

해설 ① M : 미터나사
② UNC : 유니파이 보통나사
④ G : 관용 평행나사

53 배관용 탄소강관의 종류를 나타내는 기호가 아닌 것은?

① SPPS 380   ② SPPH 380

③ SPCD 390   ④ SPLT 390

해설 ① SPPS : 압력배관용 탄소강관
② SPPH : 고압배관용 탄소강관
④ SPLT : 저온배관용 탄소강관

54 기계제도에서 도형의 생략에 관한 설명으로 틀린 것은?

① 도형이 대칭 형식인 경우에는 대칭 중심선의 한쪽 도형만을 그리고, 그 대칭 중심선의 양끝 부분에 대칭그림기호를 그려서 대칭임을 나타낸다.

② 대칭 중심선의 한쪽 도형을 대칭 중심선을 조금 넘는 부분까지 그려서 나타낼 수도 있으며, 이때 중심선 양 끝에 대칭그림기호를 반드시 나타내야 한다.

③ 같은 종류, 같은 모양의 것이 다수 줄지어 있는 경우에는 실형 대신 그림기호를 피치선과 중심선과의 교점에 기입하여 나타낼 수 있다.

④ 축, 막대, 관과 같은 동일 단면형의 부분은 지면을 생략하기 위하여 중간 부분을 파단선으로 잘라내서 그 긴요한 부분만을 가까이 하여 도시할 수 있다.

해설 대칭 중심선의 한쪽 도형을 대칭 중심선을 넘지 않도록 나타내고, 대칭그림기호를 그려서 대칭임을 나타낸다.

55 모떼기의 치수가 2mm이고 각도가 45°일 때 올바른 치수 기입 방법은?

① C2   ② 2C

③ 2 – 45°   ④ 45° × 2

해설 기호	의미	기호	의미	기호	의미
∅	원의 지름	□	정사각형	R	반지름
SR	구의 반지름	C	모따기	t	두께
( )	참고치수	P	피치기호	⌒	원호의 길이

56 도형의 도시방법에 관한 설명으로 틀린 것은?

① 소성가공 때문에 부품의 초기 윤곽선을 도시해야 할 필요가 있을 때는 가는 2점 쇄선으로 도시한다.

② 필릿이나 둥근 모퉁이와 같은 가상의 교차선은 윤곽선과 서로 만나지 않는 가는 실선으로 투상도에 도시할 수 있다.

③ 널링 부는 굵은 실선으로 전체 또는 부분적으로 도시한다.

④ 투명한 재료로 된 모든 물체는 기본적으로 투명한 것처럼 도시한다.

해설 투명한 재료라도 도시할 때는 투명하지 않은 것처럼 도시한다.

57 그림과 같은 제3각 정투상도에 가장 적합한 입체도는?

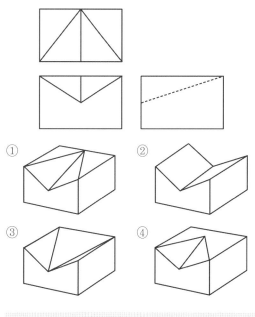

해설 주어진 3각법 도면의 정면도, 우측면도, 평면도를 보고 입체도를 유추할 수 있다.

58 제3각법으로 정투상한 그림에서 누락된 정면도로 가장 적합한 것은?

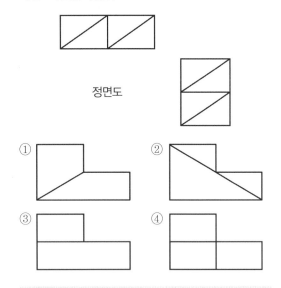

정면도

해설 주어진 평면도와 우측면도를 활용하여 정면도를 유추할 수 있다.

59 다음 중 게이트 밸브를 나타내는 기호는?

종류	기호	종류	기호
체크밸브		게이트 밸브	
안전밸브		글로브 밸브	
앵글밸브		밸브 닫힘상태	
3방향 밸브		버터플라이밸브	

해설

60 그림과 같은 용접기호는 무슨 용접을 나타내는가?

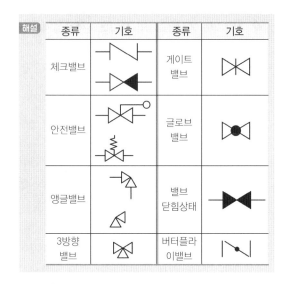

① 심용접   ② 비드 용접
③ 필릿 용접   ④ 점용접

해설

종류	기호	종류	기호
양면플랜지형 맞대기 이음용접		필릿 용접	
평면형 평행 맞대기 이음용접	‖	플러그 용접 슬롯 용접	
한쪽면 V형 홈 맞대기 이음용접	V	스폿 용접	○
한쪽면 K형 맞대기 이음용접		심용접	
부분 용입 한쪽면 V형 맞대기용접	Y	뒷면용접	

피복아크용접기능사
CBT 실전모의고사

제1회 **CBT** 실전모의고사

제2회 **CBT** 실전모의고사

제3회 **CBT** 실전모의고사

제4회 **CBT** 실전모의고사

제5회 **CBT** 실전모의고사

제6회 **CBT** 실전모의고사

제7회 **CBT** 실전모의고사

제8회 **CBT** 실전모의고사

제9회 **CBT** 실전모의고사

제10회 **CBT** 실전모의고사

실전
TEST!

제**01**회 CBT 실전모의고사

수험번호 :

수험자명 :

제한 시간 : 60분
남은 시간 :

글자
크기 100% 150% 200%

화면
배치

전체 문제 수 :
안 푼 문제 수 :

✦ 정답 및 해설 p. 426

01 CO_2 용접결함 중 기공의 방지대책에 관한 설명으로 틀린 것은?

① 오염, 녹, 페인트 등을 제거한다.
② 산소의 압력을 높인다.
③ 순도가 높은 CO_2가스를 사용한다.
④ 노즐에 부착되어 있는 스패터를 제거한 후 용접한다.

02 변형 교정방법 중 외력만으로 소성변형을 일으키게 하여 변형을 교정하는 방법은?

① 박판에 대한 점수축법
② 형재에 대한 직선수축법
③ 가열 후 해머링하는 방법
④ 롤러에 거는 방법

03 다음 중 침투탐상검사의 장점이 아닌 것은?

① 시험방법이 간단하다.
② 제품의 크기, 형상 등에 크게 구애를 받지 않는다.
③ 검사원의 경험과 지식에 따라 크게 좌우된다.
④ 미세한 균열도 탐상이 가능하다.

04 연강용 피복금속아크 용접봉의 작업성 중 직접작업성이 아닌 것은?

① 아크 상태
② 용접봉 용융 상태
③ 부착 슬래그의 박리성
④ 스패터

05 아크용접의 재해라 볼 수 없는 것은?

① 아크 광선에 의한 전안염
② 스패터 비산으로 인한 화상
③ 역화로 인한 화재
④ 전격에 의한 감전

06 형틀 굽힘(굴곡)시험을 할 때 시험편을 보통 몇 도까지 굽히는가?

① 120°
② 180°
③ 240°
④ 300°

답안 표기란

1	①	②	③	④
2	①	②	③	④
3	①	②	③	④
4	①	②	③	④
5	①	②	③	④
6	①	②	③	④

계산기

1/12 다음 ▶

 안 푼 문제

 답안 제출

실전
TEST!
제 **01** 회 CBT 실전모의고사

수험번호 :
수험자명 :

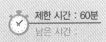
제한 시간 : 60분
남은 시간 :

글자
크기   화면
배치

전체 문제 수 :
안 푼 문제 수 :

답안 표기란				
7	①	②	③	④
8	①	②	③	④
9	①	②	③	④
10	①	②	③	④
11	①	②	③	④

07 TIG 용접으로 스테인리스강을 용접하려 한다. 가장 적합한 전원극성으로 맞는 것은?

① 교류전원
② 직류역극성
③ 직류정극성
④ 고주파 교류전원

08 피복아크용접에서 용접의 단위길이 1cm당 발생하는 전기적 열에너지 H(J/cm)를 구하는 식은? (단, E : 아크전압[V], I : 아크전류[A], V : 용접속도[cm/min]이다)

① $H = \dfrac{V}{60EI}$

② $H = \dfrac{60\,V}{EI}$

③ $H = \dfrac{60E}{VI}$

④ $H = \dfrac{60EI}{V}$

09 CO_2가스 용접에서 용접전류를 높게 할 때의 사항을 열거한 것 중 옳은 것은?

① 용착률과 용입이 감소한다.
② 와이어의 녹아내림이 빨라진다.
③ 용접입열이 작아진다.
④ 와이어의 송급속도가 늦어진다.

10 용접용 로봇 설치장소에 관한 설명으로 틀린 것은?

① 로봇 팔을 최소로 줄인 경로장소를 선택한다.
② 로봇 움직임이 충분히 보이는 장소를 선택한다.
③ 로봇 케이블 등이 사람 발에 걸리지 않도록 설치한다.
④ 로봇 팔이 제어 판넬, 조작 판넬 등에 닿지 않는 장소를 선택한다.

11 다음 중 MIG 용접 시 와이어 송급방식의 종류가 아닌 것은?

① 풀(pull) 방식
② 푸시 오버(push-over) 방식
③ 푸시 풀(push-pull) 방식
④ 푸시(push) 방식

계산기   2/12 다음 ▶

실전
TEST!
제 **01** 회 **CBT 실전모의고사**
수험번호 :
수험자명 :

제한 시간 : 60분
남은 시간 :

글자
크기 ⊖ Ⓜ ⊕
100% 150% 200%

화면
배치

전체 문제 수 :
안 푼 문제 수 :

답안 표기란

12	①	②	③	④
13	①	②	③	④
14	①	②	③	④
15	①	②	③	④
16	①	②	③	④
17	①	②	③	④

12 다음 중 홈 가공에 관한 설명으로 옳지 않은 것은?

① 능률적인 면에서 용입이 허용되는 한 홈 각도는 작게 하고, 용착금속량도 적게 하는 것이 좋다.

② 용접 균열이라는 관점에서 루트 간격은 클수록 좋다.

③ 자동용접의 홈 정도는 손 용접보다 정밀한 가공이 필요하다.

④ 홈 가공의 정밀도는 용접능률과 이음의 성능에 큰 영향을 끼친다.

13 다음 중 용접 시공에 있어 각 변형의 방지대책으로 틀린 것은?

① 구속 지그를 활용한다.

② 용접속도를 느리게 한다.

③ 역변형의 시공법을 활용한다.

④ 개선 각도는 작업에 지장이 없는 한도 내에서 작게 하는 것이 좋다.

14 맞대기 이음에서 판두께가 6mm, 용접선의 길이가 120mm, 하중 7,000kgf에 대한 인장 응력은 약 얼마인가?

① $9.7kgf/mm^2$ ② $8.5kgf/mm^2$ ③ $9.1kgf/mm^2$ ④ $7.6kgf/mm^2$

15 다음 중 무색, 무취, 무미와 독성이 없고, 공기 중에 약 0.94% 정도를 포함하는 불활성 가스는?

① 헬륨(He) ② 아르곤(Ar) ③ 네온(Ne) ④ 크립톤(Kr)

16 다음 중 기밀, 수밀을 필요로 하는 탱크의 용접이나 배관용 탄소강관의 관 제작 이음용접에 가장 적합한 접합법은?

① 심용접 ② 스폿 용접 ③ 업셋 용접 ④ 플래시 용접

17 용접부의 시험법 중 기계적 시험법에 해당하는 것은?

① 부식시험 ② 육안조직시험

③ 현미경 조직시험 ④ 피로시험

계산기

3/12 다음 ▶

안 푼 문제 답안 제출

실전 TEST!

제 **01** 회 CBT 실전모의고사

수험번호 :

수험자명 :

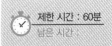

제한 시간 : 60분
남은 시간 :

글자 크기 🔍 100% Ⓜ 150% 🔍 200%   화면 배치

전체 문제 수 :
안 푼 문제 수 :

답안 표기란

18	①	②	③	④
19	①	②	③	④
20	①	②	③	④
21	①	②	③	④
22	①	②	③	④

18 다음 중 겹치기 저항 용접에 있어서 접합부에 나타나는 용융 응고된 금속 부분을 무엇이라 하는가?

① 용융지 ② 너깃 ③ 크레이터 ④ 언더컷

19 다음 중 금속 산화물과 정제된 고체 알루미늄 파우더의 혼합 때 발생하는 과정에서 용접 열이 얻어지고, 용융된 금속이 용가제로 되는 발열반응으로 형성된 점화를 이용한 용접 법은?

① 플라즈마 아크용접   ② 테르밋 용접
③ 플래시 버트용접   ④ 프로젝션 용접

20 다음 중 제2도 화상에 관한 설명으로 가장 적절한 것은?

① 피부가 붉게 되고 따끔거리는 통증을 수반하는 화상으로, 피부층 중의 가장 바깥층인 표피의 손상만 가져온 화상
② 표피와 진피 모두 영향을 미친 화상으로, 피부가 빨갛게 되며 통증과 부어오름이 생기는 화상
③ 표피와 진피, 하피까지 영향을 미쳐서 검게 되거나 반투명 백색이 되고, 피부 표면 아래 혈관을 응고시키는 현상
④ 표피와 진피조직이 탄화되어 검게 변한 경우이며, 피하의 근육, 힘줄, 신경 또는 골조직까지 손상을 받는 화상

21 다음 중 용접작업 전 예열을 하는 목적으로 틀린 것은?

① 용접작업성의 향상을 위하여
② 용접부의 수축 변형 및 잔류응력을 경감시키기 위하여
③ 용접금속 및 열 영향부의 연성 또는 인성을 향상시키기 위하여
④ 고탄소강이나 합금강 열 영향부의 경도를 높게 하기 위하여

22 일반적으로 사람의 몸에 얼마 이상의 전류가 흐르면 순간적으로 사망할 위험이 있는가?

① 5[mA] ② 15[mA] ③ 25[mA] ④ 50[mA]

📟 계산기   ◀ 4/12 다음 ▶   📱 안 푼 문제   📄 답안 제출

글자 크기 ⊖100% Ⓜ150% ⊕200% 화면 배치 전체 문제 수 : 안 푼 문제 수 :

답안 표기란

23 ① ② ③ ④
24 ① ② ③ ④
25 ① ② ③ ④
26 ① ② ③ ④
27 ① ② ③ ④
28 ① ② ③ ④

23 다음 중 연강용 가스 용접봉의 길이 치수로 옳은 것은?

① 500mm   ② 700mm   ③ 800mm   ④ 1,000mm

24 다음 중 용접 모재와 전극 사이의 아크열을 이용하는 방법으로 용접작업에서의 주된 에너지원에 속하는 용접열원은?

① 가스에너지   ② 전기에너지   ③ 기계적 에너지   ④ 충격에너지

25 아크절단법 중 텅스텐 전극과 모재 사이에 아크를 발생시켜 모재를 용융하여 절단하는 방법으로 알루미늄, 마그네슘, 구리 및 구리합금, 스테인리스강 등의 금속재료의 절단에만 이용되는 것은?

① 티크 절단   ② 미그 절단   ③ 플라즈마 절단   ④ 금속 아크절단

26 다음 중 절단에 관한 설명으로 옳은 것은?

① 수중절단은 침몰선의 해체나 교량의 개조 등에 사용되며, 연료가스로는 헬륨을 가장 많이 사용한다.
② 탄소 전극봉 대신 절단 전용의 피복을 입힌 피복봉을 사용하여 절단하는 방법을 금속 아크절단이라 한다.
③ 산소 아크절단은 속이 꽉 찬 피복 용접봉과 모재 사이에 아크를 발생시키는 가스절단법이다.
④ 아크 에어 가우징은 중공의 탄소 또는 흑연 전극에 압축공기를 병용한 아크절단법이다.

27 정격전류 200A, 전격사용률 40%인 아크용접기로 실제 아크전압 30V, 아크전류 130A로 용접을 수행한다고 가정할 때 허용사용률은 약 얼마인가?

① 70%   ② 75%   ③ 80%   ④ 95%

28 다음 중 수중절단에 가장 적합한 가스로 짝지어진 것은?

① 산소 – 수소 가스   ② 산소 – 이산화탄소 가스
③ 산소 – 암모니아 가스   ④ 산소 – 헬륨 가스

계산기   5/12 다음▶   안 푼 문제   답안 제출

실전
TEST!

제 **01** 회 **CBT 실전모의고사**

수험번호 :

수험자명 :

제한 시간 : 60분
남은 시간 :

글자
크기
100% 150% 200%

화면
배치

전체 문제 수 :
안 푼 문제 수 :

답안 표기란

29	①	②	③	④
30	①	②	③	④
31	①	②	③	④
32	①	②	③	④
33	①	②	③	④
34	①	②	③	④
35	①	②	③	④

29 다음 중 연강용 가스 용접봉의 종류인 "GB43"에서 "43"이 의미하는 것은?

① 가스 용접봉
② 용착금속의 연신율 구분
③ 용착금속의 최소 인장강도 수준
④ 용착금속의 최대 인장강도 수준

30 다음 중 기계적 접합법의 종류가 아닌 것은?

① 볼트 이음
② 리벳 이음
③ 코터 이음
④ 스터드 용접

31 다음 절단법 중에서 두꺼운 판, 주강의 슬랙덩어리, 암석의 천공 등의 절단에 이용되는 절단법은?

① 산소창절단
② 수중절단
③ 분말절단
④ 포갬절단

32 다음 중 직류정극성을 나타내는 기호는?

① DCSP
② DCCP
③ DCRP
④ DCOP

33 용접에서 직류역극성의 설명 중 틀린 것은?

① 모재의 용입이 깊다.
② 봉의 녹음이 빠르다.
③ 비드 폭이 넓다.
④ 박판, 합금강, 비철금속의 용접에 사용한다.

34 피복아크 용접봉의 피복제에 합금제로 첨가되는 것은?

① 규산칼륨
② 페로망간
③ 이산화망간
④ 붕사

35 100A 이상 300A 미만의 피복금속 아크용접 시, 차광유리의 차광도 번호가 가장 적합한 것은?

① 4~5번
② 8~9번
③ 10~12번
④ 15~6번

계산기

6/12 다음 ▶

안 푼 문제

답안 제출

실전
TEST!
제 01 회 CBT 실전모의고사

수험번호 :
수험자명 :

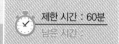
제한 시간 : 60분
남은 시간 :

글자
크기 ⊖ 100% Ⓜ 150% ⊕ 200%

화면
배치

전체 문제 수 :
안 푼 문제 수 :

답안 표기란

36	① ② ③ ④
37	① ② ③ ④
38	① ② ③ ④
39	① ② ③ ④
40	① ② ③ ④
41	① ② ③ ④
42	① ② ③ ④

36 가스절단에서 절단속도에 영향을 미치는 요소가 아닌 것은?

① 예열불꽃의 세기
② 팁과 모재의 간격
③ 역화방지기의 설치 유무
④ 모재의 재질과 두께

37 두께가 6.0mm인 연강판을 가스용접하려고 할 때 가장 적합한 용접봉의 지름은 몇 mm 인가?

① 1.6
② 2.6
③ 4.0
④ 5.0

38 가스의 혼합비(가연성 가스 : 산소)가 최적의 상태일 때 가연성 가스의 소모량이 1이면 산소의 소모량이 가장 적은 가스는?

① 메탄
② 프로판
③ 수소
④ 아세틸렌

39 가변압식 토치의 팁 번호 400번을 사용하여 표준불꽃으로 2시간 동안 용접할 때, 아세틸 렌가스의 소비량은 몇 ℓ인가?

① 400
② 800
③ 1600
④ 2400

40 두랄루민(duralumin)의 합금 성분은?

① Al + Cu + Sn + Zn
② Al + Cu + Si + Mo
③ Al + Cu + Ni + Fe
④ Al + Cu + Mg + Mn

41 주강에서 탄소량이 많아질수록 일어나는 성질이 아닌 것은?

① 강도가 증가한다.
② 연성이 감소한다.
③ 충격값이 증가한다.
④ 용접성이 떨어진다.

42 순철의 자기 변태점은?

① A_1
② A_2
③ A_3
④ A_4

실전 TEST!

제 **01** 회 **CBT 실전모의고사**

수험번호 :

수험자명 :

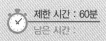
제한 시간 : 60분
남은 시간 :

글자 크기 Θ 100% Ⓜ 150% ⊕ 200%

화면 배치 ▭ ▯▯ ▯▯▯

전체 문제 수 :
안 푼 문제 수 :

답안 표기란				
43	①	②	③	④
44	①	②	③	④
45	①	②	③	④
46	①	②	③	④
47	①	②	③	④
48	①	②	③	④

43 크로만실(chromansil)이라고도 하며 고온 단조, 용접, 열처리가 용이하여 철도용, 단조용 크랭크축, 차축 및 각종 자동차 부품 등에 널리 사용되는 구조용 강은?

① Ni-Cr강
② Ni-Cr-Mo강
③ Mn-Cr강
④ Cr-Mn-Si강

44 오스테나이트계 스테인리스강의 표준성분에서 크롬과 니켈의 함유량은?

① 10% 크롬, 10% 니켈
② 18% 크롬, 8% 니켈
③ 10% 크롬, 8% 니켈
④ 8% 크롬, 18% 니켈

45 6 : 4 황동의 내식성을 개량하기 위하여 1% 전·후의 주석을 첨가한 것은?

① 콜슨 합금
② 네이벌 황동
③ 청동
④ 인청동

46 강의 재질을 연하고 균일하게 하기 위한 목적으로 아래[그림]의 열처리 곡선과 같이 행하는 열처리는?

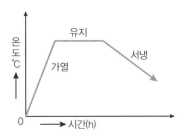

① 불림
② 담금질
③ 풀림
④ 뜨임

47 WC, TiC, TaC 등의 금속탄화물을 Co로 소결한 것으로서 탄화물 소결공구라고 하며, 일반적으로 칠드주철, 경질유리 등도 쉽게 절삭할 수 있는 공구강은?

① 세라믹
② 고속도강
③ 초경합금
④ 주조경질합금

48 주철조직 중 고용체와 Fe_3C의 기계적 혼합으로 생긴 공정 주철로 A_1 변태점 이상에서 안정적으로 존재하는 것은?

① 페라이트
② 펄라이트
③ 시멘타이트
④ 레데뷰라이트

글자
크기 100% 150% 200%

화면
배치

전체 문제 수 :
안푼 문제수 :

답안 표기란

49 ① ② ③ ④
50 ① ② ③ ④
51 ① ② ③ ④
52 ① ② ③ ④
53 ① ② ③ ④

49 소재의 표면에 강이나 주철로 된 작은 입자를 고속으로 분사시켜 표면 경도를 높이는 것은?

① 숏 피닝　　　　② 하드페이싱　　　　③ 화염경화법　　　　④ 고주파경화법

50 일반적으로 구리가 강에 비해 우수한 점이 아닌 것은?

① 화학적 저항력이 적어 부식이 용이

② 전기 및 열의 전도성이 양호

③ 전연성이 풍부하고 가공이 용이

④ 아름다운 광택과 귀금속 성질이 우수

51 도면에서 반드시 표제란에 기입해야 하는 항목이 아닌 것은?

① 도명　　　　② 척도　　　　③ 투상법　　　　④ 재질

52 단면도에서 단면한 부분에 등간격의 선을 사용하지 아니하고 연필 혹은 색연필로 외형선 안쪽을 색칠한 것을 무엇이라 하는가?

① 해칭　　　　② 스케치　　　　③ 코킹　　　　④ 스머징

53 다음 그림의 치수 기입에 대한 설명으로 틀린 것은?

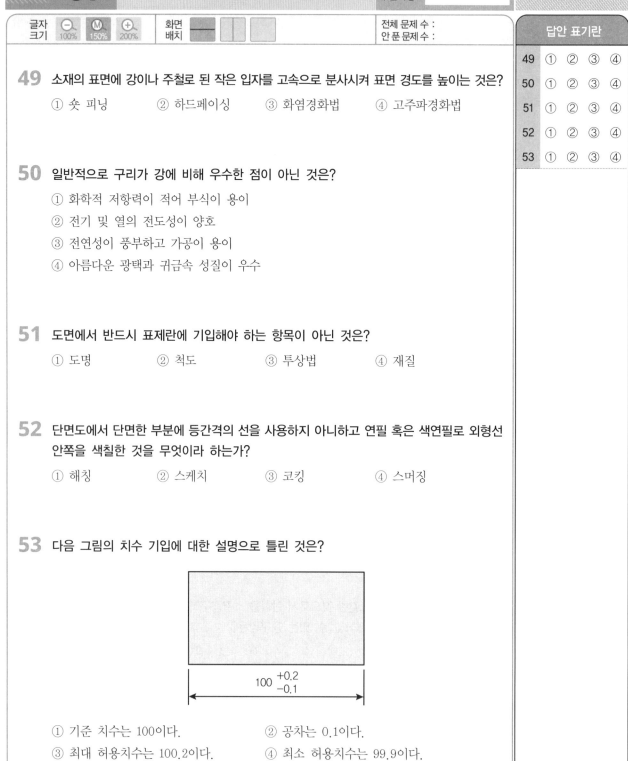

$$100 \begin{array}{c} +0.2 \\ -0.1 \end{array}$$

① 기준 치수는 100이다.

② 공차는 0.1이다.

③ 최대 허용치수는 100.2이다.

④ 최소 허용치수는 99.9이다.

계산기　　　　9/12　다음 ▶　　　　안 푼 문제　답안 제출

실전 TEST!
제 **01** 회 CBT 실전모의고사

수험번호 :
수험자명 :

제한 시간 : 60분
남은 시간

글자 크기 100% 150% 200%　화면 배치

전체 문제 수 :
안 푼 문제 수 :

54 대상물의 보이지 않는 부분의 모양을 표시할 때에 사용하는 선의 종류는?

① 가는 파선　　　　　　② 가는 2점 쇄선

③ 가는 실선　　　　　　④ 가는 1점 쇄선

55 그림과 같이 제3각법으로 정투상한 각 뿔의 전개도 형상으로 적합한 것은?

①

②

③

④

56 그림과 같은 원추를 전개하였을 경우 전개면의 꼭지각이 180°가 되려면 ⌀ D의 치수는 얼마가 되어야 하는가?

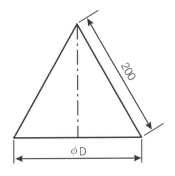

① ⌀ 100　　② ⌀ 120　　③ ⌀ 150　　④ ⌀ 200

실전
TEST!

제 **01** 회 **CBT 실전모의고사**

수험번호 :

수험자명 :

제한 시간 : 60분
남은 시간 :

글자
크기 100% 150% 200%

화면
배치

전체 문제 수 :
안 푼 문제 수 :

57 그림과 같은 정투상도에 해당하는 입체도는? (단, 화살표 방향이 정면이다)

① ② ③ ④

58 다음 배관도 중 "P"가 의미하는 것은?

① 온도계   ② 압력계   ③ 유량계   ④ 핀구멍

59 그림과 같은 용접기호를 바르게 해독한 것은?

① U형 맞대기용접, 화살표쪽 용접
② V형 맞대기용접, 화살표쪽 용접
③ U형 맞대기용접, 화살표 반대쪽 용접
④ V형 맞대기용접, 화살표 반대쪽 용접

계산기   11/12 다음 ▶

실전
TEST!
제 **01** 회   **CBT 실전모의고사**

수험번호 :
수험자명 :

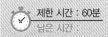
제한 시간 : 60분
남은 시간 :

글자
크기 100% 150% 200%

화면
배치

전체 문제 수 :
안 푼 문제 수 :

60 그림과 같은 입체도에서 화살표 방향 투상도로 적합한 것은?

①

②

③

④

계산기   12/12   다음 ▶   안 푼 문제   답안 제출

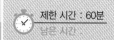
글자 크기 〇100% Ⓜ150% ⊕200% 화면 배치

전체 문제 수 :
안 푼 문제 수 :

✦ 정답 및 해설 p. 431

답안 표기란				
1	①	②	③	④
2	①	②	③	④
3	①	②	③	④
4	①	②	③	④
5	①	②	③	④
6	①	②	③	④

01 서브머지드 아크용접에 사용되는 용접용 용제 중 용융형 용제에 대한 설명으로 옳은 것은?

① 화학적 균일성이 양호하다.
② 미용융 용제는 다시 사용이 불가능하다.
③ 흡수성이 거의 없으므로 재건조가 불필요하다.
④ 용융 시 분해되거나 산화되는 원소를 첨가할 수 있다.

02 피복아크용접 결함 중 용착금속의 냉각속도가 빠르거나, 모재의 재질이 불량할 때 일어나기 쉬운 결함으로 가장 적당한 것은?

① 용입 불량   ② 언더컷   ③ 오버랩   ④ 선상조직

03 다음 중 CO_2가스 아크용접 시 작업장의 이산화탄소 체적 농도가 3~4%일 때 인체에 일어나는 현상으로 가장 적절한 것은?

① 두통 및 뇌빈혈을 일으킨다.   ② 위험상태가 된다.
③ 치사량이 된다.   ④ 아무렇지도 않다.

04 다음 중 일반적으로 모재의 용융선 근처의 열 영향부에서 발생되는 균열이며 고탄소강이나 저합금강을 용접할 때 용접열에 의한 열 영향부의 경화와 변태응력 및 용착금속 속의 확산성 수소에 의해 발생되는 균열은?

① 비드 밑 균열   ② 루트 균열   ③ 설퍼 균열   ④ 크레이터 균열

05 다음 중 용접 결함에서 구조상 결함에 속하는 것은?

① 기공   ② 인장강도의 부족
③ 변형   ④ 화학적 성질 부족

06 다음 중 이산화탄소 아크용접의 특징에 대한 설명으로 틀린 것은?

① 전류밀도가 높아 용입이 깊다.
② 자동 또는 반자동 용접은 불가능하다.
③ 용착금속의 기계적, 금속학적 성질이 우수하다.
④ 가시 아크이므로 용융지의 상태를 보면서 용접할 수 있어 시공이 편리하다.

▦ 계산기   ◁ 1/11 다음 ▶    안 푼 문제   답안 제출

실전 TEST!
제**02**회 CBT 실전모의고사

수험번호 :
수험자명 :

제한 시간 : 60분
남은 시간 :

글자 크기 ⊖ 100% Ⓜ 150% ⊕ 200% 화면 배치

전체 문제 수 :
안 푼 문제 수 :

답안 표기란

7	①	②	③	④
8	①	②	③	④
9	①	②	③	④
10	①	②	③	④
11	①	②	③	④
12	①	②	③	④

07 다음 중 응급처치의 구명 4단계에 속하지 않는 것은?

① 쇼크방지　　② 지혈　　③ 상처보호　　④ 균형유지

08 다음 중 저탄소강의 용접에 관한 설명으로 틀린 것은?

① 용접 균열의 발생 위험이 크기 때문에 용접이 비교적 어렵고, 용접법의 적용에 제한이 있다.
② 피복아크용접의 경우 피복아크 용접봉은 모재와 강도 수준이 비슷한 것을 선정하는 것이 바람직하다.
③ 판의 두께가 두껍고 구속이 큰 경우에는 저수소계 계통의 용접봉이 사용된다.
④ 두께가 두꺼운 강재일 경우 적절한 예열을 할 필요가 있다.

09 아크용접 작업 중 감전이 되었을 때 전류가 몇 mA 이상이 인체에 흐르면 심장마비를 일으켜 순간적으로 사망할 위험이 있는가?

① 5　　② 10　　③ 15　　④ 50

10 다음 중 급열, 급랭에 의한 열응력이나 변형, 균열을 방지하기 위해 용접 전에 실시하는 작업은?

① 예열　　② 청소　　③ 가공　　④ 후열

11 다음 중 이음 형상에 따른 저항용접의 분류에 있어 겹치기 저항용접에 해당하지 않는 것은?

① 점용접　　② 퍼커션 용접　　③ 심용접　　④ 프로젝션 용접

12 맞대기용접 이음에서 모재의 인장강도는 40kgf/mm^{2}이며, 용접 시험편의 인장강도가 45kgf/mm^{2}일 때 이음효율은 몇 %인가?

① 104.4　　② 112.5　　③ 125.0　　④ 150.0

계산기　　2/11 다음▶　　안 푼 문제　　답안 제출

실전
TEST!
제**02**회 CBT 실전모의고사

수험번호 :

수험자명 :

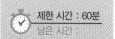
제한 시간 : 60분
남은 시간 :

글자
크기 ⊖ 100% Ⓜ 150% ⊕ 200%

화면
배치

전체 문제 수 :
안 푼 문제 수 :

답안 표기란

13	①	②	③	④
14	①	②	③	④
15	①	②	③	④
16	①	②	③	④
17	①	②	③	④
18	①	②	③	④

13 TIG 용접 토치의 분류 중 형태에 따른 종류가 아닌 것은?

① T형 토치   ② Y형 토치   ③ 직선형 토치   ④ 플렉시블형 토치

14 금속나트륨, 마그네슘 등과 같은 가연성 금속의 화재는 몇 급 화재로 분류되는가?

① A급 화재   ② B급 화재   ③ C급 화재   ④ D급 화재

15 다음 중 표준 홈 용접에 있어 한쪽에서 용접으로 완전 용입을 얻고자 할 때 V형 홈이음의
판두께로 가장 적합한 것은?

① 1~10mm   ② 5~15mm   ③ 20~30mm   ④ 35~50mm

16 용접 결함 중 치수상의 결함에 해당하는 변형, 치수 불량, 형상 불량에 대한 방지대책과
가장 거리가 먼 것은?

① 역변형법 적용이나 지그를 사용한다.
② 습기, 이물질 제거 등 용접부를 깨끗이 한다.
③ 용접 전이나 시공 중에 올바른 시공법을 적용한다.
④ 용접조건과 자세, 운봉법을 적정하게 한다.

17 산업안전보건법상 화약물질 취급장소에서의 유해·위험 경고를 알리고자 할 때 사용하는
안전·보건표지의 색채는?

① 빨간색   ② 녹색   ③ 파란색   ④ 흰색

18 다음 중 자동 불활성 가스 텅스텐 아크용접의 종류에 해당하지 않는 것은?

① 단전극 TIG 용접형   ② 전극 높이 고정형
③ 아크길이 자동제어형   ④ 와이어 자동 송급형

計算기   3/11 다음 ▶   안 푼 문제   답안 제출

실전 TEST! 제**02**회 **CBT 실전모의고사**

수험번호 :
수험자명 :

제한 시간 : 60분
남은 시간 :

글자 크기 ⊖ 100% Ⓜ 150% ⊕ 200%   화면 배치

전체 문제 수 :
안 푼 문제 수 :

답안 표기란

19	①	②	③	④
20	①	②	③	④
21	①	②	③	④
22	①	②	③	④
23	①	②	③	④
24	①	②	③	④

19 다음 중 반자동 CO_2 용접에서 용접전류와 전압을 높일 때의 특성을 설명한 것으로 옳은 것은?

① 용접전류가 높아지면 용착률과 용입이 감소한다.

② 아크전압이 높아지면 비드가 좁아진다.

③ 용접전류가 높아지면 와이어의 용융속도가 느려진다.

④ 아크전압이 지나치게 높아지면 기포가 발생한다.

20 다음 중 서브머지드 아크용접에서 용제의 역할과 가장 거리가 먼 것은?

① 아크 안정

② 용락 방지

③ 용접부의 보호

④ 용착금속의 재질 개선

21 이음 형상에 따라 저항용접을 분류할 때 맞대기용접에 속하는 것은?

① 업셋 용접

② 스폿 용접

③ 심용접

④ 프로젝션 용접

22 용접기의 보수 및 점검사항 중 잘못 설명한 것은?

① 습기나 먼지가 많은 장소는 용접기 설치를 피한다.

② 용접기 케이스와 2차측 단자의 두 쪽 모두 접지를 피한다.

③ 가동 부분 및 냉각팬을 점검하고 주유를 한다.

④ 용접케이블의 파손된 부분은 절연테이프로 감아준다.

23 교류아크용접기의 종류에 속하지 않는 것은?

① 가동코일형

② 가동철심형

③ 전동기구동형

④ 탭전환형

24 용접봉에서 모재로 용융금속이 옮겨가는 용적 이행 상태가 아닌 것은?

① 단락형

② 스프레이형

③ 탭전환형

④ 글로불러형

실전
TEST!
제**02**회　CBT 실전모의고사

수험번호 :

수험자명 :

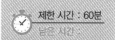
제한 시간 : 60분
남은 시간 :

글자
크기　⊖ 100%　Ⓜ 150%　⊕ 200%　화면
배치　■■ ▯▯ ▯▯▯

전체 문제 수 :
안 푼 문제 수 :

답안 표기란

25	①	②	③	④
26	①	②	③	④
27	①	②	③	④
28	①	②	③	④
29	①	②	③	④
30	①	②	③	④
31	①	②	③	④

25 교류와 직류 아크용접기를 비교할 때 직류아크용접기의 특징이 아닌 것은?

① 구조가 복잡하다.
② 아크의 안정성이 우수하다.
③ 비피복 용접봉 사용이 가능하다.
④ 역률이 불량하다.

26 가스용접에서 탄화불꽃의 설명과 관련이 가장 적은 것은?

① 속불꽃과 겉불꽃 사이에 밝은 백색의 제3의 불꽃이 있다.
② 산화작용이 일어나지 않는다.
③ 아세틸렌 과잉불꽃이다.
④ 표준불꽃이다.

27 전기용접봉 E4301은 어느 계통인가?

① 저수소계
② 고산화티탄계
③ 일미나이트계
④ 라임티타니아계

28 가스절단 작업 시의 표준 드래그 길이는 일반적으로 모재 두께의 몇 % 정도인가?

① 5
② 10
③ 20
④ 30

29 산소용기의 표시로 용기 윗부분에 각인이 찍혀 있다. 잘못 표시된 것은?

① 용기제작사 명칭 또는 기호
② 충전가스 명칭
③ 용기 중량
④ 최저 충전압력

30 피복아크용접기의 아크발생시간과 휴식시간 전체가 10분이고, 아크발생시간이 3분일 때 이 용접기의 사용률(%)은?

① 10%
② 20%
③ 30%
④ 40%

31 용해 아세틸렌을 충전했을 때 용기의 전체 무게가 27kgf이고, 사용 후 빈 용기의 무게가 24kgf이었다면 순수 아세틸렌가스의 양은?

① 2,715L
② 2,025L
③ 1,125L
④ 648L

▦ 계산기　5/11　다음 ▶　☑ 안 푼 문제　📱 답안 제출

실전 TEST!
제 **02**회 CBT 실전모의고사
수험번호 :
수험자명 :
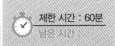
제한 시간 : 60분
남은 시간 :

글자 크기 〇100% Ⓜ150% ⊕200%   화면 배치   전체 문제 수 :   안 푼 문제 수 :

답안 표기란

32	①	②	③	④
33	①	②	③	④
34	①	②	③	④
35	①	②	③	④
36	①	②	③	④
37	①	②	③	④

32 교류아크용접기와 비교했을 때 직류아크용접기의 특징을 옳게 설명한 것은?

① 아크의 안정성이 우수
② 구조가 간단하다.
③ 극성 변화가 불가능
④ 전격의 위험이 많음

33 피복아크 용접봉에서 피복제의 역할로 옳은 것은?

① 재료의 급랭을 도와준다.
② 산화성 분위기로 용착금속을 보호한다.
③ 슬래그 제거를 어렵게 한다.
④ 아크를 안정시킨다.

34 아세틸렌의 성질에 대한 설명으로 틀린 것은?

① 산소와 적당히 혼합하여 연소하면 고온을 얻는다.
② 공기보다 가볍다.
③ 아세톤에 25배로 용해된다.
④ 탄화수소에서 가장 완전한 가스이다.

35 여러 사람이 공동으로 용접작업을 할 때 다른 사람에게 유해광선의 해(害)를 끼치지 않게 하기 위해서 설치해야 하는 것은?

① 차광막
② 경계통로
③ 환기장치
④ 집진장치

36 가스용접에 사용되는 연료가스의 일반적 성질 중 틀린 것은?

① 불꽃의 온도가 높아야 한다.
② 연소속도가 늦어야 한다.
③ 발열량이 커야 한다.
④ 용융금속과 화학반응을 일으키지 말아야 한다.

37 가스용접의 아래보기 자세에서 왼손에는 용접봉, 오른손에는 토치를 잡고 작업할 때 전진법을 설명한 것은?

① 오른쪽에서 왼쪽으로 용접한다.
② 왼쪽에서 오른쪽으로 용접한다.
③ 아래에서 위로 용접한다.
④ 위에서 아래로 용접한다.

글자
크기 ⊖ 100% Ⓜ 150% ⊕ 200%   화면
배치

전체 문제 수 :
안푼 문제 수 :

답안 표기란

38 ① ② ③ ④
39 ① ② ③ ④
40 ① ② ③ ④
41 ① ② ③ ④
42 ① ② ③ ④

38 강재의 절단부분을 나타낸 그림이다. ①, ②, ③, ④의 명칭이 틀린 것은?

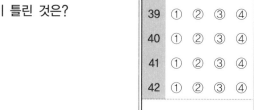

① 판두께   ② 드래그   ③ 드래그 라인   ④ 피치(pitch)

39 교류아크용접기에서 가변저항을 이용하여 전류의 원격조정이 가능한 용접기는?

① 가포화 리액터형   ② 가동코일형
③ 탭전환형   ④ 가동철심형

40 알루미늄과 그 합금에 대한 설명 중 틀린 것은?

① 비중 2.7, 용융점 약 660℃이다.
② 알루미늄 주물은 무게가 가벼워 자동차 산업에 많이 사용된다.
③ 염산이나 황산 등의 무기산에도 잘 부식되지 않는다.
④ 대기 중에서 내식성이 강하고 전기와 열의 좋은 전도체이다.

41 연강재 표면에 스텔라이트(Stellite)나 경합금을 용착시켜 표면을 경화시키는 방법은?

① 브레이징(brazing)   ② 숏 피닝(shot peening)
③ 하드페이싱(hard facing)   ④ 질화법(nitriding)

42 고탄소강의 탄소함유량으로 가장 적당한 것은?

① 0.35~0.45% C   ② 0.25~0.35% C
③ 0.45~1.7% C   ④ 1.7~2.5% C

실전
TEST!
제**02**회 CBT 실전모의고사

수험번호 :
수험자명 :

제한 시간 : 60분
남은 시간 :

글자 크기 ⊖ 100% Ⓜ 150% ⊕ 200%   화면 배치   전체 문제 수 :
안 푼 문제 수 :

답안 표기란

43	①	②	③	④
44	①	②	③	④
45	①	②	③	④
46	①	②	③	④
47	①	②	③	④
48	①	②	③	④

43 온도의 상승에도 강도를 잃지 않는 재료로서 복잡한 모양의 성형가공도 용이하므로 항공기, 미사일 등의 기계부품으로 사용되어지는 PH형 스테인리스강은?

① 페라이트계 스테인리스강
② 마텐자이트계 스테인리스강
③ 오스테나이트계 스테인리스강
④ 석출경화형 스테인리스강

44 아연을 약 40% 첨가한 황동으로 고온가공하여 상온에서 완성하며, 열교환기, 열간 단조품, 탄피 등에 사용되고 탈아연부식을 일으키기 쉬운 것은?

① 알브락
② 니켈황동
③ 문츠메탈
④ 애드미럴티 황동

45 스프링강을 830~860℃에서 담금질하고, 450~ 570℃에서 뜨임처리하였다. 이때 얻어지는 조직은?

① 마텐자이트
② 트루스타이트
③ 소르바이트
④ 시멘타이트

46 오스테나이트계 스테인리스강의 입계부식 방지방법이 아닌 것은?

① 탄소량을 감소시켜 Cr_4C 탄화물의 발생을 저지시킨다.
② Ti, Nb 등의 안정화 원소를 첨가한다.
③ 고온으로 가열한 후, Cr 탄화물을 오스테나이트 조직 중에 용체화하여 급랭시킨다.
④ 풀림 처리와 같은 열처리를 한다.

47 Al-Mg 합금으로 내해수성 내식성 연신율이 우수하여 선박용 부품, 조리용 기구, 화학용 부품에 사용되는 Al 합금은?

① Y합금
② 두랄루민
③ 라우탈
④ 하이드로날륨

48 금속의 변태에서 자기변태(magentic transformation)에 대한 설명으로 틀린 것은?

① 철의 자기변태점은 910℃이다.
② 격자의 배열변화는 없고, 자성 변화만을 가져오는 변태이다.
③ 자기변태가 일어나는 온도를 자기변태점이라 하고, 이 온도를 퀴리점이라 한다.
④ 강자성 금속을 가열하면 어느 온도에서 자성의 성질이 급감한다.

📟 계산기   8/11 다음 ▶   📄 안 푼 문제   📄 답안 제출

글자 크기 ⊖ 100% Ⓜ 150% ⊕ 200%   화면 배치

전체 문제 수 :
안 푼 문제 수 :

답안 표기란

49	①	②	③	④
50	①	②	③	④
51	①	②	③	④
52	①	②	③	④
53	①	②	③	④

49 가단주철의 종류가 아닌 것은?

① 백심 가단주철　　　　　　　② 흑심 가단주철
③ 레데뷰라이트 가단주철　　　④ 펄라이트 가단주철

50 열팽창계수가 높으며 케이블의 피복, 활자 합금용, 방사선 물질의 보호재로 사용하는 것은?

① 금　　　　　② 크롬　　　　　③ 구리　　　　　④ 납

51 그림과 같은 도면의 설명으로 가장 올바른 것은?

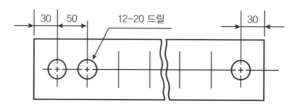

① 전체길이는 660mm이다.
② 드릴 가공 구멍의 지름은 12mm이다.
③ 드릴 가공 구멍의 수는 12개이다.
④ 드릴 가공 구멍의 피치는 30mm이다.

52 가공방법의 보조기호 중에서 연삭에 해당하는 것은?

① C　　　　　② G　　　　　③ F　　　　　④ M

53 배관도에서 유체의 종류와 문자기호를 나타내는 것 중 틀린 것은?

① 공기 : A　　　　　　　　② 연료가스 : G
③ 연료유 또는 냉동기유 : O　④ 증기 : W

계산기　　　9/11　다음▶　　 안 푼 문제　 답안 제출

실전 TEST! 제**02**회 **CBT 실전모의고사**

수험번호 :
수험자명 :

제한 시간 : 60분
남은 시간 :

글자 크기 100% 150% 200% 화면 배치

전체 문제 수 :
안 푼 문제 수 :

54 보기 입체도의 정면도로 가장 적합한 투상은?

〈보기〉

(정면)

①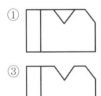

②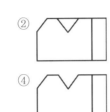

③

④

55 원호의 반지름이 커서 그 중심위치를 나타낼 필요가 있을 경우, 지면 등의 제약이 있을 때는 그 반지름의 치수선을 구부려서 표시할 수 있다. 이때 치수선의 표시방법으로 맞는 것은?

① 치수선에 화살표가 붙은 부분은 정확한 중심위치를 향하도록 한다.
② 중심점에서 연결된 치수선의 방향은 정확히 화살표로 향한다.
③ 치수선의 방향은 중심에 관계없이 보기 좋게 긋는다.
④ 중심점의 위치는 원호의 실제 중심위치에 있어야 한다.

56 전개도법의 종류 중 주로 각기둥이나 원기둥의 전개에 가장 많이 이용되는 방법은?

① 삼각형을 이용한 전개도법
② 방사선을 이용한 전개도법
③ 평행선을 이용한 전개도법
④ 사각형을 이용한 전개도법

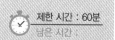

실전
TEST!
제**02**회 CBT 실전모의고사

수험번호 :
수험자명 :

제한 시간 : 60분
남은 시간 :

글자
크기 ⊖ 100% Ⓜ 150% ⊕ 200%   화면
배치   전체 문제 수 :
안 푼 문제 수 :

답안 표기란

57	①	②	③	④
58	①	②	③	④
59	①	②	③	④
60	①	②	③	④

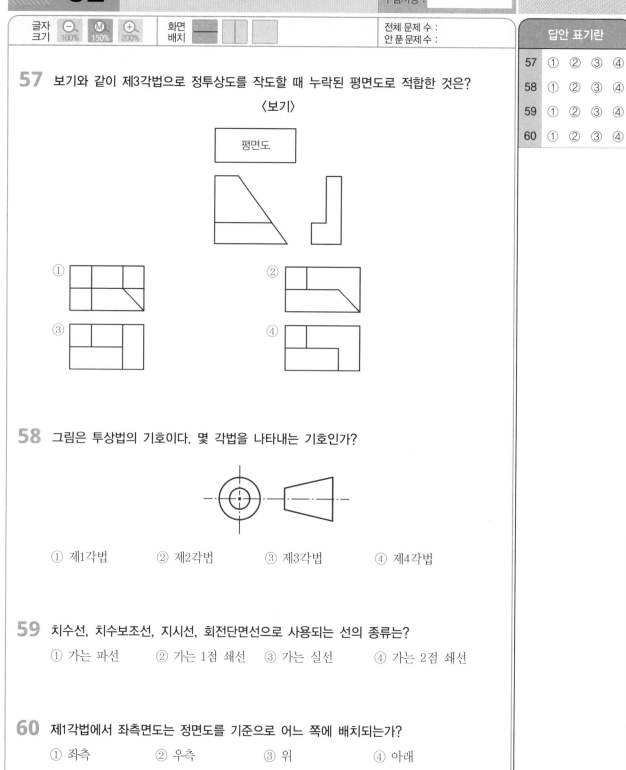

57 보기와 같이 제3각법으로 정투상도를 작도할 때 누락된 평면도로 적합한 것은?

〈보기〉

평면도

①   ②   ③   ④

58 그림은 투상법의 기호이다. 몇 각법을 나타내는 기호인가?

① 제1각법   ② 제2각법   ③ 제3각법   ④ 제4각법

59 치수선, 치수보조선, 지시선, 회전단면선으로 사용되는 선의 종류는?

① 가는 파선   ② 가는 1점 쇄선   ③ 가는 실선   ④ 가는 2점 쇄선

60 제1각법에서 좌측면도는 정면도를 기준으로 어느 쪽에 배치되는가?

① 좌측   ② 우측   ③ 위   ④ 아래

🖩 계산기   11/11 다음 ▶   ✅ 안 푼 문제   📋 답안 제출

글자 크기 100% 150% 200% 화면 배치

전체 문제 수 :
안 푼 문제 수 :

답안 표기란

1	①	②	③	④
2	①	②	③	④
3	①	②	③	④
4	①	②	③	④
5	①	②	③	④

✦ 정답 및 해설 p. 437

01 다음 중 피복아크용접에 비교한 가스메탈 아크용접(GMAW)법의 특징으로 틀린 것은?

① 용접봉을 교체하는 작업이 불필요하기 때문에 능률적이다.

② 슬래그가 없으므로 슬래그 제거시간이 절약된다.

③ 과도한 스패터로 인해 용접재료의 손실이 있어 용착효율이 약 60% 정도이다.

④ 전류밀도가 높기 때문에 용입이 크다.

02 용접 시공 시 발생하는 용접 변형이나 잔류응력 발생을 최소화하기 위하여 용접순서를 정할 때의 유의사항으로 틀린 것은?

① 동일평면 내에 많은 이음이 있을 때 수축은 가능한 자유단으로 보낸다.

② 중심에 대하여 대칭으로 용접한다.

③ 수축이 적은 이음은 가능한 먼저 용접하고, 수축이 큰 이음은 맨 나중에 한다.

④ 리벳작업과 용접을 같이 할 때에는 용접을 먼저 한다.

03 다음 중 일반적으로 가스 폭발을 방지하기 위한 예방대책에 있어 가장 먼저 조치를 취하여야 할 사항은?

① 방화수 준비   ② 가스 누설의 방지

③ 착화의 원인 제거   ④ 배관의 강도 증가

04 스터드 용접장치에서 내열성의 도기로 만들며 아크를 보호하기 위한 것으로 모재와 접촉하는 부분은 홈이 패여 있어 내부에서 발생하는 열과 가스를 방출할 수 있도록 한 것을 무엇이라 하는가?

① 제어장치   ② 스터드   ③ 용접토치   ④ 페롤

05 용착법을 용접방향, 순서, 다층용접으로 대별할 경우 다음 중 다층용접법에 의한 분류법에 속하지 않는 것은?

① 덧살올림법   ② 캐스케이드법   ③ 전진블록법   ④ 후진법

📟 계산기   1/11 다음 ▶    안 푼 문제   답안 제출

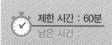

CBT 실전모의고사

글자 크기 100% 150% 200%
화면 배치

전체 문제 수 :
안 푼 문제 수 :

답안 표기란

6	① ② ③ ④
7	① ② ③ ④
8	① ② ③ ④
9	① ② ③ ④
10	① ② ③ ④
11	① ② ③ ④

06 다음 중 아크용접 작업 시 용접 작업자가 감전된 것을 발견했을 때의 조치방법으로 적절하지 않은 것은?

① 빠르게 전원스위치를 차단한다.
② 전원차단 전 우선 작업자를 손으로 이탈시킨다.
③ 즉시 의사에게 연락하여 치료를 받도록 한다.
④ 구조 후 필요에 따라서는 인공호흡 등 응급처치를 실시한다.

07 다음 중 이산화탄소 아크용접에 대한 설명으로 옳은 것은?

① 전류밀도가 낮다.
② 비철금속 용접에만 적합하다.
③ 전류밀도가 낮아 용입이 얕다.
④ 용착금속의 기계적 성질이 좋다.

08 전류가 증가하여도 전압이 일정하게 되는 특성으로 이산화탄소 아크용접장치 등의 아크 발생에 필요한 용접기의 외부 특성은?

① 상승 특성
② 정전류 특성
③ 정전압 특성
④ 부저항 특성

09 피복아크용접 시 일반적으로 언더컷을 발생시키는 원인으로 가장 거리가 먼 것은?

① 용접전류가 너무 높을 때
② 아크길이가 너무 길 때
③ 부적당한 용접봉을 사용했을 때
④ 홈 각도 및 루트 간격이 좁을 때

10 다음 중 안내레일형 일렉트로 슬래그 용접장치의 주요 구성에 해당하지 않는 것은?

① 안내레일
② 제어상자
③ 냉각장치
④ 와이어 절단장치

11 불활성 가스 텅스텐 아크용접에서 고주파 전류를 사용할 때의 이점이 아닌 것은?

① 전극을 모재에 접촉시키지 않아도 아크 발생이 용이하다.
② 전극을 모재에 접촉시키지 않으므로 아크가 불안정하여 아크가 끊어지기 쉽다.
③ 전극을 모재에 접촉시키지 않으므로 전극의 수명이 길다.
④ 일정한 지름의 전극에 대하여 광범위한 전류의 사용이 가능하다.

글자 크기 ⊖ 100% Ⓜ 150% ⊕ 200% 화면 배치 ▬ ▯▯ ▢

전체 문제 수 :
안푼 문제 수 :

답안 표기란

12	①	②	③	④
13	①	②	③	④
14	①	②	③	④
15	①	②	③	④
16	①	②	③	④
17	①	②	③	④
18	①	②	③	④

12 용접부 시험 중 비파괴시험방법이 아닌 것은?

① 초음파시험   ② 크리프 시험   ③ 침투시험   ④ 맴돌이전류시험

13 MIG 용접에서 와이어 송급방식이 아닌 것은?

① 푸시 방식   ② 풀 방식   ③ 푸시-풀 방식   ④ 포터블 방식

14 다음 중 오스테나이트계 스테인리스강을 용접하면 냉각하면서 고온균열이 발생할 수 있는 경우는?

① 아크길이가 너무 짧을 때   ② 크레이터 처리를 하지 않았을 때
③ 모재 표면이 청정했을 때   ④ 구속력이 없는 상태에서 용접할 때

15 다음 용착법 중에서 비석법을 나타낸 것은?

① 5 4 3 2 1
→ → → → →

② 2 3 4 1 5
→ → → → →

③ 1 4 2 5 3
→ → → → →

④ 3 4 5 1 2
→ → → → →

16 알루미늄을 TIG 용접법으로 접합하고자 할 경우 필요한 전원과 극성으로 가장 적합한 것은?

① 직류정극성   ② 직류역극성   ③ 교류저주파   ④ 교류고주파

17 연납땜에 가장 많이 사용되는 용가재는?

① 주석납   ② 인동납   ③ 양은납   ④ 황동납

18 충전가스 용기 중 암모니아가스 용기의 도색은?

① 회색   ② 청색   ③ 녹색   ④ 백색

🖩 계산기   3/11 다음 ▶   📱 안 푼 문제   📋 답안 제출

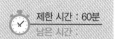

실전 TEST!

제03회 CBT 실전모의고사

수험번호 :

수험자명 :

제한 시간 : 60분
남은 시간 :

글자 크기 ⊖ 100% Ⓜ 150% ⊕ 200%

화면 배치

전체 문제 수 :
안 푼 문제 수 :

답안 표기란

19	①	②	③	④
20	①	②	③	④
21	①	②	③	④
22	①	②	③	④
23	①	②	③	④

19 다음 [그림]에서 루트 간격을 표시하는 것은?

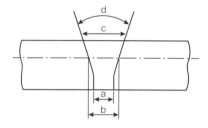

① a   ② b   ③ c   ④ d

20 일렉트로 가스 아크용접에 주로 사용하는 실드가스는?

① 아르곤가스   ② CO_2가스   ③ 프로판가스   ④ 헬륨가스

21 아크열이 아닌 와이어와 용융 슬래그 사이에 통전된 전류의 저항열을 이용하여 용접하는 방법은?

① 전자빔 용접   ② 테르밋 용접

③ 서브머지드 아크용접   ④ 일렉트로 슬래그 용접

22 용접 결함의 종류 중 치수상의 결함에 속하는 것은?

① 선상조직   ② 변형   ③ 기공   ④ 슬래그 잡입

23 플라즈마 절단에 대한 설명으로 틀린 것은?

① 플라즈마(plasma)는 고체, 액체, 기체 이외의 제4의 물리상태라고도 한다.

② 아크 플라즈마의 온도는 약 5,000℃의 열원을 가진다.

③ 비이행형 아크절단은 텅스텐 전극과 수랭 노즐과의 사이에서 아크 플라즈마를 발생시키는 것이다.

④ 이행형 아크절단은 텅스텐 전극과 모재 사이에서 아크 플라즈마를 발생시키는 것이다.

글자 크기 ⊖ 100% Ⓜ 150% ⊕ 200%   화면 배치

전체 문제 수 :
안푼문제 수 :

답안 표기란

24	①	②	③	④
25	①	②	③	④
26	①	②	③	④
27	①	②	③	④
28	①	②	③	④
29	①	②	③	④
30	①	②	③	④

24 2개의 모재에 압력을 가해 접촉시킨 다음 접촉면에 압력을 주면서 상대운동을 시켜 접촉면에서 발생하는 열을 이용하는 용접법은?

① 가스압접   ② 냉간압접   ③ 마찰용접   ④ 열간압접

25 다음 중 용접법의 분류에 속하지 않는 것은?

① 융접   ② 압접   ③ 납땜   ④ 리벳팅

26 용접전류 150A, 전압이 30V일 때 아크출력은 몇 kW인가?

① 4.2kW   ② 4.5kW   ③ 4.8kW   ④ 5.8kW

27 피복 배합제 원료에 대한 역할이 올바르게 연결된 것은?

① 페로실리콘 : 아크 안정제   ② 페로망간 : 탈산제
③ 페로티탄 : 고착제   ④ 알루미늄 : 가스 발생제

28 스테인레스강, 알루미늄 등과 같은 비철합금을 절단할 수 없는 것은?

① 플라즈마 절단   ② 가스 가우징   ③ TIG 절단   ④ MIG 절단

29 가스용접에서 알루미늄을 용접하고자 할 때 일반적으로 어떤 용접봉을 사용하는가?

① Al에 소량의 P를 첨가한 용접봉   ② Al에 소량의 S를 첨가한 용접봉
③ Al에 소량의 C를 첨가한 용접봉   ④ Al에 소량의 Fe를 첨가한 용접봉

30 다음 중 아크 에어 가우징 장치가 아닌 것은?

① 수랭장치   ② 전원(용접기)   ③ 가우징 토치   ④ 압축공기(컴프레서)

계산기   5/11 다음 ▶   안 푼 문제   답안 제출

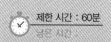

실전 TEST!
제 03 회 CBT 실전모의고사

수험번호 :
수험자명 :

제한 시간 : 60분
남은 시간 :

글자 크기 ⊖ 100% Ⓜ 150% ⊕ 200% 화면 배치

전체 문제 수 :
안 푼 문제 수 :

답안 표기란

31	① ② ③ ④
32	① ② ③ ④
33	① ② ③ ④
34	① ② ③ ④
35	① ② ③ ④
36	① ② ③ ④

31 아크용접기의 구비조건에 대한 설명으로 틀린 것은?

① 구조 및 취급이 간단해야 한다.

② 전류조정이 용이하고, 일정하게 전류가 흘러야 한다.

③ 아크 발생 및 유지가 용이하고, 아크가 안정되어야 한다.

④ 사용 중에 온도 상승이 커야 한다.

32 아세틸렌(C_2H_2)의 성질로 맞지 않는 것은?

① 매우 불안전한 기체이므로 공기 중에서 폭발위험성이 매우 크다.

② 비중이 1.906으로 공기보다 무겁다.

③ 순수한 것은 무색, 무취의 기체이다.

④ 구리, 은, 수은과 접촉하면 폭발성 화합물을 만든다.

33 재료의 접합방법은 기계적 접합과 야금적 접합으로 분류하는데, 야금적 접합에 속하지 않는 것은?

① 리벳   ② 융접   ③ 압접   ④ 납땜

34 연강용 피복아크 용접봉 심선의 화학성분 중 강의 성질을 좋게 하고, 균열이 생기는 것을 방지하는 것은?

① 탄소   ② 망간   ③ 인   ④ 황

35 기계적 이음과 비교한 용접 이음의 장점으로 틀린 것은?

① 기밀성이 우수하다.   ② 재료의 변형이 없다.

③ 이음 효율이 높다.   ④ 재료 두께의 제한이 없다.

36 가스용접 작업에서 후진법과 비교한 전진법의 특징에 대한 설명으로 맞는 것은?

① 용접 변형이 작다.   ② 용접속도가 빠르다.

③ 산화의 정도가 심하다.   ④ 용착금속의 조직이 미세하다.

답안 표기란

37	①	②	③	④
38	①	②	③	④
39	①	②	③	④
40	①	②	③	④
41	①	②	③	④
42	①	②	③	④

37 표준불꽃에서 프랑스식 가스용접 토치의 용량은?

① 1시간에 소비하는 아세틸렌가스의 양

② 1분에 소비하는 아세틸렌가스의 양

③ 1시간에 소비하는 산소가스의 양

④ 1분에 소비하는 산소가스의 양

38 피복아크용접에 관한 설명 중 틀린 것은?

① 피복아크용접은 가스용접보다 두꺼운 판의 용접에 사용한다.

② 피복아크용접에서 교류보다 직류의 아크가 안정되어 있다.

③ 직류전류에서 60~75%가 음극에서 열이 발생한다.

④ 피복아크용접이 가스용접보다 온도가 높다.

39 가스절단 시 산소 대 프로판가스의 혼합비로 적당한 것은?

① 2.0 : 1   ② 4.5 : 1   ③ 3.0 : 1   ④ 3.5 : 1

40 온도 변화에 따라 열팽창계수, 탄성계수 등이 변하지 않는 불변강의 종류가 아닌 것은?

① 인바(invar)   ② 텅갈로이(tungalloy)

③ 엘린바(elinvar)   ④ 플래티나이트(platinite)

41 탄소강에 니켈이나 크롬 등을 첨가하여 대기 중이나 수중 또는 산에 잘 견디는 내식성을 부여한 합금강으로 불수강이라고도 하는 것은?

① 고속도강   ② 주강   ③ 스테인리스강   ④ 탄소공구강

42 금속의 공통적 특성에 대한 설명으로 틀린 것은?

① 소성변형이 있어 가공이 쉽다.

② 일반적으로 비중이 작다.

③ 금속 특유의 광택을 갖는다.

④ 열과 전기의 양도체이다.

실전
TEST!
제**03**회 CBT 실전모의고사

수험번호 :
수험자명 :

제한 시간 : 60분
남은 시간 :

글자
크기 ⊖ 100% Ⓜ 150% ⊕ 200%

화면
배치

전체 문제 수 :
안 푼 문제 수 :

답안 표기란

43 ① ② ③ ④
44 ① ② ③ ④
45 ① ② ③ ④
46 ① ② ③ ④
47 ① ② ③ ④
48 ① ② ③ ④
49 ① ② ③ ④

43 Cu-Ni-Si계 합금으로 강도와 전기전도율이 좋아 주로 통신선, 전화선 등에 쓰이는 것은?

① 코르손(Corson) 합금
② 알드레이(Aldrey) 합금
③ 네이벌(Naval) 합금
④ 두랄루민(Duralumin) 합금

44 피복아크용접에서 용접성이 가장 우수한 용접재료로 적당한 것은?

① 주철
② 저탄소강
③ 고탄소강
④ 니켈강

45 다음 중 담금질과 가장 관계가 깊은 것은?

① 변태점
② 금속 간 화합물
③ 열전대
④ 고용체

46 오스테나이트계 스테인리스강을 용접하여 사용 중에 용접부에서 녹이 발생하였다. 이를 방지하기 위한 방법이 아닌 것은?

① Ti, V, Nb 등이 첨가된 재료를 사용한다.
② 저탄소의 재료를 선택한다.
③ 용체화 처리 후 사용한다.
④ 크롬탄화물을 형성토록 시효처리한다.

47 강의 표면에 질소를 침투시켜 경화시키는 표면경화법은?

① 침탄법
② 질화법
③ 고주파담금질
④ 방전경화법

48 색깔이 아름답고 연성이 크며, 금색에 가까워서 장식품에 많이 사용되는 황동은?

① 톰백
② 문쯔메탈
③ 포금
④ 청동

49 주석청동 중에 Pb를 3.0~26% 정도를 첨가한 것으로 그 조직 중에 Pb가 거의 고용되지 않고 입계 점재하여 윤활성이 좋으므로 베어링, 패킹 재료 등에 사용되는 것은?

① 압연용 청동
② 연청동
③ 미술용 청동
④ 베어링용 청동

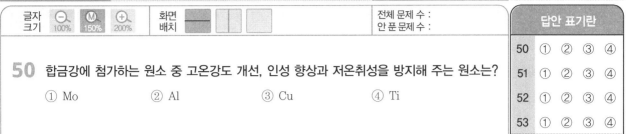

50 합금강에 첨가하는 원소 중 고온강도 개선, 인성 향상과 저온취성을 방지해 주는 원소는?

① Mo   ② Al   ③ Cu   ④ Ti

51 다음 그림은 몇 각법 투상 기호인가?

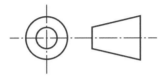

① 제1각법   ② 제2각법   ③ 제3각법   ④ 제4각법

52 관의 끝부분의 표시방법에서 용접식 캡을 나타내는 것은?

①   ②

③   ④

53 그림과 같은 도면에서 A부의 길이는 얼마인가?

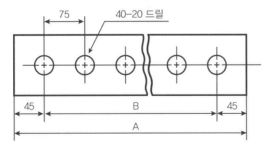

① 3,000mm   ② 3,015mm   ③ 3,090mm   ④ 3,185mm

답안 표기란				
50	①	②	③	④
51	①	②	③	④
52	①	②	③	④
53	①	②	③	④

계산기   9/11   다음 ▶   안 푼 문제   답안 제출

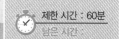

글자 크기   화면 배치   전체 문제 수 :
안 푼 문제 수 :

54 그림과 같은 심용접 이음에 대한 용접 기호표시 설명 중 틀린 것은?

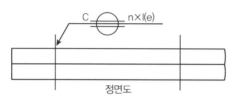

정면도

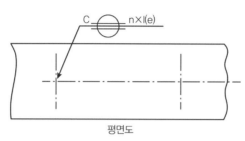

평면도

① C : 용접부의 너비   ② n : 용접부의 수
③ l : 용접 길이   ④ e : 용접부의 깊이

55 그림과 같이 입체도의 화살표 방향이 정면일 때, 우측면도로 가장 적합한 것은?

①   ②

③   ④

계산기   10/11 다음 ▶   안 푼 문제   답안 제출

실전 TEST!
제**03**회 CBT 실전모의고사

수험번호 :
수험자명 :

제한 시간 : 60분
남은 시간

글자 크기 🔍100% Ⓜ150% ➕200%   화면 배치

전체 문제 수 :
안 푼 문제 수 :

답안 표기란

56 ① ② ③ ④
57 ① ② ③ ④
58 ① ② ③ ④
59 ① ② ③ ④
60 ① ② ③ ④

56 그림과 같이 물체의 구멍, 홈 등 특정 부분만의 모양을 도시하는 것을 목적으로 하는 투상도의 명칭은?

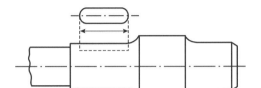

① 회전 투상도   ② 보조 투상도   ③ 부분 확대도   ④ 국부 투상도

57 기계재료 표시기호 중 칼줄, 벌줄 등에 쓰이는 탄소공구강 강재의 KS 재료기호는?

① HBsC1   ② SM20C   ③ STC140   ④ GC200

58 치수에 사용하는 기호와 그 설명이 잘못 연결된 것은?

① 정사각형의 변 – □   ② 구의 반지름 – R
③ 지름 – Ø   ④ 45°모떼기 – C

59 가는 2점 쇄선을 사용하는 가상선의 용도가 아닌 것은?

① 단면도의 절단된 부분을 나타내는 것
② 가공 전, 후의 형상을 나타내는 것
③ 인접 부분을 참고로 나타내는 것
④ 가동 부분을 이동 중의 특정한 위치 또는 이동한계의 위치로 표시하는 것

60 전개도 작성 시 평행선법으로 사용하기에 가장 적합한 형상은?

①

②

③

④
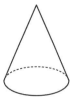

🖩 계산기   11/11 다음 ▶   📝 안 푼 문제   📱 답안 제출

실전 TEST!
제 **04** 회 **CBT 실전모의고사**

수험번호 :
수험자명 :

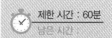
제한 시간 : 60분
남은 시간 :

글자 크기 ⊖ 100% Ⓜ 150% ⊕ 200% 화면 배치 ▭▭ ▯▯ ▯

전체 문제 수 :
안 푼 문제 수 :

답안 표기란

1	①	②	③	④
2	①	②	③	④
3	①	②	③	④
4	①	②	③	④
5	①	②	③	④
6	①	②	③	④

◆ 정답 및 해설 p. 443

01 구조물의 본용접 작업에 대하여 설명한 것 중 맞지 않는 것은?

① 위빙 폭은 심선 지름의 2~3배 정도가 적당하다.

② 용접 시단부의 기공 발생 방지대책으로 핫 스타트(hot start) 장치를 설치한다.

③ 용접작업 종단에 수축공을 방지하기 위하여 아크를 빨리 끊어 크레이터를 남게 한다.

④ 구조물의 끝부분이나 모서리, 구석부분과 같이 응력이 집중되는 곳에서 용접봉을 갈아 끼우는 것을 피하여야 한다.

02 대전류, 고속도 용접을 실시하므로 이음부의 청정(수분, 녹, 스케일 제거 등)에 특히 유의 하여야 하는 용접은?

① 수동 피복아크용접

② 반자동 이산화탄소 아크용접

③ 서브머지드 아크용접

④ 가스용접

03 CO_2가스 아크용접 시 작업장의 CO_2가스가 몇 % 이상이면 인체에 위험한 상태가 되는가?

① 1%

② 4%

③ 10%

④ 15%

04 안전을 위하여 가죽장갑을 사용할 수 있는 작업은?

① 드릴링 작업

② 선반 작업

③ 용접 작업

④ 밀링 작업

05 CO_2가스 아크용접을 보호가스와 용극가스에 의해 분류했을 때 용극식의 솔리드 와이어 혼합 가스법에 속하는 것은?

① CO_2 + C법

② CO_2 + CO + Ar법

③ CO_2 + CO + O_2법

④ CO_2 + Ar법

06 다음 중 연소를 가장 바르게 설명한 것은?

① 물질이 열을 내며 탄화한다.

② 물질이 탄산가스와 반응한다.

③ 물질이 산소와 반응하여 환원한다.

④ 물질이 산소와 반응하여 열과 빛을 발생한다.

계산기   1/12 다음 ▶    안 푼 문제   답안 제출

글자 크기 100% 150% 200%   화면 배치   전체 문제 수 : 안 푼 문제 수 :

답안 표기란				
7	①	②	③	④
8	①	②	③	④
9	①	②	③	④
10	①	②	③	④
11	①	②	③	④

07 [그림]과 같이 길이가 긴 T형 필릿 용접을 할 경우에 일어나는 용접 변형의 명칭은?

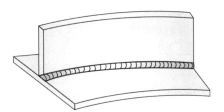

① 회전 변형   ② 세로 굽힘 변형

③ 좌굴 변형   ④ 가로 굽힘 변형

08 플라즈마 아크용접장치에서 아크 플라즈마의 냉각가스로 쓰이는 것은?

① 아르곤과 수소의 혼합가스   ② 아르곤과 산소의 혼합가스

③ 아르곤과 메탄의 혼합가스   ④ 아르곤과 프로판의 혼합가스

09 용접부의 외관검사 시 관찰사항이 아닌 것은?

① 용입   ② 오버랩   ③ 언더컷   ④ 경도

10 용접 균열의 분류에서 발생하는 위치에 따라서 분류한 것은?

① 용착금속 균열과 용접 열영향부 균열

② 고온 균열과 저온 균열

③ 매크로 균열과 마이크로 균열

④ 입계 균열과 입안 균열

11 아크용접 작업 중 인체에 감전된 전류가 20~50[mA]일 때 인체에 미치는 영향으로 옳은 것은?

① 고통을 느끼고 가까운 근육이 저려서 움직이지 않는다.

② 고통을 느끼고 강한 근육 수축이 일어나며 호흡이 곤란하다.

③ 고통을 수반한 쇼크를 느낀다.

④ 순간적으로 사망할 위험이 있다.

실전 TEST!

제 **04** 회 CBT 실전모의고사

수험번호 :

수험자명 :

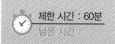

제한 시간 : 60분

남은 시간

글자 크기 ⊖ 100% Ⓜ 150% ⊕ 200% 화면 배치

전체 문제 수 :

안 푼 문제 수 :

답안 표기란

12	①	②	③	④
13	①	②	③	④
14	①	②	③	④
15	①	②	③	④
16	①	②	③	④

12 텅스텐 전극봉의 종류에 해당되지 않는 것은?

① 순텅스텐

② 1% 토륨 텅스텐

③ 지르코늄 텅스텐

④ 3% 토륨 텅스텐

13 용접 후열처리를 하는 목적 중 맞지 않는 것은?

① 용접 후의 급랭 회피

② 응력제거 풀림 처리

③ 완전 풀림 처리

④ 담금질에 의한 경화

14 서브머지드 아크용접에서 용융형 용제의 특징에 대한 설명으로 옳은 것은?

① 흡습성이 크다.

② 비드 외관이 거칠다.

③ 용제의 화학적 균일성이 양호하다.

④ 용접전류에 따라 입도의 크기는 같은 용제를 사용해야 한다.

15 용접작업 시의 전격방지대책으로 잘못된 것은?

① 홀더나 용접봉은 절대로 맨손으로 취급하지 않는다.

② TIG 용접 시 텅스텐 전극봉을 교체할 때는 항상 전원스위치를 차단하고 작업한다.

③ TIG 용접 시 수랭식 토치는 과열을 방지하기 위해 냉각수 탱크에 넣어 식힌 후 작업한다.

④ 용접하지 않을 때에는 TIG 용접의 텅스텐 전극봉을 제거하거나 노즐 뒤쪽으로 밀어 넣는다.

16 레이저 용접이 적용되는 분야 및 응용 범위에 속하지 않는 것은?

① 우주 통신, 로켓의 추적, 광학, 계측기 등에 응용

② 가는 선이나 작은 물체의 용접 및 박판의 용접에 적용

③ 다이아몬드의 구멍 뚫기, 절단 등에 응용

④ 용접 비드 표면의 기공 및 각종 불순물의 제거

실전 TEST! 제**04**회 **CBT 실전모의고사**

수험번호 :
수험자명 :

제한 시간 : 60분
남은 시간 :

글자 크기 100% 150% 200%
화면 배치
전체 문제 수 :
안 푼 문제 수 :

17 중탄소강의 용접에 대하여 설명한 것 중 맞지 않는 것은?

① 중탄소강을 용접할 경우에 탄소량이 증가함에 따라 800~900℃ 정도 예열을 할 필요가 있다.

② 탄소량이 0.4% 이상인 중탄소강은 후열처리를 고려하여야 한다.

③ 피복아크용접할 경우는 저수소계 용접봉을 선정하여 건조시켜 사용한다.

④ 서브머지드 아크용접할 경우는 와이어와 플럭스 선정 시 용접부 강도 수준을 충분히 고려하여야 한다.

18 불활성 가스 금속 아크용접에 관한 설명으로 틀린 것은?

① 바람의 영향을 받지 않으므로 방풍대책이 필요 없다.

② 피복아크용접에 비해 용착효율이 높아 고능률적이다.

③ TIG 용접에 비해 전류밀도가 높아 용융속도가 빠르다.

④ CO_2 아크용접에 비해 스패터 발생이 적어 비교적 아름답고 깨끗한 비드를 얻을 수 있다.

19 용접제품을 조립하다가 V홈 맞대기 이음 홈의 간격이 5mm 정도 벌어졌을 때 홈의 보수 및 용접방법으로 가장 적합한 것은?

① 그대로 용접한다.

② 뒷판을 대고 용접한다.

③ 덧살올림용접 후 가공하여 규정 간격을 맞춘다.

④ 치수에 맞는 재료로 교환하여 루트 간격을 맞춘다.

20 가스용접에서 사용되는 아세틸렌가스의 성질을 설명한 것 중 맞는 것은?

① 비중은 1.105이다.

② 15℃, 1kgf/cm^2의 아세틸렌 1L의 무게는 1.176g이다.

③ 각종 액체에 잘 용해되며, 물에는 6배로 용해된다.

④ 순수한 아세틸렌가스는 악취가 난다.

계산기　　　4/12　다음 ▶

실전 TEST!

제**04**회 CBT 실전모의고사

수험번호 :

수험자명 :

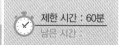
제한 시간 : 60분
남은 시간 :

글자 크기 ⊖ 100% Ⓜ 150% ⊕ 200%

화면 배치

전체 문제 수 :
안 푼 문제 수 :

답안 표기란

21	①	②	③	④
22	①	②	③	④
23	①	②	③	④
24	①	②	③	④
25	①	②	③	④
26	①	②	③	④

21 접합하고자 하는 모재에 구멍을 뚫고 그 구멍으로부터 용접하여 다른 한쪽 모재와 접합하는 용접방법은?

① 필릿 용접　　　② 플러그 용접　　　③ 초음파 용접　　　④ 고주파 용접

22 구리가 주성분이며 소량의 은, 인을 포함하여 전기 및 열전도가 뛰어나므로 구리나 구리합금의 납땜에 적합한 것은?

① 양은납　　　② 인동납　　　③ 금납　　　④ 내열납

23 아크가 용접봉 방향에서 한쪽으로 쏠리는 현상의 아크 쏠림에 대한 방지대책으로 맞는 것은?

① 직류용접기를 사용한다.
② 접지점을 용접부에서 가까이한다.
③ 용접봉 끝을 아크쏠림 반대방향으로 기울인다.
④ 아크길이를 길게 한다.

24 U형, H형의 용접 홈을 가공하기 위하여 슬로우 다이버전트로 설계된 팁을 사용하여 깊은 홈을 파내는 가공법은?

① 치핑　　　② 슬랙절단　　　③ 가스 가우징　　　④ 아크 에어 가우징

25 가스절단 작업 시의 표준 드래그 길이는 일반적으로 모재 두께의 몇 % 정도인가?

① 5　　　② 10　　　③ 20　　　④ 25

26 A는 병 전체의 무게(빈병의 무게 + 아세틸렌가스의 무게)이고, B는 빈병의 무게이며, 또한 15℃ 1기압에서의 아세틸렌가스 용적을 905리터라고 할 때, 용해 아세틸렌가스의 양 C (리터)를 계산하는 식은?

① $C = 905(B - A)$　　　　② $C = 905 + (B - A)$
③ $C = 905(A - B)$　　　　④ $C = 905 + (A - B)$

계산기　　　5/12　다음 ▶　　　 안 푼 문제　 답안 제출

실전
TEST!
제**04**회 CBT 실전모의고사

수험번호 :

수험자명 :

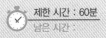

제한 시간 : 60분
남은 시간 :

글자
크기 ⊖ 100% Ⓜ 150% ⊕ 200% 화면
배치

전체 문제 수 :
안 푼 문제 수 :

답안 표기란

27	①	②	③	④
28	①	②	③	④
29	①	②	③	④
30	①	②	③	④
31	①	②	③	④
32	①	②	③	④

27 가스용접에서 모재의 두께가 8mm일 경우 적당한 가스 용접봉의 지름(mm)은?

① 2.0　　　　② 3.0　　　　③ 4.0　　　　④ 5.0

28 1차측 입력이 24KVA인 용접기의 전원이 200V일 때, 가장 적합한 퓨즈의 용량은?

① 100A　　　② 120A　　　③ 150A　　　④ 240A

29 산소-아세틸렌의 불꽃에서 속불꽃과 겉불꽃 사이에 백색의 제3의 불꽃, 즉 아세틸렌 페더라고도 하는 불꽃의 가장 올바른 명칭은?

① 탄화불꽃　　② 중성불꽃　　③ 산화불꽃　　④ 백색불꽃

30 피복아크 용접봉에서 피복제의 주된 역할이 아닌 것은?

① 용융금속의 용적을 미세화하여 용착효율을 높인다.
② 용착금속의 응고와 냉각속도를 빠르게 한다.
③ 스패터의 발생을 적게 하고 전기절연작용을 한다.
④ 용착금속에 적당한 합금원소를 첨가한다.

31 가스절단 시 예열불꽃이 강할 때 생기는 현상은?

① 절단면이 거칠어진다.
② 드래그가 증가한다.
③ 절단속도가 늦어진다.
④ 절단이 중단되기 쉽다.

32 아크용접기의 사용률에서 아크시간과 휴식시간을 합한 전체 시간은 몇 분을 기준으로 하는가?

① 60분　　　② 30분　　　③ 10분　　　④ 5분

계산기　　　　6/12　다음 ▶　　　　안 푼 문제　　답안 제출

실전 TEST !

제**04**회 CBT 실전모의고사

수험번호 :

수험자명 :

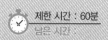

제한 시간 : 60분
남은 시간 :

글자
크기 ⊖ 100% Ⓜ 150% ⊕ 200%

화면
배치

전체 문제 수 :
안 푼 문제 수 :

답안 표기란

33	①	②	③	④
34	①	②	③	④
35	①	②	③	④
36	①	②	③	④
37	①	②	③	④

33 가스절단의 예열불꽃의 역할에 대한 설명으로 틀린 것은?

① 절단산소 운동량 유지

② 절단산소 순도 저하 방지

③ 절단개시 발화점 온도 가열

④ 절단재의 표면스케일 등의 박리성 저하

34 전류밀도가 클 때 가장 잘 나타나는 것으로, 아크전류가 일정할 때 아크전압이 높아지면 용접봉의 용융속도가 늦어지고, 아크전압이 낮아지면 용융속도가 빨라지는 특성은?

① 부특성

② 절연회복 특성

③ 전압회복 특성

④ 아크길이 자기제어 특성

35 침몰선의 해체나 교량의 개조 시 사용되는 수중절단법에서 가장 많이 사용되는 연료가스는?

① 아세톤

② 에틸렌

③ 수소

④ 질소

36 산소에 대한 설명으로 틀린 것은?

① 무색, 무취, 무미이다.

② 물의 전기분해로도 제조한다.

③ 가연성 가스이다.

④ 액체 산소는 보통 연한 청색을 띤다.

37 저수소계 용접봉의 건조온도에 대하여 올바르게 설명된 것은?

① 건조로 속의 온도가 100℃ 가열되었을 때부터의 2~4시간 정도 건조시킨다.

② 건조로 속의 온도가 200℃일 때 용접봉을 넣은 다음부터 30분 정도 건조시킨다.

③ 건조로 속에 들어있는 용접봉의 온도가 300~350℃에 도달한 시간부터 1~2시간 정도 건조시킨다.

④ 건조로 속에 들어있는 용접봉의 온도가 100~200℃에 도달한 시간부터 2~3시간 정도 건조시킨다.

🖩 계산기

7/12 다음 ▶

 안 푼 문제

 답안 제출

실전
TEST!
제04회 CBT 실전모의고사

수험번호 :
수험자명 :

제한 시간 : 60분
남은 시간 :

글자
크기 100% 150% 200%

화면
배치

전체 문제 수 :
안 푼 문제수 :

답안 표기란

38	①	②	③	④
39	①	②	③	④
40	①	②	③	④
41	①	②	③	④
42	①	②	③	④
43	①	②	③	④

38 직류아크용접을 할 때 극성 선택에 고려되어야 할 사항으로 거리가 먼 것은?

① 용접봉 심선의 재질
② 피복제의 종류
③ 용접이음의 모양
④ 용접 지그

39 가스용접 작업에서 양호한 용접부를 얻기 위해 갖추어야 할 조건과 가장 거리가 먼 것은?

① 기름, 녹 등을 용접 전에 제거하여 결함을 방지한다.
② 모재의 표면이 균일하면 과열의 흔적은 있어도 된다.
③ 용착금속의 용입 상태가 균일해야 한다.
④ 용접부에 첨가된 금속의 성질이 양호해야 한다.

40 고급주철의 바탕 조직으로 맞는 것은?

① 페라이트 조직
② 펄라이트 조직
③ 오스테나이트 조직
④ 공정 조직

41 다음의 담금질 조직 중 경도가 가장 높은 것은?

① 마텐자이트
② 오스테나이트
③ 트루스타이트
④ 솔바이트

42 다음 중 비중은 4.5 정도이며 가볍고 강하며 열에 잘 견디고 내식성이 강한 특징을 가지고 있으며 융점이 1,670℃ 정도로 높고 스테인리스강보다도 우수한 내식성 때문에 600℃ 까지 고온 산화가 거의 없는 비철금속은?

① 티타늄(Ti)
② 아연(Zn)
③ 크롬(Cr)
④ 마그네슘(Mg)

43 다음 중 일반적으로 순금속이 합금에 비해 가지고 있는 우수한 성질로 가장 적절한 것은?

① 주조성이 우수하다.
② 전기전도도가 우수하다.
③ 압축강도가 우수하다.
④ 경도 및 강도가 우수하다.

계산기
8/12 다음 ▶
안 푼 문제
답안 제출

실전
TEST!
제 **04** 회   **CBT 실전모의고사**

수험번호 :
수험자명 :

제한 시간 : 60분
남은 시간 :

글자
크기 ⊖ 100% Ⓜ 150% ⊕ 200%

화면
배치

전체 문제 수 :
안 푼 문제 수 :

답안 표기란

44	①	②	③	④
45	①	②	③	④
46	①	②	③	④
47	①	②	③	④
48	①	②	③	④
49	①	②	③	④
50	①	②	③	④

44 다음 중 표면경화법의 종류에 속하지 않는 것은?

① 고주파담금질　② 침탄법　③ 질화법　④ 풀림법

45 다음 중 용해 시 흡수한 산소를 인(P)으로 탈산하여 산소를 0.01% 이하로 한 동(copper)은?

① 전기동　② 정련동　③ 탈산동　④ 무산소동

46 탄소강은 탄소 이외에 여러 가지 원소에 의해 성질이 변하는데, 다음 중 적열취성의 원인이 되는 원소는?

① Mn　② Si　③ S　④ Al

47 알루미늄합금의 종류 중 Y합금의 주요 성분으로 옳은 것은?

① Al − Si
② Al − Mg
③ Al − Cu − Ni − Mg
④ Zn − Si − Ni − Cu − Mg

48 다음 중 펄라이트 조직으로 1~2%의 Mn, 0.2~1%의 C로 인장강도가 440~863MPa이며, 연신율은 13~34%이고, 건축, 토목, 교량재 등 일반구조용으로 쓰이는 망간(Mn)강은?

① 듀콜(ducol)강
② 크로만실(chromansil)
③ 크로마이징
④ 하드필드(hardfield)강

49 다음 중 일반적으로 스테인리스강의 종류가 아닌 것은?

① 크롬 스테인리스강
② 크롬 − 인 스테인리스강
③ 크롬 − 망간 스테인리스강
④ 크롬 − 니켈 스테인리스강

50 다음 중 용융 상태의 주철에 마그네슘, 세륨, 칼슘 등을 첨가한 것은?

① 칠드주철　② 가단주철　③ 구상흑연주철　④ 고크롬주철

🖩 계산기　　9/12　다음 ▶　　🖊 안 푼 문제　🖥 답안 제출

실전 TEST!

제04회 CBT 실전모의고사

수험번호 :

수험자명 :

제한 시간 : 60분
남은 시간 :

글자 크기 ⊖ 100% Ⓜ 150% ⊕ 200%

화면 배치

전체 문제 수 :
안 푼 문제 수 :

답안 표기란

51 ① ② ③ ④
52 ① ② ③ ④
53 ① ② ③ ④

51 다음 중 원호의 길이를 나타내는 치수기호로 올바른 것은?

① R50   ② □50   ③ <u>50</u>   ④ ⌢50

52 그림과 같은 제3각 정투상도의 정면도와 평면도에 가장 적합한 우측면도는?

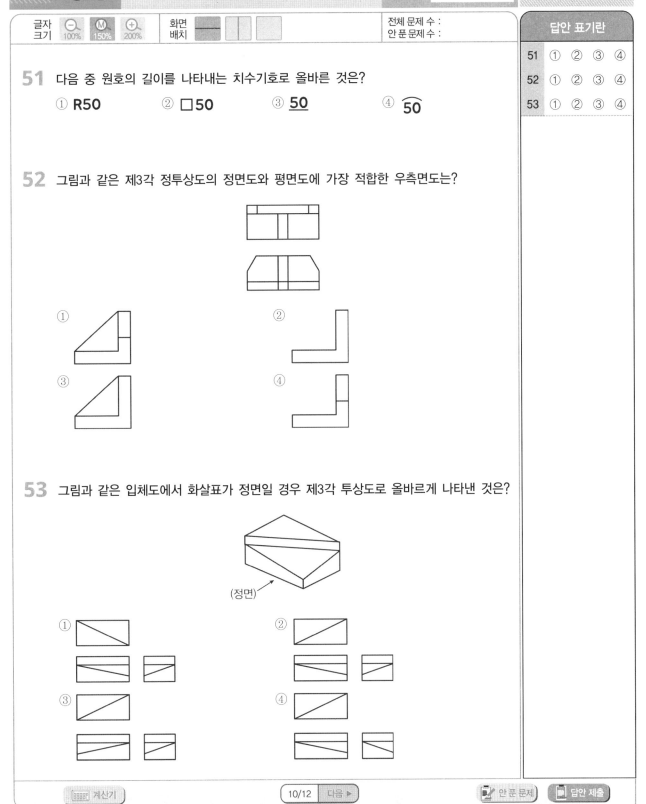

①   ②

③   ④

53 그림과 같은 입체도에서 화살표가 정면일 경우 제3각 투상도로 올바르게 나타낸 것은?

(정면)

①   ②

③   ④

계산기   10/12 다음 ▶   안 푼 문제   답안 제출

실전 TEST!
제 **04** 회 **CBT 실전모의고사**

수험번호 :

수험자명 :

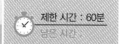 제한 시간 : 60분
남은 시간 :

글자 크기 ⊖ 100%　Ⓜ 150%　⊕ 200%　　화면 배치 ▭ ▯▯ ▯▯

전체 문제 수 :
안 푼 문제 수 :

답안 표기란

54　① ② ③ ④
55　① ② ③ ④
56　① ② ③ ④
57　① ② ③ ④
58　① ② ③ ④

54 특정 부위의 도면이 작아 치수 기입 등이 곤란할 경우 그 해당 부분을 확대하여 그린 투상도는?

① 회전 투상도　② 국부 투상도　③ 부분 투상도　④ 부분 확대도

55 도면의 양식에서 반드시 마련해야 할 사항이 아닌 것은?

① 윤곽선　② 중심마크　③ 표제란　④ 비교눈금

56 다음 판금 가공물의 전개도를 그릴 때 각 부분별 전개도법으로 가장 적당한 것은?

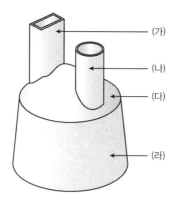

(가)

(나)

(다)

(라)

① (가)는 방사선을 이용한 전개도법　② (나)는 삼각형을 이용한 전개도법
③ (다)는 평행선을 이용한 전개도법　④ (라)는 삼각형을 이용한 전개도법

57 기계제도에서 평면인 것을 나타낼 필요가 있을 경우에는 다음 중 어떤 선의 종류로 대각선을 그려서 나타내는가?

① 굵은 실선　② 가는 실선　③ 가는 1점 쇄선　④ 가는 2점 쇄선

58 다음 용접 기호 중 플러그 용접에 해당하는 것은?

① 　② 　③ 　④

글자
크기 🔍 100% Ⓜ 150% ⊕ 200%

화면
배치 ▭ ▯▯ ▫

전체 문제 수 :
안 푼 문제 수 :

59 그림과 같이 철판에 구멍이 뚫려있는 도면의 설명으로 올바른 것은?

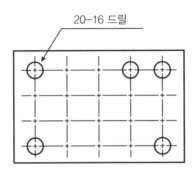

20-16 드릴

① 구멍지름 16mm, 구멍수량 20개   ② 구멍지름 20mm, 구멍수량 16개
③ 구멍지름 16mm, 구멍수량 5개   ④ 구멍지름 20mm, 구멍수량 5개

60 배관의 간략도시방법 중 환기계 및 배수계의 끝장치 도시방법의 평면도에서 그림과 같이
도시된 것의 명칭은?

① 배수구   ② 환기관
③ 벽붙이 환기삿갓   ④ 고정식 환기삿갓

▭ 계산기   12/12 다음 ▶    안 푼 문제   답안 제출

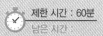

수험번호 :

수험자명 :

제한 시간 : 60분
남은 시간 :

글자
크기 ⊖ 100% Ⓜ 150% ⊕ 200%

화면
배치

전체 문제 수 :
안푼 문제수 :

답안 표기란

1	① ② ③ ④
2	① ② ③ ④
3	① ② ③ ④
4	① ② ③ ④
5	① ② ③ ④

◆ 정답 및 해설 p. 448

01 KS규격에서 화재안전, 금지표시의 의미를 나타내는 안전색은?

① 노랑 　　　② 초록 　　　③ 빨강 　　　④ 파랑

02 경납땜 시 경납이 갖추어야 할 조건으로 잘못 설명된 것은?

① 기계적, 물리적, 화학적 성질이 좋아야 한다.
② 접합이 튼튼하고 모재와 친화력이 있어야 한다.
③ 금, 은, 공예품들의 땜납에는 색조가 같아야 한다.
④ 용융온도가 모재보다 높고 유동성이 좋아야 한다.

03 솔리드 와이어 CO_2가스 아크용접에서 CO_2가스에 Ar가스를 혼합 시 특징에 대한 설명으로 틀린 것은?

① 아크가 안정된다. 　　　② 후판용접에 주로 사용된다.
③ 스패터가 감소한다. 　　　④ 작업성과 용접품질이 향상된다.

04 용접을 로봇(robot)화할 때 그 특징의 설명으로 틀린 것은?

① 비드의 높이, 비드 폭, 용입 등을 정확히 제어할 수 있다.
② 아크길이를 일정하게 유지할 수 있다.
③ 용접봉의 손실을 줄일 수 있다.
④ 생산성이 저하된다.

05 용착법에 대해 잘못 표현된 것은?

① 후진법 : 용접 진행방향과 용착방향이 서로 반대가 되는 방법이다.
② 대칭법 : 이음의 수축에 따른 변형이 서로 대칭이 되게 할 경우에 사용된다.
③ 스킵법 : 이음 전 길이에 대해서 뛰어넘어서 용접하는 방법이다.
④ 전진법 : 홈을 한 부분씩 여러 층으로 쌓아 올린 다음, 다른 부분으로 진행하는 방법이다.

계산기 　　　　1/11　다음 ▶ 　　　　 안 푼 문제　 답안 제출

실전
TEST!
제**05**회 **CBT 실전모의고사**

수험번호 :
수험자명 :

제한 시간 : 60분
남은 시간 :

글자
크기 ⊖ 100% Ⓜ 150% ⊕ 200%

화면
배치 ▬▬ ▭▭ ▭

전체 문제 수 :
안푼 문제 수 :

답안 표기란

6	①	②	③	④
7	①	②	③	④
8	①	②	③	④
9	①	②	③	④
10	①	②	③	④
11	①	②	③	④

06 다음 [그림]에 해당하는 용접이음의 종류는?

① 겹치기 이음   ② 맞대기 이음   ③ 전면 필릿 이음   ④ 모서리 이음

07 이산화탄소 아크용접 시 이산화탄소의 농도가 몇 %가 되면 두통이나 뇌빈혈을 일으키는가?

① 3~4   ② 15~16   ③ 33~34   ④ 55~56

08 기계적 시험법 중 동적 시험방법에 해당하는 것은?

① 크리프 시험   ② 피로시험   ③ 굽힘시험   ④ 인장시험

09 용접 후 처리에서 잔류응력을 제거시켜 주는 방법이 아닌 것은?

① 저온응력완화법   ② 노내풀림법
③ 피닝법   ④ 역변형법

10 용접부의 연성 결함을 조사하기 위하여 사용되는 시험법은?

① 브리넬 시험   ② 비커스 시험   ③ 굽힘시험   ④ 충격시험

11 플라즈마 아크용접에서 매우 적은 양의 수소(H_2)를 혼입하여도 용접부가 약화될 위험성
이 있는 재질은?

① 티탄   ② 연강   ③ 니켈합금   ④ 알루미늄

계산기   2/11 다음 ▶   안 푼 문제   답안 제출

실전 TEST!

제 **05**회 CBT 실전모의고사

수험번호 :

수험자명 :

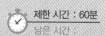
제한 시간 : 60분

남은 시간 :

글자 크기 ⊖ 100% Ⓜ 150% ⊕ 200%

화면 배치 ▬ ▮ ▮

전체 문제 수 :
안푼 문제 수 :

답안 표기란

12	①	②	③	④
13	①	②	③	④
14	①	②	③	④
15	①	②	③	④
16	①	②	③	④
17	①	②	③	④

12 CO_2가스 아크용접의 특징을 설명한 것으로 틀린 것은?

① 전류밀도가 높아 용입이 깊고, 용접속도를 빠르게 할 수 있다.

② 박판(0.8mm)용접은 단락이행용접법에 의해 가능하며, 전자세 용접도 가능하다.

③ 적용 재질은 거의 모든 재질이 가능하며, 이종(異種) 재질의 용접이 가능하다.

④ 가시 아크이므로 용융지의 상태를 보면서 용접할 수 있어 용접진행의 양(良)·부(不) 판단이 가능하다.

13 가스용접 작업 시 주의사항으로 틀린 것은?

① 반드시 보호안경을 착용한다.

② 산소호스와 아세틸렌호스는 색깔 구분 없이 사용한다.

③ 불필요한 긴 호스를 사용하지 말아야 한다.

④ 용기 가까운 곳에서는 인화물질의 사용을 금한다.

14 TIG 용접에서 가스노즐의 크기는 가스분출 구멍의 크기로 정해진다. 보통 몇 mm의 크기가 주로 사용되는가?

① 1~3 ② 4~13 ③ 14~20 ④ 21~27

15 다음 중 테르밋제의 점화제가 아닌 것은?

① 과산화바륨 ② 망간 ③ 알루미늄 ④ 마그네슘

16 용접부의 시험법 중 기계적 시험법이 아닌 것은?

① 굽힘시험 ② 경도시험 ③ 인장시험 ④ 부식시험

17 안전, 보건표지의 색채, 색도기준 및 용도에서 비상구 및 피난소, 사람 또는 차량의 통행 표지에 사용되는 색채는?

① 빨간색 ② 노란색 ③ 녹색 ④ 흰색

⌨ 계산기   3/11   다음 ▶   🖥 안 푼 문제 📋 답안 제출

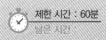
글자 크기 🔍100% Ⓜ150% ⊕200%   화면 배치   전체 문제 수 :
안 푼 문제 수 :

답안 표기란				
18	①	②	③	④
19	①	②	③	④
20	①	②	③	④
21	①	②	③	④
22	①	②	③	④
23	①	②	③	④

18 TIG 용접에서 모재가 (–)이고 전극이 (+)인 극성은?

① 정극성   ② 역극성   ③ 반극성   ④ 양극성

19 피복금속 아크용접에서 가접을 할 때 본용접보다 지름이 약간 가는 용접봉을 사용하게 되는 이유로 가장 적합한 것은?

① 용접봉의 소비량을 줄이기 위하여   ② 가접 모양을 좋게 하기 위하여
③ 변형량을 줄이기 위하여   ④ 충분한 용입이 되게 하기 위하여

20 용접 조건이 같은 경우에 박판과 후판의 열 영향에 대한 설명으로 올바른 것은?

① 박판 쪽 열 영향부의 폭이 넓어진다.
② 후판 쪽 열 영향부의 폭이 넓어진다.
③ 박판, 후판 똑같이 열 영향부의 폭은 넓어진다.
④ 박판, 후판 똑같이 열 영향부의 폭은 좁아진다.

21 서브머지드 아크용접기로 스테인리스강 용접, 덧살붙임용접, 조선의 대판계(大板桂) 용접할 때 사용하는 용접용 용제(flux)는?

① 용융형 용제   ② 혼성형 용제   ③ 소결형 용제   ④ 혼합형 용제

22 레일 및 선박의 프레임 등 비교적 큰 단면을 가진 주조나 단조품의 맞대기용접과 보수용접에 용이한 용접은?

① 테르밋 용접   ② MIG 용접   ③ TIG 용접   ④ 브레이징

23 용접에 의한 이음을 리벳이음과 비교했을 때, 용접이음의 장점이 아닌 것은?

① 이음구조가 간단하다.
② 판두께에 제한을 거의 받지 않는다.
③ 용접 모재의 재질에 대한 영향이 작다.
④ 기밀성과 수밀성을 얻을 수 있다.

🖩 계산기   4/11 다음 ▶   📱 안 푼 문제   📱 답안 제출

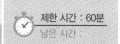

글자 크기 ⊖ 100% Ⓜ 150% ⊕ 200% 화면 배치

전체 문제 수 :
안 푼 문제 수 :

답안 표기란

24	① ② ③ ④
25	① ② ③ ④
26	① ② ③ ④
27	① ② ③ ④
28	① ② ③ ④
29	① ② ③ ④

24 피복 배합제의 성분 중 탈산제로 사용되지 않는 것은?

① 규소철　　② 망간철　　③ 알루미늄　　④ 유황

25 아크 에어 가우징에 대한 설명으로 틀린 것은?

① 가스 가우징에 비해 2~3배 작업능률이 좋다.
② 용접현장에서 결함부 제거, 용접 홈의 준비 및 가공 등에 이용된다.
③ 탄소강 등 철제품에만 사용한다.
④ 탄소 아크절단에 압축공기를 같이 사용하는 방법이다.

26 가스용접에서 산소용기 취급에 대한 설명이 잘못된 것은?

① 산소용기 밸브, 조정기 등은 기름천으로 잘 닦는다.
② 산소용기 운반 시에는 충격을 주어서는 안 된다.
③ 산소 밸브의 개폐는 천천히 해야 한다.
④ 가스 누설의 점검은 비눗물로 한다.

27 가스 용접봉을 선택하는 공식으로 맞는 것은?

① $D = \dfrac{T}{2} + 1$　　② $D = \dfrac{T}{2} + 2$

③ $D = \dfrac{T}{2} - 2$　　④ $D = \dfrac{T}{2} - 1$

28 교류아크용접기는 무부하전압이 높아 전격의 위험이 있으므로 안전을 위하여 전격방지기를 설치한다. 이때 전격방지기의 2차 무부하전압은 몇 V 범위로 유지하는 것이 적당한가?

① 80~90V 이하　　② 60~70V 이하
③ 40~50V 이하　　④ 20~30V 이하

29 가스 용접봉 선택의 조건에 들지 않는 것은?

① 모재와 같은 재질일 것　　② 불순물이 포함되어 있지 않을 것
③ 용융온도가 모재보다 낮을 것　　④ 기계적 성질에 나쁜 영향을 주지 않을 것

계산기　5/11 다음▶　 안 푼 문제　답안 제출

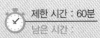
글자
크기 100% 150% 200%

화면
배치

전체 문제 수 :
안 푼 문제 수 :

답안 표기란

30	①	②	③	④
31	①	②	③	④
32	①	②	③	④
33	①	②	③	④
34	①	②	③	④
35	①	②	③	④

30 가스용접의 특징에 대한 설명으로 틀린 것은?

① 가열 시 열량조절이 비교적 자유롭다.

② 피복금속 아크용접에 비해 후판용접에 적당하다.

③ 전원설비가 없는 곳에서도 쉽게 설치할 수 있다.

④ 피복금속 아크용접에 비해 유해광선의 발생이 적다.

31 다음 중 기계적 압력, 마찰, 진동에 의한 열을 이용하는 용접방식이 아닌 것은?

① 마찰압접   ② 피복아크용접   ③ 초음파용접   ④ 냉간압접

32 금속과 금속을 충분히 접근시키면 그들 사이에 원자 간의 인력이 작용하여 서로 결합한다. 다음 중 이러한 결합을 이루기 위해서는 원자들을 몇 cm 정도까지 접근시켜야 하는가?

① 10^{-6} ② 10^{-7} ③ 10^{-8} ④ 10^{-9}

33 다음 중 두께 20mm인 강판을 가스절단하였을 때 드래그(drag)의 길이가 5mm이었다면 드래그 양은 몇 %인가?

① 4.0%   ② 20%   ③ 25%   ④ 100%

34 다음 중 가스용접에서 용제를 사용하는 주된 이유로 적합하지 않은 것은?

① 재료 표면의 산화물을 제거한다.   ② 용융금속의 산화, 질화를 감소하게 한다.

③ 청정작용으로 용착을 돕는다.   ④ 용접봉 심선의 유해성분을 제거한다.

35 다음 중 아크가 발생하는 초기에 용접봉과 모재가 냉각되어 있어 아크가 불안정하기 때문에 아크 발생을 쉽게 하기 위하여 아크 초기에만 용접전류를 특별히 크게 하는 장치는?

① 핫 스타트 장치   ② 고주파발생장치

③ 원격제어장치   ④ 전격방지장치

계산기   6/11   다음 ▶   안 푼 문제   답안 제출

실전
TEST!
제 05 회 **CBT 실전모의고사**
수험번호 :
수험자명 :
제한 시간 : 60분
남은 시간 :

글자
크기 ⊖ 100% Ⓜ 150% ⊕ 200%
화면
배치
전체 문제 수 :
안 푼 문제 수 :

답안 표기란				
36	①	②	③	④
37	①	②	③	④
38	①	②	③	④
39	①	②	③	④
40	①	②	③	④
41	①	②	③	④
42	①	②	③	④

36 다음 중 용접봉의 용적이 용융금속의 이행 형식에 따른 분류가 아닌 것은?

① 스프레이형   ② 글로뷸러형   ③ 가스발생형   ④ 단락형

37 아세틸렌은 각종 액체에 잘 용해되는데 벤젠에서는 몇 배의 아세틸렌가스를 용해하는가?

① 4   ② 14   ③ 6   ④ 25

38 다음 중 토치를 이용하여 용접 부분의 뒷면을 따내거나 강재의 표면 결함을 제거하며 U형, H형의 용접 홈을 가공하기 위하여 깊은 홈을 파내는 가공법은?

① 산소창절단   ② 가스 가우징   ③ 분말절단   ④ 스카핑

39 다음 중 아크의 길이가 너무 길었을 때 일어나는 현상과 가장 거리가 먼 것은?

① 아크가 불안정하다.   ② 스패터가 감소한다.
③ 산화 및 질화가 일어나기 쉽다.   ④ 열의 집중 불량, 용입 불량의 우려가 있다.

40 다음 중 보통주강에 3% 이하의 Cr을 첨가하여 강도와 내마멸성을 증가시켜 분쇄기, 석유화학공업용 기계부품 등에 사용되는 합금 주강은?

① Ni 주강   ② Cr 주강   ③ Mn 주강   ④ Ni-Cr 주강

41 다음 중 용융점이 가장 높은 금속은?

① 철(Fe)   ② 금(Au)   ③ 텅스텐(W)   ④ 몰리브덴(Mo)

42 다음 중 탄소강의 표준조직이 아닌 것은?

① 페라이트   ② 펄라이트   ③ 시멘타이트   ④ 마텐자이트

🖩 계산기   7/11 다음 ▶   📝 안 푼 문제   🖥 답안 제출

글자
크기 ⊖ 100% Ⓜ 150% ⊕ 200%   화면
배치 ▭▭ ▯▯ ▯▯

전체 문제 수 :
안 푼 문제 수 :

답안 표기란

43	①	②	③	④
44	①	②	③	④
45	①	②	③	④
46	①	②	③	④
47	①	②	③	④

43 다음 중 황동의 자연균열 방지책과 가장 거리가 먼 것은?

① Zn 도금을 한다.

② 표면에 도료를 칠한다.

③ 암모니아, 탄산가스 분위기에 보관한다.

④ 180~260℃에서 응력제거 풀림을 한다.

44 다음 중 용접부품에서 일어나기 쉬운 잔류응력을 감소시키기 위한 열처리법은?

① 완전풀림(full annealing)

② 연화풀림(softing annealing)

③ 확산풀림(diffusion annealing)

④ 응력제거풀림(stress annealing)

45 다음 중 주강에 관한 설명으로 틀린 것은?

① 주철로서는 강도가 부족되는 부분에 사용된다.

② 철도 차량, 조선, 기계 및 광산구조용 재료로 사용된다.

③ 주강 제품에는 기포나 기공이 적당히 있어야 한다.

④ 탄소함유량에 따라 저탄소 주강, 중탄소 주강, 고탄소 주강으로 구분된다.

46 금속침투법 중 표면에 아연을 침투시키는 방법으로 표면에 경화층을 얻어 내식성을 좋게 하는 것은?

① 세라다이징

② 크로마이징

③ 칼로라이징

④ 실리코나이징

47 다음 중 피절삭성이 양호하여 고속절삭에 적합한 강으로 일반 탄소강보다 P, S의 함유량을 많게 하거나 Pb, Se, Zr 등을 첨가하여 제조한 강은?

① 쾌삭강

② 레일강

③ 선재용 탄소강

④ 스프링강

실전 TEST!
제**05**회 CBT 실전모의고사

수험번호 :
수험자명 :

제한 시간 : 60분
남은 시간 :

글자 크기 100% 150% 200% 화면 배치

전체 문제 수 :
안 푼 문제 수 :

48 다음 중 주철의 용접성에 관한 설명으로 틀린 것은?

① 주철은 연강에 비하여 여리며, 급랭에 의한 백선화로 기계가공이 어렵다.

② 주철은 용접 시 수축이 많아 균열이 발생할 우려가 많다.

③ 일산화탄소가스가 발생하여 용착금속에 기공이 생기지 않는다.

④ 장시간 가열로 흑연이 조대화된 경우 용착이 불량하거나 모재와의 친화력이 나쁘다.

49 다음 중 스테인리스강의 조직에 있어 비자성 조직에 해당하는 것은?

① 페라이트계
② 마텐자이트계
③ 석출경화계
④ 오스테나이트계

50 다음 중 Al의 성질에 관한 설명으로 틀린 것은?

① 가볍고 전연성이 우수하다.

② 전기전도도는 구리보다 낮다.

③ 전기, 열의 양도체이며 내식성이 좋다.

④ 기계적 성질은 순도가 높을수록 강하다.

51 그림의 형강을 올바르게 나타낸 치수 표시법은? (단, 형강 길이는 K이다)

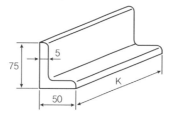

① L 75 × 50 × 5 × K
② L 75 × 50 × 5 − K
③ L 50 × 75 − 5 − K
④ L 50 × 75 × 5 × K

계산기   9/11 다음 ▶    안 푼 문제   답안 제출

실전 TEST!
제05회 CBT 실전모의고사
수험번호 :
수험자명 :
제한 시간 : 60분
남은 시간 :

글자 크기 100% 150% 200%   화면 배치   전체 문제 수 :
안 푼 문제 수 :

52 기계제도에 관한 일반사항의 설명으로 틀린 것은?

① 도형의 크기와 대상물의 크기와의 사이에는 올바른 비례관계를 보유하도록 그린다. 다만, 잘못 볼 염려가 없다고 생각되는 도면은, 도면의 일부 또는 전부에 대하여 이 비례관계는 지키지 않아도 좋다.

② 선의 굵기 방향의 중심은 선의 이론상 그려야 할 위치 위에 있어야 한다.

③ 서로 근접하여 그리는 선의 선 간격(중심거리)은 원칙적으로 평행선의 경우, 선의 굵기의 3배 이상으로 하고, 선과 선의 간격은 0.7mm 이상으로 하는 것이 좋다.

④ 투명한 재료로 만들어지는 대상물 또는 부분은 투상도에서 전부 투명한 것(없는 것)으로 하여 나타낸다.

53 그림과 같은 제3각 투상도에 가장 적합한 입체도는?

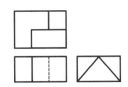

①

②

③

④

54 배관 제도 밸브 도시기호에서 일반 밸브가 닫힌 상태를 도시한 것은?

①

②

③

④

계산기   10/11 다음 ▶   안 푼 문제   답안 제출

실전 TEST!
제 **05** 회   **CBT 실전모의고사**
수험번호 :
수험자명 :
제한 시간 : 60분
남은 시간 :

글자 크기 ⊖ 100% Ⓜ 150% ⊕ 200%   화면 배치   전체 문제 수 :
안 푼 문제 수 :

답안 표기란				
55	①	②	③	④
56	①	②	③	④
57	①	②	③	④
58	①	②	③	④
59	①	②	③	④
60	①	②	③	④

55 다음 용접기호의 설명으로 옳은 것은?

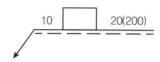

10   20(200)

① 플러그 용접을 의미한다.
② 용접부 지름은 20mm이다.
③ 용접부 간격은 10mm이다.
④ 용접부 수는 200개이다.

56 정투상법의 제1각법과 제3각법에서 배열위치가 정면도를 기준으로 동일한 위치에 놓이는 투상도는?

① 좌측면도
② 평면도
③ 저면도
④ 배면도

57 다음 중 원기둥의 전개에 가장 적합한 전개도법은?

① 평행선 전개도법
② 방사선 전개도법
③ 삼각형 전개도법
④ 역삼각형 전개도법

58 판의 두께를 나타내는 치수 보조 기호는?

① C
② R
③ □
④ t

59 KS 재료기호 SM10C에서 10C는 무엇을 뜻하는가?

① 제작방법
② 종별 번호
③ 탄소함유량
④ 최저 인장강도

60 다음 투상도 중 표현하는 각법이 다른 하나는?

①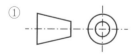

②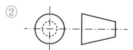

③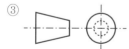

④

계산기   11/11 다음 ▶    안 푼 문제   답안 제출

글자 크기 ⊖ 100% Ⓜ 150% ⊕ 200%   화면 배치 ▬▬ | ▮ | ▯

전체 문제 수 :

안 푼 문제 수 :

답안 표기란				
1	①	②	③	④
2	①	②	③	④
3	①	②	③	④
4	①	②	③	④
5	①	②	③	④

✦ 정답 및 해설 p. 453

01 가스절단에서 절단속도에 대한 설명으로 틀린 것은?

① 절단속도는 모재의 온도가 높을수록 고속절단이 가능하다.

② 절단속도는 절단산소의 압력이 낮고 산소소비량이 적을수록 정비례하여 증가한다.

③ 산소절단할 때의 절단속도는 절단산소의 분출 상태와 속도에 따라 좌우된다.

④ 산소의 순도(99% 이상)가 높으면 절단속도가 빠르다.

02 피복금속아크 용접봉의 내균열성이 좋은 정도는?

① 피복제의 염기성이 높을수록 양호하다.

② 피복제의 산성이 높을수록 양호하다.

③ 피복제의 산성이 낮을수록 양호하다.

④ 피복제의 염기성이 낮을수록 양호하다.

03 가스용접 시 전진법과 후진법을 비교 설명한 것 중 틀린 것은?

① 전진법은 용접속도가 느리다.

② 후진법은 열 이용률이 좋다.

③ 전진법은 개선 홈의 각도가 크다.

④ 후진법은 용접 변형이 크다.

04 강괴, 강편, 슬랙, 기타 표면의 균열이나 주름, 주조, 결함, 탈탄층 등의 표면 결함을 얇게 불꽃가공에 의해서 제거하는 가스가공법은?

① 스카핑

② 가스 가우징

③ 아크 에어 가우징

④ 플라즈마 제트 가공

05 가스불꽃의 구성에서 높은 열(3,200~3,500℃)을 발생하는 부분으로 약간의 환원성을 띠게 되는 불꽃은?

① 겉불꽃

② 불꽃심(백심)

③ 속불꽃(내염)

④ 겉불꽃 주변

▦ 계산기   1/11   다음 ▶

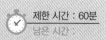

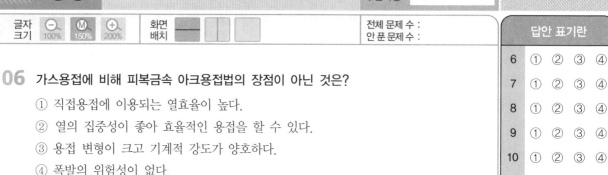

답안 표기란

6	① ② ③ ④
7	① ② ③ ④
8	① ② ③ ④
9	① ② ③ ④
10	① ② ③ ④
11	① ② ③ ④

06 가스용접에 비해 피복금속 아크용접법의 장점이 아닌 것은?

① 직접용접에 이용되는 열효율이 높다.
② 열의 집중성이 좋아 효율적인 용접을 할 수 있다.
③ 용접 변형이 크고 기계적 강도가 양호하다.
④ 폭발의 위험성이 없다.

07 다음 중 직류정극성의 특징이 아닌 것은?

① 모재의 용입이 깊다.
② 비드 폭이 좁다.
③ 주로 박판에 사용된다.
④ 용접봉의 용융이 느리다.

08 용접이음을 리벳이음과 비교하였을 때, 용접이음의 장점으로 틀린 것은?

① 자재가 절약되며, 중량이 감소한다.
② 작업이 비교적 복잡하고, 이음효율이 낮다.
③ 기밀, 수밀성이 우수하다.
④ 합리적 또는 창조적인 구조로 제작이 가능하다.

09 가스용접에서 충전가스의 용기 도색으로 틀린 것은?

① 산소 - 녹색
② 프로판 - 백색
③ 탄산가스 - 회색
④ 아세틸렌 - 황색

10 아크전류가 일정할 때 아크전압이 높아지면 용접봉의 용융속도가 늦어지고, 아크전압이 낮아지면 용융속도는 빨라지는 특성은?

① 절연회복 특성
② 정전압 특성
③ 정전류 특성
④ 아크길이 자기제어 특성

11 가스절단에서 절단용 산소에 불순물이 증가되면 발생되는 결과가 아닌 것은?

① 절단면이 거칠어진다.
② 절단속도가 빨라진다.
③ 슬래그의 이탈성이 나빠진다.
④ 산소의 소비량이 많아진다.

실전 TEST!
제**06**회 **CBT 실전모의고사**
수험번호 :
수험자명 :
제한 시간 : 60분
남은 시간 :

글자 크기 🔍 100% Ⓜ 150% ⊕ 200% 화면 배치 전체 문제 수 :
안 푼 문제 수 :

답안 표기란

12	①	②	③	④
13	①	②	③	④
14	①	②	③	④
15	①	②	③	④
16	①	②	③	④
17	①	②	③	④

12 가스 용접봉을 선택할 때 조건으로 틀린 것은?

① 모재와 같은 재질일 것
② 불순물이 포함되어 있지 않을 것
③ 용융온도가 모재보다 낮을 것
④ 기계적 성질에 나쁜 영향을 주지 않을 것

13 교류아크용접기 종류 중 AW-500의 정격부하전압은 몇 V인가?

① 28V   ② 32V   ③ 36V   ④ 40V

14 가스용접 작업 시 후진법의 설명으로 맞는 것은?

① 용접속도가 빠르다.   ② 열 이용률이 나쁘다.
③ 얇은 판의 용접에 적합하다.   ④ 용접 변형이 크다.

15 가스용접에서 팁의 재료로 가장 적당한 것은?

① 고탄소강   ② 고속도강   ③ 스테인리스강   ④ 동합금

16 수하 특성에 관한 설명 중 가장 적당한 것은?

① 부하전류가 증가하면 단자전압이 저하하는 특성
② 부하전압이 증가하면 단자전압이 상승하는 특성
③ 아크전류가 증가하여도 단자전압이 변하지 않는 특성
④ 부하전압이 변화하여도 전압이 변하지 않는 특성

17 피복아크 용접봉에서 피복제의 역할로 틀린 것은?

① 아크를 안정시킴   ② 전기절연작용을 함
③ 슬래그 제거가 쉬움   ④ 냉각속도를 빠르게 함

🖩 계산기   3/11 다음 ▶   📱 안 푼 문제   🗒 답안 제출

실전
TEST!
제**06**회 CBT 실전모의고사

수험번호 :

수험자명 :

제한 시간 : 60분
남은 시간 :

글자
크기 100% 150% 200%

화면
배치

전체 문제 수 :
안푼 문제 수 :

답안 표기란

18	①	②	③	④
19	①	②	③	④
20	①	②	③	④
21	①	②	③	④
22	①	②	③	④
23	①	②	③	④

18 다음 중 침탄법이 질화법보다 좋은 점을 설명한 것으로 옳은 것은?

① 경화에 의한 변형이 없다.　　　② 경화 후 수정이 가능하다.

③ 후처리로 열처리가 필요 없다.　　④ 매우 높은 경도를 가질 수 있다.

19 강에 함유된 원소 중 인(P)이 미치는 영향을 올바르게 설명한 것은?

① 연신율과 충격치를 증가시킨다.　　② 결정립을 미세화시킨다.

③ 실온에서 충격치를 높게 한다.　　④ 강도와 경도를 증가시킨다.

20 다음 중 페라이트계 스테인리스강에 관한 설명으로 틀린 것은?

① 유기산과 질산에는 침식하지 않는다.

② 염산, 황산 등에도 내식성을 잃지 않는다.

③ 오스테나이트계에 비하여 내산성이 낮다.

④ 표면이 잘 연마된 것은 공기나 물 중에 부식되지 않는다.

21 탄소강에 특정한 기계적 성질을 개선하기 위해 여러 가지 합금원소를 첨가하는데 다음 중 탈산제로의 사용 이외에 황의 나쁜 영향을 제거하는데도 중요한 역할을 하는 것은?

① 크롬(Cr)　　② 니켈(Ni)　　③ 망간(Mn)　　④ 바나듐(V)

22 다음 중 60~70% 니켈(Ni) 합금으로 내식성, 내마모성이 우수하여 터빈날개, 펌프 임펠러 등에 사용되는 것은?

① 콘스탄탄(Constantan)　　　　② 모넬메탈(Monel metal)

③ 커프로니켈(Cupro nickel)　　　④ 문쯔메탈(Muntz metal)

23 다음 중 오스테나이트계 스테인리스강 용접 시 입계부식을 방지하기 위한 조치로 가장 적절한 것은?

① 예열과 후열을 한다.

② 탄소량을 증가시켜 Cr_4C 탄화물의 생성을 방지한다.

③ Cr_4C의 생성을 돕기 위해 Ti이나 Nb를 첨가한다.

④ 1,050~1,100℃ 정도로 가열하여 Cr_4C 탄화물을 분해 후 급랭한다.

실전 TEST!
제06회
CBT 실전모의고사
수험번호 :
수험자명 :
제한 시간 : 60분
남은 시간 :

글자 크기 🔍100% Ⓜ150% 🔍200% 화면 배치 전체 문제 수 : 안 푼 문제 수 :

답안 표기란

24	①	②	③	④
25	①	②	③	④
26	①	②	③	④
27	①	②	③	④
28	①	②	③	④
29	①	②	③	④

24 다음 중 작업자가 연강판을 잘라 슬래그 해머를 만들어 담금질을 하였으나 경도가 높아지지 않았을 때 가장 큰 이유에 해당하는 것은?

① 단조를 하지 않았기 때문이다.
② 탄소함유량이 적었기 때문이다.
③ 망간의 함유량이 적었기 때문이다.
④ 가열온도가 맞지 않았기 때문이다.

25 다음 중 재료의 온도상승에 따라 강도는 저하되지 않고 내식성을 가지는 PH형 스테인리스강은?

① 석출경화형 스테인리스강
② 오스테나이트계 스테인리스강
③ 마텐자이트계 스테인리스강
④ 페라이트계 스테인리스강

26 다음 중 탄소량의 증가에 따라 감소되는 것은?

① 비열
② 열전도도
③ 전기저항
④ 항자력

27 다음 중 공정주철의 탄소함유량으로 가장 적합한 것은?

① 1.3%C
② 2.3%C
③ 4.3%C
④ 6.3%C

28 다음 중 화염경화 처리의 특징과 가장 거리가 먼 것은?

① 설비비가 싸다.
② 담금질 변형이 적다.
③ 가열온도의 조절이 쉽다.
④ 부품의 크기나 형상에 제한이 없다.

29 다음 중 용접 결함의 보수용접에 관한 사항으로 가장 적절하지 않은 것은?

① 재료의 표면에 있는 얇은 결함은 덧붙임용접으로 보수한다.
② 언더컷이나 오버랩 등은 그대로 보수용접을 하거나 정으로 따내기 작업을 한다.
③ 결함이 제거된 모재 두께가 필요한 치수보다 얇게 되었을 때에는 덧붙임용접으로 보수한다.
④ 덧붙임용접으로 보수할 수 있는 한도를 초과할 때에는 결함 부분을 잘라내어 맞대기 용접으로 보수한다.

🖩 계산기   5/11 다음 ▶

실전
TEST!
제**06**회 CBT 실전모의고사

수험번호 :
수험자명 :

제한 시간 : 60분
남은 시간 :

글자
크기 100% 150% 200%

화면
배치

전체 문제 수 :
안 푼 문제 수 :

답안 표기란

30 ① ② ③ ④
31 ① ② ③ ④
32 ① ② ③ ④
33 ① ② ③ ④
34 ① ② ③ ④
35 ① ② ③ ④

30 다음 중 용접작업에서 전류밀도가 가장 높은 용접은?

① 피복금속 아크용접
② 산소-아세틸렌 용접
③ 불활성 가스 금속 아크용접
④ 불활성 가스 텅스텐 아크용접

31 다음 중 정지구멍(Stop Hole)을 뚫어 결함부분을 깎아내고 재용접해야 하는 결함은?

① 균열
② 언더컷
③ 오버랩
④ 용입 부족

32 다음 중 열적 핀치효과와 자기적 핀치효과를 이용하는 용접은?

① 초음파 용접
② 고주파 용접
③ 레이저 용접
④ 플라즈마 아크용접

33 다음 중 CO_2가스 아크용접의 장점으로 틀린 것은?

① 용착금속의 기계적 성질이 우수하다.
② 슬래그 혼입이 없고, 용접 후 처리가 간단하다.
③ 전류밀도가 높아 용입이 깊고 용접속도가 빠르다.
④ 풍속 2m/s 이상의 바람에도 영향을 받지 않는다.

34 다음 중 귀마개를 착용하고 작업하면 안 되는 작업자는?

① 조선소의 용접 및 취부작업자
② 자동차 조립공장의 조립작업자
③ 강재 하역장의 크레인 신호자
④ 판금작업장의 타출 판금작업자

35 용접 조립순서는 용접순서 및 용접작업의 특성을 고려하여 계획하며, 불필요한 잔류응력이 남지 않도록 미리 검토하여 조립순서를 결정하여야 하는데, 다음 중 용접구조물을 조립하는 순서에서 고려하여야 할 사항과 가장 거리가 먼 것은?

① 가능한 구속용접을 실시한다.
② 가접용 정반이나 지그를 적절히 선택한다.
③ 구조물의 형상을 고정하고 지지할 수 있어야 한다.
④ 용접 이음의 형상을 고려하여 적절한 용접법을 선택한다.

실전
TEST!
제**06**회 | **CBT 실전모의고사**

수험번호 :
수험자명 :

제한 시간 : 60분
남은 시간 :

글자
크기 ⊖ Ⓜ ⊕
100% 150% 200%

화면
배치 ▭ ▯▯ ▭

전체 문제 수 :
안 푼 문제 수 :

답안 표기란

36	① ② ③ ④
37	① ② ③ ④
38	① ② ③ ④
39	① ② ③ ④
40	① ② ③ ④
41	① ② ③ ④
42	① ② ③ ④

36 다음 중 아세틸렌(C_2H_2)가스의 폭발성에 해당되지 않는 것은?

① 406~408℃가 되면 자연발화한다.

② 마찰·진동·충격 등의 외력이 작용하면 폭발위험이 있다.

③ 아세틸렌 90%, 산소 10%의 혼합 시 가장 폭발위험이 크다.

④ 은·수은 등과 접촉하면 이들과 화합하여 120℃ 부근에서 폭발성이 있는 화합물을 생성한다.

37 다음 중 전격으로 인해 순간적으로 사망할 위험이 가장 높은 전류량(mA)은?

① 5~10mA   ② 10~20mA   ③ 20~25mA   ④ 50~100mA

38 다음 중 다층용접 시 용착법의 종류에 해당하지 않는 것은?

① 빌드업법   ② 캐스케이드법   ③ 스킵법   ④ 전진블록법

39 다음 중 경납용 용제로 가장 적절한 것은?

① 염화아연($ZnCl_2$) ② 염산(HCl)   ③ 붕산(H_3Bo_3)   ④ 인산(H_3Po_4)

40 저항용접의 종류 중에서 맞대기용접이 아닌 것은?

① 업셋 용접   ② 프로젝션 용접   ③ 퍼커션 용접   ④ 플래시 버트 용접

41 납땜을 가열방법에 따라 분류한 것이 아닌 것은?

① 인두납땜   ② 가스납땜   ③ 유도가열납땜   ④ 수중납땜

42 아크용접에서 기공의 발생 원인이 아닌 것은?

① 아크길이가 길 때   ② 피복제 속에 수분이 있을 때
③ 용착금속 속에 가스가 남아 있을 때   ④ 용접부 냉각속도가 느릴 때

실전 TEST!
제 06 회 CBT 실전모의고사
수험번호 :
수험자명 :
제한 시간 : 60분
남은 시간 :

글자 크기 100% 150% 200%   화면 배치

전체 문제 수 :
안 푼 문제 수 :

답안 표기란
43 ① ② ③ ④
44 ① ② ③ ④
45 ① ② ③ ④
46 ① ② ③ ④
47 ① ② ③ ④
48 ① ② ③ ④

43 가스용접 토치의 취급상 주의사항으로 틀린 것은?

① 팁 및 토치를 작업장 바닥 등에 방치하지 않는다.

② 역화방지기는 반드시 제거한 후 토치를 점화한다.

③ 팁을 바꿔 끼울 때는 반드시 양쪽 밸브를 모두 닫은 다음에 행한다.

④ 토치를 망치 등 다른 용도로 사용해서는 안 된다.

44 연강의 인장시험에서 하중 100N, 시험편의 최초 단면적이 $50mm^2$일 때 응력은 몇 N/mm^2인가?

① 1 ② 2 ③ 5 ④ 10

45 점용접법의 종류가 아닌 것은?

① 맥동 점용접 ② 인터랙 점용접

③ 직렬식 점용접 ④ 병렬식 점용접

46 아세틸렌, 수소 등의 가연성 가스와 산소를 혼합 연소시켜 그 연소열을 이용하여 용접하는 것은?

① 탄산가스 아크용접 ② 가스용접

③ 불활성 가스 아크용접 ④ 서브머지드 아크용접

47 서브머지드 아크용접법의 단점으로 틀린 것은?

① 와이어에 소전류를 사용할 수 있어 용입이 얕다.

② 용접선이 짧거나 복잡한 경우 비능률적이다.

③ 루트 간격이 너무 크면 용락될 위험이 있다.

④ 용접진행 상태를 육안으로 확인할 수 없다.

48 판두께가 보통 6mm 이하인 경우에 사용되는 용접 홈의 형태는?

① I형 ② V형 ③ U형 ④ X형

계산기   8/11 다음 ▶   안 푼 문제   답안 제출

실전 TEST! 제**06**회 **CBT 실전모의고사**

수험번호 :
수험자명 :

제한 시간 : 60분
남은 시간 :

글자 크기 ⊖ 100% Ⓜ 150% ⊕ 200%   화면 배치

전체 문제 수 :
안 푼 문제 수 :

답안 표기란

49	①	②	③	④
50	①	②	③	④
51	①	②	③	④
52	①	②	③	④

49 용접봉을 선택할 때 모재의 재질, 제품의 향상, 사용 용접기기, 용접자세 등 사용목적에 따른 고려사항으로 가장 먼 것은?

① 용접성   ② 작업성   ③ 경제성   ④ 환경성

50 MIG 용접에서 토치의 종류와 특성에 대한 연결이 잘못된 것은?

① 커브형 토치 – 공냉식 토치 사용   ② 커브형 토치 – 단단한 와이어 사용
③ 피스톨형 토치 – 낮은 전류 사용   ④ 피스톨형 토치 – 수랭식 사용

51 그림의 등각 투상도에서 화살표 방향이 정면일 때 제3각 투상도로 가장 올바르게 나타낸 것은?

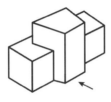

①

③

②

④

52 도면에 아래와 같이 리벳이 표시되었을 경우 올바른 설명은?

둥근머리 리벳 6 × 18 SWRM 10 앞붙이

① 둥근머리부의 바깥지름은 18mm이다.
② 리벳이음의 피치는 10mm이다.
③ 리벳의 길이는 10mm이다.
④ 호칭지름은 6mm이다.

실전
TEST!
제**06**회   CBT 실전모의고사

수험번호 :

수험자명 :

제한 시간 : 60분
남은 시간 :

글자
크기   ⊖ 100%   Ⓜ 150%   ⊕ 200%   화면
배치

전체 문제 수 :
안 푼 문제 수 :

53 암이나 리브 등을 도형 내에 단면 도시할 때 절단한 곳에 겹쳐서 단면 형상을 그리는 경우 사용하는 선은?

① 가는 실선   ② 파선

③ 굵은 실선   ④ 가상선

54 보기 용접기호 중 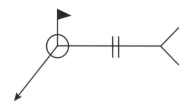 가 나타내는 의미 설명으로 올바른 것은?

① 전둘레 필릿 용접   ② 현장 필릿 용접

③ 전둘레 현장용접   ④ 현장 점용접

55 배관설비도의 계기 표시기호 중에서 유량계를 나타내는 기호는?

①   ② (P)

③   ④

56 도면의 양식 중 반드시 갖추어야 할 사항은?

① 방향 마크   ② 도면의 구역

③ 재단 마크   ④ 중심 마크

글자 크기 100% 150% 200%　화면 배치　전체 문제 수 :
안 푼 문제 수 :

57 도면에 표현되는 각도 치수 기입의 예를 나타낸 것이다. 틀린 것은?

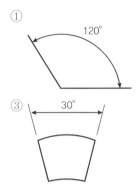

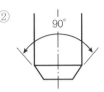

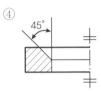

58 도면에 2가지 이상의 선이 같은 장소에 겹치어 나타나게 될 경우 우선순위가 가장 높은 것은?

① 숨은선　　② 외형선　　③ 절단선　　④ 중심선

59 그림과 같은 원뿔을 전개하였을 경우 나타난 부채꼴의 전개각(전개된 물체의 꼭지각)이 120°가 되려면 l의 치수는?

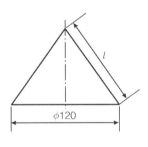

① 80　　② 120　　③ 180　　④ 270

60 용접부 표면 또는 용접부 형상에 대한 보조기호 설명으로 틀린 것은?

① ——— : 평면　　② ⌒ : 볼록형

③ ⌐MR⌐ : 영구적인 이면판재 사용　④ ⌣ : 토우를 매끄럽게 함

계산기　　11/11 다음 ▶　　안 푼 문제　 답안 제출

CBT 실전모의고사

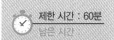
글자 크기 🔍 100% Ⓜ 150% ⊕ 200%　　화면 배치 ▭ ▯ ▯

전체 문제 수 :
안푼 문제 수 :

답안 표기란

1	①	②	③	④
2	①	②	③	④
3	①	②	③	④
4	①	②	③	④
5	①	②	③	④

✦ 정답 및 해설 p. 459

01 청색의 겉불꽃에 둘러싸인 무광의 불꽃이므로 육안으로는 불꽃조절이 어렵고, 납땜이나 수중절단의 예열불꽃으로 사용되는 것은?

① 천연가스 불꽃
② 산소 - 수소 불꽃
③ 도시가스 불꽃
④ 산소 - 아세틸렌 불꽃

02 피복아크 용접봉에서 모재로 용융금속이 옮겨가는 상태에서 비교적 큰 용적이 단락되지 않고 옮겨가는 형식은?

① 단락형
② 스프레이형
③ 글로뷸러형
④ 슬래그형

03 아크 에어 가우징 작업에서 탄소강과 스테인리스강에 가장 우수한 작업효과를 나타내는 전원은?

① 교류(AC)
② 직류정극성(DCSP)
③ 직류역극성(DCRP)
④ 교류, 직류 모두 동일

04 다음 그림은 가스절단의 종류 중 어떤 작업을 하는 모양을 나타낸 것인가?

진행방향
절단산소 기류
5~25°
팁은 모재에 닿지 않도록 한다.

① 산소창절단
② 포갬절단
③ 가스 가우징
④ 분말절단

05 가스용기의 취급상 주의사항으로 잘못된 것은?

① 가스용기의 이동 시는 밸브를 잠근다.
② 가스용기를 난폭하게 취급하지 않는다.
③ 가스용기의 저장은 환기가 되는 장소에 둔다.
④ 가연성 가스용기는 눕혀서 보관한다.

 계산기　　1/12 다음 ▶　　 안 푼 문제　　📄 답안 제출

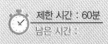
글자 크기 100% 150% 200%　　화면 배치 　　전체 문제 수 :
안 푼 문제 수 :

답안 표기란

6	①	②	③	④
7	①	②	③	④
8	①	②	③	④
9	①	②	③	④
10	①	②	③	④
11	①	②	③	④

06 AW300인 교류아크용접기로 쉬지 않고 계속적으로 용접작업을 진행할 수 있는 용접전류는 약 몇 암페어[A] 이하인가? (단, 이때 허용사용률은 100%이며, 이 용접기의 정격사용률은 40%이다)

① 138[A] 이하　　② 154[A] 이하　　③ 189[A] 이하　　④ 226[A] 이하

07 지름이 3.0mm의 용접봉에서 아크의 길이는 몇 mm로 하는 것이 가장 적당한가?

① 3.0　　② 6.0　　③ 9.0　　④ 12.0

08 용접용어 중 "중단되지 않은 용접의 시발점 및 크레이터를 제외한 부분의 길이"를 뜻하는 것은?

① 용접선　　② 용접 길이　　③ 용접축　　④ 다리 길이

09 용접작업 시 사용하는 보호기구의 종류로만 나열된 것은?

① 앞치마, 핸드실드, 차광유리, 팔덮개
② 용접헬멧, 핸드그라인더, 용접케이블, 앞치마
③ 치핑해머, 용접집게, 전류계, 앞치마
④ 용접기, 용접케이블, 퓨즈, 팔덮개

10 직류아크용접에서 용접봉을 용접기의 음극에, 모재를 양극에 연결하여 사용할 경우의 극성은?

① 정극성　　② 역극성　　③ 혼합성　　④ 아크성

11 15℃, 15기압에서 50L 아세틸렌 용기에 아세톤 21L가 포화, 흡수되어 있다. 이 용기에는 약 몇 L의 아세틸렌을 용해시킬 수 있는가?

① 5,875　　② 7,375　　③ 7,875　　④ 8,385

계산기　　2/12 다음 ▶　　안 푼 문제　　답안 제출

실전 TEST!

제**07**회   CBT 실전모의고사

수험번호 :
수험자명 :

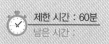
제한 시간 : 60분
남은 시간 :

글자 크기 ⊖ 100% Ⓜ 150% ⊕ 200%   화면 배치

전체 문제 수 :
안 푼 문제 수 :

답안 표기란

12	①	②	③	④
13	①	②	③	④
14	①	②	③	④
15	①	②	③	④
16	①	②	③	④

12 다음 중 스카핑(scarfing)에 관한 설명으로 옳은 것은?

① 용접 결함부의 제거, 용접 홈의 준비 및 절단, 구멍뚫기 등을 통틀어 말한다.

② 침몰선의 해체나 교량의 개조, 항만과 방파제 공사 등에 주로 사용된다.

③ 용접 부분의 뒷면 또는 U형, H형의 용접 홈을 가공하기 위해 둥근 홈을 파는 데 사용되는 공구이다.

④ 강재 표면의 홈이나 개재물, 탈탄층 등을 제거하기 위하여 가능한 한 얇게 표면을 깎아내는 가공법이다.

13 다음 중 연강용 가스 용접봉의 성분이 모재에 미치는 영향으로 틀린 것은?

① 인(P) : 강에 취성을 주며 가연성을 잃게 한다.

② 규소(Si) : 기공은 막을 수 있으나 강도가 떨어지게 된다.

③ 탄소(C) : 강의 강도를 증가시키지만 연신율, 굽힘성이 감소된다.

④ 유황(S) : 용접부의 저항력은 증가하지만 기공 발생의 원인이 된다.

14 다음 중 용접용 케이블을 접속하는 데 사용되는 것이 아닌 것은?

① 케이블 러그(cable lug)

② 케이블 조인트(cable joint)

③ 용접 고정구(welding fixture)

④ 케이블 커넥터(cable connector)

15 다음 중 아크용접에서 아크 쏠림의 방지대책으로 틀린 것은?

① 접지점 두 개를 연결할 것

② 접지점을 용접부에서 멀리할 것

③ 용접봉 끝을 아크 쏠림 방향으로 기울일 것

④ 직류아크용접을 하지 말고 교류용접을 할 것

16 다음 중 KS상 용접봉 홀더의 종류가 200호일 때 정격용접전류는 몇 A인가?

① 160

② 200

③ 250

④ 300

⌨ 계산기   3/12 다음 ▶   안 푼 문제   답안 제출

실전
TEST!
제**07**회 CBT 실전모의고사

수험번호 :

수험자명 :

제한 시간 : 60분
남은 시간 :

글자
크기 100% 150% 200%

화면
배치

전체 문제 수 :
안 푼 문제 수 :

답안 표기란

17	①	②	③	④
18	①	②	③	④
19	①	②	③	④
20	①	②	③	④
21	①	②	③	④
22	①	②	③	④

17 판두께가 20mm인 스테인리스강을 220A 전류와 2.5kgf/cm²의 산소압력으로 산소 아크 절단하고자 할 때 다음 중 가장 알맞은 절단속도는?

① 85mm/min ② 120mm/min ③ 150mm/min ④ 200mm/min

18 다음 중 용접 시 용접균열이 발생할 위험성이 가장 높은 재료는?

① 저탄소강 ② 중탄소강 ③ 고탄소강 ④ 순철

19 다음 중 불변강(invariable steel)에 속하지 않는 것은?

① 인바(invar) ② 엘린바(elinvar)
③ 플래티나이트(platinite) ④ 선플래티넘(sun-platinum)

20 다음 중 고강도 황동으로 델타메탈(delta metal)의 성분을 올바르게 나타낸 것은?

① 6 : 4 황동에 철을 1~2% 첨가
② 7 : 3 황동에 주석을 3% 내의 첨가
③ 6 : 4 황동에 망간을 1~2% 첨가
④ 7 : 3 황동에 니켈을 9% 내의 첨가

21 다음 중 탄소강에서의 잔류응력 제거방법으로 가장 적절한 것은?

① 재료를 앞뒤로 반복하여 굽힌다.
② 재료의 취약 부분에 드릴로 구멍을 낸다.
③ 재료를 일정 온도에서 일정 시간 유지 후 서랭시킨다.
④ 일정한 온도로 금속을 가열한 후 기름에 급랭시킨다.

22 담금질 강의 경도를 증가시키고 시효변형을 방지하기 위한 목적으로 하는 심랭처리(subzero treatment)는 몇 ℃의 온도에서 처리하는 것을 말하는가?

① 0℃ 이하 ② 300℃ 이하 ③ 600℃ 이하 ④ 800℃ 이상

계산기 4/12 다음 ▶ 안 푼 문제 답안 제출

실전 TEST!

제 **07** 회 **CBT 실전모의고사**

수험번호 :

수험자명 :

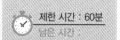
제한 시간 : 60분
남은 시간 :

글자 크기 ⊖ 100% Ⓜ 150% ⊕ 200% 화면 배치 ▭ ▯▯

전체 문제 수 :
안 푼 문제 수 :

답안 표기란

23	①	②	③	④
24	①	②	③	④
25	①	②	③	④
26	①	②	③	④
27	①	②	③	④
28	①	②	③	④
29	①	②	③	④

23 다음 중 항복점, 인장강도가 크고, 용접성이 우수하며, 조직은 펄라이트로, 듀콜(ducol) 강이라고도 불리는 것은?

① 고망간강 ② 저망간강 ③ 코발트강 ④ 텅스텐강

24 다음 중 KS상 탄소강 주강품의 기호가 "SC360"일 때 360이 나타내는 의미로 옳은 것은?

① 연신율 ② 탄소함유량 ③ 인장강도 ④ 단면수축률

25 다음 중 스테인리스강의 분류에 해당하지 않는 것은?

① 페라이트계 ② 마텐자이트계 ③ 스텔라이트계 ④ 오스테나이트계

26 다음 중 마그네슘에 관한 설명으로 틀린 것은?

① 실용금속 중 가장 가벼우며, 절삭성이 우수하다.
② 조밀육방격자를 가지며, 고온에서 발화하기 쉽다.
③ 냉간가공이 거의 불가능하여 일정 온도에서 가공한다.
④ 내식성이 우수하여 바닷물에 접촉하여도 침식되지 않는다.

27 다음 중 보통주철의 일반적인 주요 성분에 속하지 않는 것은?

① 규소 ② 아연 ③ 망간 ④ 탄소

28 다음 중 금속 표면에 스텔라이트나 경합금 등의 금속을 용착시켜 표면경화층을 만드는 방법을 무엇이라 하는가?

① 숏 피닝 ② 고주파경화법 ③ 화염경화법 ④ 하드페이싱

29 용접 시에 발생한 변형을 교정하는 방법 중 가열을 통하여 변형을 교정하는 방법에 있어 가장 적절한 가열온도는?

① 1,200℃ 이상 ② 800~900℃ ③ 500~600℃ ④ 300℃ 이하

⌨ 계산기   5/12 다음 ▶   ☑ 안 푼 문제   📋 답안 제출

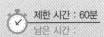

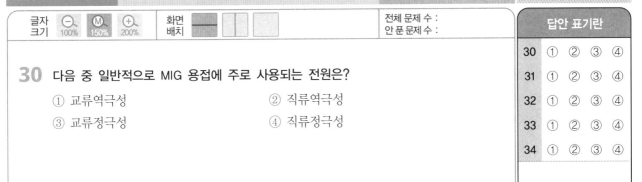

30 다음 중 일반적으로 MIG 용접에 주로 사용되는 전원은?

① 교류역극성

② 직류역극성

③ 교류정극성

④ 직류정극성

31 초음파탐상법의 종류에 속하지 않는 것은?

① 투과법

② 펄스반사법

③ 공진법

④ 맥동법

32 가스용접 및 절단 재해의 사례를 열거한 것 중 틀린 것은?

① 내부에 밀폐된 용기를 용접 또는 절단하다가 내부 공기의 팽창으로 인하여 폭발하였다.

② 역화방지기를 부착하여 아세틸렌 용기가 폭발하였다.

③ 철판의 절단 작업 중 철판 밑에 불순물(황, 인 등)이 분출하여 화상을 입었다.

④ 가스용접 후 소화상태에서 토치의 아세틸렌과 산소 밸브를 잠그지 않아 인화되어 화재를 당했다.

33 다음 중 변형과 잔류응력을 경감하는 일반적인 방법이 잘못된 것은?

① 용접 전 변형 방지책 : 억제법

② 용접시공에 의한 경감법 : 빌드업법

③ 모재의 열전도를 억제하여 변형을 방지하는 방법 : 도열법

④ 용접 금속부의 변형과 응력을 제거하는 방법 : 피닝법

34 보호가스의 공급이 없이 와이어 자체에서 발생하는 가스에 의해 아크 분위기를 보호하는 용접법은?

① 일렉트로 슬래그 용접

② 스터드 용접

③ 논 가스 아크용접

④ 플라즈마 아크용접

답안 표기란

30	①	②	③	④
31	①	②	③	④
32	①	②	③	④
33	①	②	③	④
34	①	②	③	④

글자 크기 ⊖ 100% Ⓜ 150% ⊕ 200% 화면 배치

전체 문제 수 :
안 푼 문제 수 :

답안 표기란

35	①	②	③	④
36	①	②	③	④
37	①	②	③	④
38	①	②	③	④
39	①	②	③	④
40	①	②	③	④

35 TIG 용접에서 고주파 교류(ACHF)의 특성을 잘못 설명한 것은?

① 고주파 전원을 사용하므로 모재에 접촉시키지 않아도 아크가 발생한다.
② 긴 아크 유지가 용이하다.
③ 전극의 수명이 짧다.
④ 동일한 전극봉에서 직류정극성(DCSP)에 비해 고주파 교류(ACHF)가 사용 전류 범위가 크다.

36 변형과 잔류응력을 최소로 해야 할 경우 사용되는 용착법으로 가장 적합한 것은?

① 후진법   ② 전진법   ③ 스킵법   ④ 덧살 올림법

37 불활성 가스 금속 아크용접(MIG)의 특성이 아닌 것은?

① 아크 자기제어 특성이 있다.
② 정전압 특성, 상승 특성이 있는 직류용접기이다.
③ 반자동 또는 전자동 용접기로 속도가 빠르다.
④ 전류밀도가 낮아 3mm 이하 얇은 판 용접에 능률적이다.

38 테르밋 용접의 특징에 대한 설명으로 틀린 것은?

① 용접작업이 단순하고 용접 결과의 재현성이 높다.
② 용접시간이 짧고 용접 후 변형이 적다.
③ 전기가 필요하고 설비비가 비싸다.
④ 용접기구가 간단하고 작업장소의 이동이 쉽다.

39 결함 끝부분을 드릴로 구멍을 뚫어 정지구멍을 만들고 그 부분을 깎아내어 다시 규정의 홈으로 다듬질하여 보수를 하는 용접 결함은?

① 슬래그 섞임   ② 균열   ③ 언더컷   ④ 오버랩

40 다음 금속 재료 중에서 가장 용접하기 어려운 것은?

① 철   ② 알루미늄   ③ 티탄   ④ 니켈경합금

計算기   7/12   다음 ▶    안 푼 문제 답안 제출

실전 TEST! 제 **07** 회 CBT 실전모의고사

수험번호 :
수험자명 :

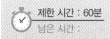
제한 시간 : 60분
남은 시간 :

글자 크기 ⊖ 100% ⓜ 150% ⊕ 200%   화면 배치 ▬ ▯▯ ▭

전체 문제 수 :
안 푼 문제 수 :

답안 표기란			
41	①	②	③	④
42	①	②	③	④
43	①	②	③	④
44	①	②	③	④
45	①	②	③	④
46	①	②	③	④

41 용접 시 예열을 하는 목적으로 가장 거리가 먼 것은?

① 균열의 방지
② 기계적 성질의 향상
③ 변형, 잔류응력의 감소
④ 화학적 성질의 향상

42 아크 플라즈마는 고전류가 되면 방전전류에 의하여 생기는 자장과 전류의 작용으로 아크의 단면이 수축되고 그 결과 아크 단면이 수축하여 가늘게 되며 전류밀도가 증가한다. 이와 같은 성질을 무엇이라고 하는가?

① 열적 핀치효과
② 자기적 핀치효과
③ 플라즈마 핀치효과
④ 동적 핀치효과

43 피복아크용접에서 용접전류에 의해 아크 주위에 발생하는 자장이 용접봉에 대해서 비대칭일 때 일어나는 현상은?

① 자기흐름
② 언더컷
③ 자기불림
④ 오버랩

44 용접 결함 중 구조상 결함이 아닌 것은?

① 슬래그 섞임
② 용입 불량과 융합 불량
③ 언더컷
④ 피로강도 부족

45 융접의 일종으로서 아크열이 아닌 와이어와 용융 슬래그 사이에 통전된 전류의 저항열을 이용하여 용접을 하는 것은?

① 테르밋 용접
② 전자빔 용접
③ 초음파 용접
④ 일렉트로 슬래그 용접

46 CO_2가스 아크용접 결함에 있어서 다공성이란 무엇을 의미하는가?

① 질소, 수소, 일산화탄소 등에 의한 기공을 말한다.
② 와이어 선단부에 용적이 붙어 있는 것을 말한다.
③ 스패터가 발생하여 비드의 외관에 붙어 있는 것을 말한다.
④ 노즐과 모재 간 거리가 지나치게 작아서 와이어 송급 불량을 의미한다.

실전
TEST!
제**07**회 **CBT 실전모의고사**
수험번호 :
수험자명 :
제한 시간 : 60분
남은 시간 :

47	① ② ③ ④
48	① ② ③ ④
49	① ② ③ ④
50	① ② ③ ④

47 안전·보건표지의 색채, 색도 기준 및 용도에서 특정 행위의 지시 및 사실의 고지에 사용되는 색채는?

① 빨간색　　　② 노란색　　　③ 녹색　　　④ 파란색

48 용접기에 전원스위치를 넣기 전에 점검해야 할 사항 중 틀린 것은?

① 용접기가 전원에 잘 접속되어 있는가를 점검한다.
② 케이블이 손상된 곳은 없는지 점검한다.
③ 회전부나 마찰부에 윤활유가 알맞게 주유되어 있는지 점검한다.
④ 용접봉 홀더에 접지선이 이어져 있는지 점검한다.

49 마찰용접의 장점이 아닌 것은?

① 용접작업시간이 짧아 작업 능률이 높다.
② 이종금속의 접합이 가능하다.
③ 피용접물의 형상치수, 길이, 무게의 제한이 없다.
④ 작업자의 숙련이 필요하지 않다.

50 용접봉의 소요량을 판단하거나 용접 작업시간을 판단하는 데 필요한 용접봉의 용착효율을 구하는 식은?

① 용착효율 = $\dfrac{\text{용착금속의 중량}}{\text{용접봉 사용중량}} \times 100$

② 용착효율 = $\dfrac{\text{용착금속의 중량} \times 2}{\text{용접봉 사용중량}} \times 100$

③ 용착효율 = $\dfrac{\text{용접봉 사용중량}}{\text{용착금속의 중량}} \times 100$

④ 용착효율 = $\dfrac{\text{용접봉 사용중량}}{\text{용착금속의 중량} \times 2} \times 100$

실전
TEST!
제**07**회 CBT 실전모의고사

수험번호 :
수험자명 :

제한 시간 : 60분
남은 시간 :

글자
크기 ⊖ 100% Ⓜ 150% ⊕ 200%

화면
배치

전체 문제 수 :
안 푼 문제 수 :

답안 표기란

51 ① ② ③ ④
52 ① ② ③ ④
53 ① ② ③ ④

51 그림과 같은 입체도에서 화살표 방향을 정면으로 한 제3각 정투상도로 가장 적합한 투상은?

①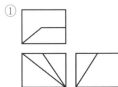

②

③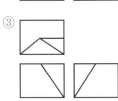

④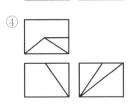

52 기계제도에서의 척도에 대한 설명으로 잘못된 것은?

① 척도란 도면에서의 길이와 대상물의 실제길이의 비이다.

② 척도는 표제란에 기입하는 것이 원칙이다.

③ 축척은 2:1, 5:1, 10:1 등과 같이 나타난다.

④ 도면을 정해진 척도값으로 그리지 못하거나 비례하지 않을 때에는 척도를 'NS'로 표시할 수 있다.

53 그림과 같은 도면이 나타내는 단면은 어느 단면도에 해당하는가?

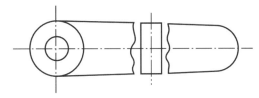

① 한쪽 단면도

② 회전 도시 단면도

③ 예각 단면도

④ 온 단면도

계산기

10/12 다음 ▶

 안 푼 문제

 답안 제출

글자
크기 100% 150% 200% 화면 배치 전체 문제 수 : 안 푼 문제 수 :

54 다음 중 게이트밸브의 표시방법으로 올바른 것은?

①   ②

③   ④

55 대상물의 보이는 부분의 모양을 표시하는 데 사용하는 선은?

① 치수선 ② 외형선
③ 숨은선 ④ 기준선

56 그림에서 □15에 대한 설명으로 맞는 것은?

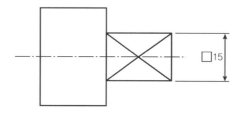

① 어느 한쪽 길이가 15인 직사각형
② 한 변의 길이가 15인 정사각형
③ Ø 15인 원통에 평면이 있음
④ 참고치수가 15인 평면

57 리벳의 호칭이 다음과 같이 표시된 경우 16의 의미는?

KS B 1102 열간 접시머리 리벳 16 × 40 SV 330

① 리벳의 수량 ② 리벳의 호칭지름
③ 리벳이음의 구멍치수 ④ 리벳이 길이

계산기 11/12 다음 ▶   안 푼 문제 답안 제출

글자
크기 100% 150% 200%

화면
배치

전체 문제 수 :
안 푼 문제 수 :

답안 표기란

58 ① ② ③ ④
59 ① ② ③ ④
60 ① ② ③ ④

58 그림과 같은 용접기호의 뜻은?

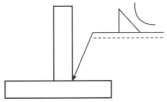

① 볼록형 필릿 용접
② 오목형 필릿 용접
③ 볼록형 심용접
④ 오목형 심용접

59 다음 도면에서 치수 28에 붙은 "( )"가 의미하는 것은?

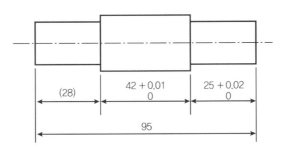

① 참고치수
② 허용치수
③ 기준치수
④ 치수공차

60 다음은 제3각법의 정투상도로 나타낸 정면도와 우측면도이다. 평면도로 가장 적합한 것은?

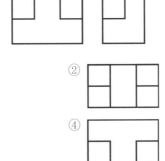

① ② ③ ④

계산기

12/12 다음 ▶

안 푼 문제

답안 제출

실전 TEST!

제**08**회   CBT 실전모의고사

수험번호 :

수험자명 :

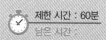
제한 시간 : 60분
남은 시간 :

글자
크기   ⊖ 100%   Ⓜ 150%   ⊕ 200%

화면
배치 ▭ ▯▯ ▯▯▯

전체 문제 수 :
안 푼 문제 수 :

답안 표기란
1 ① ② ③ ④
2 ① ② ③ ④
3 ① ② ③ ④
4 ① ② ③ ④
5 ① ② ③ ④
6 ① ② ③ ④

✦ 정답 및 해설 p. 464

01 다음 중 TIG 용접에 있어 직류정극성에 관한 설명으로 틀린 것은?

① 용입이 깊고, 비드 폭은 좁다.

② 극성의 기호를 DCSP로 나타낸다.

③ 산화피막을 제거하는 청정작용이 있다.

④ 모재에는 양(+)극을, 홀더(토치)에는 음(−)극을 연결한다.

02 다음 중 산소용기에 표시된 기호 "TP"가 나타내는 뜻으로 옳은 것은?

① 용기의 내용적   ② 용기의 내압시험압력

③ 용기의 중량   ④ 용기의 최고 충전압력

03 다음 중 가스절단 결과에 영향을 미치는 예열불꽃의 세기가 강할 때 현상으로 틀린 것은?

① 드래그가 증가한다.   ② 절단면이 거칠어진다.

③ 모서리가 용융되어 둥글게 된다.   ④ 슬래그 중의 철 성분의 박리가 어려워진다.

04 다음 중 산소−아세틸렌 용접법에서 전진법과 비교한 후진법의 설명으로 틀린 것은?

① 용접속도가 느리다.   ② 열 이용률이 좋다.

③ 용접 변형이 작다.   ④ 홈 각도가 작다.

05 다음 중 가스용접에서 역화의 원인과 가장 거리가 먼 것은?

① 팁이 과열되었을 때   ② 팁 구멍이 막혔을 때

③ 팁과 모재가 멀리 떨어졌을 때   ④ 팁 구멍이 확대 변형되었을 때

06 다음 중 피복아크용접에서 피복제의 역할이 아닌 것은?

① 아크의 안정   ② 용착금속에 산소공급

③ 용착금속의 급랭방지   ④ 용착금속의 탈산정련작용

▦ 계산기   1/13   다음 ▶    안 푼 문제   답안 제출

실전
TEST!
제**08**회 CBT 실전모의고사

수험번호 :
수험자명 :

제한 시간 : 60분
남은 시간 :

글자
크기 100% 150% 200%

화면
배치

전체 문제 수 :
안 푼 문제 수 :

답안 표기란

7	①	②	③	④
8	①	②	③	④
9	①	②	③	④
10	①	②	③	④
11	①	②	③	④

07 다음 중 산소-아세틸렌 가스용접의 단점이 아닌 것은?

① 열효율이 낮다.
② 폭발할 위험이 있다.
③ 가열시간이 오래 걸린다.
④ 가열할 때 열량의 조절이 제한적이다.

08 다음 중 가동철심형 교류아크용접기의 특성으로 틀린 것은?

① 광범위한 전류조정이 쉽다.
② 미세한 전류 조정이 가능하다.
③ 가동 부분의 마멸로 철심의 진동이 생긴다.
④ 가동철심으로 누설 자속을 가감하여 전류를 조정한다.

09 다음 중 피복제가 습기를 흡습하기 쉽기 때문에 사용하기 전에 300~350℃로 1~2시간 정도 건조해서 사용해야 하는 용접봉은?

① E4301
② E4311
③ E4316
④ E4340

10 다음 중 용접법의 분류에 있어 금속전극을 사용한 아크용접에서 보호아크를 사용하는 용접법이 아닌 것은?

① 와이어 아크용접
② 피복금속 아크용접
③ 이산화탄소 아크용접
④ 서브머지드 아크용접

11 직류아크용접 시에 발생되는 아크 쏠림(arc-blow)이 일어날 때 볼 수 있는 현상으로 이음의 한쪽 부재만이 녹고 다른 부재가 녹지 않아 용입 불량, 슬래그 혼입 등의 결함이 발생할 때 조치사항으로 가장 적절한 것은?

① 긴 아크를 사용한다.
② 용접전류를 하강시킨다.
③ 용접봉 끝을 아크 쏠림 방향으로 기울인다.
④ 접지 지점을 바꾸고, 용접 지점과의 거리를 멀리한다.

계산기

2/13 다음 ▶

안 푼 문제 답안 제출

실전 TEST!
제**08**회 CBT 실전모의고사

수험번호 :
수험자명 :

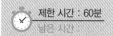
제한 시간 : 60분
남은 시간 :

글자 크기 ⊖ 100% Ⓜ 150% ⊕ 200% 화면 배치

전체 문제 수 :
안푼 문제 수 :

답안 표기란

12	① ② ③ ④
13	① ② ③ ④
14	① ② ③ ④
15	① ② ③ ④
16	① ② ③ ④

12 다음 중 가스용접에서 전진법과 비교한 후진법(back hand method)의 특징으로 틀린 것은?

① 용접 변형이 크다.
② 용접속도가 빠르다.
③ 소요 홈의 각도가 작다.
④ 두꺼운 판의 용접에 적합하다.

13 다음 중 절단 작업과 관계가 가장 적은 것은?

① 산소창절단
② 아크 에어 가우징
③ 크레이터
④ 분말절단

14 다음 중 포갬절단(stack cutting)에 관한 설명으로 틀린 것은?

① 예열불꽃으로 산소-아세틸렌 불꽃보다 산소-프로판 불꽃이 적합하다.
② 절단 시 판과 판 사이에는 산화물이나 불순물을 깨끗이 제거하여야 한다.
③ 판과 판 사이의 틈새는 0.1mm 이상으로 포개어 압착시킨 후 절단하여야 한다.
④ 6mm 이하의 비교적 얇은 판을 작업 능률을 높이기 위하여 여러 장 겹쳐 놓고 한 번에 절단하는 방법을 말한다.

15 AW-250, 무부하전압 80V, 아크전압 20V인 교류용접기를 사용할 때 역률과 효율은 각각 얼마인가? (단, 내부손실은 4kW이다)

① 역률 : 45%, 효율 : 56%
② 역률 : 48%, 효율 : 69%
③ 역률 : 54%, 효율 : 80%
④ 역률 : 69%, 효율 : 72%

16 다음 중 아크 용접봉 피복제의 역할로 옳은 것은?

① 스패터의 발생을 증가시킨다.
② 용착금속에 적당한 합금원소를 첨가한다.
③ 용착금속의 응고와 냉각속도를 빠르게 한다.
④ 대기 중으로부터 산화, 질화 등을 활성화시킨다.

계산기   3/13 다음 ▶   안 푼 문제    답안 제출

실전 TEST!
제**08**회 CBT 실전모의고사

수험번호 :
수험자명 :

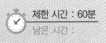
제한 시간 : 60분
남은 시간 :

글자
크기 ⊖ 100% Ⓜ 150% ⊕ 200%

화면
배치 ▬ ▢ ▢

전체 문제 수 :
안푼 문제 수 :

답안 표기란

17	①	②	③	④
18	①	②	③	④
19	①	②	③	④
20	①	②	③	④
21	①	②	③	④
22	①	②	③	④

17 다음 중 아크가 발생하는 초기에만 용접전류를 특별히 많게 할 목적으로 사용되는 아크 용접기의 부속기구는?

① 변압기(transformer)

② 핫 스타트(hot start) 장치

③ 전격방지장치(voltage reducing device)

④ 원격제어장치(remote control equipment)

18 강괴의 종류 중 탄소함류량이 0.3% 이상이고, 재질이 균일하며, 기계적 성질 및 방향성이 좋아 합금강, 단조용강, 침탄강의 원재료로 사용되나 수축관이 생긴 부분이 산화되어 가공 시 압착되지 않아 잘라내야 하는 것은?

① 킬드강괴 ② 세미킬드강괴 ③ 림드강괴 ④ 캡트강괴

19 다음 중 알루미늄합금에 있어 두랄루민의 첨가 성분으로 가장 많이 함유된 원소는?

① Mn ② Cu ③ Mg ④ Zn

20 다음 중 일명 포금(gun metel)이라고 불리는 청동의 주요 성분으로 옳은 것은?

① 8~12% Sn에 1~2% Zn 함유 ② 2~5% Sn에 15~20% Zn 함유

③ 5~10% Sn에 10~15% Zn 함유 ④ 15~20% Sn에 5~8% Zn 함유

21 일반적으로 냉간가공 경화된 탄소강 재료를 600~650℃에서 중간 풀림하는 방법은?

① 확산풀림 ② 연화풀림 ③ 항온풀림 ④ 완전풀림

22 알루미늄-규소계 합금으로서, 10~14%의 규소가 함유되어 있고, 알펙스(alpax)라고도 하는 것은?

① 실루민(silumin) ② 두랄루민(duralumin)

③ 하이드로날륨(hydronalium) ④ Y합금

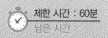
글자 크기 ○ 100% Ⓜ 150% ⊕ 200%　화면 배치

전체 문제 수 :
안 푼 문제 수 :

답안 표기란

23	①	②	③	④
24	①	②	③	④
25	①	②	③	④
26	①	②	③	④
27	①	②	③	④
28	①	②	③	④

23 주철과 비교한 주강에 대한 설명으로 틀린 것은?

① 주철에 비하여 강도가 더 필요한 경우에 사용한다.
② 주철에 비하여 용접에 의한 보수가 용이하다.
③ 주철에 비하여 주조 시 수축량이 커서 균열 등이 발생하기 쉽다.
④ 주철에 비하여 용융점이 낮다.

24 금속의 표면에 스텔라이트나 경합금 등을 용접 또는 압접으로 융착시키는 것은?

① 숏 피닝　② 하드페이싱　③ 샌드 블라스트　④ 화염경화법

25 주철의 여린 성질을 개선하기 위하여 합금 주철에 첨가하는 특수 원소 중 크롬(Cr)이 미치는 영향으로 잘못된 것은?

① 내마모성을 향상시킨다.
② 흑연의 구상화를 방해하지 않는다.
③ 크롬 0.2~1.5% 정도 포함시키면 기계적 성질을 향상시킨다.
④ 내열성과 내식성을 감소시킨다.

26 기계구조용 저합금강에 양호하게 요구되는 조건이 아닌 것은?

① 항복강도　② 가공성　③ 인장강도　④ 마모성

27 Ni-Cr계 합금이 아닌 것은?

① 크로멜　② 니크롬　③ 인코넬　④ 두랄루민

28 냉간가공의 특징을 설명한 것으로 틀린 것은?

① 제품의 표면이 미려하다.　② 제품의 치수 정도가 좋다.
③ 가공경화에 의한 강도가 낮아진다.　④ 가공공수가 적어 가공비가 적게 든다.

계산기　5/13 다음▶　안 푼 문제　답안 제출

실전
TEST!
제**08**회 CBT 실전모의고사

수험번호 :
수험자명 :

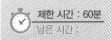
제한 시간 : 60분
남은 시간 :

글자
크기 100% 150% 200%

화면
배치

전체 문제 수 :
안 푼 문제 수 :

답안 표기란
29 ① ② ③ ④
30 ① ② ③ ④
31 ① ② ③ ④
32 ① ② ③ ④
33 ① ② ③ ④

29 피복아크용접 시 아크가 발생될 때 아크에 다량 포함되어 있어 인체에 가장 큰 해를 줄 수 있는 광선은?

① 감마선　　　② 자외선　　　③ 방사선　　　④ X-선

30 CO_2가스 아크용접 시 보호가스로 CO_2 + Ar + O_2를 사용할 때의 좋은 효과로 볼 수 없는 것은?

① 슬래그 생성량이 많아져 비드 표면을 균일하게 덮어 급랭을 방지하며, 비드 외관이 개선된다.

② 용융지의 온도가 상승하며, 용입량도 다소 증대된다.

③ 비금속 개재물의 응집으로 용착강이 청결해진다.

④ 스패터가 많아지며, 용착강의 환원반응을 활발하게 한다.

31 MIG 용접의 특징 설명으로 틀린 것은?

① 용접속도가 빠르다.

② 아크 자기제어 특성이 있다.

③ 전류밀도가 높아 3mm 이상의 판 용접에 적당하다.

④ 직류정극성 이용 시 청정작용으로 알루미늄이나 마그네슘 용접이 가능하다.

32 CO_2가스 아크용접에서 아크전압이 높을 때 나타나는 현상으로 맞는 것은?

① 비드 폭이 넓어진다.　　　② 아크길이가 짧아진다.

③ 비드 높이가 높아진다.　　④ 용입이 깊어진다.

33 전자동 MIG 용접과 반자동용접을 비교했을 때 전자동 MIG 용접의 장점으로 틀린 것은?

① 우수한 품질의 용접이 얻어진다.

② 생산단가를 최소화할 수 있다.

③ 용착효율이 낮아 능률이 매우 좋다.

④ 용접속도가 빠르다.

계산기　　　　6/13　다음 ▶　　　 안 푼 문제　 답안 제출

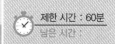
글자 크기 100% 150% 200%　화면 배치　전체 문제 수 :　안 푼 문제 수 :

답안 표기란
34 ① ② ③ ④
35 ① ② ③ ④
36 ① ② ③ ④
37 ① ② ③ ④
38 ① ② ③ ④
39 ① ② ③ ④

34 서브머지드 아크용접에 대한 설명으로 틀린 것은?

① 용접장치로는 송급장치, 전압제어장치, 접촉팁, 이동대차 등으로 구성되어 있다.
② 용제의 종류에는 용융형 용제, 고온소결형 용제, 저온소결형 용제가 있다.
③ 시공을 할 때는 루트 간격을 0.8mm 이상으로 한다.
④ 엔드탭의 부착은 모재와 홈의 형상이나 두께, 재질 등이 동일한 규격으로 부착하여야 한다.

35 다음 중 비파괴시험이 아닌 것은?

① 초음파탐상시험　② 피로시험
③ 침투탐상시험　④ 누설탐상시험

36 알루미늄을 TIG 용접할 때 가장 적절한 전류는?

① AC　② ACHF　③ DCRP　④ DCSP

37 다음 가스 중에서 발열량이 큰 것에서 작은 것의 순서로 배열된 것은?

① 아세틸렌 > 프로판 > 수소 > 메탄
② 프로판 > 아세틸렌 > 메탄 > 수소
③ 프로판 > 메탄 > 수소 > 아세틸렌
④ 아세틸렌 > 수소 > 메탄 > 프로판

38 필릿 용접에서 이론적 목두께 a와 용접 다리길이 z의 관계를 옳게 나타낸 것은?

① $a ≒ 0.3z$　② $a ≒ 0.5z$　③ $a ≒ 0.7z$　④ $a ≒ 0.9z$

39 가스용접 시 사용하는 용제에 대한 설명으로 틀린 것은?

① 용제는 용접 중에 생기는 금속의 산화물을 용해한다.
② 용제는 용접 중에 생기는 비금속 개재물을 용해한다.
③ 용제의 융점은 모재의 융점보다 높은 것이 좋다.
④ 용제는 건조한 분말, 페이스트, 또는 용접부 표면에 피복한 것도 있다.

계산기　7/13　다음 ▶　 안 푼 문제　 답안 제출

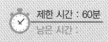

실전 TEST / 제**08**회 CBT 실전모의고사

수험번호 :
수험자명 :

제한 시간 : 60분
남은 시간 :

글자 크기 ⊖ 100% Ⓜ 150% ⊕ 200%
화면 배치
전체 문제 수 :
안 푼 문제 수 :

답안 표기란

40	①	②	③	④
41	①	②	③	④
42	①	②	③	④
43	①	②	③	④
44	①	②	③	④

40 연납용 용제로 사용되는 것이 아닌 것은?

① 인산 　② 염화아연 　③ 염산 　④ 붕산

41 서브머지드 아크용접의 특징이 아닌 것은?

① 콘택트 팁에서 통전되므로 와이어 중에 저항열이 적게 발생되어 고전류 사용이 가능하다.

② 아크가 보이지 않으므로 용접부의 적부를 확인하기가 곤란하다.

③ 용접길이가 짧을 때 능률적이며, 수평 및 위보기 자세 용접에 주로 이용된다.

④ 일반적으로 비드 외관이 아름답다.

42 용접작업 중 지켜야 할 안전사항으로 틀린 것은?

① 보호장구를 반드시 착용하고 작업한다.

② 훼손된 케이블은 사용 후에 보수한다.

③ 도장된 탱크 안에서의 용접은 충분히 환기시킨 후 작업한다.

④ 전격방지기가 설치된 용접기를 사용한다.

43 본용접의 용착법 중 각 층마다 전체 길이를 용접하면서 쌓아올리는 방법으로 용접하는 것은?

① 전진블록법 　② 캐스케이드법 　③ 빌드업법 　④ 스킵법

44 아래 그림에서 탄소강을 아크용접한 매크로 조직 용접부 중 열 영향부를 나타낸 곳은?

① a 　② b 　③ c 　④ d

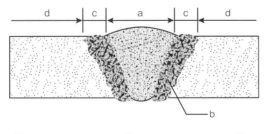

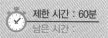

글자 크기 🔍 100% Ⓜ 150% ➕ 200%　화면 배치　전체 문제 수 : 안 푼 문제 수 :

답안 표기란

45	① ② ③ ④
46	① ② ③ ④
47	① ② ③ ④
48	① ② ③ ④
49	① ② ③ ④

45 좁은 탱크 안에서 작업할 때 주의사항 중 옳지 않은 것은?

① 질소를 공급하여 환기시킨다.

② 환기 및 배기 장치를 한다.

③ 가스 마스크를 착용한다.

④ 공기를 불어넣어 환기시킨다.

46 납땜의 용제가 갖추어야 할 조건을 잘못 표현한 것은?

① 청정한 금속면의 산화를 촉진시킬 것

② 모재나 땜납에 대한 부식작용이 최소한일 것

③ 용제의 유효온도 범위와 납땜온도가 일치할 것

④ 땜납의 표면장력을 맞추어서 모재와의 친화도를 높일 것

47 피복아크용접에서 슬래그 혼입으로 용접 결함이 발생하였다. 방지대책으로 틀린 것은?

① 전류를 약간 높게 한다.

② 루트 간격 및 치수를 적게 한다.

③ 용접부 예열을 한다.

④ 슬래그를 깨끗이 제거한다.

48 시험편을 인장 파단하여 항복점(또는 내력), 인장강도, 연신율, 단면수축률 등을 조사하는 시험법은?

① 경도시험　　② 굽힘시험　　③ 충격시험　　④ 인장시험

49 맞대기용접 이음에서 최대 인장하중이 8,000kgf이고, 판두께가 9mm, 용접선의 길이가 15cm일 때 용착금속의 인장강도는 약 몇 kgf/mm²인가?

① 5.9　　② 5.5　　③ 5.6　　④ 5.2

계산기　　9/13 다음 ▶　　안 푼 문제　답안 제출

글자 크기 100% 150% 200% 화면 배치

전체 문제 수 :
안 푼 문제 수 :

50 용접이음부에 예열(Preheating)하는 방법 중 가장 적절하지 않은 것은?

① 연강을 기온이 0℃ 이하에서 용접하면 저온균열이 발생하기 쉬우므로 이음의 양쪽을 약 100mm 폭이 되게 하여 약 50~75℃ 정도로 예열하는 것이 좋다.

② 다층용접을 할 때는 제2층 이후는 앞 층의 열로 모재가 예열한 것과 동등한 효과를 얻기 때문에 예열을 생략할 수도 있다.

③ 일반적으로 주물, 내열합금 등은 용접 균열이 발생하지 않으므로 예열할 필요가 없다.

④ 후판, 구리 또는 구리합금, 알루미늄합금 등과 같이 열전도가 큰 것은 이음부의 열집중이 부족하여 융합 불량이 생기기 쉬우므로 200~400℃ 정도의 예열이 필요하다.

51 도면을 축소 또는 확대했을 경우, 그 정도를 알기 위해서 설정하는 것은?

① 중심 마크 ② 비교 눈금
③ 도면의 구역 ④ 재단 마크

52 도면에서의 지시한 용접법으로 바르게 짝지어진 것은?

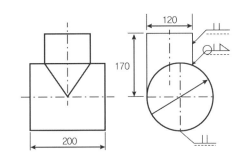

① 평형 맞대기 용접, 필릿 용접
② 겹치기 용접, 플러그 용접
③ 심용접, 점용접
④ 이면용접, V형 맞대기용접

 계산기   10/13 다음 ▶   안 푼 문제 답안 제출

실전 TEST!
제**08**회 CBT 실전모의고사

수험번호 :
수험자명 :

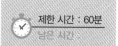
제한 시간 : 60분
남은 시간 :

글자 크기 ⊖ 100% Ⓜ 150% ⊕ 200%
화면 배치
전체 문제 수 :
안 푼 문제 수 :

답안 표기란

53	①	②	③	④
54	①	②	③	④
55	①	②	③	④
56	①	②	③	④

53 아래 그림은 원뿔을 경사지게 자른 경우이다. 잘린 원뿔의 전개 형태로 가장 올바른 것은?

①

②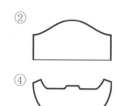

③

④

54 일반구조용 압연강재 SS400에서 400이 나타내는 것은?

① 최대 압축강도
② 최저 압축강도
③ 최저 인장강도
④ 최대 인장강도

55 배관 도면에서 그림과 같은 기호의 의미로 가장 적합한 것은?

① 콕 일반
② 볼 밸브
③ 체크밸브
④ 안전밸브

56 리벳의 호칭 방법으로 적합한 것은?

① 규격번호, 종류, 호칭지름 × 길이, 재료
② 종류, 호칭지름 × 길이, 재료, 규격번호
③ 재료, 종류, 호칭지름 × 길이, 규격번호
④ 호칭지름 × 길이, 종류, 재료, 규격번호

실전 TEST!

제**08**회

CBT 실전모의고사

수험번호 :

수험자명 :

제한 시간 : 60분
남은 시간 :

글자 크기 ○ 100% ○ 150% ○ 200%

화면 배치

전체 문제 수 :
안 푼 문제 수 :

57 동일한 물체를 제3각법으로 정투상한 도면 중 누락이나 틀린 부분이 없는 올바른 투상도는?

①

②

③

④

58 물체의 보이지 않는 부분의 형상을 나타내는 선은?

① 파단선
② 지시선
③ 숨은선
④ 외형선

59 그림과 같이 대상물의 구멍, 홈 등 한 국부만의 모양을 도시하는 것으로 충분한 경우에는 그 필요 부분만을 나타내는 투상도는?

① 국부 투상도
② 부분 투상도
③ 보조 투상도
④ 회전 투상도

계산기

12/13 다음 ▶

안 푼 문제

답안 제출

실전 TEST!
제08회
CBT 실전모의고사
수험번호 :
수험자명 :
제한 시간 : 60분
남은 시간 :

글자 크기 100% 150% 200% 화면 배치

전체 문제 수 :
안 푼 문제 수 :

답안 표기란

60 ① ② ③ ④

60 그림과 같이 제3각법으로 그린 투상도에 적합한 입체도는?

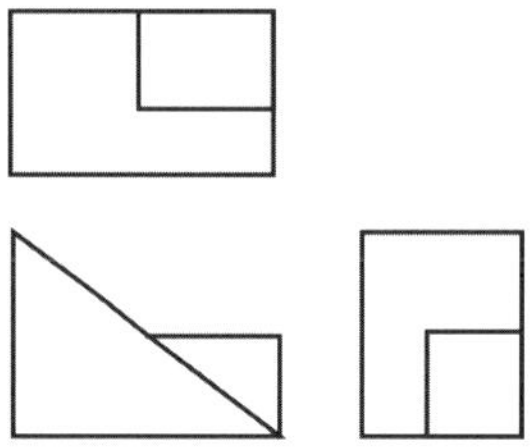

① 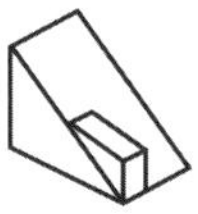 ② 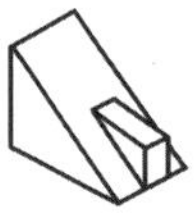 ③ 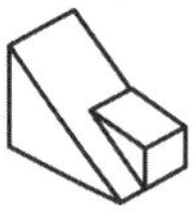 ④

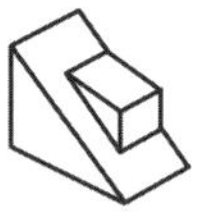

실전
TEST /
제**09**회 **CBT 실전모의고사**

수험번호 :
수험자명 :

제한 시간 : 60분
남은 시간 :

글자
크기 ⊖ Ⓜ ⊕
100% 150% 200%

화면
배치

전체 문제 수 :
안 푼 문제 수 :

답안 표기란

1	①	②	③	④
2	①	②	③	④
3	①	②	③	④
4	①	②	③	④
5	①	②	③	④
6	①	②	③	④

✦ 정답 및 해설 p. 470

01 다음 중 가스용접 용제(flux)에 대한 설명으로 옳은 것은?

① 용제는 용융온도가 높은 슬래그를 생성한다.

② 용제의 융점은 모재의 융점보다 높은 것이 좋다.

③ 용착금속의 표면에 떠올라 용착금속의 성질을 불량하게 한다.

④ 용제는 용접 중에 생기는 금속의 산화물 또는 비금속 개재물을 용해한다.

02 다음 중 저압식 토치의 아세틸렌 사용압력은 발생기식의 경우 몇 kgf/cm^2 이하의 압력으로 사용하여야 하는가?

① 0.07 　　　　② 0.17 　　　　③ 0.3 　　　　④ 0.4

03 다음 중 텅스텐 아크절단이 곤란한 금속은?

① 경합금 　　　② 동합금 　　　③ 비철금속 　　　④ 비금속

04 다음 중 연강용 피복아크 용접봉의 종류에 있어 E4313에 해당하는 피복제 계통은?

① 저수소계 　　　　　　　② 일미나이트계

③ 고셀룰로스계 　　　　　④ 고산화티탄계

05 액화탄산가스 1kg이 완전히 기화되면 상온 1기압에서 약 몇 L가 되겠는가?

① 318L 　　　　② 400L 　　　　③ 510L 　　　　④ 650L

06 다음 중 용접봉을 용접기의 음극(−)에, 모재를 양(+)극에 연결한 경우를 무슨 극성이라고 하는가?

① 직류역극성 　　　　　　② 교류정극성

③ 직류정극성 　　　　　　④ 교류역극성

📟 계산기　　　　　1/12　다음 ▶　　　　📝 안 푼 문제　📱 답안 제출

실전 TEST!
제**09**회 CBT 실전모의고사
수험번호 :
수험자명 :
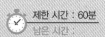
제한 시간 : 60분
남은 시간 :

글자 크기 ⊖ 100% Ⓜ 150% ⊕ 200% 화면 배치

전체 문제 수 :
안 푼 문제 수 :

답안 표기란				
7	①	②	③	④
8	①	②	③	④
9	①	②	③	④
10	①	②	③	④
11	①	②	③	④
12	①	②	③	④

07 다음 중 가스절단 시 예열불꽃이 강할 때 생기는 현상이 아닌 것은?

① 드래그가 증가한다.

② 절단면이 거칠어진다.

③ 모서리가 용융되어 둥글게 된다.

④ 슬래그 중의 철 성분의 박리가 어려워진다.

08 다음 중 용접기의 특성에 있어 수하 특성의 역할로 가장 적합한 것은?

① 열량의 증가

② 아크의 안정

③ 아크전압의 상승

④ 저항의 감소

09 다음 중 가스절단에 있어 양호한 절단면을 얻기 위한 조건으로 옳은 것은?

① 드래그가 가능한 한 클 것

② 절단면 표면의 각이 예리할 것

③ 슬래그 이탈이 이루어지지 않을 것

④ 절단면이 평활하여 드래그의 홈이 깊을 것

10 다음 중 용접의 단점과 가장 거리가 먼 것은?

① 잔류응력이 발생할 수 있다.

② 이종(異種)재료의 접합이 불가능하다.

③ 열에 의한 변형과 수축이 발생할 수 있다.

④ 작업자의 능력에 따라 품질이 좌우한다.

11 용접용 가스의 불꽃온도 중 가장 높은 것은?

① 산소 – 수소 불꽃

② 산소 – 아세틸렌 불꽃

③ 도시가스 불꽃

④ 천연가스 불꽃

12 아크절단법이 아닌 것은?

① 아크 에어 가우징

② 금속 아크절단

③ 스카핑

④ 플라즈마 제트 절단

실전 TEST! 제**09**회 **CBT 실전모의고사**

수험번호 :
수험자명 :

제한 시간 : 60분
남은 시간 :

글자 크기 ⊖ 100% Ⓜ 150% ⊕ 200%
화면 배치

전체 문제 수 :
안 푼 문제 수 :

답안 표기란				
13	①	②	③	④
14	①	②	③	④
15	①	②	③	④
16	①	②	③	④
17	①	②	③	④
18	①	②	③	④
19	①	②	③	④

13 모재의 두께, 이음 형식 등 모든 용접 조건이 같을 때, 일반적으로 가장 많은 전류를 사용하는 용접 자세는?

① 아래보기 자세 용접
② 수직자세 용접
③ 수평자세 용접
④ 위보기 자세 용접

14 아크용접에서 직류역극성으로 용접할 때의 특성에 대한 설명으로 틀린 것은?

① 모재의 용입이 얕다.
② 비드 폭이 좁다.
③ 용접봉의 용융이 빠르다.
④ 박판용접에 쓰인다.

15 산소용기 취급 시 주의사항으로 틀린 것은?

① 저장소에는 화기를 가까이 하지 말고 통풍이 잘 되어야 한다.
② 저장 또는 사용 중에는 반드시 용기를 세워 두어야 한다.
③ 가스용기 사용 시 가스가 잘 발생되도록 직사광선을 받도록 한다.
④ 가스용기는 뉘어두거나 굴리는 등 충돌, 충격을 주지 말아야 한다.

16 용접전류가 100A, 전압이 30V일 때 전력은 몇 kW인가?

① 4.5kW
② 15kW
③ 10kW
④ 3kW

17 가스용접에서 전진법과 비교한 후진법의 특성을 설명한 것으로 틀린 것은?

① 열 이용률이 나쁘다.
② 용접속도가 빠르다.
③ 용접 변형이 작다.
④ 산화 정도가 약하다.

18 스테인리스강의 용접 부식의 원인은?

① 균열
② 뜨임 취성
③ 자경성
④ 탄화물의 석출

19 탄소강에서 피트(pit) 결함의 원인이 되는 원소는?

① C
② P
③ Pb
④ Cu

계산기   3/12 다음 ▶   안 푼 문제   답안 제출

실전 TEST!

제 **09** 회 CBT 실전모의고사

수험번호 :

수험자명 :

제한 시간 : 60분
남은 시간 :

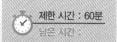

글자 크기 ⊖ 100% Ⓜ 150% ⊕ 200%

화면 배치

전체 문제 수 :
안 푼 문제 수 :

답안 표기란

20	①	②	③	④
21	①	②	③	④
22	①	②	③	④
23	①	②	③	④
24	①	②	③	④
25	①	②	③	④

20 구리합금의 용접 시 조건으로 잘못된 것은?

① 구리의 용접 시 보다 높은 예열온도가 필요하다.

② 비교적 루트 간격과 홈 각도는 크게 취한다.

③ 용가재는 모재와 같은 재료를 사용한다.

④ 용접봉으로는 토빈(torbin) 청동봉, 규소 청동봉, 인 청동봉, 에버듈(everdur) 봉 등이 많이 사용된다.

21 실용되고 있는 탄소강은 0.05~1.7% C를 함유하며, 각각 다른 용도를 갖고 있다. 탄소강에서 가공성과 강인성을 동시에 요구하는 경우에 탄소함유량이 어느 정도 함유되어 있는 것을 사용하는 것이 적당한가?

① 0.05~0.3% C

② 0.3~0.45% C

③ 0.45~0.65% C

④ 0.65~1.2% C

22 켈밋에 대한 설명으로 적당하지 않은 것은?

① 구리와 납의 합금이다.

② 축에 대한 적응성이 우수하다.

③ 화이트메탈보다 내하중성이 크다.

④ 저속, 저하중용 베어링에 많이 사용한다.

23 면심입방격자(FCC)에 속하는 금속이 아닌 것은?

① Cr

② Cu

③ Pb

④ Ni

24 금속침투법의 종류에 속하지 않는 것은?

① 설퍼라이징

② 세라다이징

③ 크로마이징

④ 칼로라이징

25 합금강이 탄소강에 비하여 개선되는 성질이 아닌 것은?

① 전·자기적 성질

② 담금질성

③ 열전도율

④ 내식·내마멸성

계산기

4/12 다음 ▶

안 푼 문제

답안 제출

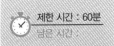

CBT 실전모의고사

수험번호 :
수험자명 :

제한 시간 : 60분
남은 시간 :

글자 크기 ⊖ 100% Ⓜ 150% ⊕ 200%

화면 배치

전체 문제 수 :
안 푼 문제 수 :

답안 표기란

26	①	②	③	④
27	①	②	③	④
28	①	②	③	④
29	①	②	③	④
30	①	②	③	④

26 주철 균열의 보수용접 중 가늘고 긴 용접을 할 때 용접선에 직각이 되게 꺾쇠 모양으로 직경 6mm 정도의 강봉을 박고 용접하는 방법은?

① 스터드법　　　② 비녀장법　　　③ 버터링법　　　④ 로킹법

27 다음 중 주강에 대한 일반적인 설명으로 틀린 것은?

① 주철에 비하면 용융점이 800℃ 전후의 저온이다.
② 주철에 비하여 기계적 성질이 우수하다.
③ 주조 상태로는 조직이 거칠고 취성이 있다.
④ 주강 제품에는 기포 등이 생기기 쉬우므로 제강작업에는 다량의 탈산제를 사용함에 따라 Mn이나 Ni의 함유량이 많아진다.

28 용접이나 단조 후 편석 및 잔류응력을 제거하여 균일화시키거나 연화를 목적으로 하는 열처리방법은?

① 담금질　　　② 뜨임　　　③ 풀림　　　④ 불림

29 잔류응력을 완화하는 방법 중에서 저온응력완화법의 설명으로 맞는 것은?

① 용접선의 좌우 양측을 각각 250mm의 범위를 625℃에서 1시간 가열하여 수랭하는 방법
② 600℃에서 10℃씩 온도가 내려가게 풀림 처리하는 방법
③ 가열 후 압력을 가하여 수랭하는 방법
④ 용접선의 양측을 정속으로 이동하는 가스불꽃에 의하여 너비 약 150mm에 걸쳐서 150~200℃로 가열한 다음 수랭하는 방법

30 전류를 통하여 자화가 될 수 있는 금속재료, 즉 철, 니켈과 같이 자기변태를 나타내는 금속 또는 그 합금으로 제조된 구조물이나 기계부품의 표면부에 존재하는 결함을 검출하는 비파괴시험법은?

① 맴돌이전류시험　　　　　② 자분탐상시험
③ γ선 투과시험　　　　　　④ 초음파탐상시험

 　　　5/12 다음 ▶　　　 안 푼 문제　 답안 제출

실전 TEST!
제 **09** 회 **CBT 실전모의고사**
수험번호 :
수험자명 :
제한 시간 : 60분
남은 시간 :

글자 크기 ⊖ 100% Ⓜ 150% ⊕ 200%
화면 배치
전체 문제 수 :
안 푼 문제 수 :

답안 표기란

31	①	②	③	④
32	①	②	③	④
33	①	②	③	④
34	①	②	③	④
35	①	②	③	④
36	①	②	③	④

31 아세틸렌(acetylene)이 연소하는 과정에 포함되지 않는 원소는?

① 유황(S)　　　② 수소(H)　　　③ 탄소(C)　　　④ 산소(O)

32 알루미늄 분말과 산화철 분말을 중량비로 혼합, 과산화바륨과 알루미늄 등 혼합분말을 점화제로 점화하면 일어나는 화학반응은?

① 테르밋 반응　　② 용융반응　　③ 포정반응　　④ 공석반응

33 플래시 버트 용접 과정의 3단계는?

① 예열, 플래시, 업셋
② 업셋, 플래시, 후열
③ 예열, 검사, 플래시
④ 업셋, 예열, 후열

34 용접작업과 관련한 화재예방대책으로 가장 적합하지 않은 것은?

① 용접작업 중에는 반드시 소화기를 비치한다.
② 용접작업은 가연성 물질이 있는 안전한 장소를 선택한다.
③ 인화성 액체가 들어 있는 용기나 탱크는 내부를 완전히 세척 후 통풍구멍을 개방하고 작업한다.
④ 가스용접장치는 화기로부터 5m 이상 떨어진 곳에 설치하여 작업한다.

35 이산화탄소 아크용접의 특징에 대한 설명으로 틀린 것은?

① 용제를 사용하지 않아 슬래그의 혼입이 없다.
② 용접금속의 기계적, 야금적 성질이 우수하다.
③ 전류밀도가 높아 용입이 깊고, 용융속도가 빠르다.
④ 바람의 영향을 전혀 받지 않는다.

36 불활성 가스 금속 아크(MIG)용접에서 사용되는 와이어로 적절한 지름은?

① Ø1.0~2.4[mm]
② Ø5.0~7.0[mm]
③ Ø3.0~5.0[mm]
④ Ø4.0~6.0[mm]

계산기　　　6/12　다음 ▶　　　안 푼 문제　답안 제출

실전 TEST!
제**09**회　CBT 실전모의고사

수험번호 :
수험자명 :

⏱ 제한 시간 : 60분
남은 시간 :

글자
크기　⊖ 100%　Ⓜ 150%　⊕ 200%
화면
배치

전체 문제 수 :
안 푼 문제 수 :

37 다음 중 전자빔 용접의 장점과 거리가 먼 것은?

① 고진공 속에서 용접을 하므로 대기와 반응되기 쉬운 활성재료도 용이하게 용접된다.

② 두꺼운 판의 용접이 불가능하다.

③ 용접을 정밀하고 정확하게 할 수 있다.

④ 에너지 집중이 가능하기 때문에 고속으로 용접이 된다.

38 반자동 CO_2가스 아크 편면(one side) 용접 시 뒷댐 재료로 가장 많이 사용되는 것은?

① 세라믹 제품

② CO_2가스

③ 테프론 테이프

④ 알루미늄 판재

39 이산화탄소가스 아크용접에서 용착속도에 따른 내용 중 틀린 것은?

① 와이어 용융속도는 아크전류에 거의 정비례하며 증가한다.

② 용접속도가 빠르면 모재의 입열이 감소한다.

③ 용착률은 일반적으로 아크전압이 높은 쪽이 좋다.

④ 와이어 용융속도는 와이어의 지름과는 거의 관계가 없다.

40 다음 그림은 필릿 용접 이음 홈의 각부 명칭을 나타낸 것이다. 필릿 용접의 목두께에 해당하는 부분은?

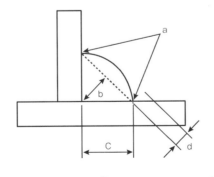

① a　　　② b　　　③ c　　　④ d

실전 TEST!

제**09**회 CBT 실전모의고사

수험번호 :

수험자명 :

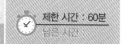
제한 시간 : 60분
남은 시간

글자 크기 ⊖ 100% Ⓜ 150% ⊕ 200%　화면 배치　전체 문제 수 :
안 푼 문제 수 :

답안 표기란

41	①	②	③	④
42	①	②	③	④
43	①	②	③	④
44	①	②	③	④
45	①	②	③	④

41 주로 레일의 접합, 차축, 선박의 프레임 등 비교적 큰 단면을 가진 주조나 단조품의 맞대기 용접과 보수용접에 주로 사용되며, 용접작업이 단순하고, 용접 결과의 재현성이 높지만 용접비용이 비싼 용접법은?

① 가스용접

② 테르밋 용접

③ 플래시 버트 용접

④ 프로젝션 용접

42 다음 중 보안경을 필요로 하는 작업과 가장 거리가 먼 것은?

① 탁상 그라인더 작업

② 디스크 그라인더 작업

③ 수동가스 절단 작업

④ 금긋기 작업

43 다음 중 이산화탄소가스 아크용접의 특징으로 적당하지 않은 것은?

① 모든 재질에 적용이 가능하다.

② 용착금속의 기계적 및 금속학적 성질이 우수하다.

③ 전류밀도가 높아 용입이 깊고, 용접속도를 빠르게 할 수 있다.

④ 피복아크용접처럼 피복아크 용접봉을 갈아 끼우는 시간이 필요 없으므로 용접작업 시간을 길게 할 수 있다.

44 다음 중 용접금속에 기공을 형성하는 가스에 대한 설명으로 적절하지 않은 것은?

① 응고온도에서의 액체와 고체의 용해도 차에 의한 가스 방출

② 용접금속 중에서의 기체의 화학반응에 의한 가스 방출

③ 아크 분위기에서의 물리적 혼입

④ 용접 중 가스 압력의 부적당

45 다음 중 가스용접 작업을 할 때 주의하여야 할 안전사항으로 틀린 것은?

① 가스용접을 할 때는 면장갑을 낀다.

② 작업자의 눈을 보호하기 위하여 차광유리가 부착된 보안경을 착용한다.

③ 납이나 아연합금 또는 도금재료를 가스용접 시 중독될 우려가 있으므로 주의하여야 한다.

④ 가스용접 작업은 가연성 물질이 없는 안전한 장소를 선택한다.

글자 크기 ⊖ 100% Ⓜ 150% ⊕ 200%   화면 배치

전체 문제 수 :
안 푼 문제 수 :

답안 표기란
46 ① ② ③ ④
47 ① ② ③ ④
48 ① ② ③ ④
49 ① ② ③ ④
50 ① ② ③ ④

46 다음 중 아세틸렌가스의 성질에 대한 설명으로 틀린 것은?

① 비중은 0.906으로 공기보다 가볍다.

② 순수한 아세틸렌가스는 무색, 무취의 기체이다.

③ 물에는 4배, 아세톤에는 6배가 용해된다.

④ 산소와 적당히 혼합하여 연소시키면 높은 열을 낸다.

47 다음 중 전기저항용접의 종류가 아닌 것은?

① TIG 용접

② 점용접

③ 프로젝션 용접

④ 플래시 용접

48 플라즈마 아크용접에서 아크의 종류가 아닌 것은?

① 관통형 아크

② 반이행형 아크

③ 이행형 아크

④ 비이행형 아크

49 용접에 있어 모든 열적 요인 중 가장 영향을 많이 주는 요소는?

① 용접입열

② 용접재료

③ 주위온도

④ 용접복사열

50 다음 중 안전, 보건표지의 색채에 따른 용도에 있어 지시를 나타내는 색채로 옳은 것은?

① 빨간색

② 녹색

③ 노란색

④ 파란색

계산기

안 푼 문제   답안 제출

글자 크기 ⊖ 100% Ⓜ 150% ⊕ 200%

화면 배치

전체 문제 수 :
안 푼 문제 수 :

51 그림과 같은 입체도에서 화살표방향으로 본 투상도로 적합한 것은?

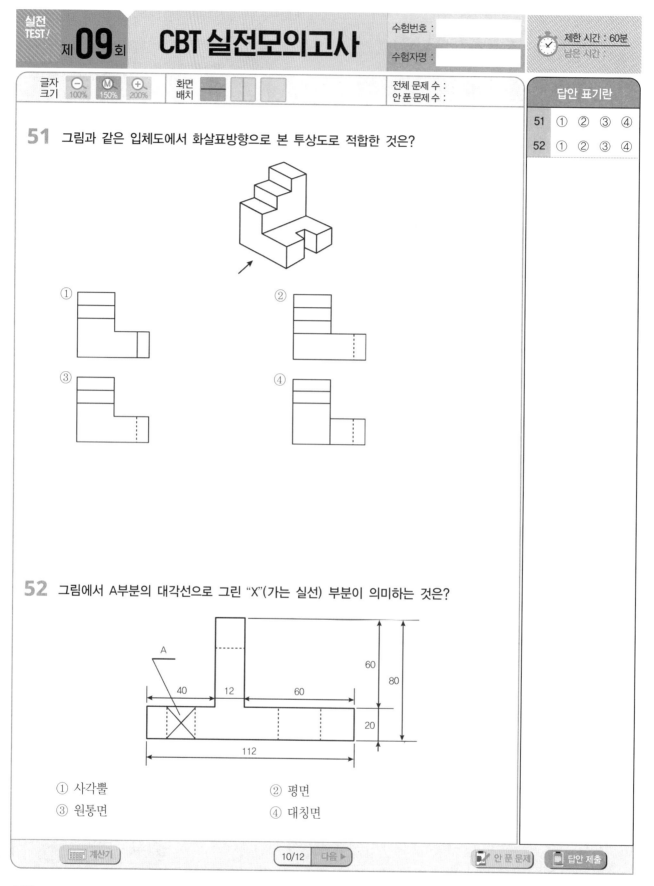

① ② ③ ④

52 그림에서 A부분의 대각선으로 그린 "X"(가는 실선) 부분이 의미하는 것은?

A

40 12 60

60
80
20

112

① 사각뿔 ② 평면
③ 원통면 ④ 대칭면

계산기 10/12 다음 ▶ 안 푼 문제 답안 제출

실전 TEST! 제**09**회 CBT 실전모의고사

수험번호:
수험자명:

제한 시간 : 60분
남은 시간 :

글자 크기 100% 150% 200%   화면 배치

전체 문제 수 :
안푼 문제 수 :

답안 표기란

53 ① ② ③ ④
54 ① ② ③ ④
55 ① ② ③ ④
56 ① ② ③ ④

53 위쪽이 보기와 같이 경사지게 절단된 원통의 전개방법으로 가장 적당한 것은?

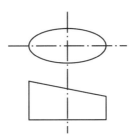

① 삼각형 전개법
② 방사선 전개법
③ 평행선 전개법
④ 사변형 전개법

54 기계제도에서 가상선의 용도에 해당하지 않는 것은?

① 인접 부분을 참고로 표시하는 데 사용
② 도시된 단면의 앞쪽에 있는 부분을 표시하는 데 사용
③ 가동하는 부분을 이동한계의 위치로 표시하는 데 사용
④ 부분 단면도를 그릴 경우 절단위치를 표시하는 데 사용

55 그림과 같은 배관 도시기호에서 계기표시가 압력계일 때 원 안에 사용하는 글자 기호는?

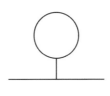

① A
② P
③ T
④ F

56 용접부 표면 또는 용접부 형상의 설명과 보조기호 연결이 틀린 것은?

① ———— : 평면
② ⌒ : 볼록형
③ ⌣ : 토우를 매끄럽게 함
④ ⌐M⌐ : 제거 가능한 이면 판재 사용

글자 크기 ⊖ 100% Ⓜ 150% ⊕ 200% 화면 배치

전체 문제 수 :
안 푼 문제 수 :

57 단면도의 표시에 대한 설명으로 틀린 것은?

① 상하 또는 좌우 대칭인 물체는 외형과 단면을 동시에 나타낼 수 있다.

② 기본 중심선이 아닌 곳을 절단면으로 표시할 수는 없다.

③ 단면도를 나타낼 때 같은 절단면상에 나타나는 같은 부품의 단면에는 같은 해칭(또는 스머징)을 한다.

④ 원칙적으로 축, 볼트, 리브 등은 길이 방향으로 절단하지 아니한다.

58 그림과 같은 제3각 투상도의 입체도로 가장 적합한 것은?

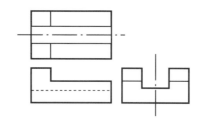

① 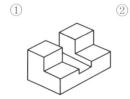　② 　③ 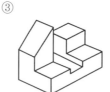　④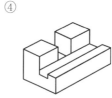

59 기계제도에서 폭이 50mm, 두께가 7mm, 길이가 1000mm인 등변 ㄱ 형강의 표시를 바르게 나타낸 것은?

① L 7 × 50 × 50 − 1000

② L × 7 × 50 × 50 − 1000

③ L 50 × 50 × 7 − 1000

④ L − 50 × 50 × 7 − 1000

60 핸들, 바퀴의 암과 림, 리브, 훅, 축 등은 주로 단면의 모양을 90° 회전하여 단면 전후를 끊어서 그 사이에 그리거나 하는데 이러한 단면도를 무엇이라고 하는가?

① 부분 단면도　② 온 단면도　③ 한쪽 단면도　④ 회전도시 단면도

계산기　12/12　다음 ▶　 안 푼 문제　 답안 제출

글자 크기 ⊖ 100% Ⓜ 150% ⊕ 200% 화면 배치 ▭ ▯▯ ▯▯▯

전체 문제 수 :
안 푼 문제 수 :

✦ 정답 및 해설 p. 476

답안 표기란				
1	①	②	③	④
2	①	②	③	④
3	①	②	③	④
4	①	②	③	④
5	①	②	③	④
6	①	②	③	④
7	①	②	③	④

01 가변저항기로 용접전류를 원격조정하는 교류용접기는?

① 가포화 리액터형
② 가동철심형
③ 가동코일형
④ 탭전환형

02 피복아크 용접봉의 피복제가 연소한 후 생성된 물질이 용접부를 보호하는 방식에 따라 분류했을 때 이에 속하지 않는 것은?

① 스패터 발생식
② 가스 발생식
③ 슬래그 생성식
④ 반가스 발생식

03 아세틸렌가스가 충격, 진동 등에 의해 분해 폭발하는 압력은 15℃에서 몇 kgf/cm^2 이상 인가?

① $2.0kgf/cm^2$
② $1kgf/cm^2$
③ $0.5kgf/cm^2$
④ $0.1kgf/cm^2$

04 강재를 가스절단 시 예열온도로 가장 적합한 것은?

① 300~450℃
② 450~700℃
③ 800~900℃
④ 1,000~1,300℃

05 모재의 두께가 4mm인 가스 용접봉의 이론상의 지름은?

① 1mm
② 2mm
③ 3mm
④ 4mm

06 고압에서 사용이 가능하고 수중절단 중에 기포의 발생이 적어 예열가스로 가장 많이 사용되는 것은?

① 부탄
② 수소
③ 천연가스
④ 프로판

07 연강용 가스 용접봉의 성분 중 강의 강도를 증가시키나, 연신율, 굽힘성 등을 감소시키는 것은?

① 규소(Si)
② 인(P)
③ 탄소(C)
④ 유황(S)

▦ 계산기   1/11 다음 ▶   🖪 안 푼 문제   🖥 답안 제출

실전 TEST / 제 **10** 회 **CBT 실전모의고사**

수험번호 :
수험자명 :

제한 시간 : 60분
남은 시간 :

글자 크기 100% 150% 200%   화면 배치

전체 문제 수 :
안 푼 문제 수 :

답안 표기란

8	① ② ③ ④
9	① ② ③ ④
10	① ② ③ ④
11	① ② ③ ④
12	① ② ③ ④
13	① ② ③ ④
14	① ② ③ ④

08 피복아크용접 시 복잡한 형상의 용접물을 자유 회전시킬 수 있으며, 용접 능률 향상을 위해 사용하는 회전대는?

① 가접 지그
② 역변형 지그
③ 회전지그
④ 용접 포지셔너

09 용접봉에서 모재로 용융금속이 옮겨가는 상태를 용적이행이라 한다. 다음 중 용적이행이 아닌 것은?

① 단락형
② 스프레이형
③ 글로뷸로형
④ 불림이행형

10 내용적이 33.7ℓ인 산소용기에 15MPa로 충전하였을 때 사용 가능한 용기 내의 산소량은?

① 약 505.5ℓ
② 약 5,055ℓ
③ 약 13,575ℓ
④ 약 12,637ℓ

11 연강용 가스 용접봉의 종류 GA43에서 43이 뜻하는 것은?

① 용착금속의 연신율 구분
② 가스 용접봉
③ 용착금속의 최소 인장강도 수준
④ 용접봉의 최대 지름

12 용접봉의 보관 및 취급상의 주의사항으로 틀린 것은?

① 용접 작업자는 용접전류, 용접자세 및 건조 등 용접봉 사용조건에 대한 제조자의 지시에 따라야 한다.
② 보통 용접봉은 70~100℃에서 30~60분 정도 건조시켜야 한다.
③ 저수소계 용접봉은 300~350℃에서 1~2시간 정도 건조시켜야 한다.
④ 용접봉은 진동이 없고 하중을 받는 상태에서 지면보다 낮은 곳에 보관한다.

13 다음 중 야금적 접합법에 해당되지 않는 것은?

① 융접
② 접어 잇기
③ 압접
④ 납땜

14 교류용접기에서 무부하전압이 높기 때문에 감전의 위험이 있어 용접사를 보호하기 위하여 설치한 장치는?

① 초음파장치
② 전격방지장치
③ 원격제어장치
④ 핫 스타트 장치

글자 크기 ⊖ 100% Ⓜ 150% ⊕ 200%   화면 배치

전체 문제 수 :
안 푼 문제 수 :

답안 표기란				
15	①	②	③	④
16	①	②	③	④
17	①	②	③	④
18	①	②	③	④
19	①	②	③	④

15 다음 중 교류아크용접기에 포함되지 않는 것은?

① 가동철심형
② 가동코일형
③ 정류기형
④ 가포화 리액터형

16 양극 전압강하 V_A, 음극 전압강하 V_K, 아크기둥 전압강하 V_P라고 할 때에 아크전압 V_a의 올바른 관계식은?

① $V_a = V_A + V_K - V_P$
② $V_a = V_K + V_P - V_A$
③ $V_a = V_A - V_K - V_P$
④ $V_a = V_K + V_P + V_A$

17 가스 발생식 용접봉의 특징에 대한 설명 중 틀린 것은?

① 전자세 용접이 불가능하다.
② 슬래그의 제거가 손쉽다.
③ 아크가 매우 안정된다.
④ 슬래그 생성식에 비해 용접속도가 빠르다.

18 황동 가공재를 상온에서 방치하거나 또는 저온풀림 경화된 스프링재는 사용 중 시간의 경과에 따라 경도 등 여러 성질이 나빠진다. 이러한 현상을 무엇이라고 하는가?

① 경년변화
② 탈아연부식
③ 자연균열
④ 저온풀림경화

19 알루미늄이나 그 합금은 대체로 용접성이 불량하다. 그 이유가 아닌 것은?

① 산화알루미늄의 용융온도가 알루미늄의 용융온도보다 매우 높기 때문에 용접성이 나쁘다.
② 용융점이 660℃로서 낮은 편이고, 색채에 따라 가열온도의 판정이 곤란하여 지나치게 용융이 되기 쉽다.
③ 용접 후의 변형이 적고 균열이 생기지 않는다.
④ 용융응고 시에 수소가스를 흡수하여 기공이 발생되기 쉽다.

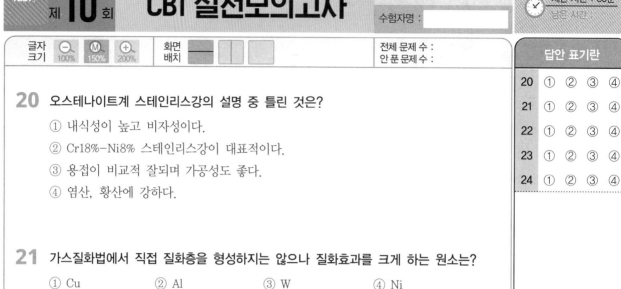

글자 크기 ⊖ 100% Ⓜ 150% ⊕ 200%   화면 배치

전체 문제 수 :
안푼 문제 수 :

답안 표기란

20	① ② ③ ④
21	① ② ③ ④
22	① ② ③ ④
23	① ② ③ ④
24	① ② ③ ④

20 오스테나이트계 스테인리스강의 설명 중 틀린 것은?

① 내식성이 높고 비자성이다.

② Cr18%-Ni8% 스테인리스강이 대표적이다.

③ 용접이 비교적 잘되며 가공성도 좋다.

④ 염산, 황산에 강하다.

21 가스질화법에서 직접 질화층을 형성하지는 않으나 질화효과를 크게 하는 원소는?

① Cu   ② Al   ③ W   ④ Ni

22 내식성 알루미늄합금의 종류에 속하지 않는 것은?

① 알민(Almin)

② 하이드로날륨(Hydronalium)

③ 코비탈륨(Cobitalium)

④ 알드레이(Aldrey)

23 다음 중 림드강의 특징으로 옳지 않은 것은?

① 강괴 내부에 기포와 편석이 생긴다.

② 강의 재질이 균일하지 못하다.

③ 중앙부의 응고가 지연되며, 먼저 응고한 바깥부터 주상정이 테두리에 생긴다.

④ 탈산제로 완전탈산시킨 강이다.

24 황동의 고온탈아연(dezincing) 현상에 대한 설명 중 틀린 것은?

① 고온에서 증발에 의하여 황동 표면으로부터 아연이 탈출되는 현상이다.

② 탈아연을 방지하려면 표면에 산화물 피막을 형성시키면 효과가 있다.

③ 아연산화물은 증발을 촉진시키는 효과가 있으며, 알루미늄산화물은 더욱 비효과적이다.

④ 고온일수록 표면에 산화물 등이 없어 깨끗할수록 탈아연이 심해진다.

계산기   4/11 다음 ▶    안 푼 문제   답안 제출

실전 TEST!
제 **10** 회 **CBT 실전모의고사**

수험번호 :
수험자명 :

제한 시간 : 60분
남은 시간 :

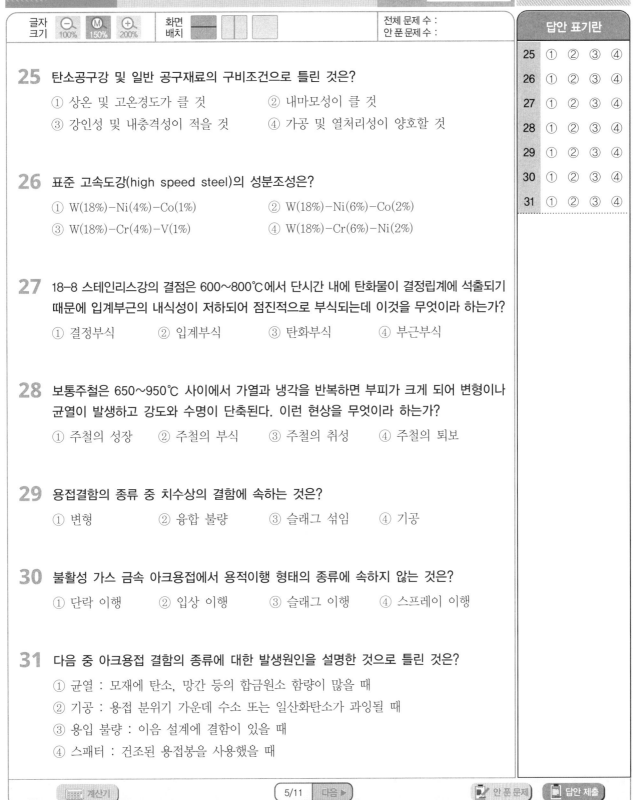

글자 크기 ⊖ 100% Ⓜ 150% ⊕ 200%　화면 배치

전체 문제 수 :
안 푼 문제수 :

답안 표기란

25	①	②	③	④
26	①	②	③	④
27	①	②	③	④
28	①	②	③	④
29	①	②	③	④
30	①	②	③	④
31	①	②	③	④

25 탄소공구강 및 일반 공구재료의 구비조건으로 틀린 것은?

① 상온 및 고온경도가 클 것
② 내마모성이 클 것
③ 강인성 및 내충격성이 적을 것
④ 가공 및 열처리성이 양호할 것

26 표준 고속도강(high speed steel)의 성분조성은?

① W(18%)-Ni(4%)-Co(1%)
② W(18%)-Ni(6%)-Co(2%)
③ W(18%)-Cr(4%)-V(1%)
④ W(18%)-Cr(6%)-Ni(2%)

27 18-8 스테인리스강의 결점은 600~800℃에서 단시간 내에 탄화물이 결정립계에 석출되기 때문에 입계부근의 내식성이 저하되어 점진적으로 부식되는데 이것을 무엇이라 하는가?

① 결정부식
② 입계부식
③ 탄화부식
④ 부근부식

28 보통주철은 650~950℃ 사이에서 가열과 냉각을 반복하면 부피가 크게 되어 변형이나 균열이 발생하고 강도와 수명이 단축된다. 이런 현상을 무엇이라 하는가?

① 주철의 성장
② 주철의 부식
③ 주철의 취성
④ 주철의 퇴보

29 용접결함의 종류 중 치수상의 결함에 속하는 것은?

① 변형
② 융합 불량
③ 슬래그 섞임
④ 기공

30 불활성 가스 금속 아크용접에서 용적이행 형태의 종류에 속하지 않는 것은?

① 단락 이행
② 입상 이행
③ 슬래그 이행
④ 스프레이 이행

31 다음 중 아크용접 결함의 종류에 대한 발생원인을 설명한 것으로 틀린 것은?

① 균열 : 모재에 탄소, 망간 등의 합금원소 함량이 많을 때
② 기공 : 용접 분위기 가운데 수소 또는 일산화탄소가 과잉될 때
③ 용입 불량 : 이음 설계에 결함이 있을 때
④ 스패터 : 건조된 용접봉을 사용했을 때

🖩 계산기　　5/11　다음 ▶　　📝 안 푼 문제　📱 답안 제출

실전 TEST!
제 10 회 CBT 실전모의고사
수험번호 :
수험자명 :
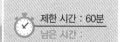
제한 시간 : 60분
남은 시간 :

글자 크기 ⊖ 100% Ⓜ 150% ⊕ 200%   화면 배치

전체 문제 수 :
안 푼 문제 수 :

답안 표기란

32	①	②	③	④
33	①	②	③	④
34	①	②	③	④
35	①	②	③	④
36	①	②	③	④

32 변형 방지용 지그의 종류 중 다음 그림과 같이 사용된 지그는?

① 바이스 지그
② 스트롱 백
③ 탄성역변형 지그
④ 판넬용 탄성역변형 지그

33 다음 중 TIG 용접에 사용되는 전극봉의 재료로 가장 적합한 금속은?

① 알루미늄
② 텅스텐
③ 스테인리스
④ 강철

34 다음 중 표면 피복용접을 올바르게 설명한 것은?

① 연강과 고장력강의 맞대기용접을 말한다.
② 연강과 스테인리스강의 맞대기용접을 말한다.
③ 금속 표면에 다른 종류의 금속을 용착시키는 것을 말한다.
④ 스테인리스강판과 연강판재를 접할 시 스테인리스 강판에 구멍을 뚫어 용접하는 것을 말한다.

35 용접부의 비파괴시험방법의 기본기호 중 "PT"에 해당하는 것은?

① 방사선투과시험
② 초음파탐상시험
③ 자기분말탐상시험
④ 침투탐상시험

36 다음 중 일명 유니언 멜트 용접법이라고도 불리며, 아크가 용제 속에 잠겨 있어 밖에서는 보이지 않는 용접법은?

① 이산화탄소 아크용접
② 일렉트로 슬래그 용접
③ 서브머지드 아크용접
④ 불활성 가스 텅스텐 아크용접

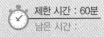

실전 TEST!

제 10 회

CBT 실전모의고사

수험번호 :

수험자명 :

제한 시간 : 60분

남은 시간 :

글자 크기 100% 150% 200%　　화면 배치

전체 문제 수 :

안 푼 문제 수 :

답안 표기란

37	①	②	③	④
38	①	②	③	④
39	①	②	③	④
40	①	②	③	④
41	①	②	③	④
42	①	②	③	④

37 다음 중 용접 공사를 수주한 후 최적의 공정계획을 세우기 위해서 작성하여야 하는 사항과 가장 거리가 먼 것은?

① 가공표　　　② 공정표　　　③ 강재중량표　　　④ 인원배치표

38 다음 중 CO_2가스 아크용접법에서 기공 발생의 원인과 가장 거리가 먼 것은?

① CO_2가스 유량이 부족하다.

② 노즐과 모재 간 거리가 지나치게 길다.

③ 바람에 의해 CO_2가스가 날린다.

④ 엔드탭(end tab)을 부착하여 고전류를 사용한다.

39 다음 중 용접재료의 인장시험에서 구할 수 없는 것은?

① 항복점　　　② 단면수축률　　　③ 비틀림강도　　　④ 연신율

40 미그(MIG) 용접 제어장치의 기능으로 아크가 처음 발생되기 전 보호가스를 흐르게 하여 아크를 안정되게 하며 결함 발생을 방지하기 위한 것은?

① 스타트 시간

② 가스지연 유출시간

③ 버언 백 시간

④ 예비가스 유출시간

41 다음 중 MIG 용접 시 크레이터 처리기능에 의해 낮아진 전류가 서서히 줄어들면서 아크가 끊어지는 기능으로 이면 용접부가 녹아내리는 것을 방지하는 기능과 가장 관련이 깊은 것은?

① 스타트 시간(start time)

② 번 백 시간(burn back time)

③ 슬로우 다운시간(slow down time)

④ 크레이터 충전시간(crate fill time)

42 다음 중 테르밋 용접의 특징에 관한 설명으로 틀린 것은?

① 전기가 필요 없다.

② 용접작업이 단순하다.

③ 용접시간이 길고, 용접 후 변형이 크다.

④ 용접기구가 간단하고, 작업장소의 이동이 쉽다.

계산기　　　7/11　다음 ▶　　안 푼 문제　답안 제출

실전 TEST!

제 **10** 회 CBT 실전모의고사

수험번호 :

수험자명 :

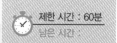

제한 시간 : 60분
남은 시간 :

글자 크기 ⊖ 100% Ⓜ 150% ⊕ 200%

화면 배치

전체 문제 수 :
안 푼 문제 수 :

답안 표기란

43	①	②	③	④
44	①	②	③	④
45	①	②	③	④
46	①	②	③	④
47	①	②	③	④
48	①	②	③	④

43 다음 중 연납용 용제가 아닌 것은?

① 붕산(H_3BO_3)

② 염화아연($ZnCl_2$)

③ 염산(HCl)

④ 염화암모늄(NH_4Cl)

44 다음 중 감전에 의한 재해를 방지하기 위한 우리나라의 안전전압으로 옳은 것은?

① 12V

② 30V

③ 45V

④ 60V

45 다음 중 CO_2가스 아크용접에서 복합 와이어에 관한 설명으로 틀린 것은?

① 비드 외관이 깨끗하고 아름답다.

② 양호한 용착금속을 얻을 수 있다.

③ 아크가 안정되어 스패터가 많이 발생한다.

④ 용제에 탈산제, 아크 안정제 등 합금원소가 첨가되어 있다.

46 다음 중 스테인리스 클래드강 용접 등 이종재 용접 시 발생될 수 있는 문제점과 가장 거리가 먼 것은?

① 용접 경계부의 연성 저하

② 합금원소의 HAZ 입계 침투

③ 용입량에 의한 내식성 저하

④ 재열균열 등 용접 균열이 발생

47 다음 중 전기저항용접에서 모재를 맞대어 놓고 동일 재질의 박판을 대고 가압하여 심(seam)하는 용접방법은?

① 맞대기 심용접

② 겹치기 심용접

③ 포일 심용접

④ 매시 심용접

48 다음 중 용접작업에 있어 언더컷이 발생하는 원인으로 가장 적절한 경우는?

① 전류가 너무 낮은 경우

② 아크길이가 너무 짧은 경우

③ 용접속도가 너무 느린 경우

④ 부적당한 용접봉을 사용한 경우

실전
TEST!

제 **10** 회   **CBT 실전모의고사**

수험번호 :
수험자명 :

제한 시간 : 60분
남은 시간 :

글자
크기   100%   150%   200%   화면
배치

전체 문제 수 :
안 푼 문제 수 :

답안 표기란

49	①	②	③	④
50	①	②	③	④
51	①	②	③	④
52	①	②	③	④
53	①	②	③	④

49 산업안전보건법상 안전 · 보건표지에 사용되는 색채 중 안내를 나타내는 색채는?

① 빨강   ② 녹색   ③ 파랑   ④ 노랑

50 다음 중 용접 이음에 대한 설명으로 틀린 것은?

① 필릿 용접에서는 형상이 일정하고, 미용착부가 없어 응력분포 상태가 단순하다.
② 맞대기용접 이음에서 시점과 크레이터 부분에서는 비드가 급랭하여 결함을 가져오기 쉽다.
③ 전면 필릿 용접이란 용접선의 방향이 하중의 방향과 거의 직각인 필릿 용접을 말한다.
④ 겹치기 필릿 용접에서는 루트부에 응력이 집중되기 때문에 보통 맞대기 이음에 비하여 피로강도가 낮다.

51 기계제도에서 대상물의 보이는 부분의 겉모양을 표시하는 선의 종류는?

① 가는 파선   ② 굵은 파선
③ 굵은 실선   ④ 가는 실선

52 리벳의 호칭길이를 머리부위까지 포함하여 전체 길이로 나타내는 리벳은?

① 둥근머리 리벳   ② 냄비머리 리벳
③ 접시머리 리벳   ④ 납작머리 리벳

53 배관의 끝부분 도시기호가 그림과 같을 경우 ㉠과 ㉡의 명칭이 올바르게 연결된 것은?

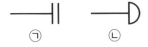

① ㉠ 블라인더 플랜지, ㉡ 나사식 캡
② ㉠ 나사박음식 캡, ㉡ 용접식 캡
③ ㉠ 나사박음식 캡, ㉡ 블라인더 플랜지
④ ㉠ 블라인더 플랜지, ㉡ 용접식 캡

계산기   9/11   다음 ▶   안 푼 문제   답안 제출

실전 TEST!

제 **10** 회 CBT 실전모의고사

수험번호 :

수험자명 :

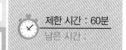
제한 시간 : 60분
남은 시간 :

글자 크기 🔍 100% Ⓜ 150% ➕ 200%   화면 배치

전체 문제 수 :
안 푼 문제수 :

54 플러그 용접에서 용접부 수는 4개, 간격은 70mm, 구멍의 지름은 8mm일 경우, 그 용접 기호표시로 올바른 것은?

① 4 ⊓ 8 − 70

② 8 ⊓ 4 − 70

③ 4 ⊓ 8 (70)

④ 8 ⊓ 4 (70)

55 대상물의 일부를 파단한 경계 또는 일부를 떼어낸 경계를 표시하는 데 사용하는 선은?

① 가상선

② 파단선

③ 절단선

④ 외형선

56 화살표 방향이 정면인 입체도를 3각법으로 투상한 도면으로 가장 적합한 것은?

①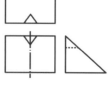

②

③

④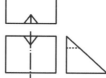

57 도면에서 사용되는 긴 용지에 대해서 그 호칭방법과 치수크기가 서로 맞지 않는 것은?

① A3 × 3 : 420mm × 630mm

② A3 × 4 : 420mm × 1189mm

③ A4 × 3 : 297mm × 630mm

④ A4 × 4 : 297mm × 841mm

 계산기   10/11 다음 ▶   안 푼 문제   📱 답안 제출

실전 TEST!
제 **10** 회 **CBT 실전모의고사**

수험번호 :
수험자명 :

제한 시간 : 60분
남은 시간 :

글자 크기 100% 150% 200%

화면 배치

전체 문제 수 :
안 푼 문제 수 :

58 다음 용접기호와 그 설명으로 틀린 것은?

① : 볼록 필릿 용접

② : 볼록 양면 V형 용접

③ : 평면 마감 처리한 V형 맞대기 용접

④ : 이면 용접이 있으며 표면 모두 평면마감 처리한 V형 맞대기 용접

59 제3각법으로 그린 각각 다른 물체의 투상도이다. 정면도, 평면도, 우측면도가 모두 올바르게 그려진 것은?

①

②

③

④

60 다음 정투상법에 관한 설명으로 올바른 것은?

① 제1각법에서는 정면도의 왼쪽에 평면도를 배치한다.
② 제1각법에서는 정면도의 밑에 평면도를 배치한다.
③ 제3각법에서는 평면도의 왼쪽에 우측면도를 배치한다.
④ 제3각법에서는 평면도의 위쪽에 정면도를 배치한다.

계산기

11/11 다음 ▶

✦ 문제 p. 310

01	②	02	④	03	③	04	③	05	③
06	②	07	③	08	④	09	②	10	①
11	②	12	②	13	②	14	①	15	②
16	①	17	④	18	②	19	②	20	②
21	④	22	④	23	④	24	②	25	①
26	③	27	④	28	①	29	③	30	④
31	①	32	①	33	①	34	②	35	③
36	③	37	③	38	③	39	②	40	④
41	③	42	②	43	④	44	②	45	②
46	③	47	③	48	④	49	①	50	①
51	④	52	④	53	②	54	①	55	①
56	④	57	③	58	②	59	①	60	①

01 ▶ ②

이산화탄소 용접에서 용접부에 산소가 공급되면 비드의 산화 및 기공이 발생할 수 있다.

02 ▶ ④

용접변형 교정방법에서 외력만으로 소성변형을 일으켜 변형을 교정하는 방법은 롤러에 거는 방법이다.

03 ▶ ③

PT
침투(탐상) 비파괴검사. 국부적 시험이 가능하고, 미세한 균열도 탐상이 가능하다. 또한, 철, 비철금속, 플라스틱, 세라믹 등 거의 모든 제품에 적용이 용이하다.
검사원의 경험과 지식이 풍부하지 않더라도 탐상을 하는데 무리가 없다.

04 ▶ ③

용접봉의 작업성
• 직접작업성 : 아크 상태, 아크 발생, 용접봉 용융 상태, 슬래그 상태, 스패터
• 간접작업성 : 부착 슬래그 박리성, 스패터 제거의 난이도

05 ▶ ③

화재는 재해가 아니고 사고이다.

06 ▶ ②

굴곡시험 시 보통 180°까지 굽힌다.

07 ▶ ③

TIG 용접으로 스테인리스강을 용접할 때에는 직류정극성이 적합하다. 전극은 토륨 1~2% 함유된 것이 좋으며, 아크가 안정적이며 전극의 소모가 적다.

08 ▶ ④

용접입열 $H = \dfrac{60EI}{V}$

(V : 용접속도, E : 아크전압, I : 아크전류)

09 ▶ ②

① 용착률과 용입이 깊어진다.
③ 용접입열이 커진다.
④ 와이어 송급속도가 빨라진다.

10 ▶ ①

로봇 팔을 최소로 줄인 경로를 선택하여 설치하면 제대로 움직이지 못한다. 로봇 팔을 최대로 늘인 경로를 선택하여 설치한다.

11 ▶ ②

와이어 송급방식
푸시 방식, 풀 방식, 푸시-풀 방식, 더블 푸시 방식 송급장치가 있다.

12 ▶ ②

홈 가공
• 용착량이 많을수록 응력집중이 많아지므로, 용입이 허용되는 한 홈의 각도를 작게 하는 것이 좋다.
• 피복아크용접에서 홈 각도는 54~70°가 적당하다.
• 루트 간격이 좁을수록 용접균열 발생이 적다.

13 ▶ ②

용접속도를 느리게 하면 용접 입열이 많아지게 되고, 그로 인해 수축 및 변형이 발생할 확률이 높다.

14 ▶ ①

$$인장응력 = \frac{인장하중}{단면적} = \frac{7,000}{6 \times 120} = 9.7kgf/mm^2$$

15 ▶ ②

아르곤
18족에 속하는 기체, 녹는점은 −189.35℃, 끓는점은 −185.85℃, 밀도는 1.784g/L이다. 단원자 분자 기체로 반응성이 거의 없어 비활성 기체라고도 하며 공기 중에 0.94% 존재해 비활성 기체 중에서 가장 많이 존재한다.

16 ▶ ①

심용접(시임용접)
• 원판상의 롤러 전극 사이에 용접할 2장의 판을 두고 가압 통전해 전극을 회전시키면서 연속적으로 용접
• 기밀, 수밀, 유밀성을 요하는 용기의 용접에 사용
• 연속적으로 용접해야 하기 때문에 점용접에 비해 전류 1.5~2배, 가압력 1.2~1.6배가 필요하다.

17 ▶ ④

굽힘, 경도, 인장, 피로, 충격시험은 기계적 시험에 속한다.

18 ▶ ②

박판의 대량생산에 적당. 접합부의 입부가 녹아 바둑알 모양처럼 생긴 것을 너깃(너캣)이라고 한다.

19 ▶ ②

테르밋 용접의 개요
• 금속 산화물이 알루미늄에 의하여 산소를 빼앗기는 반응을 이용하여 용접
• 레일 및 선박의 프레임 등 비교적 큰 단면을 가진 주조나 단조품의 맞대기용접과 보수용접에 용이하다.
• 테르밋제의 점화제로 과산화바륨, 알루미늄, 마그네슘 등의 혼합분말이 사용된다.

20 ▶ ②

제2도 화상
표피와 진피 모두 영향을 미친 화상으로 피부가 빨갛게 되며 통증과 부어오름이 생기는 화상

21 ▶ ④

예열의 목적
• 용접부 및 주변의 열 영향을 줄이기 위해서 예열을 실시한다.
• 냉각속도를 느리게 하여 취성 및 균열을 방지한다.
• 일정한 온도(약 200℃) 범위의 예열로 비드 밑 균열을 방지할 수 있다.
• 용접부의 기계적 성질을 향상시키고, 경화조직의 석출을 방지한다.
• 온도분포가 완만하게 되어 열응력의 감소로 변형과 잔류응력의 발생을 적게 한다.

22 ▶ ④

전류	증세
1mA	감전을 조금 느낄 정도
5mA	상당히 아픔
20mA	근육의 수축, 호흡곤란, 피해자가 회로에서 떨어지기 힘듦.
50mA	상당히 위험(사망할 위험이 있음)
100mA	치명적인 결과(사망)

23 ▶ ④

연강용 가스 용접봉의 표준치수는 1, 1.6, 2, 2.6, 3.2, 4, 5, 6 등의 8종류이며, 연강용 가스 용접봉의 길이는 1,000mm이다.

24 ▶ ②

용접 명칭에 아크가 들어간 용접법은 대부분 전기에너지를 이용한다.

25 ▶ ①

티그 절단
• TIG 절단은 텅스텐 전극과 모재 사이에 아크를 발생시켜 모재를 용융하여 절단하며, 열적 핀치효과에 의해 고온·고속의 플라즈마가 발생한다. 사용전원으로는 직류정극성이 사용된다.
• TIG 절단에서는 주로 아르곤과 수소 혼합가스가 작동가스로 사용된다.
• TIG 절단은 구리 및 구리합금, 알루미늄, 마그네슘, 스테인리스강 등의 금속재료 절단에만 사용한다.

26 ▶ ③

① 수중 절단은 수소가스를 주로 사용한다.
② 산소 아크 절단은 중공의 피복봉 사용한다.
④ 아크 에어 가우징은 탄소 아크절단장치에 6~7기압 정도의 압축공기를 사용하고, 흑연으로 된 탄소봉에 도금한 전극을 사용하여 돌기를 따내거나 홈을 파는 작업법이다.

27 ▶ ④

$$허용사용률 = \frac{(정격2차전류)^2}{(실제용접전류)^2} \times 정격사용률(\%)$$

$$= \frac{200^2}{130^2} \times 40 = 94.67 \fallingdotseq 95\%$$

28 ▶ ①

수중절단에는 산소 – 수소 가스가 가장 많이 사용된다.

29 ▶ ③

43 : 용착금속의 최소 인장강도 수준

30 ▶ ④

볼트 이음, 리벳 이음, 코터 이음은 기계적 접합법이고, 스터드 용접은 야금적 접합법이다.

31 ▶ ①

산소창절단
1.5~3m 정도의 가늘고 긴 강관을 사용하며, 용광로의 팁 구멍, 후판의 절단, 주강 슬래그 덩어리, 암석 등의 구멍뚫기에 사용된다.

32 ▶ ①

극성의 정의
직류아크용접에서만 극성이 존재하며, 종류는 직류정극성(DCSP), 직류역극성(DCRP)이 있다. 모재를 양극(+)에 연결하고, 용접봉을 용접기의 음극(−)에 연결한 경우를 직류정극성이라고 하며, 이와 반대로 연결 시 직류역극성이라고 한다. 열의 분배는 양극에 70%, 음극에 30%가 분배된다.

33 ▶ ①

극성의 종류	결선상태		특징
직류정극성 (DCSP)	모재	+	모재의 용입이 깊고, 용접봉이 천천히 녹음.
	용접봉	−	비드 폭이 좁고, 일반적인 용접에 많이 사용됨.
직류역극성 (DCRP)	모재	−	모재의 용입이 얕고, 용접봉이 빨리 녹음.
	용접봉	+	비드 폭이 넓고, 박판 및 비철금속에 사용됨.

34 ▶ ②

합금 첨가제 : 페로망간, 페로실리콘, 페로크롬, 망간, 크롬, 구리, 몰리브덴 등

35 ▶ ③

용접전류[A]	용접봉 지름[mm]	차광번호
75~130	1.6~2.6	9
100~200	2.6~3.2	10
150~250	3.2~4.0	11
200~300	4.8~6.4	12
300~400	4.4~9.0	13
400 이상	9.0~9.6	14

36 ▶ ③

역화방지기의 설치 유무와 절단속도와는 큰 상관관계가 없고, 안전과 관계가 있다.

37 ▶ ③

용접봉의 지름과 판두께와의 관계

$$D = \frac{T}{2} + 1 = \frac{6}{2} + 1 = 4 \quad (D : 지름, \ T : 판두께)$$

38 ▶ ③

가스의 혼합비(가연성 가스 : 산소)에서 메탄 : 산소 = 1 : 1.8, 프로판 : 산소 = 1 : 4.75, 수소 : 산소 = 1 : 0.5, 아세틸렌 : 산소 = 1 : 1.1 정도이므로 수소가 가장 적은 산소를 사용한다.

Craftsman Welding

39 ▶ ②

가변압식 토치의 팁 번호가 400번이면, 표준불꽃으로 1시간 동안에 400리터의 아세틸렌가스를 소비한다는 뜻이다. 그러므로 2시간 동안 용접을 한다면 800리터의 아세틸렌가스를 소비하게 된다.

40 ▶ ④

두랄루민
Al-Cu-Mg-Mn 합금, 고강도 알루미늄합금으로 항공기, 자동차 보디재료로 사용

41 ▶ ③

주강에 탄소량이 많아지면 강도는 강해지는 반면, 깨지기 쉬운 성질이 커지므로, 충격값은 감소한다.

42 ▶ ②

주요 온도
- A_0변태 : 시멘타이트 자기변태(232℃)
- A_1변태 : α고용체와 흑연의 공석선 $\gamma \leftrightarrow \alpha + Fe_3C$(723℃)
- A_2변태 : 순철의 자기변태(768℃)
- A_3변태 : $\gamma - Fe \leftrightarrow \alpha - Fe$(910℃)

43 ▶ ④

크로만실(Cr-Mn-Si강)
고온 단조, 용접, 열처리가 용이하여 철도용, 단조용 크랭크축, 차축 및 각종 자동차 부품 등에 널리 사용되는 구조용 강으로 보일러용판이나 관재용으로 사용

44 ▶ ②

오스테나이트계 스테인리스강
18%Cr-8%Ni, 내식성이 가장 우수하며, 스테인리스강 대표, 가공성이 좋고, 용접성 우수, 열처리 불필요. 염산, 황산에 취약, 결정입계부식이 발생하기 쉬우며, 비자성체이다. 항공기, 차량, 외장제, 볼트, 너트 등에 사용된다.

45 ▶ ②

① 콜슨 합금(코르손 합금) : Cu + Ni + Si 인장강도와 도전율이 높아 통신선, 전화선, 전선용으로 사용
② 네이벌 황동 : 6·4황동 + Sn1% 선박, 기계부품 등
③ 청동 : Cu + Sn, 장신구, 무기, 불상 등, 포금
④ 인청동 : 청동 + P 0.05~0.5% 인장강도, 탄성한계 우수, 스프링, 베어링용, 선박용, 화학기계용 등

46 ▶ ③

풀림(어닐링, Annealing)
단조작업을 한 강철재료는 고온으로 가열하여 작업함으로써, 그 조직이 불균일하고 억세다. 이 조직을 균일하게 하고, 결정입자의 조정, 연화 또는 냉간가공에 의한 내부응력을 제거하기 위해 적당하게 가열하고 천천히 냉각하는 것을 풀림이라고 한다.
- 목적 : 재질의 연화 및 내부응력 제거
- 방법 : A_1~A_3 변태점보다 30~50℃ 높은 온도로 가열 후 노냉

47 ▶ ③

초경합금(분말야금합금)
- 고온경도, 압축강도, 내마모성 크나 충격에 취약
- 절삭용 공구, 기계부품에 주로 사용
- WC, TiC, TaC을 Co분말과 결합, 상품명은 위디아, 미디아, 카볼로이, 텅갈로이 등이 있다.

48 ▶ ④

강의 조직(탄소강의 표준조직)
① 페라이트 : 연한 성질을 가지고 있어 전연성이 크다. A_2변태점 이하에서는 강자성체이다. α -Fe, δ -Fe의 BCC(체심입방격자) 조직이다.
② 펄라이트 : 0.02%의 페라이트와 6.67%C의 시멘타이트로 석출되어 생긴 공석강, 페라이트와 시멘타이트가 층상으로 나타나는 조직, 공석강의 조직이며, 펄라이트 = 오스테나이트 + 페라이트
③ 시멘타이트 : 6.67%의 탄소와 철의 화합물(Fe_3C)로서, 고온에서 탄화철로 발생, 경도 높고, 취성이 많다. 210℃ 이하에서는 상자성체이고, 그 이하에서는 강자성체이다.
④ 레데뷰라이트 : 4.3%C의 용융철이 1,147℃ 이하로 냉각될 때, 2.06%C의 오스테나이트와 6.67%C의 시멘타이트가 정출되어 생긴 공정 주철의 조직이며, 레데뷰라이트 = γ -Fe + 시멘타이트. A_1 변태점 이상에서는 안정된 조직이다.

49 ▶ ①

① 숏 피닝 : 소재의 표면에 고속으로 강철입자를 분사하여 표면 경도를 높이는 것
② 하드페이싱 : 금속의 표면에 스텔라이트나 경합금을 용착시키는 표면경화법
③ 화염경화법 : 재료의 조성에 변화가 일어나지 않고 요구되는 표면만을 경화하는 방법
④ 고주파경화법 : 고주파 가열은 고주파 유도전류에 의해서 강 부품의 표면층만을 급열한 후 급랭하여 경화시키는 법

50 ▶ ①

구리의 성질
- 비중 8.96, 용융점 1,083℃, 변태점이 없음.
- 전기 및 열의 전도성이 우수, 비자성체
- 전성, 연성이 우수하고, 가공이 용이
- 황산, 염산에 용해, 습기, 탄산가스, 해수에 녹이 발생
- 아름다운 광택과 귀금속적 성질이 우수하며, Zn, Sn, Ni 등과 합금
- 재결정온도가 약 200~250℃ 정도이고, 열간 가공 온도는 750~850℃ 정도임.
- 내식성이 우수
- 면심입방격자(FCC)

51 ▶ ④

표제란
도면의 오른쪽 아래에 그리며, 기재사항으로는 도번, 도명, 척도, 투상법, 도면 작성일, 제도한 사람의 이름 등을 기입한다.

52 ▶ ④

스머징
도면에 있어서 단면 표시의 한 방법으로, 단면도에서 복잡한 도형의 내부 형상을 분명하게 하는 경우에 연필로 단면을 얇게 칠한다.

53 ▶ ②

② 공차는 0.3이다(100.2 − 99.9 = 0.3).

54 ▶ ①

숨은선	가는 파선 굵은 파선	보이지 않는 부분을 나타내는 선

55 ▶ ①

56 ▶ ④

$180° = \dfrac{2\pi r}{2\pi \times 200} \times 360$에서 $r = \dfrac{180 \times 2\pi \times 200}{2\pi \times 360} = 100$

피타고라스의 정리를 이용하면 $r = 100$이므로 D = 200이 된다.

57 ▶ ③

58 ▶ ②

계기의 표시방법

종류	기호	종류	기호
온도	T	유량	F
압력	P		

59 ▶ ①

실선에 접선되어 있으므로 화살표쪽 용접이고, U형 맞대기 용접이다.

60 ▶ ①

✦ 문제 p. 322

01	③	02	④	03	①	04	①	05	①
06	②	07	④	08	①	09	④	10	①
11	②	12	②	13	②	14	④	15	②
16	②	17	①	18	①	19	④	20	②
21	①	22	②	23	③	24	③	25	④
26	④	27	③	28	③	29	③	30	③
31	①	32	①	33	③	34	④	35	①
36	②	37	①	38	④	39	①	40	③
41	③	42	③	43	④	44	③	45	③
46	④	47	④	48	①	49	③	50	④
51	③	52	②	53	④	54	③	55	①
56	③	57	④	58	③	59	③	60	②

01 ▶ ③

서브머지드 아크용접 용제의 종류
- 용융형 : 흡습성이 적다. 소결형에 비해 좋은 비드를 얻을 수 있다.
- 소결형 : 흡습성이 가장 높다. 비드 외관이 용융형에 비해 나쁘다.
- 혼성형 : 용융형 + 소결형

02 ▶ ④

선상 조직	모재 불량 용착금속의 과냉	선상조직

03 ▶ ①

이산화탄소 농도에 따른 인체의 영향

농도	영향
3~4%	두통, 뇌빈혈
15% 이상	위험
30% 이상	치명적

04 ▶ ①

용접균열
- 크레이터 균열 : 용접을 끝낸 직후의 크레이터 부분에 생기는 결함. 고장력강이나 합금원소가 많은 강종에서 흔히 볼 수 있다.
- 비드 밑 균열 : 외부에서 볼 수 없는 균열. 비드 아래나 용접선 가까운 곳. 열 영향부에 생긴다. 저수소계 용접봉을 사용하여 균열 발생을 줄일 수 있다.
- 루트 균열 : 용접 첫 층의 루트 근방에 생기는 결함. 열 영향부의 조직이나 용접부의 수소함유량에 따라 발생할 수 있다. 수소량을 적게 하거나 예열이나 후열 등으로 줄일 수 있다.
- 설퍼 균열 : 강 중의 황이 층상으로 존재하며, 설퍼밴드가 심한 모재를 서브머지드 아크용접하는 경우에 볼 수 있는 고온균열이다.

05 ▶ ①

용접 결함	치수상 결함	변형, 치수 불량, 형상 불량
	구조상 결함	기공 및 피트, 슬래그 섞임, 용접 불량(부족), 언더컷, 오버랩, 균열, 선상조직, 은점 등
	성질상 결함	기계적 불량 - 인장, 경도, 피로
		화학적 불량 - 부식

06 ▶ ②

이산화탄소(CO_2) 용접의 장점
- 전류밀도가 높고, 용입이 깊으며, 용접속도가 매우 빠르다.
- 가시 아크로 시공이 편리하고, 전자세 용접이 가능하다.
- 용착금속의 기계적 성질이 우수하다(적당한 강도).

07 ▶ ④

응급처치 구명 4단계
지혈 → 기도 확보, 심박동 유지 → 쇼크방지, 처치 → 상처 보호, 투약

08 ▶ ①

용접 균열의 발생 위험이 크기 때문에 용접이 비교적 어렵고, 용접법의 적용에 제한이 있는 것은 고탄소강 용접이다.

09 ▶ ④

- 1mA : 감전을 조금 느낄 정도
- 5mA : 상당히 아픔
- 20mA : 근육의 수축, 피해자가 회로에서 떨어지기 힘듦
- 50mA : 상당히 위험(심장마비 발생가능성이 높다)

10 ▶ ①

예열의 목적
• 용접부 및 주변의 열 영향을 줄이기 위해서 예열을 실시한다.
• 냉각속도를 느리게 하여 취성 및 균열을 방지한다.
• 일정한 온도(약 200℃) 범위의 예열로 비드 밑 균열을 방지할 수 있다.
• 용접부의 기계적 성질을 향상시키고, 경화조직의 석출을 방지한다.
• 온도분포가 완만하게 되어 열응력의 감소로 변형과 잔류응력의 발생을 적게 한다.

11 ▶ ②

이음 형상에 따른 전기저항용접
① 겹치기 용접 : 점용접(스폿 용접), 심용접, 돌기용접(프로젝션 용접)
② 맞대기 용접 : 플래시 용접, 업셋 용접, 퍼커션 용접

12 ▶ ②

$$\eta = \frac{용착금속강도}{모재인장강도} \times 100 = \frac{45}{40} \times 100 = 112.5\%$$

13 ▶ ②

TIG 용접 토치의 형태에는 T형, 직선형, 플렉시블형 토치가 있다.

14 ▶ ④

구분	A급 화재	B급 화재	C급 화재	D급 화재
명칭	일반화재	유류화재	전기화재	금속화재
소화기	분말	포말, 분말, CO₂	분말, CO₂	모래, 질식

15 ▶ ②

V형 홈이음의 판두께는 6~19mm 정도로 볼 수 있다.

16 ▶ ②

①, ③, ④ 보기는 용접 전에 결함을 방지하기 위한 대책이고, ② 보기는 용접 후 처리이기 때문에 정답은 ②이다.

17 ▶ ①

안전표지와 색채 사용
• 적색(빨간색) : 방화금지, 규제, 고도의 위험, 방향표시, 소화설비, 화학물질의 취급장소에서의 유해·위험 경고 등
• 청색 : 특정 행위의 지시 및 사실의 고지
• 황색(노란색) : 주의표시, 충돌, 통상적인 위험·경고 등
• 녹색 : 안전지도, 위생표시, 대피소, 구호표시, 진행 등
• 백색 : 통로, 정리정돈, 글씨 및 보조색
• 검정(흑색) : 글씨(문자), 방향표시(화살표)

18 ▶ ①

자동 TIG 용접기에는 전극 높이 고정형, 아크길이 자동제어형, 와이어 자동 송급형이 있다.

19 ▶ ④

① 용접전류가 높아지면 용착률과 용입이 커진다.
② 아크전압이 높아지면 비드 폭이 넓어진다.
③ 용접전류가 높아지면 와이어의 송급속도가 빨라진다.

20 ▶ ②

보기에서 가장 거리가 먼 것은 용락 방지이다.

21 ▶ ①

이음 형상에 따른 전기저항용접
• 겹치기 용접 : 점용접(스폿 용접), 심용접, 돌기용접(프로젝션 용접)
• 맞대기 용접 : 플래시 용접, 업셋 용접, 퍼커션 용접

22 ▶ ②

용접기 취급 시 주의사항
• 정격사용률 이상 사용하지 않도록 한다.
• 아크전류 조정 시 아크 발생을 중지하고 전류를 조정한다.
• 옥외의 비바람 부는 곳이나, 수증기 또는 습도가 높은 곳은 설치를 피한다.
• 진동이나 충격을 받는 곳, 유해가스, 휘발성 가스, 폭발성 가스, 기름 등이 있는 장소에는 설치하지 않는다.
• 가동 부분이나 냉각팬 등을 점검하고 주유한다.
• 2차측 단자 한쪽과 용접기 케이스는 반드시 접지한다.

23 ▶ ③

교류아크용접기의 종류
- 가동철심형 : 가동철심으로 전류조정, 미세한 전류조정 가능, 교류아크용접기의 종류에서 현재 가장 많이 사용하고 있고, 용접작업 중 가동철심의 진동으로 소음이 발생할 수 있다.
- 가동코일형 : 코일을 이동시켜 전류조정, 현재 거의 사용되지 않는다.
- 가포화 리액터형 : 원격조정이 가능. 가변저항의 변화를 이용하여 용접전류를 조정하는 형식이다.
- 탭전환형 : 코일 감긴 수에 따라 전류조정, 미세 전류조정 불가, 전격위험

24 ▶ ③

용융금속의 이행 형식에는 단락형, 용적형(글로뷸러형, 핀치효과형), 스프레이형(분무상 이행형)이 있다.

25 ▶ ④

직류아크용접기와 교류아크용접기 비교

항목(비교사항)	직류용접기	교류용접기
아크의 안정	○	×
극성의 변화	○	×
전격의 위험	적다.	많다.
무부하전압(개로전압)	낮다.	높다.
아크 쏠림	발생	방지
구조	복잡하다.	간단하다.
비피복봉 사용	○	×

26 ▶ ④

탄화불꽃(탄성불꽃)
아세틸렌가스의 양이 산소량보다 많은 경우에 발생하는 불꽃, 산화작용을 일으키지 않기 때문에 산화를 방지할 필요가 있는 스테인리스강, 니켈강 용접에 쓰이고, 침탄작용을 일으키기 쉽다. 제3의 불꽃이라고도 하며, 적황색이다. → 표준 불꽃은 중성불꽃이다.

27 ▶ ③

① 저수소계 : E4316
② 고산화티탄계 : E4313
③ 일미나이트계 : E4301
④ 라임티타니아계 : E4303

28 ▶ ③

드래그
가스절단면에 절단기류의 입구측에서 출구측 사이의 수평거리이며, 일반적인 표준 드래그의 길이는 판두께의 $(\frac{1}{5})$20% 정도이다.

29 ▶ ④

산소용기의 각인은 충전가스의 명칭, 용기 제조번호, 용기 중량, 내압시험압력, 최고 충전압력 등이 표시되어 있다. → 최저 충전압력은 표시하지 않는다.

30 ▶ ③

전체 10분 중 아크발생시간이 3분이면 용접기의 사용률은 30%이다.

$$용접기사용률 = \frac{아크발생시간}{아크발생시간 + 아크정지시간} \times 100(\%)$$

31 ▶ ①

용기 안의 아세틸렌 양
C = 905(A − B) = 905(27 − 24) = 2,715
C : 아세틸렌가스양, A : 병 전체 무게, B : 병의 무게

32 ▶ ①

항목(비교사항)	직류용접기	교류용접기
아크의 안정	○	×
극성의 변화	○	×
전격의 위험	적다.	많다.
무부하전압(개로전압)	낮다.	높다.
아크 쏠림	발생	방지
구조	복잡하다.	간단하다.
비피복봉 사용	○	×

33 ▶ ④

피복제의 역할
- 아크를 안정시킨다.
- 산화, 질화 방지
- 용착효율 향상
- 전기절연작용, 용착금속의 탈산정련작용
- 급랭으로 인한 취성방지
- 용착금속에 합금원소 첨가

- 수직, 수평, 위보기 등의 어려운 자세 용접을 쉽게 할 수 있다.
- 적당한 슬래그 형성을 돕는다.
- 용접부의 기계적 성질을 좋게 한다.

34 ▶ ④

아세틸렌의 특징
- 비중 0.906으로 공기보다 가볍다.
- 순수한 것은 무색, 무취의 기체. 혼합할 때 악취가 난다. 15℃ 1기압에서 1ℓ의 무게는 1.176g이다.
- 용해 아세틸렌가스는 15℃ 15기압(kgf/cm²)으로 충전한다.
- 아세틸렌가스는 각종 액체에 잘 용해된다. 물과 같은 양, 석유에는 2배, 벤젠에는 4배, 알코올에는 6배, 아세톤에는 25배로 용해된다. → 아세틸렌은 가연성 가스이다.

35 ▶ ①

차광막을 설치하여 다른 사람들에게 유해광선이 전달되지 않도록 한다.

36 ▶ ②

가연성 가스의 조건
- 불꽃의 온도가 높을 것
- 용융금속과 화학반응을 일으키지 않을 것
- 연소속도가 빠를 것
- 발열량이 클 것

37 ▶ ①

전진법은 왼손에는 용접봉, 오른손에는 토치를 잡고 작업할 때에는 오른쪽에서 왼쪽으로 용접하는 방법이다. 왼쪽으로 용접해 나간다고 하여 좌진법이라고도 한다.

38 ▶ ④

④ : 절단 폭

39 ▶ ①

교류아크용접기의 종류
- 가동철심형 : 가동철심으로 전류조정, 미세한 전류조정 가능, 교류아크용접기의 종류에서 현재 가장 많이 사용하고 있고, 용접작업 중 가동철심의 진동으로 소음이 발생할 수 있다.
- 가동코일형 : 코일을 이동시켜 전류조정, 현재 거의 사용되지 않는다.

- 가포화 리액터형 : 원격조정이 가능. 가변저항의 변화를 이용하여 용접전류를 조정하는 형식이다.
- 탭전환형 : 코일 감긴 수에 따라 전류조정, 미세 전류조정 불가, 전격위험

40 ▶ ③

알루미늄의 성질
- 순수 알루미늄의 비중은 2.7이고, 용융점은 660℃이며, 산화알루미늄의 비중은 4, 용융점은 2,050℃이다. 변태점은 없다.
- 열 및 전기의 양도체이다.
- 전연성이 좋으며, 내식성이 우수하다.
- 주조가 용이하며, 상온, 고온 가공이 용이하다.
- 대기 중에서 쉽게 산화되고, 염산에는 침식이 빨리 진행된다.

41 ▶ ③

하드페이싱
금속의 표면에 스텔라이트나 경합금을 용착시키는 표면경화법

42 ▶ ③

탄소함유량에 따른 탄소강의 종류
- 저탄소강 : 탄소함유량 약 0.3% 이하
- 중탄소강 : 탄소함유량 약 0.3~0.5%
- 고탄소강 : 탄소함유량 약 0.5~1.8%

43 ▶ ④

석출경화형 스테인리스강
PH스테인리스강이라고도 하며, 고온강도가 높고 가공성, 용접성이 우수한 강인한 재료이다. 인장강도는 80~110kgf/mm² 정도이다. 마텐자이트 조직의 스테인리스강보다 내식성이 우수하고, 오스테나이트계 조직의 스테인리스강보다 내열성이 우수하다.

44 ▶ ③

황동의 대표	7·3황동	Cu 70%, Zn 30%	연신율 최대, 탄피, 장식품 등
	6·4황동	Cu 60%, Zn 40%	인장강도 최대, 볼트, 너트, 탄피 등 문츠메탈이라고도 함.
	톰백	Zn 8~20%	금대용품

45 ▸ ③

스프링강

큰 스프링에는 공석강, 작은 스프링에는 탄소함유량이 적은 강을 사용한다. 스프링강의 조직은 소르바이트 조직이다. (Si-Mn강, Si-Cr강, Cr-V강)

46 ▸ ④

오스테나이트계 스테인리스강의 입계부식을 방지하기 위해서는 탄소량을 적게 하여 탄화물의 발생을 억제하고, Ta, Ti, Nb 등의 원소를 첨가시켜 탄화물 형성을 막고, Cr 탄화물을 오스테나이트 조직 중에 용체화하여 급랭시킨다.

47 ▸ ④

하이드로날륨

Al-Mg 합금, 내식성이 가장 우수하며, 내해수성 내식성 연신율이 우수하여 선박용 부품, 조리용 기구 등에 사용

48 ▸ ①

순철의 변태에는 $A_2(768℃)$변태를 자기변태, $A_3(910℃)$, $A_4(1,400℃)$변태를 동소변태라고 한다.
$A_3 \sim A_4$ 사이를 동소변태 구간이라고 한다.

49 ▸ ③

특수주철은 강력고경도, 내열, 내식, 내산화, 강자성, 비자성 등을 목적으로 용제되는 주철, 합금주철이라고도 하며, 일반적으로 보통주철에 합금원소를 첨가하여 강도 등을 개선한 주철이다.
특수주철에는 합금주철, 구상흑연주철, 칠드주철, 가단주철, CV주철이 있다.
가단주철의 종류에는 백심, 흑심, 펄라이트 가단주철이 있다.

50 ▸ ④

Pb 및 합금
• 수도관, 케이블 피복, 납축전지용 극판에 쓰인다.
• 비중이 크고 연하고 전연성이 크다.
• 순수한 물에 산소가 용해되어 있는 경우에는 심한 부식을 하게 되지만, 자연수 또는 해수에는 거의 부식이 되지 않는다.
• 납은 윤활성이 좋고 내식성이 우수하며, 방사선의 투과도가 낮다.

51 ▸ ③

전체길이는 610mm, 구멍의 수는 12개, 구멍 간 간격은 50mm, 처음과 끝부분과 구멍 간 거리는 30mm
∴ (12 - 1) × 50 + 60 = 610

52 ▸ ②

구분	기호	설명
용접부의 다듬질 방법	C	치핑
	G	연삭 : 그라인더 다듬질
	M	절삭 : 기계 다듬질
	F	다듬질하지 않음

53 ▸ ④

배관도에서 유체의 종류와 글자기호

종류	기호	종류	기호
공기	A	가스	G
기름	O	수증기	S
물	W		

54 ▸ ③

55 ▸ ①

원호의 반지름이 커서 그 중심위치를 나타낼 필요가 있을 경우에는 치수선에 화살표가 붙은 부분은 정확한 중심위치를 향하도록 한다. 중심을 표시할 필요가 있을 때는 + 자로 그 위치를 표시한다.

56 ▸ ③

전개도법의 종류
• 평행선법 : 원통형 모양이나 각기둥, 원기둥 물체를 전개할 때 사용
• 방사선법 : 부채꼴 모양으로 전개하는 방법
• 삼각형법 : 전개도를 그릴 때 표면을 여러 개의 삼각형으로 전개하는 방법

57 ▸ ④

58 ━━━━━━━━━━━━━━━━━━━━━━▶ ③

3각법
- 한국공업규격(KS)에서는 3각법을 도면 작성 원칙으로 한다.
- 투영도는 정면도, 평면도, 우측면도로 배치한다.
- 투상방법은 '눈 → 투상면 → 물체'이다.
- 실물파악이 쉽다.

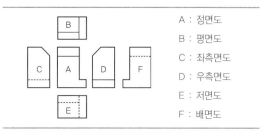

A : 정면도
B : 평면도
C : 좌측면도
D : 우측면도
E : 저면도
F : 배면도

59 ━━━━━━━━━━━━━━━━━━━━━━▶ ③

가는 실선
치수선, 치수보조선, 지시선, 회전단면선, 중심선 등

60 ━━━━━━━━━━━━━━━━━━━━━━▶ ②

1각법
- 투영도는 정면도, 평면도, 우측면도로 배치한다.
- 투상방법은 '눈 → 물체 → 투상면'이다.
- 실물파악이 불량하다.

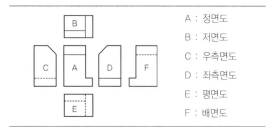

A : 정면도
B : 저면도
C : 우측면도
D : 좌측면도
E : 평면도
F : 배면도

✦ 문제 p. 333

01	③	02	③	03	②	04	④	05	④
06	②	07	④	08	③	09	④	10	④
11	②	12	②	13	④	14	②	15	③
16	④	17	①	18	④	19	①	20	②
21	④	22	②	23	②	24	③	25	④
26	②	27	④	28	④	29	①	30	①
31	④	32	②	33	①	34	②	35	②
36	③	37	①	38	③	39	②	40	②
41	③	42	②	43	②	44	②	45	①
46	④	47	②	48	①	49	②	50	①
51	③	52	③	53	②	54	④	55	④
56	④	57	③	58	②	59	①	60	①

01 ▶ ③

가스메탈 아크용접(GMAW, MIG)의 용착효율은 98% 정도이다.

02 ▶ ③

용접순서 결정하는 기준
• 수축이 큰 이음을 먼저 하고, 수축이 작은 이음을 나중에 용접한다.
• 맞대기 이음을 먼저하고, 필릿 이음을 나중에 용접한다.
• 용접을 먼저 하고, 리벳을 나중에 한다.
• 큰 구조물은 중앙에서 대칭으로 용접한다(중앙에서 끝으로).

03 ▶ ②

가스 폭발 방지를 위해 예방대책에 있어서 가장 먼저 조치를 취해야 하는 것은 가스 누설의 방지이다.

04 ▶ ④

스터드 용접의 특징
• 볼트, 환봉, 핀 등을 용접하며, 작업속도가 매우 빠르다.
• 스터드 아크용접의 아크발생시간은 보통 0.1~2초 정도이다.

• 아크 스터드 용접 , 충격 스터드 용접, 저항 스터드 용접으로 구분한다.
• 용접 변형이 적고, 철, 비철금속에도 사용 가능하다.
• 용융금속이 외부로 흘러나가거나, 용융금속의 대기오염을 방지하기 위해 도기로 만든 페롤을 사용한다.

05 ▶ ④

용착법의 구분
• 단층용착법 : 전진법, 후진법, 대칭법, 스킵법
• 다층용착법 : 빌드업법(덧살올림법), 캐스케이드법, 전진블록법

06 ▶ ②

아크용접 작업자가 감전된 상태에서 전원차단을 하지 않고 손으로 구조를 시도할 경우 구조자도 같이 감전될 수 있다.

07 ▶ ④

이산화탄소(CO_2) 용접의 장점
• 전류밀도가 높고, 용입이 깊고, 용접속도가 매우 빠르다.
• 가시 아크로 시공이 편리하고, 전자세 용접이 가능하다.
• 용착금속의 기계적 성질이 우수(적당한 강도)

08 ▶ ③

특성	상태	사용
수하 특성	전류↑, 전압↓	수동용접
정전압 특성	전류↑↓, 전압↔	자동용접
상승 특성	전류↑, 전압↑	자동용접
부저항 특성	전류↑, 아크저항↓, 전압↓	수동용접
정전류 특성	아크길이↑↓, 전류↔	수동용접

09 ▶ ④

홈 각도 및 루트 간격이 좁을 때는 용입 불량이나 슬래그 섞임이 발생할 수 있다.
홈 각도 및 루트 간격이 넓을 때 언더컷이 발생할 가능성이 있다.

10 ▶ ④

일렉트로 슬래그 용접장치의 주요 구성요소에 와이어 절단 장치는 속하지 않는다.

11 ▶ ②

불활성 가스 텡스텐 아크용접에서 고주파 전류를 사용할 때의 이점
① 전극을 모재에 접촉시키지 않아도 아크 발생이 용이하다.
② 전극을 모재에 접촉시키지 않으므로 전극의 수명이 길다.
③ 일정한 지름의 전극에 대하여 광범위한 전류의 사용이 가능하다.
④ 아크가 안정적이고, 아크가 길어져도 끊어지지 않는다.

12 ▶ ②

크리프 시험은 파괴시험에 속한다.

13 ▶ ④

와이어 송급방식
푸시 방식, 풀 방식, 푸시-풀 방식, 더블 푸시 방식 송급장치가 있다.

14 ▶ ②

크레이터 처리를 하지 않으면 고온균열이 발생할 수 있다.

15 ▶ ③

스킵법 (비석법)	얇은 판이나 비틀림이 발생할 우려가 있는 용접에 사용한다. 변형과 잔류응력을 최소로 해야 할 경우 사용	1 4 2 5 3 → 스킵법(비석법)

16 ▶ ④

알루미늄을 TIG 용접법으로 접합하고자 할 경우 교류고주파를 사용하는 것이 가장 적합하다.

17 ▶ ①

연납은 용융점이 450℃ 이하이며, 연납의 종류는 주석납(Sn+Pb)(연납의 대표) 혹은 주석계, 저융접납땜, 납-은납, 카드뮴-아연납 등이다.

18 ▶ ④

충전가스 용기의 도색
• 회색 : 아르곤
• 청색 : 이산화탄소
• 녹색 : 산소(공업용)
• 흰색 : 암모니아, 산소(의료용)

19 ▶ ①

a : 루트 간격   d : 개선 각도

20 ▶ ②

일렉트로 가스용접
1. 일렉트로 가스용접의 개요
   용접봉과 모재 사이에 발생한 아크열에 의하여 모재를 용융 용접하는 방법
2. 일렉트로 가스용접의 특징
   • 탄산가스(이산화탄소)를 사용한다.
   • 두께가 얇은 40~50mm 용접에 적당하고, 용접금속의 인성이 떨어진다.
   • 판두께에 관계없이 단층으로 상진 용접하여 판두께가 두꺼울수록 경제적이다.
   • 용접 홈의 기계가공이 필요하며, 가스절단 그대로 용접할 수 있다.

21 ▶ ④

일렉트로 슬래그 용접의 개요
• 수랭 동판을 용접부의 양면에 부착하고 용융된 슬래그 속에서 전극와이어를 연속적으로 송급하여 용융 슬래그 내를 흐르는 저항열에 의하여 전극와이어 및 모재를 용융 접합시키는 용접법이다.
• 저항발열을 이용하는 자동용접법이다.
• 산화규소, 산화망간, 산화알루미늄이 용제(flux)로 사용된다.

22 ▶ ②

용접 결함
1. 치수상 결함 : 치수 불량, 형상 불량, 변형
2. 구조상 결함 : 언더컷, 스패터, 용입 불량, 선상조직, 은점, 백점, 오버랩, 기공, 균열
3. 성질상 결함
   • 화학적 결함 : 부식
   • 기계적 결함 : 인장강도 부족

23 ▶ ②

플라즈마 아크용접의 개요
• 플라즈마(plasma)는 고체, 액체, 기체 이외의 제4의 물리 상태라고도 한다.
• 고온의 불꽃을 이용해서 절단, 용접하는 방법으로 10,000~30,000℃의 고온 플라즈마를 분출시켜 작업하는 방법이다.

- 플라즈마 아크용접에서 사용되는 가스는 아르곤, 헬륨, 수소 등이 사용되며, 모재에 따라 질소 혹은 공기가 사용되기도 한다.
- 플라즈마 아크용접에서 아크 종류는 텅스텐 전극과 모재에 각각 전원을 연결하는 방식은 이행형이고, 텅스텐 전극과 구속 노즐 사이에서 아크를 발생시키는 것은 비이행형이다.

24 ▶ ③

1. 마찰용접의 개요
2개의 모재에 압력을 가해 접촉시킨 다음 접촉면에 상대운동을 시켜 접촉면에서 발생하는 열을 이용하여 이음 압접하는 용접법이다.

2. 마찰용접의 특징
- 접합재료의 단면을 원형으로 제한한다.
- 자동화가 가능하여 작업자의 숙련이 필요 없다.
- 용접작업시간이 짧아 작업 능률이 높다.
- 이종금속의 접합이 가능하다.
- 피용접물의 형상치수, 길이, 무게의 제한을 받는다.

25 ▶ ④

용접은 융접, 압접, 납땜으로 분류할 수 있다.

26 ▶ ②

아크출력 = 아크전압 × 전류 = 30 × 150 = 4,500W = 4.5kW

27 ▶ ②

피복제의 종류
- 아크 안정제 : 규산나트륨, 규산칼슘, 산화티탄, 석회석 등
- 가스 발생제 : 녹말, 톱밥, 셀룰로스, 탄산바륨, 석회석등
- 슬래그 생성제 : 형석, 산화철, 산화티탄, 이산화망간, 석회석 등
- 탈산제 : 페로망간, 페로실리콘, 페로티탄, 규소철, 망간철, 알루미늄, 소맥분, 목재톱밥 등
- 고착제 : 규산나트륨, 규산칼륨, 아교, 소맥분, 해초풀, 젤라틴 등
- 합금 첨가제 : 페로망간, 페로실리콘, 페로크롬, 망간, 크롬, 구리, 몰리브덴 등

28 ▶ ②

가스 가우징
- 용접부분의 뒷면을 따내거나, U형, H형 등의 둥근 홈을 파내는 작업이다.

- 토치의 예열각도는 30~40도, 가우징 시 각도는 10~20도이다.
- 홈의 깊이와 폭의 비는 1 : 1~1 : 3 정도이다.
- 용접부 결함, 뒤따내기, 가접 제거, 압연 및 주강의 표면 결함 제거에 사용.
→ 스테인레스강, 알루미늄 등과 같은 비철합금을 절단할 수 없다.

29 ▶ ①

가스용접으로 알루미늄을 용접할 때는 알루미늄에 인(P)이 첨가된 용접봉을 사용한다.

30 ▶ ①

아크 에어 가우징 장치에 수랭장치는 없다.

31 ▶ ④

아크용접기 구비조건
- 구조 및 취급이 간단해야 한다.
- 전류조정이 용이하고 일정한 전류가 흘러야 한다.
- 아크 발생 및 유지가 용이하고 아크가 안정되어야 한다.
- 효율 및 역률이 높은 것이 좋다.

32 ▶ ②

아세틸렌의 특징
- 비중 0.906으로 공기보다 가볍다.
- 순수한 것은 무색, 무취의 기체. 혼합할 때 악취가 나고, 15℃ 1기압에서 1ℓ의 무게는 1.176g이다.
- 용해 아세틸렌가스는 15℃ 15기압(kgf/cm^2)으로 충전한다.
- 용해 아세틸렌 1kg을 기화시키면 905ℓ에 아세틸렌가스가 발생. C = 905(A − B)

33 ▶ ①

용접은 야금적 접합이라고 하며, 용접의 종류에는 융접, 압접, 납땜이 있다.

34 ▶ ②

Mn
강도, 경도, 인성 증가, 유동성 향상, 탈산제, 황의 해를 감소시킨다. 황의 해가 균열이므로 망간은 균열 방지에도 사용한다.

35 ▸ ②

용접의 단점
- 응력집중 발생 및 잔류응력 발생
- 품질검사가 어렵다.
- 제품의 변형이 발생할 수 있다.
- 작업자에 따라서 용접부 품질의 편차가 심하다.

36 ▸ ③

후진법은 전진법에 비하여 용접속도가 빠르고, 홈 각도, 용접 변형이 작고, 산화 정도나 용착금속의 조직이 좋으며, 전진법에 비하여 두꺼운 강판을 용접할 수 있다.

37 ▸ ①

가변압식(프랑스식, B형) 100번은 1시간 동안 표준불꽃으로 용접했을 때 소비되는 아세틸렌가스의 양이 100리터이다.

38 ▸ ③

극성
직류아크용접에서만 극성이 존재하며, 종류는 직류정극성(DCSP), 직류역극성(DCRP)이 있다.
모재를 양극(+)에 연결하고, 용접봉을 용접기의 음극(−)에 연결한 경우를 직류정극성이라고 하며, 이와 반대로 연결 시 직류역극성이라고 한다.
열의 분배는 양극에 약 70%, 음극에 약 30%가 분배된다.

39 ▸ ②

가스 혼합비는 산소(4.5) : 프로판(1), 산소(1) : 아세틸렌(1).

40 ▸ ②

	인바	Fe–Ni36%, 선팽창계수가 적다. 줄자, 계측기의 길이 불변 부품, 시계 등에 사용
	엘린바	Fe–Ni36%, Cr12%, 탄성률이 불변, 정밀 계측기, 시계스프링에 사용
불변강	플래티나이트	전구, 진공관 도선에 사용
	코엘린바	Fe–Ni10%, Cr26~58%, 공기 또는 물 속에서 부식되지 않음, 시계스프링, 지진계 사용
	퍼말로이, 슈퍼인바 등이 있다.	

41 ▸ ③

스테인리스강(STS)
탄소강에 니켈이나 크롬 등을 첨가하여 대기 중이나 수중 또는 산에 잘 견디는 내식성을 부여한 합금강으로 불수강이라고도 한다.
종류로는 페라이트계, 오스테나이트계, 마텐자이트계 스테인리스강이 있다.

42 ▸ ②

금속의 특성
- 실온에서 고체이며, 결정체이다. 예외로는 수은이 있으며, 상온에서 유일한 액체 상태의 금속이다.
- 금속 고유의 광택을 가지고 있으며, 일반적으로 빛을 반사한다.
- 열 및 전기의 양도체이며, 전성 및 연성이 풍부하여 가공이 용이하다.
- 경도, 강도, 용융점이 높은 편이고, 비중도 크다. 보통 비중이 4.5 이상인 금속을 중금속, 4.5 이하인 것을 경금속이라고 한다. 특히, 철강은 용접이 용이하다.
- 소성, 주조성, 절삭성 등의 성질을 가지고 있다.

43 ▸ ①

콜슨 합금(코르손 합금)
Cu + Ni + Si 인장강도와 도전율이 높아 통신선, 전화선, 전선용으로 사용

44 ▸ ②

보기 중에서 피복아크용접 시 용접성이 가장 우수한 재료는 저탄소강이다.
저탄소강은 탄소함유량이 적어서 용접 변형이 다른 금속에 비해서 작다.
주철, 고탄소강, 니켈강 등은 용접 시 예열, 후열 및 신경을 많이 써야 하며, 용접 변형이 발생할 가능성이 높다.

45 ▸ ①

담금질(퀜칭, Quenching)
담금질은 재료를 경화시키며, 이 조작에 의에 페라이트에 탄소가 강제로 고용당한 마텐자이트 조직을 얻을 수 있다.
담금질 방법은 강을 A_1, A_2, A_3 변태점보다 30~50℃ 정도 가열한 후 수랭이나 유랭으로 급랭시킨다. 보기 중에서 담금질과 가장 관계가 깊은 것은 변태점이다.

46 ▶ ④

오스테나이트계 스테인리스강의 입계부식 방지방법
- 탄소량을 감소시켜 Cr_4C 탄화물의 발생을 저지시킨다.
- Ti, Nb, Ta 등의 안정화 원소를 첨가한다.
- 고온으로 가열한 후, Cr 탄화물을 오스테나이트 조직 중에 용체화하여 급랭시킨다.
- 1,050~1,100℃ 정도로 가열하여 Cr_4C 탄화물을 분해 후 급랭한다.

47 ▶ ②

질화법
- 암모니아(NH_3)가스와 재료를 약 500~550℃의 온도로 일정시간 가열을 유지하면 고온에서 암모니아가스가 분해하며 생기는 활성 질소(N)가 강의 표면에 침투하여 강화시키는 것
- Al, Cr, Mo 등이 질화물을 형성하여 아주 경한 경화층을 얻을 수 있고, 경화층 깊이는 시간이 지남에 따라 깊어진다.
- 침탄에 비해 높은 표면 경도를 얻을 수 있고, 내마모성이 커진다.
- 내식성이 우수하고, 피로한도가 좋아진다.

48 ▶ ①

황동의 대표	7·3황동	Cu 70%, Zn 30%	연신율 최대, 탄피, 장식품 등
	6·4황동	Cu 60%, Zn 40%	인장강도 최대, 볼트, 너트, 탄피 등 문쯔메탈이라고도 함.
	톰백	Zn 8~20%	금대용품

49 ▶ ②

연청동
청동 + Pb 3~26% 중하중 고속회전용 베어링 재료, 패킹재료로 사용

50 ▶ ①

Mo
고온강도 개선, 인성 향상, 저온취성 방지, 담금질 깊이, 크리프 저항, 내식성 증가, 뜨임취성 방지

51 ▶ ③

3각법
- 한국공업규격(KS)에서는 3각법을 도면 작성 원칙으로 한다.
- 투영도는 정면도, 평면도, 우측면도로 배치한다.

- 투상방법은 '눈 → 투상면 → 물체'이다.
- 실물파악이 쉽다.

52 ▶ ③

종류	기호
용접식 캡	
막힌 플랜지	
나사박음식 캡	

53 ▶ ②

A = (75 × 39) + 90 = 3,015mm

54 ▶ ④

e : 인접한 용접부 간의 거리

55 ▶ ④

56 ▶ ④

국부 투상도
대상물의 구멍, 홈 등과 같이 한 부분의 모양을 도시하는 것

57 ▶ ③

명칭	기호	명칭	기호
일반구조용 압연강재	SS	기계구조용 탄소강재	SM(00)
탄소공구강재	STC	용접구조용 압연강재	SWS, SM(000)
탄소주강품	SC	스프링 강재	SPS
회주철	GC	고속도강	SKH

58 ▶ ②

기호	의미	기호	의미	기호	의미
∅	원의 지름	□	정사각형	R	반지름
SR	구의 반지름	C	모따기	t	두께

59 ──────────────────────────────── ► ①

이점 쇄선(가상선)의 용도
• 가공 전 또는 후의 모양을 표시하는 데 사용
• 도시된 단면의 앞쪽에 있는 부분을 표시하는 데 사용하는 선
• 가공에 사용하는 공구, 지그 등의 위치를 참고로 나타내는 데 사용
• 반복을 표시하는 선

60 ──────────────────────────────── ► ①

전개도법의 종류
• 평행선법 : 원통형 모양이나 각기둥, 원기둥 물체를 전개할 때 사용
• 방사선법 : 부채꼴 모양으로 전개하는 방법
• 삼각형법 : 전개도를 그릴 때 표면을 여러 개의 삼각형으로 전개하는 방법

✏️

◆ 문제 p. 344

01	③	02	③	03	④	04	③	05	④
06	④	07	②	08	①	09	④	10	①
11	②	12	④	13	④	14	③	15	③
16	④	17	①	18	④	19	③	20	②
21	②	22	②	23	③	24	③	25	③
26	③	27	④	28	③	29	①	30	②
31	①	32	③	33	④	34	④	35	③
36	③	37	③	38	④	39	②	40	②
41	①	42	①	43	②	44	④	45	③
46	③	47	③	48	①	49	②	50	③
51	④	52	①	53	②	54	④	55	④
56	④	57	②	58	①	59	①	60	④

01 ▶ ③

용접 작업 종단에 수축공을 방지하기 위하여 아크길이를 최대한 짧게 하고 모재의 용입이 일어나지 않도록 아크 발생에 간격을 두어 크레이터부를 처리한다.

02 ▶ ③

서브머지드 아크용접의 특징
• 고전류로 용접할 수 있으므로 용착속도가 빠르고 용입이 깊어 고능률적이다(용접속도가 수동용접의 10~20배, 용입은 2~3배 정도).
• 용접속도가 수동용접보다 빨라 능률이 높다.
• 열효율이 높고, 비드 외관이 양호하며 용접금속의 품질을 좋게 한다.
• 개선각을 작게 하여 용접 패스 수를 줄일 수 있다.
• 콘택트 팁에서 통전되므로 와이어 중에 저항열이 적게 발생되어 고전류 사용이 가능하다.

03 ▶ ④

이산화탄소 농도에 따른 인체의 영향

농도	영향
3~4%	두통, 뇌빈혈
15% 이상	위험
30% 이상	치명적

04 ▶ ③

용접작업에서는 가죽재질의 장갑이나 보호구를 착용하여 화상이나 감전에 주의하여야 한다.

05 ▶ ④

• 솔리드 와이어 혼합 가스법
  $CO_2 + O_2$법, $CO_2 + Ar$법, $CO_2 + Ar + CO_2$법, $CO_2 + CO$법
• 용제가 들어있는 와이어 CO_2법
  버나드 아크용접(NCG법), 퓨즈 아크법, 아코스 아크법(컴파운드 와이어), 유니언 아크법

06 ▶ ④

연소는 물질이 산소와 반응하여 열과 빛을 발생하는 현상이다.

07 ▶ ②

(a) 가로 수축   (b) 세로 수축   (c) 회전 변형

(d) 가로 굽힘 변형(각변형)   (e) 세로 굽힘 변형

(f) 좌굴 변형   (g) 비틀림 변형

08 ▶ ①

플라즈마 아크용접장치에서 아크 플라즈마의 냉각가스로 쓰이는 것은 아르곤과 수소의 혼합가스이다.

09 ▶ ④

경도는 경도시험기를 이용한다.

10 ▶ ①

용접 균열이 발생하는 위치에 따른 분류는 용착금속 균열과 용접 열영향부 균열이다.
고온 균열과 저온 균열은 온도에 따른 분류이다.

11 ▶ ②

전기적 충격(전격)

전류	증세
1mA	감전을 조금 느낄 정도
5mA	상당히 아픔
20mA	근육의 수축, 호흡곤란, 피해자가 회로에서 떨어지기 힘듦.
50mA	상당히 위험(사망할 위험이 있음)
100mA	치명적인 결과(사망)

12 ▶ ④

TIG 용접에 사용되는 전극봉으로는 순텅스텐 전극봉, 토륨 1~2% 텅스텐 전극봉, 산화란탄 텅스텐 전극봉, 산화셀륨 텅스텐 전극봉, 지르코늄 텅스텐 전극봉이 있다.

13 ▶ ④

담금질에 의한 경화가 되면, 취성이 발생할 수 있으므로 담금질에 의한 경화는 맞지 않다.

14 ▶ ③

서브머지드 아크용접에서 용융형 용제의 특징
• 흡습성이 적어서 재건조가 필요하지 않다.
• 소결형에 비해 좋은 비드를 얻을 수 있다.
• 용제의 화학적 균일성은 양호하나, 용융 시 분해되거나 산화되는 원소를 첨가할 수 없다.
• 용접전류에 따라 입자의 크기가 달라져야 한다.

15 ▶ ③

TIG 용접 시 수랭식 토치는 과열을 방지하기 위해 냉각수 탱크에 넣어 식히지 않는다.

16 ▶ ④

레이저 용접이 적용되는 분야 및 응용 범위
• 우주 통신, 로켓의 추적, 광학, 계측기 등에 응용
• 가는 선이나 작은 물체의 용접 및 박판의 용접에 적용
• 다이아몬드의 구멍 뚫기, 절단 등에 응용

17 ▶ ①

중탄소강의 용접(탄소함유량 0.3~0.5%)
• 탄소량이 증가하면 용접 시 열 영향부의 경화가 심해지며, 용접성이 나쁘고, 균열이 발생할 수 있으므로 예열을 하여야 한다.
• 150~260℃ 정도로 예열한다.
• 용접봉은 저수소계를 사용하며, 탄소함유량이 0.4%일 때는 후열도 고려해야 한다.
• 피복아크용접할 경우는 저수소계 용접봉을 선정하여 건조시켜 사용한다.
• 서브머지드 아크용접할 경우는 와이어와 플럭스 선정 시 용접부 강도 수준을 충분히 고려하여야 한다.

18 ▶ ①

불활성 가스 금속 아크용접은 바람의 영향을 받으므로 방풍대책이 필요하다.

19 ▶ ③

V홈 맞대기 이음 홈의 간격이 5mm 정도 벌어졌을 때에는 덧살올림용접 후 가공하여 규정 간격을 맞춘다.

20 ▶ ②

아세틸렌의 특징
• 비중은 0.906으로 공기보다 가볍다.
• 순수한 것은 무색, 무취의 기체. 혼합할 때 악취가 난다.
• 15℃ 1기압에서 1ℓ의 무게는 1.176g이다.
• 용해 아세틸렌가스는 15℃ 15기압(kgf/cm²)으로 충전한다.
• 용해 아세틸렌 1kg을 기화시키면 905ℓ에 아세틸렌가스가 발생한다.
• 용기안의 아세틸렌 양 C = 905(A − B)
  C : 아세틸렌가스양, A : 병 전체 무게 B : 빈병의 무게
• 용기의 색은 황색, 호스의 색은 적색, 10kg/cm²의 내압시험에 합격해야 한다.
• 아세틸렌가스는 각종 액체에 잘 용해된다. 물과 같은 양, 석유에는 2배, 벤젠에는 4배, 알코올에는 6배, 아세톤에는 25배로 용해된다.

21 ▶ ②

플러그 용접
접합하고자 하는 모재에 구멍을 뚫고 그 구멍으로부터 용접하여 다른 한쪽 모재와 접합하는 용접방법

22 ▶ ②

인동납
구리가 주성분이며 소량의 은, 인을 포함하여 전기 및 열전도가 뛰어나므로 구리나 구리합금의 납땜에 적합한 것

23 ▶ ③

아크 쏠림 방지책
• 직류 대신 교류 용접기 사용
• 아크길이를 짧게 유지하고, 긴 용접부는 후퇴법 사용
• 접지는 양쪽으로 하고, 용접부에서 멀리한다.
• 용접봉 끝을 자기불림 반대방향으로 기울인다.
• 용접이 끝난 부분이나 가접이 큰 부분 방향으로 용접
• 엔드탭 사용

24 ▶ ③

가스 가우징
• 용접 부분의 뒷면을 따내거나, U형, H형 등의 둥근 홈을 파내는 작업이다.
• 토치의 예열각도는 30~40도, 가우징 시 각도는 10~20도이다.
• 홈의 깊이와 폭의 비는 1 : 1~1 : 3 정도이다.

25 ▶ ③

드래그
• 가스 절단면에 절단 기류의 입구측에서 출구측 사이의 수평거리이며, 일반적인 표준 드래그의 길이는 판두께의 $(\frac{1}{5})$20% 정도이다.

• 드래그 $= \dfrac{\text{드래그의 길이}}{\text{판두께}} \times 100$

26 ▶ ③

• 용해 아세틸렌 1kg을 기화시키면 905ℓ에 아세틸렌가스가 발생
• 용기 안의 아세틸렌 양 C = 905(A − B)
  C : 아세틸렌가스양, A : 병 전체 무게 B : 빈병의 무게

27 ▶ ④

용접봉 지름(D) $= \dfrac{T}{2} + 1 = \dfrac{8}{2} + 1 = 5$

28 ▶ ②

퓨즈용량 $= \dfrac{\text{1차입력}}{\text{전원입력}} = \dfrac{24 \times 1,000}{200} = 120$

29 ▶ ①

탄화불꽃(탄성불꽃)
아세틸렌가스의 양이 산소량보다 많은 경우에 발생하는 불꽃, 산화작용을 일으키지 않기 때문에 산화를 방지할 필요가 있는 스테인리스강, 니켈강 용접에 쓰이고, 침탄작용을 일으키기 쉽다. 제3의 불꽃이라고도 하며, 적황색이다.

30 ▶ ②

피복제의 역할
• 아크를 안정시킨다.
• 산화, 질화 방지
• 용착효율 향상
• 전기절연작용, 용착금속의 탈산정련작용
• 급랭으로 인한 취성방지
• 용착금속에 합금원소 첨가
• 수직, 수평, 위보기 등의 어려운 자세 용접을 쉽게 할 수 있다.

31 ▶ ①

가스 절단 시 예열불꽃이 강하면 절단면이 거칠어지고, 예열불꽃이 약하면 드래그의 길이가 증가하고, 절단속도가 늦어진다.

32 ▶ ③

아크용접기의 사용률에서 아크시간과 휴식시간을 합한 전체 시간 10분을 기준으로 한다.

33 ▶ ④

적당한 예열불꽃은 절단재의 표면스케일 등의 박리성을 향상시킨다.

34 ▶ ④

아크길이 자기제어 특성
아크전류가 일정할 때 아크전압이 높아지면 용접봉의 용융속도가 늦어지고, 아크전압이 낮아지면 용융속도가 빨라지는 현상을 아크길이 자기제어 특성이라고 한다.

35 ▶ ③

수소
- 비중은 0.069g으로 가장 가볍고, 확산속도가 빠르며, 납땜이나 수중절단용으로 사용한다.
- 무미, 무색, 무취로 육안으로 불꽃을 확인하기 곤란하다.
- 물의 전기분해 및 코크스의 가스화법으로 제조한다.
- 폭발성이 강한 가연성 가스이며, 고온·고압에서는 취성이 생길 수 있다.

36 ▶ ③

조연성 가스(지연성 가스)
자신은 타지 않고 다른 물질이 연소할 수 있도록 도와주는 가스로 대표적으로 산소가 있다.

37 ▶ ③

용접봉의 건조
- 저수소계[E4316] : 300~350℃로 1~2시간 건조
- 일반용접봉 : 70~100℃로 30분에서 1시간 건조

38 ▶ ④

직류아크용접 작업 시 극성 선택의 고려사항에 용접 지그는 해당 사항이 없다.

39 ▶ ②

모재 표면에 과열의 흔적이 있으면 양호한 용접부를 얻기 힘들다. 항상 용접 전에 모재 표면을 깨끗이 한 후 용접을 실시한다.

40 ▶ ②

고급주철은 인장강도, 충격저항, 마모저항, 내열성이 크다. 고급주철은 인장강도가 25kg/mm² 이상의 것을 말하고, 펄라이트주철(미하나이트주철)이라고도 한다.

41 ▶ ①

담금질 조직 중에서 경도가 가장 높은 것은 마텐자이트이다.

42 ▶ ①

티탄과 티탄합금
- 비중 4.5, 용융점 1,668℃
- 강한 탈산제인 동시에 흑연화 촉진제로 사용된다. 그러나 많은 양을 첨가하면 흑연화를 방지하게 된다.
- 티탄 용접 시 실드장치가 필요하다.

- 내열, 내식성이 좋다.
- 600℃까지 고온산화가 거의 없다.

43 ▶ ②

합금의 특징
- 강도, 경도, 담금질 효과 증가, 연성, 전성이 작아진다.
- 전기전도율, 열전도율이 낮아지고, 내식성이 불량해진다.
- 색이 변하고, 주조성이 증가하며, 보통 우수한 성질이 나타난다.
- 용해점이 낮아진다.
- 담금질 효과가 크다.

44 ▶ ④

표면강화에는 침탄법, 질화법, 고주파경화법, 화염경화법 등이 있고, 풀림법은 일반열처리 방법이다.

45 ▶ ③

구리의 종류
- 전기구리 : 전기분해해야 얻어지는 동, 순도는 99.9% 이상으로 높지만, 불순물로 인하여 취약하고 가공이 곤란하다.
- 정련구리 : 전기구리 정제, 구리 중의 산소량 0.02~0.04% 전기전도율, 열전도율 높고, 내식성 우수
- 탈산구리 : 정련구리를 P으로 탈산하여 산소함유량이 0.02% 이하
- 무산소구리 : 산소량 0.001~0.002%, 전도율, 가공성 우수, 전자기기에 사용

46 ▶ ③

적열취성
강이 가열되어 온도가 900℃ 부근에서 붉은색이 되면서 깨지는 성질. 원인은 S이다. 일명 고온균열이라고도 한다.

47 ▶ ③

Y합금
Al-Cu-Ni-Mg 합금, 실린더 헤드, 피스톤 등에 사용

48 ▶ ①

Mn강	저Mn	펄라이트Mn강, 듀콜강, 1~2%의 Mn, 0.2~1%의 C 함유, 인장강도가 440~ 863MPa이며, 연신율은 13~34%이고, 건축, 토목, 교량재 일반 구조용 부분품이나 제지용 롤러 등에 이용
	고Mn	오스테나이트Mn강, 하드필드강, 내마멸성, 경도가 크고, 광산기계, 레일교차점에 사용. 1,050℃ 부근에서 수인하여 인성을 부여한다.

49 ▶ ②

스테인리스강을 제조하기 위해서 첨가하는 재료에는 Cr, Ni, Mo, Mn, S, C 등이 있다.

50 ▶ ③

구상흑연주철

보통주철의 편상흑연들이 용융상태에서 Mg, Ce, Ca 등을 첨가하면 편상흑연이 구상화 흑연으로 변화된다. 이때의 주철을 구상흑연주철이라고 한다. 조직으로는 페라이트, 시멘타이트형, 펄라이트형이 있다. 기계적 성질이 우수하고 인장강도가 가장 크다.

51 ▶ ④

기호	의미	기호	의미	기호	의미
∅	원의 지름	□	정사각형	R	반지름
SR	구의 반지름	C	모따기	t	두께
( )	참고치수	P	피치기호	⌒	원호의 길이

52 ▶ ①

53 ▶ ②

54 ▶ ④

부분 확대도(상세도)

특정한 부분의 도형이 작아서 그 부분을 자세하게 나타낼 수 없거나, 치수 기입을 할 수 없을 때, 그 해당 부분 가까운 곳에 가는 실선으로 둘러싸고 확대하여 그리는 것.

55 ▶ ④

도면에는 윤곽선, 표제란, 중심마크를 반드시 표기해야 한다.

56 ▶ ④

전개도법의 종류

• 평행선법 : 원통형 모양이나 각기둥, 원기둥 물체를 전개할 때 사용
• 방사선법 : 부채꼴 모양으로 전개하는 방법
• 삼각형법 : 전개도를 그릴 때 표면을 여러 개의 삼각형으로 전개하는 방법

57 ▶ ②

도면에서 평면을 표시할 때에는 가는 실선으로 대각선을 그려서 나타낸다.

58 ▶ ①

플러그 용접 표시 :

59 ▶ ①

• 20 : 구멍의 수   • 16 : 구멍지름

60 ▶ ④

해당 기호는 고정식 환기삿갓을 의미한다.

✦ 문제 p. 356

01	③	02	④	03	②	04	④	05	④
06	①	07	①	08	②	09	④	10	③
11	①	12	③	13	②	14	②	15	②
16	④	17	③	18	②	19	④	20	①
21	③	22	①	23	③	24	④	25	③
26	①	27	①	28	④	29	③	30	②
31	②	32	③	33	③	34	④	35	①
36	③	37	①	38	②	39	②	40	②
41	③	42	④	43	③	44	④	45	③
46	①	47	①	48	③	49	④	50	④
51	②	52	④	53	③	54	④	55	①
56	④	57	①	58	④	59	③	60	③

01 ▶ ③

안전표지와 색채 사용
• 적색(빨간색) : 금지, 규제, 고도의 위험, 방향표시, 소화설비, 화학물질의 취급장소에서의 유해・위험 경고 등
• 청색 : 특정 행위의 지시 및 사실의 고지
• 황색(노란색) : 주의표시, 충돌, 통상적인 위험・경고 등
• 녹색 : 안전지도, 위생표시, 대피소, 구호표시, 진행 등
• 백색 : 통로, 정리정돈, 글씨 및 보조색
• 검정(흑색) : 글씨(문자), 방향표시(화살표)

02 ▶ ④

용가재의 구비조건
• 용융온도가 모재보다 낮고 유동성이 있어야 하며, 모재와 친화력이 있어야 한다.
• 모재와 야금적 접합이 우수하고, 기계적, 물리적, 화학적 성질이 우수해야 한다.
• 금이나 은대용품은 모재와 색깔이 같아야 한다.
• 전위차가 모재와 가능한 적어야 한다.
  → 용융온도가 모재보다 낮아야 한다.

03 ▶ ②

솔리드 와이어 CO_2가스 아크용접에서 CO_2가스에 Ar가스를 혼합 시 아크 안정, 스패터 감소, 작업성 및 용접품질이 향상된다. → 후판용접에 주로 사용되지는 않는다.

04 ▶ ④

자동(로봇) 용접의 장점
• 용접결과가 일정하고 제품의 품질이 향상된다.
• 수동, 반자동보다 전류 사용범위가 넓다.
• 용접속도가 빠르고, 용입도 깊게 할 수 있다.
• 슬래그 제거가 필요 없으며, 열 변형의 문제도 적어서 장시간 작업이 가능하다.
• 아크 및 흄 등으로부터 작업자를 보호할 수 있다.
• 용착효율이 높고, 용착속도가 빠르다.
• 용접봉 손실이 적다.
• 용접부의 기계적 성질이 매우 우수하다.

05 ▶ ④

전진법	첫 부분에서 다른 쪽 부분까지 연속적으로 용접하는 방법, 용접이음이 짧은 경우나, 잔류응력이 적을 때 사용한다.	→ 전진법

06 ▶ ①

이음의 종류	그림	이음의 종류	그림
맞대기		모서리	
전면 필릿		변두리	
T		십자	
겹치기		측면 필릿	

07 ▶ ①

이산화탄소 농도에 따른 인체의 영향

농도	영향
3~4%	두통, 뇌빈혈
15% 이상	위험
30% 이상	치명적

08 ▶ ②

피로시험
반복하중을 받을 때, S(응력)–N(반복횟수)곡선을 이용한다.

09 ▸ ④

역변형법은 용접 전에 변형을 줄이기 위해서 사용하는 방법이다.

10 ▸ ③

굴곡시험(굽힘시험)

① 용접부의 연성, 안전성, 결함 여부를 알아보는 시험

11 ▸ ①

티탄용접 시 공기나 습기(수소) 등의 불순물에 반응하여 취성 화합물을 만들어 낸다.

12 ▸ ③

이산화탄소(CO_2) 용접의 단점
• 바람의 영향을 받으므로 방풍장치가 필요하고, 이산화탄소를 이용하므로 작업장 환기에 유의
• 표면 비드가 타 용접에 비해 거칠고, 기공 및 결함이 생기기 쉽다.
• 모든 재질에 적용이 불가능하고, 철계통 용접에 적합하다.

13 ▸ ②

산소호스와 아세틸렌호스는 용기에서의 분출압력차가 있으므로 구분하여 사용해야 한다.

14 ▸ ②

TIG 용접에서 가스노즐의 크기는 가스분출 구멍의 크기로 정해지는데, 일반적으로 사용되는 크기는 4~9.5, 6~13mm가 많이 사용된다.

15 ▸ ②

테르밋 용접의 개요
• 금속산화물이 알루미늄에 의하여 산소를 빼앗기는 반응을 이용하여 용접한다.
• 레일 및 선박의 프레임 등 비교적 큰 단면을 가진 주조나 단조품의 맞대기용접과 보수용접에 용이하다.
• 테르밋제의 점화제로 과산화바륨, 알루미늄, 마그네슘 등의 혼합분말이 사용된다.

16 ▸ ④

부식시험은 화학적 시험에 속하고, 굽힘, 경도, 인장시험은 기계적 시험에 속한다.

17 ▸ ③

녹색

안전지도, 위생표시, 대피소, 구호표시, 진행 등

18 ▸ ②

극성의 종류	결선상태		특징
직류정극성 (DCSP)	모재	+	모재의 용입이 깊고, 용접봉이 천천히 녹음.
	용접봉	−	비드 폭이 좁고, 일반적인 용접에 많이 사용됨.
직류역극성 (DCRP)	모재	−	모재의 용입이 얕고, 용접봉이 빨리 녹음.
	용접봉	+	비드 폭이 넓고, 박판 및 비철금속에 사용됨.

19 ▸ ④

가접 시 본용접보다 지름이 작은 용접봉을 사용하는 이유는 충분한 용입이 되게 하기 위해서이다.

20 ▸ ①

열 영향부는 모재의 두께와 온도에 따라서 달라질 수 있다. 같은 용접 조건에서는 박판(얇은판) 쪽 열 영향부의 폭이 넓어진다.

21 ▸ ③

일반적으로 소결형 용제가 많이 사용되고 있다.
• 흡습성이 가장 높다. 비드 외관이 용융형에 비해 나쁘다.
• 후판사용에 용이, 용접금속의 성질이 우수하며, 용제의 사용량이 적다.
• 흡습성이 높아 보통 사용 전에 150~300℃에서 1시간 정도 재건조해서 사용한다.
• 용접전류에 관계없이 동일한 입도의 용제를 사용할 수 있다.
• 용융형 용제에 비하여 용제의 소모량이 적다.
• 페로실리콘, 페로망간 등에 의해 강력한 탈산작용이 된다.

22 ▸ ①

15번 해설 참조

23 ▸ ③

용접의 단점
• 응력집중이 발생하고, 잔류응력도 발생한다.
• 품질검사가 어렵다.

- 제품의 변형이 발생할 수 있다.
- 작업자에 따라서 용접부 품질의 편차가 심하다.
- 저온취성이 발생할 수 있다.
- 균열이 발생하면 제품 전체에 전파될 수 있다.
- 모재의 재질 변화에 대한 영향이 크다.

24 ▶ ④

탈산제
페로망간, 페로실리콘, 페로티탄, 규소철, 망간철, 알루미늄 등

25 ▶ ③

아크 에어 가우징
- 탄소 아크절단장치에 6~7기압 정도의 압축공기를 사용하는 방법으로 용접부 가우징, 용접 결함부 제거, 절단 및 구멍뚫기 작업에 적합하다.
- 흑연으로 된 탄소봉에 구리 도금한 전극을 사용한다.
- 사용전원으로 직류역극성[DCRP]을 이용한다.
- 소음이 없고, 작업능률이 가스 가우징보다 2~3배 높고, 비용이 저렴하고, 모재에 나쁜 영향을 미치지 않아, 철, 비철 금속 모두 사용 가능하다.

26 ▶ ①

산소용기 취급 시 주의사항
- 화기가 있는 곳이나 직사광선의 장소를 피한다.
- 충격을 주지 않으며, 밸브 동결 시 온수나 증기를 사용하여 녹인다.
- 용기 내의 압력이 170기압이 되지 않도록 하며, 누설검사는 비눗물을 이용한다.
- 산소용기 밸브, 조정기 등은 기름천으로 닦으면 안 된다.
- 산소병은 40℃ 이하로 유지하고, 공병이라도 뉘어 두어서는 안 된다.

27 ▶ ①

용접봉의 지름과 판두께와의 관계
$$D = \frac{T}{2} + 1$$
(D : 지름, T : 판두께)

28 ▶ ④

전격방지기(전격방지장치)
용접작업자가 전기적 충격을 받지 않도록 2차 무부하전압을 20~30[V] 정도 낮추는 장치

29 ▶ ③
용융온도가 모재보다 낮을 것 → 납땜의 용가재 구비조건임.

30 ▶ ②

가스용접의 특징
- 전기가 필요 없으며, 응용범위가 넓다.
- 용접장치 설비비가 저렴, 가열 시 열량조절이 비교적 자유롭다.
- 유해광선 발생률이 적고, 박판용접에 용이하며, 응용범위가 넓다.
- 폭발 화재 위험이 있고, 열효율이 낮아서 용접속도가 느리다.
- 탄화, 산화 우려가 많고, 열 영향부가 넓어서 용접 후의 변형이 심하다.
- 용접부 기계적 강도가 낮으며, 신뢰성이 적다.

31 ▶ ②

피복아크용접의 원리
- 피복아크용접은 피복된 용접봉과 모재 사이에 아크를 이용하여 모재와 용접봉이 녹아서 접합이 되는 것으로 피복금속 아크용접 또는 전기를 이용하여, 전기용접이라고 한다.
- 아크열은 5,000℃ 정도이다.
→ 기계적 압력, 마찰, 진동에 의한 열을 이용하는 용접방식은 압접으로 마찰, 초음파, 냉간 압접이 이에 속한다.

32 ▶ ③

용접의 개요
- 용접은 접합하려고 하는 물체나 재료의 접합 부분을 용융, 반용융, 냉간 상태로 하여 직접 접합하거나 압력을 가하여 접합한다. 그리고 용융된 용가재를 첨가하여 간접적으로 접합하기도 한다.
- 용접은 야금적 접합이라고도 한다.
- 원자 간의 인력이 1억분의 1cm일 때 인력이 작용하여 결합하게 된다. 즉, $1\text{Å} = 10^{-8}$cm가 된다.

33 ▶ ③

드래그
- 가스 절단면에 절단 기류의 입구측에서 출구측 사이의 수평거리이며, 일반적인 표준 드래그의 길이는 판두께의 $(\frac{1}{5})$20% 정도이다.
- 드래그 $= \dfrac{\text{드래그의 길이}}{\text{판두께}} \times 100 = \dfrac{5}{20} \times 100 = 25\%$

34 ▸ ④

용제
- 산화물의 용융온도를 낮게 한다.
- 재료 표면의 산화물을 제거한다.
- 재료와의 친화력을 증가시킨다.
- 청정작용으로 용착을 돕는다.
- 용제는 사용 후 슬래그 제거가 용이하고 인체에 무해해야 한다.
- 용융금속의 산화·질화를 감소하게 한다.

35 ▸ ①

핫 스타트 장치
초기 아크 발생을 쉽게 하기 위해서 순간적으로 대전류를 흘려보내서 아크 발생 초기의 비드 용입을 좋게 한다.

36 ▸ ③

용융금속의 이행 형식에는 단락형, 용적형(글로뷸러형), 스프레이형(분무상 이행형)이 있다.

37 ▸ ①

아세틸렌가스는 각종 액체에 잘 용해된다. 물과 같은 양, 석유에는 2배, 벤젠에는 4배, 알코올에는 6배, 아세톤에는 25배로 용해된다.

38 ▸ ②

가스 가우징
- 용접 부분의 뒷면을 따내거나, U형, H형 등의 둥근 홈을 파내는 작업이다.
- 토치의 예열각도는 30~40도, 가우징 시 각도는 10~20도이다.
- 홈의 깊이와 폭의 비는 1 : 1~1 : 3 정도이다.

39 ▸ ②

아크가 길면 스패터가 증가한다.

40 ▸ ②

Cr 주강
보통주강에 3% 이하의 Cr을 첨가하여 강도와 내마멸성을 증가시켜 분쇄기계, 석유화학공업용 기계부품 등에 사용

41 ▸ ③

용융점
- 어떤 물질이 녹거나 응고하는 온도점(고체 → 액체, 액체 → 고체)
- 용융점이 가장 높은 금속은 W(3,410℃), 가장 낮은 금속은 Hg(−38.8℃)

42 ▸ ④

탄소강의 표준조직
페라이트, 펄라이트, 시멘타이트, 오스테나이트, 레데뷰라이트

43 ▸ ③

황동의 부식
- 자연균열(응력부식균열) : 냉간가공을 한 황동이 저장 중에 자연히 균열이 일어나는 것
  방지법 : 도금, 도색, 풀림처리
- 탈아연현상 : 황동이 바닷물에서 아연이 용해 부식되어 침식되는 현상
- 고온탈아연 : 고온에서 증발에 의해 Zn이 탈출하는 것

44 ▸ ④

응력제거풀림
용접부품, 단조강, 주조강, 냉간가공 부품, 담금질한 강의 잔류응력을 제거하기 위해 일반적으로 500~650℃ 정도에서 가열한 후 서랭하는 열처리

45 ▸ ③

주강 제품에 기포나 기공이 발생하면 불량품이다.

46 ▸ ①

금속침투법
- 세라다이징 : Zn을 침투, 내식성이 좋은 표면층을 형성
- 칼로라이징 : Al을 침투, 내열, 내산화성, 방청, 내해수성, 내식성이 좋음.
- 크로마이징 : Cr을 침투, 고크롬강이 되어서 스테인리스강의 성질을 갖춤.
- 실리코나이징 : Si를 침투, 방식성을 향상
- 브로나이징 : B 침투

47 ▸ ①

쾌삭강
강에 인이나 황을 함유하여 절삭성을 향상시킨 강(Mn-S강, Pb강)

48 ▶ ③

일산화탄소가스가 발생하면 용착금속에 기공이 생긴다.

49 ▶ ④

오스테나이트계 스테인리스강

18%Cr-8%Ni 내식성이 가장 우수하며, 스테인리스강 대표, 가공성이 좋고, 용접성 우수, 열처리 불필요. 염산, 황산에 취약, 결정입계부식이 발생하기 쉬우며, 비자성체

50 ▶ ④

알루미늄의 성질

• 순수 알루미늄의 비중은 2.7이고, 용융점은 660℃이며, 산화알루미늄의 비중은 4, 용융점은 2,050℃이다. 변태점은 없다.
• 열 및 전기의 양도체이다.
• 전연성이 좋으며, 내식성이 우수하다.
• 주조가 용이하며, 상온, 고온 가공이 용이하다.
• 대기 중에서 쉽게 산화되고, 염산에는 침식이 빨리 진행된다.

51 ▶ ②

형강 또는 평강의 치수표시

모양, 너비 × 너비 × 두께 - 길이

52 ▶ ④

투명한 재료로 만들어지는 대상물이라도 투상도에서는 불투명하게 존재하는 것으로 나타내야 한다.

53 ▶ ③

54 ▶ ④

종류	기호	종류	기호
체크밸브		게이트밸브	
안전밸브		글로브밸브	
앵글밸브		밸브닫힘상태	

55 ▶ ①

• 10 : 플러그의 지름
• 20 : 용접부 수
• 200 : 인접한 용접부 간의 거리

56 ▶ ④

1. 3각법

A : 정면도
B : 평면도
C : 좌측면도
D : 우측면도
E : 저면도
F : 배면도

2. 1각법

A : 정면도
B : 저면도
C : 우측면도
D : 좌측면도
E : 평면도
F : 배면도

57 ▶ ①

전개도법의 종류

• 평행선법 : 원통형 모양이나 각기둥, 원기둥 물체를 전개할 때 사용
• 방사선법 : 부채꼴 모양으로 전개하는 방법
• 삼각형법 : 전개도를 그릴 때 표면을 여러 개의 삼각형으로 전개하는 방법

58 ▶ ④

기호	의미	기호	의미	기호	의미
∅	원의 지름	□	정사각형	R	반지름
SR	구의 반지름	C	모따기	t	두께

59 ▶ ③

SM10C : 기계구조용 탄소강재, 10C는 탄소함유량이다.

60 ▶ ③

① 3각법, ② 3각법, ③ 1각법, ④ 3각법

✦ 문제 p. 367

01	②	02	①	03	④	04	①	05	③
06	③	07	③	08	②	09	③	10	④
11	②	12	③	13	④	14	①	15	④
16	①	17	④	18	②	19	④	20	②
21	③	22	②	23	④	24	②	25	①
26	②	27	③	28	④	29	①	30	③
31	①	32	④	33	④	34	③	35	①
36	③	37	④	38	③	39	③	40	②
41	④	42	④	43	②	44	②	45	④
46	②	47	①	48	①	49	④	50	③
51	①	52	④	53	①	54	③	55	③
56	④	57	③	58	②	59	③	60	③

01 ▶ ②

절단속도는 절단산소의 압력이 낮고 산소소비량이 적을수록 절단속도는 느려지고, 절단속도를 높이기 위해서는 절단산소의 압력과 산소소비량을 증가시킨다.

02 ▶ ①

피복금속 아크용접에서 내균열성이 좋은 용접봉은 저수소계 (E4316)이다.
피복제의 염기성이 높을수록 내균열성이 좋아진다.

03 ▶ ④

후진법
• 후진법은 토치를 오른손에 잡고, 용접봉은 왼손으로 잡아 왼쪽에서 오른쪽으로 용접하는 방법이다. 오른쪽방향으로 용접한다는 의미로 우진법이라고 한다.
• 후진법은 전진법에 비하여 용접속도가 빠르고, 홈 각도, 용접 변형이 작고, 산화 정도나 용착금속의 조직이 좋으며, 전진법에 비하여 두꺼운 강판을 용접할 수 있다.
→ 후판용접에 적합하다는 의미는 용접 변형이 크지 않다고 생각할 수 있다.

04 ▶ ①

스카핑
• 강재 표면의 개재물, 탈탄층 또는 홈을 제거하기 위해 사용하며, 가우징과 다른 것은 표면을 얇고 넓게 깎는 것이다.
• 스카핑의 속도는 냉간재는 5~7m/min, 열간재는 20m/min으로 상당히 빠르다.

05 ▶ ③

가스불꽃의 구성
• 백심 : 백색불꽃으로 온도는 1,500℃ 정도이다.
• 속불꽃(용접불꽃) : 일산화탄소와 수소가 공기 중의 산소와 결합하여 고열 발생, 실제로 용접이 이루어지는 불꽃으로 온도는 3,200~3,400℃ 정도이다.
• 겉불꽃 : 연소가스가 주위 공기의 산소와 결합하여 완전 연소되는 불꽃으로 2,000℃ 정도이다.

06 ▶ ③

피복아크용접의 특징
• 아크온도가 높아서 열효율이 높고, 용접속도가 빠르며, 효율적인 용접 가능
• 변형이 적고, 폭발위험이 없다.
• 전격의 위험이 있고, 초기 설비 투자비용이 비싸다.
• 높은 열과 아크 광선에 피해를 입을 수 있다.

07 ▶ ③

극성의 종류	결선상태		특징
직류정극성 (DCSP)	모재	+	모재의 용입이 깊고, 용접봉이 천천히 녹음.
	용접봉	−	비드 폭이 좁고, 일반적인 용접에 많이 사용됨.
직류역극성 (DCRP)	모재	−	모재의 용입이 얕고, 용접봉이 빨리 녹음.
	용접봉	+	비드 폭이 넓고, 박판 및 비철금속에 사용됨.

08 ▶ ②

용접의 장점
• 기밀, 수밀, 유밀성이 우수하고, 이음효율이 높다.
  (리벳 이음효율 : 80%, 용접 이음효율 : 100%)
• 재료를 절약할 수 있고, 중량이 가볍고, 작업공정을 줄일 수 있다.

- 이종재료를 접합할 수 있고, 제품의 성능이나 수명이 우수하다.
- 실내에서 작업이 가능하며, 복잡한 구조물을 쉽게 제작할 수 있다.
- 보수와 수리가 용이하며, 비용도 적게 든다.
- 이음 두께의 제한이 없으며, 작업의 자동화가 쉽다.
- 제품이나 주조물을 주강품이나 단조품보다 가볍게 할 수 있다.

09 ──────────────────────▶ ③

탄산가스는 청색이다.

10 ──────────────────────▶ ④

아크길이 자기제어 특성
아크전류가 일정할 때 아크전압이 높아지면 용접봉의 용융속도가 늦어지고, 아크전압이 낮아지면 용융속도가 빨라지는 현상을 아크길이 자기제어 특성이라고 한다.

11 ──────────────────────▶ ②

산소에 불순물이 증가하게 되면 절단속도가 느려지고, 산소의 소비량이 증가한다.

12 ──────────────────────▶ ③

가스 용접봉
- 저탄소강이 주로 이용된다.
- 모재와 같은 재질이어야 한다.
- 불순물이 포함되어 있지 않을 것
- 기계적 성질에 나쁜 영향을 주지 않을 것
- 규정 중의 GA46, GB43 등이 있을 때 숫자의 의미는 용착금속의 최소 인장강도를 의미한다.

13 ──────────────────────▶ ④

교류아크용접기에 따른 정격부하전압
AW200 : 30V, AW300 : 35V, AW400, AW500 : 40V

14 ──────────────────────▶ ①

후진법
- 후진법은 토치를 오른손에 잡고, 용접봉은 왼손으로 잡아 왼쪽에서 오른쪽으로 용접하는 방법이다. 오른쪽방향으로 용접한다는 의미로 우진법이라고 한다.

- 후진법은 전진법에 비하여 용접속도가 빠르고, 홈 각도, 용접 변형이 작고, 산화 정도나 용착금속의 조직이 좋으며, 전진법에 비하여 두꺼운 강판을 용접할 수 있다.

15 ──────────────────────▶ ④

가스용접에서 팁의 재료로 가장 적당한 것은 동합금이다.

16 ──────────────────────▶ ①

특성	상태	사용
수하 특성	전류↑, 전압↓	수동용접
부저항 특성	전류↑, 아크저항↓, 전압↓	수동용접
정전류 특성	아크길이↑↓, 전류↔	수동용접

17 ──────────────────────▶ ④

피복제의 역할
- 아크를 안정시킨다.
- 산화, 질화 방지
- 용착효율 향상
- 전기절연작용, 용착금속의 탈산정련작용
- 급랭으로 인한 취성방지
- 용착금속에 합금원소 첨가
- 수직, 수평, 위보기 등의 어려운 자세 용접을 쉽게 할 수 있다.

18 ──────────────────────▶ ②

침탄법은 경화 후 수정이 가능하다.

19 ──────────────────────▶ ④

P : 강도, 경도 증가, 연신율 감소, 청열취성, 상온취성 원인

20 ──────────────────────▶ ②

페라이트계 스테인리스강
- 0.12% 이하의 탄소와 11~13% Cr이 함유되어 있는 강
- 유기산과 질산에는 침식하지 않는다.
- 염산, 황산 등에도 내식성을 잃는다.
- 오스테나이트계에 비하여 내산성이 낮다.
- 표면이 잘 연마된 것은 공기나 물 중에 부식되지 않는다.
- 자성체

21 ──────────────────────▶ ③

탄소강에 함유된 원소의 영향
- C : 강·경도, 전기저항, 항복점 증가, 연신율, 인성, 전·연성, 충격치 감소

- Si : 강도, 경도, 탄성한도 증가, 연신율, 충격값, 가공성, 용접성 낮아짐. 결정립을 조대화시킨다.
- P : 강도, 경도 증가, 연신율 감소, 청열취성, 상온취성 원인
- S : 강도, 연신율 감소, 적열취성 원인, 용접성 낮아짐. Mn과 결합하여 절삭성 향상
- Mn : 강도, 경도, 인성 증가, 유동성 향상, 탈산제, 황의 해를 감소시킴.

22 ────────────────▶ ②

- 콘스탄탄 : Cu + Ni40~50% 함유, 전기저항이 크고, 온도계수가 작다. 전기 저항선, 열전쌍으로 많이 사용
- 모넬메탈 : Cu + Ni65~70% 함유, 내열성, 내식성, 내마멸성, 연신율이 크다. 터빈날개, 펌프임펠러 등에 사용
- 양은(양백, 니켈황동, 커프로니켈) : 7·3황동 + Ni10~20% 은대용품, 부식저항이 크다.
- 문쯔메탈 : Cu60%, Zn40%, 인장강도 최대, 볼트, 너트, 탄피 등에 사용되며, 6·4황동이라고 한다.

23 ────────────────▶ ④

오스테나이트계 스테인리스강의 입계부식 방지방법
- 탄소량을 감소시켜 Cr_4C 탄화물의 발생을 저지시킨다.
- Ti, Nb, Ta 등의 안정화 원소를 첨가한다.
- 고온으로 가열한 후, Cr 탄화물을 오스테나이트 조직 중에 용체화하여 급랭시킨다.
- 1,050~1,100℃ 정도로 가열하여 Cr_4C 탄화물을 분해 후 급랭한다.

24 ────────────────▶ ②

탄소함유량이 많을수록 담금질성은 높아진다. 담금질을 하였는데 경도가 높아지지 않았다면 탄소함유량이 적었기 때문이다.

25 ────────────────▶ ①

석출경화형 스테인리스강
PH스테인리스강이라고도 하며, 고온강도가 높고 가공성, 용접성이 우수한 강인한 재료이다. 인장강도는 80~110kgf/mm² 정도이다. 마텐자이트 조직의 스테인리스강보다 내식성이 우수하고, 오스테나이트계 조직의 스테인리스강보다 내열성이 우수하다.

26 ────────────────▶ ②

탄소함유량이 증가하면 강도, 경도는 증가하고, 전성, 연성, 연신율, 열전도도는 감소한다.

27 ────────────────▶ ③

주철의 종류에는 아공정주철, 공정주철, 과공정주철이 있다.
- 아공정주철 : 탄소함유량 2.1%~4.3%
- 공정주철 : 탄소함유량 4.3%. 조직은 레데뷰라이트
- 과공정주철 : 탄소함유량 4.3%~6.68%

28 ────────────────▶ ③

화염경화법
- 재료의 조성에 변화가 일어나지 않고 요구되는 표면만을 경화하는 방법
- 부품의 크기나 형상에 제한이 없고, 설비가 저렴하다.
- 가열온도의 조절이 어렵다.

29 ────────────────▶ ①

재료의 표면에 발생한 얕은 결함은 결함을 제거한 후 재용접을 실시한다.

30 ────────────────▶ ③

불활성 가스 아크용접은 전류밀도가 아크용접의 6배, TIG용접의 2배, 서브머지드 아크용접과 동일한 높은 전류밀도를 사용하므로 후판용접에 적합하다.

31 ────────────────▶ ①

용접 결함의 보수방법
- 언더컷 발생 시 : 가는 용접봉으로 재용접
- 기공/슬래그/오버랩 발생 시 : 발생 부분 깎아내고 재용접
- 균열 발생 시 : 발생 부분에 구멍을 뚫고 그 부분을 따내고 재용접

32 ────────────────▶ ④

플라즈마 아크용접의 개요
- 고온의 불꽃을 이용해서 절단, 용접하는 방법으로 10,000~30,000℃의 고온 플라즈마를 분출시켜 작업하는 방법
- 플라즈마 아크용접에서 사용되는 가스는 아르곤, 헬륨, 수소 등이 사용되며, 모재에 따라 질소 혹은 공기가 사용되기도 한다.
- 플라즈마 아크용접에서 아크 종류는 텅스텐 전극과 모재에 각각 전원을 연결하는 방식은 이행형이고, 텅스텐 전극과 구속 노즐 사이에서 아크를 발생시키는 것은 비이행형이다.
- 열적 핀치효과와 자기적 핀치효과가 있다.

33 ▶ ④

CO_2가스 용접은 바람의 영향을 받으므로 방풍장치가 필요하고, 이산화탄소를 이용하므로 작업장 환기에 유의해야 한다.

34 ▶ ③

강재 하역장의 크레인 신호자는 수신호 및 청각을 이용하므로 귀마개를 착용해서는 안 된다.

35 ▶ ①

용접을 실시하면 재료의 특성상 수축 및 변형이 발생할 수 있으므로 가능한 구속용접을 피한다.

36 ▶ ③

아세틸렌의 폭발성
• 온도 : 406~408℃에서 자연 발화
• 압력 : 1.3(kgf/cm²) 이하에서 사용
• 혼합가스 : 아세틸렌 15%, 산소 85%에서 가장 위험
• 마찰·진동·충격 등의 외력이 작용하면 폭발위험이 있다.
• 은·수은 등과 접촉하면 이들과 화합하여 120℃ 부근에서 폭발성이 있는 화합물을 생성한다.

37 ▶ ④

전류	증세
1mA	감전을 조금 느낄 정도
5mA	상당히 아픔
20mA	근육의 수축, 호흡곤란, 피해자가 회로에서 떨어지기 힘듦.
50mA	상당히 위험(사망할 위험이 있음)
100mA	치명적인 결과(사망)

38 ▶ ③

다층용착법
• 빌드업법(덧살올림법) : 각 층마다 전체의 길이를 용접하면서 올리는 방법

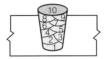
덧살올림법

• 캐스케이드법 : 계단모양으로 용접

캐스케이드법

• 전진블록법(점진블록법) : 전체를 점진적으로 용접

전진블록법

39 ▶ ③

경납 : 용융점이 450℃ 이상
1. 용제의 역할
   • 모재 표면의 산화를 방지하고, 가열 중에 생긴 산화물을 용해한다.
   • 용가재를 좁은 틈에 스며들게 하고, 산화물을 떠오르게 한다.
2. 용제의 종류
   붕사, 붕산, 붕산엽, 알칼리 등

40 ▶ ②

이음 형상에 따른 전기저항용접
• 겹치기 용접 : 점용접(스폿 용접), 심용접, 돌기용접(프로젝션 용접)
• 맞대기 용접 : 플래시 용접, 업셋 용접, 퍼커션 용접

41 ▶ ④

납땜법
• 인두납땜 : 연납땜에 사용되며, 구리 제품의 인두를 이용하여 납땜
• 가스납땜 : 기체, 액체 연료를 토치나 버너로 연소시켜 그 불꽃을 이용하여 납땜
• 담금납땜 : 화학약품에 담가 침투시키는 방법
• 저항납땜 : 이음부에 납땜재와 용제를 발라 저항열을 이용하여 가열하는 방법으로 납땜
• 노내납땜 : 노 내에서 납땜
• 유도가열납땜 : 고주파 유도전류를 이용한 납땜

42 ▶ ④

용접부의 냉각속도가 느리면 기공이 발생할 가능성이 낮다.

43 ▶ ②

역화방지기를 제거하지 않고 토치를 점화해야 한다.

44 ▶ ②

$$인장응력(\sigma) = \frac{하중}{단면적} = \frac{P}{A} (N/mm^2) = \frac{100N}{50mm^2}$$
$$= 2N/mm^2$$

H형	판두께 50mm 이상	양면 U형(H형)

45 ▶ ④

점용접
- 두 전극 사이에 용접물을 넣고 가압하면서 전류를 통하여 접촉 부분의 저항열로 융합하는 용접이다.
- 박판의 대량생산에 적당, 접합부의 일부가 녹아 바둑알 모양처럼 생긴 것을 너깃(너캣)이라고 한다.
- 용융점이 높고, 열전도가 크고, 전기저항이 작은 재료는 점용접이 곤란하다.
- 점용접의 종류에는 맥동 점용접, 인터랙 점용접, 단극식 점용접, 직렬식 점용접, 다전극식 점용접 등이 있다.

49 ▶ ④

용접봉을 선택할 때에는 용접봉의 작업성, 용접봉의 용접성, 경제성 등을 고려한다.

46 ▶ ②

가스용접은 아세틸렌, 프로판, 수소가스 등의 가연성 가스와 산소, 공기 등의 조연성(지연성) 가스를 혼합하여 가스가 연소할 때 발생하는 열을 이용하여 모재를 용융시키는 동시에 용가재를 공급하여 접합하는 용접이다.

50 ▶ ③

불활성 가스 금속 아크용접(MIG)의 토치 종류와 특성
- 커브형(구스넥형) 토치 : 공랭식 토치 사용, 단단한 와이어 사용
- 피스톨형(건형) 토치 : 수랭식 사용, 연한 비철금속 와이어 사용, 비교적 높은 전류 사용

47 ▶ ①

서브머지드 아크 용접의 단점
- 아크가 보이지 않아 용접의 적부를 확인하면서 용접할 수 없다.
- 설치비가 비싸고, 용접 시공 조건을 잘못 잡으면 제품의 불량이 커진다.
- 용접 입열이 크고, 변형을 가져올 수 있다.
- 용접선이 구부러지거나 짧으면 비능률적이다.
- 아래보기, 수평 필릿 자세 등에 용이하고, 위보기 용접자세 등은 불가능하여 용접자세에 제한을 받는다.

51 ▶ ①

52 ▶ ④

리벳의 호칭 : 규격번호, 종류, 호칭지름 × 길이재료
둥근머리 리벳(종류) 6(호칭지름) × 18(길이) SWRM 10 (재료명)

48 ▶ ①

맞대기 홈의 형상

I형	판두께 6mm까지	I형
V형	판두께 6~19mm	V형
J형	판두께 6~19mm, 양면 J형은 12mm 이상에 쓰인다.	J형
U형	판두께 16~50mm	U형

53 ▶ ①

암이나 리브 등을 도형 내에 단면 도시할 때 절단한 곳에 겹쳐서 단면 형상을 그리는 경우에는 가는 실선으로 도시하고, 도형 외에 단면을 도시할 때에는 굵은 실선을 사용한다.

54 ▶ ③

용접부	⚑	현장용접
	○	전체 둘레 용접
	⚑○	온둘레 현장용접, 전체 둘레 현장용접

55 ▶ ③

계기의 표시방법

종류	기호	종류	기호
온도	T	유량	F
압력	P		

56 ▶ ④

도면의 양식에는 윤곽선, 표제란, 재단마크, 중심마크, 도면 구역, 부품란, 비교눈금 등이 있으며, 반드시 갖추어야 할 양식은 중심마크, 윤곽선, 표제란이다.

57 ▶ ③

(a) 변의 길이 치수

(b) 현의 길이 치수

(c) 호의 길이 치수

(d) 각도 치수

58 ▶ ②

선의 우선순위

외형선 → 은선 → 절단선 → 중심선 → 무게중심선

59 ▶ ③

1. 원뿔 밑면(∅120)의 둘레 = $2 \Pi \times 60 = 376.991$
2. 원뿔 전개변(전개각 120°)의 부채꼴 원호의 길이

$$= 37.991 = \frac{2 \Pi l}{3}$$

(120°의 부채꼴 원호의 길이는 원둘레의 1/3)

∴ $l = 180$

60 ▶ ③

시험에 잘 나오는 용접 보조기호

명칭	기호	명칭	기호
평면	──	끝단부를 매끄럽게	⏝
볼록형	⌢	영구적인 덮개판을 사용	M
오목형	⌣	제거 가능한 덮개판을 사용	MR

✦ 문제 p. 378

01	②	02	③	03	③	04	③	05	④
06	③	07	①	08	②	09	①	10	①
11	③	12	④	13	④	14	③	15	③
16	②	17	④	18	③	19	④	20	①
21	③	22	①	23	②	24	③	25	③
26	④	27	②	28	④	29	③	30	②
31	④	32	②	33	②	34	③	35	③
36	③	37	④	38	③	39	②	40	④
41	④	42	②	43	③	44	④	45	④
46	①	47	④	48	④	49	③	50	①
51	②	52	③	53	②	54	③	55	②
56	②	57	②	58	②	59	①	60	④

01 ▶ ②

수소
- 비중은 0.069g으로 가장 가볍고, 확산속도가 빠르며, 납땜이나 수중절단용으로 사용한다.
- 무미, 무색, 무취로 육안으로 불꽃을 확인하기 곤란하다.
- 물의 전기분해 및 코크스의 가스화법으로 제조한다.
- 폭발성이 강한 가연성 가스이며, 고온·고압에서는 취성이 생길 수 있다.

02 ▶ ③

글로뷸러형
비교적 큰 용적이 단락되지 않고 옮겨가는 형식, 대전류를 사용하는 서브머지드 아크용접에서 자주 볼 수 있다.

03 ▶ ③

아크 에어 가우징은 사용전원으로 직류역극성[DCRP]을 이용한다.

04 ▶ ③

가스 가우징
- 용접부분의 뒷면을 따내거나, U형, H형 등의 둥근 홈을 파내는 작업

- 토치의 예열각도는 30~40도, 가우징 시 각도는 10~20도이다.
- 홈의 깊이와 폭의 비는 1 : 1~1 : 3 정도이다.

05 ▶ ④

가스는 공병이라도 뉘어서 보관해서는 안 된다.

06 ▶ ③

$$허용사용률 = \frac{(정격2차전류)^2}{(실제용접전류)^2} \times 정격사용률$$

$$(실제용접전류)^2 = \frac{(정격2차전류)^2}{허용사용률} \times 정격사용률$$

$$실제용접전류 = \sqrt{\frac{300^2 \times 40}{100}} = \sqrt{36,000} = 189.73$$

07 ▶ ①

용접봉 심선의 지름이 3mm 이상이면 아크길이 3mm, 심선지름 3mm 이하면 심선지름과 같게 한다.

08 ▶ ②

용접길이
중단되지 않은 용접의 시발점 및 크레이터를 제외한 부분의 길이

09 ▶ ①

핸드그라인더, 용접케이블, 치핑해머, 용접집게, 전류계, 용접기, 퓨즈는 보호기구가 아니다.

10 ▶ ①

극성의 종류	결선상태		특징
직류정극성 (DCSP)	모재	+	모재의 용입이 깊고, 용접봉이 천천히 녹음.
	용접봉	–	비드 폭이 좁고, 일반적인 용접에 많이 사용됨.
직류역극성 (DCRP)	모재	–	모재의 용입이 얕고, 용접봉이 빨리 녹음.
	용접봉	+	비드 폭이 넓고, 박판 및 비철금속에 사용됨.

11 ▶ ③

아세틸렌가스 용해량
= 기압 × (아세톤 양 × 25) = 15 × (21 × 25) = 7,875l
아세톤 1리터는 아세틸렌 25리터를 용해할 수 있다.

12 ► ④

스카핑

- 강재 표면의 개재물, 탈탄층 또는 홈을 제거하기 위해 사용하며, 가우징과 다른 것은 표면을 얇고 넓게 깎는 것이다.
- 스카핑의 속도는 냉간재는 5~7m/min, 열간재는 20m/min으로 상당히 빠르다.

13 ► ④

- 유황(S) : 용접부의 저항력을 감소시키고, 기공 발생의 원인이 된다.
- 산화철 : 용접부 내에 잔류하여 거친 부분을 만들어 강도를 저하시킨다.

14 ► ③

용접용 케이블

용접기와 전원, 용접기와 피용접물을 접속하는 전선으로, 케이블에 과대한 전류가 흘러 절연피복이 파열되면 절연이 열화되어 누전의 위험이 발생하기 때문에 전류의 크기에 맞는 충분한 굵기의 것을 사용해야 한다. 용접용 케이블에는 케이블 러그, 케이블 조인트, 케이블 커넥터 등이 있다.

15 ► ③

아크 쏠림 방지책

- 직류 대신 교류 용접기 사용
- 아크길이를 짧게 유지하고, 긴 용접부는 후퇴법 사용
- 접지는 양쪽으로 하고, 용접부에서 멀리한다.
- 용접봉 끝을 자기불림 반대방향으로 기울인다.
- 용접이 끝난 부분이나 가접이 큰 부분 방향으로 용접
- 엔드탭 사용

16 ► ②

200호이면 홀더의 정격용접전류는 200A이다.

17 ► ④

금속의 산소 아크절단 조건

모재	판두께	전류	산소압력	절단속도
구리	25mm	600A	3.5kgf/cm²	150mm/min
스테인리스강	20mm	220A	2.5kgf/cm²	200mm/min
알루미늄	25mm	260A	2.5kgf/cm²	–

18 ► ③

탄소함유량이 많을수록 용접 시 균열이 발생할 가능성이 높다. 보기에서 탄소함유량이 가장 높은 것은 고탄소강이다.

19 ► ④

	인바	Fe—Ni36%, 선팽창계수가 적다. 줄자, 계측기의 길이 불변 부품, 시계 등에 사용
불변강	엘린바	Fe—Ni36%, Cr12%, 탄성률이 불변, 정밀 계측기, 시계스프링에 사용
	플래티나이트	전구, 진공관 도선에 사용
	코엘린바	Fe—Ni10%, Cr26~58%, 공기 또는 물 속에서 부식되지 않음, 시계스프링, 지진계 사용
	퍼말로이, 슈퍼인바 등이 있다.	

20 ► ①

철황동(델타메탈)

6·4황동 + Fe1~2% 광산, 화학기계 등

21 ► ③

재료를 앞뒤로 반복하여 굽히면 응력집중 및 파괴될 가능성이 있고, 재료의 취약 부분에 드릴로 구멍을 내는 것으로 잔류응력이 제거되지 않는다. 일정한 온도로 금속을 가열할 후 급랭을 하면 저온취성이 발생할 수 있으므로, 서랭하는 것이 좋다.

22 ► ①

심랭처리

- 서브제로처리, 초저온처리, 영하처리라고도 한다.
- 담금질한 강의 잔류 오스테나이트를 제거하기 위하여 0℃ 이하로 냉각한다.
- 보통 심랭처리는 –70~–80℃에서 실시하고 심랭처리 후 뜨임처리를 실시한다.

23 ► ②

	저Mn	펄라이트Mn강, 듀콜강, 1~2%의 Mn, 0.2~1%의 C 함유, 인장강도가 440~ 863MPa이며, 연신율은 13~34%이고, 건축, 토목, 교량재 일반 구조용 부품이나 제지용 롤러 등에 이용
Mn강	고Mn	오스테나이트Mn강, 하드필드강, 내마멸성, 경도가 크고, 광산기계, 레일교차점에 사용. 1,050℃ 부근에서 수인하여 인성을 부여한다.

24 ▶ ③

SC : 탄소강 주강품, 360 : 최저 인장강도(N/mm²)

25 ▶ ③

스테인 리스강 (STS)	페라이트계	12~17%Cr 정도 함유, 13%Cr강, 18%Cr강이 있으며, 13%Cr강이 대표적이며, 열처리경화 가능. 자성체이다. 크롬은 페라이트에 고용하여 내식성을 향상시킨다. 가정주방용 기구, 자동차부품, 전기기기 등에 사용된다.
	마텐자이트계	13%Cr, 18%Cr 강. 용접성이 취약하여 용접 후 열처리를 해야 함. 자성체. 기계구조용, 의료기기, 계측기기 등에 사용된다.
	오스테나이트계	18%Cr-8%Ni 내식성이 가장 우수하며, 스테인리스강 대표, 가공성이 좋고, 용접성 우수, 열처리 불필요. 염산, 황산에 취약, 결정입계부식이 발생하기 쉬우며, 비자성체 항공기, 차량, 외장제, 볼트, 너트 등에 사용된다.

26 ▶ ④

마그네슘의 성질
• 비중은 1.74로 실용금속 중에서 가장 적다. 용융점은 650℃이다.
• 산류, 염류에는 침식되나, 알칼리에는 강하다.
• 인장강도, 연신율, 충격값이 두랄루민보다 적다.
• 피절삭성이 좋으며, 부품의 무게 경감에 큰 효과가 있다.
• 비강도가 크고, 냉간가공이 거의 불가능하다.
• 냉간가공이 불량하여 300℃ 이상 열간가공한다.
• 용도는 자동차, 배, 전기기기에 이용한다.

27 ▶ ②

보통주철의 주요 성분으로는 탄소, 규소, 인, 황, 망간 등이 함유된다.

28 ▶ ④

• 숏 피닝 : 소재의 표면에 고속력으로 강철입자를 분사하는 것
• 고주파경화법 : 고주파 가열은 고주파 유도전류에 의해서 강 부품의 표면층만을 급열한 후 급랭하여 경화시키는 법
• 화염경화법 : 재료의 조성에 변화가 일어나지 않고 요구되는 표면만을 경화하는 방법

• 하드페이싱 : 금속의 표면에 스텔라이트나 경합금을 용착시키는 표면경화법

29 ▶ ③

박판에 대한 점수축법
가열온도 500~600℃, 가열시간 약 30초, 가열지름 20~30mm로 하여 가열한 후 즉시 수랭하는 변형교정법

30 ▶ ②

불활성 가스 금속 아크용접(MIG)의 특징
• 주로 전자동 또는 반자동이며, 전극은 모재와 동일한 금속을 사용한다.
• 전극이 용접봉이어서 녹으므로 용극식, 소모식이라고 한다.
• MIG 용접은 주로 직류역극성이며, 정전압 특성(CP 특성), 상승 특성을 가지고 있다.
• 이행 형식은 스프레이형이며, TIG 용접에 비해 능률이 커서 후판용접에 적당하고, 전자세 용접이 가능하다.

31 ▶ ④

UT
초음파(탐상) 비파괴검사는 0.5~15MHz의 초음파를 이용, 탐촉자를 이용하여 결함의 위치나 크기를 검사하는 방법으로 투과법, 펄스반사법, 공진법 등이 사용된다.

32 ▶ ②

역화방지기는 가스용접에서 흡관의 화구가 막히거나 과열되면 화염이 화구에서 아세틸렌 호스로 역행하는 것을 방지하는 기구를 말한다. 보기의 아세틸렌 용기 폭발과는 전혀 관계가 없다.

33 ▶ ②

용접시공에 의한 잔류응력 경감법으로는 대칭법, 후진법, 스킵법 등이 있다.

34 ▶ ③

1. 넌 실드가스 아크용접(논 가스 아크용접)의 개요
   용착금속을 보호하기 위해 전극의 주위에서 실드가스나 용제를 사용하지 않고 와이어만으로 아크를 발생시켜 용접하는 방법
2. 넌 실드가스 아크용접(논 가스 아크용접)의 특징
   • 실드가스 및 용제가 필요 없고, 바람이 있는 옥외에서 용접 가능
   • 교류, 직류 사용 가능하며, 전자세 용접 가능
   • 와이어가 고가이고, 용접부의 기계적 성질이 떨어진다.

35 ▶ ③

TIG 용접은 비소모성 불활성 가스 아크용접으로 전극의 수명이 길다.

36 ▶ ③

분류	용착법	설명	그림	비고
단층	전진법	용접이음이 짧은 경우나, 잔류응력이 적을 때 사용한다.	전진법	변형경감
	후진법 (후퇴법)	후판용접에 사용한다.	5→4→3→2→1 후진법	
	대칭법	중앙에 대칭으로 용접한다.	4 2 1 3 대칭법	
	스킵법 (비석법)	얇은 판이나 비틀림이 발생할 우려가 있는 용접에 사용한다. 변형과 잔류응력을 최소로 해야 할 경우 사용	1 4 2 5 3 스킵법(비석법)	

37 ▶ ④

불활성 가스 금속 아크용접의 장점
• 전류밀도가 아크용접의 6배, TIG 용접의 2배, 서브머지드 아크용접과 동일한 높은 전류밀도를 사용하므로 후판용접에 적합하다.
• 용접기 조작이 간단, 손쉽게 용접할 수 있고, 용접속도가 빠르다.
• 용제를 사용하지 않아 깨끗한 비드를 얻을 수 있고, CO_2 용접에 비해 스패터 발생이 적다.
• 각종 금속용접에 다양하게 적용할 수 있어 응용범위가 넓다.

38 ▶ ③

테르밋 용접의 특징
• 전기가 필요하지 않고, 화학반응에너지를 이용한다.
• 설비비 및 용접비용이 저렴하고, 용접시간이 짧으며, 변형이 적다.
• 작업이 단순하여 기술습득이 쉽다.
• 테르밋제는 알루미늄 분말을 1, 산화철 분말 3~4로 혼합한다.
• 용접 이음부의 홈은 가스절단한 그대로도 좋다.
• 특별한 모양의 홈 가공이 필요 없다.

39 ▶ ②

용접결함의 보수방법
• 언더컷 발생 시 : 가는 용접봉으로 재용접한다.
• 기공/슬래그/오버랩 발생 시 : 발생 부분을 깎아내고 재용접한다.
• 균열 발생 시 : 발생 부분에 정지구멍을 뚫고 그 부분을 따내고 재용접한다.

40 ▶ ④

보기 중에서는 니켈경합금이 용접하기 가장 어렵다.

41 ▶ ④

예열의 목적
• 용접부 및 주변의 열 영향을 줄이기 위해서 예열을 실시한다.
• 냉각속도를 느리게 하여 취성 및 균열을 방지한다.
• 일정한 온도(약 200℃) 범위의 예열로 비드 밑 균열을 방지할 수 있다.
• 용접부의 기계적 성질을 향상시키고, 경화조직의 석출을 방지한다.
• 온도분포가 완만하게 되어 열응력의 감소로 변형과 잔류응력의 발생을 적게 한다.

42 ▶ ②

자기적 핀치효과
아크 플라즈마가 고전류가 되면 방전전류에 의하여 생기는 자장과 전류의 작용으로 아크의 단면이 수축되고, 그 결과 아크 단면이 수축하여 가늘게 되며 전류밀도가 증가하는 효과

43 ▶ ③

아크 쏠림
• 용접 시 자력에 의하여 아크가 한쪽으로 쏠리는 현상
• 아크 블로우, 자기불림, 마그네틱 블로우 등으로 불린다.
• 아크 쏠림 발생 시 일어나는 현상
  – 아크 불안전, 용착금속의 재질이 변화
  – 슬래그 섞임, 기공이 발생

44 ▶ ④

피로강도 부족은 성질상 결함이다.

45 ▶ ④

일렉트로 슬래그 용접
- 수랭 동판을 용접부의 양면에 부착하고 용융된 슬래그 속에서 전극와이어를 연속적으로 송급하여 용융 슬래그 내를 흐르는 저항열에 의하여 전극와이어 및 모재를 용융 접합시키는 용접법이다.
- 저항발열을 이용하는 자동용접법이다.

46 ▶ ①

다공성이란 기공, 공기의 구멍을 말한다.

47 ▶ ④

안전표지와 색채 사용
- 적색 : 방화금지, 규제, 고도의 위험, 방향표시, 소화설비, 화학물질의 취급장소에서의 유해·위험 경고 등
- 청색 : 특정 행위의 지시 및 사실의 고지
- 황색(노란색) : 주의표시, 충돌, 통상적인 위험·경고 등
- 녹색 : 안전지도, 위생표시, 대피소, 구호표시, 진행 등
- 백색 : 통로, 정리정돈, 글씨 및 보조색
- 검정(흑색) : 글씨(문자), 방향표시(화살표)

48 ▶ ④

접지선은 용접기 본체에 연결하고, 용접봉 홀더에는 전극케이블을 연결한다.

49 ▶ ③

마찰용접의 특징
- 접합재료의 단면을 원형으로 제한한다.
- 자동화가 가능하여 작업자의 숙련이 필요 없다.
- 용접작업시간이 짧아 작업 능률이 높다.
- 이종금속의 접합이 가능하다.
- 피용접물의 형상치수, 길이, 무게의 제한을 받는다.

50 ▶ ①

$$용착효율 = \frac{용착금속의 중량}{용접봉 사용중량} \times 100$$

51 ▶ ②

52 ▶ ③

배척은 2 : 1, 5 : 1, 10 : 1 등과 같이 나타내고, 축척은 1 : 2, 5 : 1, 10 : 1로 나타낸다.

53 ▶ ②

회전 단면도
핸들, 축 등의 물체를 절단하여 단면 모양을 90° 회전하여 표현

54 ▶ ③

종류	기호	종류	기호
체크밸브		게이트밸브	
안전밸브		글로브밸브	

55 ▶ ②

용도에 따른 선의 명칭	선의 종류	선의 용도
외형선	굵은 실선	대상물의 보이는 부분을 표시하는 선
치수선	가는 실선	치수를 기입하는 데 사용되는 선
기준선	가는 1점 쇄선	위치 결정의 근거가 되는 것을 명시할 때 사용하는 선
숨은선	가는 파선 굵은 파선	보이지 않는 부분을 나타내는 선

56 ▶ ②

□15 : 한 변의 길이가 15인 정사각형

57 ▶ ②

KS B 1102(규격번호), 열간 접시머리 리벳(종류), 16(호칭지름) × 40(길이), SV 330(재료)

58 ▶ ②

화살표쪽에 필릿 용접을 하되, 오목하게 용접하라는 의미이다.

59 ▶ ①

( )의 의미는 참고치수이다.

60 ▶ ④

✦ 문제 p. 390

01	③	02	②	03	①	04	①	05	③
06	②	07	④	08	①	09	③	10	①
11	④	12	①	13	③	14	③	15	①
16	②	17	②	18	①	19	②	20	①
21	②	22	①	23	④	24	②	25	④
26	④	27	④	28	③	29	②	30	④
31	④	32	①	33	③	34	③	35	②
36	②	37	②	38	③	39	③	40	④
41	③	42	②	43	③	44	③	45	①
46	①	47	②	48	④	49	①	50	③
51	②	52	①	53	④	54	③	55	③
56	①	57	②	58	③	59	①	60	③

01 ▶ ③

TIG 용접에서 청정작용은 직류역극성, 아르곤가스를 사용할 때 나타난다. 특히, 알루미늄 용접 시 많이 발생한다.

02 ▶ ②

- TP : 내압시험압력(kg/cm²)
- V : 내용적 기호
- FP : 최고 충전압력(kg/cm²)
- W : 순수 용기의 중량

03 ▶ ①

가스절단 시 예열불꽃이 강하면 절단면이 거칠어지고, 예열불꽃이 약하면 드래그의 길이가 증가하고, 절단속도가 늦어진다.

04 ▶ ①

후진법
- 후진법은 토치를 오른손에 잡고, 용접봉은 왼손으로 잡아 왼쪽에서 오른쪽으로 용접하는 방법이다. 오른쪽방향으로 용접한다는 의미로 우진법이라고 한다.
- 후진법은 전진법에 비하여 용접속도가 빠르고, 홈 각도, 용접 변형이 작고, 산화 정도나 용착금속의 조직이 좋으며, 전진법에 비하여 두꺼운 강판을 용접할 수 있다.

05 ▶ ③

역화는 용접 중에 모재에 팁 끝이 닿아 불꽃이 순간적으로 팁 끝에 흡인되고, 빵빵 소리를 내며, 불꽃이 꺼졌다 켜졌다 하는 현상으로 팁과 모재가 멀리 떨어졌을 때는 발생하지 않는다.

06 ▶ ②

피복제의 역할
- 아크를 안정시킨다.
- 산화, 질화 방지
- 용착효율 향상
- 전기절연작용, 용착금속의 탈산정련작용
- 급랭으로 인한 취성방지
- 용착금속에 합금원소 첨가
- 수직, 수평, 위보기 등의 어려운 자세 용접을 쉽게 할 수 있다.

07 ▶ ④

가스용접의 특징
- 전기가 필요 없으며 응용범위가 넓다.
- 용접장치 설비비가 저렴, 가열 시 열량조절이 비교적 자유롭다.
- 유해광선 발생률이 적고, 박판용접에 용이하며, 응용범위가 넓다.
- 폭발 화재 위험이 있고, 열효율이 낮아서 용접속도가 느리다.
- 탄화, 산화 우려가 많고, 열 영향부가 넓어서 용접 후의 변형이 심하다.
- 용접부 기계적 강도가 낮으며, 신뢰성이 적다.

08 ▶ ①

교류아크용접기의 종류
- 가동철심형 : 가동철심으로 전류조정, 미세한 전류조정 가능, 많이 사용
- 가동코일형 : 코일을 이동시켜 전류조정, 현재 거의 사용되지 않음.
- 가포화 리액터형 : 원격조정이 가능. 가변저항의 변화를 이용하여 용접전류를 조정하는 형식
- 탭전환형 : 코일 감긴 수에 따라 전류조정, 미세 전류조정 불가, 전격위험

09 ▶ ③

용접봉의 건조
- 저수소계[E4316] : 300~350℃로 1~2시간 건조
- 일반용접봉 : 70~100℃로 30분에서 1시간 건조

10 ▶ ①

와이어 아크용접은 존재하지 않으나, 비슷한 것은 비피복 와이어 아크용접이 있다. 이는 실드가스를 사용하지 않고, 피복제를 입히지 않은 선으로 하는 아크용접이다.

11 ▶ ④

아크 쏠림 방지책
- 직류 대신 교류 용접기 사용
- 아크 길이를 짧게 유지하고, 긴 용접부는 후퇴법 사용
- 접지는 양쪽으로 하고, 용접부에서 멀리한다.
- 용접봉 끝을 자기불림 반대방향으로 기울인다.
- 용접이 끝난 부분이나 가접이 큰 부분 방향으로 용접
- 엔드탭 사용

12 ▶ ①

후진법
- 후진법은 토치를 오른손에 잡고, 용접봉은 왼손으로 잡아 왼쪽에서 오른쪽으로 용접하는 방법이다. 오른쪽방향으로 용접한다는 의미로 우진법이라고 한다.
- 후진법은 전진법에 비하여 용접속도가 빠르고, 홈 각도, 용접 변형이 작고, 산화 정도나 용착금속의 조직이 좋으며, 전진법에 비하여 두꺼운 강판을 용접할 수 있다.

13 ▶ ③

보기 중에서는 크레이터와 절단작업과의 관계가 가장 적다.

14 ▶ ③

판과 판 사이의 틈새는 0.08mm 이하로 포개어 압착시킨 후 절단하여야 한다.

15 ▶ ①

$$역률 = \frac{소비전력}{전원입력} \times 100(\%)$$

$$= (\frac{20 \times 250 + 4,000}{80 \times 250}) \times 100(\%) = 45\%$$

$$효율 = \frac{아크출력}{소비전력} \times 100(\%)$$

$$= (\frac{20 \times 250}{20 \times 250 + 4,000}) \times 100(\%) = 55.6\%$$

$$효율 = \frac{아크출력}{소비전력} \times 100(\%)$$
$$(아크출력 = 아크전압 \times 전류)$$

$$역률 = \frac{소비전력}{전원입력} \times 100(\%)$$
소비전력 = 아크출력 + 내부손실
전원입력 = 2차 무부하전압 × 아크전류

16 ▶ ②

피복제의 역할
- 아크를 안정시킨다.
- 산화, 질화 방지
- 용착효율 향상
- 전기절연작용, 용착금속의 탈산정련작용
- 급랭으로 인한 취성방지
- 용착금속에 합금원소 첨가
- 수직, 수평, 위보기 등의 어려운 자세 용접을 쉽게 할 수 있다.

17 ▶ ②

핫 스타트 장치
초기 아크 발생을 쉽게 하기 위해서 순간적으로 대전류를 흘려 보내서 아크 발생 초기의 비드 용입을 좋게 한다.

18 ▶ ①

강괴의 종류
- 킬드강 : Al, Fe-Si, Fe-Mn 등으로 완전 탈산시킨 강으로 기공이 없고 재질이 균일하며, 기계적 성질이 좋다. 탄소함유량 0.3% 이상. 헤어크랙 발생. 재질이 균일하며, 기계적 성질 및 방향성이 좋아 합금강, 단조용강, 침탄강의 원재료로 사용되나 수축관이 생긴 부분이 산화되어 가공 시 압착되지 않아 잘라내야 한다.
- 림드강 : Fe-Mn으로 조금 탈산시켰으나 불충분하게 탈산시킨 강. 기공 및 편석이 많다. 탄소함유량 0.3% 이하
- 세미킬드강 : 킬드강과 림드강의 중간 정도 탈산. 기공은 있으나 편석은 적다. 탄소함유량 0.15~0.3%
- 캡드강 : 림드강을 변형시킨 강

19 ▶ ②

두랄루민
- Al-Cu-Mg-Mn 합금, 고강도 알루미늄합금으로 항공기, 자동차 보디재료로 사용
- 첨가성분이 많은 순서는 Al > Cu > Mg > Mn

20 ▶ ①

포금(건메탈)

Cu + Sn8~12% + Zn1~2% 내해수성 우수, 선박재료

21 ▶ ②

연화풀림

기계절삭이나 냉간가공이 수월하게 되게끔 경도를 감소시킬 목적으로 600~650℃에서 중간 풀림하는 방법이다.

22 ▶ ①

- 실루민 : Al-Si 합금, 주조성은 좋으나 절삭성이 좋지 않음.
- 두랄루민 : Al-Cu-Mg-Mn 합금, 고강도 알루미늄합금으로 항공기, 자동차 보디재료로 사용
- 하이드로날륨 : Al-Mg 합금, 내식성이 가장 우수하며, 내해수성, 내식성, 연신율이 우수하여 선박용 부품, 조리용 기구 등에 사용
- Y합금 : Al-Cu-Ni-Mg 합금, 실린더 헤드, 피스톤 등에 사용

23 ▶ ④

주강

- 주조한 강으로 주철로서는 강도가 부족할 경우에 사용하며, 주철에 비해 기계적 성질이 좋고, 용접에 의한 보수가 용이하고 응고 수축이 크다.
- 용강을 주형에 주입하여 만들고, 용융점이 높고 수축률이 크며, 주조 후에는 완전풀림을 실시해야 한다.
- 균열이 생기기 쉽고, 주조 후에는 풀림을 해야 한다.
- 모양이 크거나 복잡하여 단조품으로는 만들기 곤란하거나 주철로는 강도가 부족한 경우에 사용한다.
- 용융점이 높다(1,600℃ 전후).

24 ▶ ②

① 숏 피닝 : 소재의 표면에 고속력으로 강철입자를 분사하는 것
② 하드페이싱 : 금속의 표면에 스텔라이트나 경합금을 용착시키는 표면경화법

25 ▶ ④

합금원소의 영향

- Ni : 내식성, 강인성, 내산성 향상
- Si : 전자기적 특성, 변압기 철심에 사용
- Mn : 내마멸성, 황의 해 방지

- Cr : 경도, 강도 증가, 함유량에 따라 내식성, 내열성, 내마멸성 증가

26 ▶ ④

마모성은 미끄럼이나 회전에 의한 마찰에 의해서 마모되는 성질이므로, 기계구조용 저합금강을 양호하게 하기 위해서는 내마모성이 있어야 한다.

27 ▶ ④

두랄루민은 알루미늄합금에 속한다.

28 ▶ ③

냉간가공을 실시하면 가공경화에 의한 강도가 증가한다.

29 ▶ ②

유해광선에 대한 안전사항

피복아크용접과 절단작업에서는 가시광선, 자외선, 적외선, X선(비가시광선)이 발생한다.

- 가시광선은 벽이나 다른 물체에 반사해서 작업장 주위에 보안경을 착용하지 않는 사람들의 눈을 상하게 할 수 있다. 강렬한 가시광선은 눈의 결막염을 발생할 수 있고, 잠깐 동안 눈이 안 보일 수도 있다.
- 적외선이 눈에 들어가면 백내장이 되기도 하고, 적외선은 열을 동반하여 피부에 쏘이게 되면 화상을 입을 수도 있다.
- 자외선은 화상이나 피부를 검게 타게 하고, 눈으로 보게 되면 눈물이 많이 나고, 눈 속에 모래가 들어가 있는 느낌이 난다.
- X선은 전자빔 용접 중에 발생할 수 있으므로 주의해야 한다. → 인체에 가장 큰 해를 주는 광선은 자외선이다.

30 ▶ ④

보호가스로 Ar이 첨가되면 스패터가 줄어든다.

31 ▶ ④

불활성 가스 금속 아크용접(MIG)의 특징

- 주로 전자동 또는 반자동이며, 전극은 모재와 동일한 금속을 사용한다.
- 전극이 용접봉이어서 녹으므로 용극식, 소모식이라고 한다.
- MIG 용접은 주로 직류역극성이며, 정전압 특성(CP 특성), 상승 특성을 가지고 있다.
- 이행 형식은 스프레이형이며, TIG 용접에 비해 능률이 커서 후판용접에 적당하고, 전자세 용접이 가능하다.

- MIG 알루미늄의 용적 이행 형태는 단락, 펄스, 스프레이 아크 용접이 있다.
- 용융금속의 이행 형식에는 단락형, 용적형(글로뷸러형), 스프레이형(분무상 이행형)이 있다.
- 장점
  - 전류밀도가 아크용접의 6배, TIG 용접의 2배, 서브머지드 아크용접과 동일한 높은 전류밀도를 사용하므로 후판 용접에 적합하다.
  - 용접기 조작이 간단, 손쉽게 용접할 수 있고, 용접속도가 빠르다.
  - 용제를 사용하지 않아, 깨끗한 비드를 얻을 수 있고, CO_2 용접에 비해 스패터 발생이 적다.
  - 각종 금속용접에 다양하게 적용할 수 있어 응용범위가 넓다.
- 단점
  - 장비가 고가이고, 보호가스가 비싸 연강용접의 경우에는 부적당하다.
  - 취성의 우려가 있고, 방풍대책이 필요하며, 박판용접에 부적당하다.

32 ▶ ①

CO_2가스 아크용접에서 아크전압이 높을 때에는 비드 폭이 넓어지고, 용접전류를 높이면 용입이 깊어진다.

33 ▶ ③

용착효율이 높아야 능률도 높아진다.

34 ▶ ③

서브머지드 아크용접
- 용접 이음부 표면에 입상의 플럭스(용제)를 덮고 그 속에 모재와 용접봉 안에 아크를 일으켜 용접하는 방법으로, 아크가 보이지 않아 불가시용접, 잠호용접, 개발회사의 상품 명을 따서 유니온 멜트 용접, 발명가의 이름을 따서 링컨 케네디 용접이라고도 한다.
- 루트 간격 0.8mm 이하, 루트면은 7~16mm 정도가 적당하다.
- 압력용기, 교량, 파이프라인, 컨테이너, 조선, 철도 등의 후판용접에 쓰이고, 주로 맞대기, 필릿, 표면 덧살올림에도 쓰인다.

35 ▶ ②

피로시험은 파괴시험에 속한다.

36 ▶ ②

고주파전류(ACHF)를 사용하면 청정효과를 얻을 수 있어 알루미늄이나 마그네슘 등의 용접에 사용한다.

37 ▶ ②

혼합가스	특징	불꽃온도	발열량
산소 – 아세틸렌	불꽃온도 가장 높음.	3,430	12,700
산소 – 프로판	발열량 가장 많음.	2,820	20,780
산소 – 수소	연소속도 가장 빠름.	2,900	2,420
산소 – 메탄	불꽃온도 가장 낮음.	2,700	8,080

38 ▶ ③

목두께는 0.707h이므로 각장의 70%이다.

39 ▶ ③

용제와 모재의 용융점이 같은 것이 좋다.

40 ▶ ④

연납 용제의 종류
염산, 인산, 염화암모늄, 염화아연, 송진 등

41 ▶ ③

서브머지드 아크용접의 단점
- 아크가 보이지 않아 용접의 적부를 확인하면서 용접할 수 없다.
- 설치비가 비싸고, 용접 시공 조건을 잘못 잡으면 제품의 불량이 커진다.
- 용접 입열이 크고, 변형을 가져올 수 있다.
- 용접선이 구부러지거나 짧으면 비능률적이다.
- 아래보기, 수평 필릿 자세 등에 용이하고, 위보기 용접자세 등은 불가능하여 용접자세에 제한을 받는다.

42 ▶ ②

훼손된 케이블을 발견하면 그 즉시 보수한 후 사용해야 한다.

43 ▶ ③

다층용착법
- 빌드업법(덧살올림법) : 각 층마다 전체의 길이를 용접하면서 올리는 방법

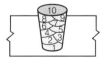

덧살올림법

• 캐스케이드법 : 계단모양으로 용접

캐스케이드법

• 점진블록법(전진블록법) : 전체를 점진적으로 용접

전진블록법

44 ▶ ③

그림에서 열 영향부는 C이다.

45 ▶ ①

좁은 탱크 안에 질소를 공급하면 질식사할 수 있다.

46 ▶ ①

용가재의 구비조건
• 용융온도가 모재보다 낮고 유동성이 있어야 하며, 모재와 친화력이 있어야 한다.
• 모재와 야금적 접합이 우수하고, 기계적, 물리적, 화학적 성질이 우수해야 한다.
• 금이나 은대용품은 모재와 색깔이 같아야 한다.
• 전위차가 모재와 가능한 적어야 한다.

47 ▶ ②

루트 간격을 크게 하면 슬래그 혼입을 방지할 수 있다.

48 ▶ ④

인장시험으로 알 수 있는 것
인장강도, 비례한도, 탄성한도, 항복점, 연신율, 단면수축률 등

49 ▶ ①

$$인장강도 = \frac{인장하중}{단면적} = \frac{8,000}{9 \times 150} ≒ 5.9kgf/mm^2$$

(15cm = 150mm)

50 ▶ ③

일반적으로 주물, 내열합금 등도 용접 균열이 발생하므로 예열이 필요하다.

51 ▶ ②

비교눈금
도면을 축소 또는 확대했을 경우, 그 정도를 알기 위해서 설정하는 것

52 ▶ ①

종류	기호	종류	기호
양면 플랜지형 맞대기 이음용접	八	필릿 용접	△
평면형 평행 맞대기 이음용접	‖	플러그 용접 슬롯 용접	⊓

53 ▶ ④

원뿔의 전개 형태는 하단부가 원호 모양으로 전개된다.

54 ▶ ③

SS400
일반구조용 압연강재 최저 인장강도 400이다.

55 ▶ ③

종류	기호	종류	기호
체크밸브		게이트밸브	
안전밸브		글로브밸브	
앵글밸브		밸브 닫힘상태	
3방향밸브		버터플라이 밸브	

56 ▶ ①

리벳의 호칭 : 규격번호, 종류, 호칭지름 × 길이, 재료

57 ▶ ②

58　　　　　　　　　　　　　　　　　　　▶ ③

숨은선	가는 파선 굵은 파선	보이지 않는 부분을 나타내는 선

59　　　　　　　　　　　　　　　　　　　▶ ①

국부 투상도
대상물의 구멍, 홈 등과 같이 한 부분의 모양을 도시하는 것

60　　　　　　　　　　　　　　　　　　　▶ ③

✦ 문제 p. 403

01	④	02	①	03	④	04	④	05	③
06	③	07	①	08	②	09	②	10	②
11	②	12	③	13	①	14	②	15	③
16	④	17	①	18	④	19	①	20	①
21	②	22	④	23	①	24	①	25	③
26	②	27	①	28	③	29	④	30	②
31	①	32	①	33	①	34	②	35	④
36	①	37	②	38	①	39	③	40	②
41	②	42	④	43	①	44	④	45	①
46	③	47	①	48	①	49	①	50	④
51	③	52	②	53	③	54	④	55	②
56	④	57	②	58	①	59	③	60	④

01 ▶ ④

용제
• 산화물의 용융온도를 낮게 한다.
• 재료표면의 산화물을 제거한다.
• 재료와의 친화력을 증가시킨다.
• 청정작용으로 용착을 돕는다.
• 용제는 사용 후 슬래그 제거가 용이하고 인체에 무해해야 한다.
• 용융금속의 산화·질화를 감소하게 한다.
• 용접 중에 생기는 금속의 산화물 또는 비금속 개재물을 용해한다.

02 ▶ ①

토치 압력에 따른 분류
• 저압식 토치 : 아세틸렌가스의 압력이 0.07kg/cm² 이하
• 중압식 토치 : 아세틸렌가스의 압력이 0.07~1.3kg/cm²
• 고압식 토치 : 아세틸렌가스의 압력이 1.3kg/cm² 이상

03 ▶ ④

불활성 가스 아크절단
• TIG 절단은 텅스텐 전극과 모재 사이에 아크를 발생시켜 모재를 용융하여 절단하며, 열적 핀치효과에 의해 고온·

고속의 플라즈마를 발생한다. 사용전원으로는 직류정극성이 사용된다.
• TIG 절단에서는 주로 아르곤과 수소 혼합가스가 작동가스로 사용된다.
• TIG 절단은 구리 및 구리합금, 알루미늄, 마그네슘, 스테인리스강 등의 금속재료 절단에만 사용한다.

04 ▶ ④

• E4316 : 저수소계
• E4301 : 일미나이트계
• E4311 : 고셀룰로스계
• E4313 : 고산화티탄계

05 ▶ ③

아보가드로의 법칙에서 표준상태에서 모든 기체 1mol은 22.4리터이고, 이산화탄소 1mol은 44g이다.

따라서, $44 : 22.4 = 1,000 : x$, $x = \dfrac{22.4 \times 1,000}{44}$
$= 509.09l$

06 ▶ ③

극성의 종류	결선상태		특징
직류정극성 (DCSP)	모재	+	모재의 용입이 깊고, 용접봉이 천천히 녹음.
	용접봉	−	비드 폭이 좁고, 일반적인 용접에 많이 사용됨.
직류역극성 (DCRP)	모재	−	모재의 용입이 얕고, 용접봉이 빨리 녹음.
	용접봉	+	비드 폭이 넓고, 박판 및 비철금속에 사용됨.

07 ▶ ①

가스절단 시 예열불꽃이 강하면 절단면이 거칠어지고, 예열불꽃이 약하면 드래그의 길이가 증가하고, 절단속도가 늦어진다.

08 ▶ ②

수하 특성은 전류가 상승할 때 전압이 하강하므로 아크의 안정을 가져다준다.

09 ▶ ②

가스절단에서 양호한 가스 절단면을 얻기 위한 조건
• 절단면이 깨끗할 것
• 드래그가 가능한 작을 것

- 절단면 표면의 각이 예리할 것
- 슬래그 이탈성(박리성)이 좋을 것

10 ▶ ②

이종재료의 접합이 가능하다.

11 ▶ ②

혼합가스	특징	불꽃온도	발열량
산소 - 아세틸렌	불꽃온도 가장 높음.	3,430	12,700
산소 - 프로판	발열량 가장 많음.	2,820	20,780
산소 - 수소	연소속도 가장 빠름.	2,900	2,420
산소 - 메탄	불꽃온도 가장 낮음.	2,700	8,080

12 ▶ ③

아크절단
- 아크열로 모재를 용융시키고 압축공기나 산소 기류를 이용하여 용융금속을 불어내면서 절단하는 방법
- 온도가 높고, 절단면이 곱지 못하나, 산소 절단보다 저렴하다.
- 정밀도가 가스절단에 비해 낮지만, 가스절단이 곤란한 재료에 사용 가능하다.
- 용도 : 주철, 망간강, 비철금속 등에 사용 가능하다.
- 종류 : 탄소 아크, 금속 아크, 산소 아크, 불활성 가스 아크(TIG 절단, MIG 절단), 플라즈마 아크, 플라즈마 제트 절단, 아크 에어 가우징

13 ▶ ①

14 ▶ ②

극성의 종류	결선상태		특징
직류정극성 (DCSP)	모재	+	모재의 용입이 깊고, 용접봉이 천천히 녹음.
	용접봉	−	비드 폭이 좁고, 일반적인 용접에 많이 사용됨.
직류역극성 (DCRP)	모재	−	모재의 용입이 얕고, 용접봉이 빨리 녹음.
	용접봉	+	비드 폭이 넓고, 박판 및 비철금속에 사용됨.

15 ▶ ③

산소용기 취급 시 주의사항
- 화기가 있는 곳이나 직사광선의 장소를 피한다.
- 충격을 주지 않으며, 밸브 동결 시 온수나 증기를 사용하여 녹인다.
- 용기 내의 압력이 170기압이 되지 않도록 하며, 누설검사는 비눗물을 이용한다.
- 산소용기 밸브, 조정기 등은 기름천으로 닦으면 안 된다.
- 산소병은 40℃ 이하로 유지하고, 공병이라도 뉘어 두어서는 안 된다.

16 ▶ ④

전력(P) = VI = 30 × 100 = 3,000W = 3kW

17 ▶ ①

후진법은 전진법에 비하여 용접속도가 빠르고, 홈 각도, 용접 변형이 작고, 산화 정도나 용착금속의 조직이 좋으며, 전진법에 비하여 두꺼운 강판을 용접할 수 있다.

18 ▶ ④

용접 시 Cr_4C 탄화물의 발생으로 인해 용접부가 부식될 우려가 있어 탄소량을 감소시켜 Cr_4C 탄화물의 발생을 저지시킨다.

19 ▶ ①

피트	• 습기가 많을 때 • 용착금속을 과랭 • 탄소, 망간, 황의 함유량이 많을 때	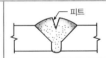

20 ▶ ①

구리용접
- 용접성에 영향을 주는 것은 열전도도, 열팽창계수, 용융온도 등인데, 구리는 열팽창계수가 커서 용접 후 변형이 생기기 쉽다.
- 열전도도가 연강의 8배 정도여서, 국부적인 가열이 어렵다.
- 산소에 의해 산화구리가 되어 깨지는 성질이 나타날 수 있다.
- 용접 시 충분한 예열이 필요하며, 구리합금 용접 시에는 가열에 의해 아연이 증발하여 용접자가 중독될 수 있다.
- 비교적 루트 간격과 홈 각도는 크게 취하고, 용가재는 모재와 같은 재료를 사용한다.
- 용접봉으로는 토빈 청동봉, 규소 청동봉, 인 청동봉, 에버듈 봉 등이 많이 사용된다.

21 ▶ ②

소강에서 가공성과 강인성을 동시에 요구하는 경우에 탄소 함유량은 0.3~0.45% C 정도이다.

22 ▶ ④

켈밋
Cu + Pb 30~40%, 고속, 고하중용 베어링 재료. 베어링에 사용되는 대표적인 구리합금

23 ▶ ①

면심입방격자(FCC)
• 전연성이 크고, 가공성 우수, 전기전도도 우수
• 원자수는 4개이며, 배위수는 12, 충진율은 74
• 종류 : γ –Fe, Au, Ag, Cu, Ni, Al, Pb, Pt 등

24 ▶ ①

금속침투법
① 세라다이징 : Zn을 침투, 내식성이 좋은 표면층을 형성
② 칼로라이징 : Al을 침투, 내열, 내산화성, 방청, 내해수성, 내식성이 좋음
③ 크로마이징 : Cr을 침투, 고크롬강이 되어서 스테인리스강의 성질을 갖춤
④ 실리코나이징 : Si를 침투, 방식성을 향상
⑤ 브로나이징 : B 침투

25 ▶ ③

합금의 특징
• 강도, 경도, 담금질 효과 증가, 연성, 전성이 작아진다.
• 전기전도율, 열전도율이 낮아지고, 내식, 내열성이 좋아진다.
• 색이 변하며, 주조성이 증가하며, 보통 우수한 성질이 나타난다.
• 용해점이 낮아진다.

26 ▶ ②

주철의 보수용접
• 스터드법 : 용접부에 스터드 볼트 사용
• 버터링법 : 처음 모재에 사용한 용접봉으로 적당한 두께까지 용접한 후 다른 용접봉으로 다시 용접하는 방법
• 비녀장법 : 가늘고 긴 용접을 할 때 용접선에 직각이 되게 꺾쇠 모양으로 직경 6mm 정도의 강봉을 박고 용접하는 방법. 스테이플러 같은 것으로 찝어놓고 용접

• 로킹법 : 용접부 바닥면에 둥근 홈을 파고 이 부분에 힘을 받도록 하는 용접방법

27 ▶ ①

주강
• 주조한 강으로 주철로서는 강도가 부족할 경우에 사용하며, 주철에 비해 기계적 성질이 좋고, 용접에 의한 보수가 용이하고 응고 수축이 크다.
• 용강을 주형에 주입하여 만들고, 용융점이 높고 수축률이 크며, 주조 후에는 완전풀림을 실시해야 한다.
• 균열이 생기기 쉽고, 주조 후에는 풀림을 해야 한다.
• 모양이 크거나 복잡하여 단조품으로는 만들기 곤란하거나 주철로는 강도가 부족한 경우에 사용한다.
• 용융점이 높다(1,600℃ 전후).
• 철도차량, 조선, 기계 및 광산 구조용 재료로 사용한다.
• 주강의 종류에는 보통주강, 특수주강(니켈, 크롬, 망간, 니켈-크롬) 등이 있다.

28 ▶ ③

풀림(어닐링, Annealing)
단조작업을 한 강철재료는 고온으로 가열하여 작업함으로써, 그 조직이 불균일하고 억세다.
이 조직을 균일하게 하고, 결정입자의 조정, 연화 또는 냉간가공에 의한 내부응력을 제거하기 위해 적당하게 가열하고 천천히 냉각하는 것을 풀림이라고 한다.
• 목적 : 재질의 연화 및 내부응력 제거
• 방법 : A₁~A₃ 변태점보다 30~50℃ 높은 온도로 가열 후 노냉

29 ▶ ④

잔류응력 제거방법
• 노내풀림법 : 보통 625±25℃에서 판두께 25mm를 1시간 정도 풀림하고, 유지온도가 높을수록, 유지시간이 길수록 효과가 크다.
• 국부풀림법 : 노내풀림법이 곤란한 제품인 경우. 큰 구조물, 큰 제품 등
• 저온응력완화법 : 가스불꽃을 이용하여 폭 150mm, 온도 150~200℃ 정도 가열 후 수랭
• 기계적 응력완화법 : 용접부에 하중을 가하여 소성변형을 일으켜 응력 제거
• 피닝법 : 용접부를 연속적으로 타격하여 표면상에 소성변형을 주어 응력 제거

30 ▸ ②

MT
자기(자분)(탐상) 비파괴검사, 전류를 통하여 자화가 될 수 있는 금속재료, 즉 철, 니켈과 같이 자기변태를 나타내는 금속 또는 그 합금으로 제조된 구조물이나 기계부품의 표면 균열검사에 적합하고, 결함 모양이 표면에 직접 나타나기 때문에 육안으로 결함을 관찰할 수 있고, 검사작업이 신속하고 간단하다.

31 ▸ ①

아세틸렌 연소 과정에서는 유황은 포함되지 않는다.

32 ▸ ①

테르밋 용접
• 금속산화물이 알루미늄에 의하여 산소를 빼앗기는 반응을 이용하여 용접한다.
• 레일 및 선박의 프레임 등 비교적 큰 단면을 가진 주조나 단조품의 맞대기용접과 보수용접에 용이하다.
• 테르밋제의 점화제로 과산화바륨, 알루미늄, 마그네슘 등의 혼합분말이 사용된다.

33 ▸ ①

플래시 용접(업셋 플래시 용접, 불꽃용접)
• 용접 과정은 예열, 플래시, 업셋 과정의 3단계로 이루어진다.
• 가열범위와 열 영향부가 좁고, 용접강도가 크다.
• 이종재료의 접합이 가능하다.

34 ▸ ②

용접작업은 가연성 물질이 없는 안전한 장소를 선택한다.

35 ▸ ④

이산화탄소(CO_2) 용접의 특징
• 산화 및 질화가 없고, 용착금속의 성질이 우수하다.
• 다른 용접에 비해 가격이 저렴하고, 슬래그 섞임이 없고 용접 후 처리가 간단하다.
• 이산화탄소(CO_2) 용접은 정전압 특성과 상승 특성을 이용한다.
• 서브머지드 아크용접에 비해 모재 표면에 녹, 오물 등이 있어도 큰 영향이 없으므로 완전히 청소를 하지 않아도 된다.
• 철도, 차량, 조선, 토목기계 등에 사용되며, 주로 철 계통용접에 사용된다.

36 ▸ ①

불활성 가스 아크용접에서 사용되는 와이어는 보통 Ø 1.0~2.4mm 와이어를 사용한다.

37 ▸ ②

전자빔 용접의 특징
• 용입이 깊어서 타 용접은 다층용접을 해야 하는 것도 단층용접이 가능하다.
• 에너지 집중이 가능하여 고속용접이 되어 용접입열이 적고, 용접부가 좁다.
• 전자빔 정밀제어가 가능하다.
• 박판에서 후판까지 광범위하게 용접 가능하다.
• 시설비가 많이 들고, 배기장치가 필요하다.
• 맞대기용접에서 모재 두께가 25mm 이하로 제한된다.
• 용융부가 좁아 냉각속도가 커져 경화가 쉬우며, 용접 균열의 원인이 된다.
• 텅스텐, 몰리브덴 같은 대기에서 반응하기 쉬운 금속도 용이하게 용접할 수 있다.

38 ▸ ①

이산화탄소 아크용접에서 가장 많이 사용하는 뒷댐 재료는 세라믹 제품이다.

39 ▸ ③

이산화탄소가스 아크용접에서 아크전압이 높아지면 비드가 넓어지고 납작해진다. 아크전압이 높다고 하여 용착률이 높아지지는 않는다.

40 ▸ ②

그림에서 목두께에 해당하는 부분은 b이다. a : 비드 폭, c : 각장(다리길이), d : 비드 높이

41 ▸ ②

테르밋 용접
• 금속산화물이 알루미늄에 의하여 산소를 빼앗기는 반응을 이용하여 용접한다.
• 레일 및 선박의 프레임 등 비교적 큰 단면을 가진 주조나 단조품의 맞대기용접과 보수용접에 용이하다.
• 테르밋제의 점화제로 과산화바륨, 알루미늄, 마그네슘 등의 혼합분말이 사용된다.

42 ▸ ④

금긋기 작업에서는 보안경을 착용하지 않아도 된다.

43 ▶ ①

이산화탄소(CO_2) 용접의 특징
- 산화 및 질화가 없고, 용착금속의 성질이 우수하다.
- 다른 용접에 비해 가격이 저렴하고, 슬래그 섞임이 없고 용접 후 처리가 간단하다.
- 이산화탄소(CO_2) 용접은 정전압 특성과 상승 특성을 이용한다.
- 서브머지드 아크용접에 비해 모재 표면에 녹, 오물 등이 있어도 큰 영향이 없으므로 완전히 청소를 하지 않아도 된다.
- 철도, 차량, 조선, 토목기계 등에 사용되며, 주로 철 계통 용접에 사용된다.

44 ▶ ④

용접 중 가스 유량의 부적당이라 해야 적절한 표현이다.

45 ▶ ①

가스용접을 할 때에는 면장갑을 사용하지 않고 용접장갑을 낀다.

46 ▶ ③

아세틸렌가스는 각종 액체에 잘 용해된다. 물과 같은 양, 석유에는 2배, 벤젠에는 4배, 알코올에는 6배, 아세톤에는 25배로 용해된다.

47 ▶ ①

이음 형상에 따른 전기저항용접
- 겹치기 용접 : 점용접(스폿 용접), 심용접, 돌기용접(프로젝션 용접)
- 맞대기 용접 : 플래시 용접, 업셋 용접, 퍼커션 용접

48 ▶ ①

플라즈마 아크용접 아크의 종류
이행형, 반이행형, 비이행형 등이 있다.

49 ▶ ①

용접에 있어서 모든 열적 요인 중 가장 영향을 많이 주는 것은 용접입열이다.
용접입열에 따라서 열 영향부, 열적 변화, 균열 등 여러 가지 현상이 발생할 수 있기 때문이다.

50 ▶ ④

안전표지와 색채 사용
- 적색 : 방화금지, 규제, 고도의 위험, 방향표시, 소화설비, 화학물질의 취급장소에서의 유해 · 위험 경고 등
- 청색 : 특정행위의 지시 및 사실의 고지
- 황색(노란색) : 주의표시, 충돌, 통상적인 위험 · 경고 등
- 녹색 : 안전지도, 위생표시, 대피소, 구호표시, 진행 등
- 백색 : 통로, 정리정돈, 글씨 및 보조색
- 검정(흑색) : 글씨(문자), 방향표시(화살표)

51 ▶ ③

52 ▶ ②

도면에서 평면을 표시할 때에는 가는 실선으로 대각선을 그려서 나타낸다.

53 ▶ ③

전개도법의 종류
- 평행선법 : 원통형 물체를 전개할 때 사용
- 방사선법 : 부채꼴 모양으로 전개하는 방법
- 삼각형법 : 전개도를 그릴 때 표면을 여러 개의 삼각형으로 전개하는 방법

54 ▶ ④

이점 쇄선(가상선)의 용도
- 가공 전 또는 후의 모양을 표시하는 데 사용
- 도시된 단면의 앞쪽에 있는 부분을 표시하는 데 사용하는 선
- 가공에 사용하는 공구, 지그 등의 위치를 참고로 나타내는 데 사용
- 반복을 표시하는 선

55 ▶ ②

계기의 표시방법

종류	기호	종류	기호
온도	T	유량	F
압력	P		

56 ▶ ④

용접 보조기호

명칭	기호	명칭	기호
평면	——	끝단부를 매끄럽게	
볼록형	⌒	영구적인 덮개판을 사용	M
오목형	⌣	제거 가능한 덮개판을 사용	MR

57 ▶ ②

단면은 기본 중심선에서 절단한 면으로 표시한다. 중심선에
절단선은 기입하지 않는다.

58 ▶ ①

59 ▶ ③

형강 또는 평강의 치수표시
모양, 너비 × 너비 × 두께 - 길이

60 ▶ ④

회전도시 단면도
핸들, 축 등의 물체를 절단하여 단면 모양을 90° 회전하여
표현

✦ 문제 p. 415

01	①	02	①	03	①	04	③	05	③
06	②	07	③	08	④	09	④	10	②
11	③	12	④	13	②	14	②	15	③
16	④	17	①	18	①	19	③	20	④
21	②	22	③	23	④	24	③	25	③
26	③	27	②	28	①	29	①	30	③
31	④	32	②	33	②	34	③	35	④
36	③	37	③	38	④	39	③	40	④
41	②	42	③	43	①	44	②	45	③
46	②	47	③	48	④	49	②	50	①
51	③	52	③	53	②	54	④	55	②
56	②	57	①	58	①	59	③	60	②

01 ▶ ①

교류아크용접기의 종류

- 가동철심형 : 가동철심으로 전류조정, 미세한 전류조정 가능, 교류아크용접기의 종류에서 현재 가장 많이 사용하고 있고, 용접작업 중 가동철심의 진동으로 소음이 발생할 수 있다.
- 가동코일형 : 코일을 이동시켜 전류조정, 현재 거의 사용되지 않는다.
- 가포화 리액터형 : 원격조정이 가능, 가변저항의 변화를 이용하여 용접전류를 조정하는 형식이다.
- 탭전환형 : 코일 감긴 수에 따라 전류조정, 미세 전류조정 불가, 전격위험

02 ▶ ①

용착금속의 보호방식

- 슬래그 생성식 : 슬래그로 산화, 질화 방지, 탈산작용
- 가스 발생식 : 셀룰로스를 이용하고 전자세 용접이 가능하다.
- 반가스 발생식 : 슬래그 생성식 + 가스 발생식 혼합

03 ▶ ①

아세틸렌가스가 충격, 진동 등에 의해 분해 폭발하는 압력은 15℃에서, $2.0kgf/cm^2$ 이상이다.

04 ▶ ③

가스절단

- 산소-아세틸렌 불꽃으로 800~900℃ 정도로 예열하고 난 후 고압의 산소를 불어내면서 절단하는 방법이다.
- 절단에 영향을 주는 요소는 팁의 모양 및 크기, 산소의 순도와 압력, 절단속도, 예열불꽃, 팁의 거리 및 각도, 사용가스 등이다.
- 강이나 저합금강 절단에 사용되고, 고합금강 절단에는 곤란하다.

05 ▶ ③

용접봉의 지름과 판두께와의 관계

$$D = \frac{T}{2} + 1 = \frac{4}{2} + 1 = 3$$
(D : 지름, T : 판두께)

06 ▶ ②

수소

- 비중은 0.069g으로 가장 가볍고, 확산속도가 빠르며, 납땜이나 수중절단용으로 사용한다.
- 무미, 무색, 무취로 육안으로 불꽃을 확인하기 곤란하다.
- 물의 전기분해 및 코크스의 가스화법으로 제조한다.
- 폭발성이 강한 가연성 가스이며, 고온·고압에서는 취성이 생길 수 있다.

07 ▶ ③

탄소강에 함유된 원소의 영향

- C : 강·경도, 진기저항, 항복점 증가, 연신율, 인성, 전·연성, 충격치 감소
- Si : 강도, 경도, 탄성한도 증가, 연신율, 충격값, 가공성, 용접성 낮아짐. 결정립을 조대화시킨다.
- P : 강도, 경도 증가, 연신율 감소, 청열취성, 상온취성 원인
- S : 강도, 연신율 감소, 적열취성 원인, 용접성 낮아짐. Mn과 결합하여 절식성 향상

08 ▶ ④

용접 포지셔너

피복아크용접 시 복잡한 형상의 용접물을 붙여서 용접자세를 자유롭게 바꿔가며 작업할 수 있게 하는 작업대로 용접능률 향상을 위해 사용하는 회전대이다.

09 ▶ ④

용융금속의 이행 형식

용융금속의 이행 형식에는 단락형, 글로뷸러형(용적형, 핀치효과형), 스프레이형(분무상 이행형)이 있고, 용접전류, 보호가스, 전압 등이 영향을 준다.

- 단락형 : 용적이 용융지에 접촉하여 단락되고 표면장력의 작용으로 모재에 옮겨서 용착되는 것. 비피복 용접봉이나 저수소계 용접봉에서 자주 볼 수 있다.
- 스프레이형 : 미입자 용적으로 분사되어 스프레이와 같이 날려서 모재에 옮겨서 용착되는 것이다. 일반적인 피복아크 용접봉이나 일미나이트계 용접봉에서 자주 볼 수 있다.
- 글로뷸러형 : 비교적 큰 용적이 단락되지 않고 옮겨가는 형식, 대전류를 사용하는 서브머지드 아크용접에서 자주 볼 수 있다.

10 ▶ ②

산소량 = 내용적 × 압력 = 33.7 × 150 = 5,055
1MPa ≒ 10kg/cm²(기압)

11 ▶ ③

가스 용접봉

- 저탄소강이 주로 이용된다.
- 모재와 같은 재질이어야 한다.
- 규정 중의 GA46, GB43 등이 있을 때 숫자의 의미는 용착금속의 최소 인장강도를 의미한다.

12 ▶ ④

용접봉은 습기를 조심해야 하기 때문에 지면보다 낮은 곳에 보관하지 않는다.

13 ▶ ②

용접을 야금적 접합이라고도 하며, 용접에는 융접, 압접, 납땜이 있다.

14 ▶ ②

전격방지기(전격방지장치)

용접작업자가 전기적 충격을 받지 않도록 2차 무부하전압을 20~30[V] 정도 낮추는 장치

15 ▶ ③

교류아크용접기의 종류

- 가동철심형 : 가동철심으로 전류조정, 미세한 전류조정 가능, 많이 사용

- 가동코일형 : 코일을 이동시켜 전류조정, 현재 거의 사용되지 않음.
- 가포화 리액터형 : 원격조정이 가능
- 탭전환형 : 코일 감긴 수에 따라 전류조정, 미세 전류조정 불가, 전격위험

16 ▶ ④

아크의 전압 분포

- 아크전압 = 음극 전압강하 + 양극 전압강하 + 아크기둥 전압강하
- $V_a = V_b + V_c + V_d$

17 ▶ ①

용착금속의 보호방식

① 슬래그 생성식 : 슬래그로 산화, 질화 방지, 탈산작용
② 가스 발생식 : 셀룰로스를 이용하고 전자세 용접이 가능하다.
③ 반가스 발생식 : 슬래그 생성식 + 가스 발생식 혼합

18 ▶ ①

경년변화

재료 내부의 상태가 시간이 경과함에 따라 서서히 변화하여, 그 때문에 부품의 특성이 처음의 값보다 변동하는 것(일종의 시효경화)

19 ▶ ③

알루미늄 용접

- 알루미늄이나 알루미늄의 합금은 용접성이 대체로 불량하다.
- 용융점이 660℃로 용융점이 낮아서, 가열온도가 높아지면 용융이 커진다.
- 열팽창계수가 크고, 용접 후 변형이나 잔류응력이 발생하기 쉽다.
- 균열 및 기공이 발생하기 쉽다.
- 산화알루미늄은 비중이 4, 용융점이 2,050℃ 정도로 순수 알루미늄보다 높아서 용접하기 힘들다.

20 ▶ ④

오스테나이트계 스테인리스강

18%Cr-8%Ni 내식성이 가장 우수하며, 스테인리스강 대표, 가공성이 좋고, 용접성 우수, 열처리 불필요. 염산, 황산에 취약, 결정입계부식이 발생하기 쉬우며, 비자성체. 항공기, 차량, 외장제, 볼트, 너트 등에 사용된다.

21 ▶ ②

질화법
- 암모니아(NH_3)가스와 재료를 약 500~550℃의 온도로 일정시간 가열을 유지하면 고온에서 암모니아가스가 분해하며 생기는 활성 질소(N)가 강의 표면에 침투하여 강화시키는 것
- Al, Cr, Mo 등이 질화물을 형성하여 아주 경한 경화층을 얻을 수 있고, 경화층 깊이는 시간이 지남에 따라 깊어진다.
- 침탄에 비해 높은 표면 경도를 얻을 수 있고, 내마모성이 커진다.
- 내식성이 우수하고 피로한도가 좋아진다.

22 ▶ ③

코비탈륨(cobitalium) 합금은 Al : 1~5%, Cu : 0.5~2.0%, Si : 0.4~2%, Mg : 1~2%, Ni : 0.2%, Ti : 0.2~1%, Cr 등이 첨가되어 있으며, 주조용 알루미늄합금이다.

23 ▶ ④

탈산제로 완전 탈산시킨 강은 킬드강이고, 림드강은 거의 탈산처리를 하지 않은 강이다.

24 ▶ ③

황동의 부식
- 자연균열(응력부식균열) : 냉간가공을 한 황동이 저장 중에 자연히 균열이 일어나는 것
- 탈아연현상 : 황동이 바닷물에서 아연이 용해 부식되어 침식되는 현상
- 고온탈아연 : 고온에서 증발에 의해 Zn이 탈출하는 것

25 ▶ ③

공구강의 구비조건
- 상온 및 고온경도가 높을 것. 내마모성이 클 것. 열처리, 가공이 쉽고 가격이 저렴할 것
- 강인성 및 내충격성이 좋을 것. 제조, 취급, 구입이 용이할 것

26 ▶ ③

- 고속도강(SKH) : 고속절삭 가능, 600℃ 경도 유지, 대표적 절삭공구재료, HSS
- 표준형 고속도강 : 18W-4Cr-1V-0.8C

27 ▶ ②

오스테나이트계 스테인리스강
18%Cr-8%Ni 내식성이 가장 우수하며, 스테인리스강 대표, 가공성이 좋고, 용접성 우수, 열처리 불필요. 염산, 황산에 취약, 결정입계부식이 발생하기 쉬우며, 비자성체. 항공기, 차량, 외장제, 볼트, 너트 등에 사용된다.

28 ▶ ①

주철의 성장(팽창)원인
- Fe_3C의 흑연화에 의한 팽창
- 페라이트 중의 고용되어 있는 Si의 산화에 의한 팽창
- A_1변태에 따른 체적 변화로 인한 팽창
- 불균일한 가열로 생기는 균열에 의한 팽창
- 흡수된 가스의 팽창에 의한 부피 팽창
- 가열냉각을 반복하거나 고온에서 장시간 유지하면 주철의 부피가 팽창하거나 변형이 발생한다.

29 ▶ ①

	치수상 결함	변형, 치수 불량, 형상 불량
용접 결함	구조상 결함	기공 및 피트, 슬래그 섞임, 용접 불량(부족), 언더컷, 오버랩, 균열, 선상조직, 은점 등
	성질상 결함	기계적 불량 – 인장, 경도, 피로
		화학적 불량 – 부식

30 ▶ ③

용융금속의 이행 형식
용융금속의 이행 형식에는 단락형, 글로뷸러형(용적형, 핀치효과형), 스프레이형(분무상 이행형)이 있고, 용접전류, 보호가스, 전압 등이 영향을 준다.

31 ▶ ④

스패터	• 용접전류가 높을 때 • 아크길이가 길 때 • 수분이 많은 용접봉을 사용했을 때	

32 ▶ ②

스트롱 백
피용접재를 구속하여 위치를 올바르게 유지하기 위한 지그

33 ▶ ②

불활성 가스 텅스텐 아크용접(TIG)의 개요

- TIG 용접은 GTAW라고도 하며, 비용극식, 비소모성 불활성 가스 아크용접이라고 한다. 상품명으로는 헬륨 아크, 헬리 아크, 헬리 웰드, 아르곤 용접, 아르곤 아크라고도 한다.
- 사용되는 불활성 가스는 아르곤(Ar), 헬륨(He) 등을 사용한다.
- 전극봉으로는 텅스텐 전극을 사용하고, 전자방사능력을 높이기 위하여 토륨 1~2% 함유한 토륨 텅스텐봉을 사용하기도 한다.

34 ▶ ③

표면 피복용접은 금속 표면에 다른 종류의 금속을 용착시키는 것을 말하는 것이다.

35 ▶ ④

비파괴 시험	PT	침투탐상시험	ET	와류탐상시험
	MT	자분탐상시험	LT	누설시험
	RT	방사선투과시험	VT	육안시험
	UT	초음파탐상시험		

36 ▶ ③

서브머지드 아크용접

- 용접 이음부 표면에 입상의 플럭스(용제)를 덮고 그 속에 모재와 용접봉 안에 아크를 일으켜 용접하는 방법으로, 아크가 보이지 않아 불가시용접, 잠호용접, 개발회사의 상품명을 따서 유니온 멜트 용접, 발명가의 이름을 따서 링컨 케네디 용접이라고도 한다.
- 루트 간격 0.8mm 이하, 루트면은 7~16mm 정도가 적당하다.
- 압력용기, 교량, 파이프라인, 컨테이너, 조선, 철도 등의 후판용접에 쓰이고, 주로 맞대기, 필릿, 표면 덧살올림에도 쓰인다.

37 ▶ ③

보기 중에서 최적의 공정계획을 세우기 위한 사항으로 가장 거리가 먼 것은 강재중량표이다.

38 ▶ ④

엔드탭을 부착하여 고전류를 사용하는 이유는 불량의 발생을 줄이기 위한 것이다.
기공 발생의 원인과는 거리가 멀다.

39 ▶ ③

인장시험으로 알 수 있는 것

인장강도, 비례한도, 탄성한도, 항복점, 연신율, 단면수축률 등

40 ▶ ④

불활성 가스 금속 아크용접장치

제어장치의 기능에는 예비가스 누출시간, 스타트 시간, 크레이터 충전시간, 버언 백 시간, 가스지연 유출시간이 있다.

- 버언 백 시간 : 불활성 가스 금속 아크용접의 제어장치로서 크레이터 처리기능에 의해 낮아진 전류가 서서히 줄어들면서 아크가 끊어지는 기능으로 이면 용접 부위가 녹아내리는 것을 방지하는 것
- 예비가스 누출시간 : 첫 아크가 발생하기 전에 실드가스를 흐르게 하여 아크를 안정되게 하고 결함의 발생을 방지하기 위한 것

41 ▶ ②

- 버언 백 시간 : 불활성 가스 금속 아크용접의 제어장치로서 크레이터 처리기능에 의해 낮아진 전류가 서서히 줄어들면서 아크가 끊어지는 기능으로 이면 용접 부위가 녹아내리는 것을 방지하는 것
- 크레이터 충전시간 : 용접이 끝나는 지점에서 토치 스위치를 다시 누르면 용접 전류와 전압이 낮아져 쉽게 크레이터가 채워져 결함을 방지할 수 있는 기능이다.

42 ▶ ③

테르밋 용접의 특징

- 전기가 필요하지 않고, 화학반응에너지를 이용한다.
- 설비비 및 용접이용이 저렴하고, 용접시간이 짧으며, 변형이 적다.
- 작업이 단순하여 기술습득이 쉽다.
- 테르밋제는 알루미늄 분말을 1, 산화철 분말 3~4로 혼합한다.
- 용접 이음부의 홈은 가스절단한 그대로도 좋다.
- 특별한 모양의 홈 가공이 필요 없다.

43 ▶ ①

연납 용제의 종류

염산, 인산, 염화암모늄, 염화아연, 송진 등

44 ▶ ②

안전전압은 절연파괴 등의 사고 시에 인체에 가해져도 위험이 없는 전압을 말하며, 우리나라에서 일반 사업장의 안전전압은 30V로 규정하고 있다.

45 ▶ ③

복합 와이어
- 탄소강 및 저합금강 용접에 많이 사용되고 있다.
- 용제에 탈산제, 아크 안정제, 합금원소 등이 포함되어 있다.
- 아크가 안정되고 스패터가 적게 발생되어 비드의 외관이 깨끗하고 좋은 용착금속을 얻을 수 있다.

46 ▶ ②

스테인리스 클래드강은 강판에 다른 금속을 압착시킨 것으로, 즉 강판과 스테인리스판을 압착시킨 것을 말한다. 합금원소의 HAZ(열 영향부) 입계 침투와는 상관관계가 없다.

47 ▶ ③

- 맞대기 심용접 : 관 끝을 맞대어 가압하고 2개의 전극롤러로 맞댄 면을 통전하여 접합하는 방법
- 포일 심용접 : 모재를 맞대어 놓고 동일 재질의 박판을 대고 가압하여 심(seam)하는 방법
- 매시 심용접 : 심부의 겹침을 모재 두께 정도로 하여 겹쳐진 폭 전체를 가압하여 접합하는 방법

48 ▶ ④

언더컷의 발생원인
용접속도가 빠를 때, 용접전류가 높을 때, 아크길이가 길 때, 부적당한 용접봉을 사용한 경우

49 ▶ ②

형태별 색채기준
- 금지 : 바탕은 흰색, 기본모형은 빨간색, 관련부호 및 그림은 검은색
- 경고 : 바탕은 노란색, 기본모형 관련 부호 및 그림은 검은색. 다만, 인화성물질 경고, 산화성물질 경고, 폭발성물질 경고, 급성독성물질 경고, 부식성물질 경고 및 발암성·변이원성·생식독성·전신독성·호흡기과민성 물질 경고의 경우 바탕은 무색, 기본모형은 빨간색(검은색도 가능)
- 지시 : 바탕은 파란색, 관련 그림은 흰색
- 안내 : 바탕은 흰색, 기본모형 및 관련 부호는 녹색, 바탕은 녹색, 관련 부호 및 그림은 흰색

50 ▶ ①

각장이 일정하지 않거나 용접속도, 전류 등의 영향으로 미용착부가 발생할 수 있다.

51 ▶ ③

용도에 따른 선의 명칭	선의 종류	선의 용도
외형선	굵은 실선	대상물의 보이는 부분을 표시하는 선
치수선	가는 실선	치수를 기입하는 데 사용되는 선
기준선	가는 1점 쇄선	위치 결정의 근거가 되는 것을 명시할 때 사용하는 선
숨은선	가는 파선 굵은 파선	보이지 않는 부분을 나타내는 선

52 ▶ ③

머리부를 포함한 리벳의 전체 길이를 리벳 호칭길이로 나타내는 리벳은 접시머리 리벳이다.
접시머리 리벳은 머리부터 전체가 묻히기 때문이다.

53 ▶ ④

관 끝의 표시방법

종류	기호
용접식 캡	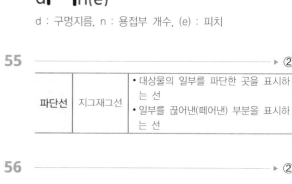
막힌 플랜지	
나사박음식 캡	

54 ▶ ④

d ◻ n(e)

d : 구멍지름, n : 용접부 개수, (e) : 피치

55 ▶ ②

파단선	지그재그선	• 대상물의 일부를 파단한 곳을 표시하는 선 • 일부를 끊어낸(떼어낸) 부분을 표시하는 선

56 ▶ ②

57　　　　　　　　　　　　　　　　　　▶ ①

용지의 크기
A0 = 841 × 1189
A1 = 594 × 841
A2 = 420 × 594
A3 = 297 × 420
A4 = 210 × 297

58　　　　　　　　　　　　　　　　　　▶ ①

: 오목 필릿 용접

59　　　　　　　　　　　　　　　　　　▶ ③

60　　　　　　　　　　　　　　　　　　▶ ②

1각법
• 투영도는 정면도, 평면도, 우측면도로 배치한다.
• 투상방법은 '눈 → 물체 → 투상면'이다.
• 실물파악이 불량하다.

편저자 **김병균**

약력

용접직종 직업능력개발훈련교사 약 10년 근무
- 한동직업전문학교
- (재)경북직업전문학교
- 이탱크교육(주)

現 원전현장인력양성원 용접과정 전임교수

자격

직업능력개발훈련교사 2급(용접) 및 3급 3종
용접기능장 및 용접직종 자격증 4종
침투비파괴검사기사 및 비파괴검사 자격증 6종

2024

피복아크용접기능사 (필기)

- 인   쇄   2024년 1월 5일
- 발   행   2024년 1월 10일
- 편 저 자   김병균
- 발 행 인   최현동
- 발 행 처   신지원
- 주   소   07532
              서울특별시 강서구 양천로 551-17, 813호(가양동, 한화비즈메트로 1차)
- 전   화   (02) 2013-8080
- 팩   스   (02) 2013-8090
- 등   록   제16-1242호
- 교재구입문의 (02) 2013-8080~1

저자와의
협의하에
인지 생략

정 가 23,000원
ISBN 979-11-6633-369-9 13550